Kranbahnen

Jetzt diesen Titel zusätzlich als E-Book downloaden und 70 % sparen!

Als Käufer dieses Buchtitels haben Sie Anspruch auf ein besonderes Kombi-Angebot: Sie können den Titel zusätzlich zum Ihnen vorliegenden gedruckten Exemplar für nur 30 % des Normalpreises als E-Book beziehen.

Der BESONDERE VORTEIL: Im E-Book recherchieren Sie in Sekundenschnelle die gewünschten Themen und Textpassagen. Denn die E-Book-Variante ist mit einer komfortablen Volltextsuche ausgestattet!

Deshalb: Zögern Sie nicht. Laden Sie sich am besten gleich Ihre persönliche E-Book-Ausgabe dieses Titels herunter.

In 3 einfachen Schritten zum E-Book:

1. Rufen Sie die Website **www.beuth.de/e-book** auf.

2. Geben Sie hier Ihren persönlichen, nur einmal verwendbaren E-Book-Code ein:

   29259DFK74D2444

3. Klicken Sie das „Download-Feld" an und gehen dann weiter zum Warenkorb. Führen Sie den normalen Bestellprozess aus.

Hinweis: Der E-Book-Code wurde individuell für Sie als Erwerber dieses Buches erzeugt und darf nicht an Dritte weitergegeben werden. Mit Zurückziehung dieses Buches wird auch der damit verbundene E-Book-Code für den Download ungültig.

Kranbahnen

Mehr zu diesem Titel

... finden Sie in der Beuth-Mediathek

Zu vielen neuen Publikationen bietet der Beuth Verlag nützliches Zusatzmaterial im Internet an, das Ihnen kostenlos bereitgestellt wird.
Art und Umfang des Zusatzmaterials – seien es Checklisten, Excel-Hilfen, Audiodateien etc. – sind jeweils abgestimmt auf die individuellen Besonderheiten der Primär-Publikationen.

Für den erstmaligen Zugriff auf die Beuth-Mediathek müssen Sie sich einmalig kostenlos registrieren. Zum Freischalten des Zusatzmaterials für diese Publikation gehen Sie bitte ins Internet unter

www.beuth-mediathek.de

und geben Sie den folgenden **Media-Code** in das Feld „Media-Code eingeben und registrieren" ein:

M292597888

Sie erhalten Ihren Nutzernamen und das Passwort per E-Mail und können damit nach dem Log-in über „Meine Inhalte" auf alle für Sie freigeschalteten Zusatzmaterialien zugreifen.

Der Media-Code muss nur bei der ersten Freischaltung der Publikation eingegeben werden. Jeder weitere Zugriff erfolgt über das Log-In.

Wir freuen uns auf Ihren Besuch in der Beuth-Mediathek.

Ihr Beuth Verlag

Hinweis: Der Media-Code wurde individuell für Sie als Erwerber dieser Publikation erzeugt und darf nicht an Dritte weitergegeben werden. Mit Zurückziehung dieses Buches wird auch der damit verbundene Media-Code ungültig.

Kranbahnen

Prof. Dr.-Ing. Christoph Seeßelberg

Kranbahnen

planen, konstruieren, berechnen, fertigen, inspizieren, ertüchtigen

6., vollständig überarbeitete und erweiterte Auflage

Beuth Verlag GmbH · Berlin · Wien · Zürich

Bauwerk

Berlin · Wien · Zürich
Saatwinkler Damm 42/43
13627 Berlin

Telefon: +49 30 2601-0
Telefax: +49 30 2601-1260
Internet: www.beuth.de
E-Mail: kundenservice@beuth.de

Druck und Bindung: Drukarnia Skleniarz, Kraków
Gedruckt auf säurefreiem, alterungsbeständigem Papier nach DIN EN ISO 9706.

ISBN 978-3-410-29259-3

Die meisten Probleme entstehen bei ihrer Lösung.

Leonardo da Vinci, 1452 – 1519

Vorwort zur 6. Auflage

Planung, Entwurf, Berechnung, Nachweis und Fertigung von Kranbahnträgern nach den harmonisierten europäischen Normen stehen im Mittelpunkt dieses Buches. Neben den neu zu bauenden Kranbahnen werden besonders auch Inspektion, Reparatur und Ertüchtigung von Kranbahnen im Bestand behandelt. Vier Jahre nach dem Erscheinen der letzten Auflage hat sich der Stand der Technik weiterentwickelt. Einige relevante Normen sind in neuen Ausgaben erschienen (z.B. DIN EN 1991-2NA, DIN EN 1993-6NA, DIN EN 1993-1-1NA, DIN EN 1090-2, DIN EN 10365). Darüber hinaus hat sich die Nachweispraxis weiterentwickelt. Wichtige Forschungsprojekte aus Stuttgart (z.B. [EK18]), Aachen (z.B. [CF18]), Graz (z.B. [KZU20]) und München (z.B. [BSRE15]) liefern neue, praxisrelevante Erkenntnisse. Themen, die sich mit Kranbahnen im Bestand auseinandersetzen, wie z.B. Ertüchtigung und Restnutzungsdauer, werden angesichts der immer älter werdenden Industrieinfrastruktur immer wichtiger.

Diese Entwicklungen machten eine komplette Überarbeitung und Ergänzung der „Kranbahnen" notwendig; keine einzige Seite ist unverändert geblieben. Besonders die Kapitel 5 (Auflager, Stöße, Stützen), 6 (Fertigung und Montage), 7 (Prüfung und Inspektion von Kranbahnen), 15 (Ermüdungsnachweis) und 16 (Schrauben- und Schweißverbindungen) wurden erweitert, das Kapitel 9 (Vorbemessungstabellen von Kranbahnen aus Walzprofilen) wurde neu hinzugefügt. Bei der Beispielrechnung in Kap. 17 wurde die Stahlgüte der Kranbahn von S 235 auf S 355 verändert, um dem Trend zu S 355 Rechnung zu tragen. In den vorderen Kapiteln wurden viele Konstruktionsvorschläge ergänzt und Details verbessert.

Beim Nachdenken über die Frage, wie sich neue wissenschaftliche Erkenntnisse in der Praxis von Entwurf, Berechnung und Nachweis der Kranbahnträger nutzen lassen, merkt man unwillkürlich, wie Recht doch Leonardo da Vinci mit seinem oben zitierten Satz hat: Es wird ein Problem gelöst und dabei entstehen 5 neue Fragen. Das macht Wissenschaft so spannend!

Das Buch wendet sich an Bauingenieure, die Kranbahnen planen, konstruieren, berechnen, bauen, betreiben und warten. Für Kransachverständige und in der Fördertechnik aktive Maschinenbauingenieure kann es ebenfalls eine Hilfe sein. Eine weitere wichtige Zielgruppe sind Studierende an Hochschulen, die sich im Rahmen von Stahlbau-Vorlesungen vertiefend mit den Tragwerken der Fördertechnik auseinandersetzen wollen.

Die hilfreiche Unterstützung vieler Fachkollegen hat mir sehr weitergeholfen:

Herr Raphael Possler, M.Eng. hat die Vorbemessungstabellen in Kap. 9 des Buches erarbeitet. Dafür schulde ich ihm großen Dank!

Sehr dankbar bin ich dem erfahrenen Kransachverständigen und Statiker Dipl.-Ing. Reiner Thoss, von dem ich gelernt habe, die Krananlage auch von der Kranbrücke her zu denken, also den Blickwinkel des Maschinenbauers einzunehmen. Die teilweise unterschiedlichen Sichtweisen aus dem Bauingenieurwesen und aus dem Maschinenbau zu kombinieren, bringt wirklichen Mehrwert bei der Bewertung von Krananlagen.

Alle Fragen aus den Themenbereichen Stahl und Schweißen konnte ich bei meinem Kollegen Prof. Dr.-Ing. Ömer Bucak platzieren, er hat für alles eine praxisgerechte Lösung parat gehabt. Danke dafür!

Meinem Kranbau-Kollegen an der Hochschule München, Prof. Dr.-Ing. André Dürr, danke ich für den intensiven und weiterführenden fachlichen Austausch. Es ist ein Glück, dass die Hochschule München gleich über zwei Kranbauer verfügt!

Mit Herrn Dr.-Ing. Mathias Euler, vormals Universität Stuttgart, habe ich viele fruchtbare Diskussionen geführt. Die wichtigen Ergebnisse seiner Forschungsarbeiten sind auch in diesem Buch berücksichtigt.

Mein besonderer Dank für alle Gespräche gilt dem Altmeister der deutschen Fördertechnik, Herrn Dr.-Ing. habil. Werner Warkenthin, der seit weit mehr als einem halben Jahrhundert gleichermaßen tief in der Theorie wie in der Ingenieurpraxis verwurzelt ist.

Lorenz Ziche, B.Eng. hat dankenswerterweise einige Finite-Element-Berechnungen ausgeführt, die dabei helfen, Phänomene zu erklären und zu visualisieren.

Den vielen Kollegen und Kolleginnen aus der Praxis, die gute Fragen stellten, lehrreiche Beispiele lieferten oder aber interessante Fotos beisteuerten, gilt mein herzlicher Dank. Ihre Namen sind dort, wo dies möglich war, angegeben.

Um die fortgeschrittenen Optionen der Dokumentenorganisation und des Textsatzes nutzen zu können, wurde die 6. Auflage der „Kranbahnen" erstmalig in LaTex erstellt. Dieses open-source Textsatzsystem, das von Naturwissenschaftlern fast durchgängig schon seit vielen Jahren genutzt wird, ist im Bereich des Ingenieurwesens bisher wenig verbreitet. Nur Dank der Anregung, der großartigen und tätigen Hilfe (z.B. Übersetzung der alten Auflage von MS-Word in LaTex) und Beratung meiner Tochter Frau Dr. rer.nat. Frauke Seeßelberg ist es gelungen, diese Auflage der „Kranbahnen" in LaTex zu erstellen. Der Leser mag sich davon überzeugen, dass das Experiment gelungen ist. Der Mehrwert für den Leser entsteht neben dem einheitlicheren Textsatz besonders auch durch die vielen anklickbaren Querverweise auf Bilder, Tabellen, Kapitel und Quellen, die natürlich nur über das E-Book genutzt werden können.

Die Zusammenarbeit mit Frau Sandra Handorf vom Beuth Verlag war hervorragend, vielen Dank dafür!

Die Geduld meiner Frau Sabine Seeßelberg habe ich in den 9 Monaten der Entstehungszeit dieser Auflage äußerst stark strapaziert, weil meine Arbeitswoche plötzlich mindestens sechs Arbeitstage hatte. Ohne ihr Verständnis und ihre Unterstützung, für die ich ihr von ganzem Herzen dankbar bin, hätte es diese Neuauflage nicht geben können.

Sehr verehrte Leserinnen und Leser, Ihre Ideen und Hinweise zu den bisherigen Auflagen haben mir geholfen, das Buch zu verbessern. Auch zukünftig freue ich mich sehr über Ihre Kommentare, gerne auch als E-Mail an christoph@seesselberg.de oder an den Verlag.

Aktuelle Hinweise zum Buch werden im Beuth Webshop www.beuth.de, ggf. auch unter www.seesselberg.de veröffentlicht.

Marzling, im November 2020

Christoph Seeßelberg

Inhaltsverzeichnis

1 Einleitung

1.1 Fördertechnik, Krane, Kranbahnen

Fördertechnik ist gefragt, wenn Menschen oder Güter über kurze Entfernungen auf meist festgelegten Wegen transportiert werden sollen. Dabei handelt es sich i. d. R. um innerbetrieblichen Transport oder Warenumschlag an Lagerplätzen. Die Fördertechnik [HKS12] behandelt alle dazu nötigen Transport-, Umschlag- und Lagerprozesse sowohl unter technischen als auch ökonomischen Gesichtspunkten. Entwurf, Nachweis und Konstruktion der notwendigen Anlagen und Geräte (Fördermaschinen) sind damit ein wesentlicher Teil der Fördertechnik. Fördermaschinen werden unterschieden in Stetigförderer (z. B. Transportbänder) und Unstetigförderer. Krane, um die es im Folgenden ausschließlich geht, zählen zur letzteren Gruppe. An der Planung und Entwicklung von Kranen als Fördermaschinen sind mehrere technische Disziplinen beteiligt:

- Funktion von Kranen => Teilgebiet des Maschinenbaus
- Tragwerke von Kranen und Kranbahnen => Teilgebiet des Stahlbaus
- Antriebe, Mechanismen, elektrische Steuerung, Energie => Teilgebiete des Maschinenbaus und der Elektrotechnik

Dieses Buch behandelt für die Krantechnik wichtige Tragwerke des Stahlbaus am Beispiel der Kranbahnträger (Abb. 1.1). Die Oberkante der Schiene eines Kranbahnträgers bildet die Schnittstelle zwischen Bauwerk und Maschinenbau. Die Kranbahnen gelten deshalb als zum Bauwesen gehörige Tragwerke der Fördertechnik. Um deren Beanspruchung verstehen zu können, ist ein Grundwissen über die Funktionsweise der sie belastenden Krananlagen notwendig.

Begriffsdefinitionen:

- **Hebezeuge** sind Lotrechtförderer für Einzellasten. Werden Hebezeuge in Krananlagen verwendet, spricht man von Hubwerken. Der Hubvorgang kann handbetätigt oder kraftbetätigt erfolgen.

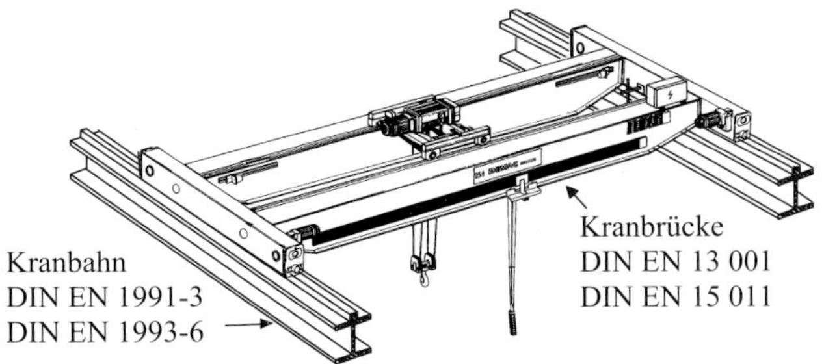

Abb. 1.1: Brückenlaufkran und Kranbahnen

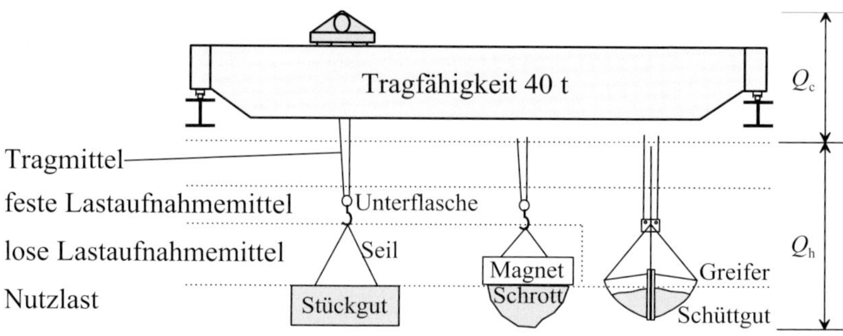

Abb. 1.2: Begriffe bei Krananlagen nach [EK17]

- **Krane** sind Hebezeuge, die in eine oder mehrere Richtungen bewegt werden können. Alle beweglichen Teile einer Krananlage werden im Folgenden als Kran bezeichnet.
- **Kranbahnen (Kranbahnträger)** dienen als Fahrweg für bewegliche Krane. Die Krane können dabei auf einer aufgelegten Schiene stehen oder am Flansch des Kranbahnträgers hängen.
- **Krananlagen** können aus Kranen und Kranbahnen bestehen.
- **Tragfähigkeit** m_{RC}: maximale Nennlast oder Nenntragfähigkeit, die betriebsmäßig höchstens vom festen Lastaufnahmemittel aufgenommen werden darf. Angabe in kg und ab 1000 kg in t. Die Nennlast setzt sich zusammen aus den Massen von Nutzlast und losen Lastaufnahmemitteln. (DIN EN 15 011, 3.3)
- **Hublast** m_H: Summe der vom Kran angehobenen Massen, die als das Maximum gilt, für dessen Heben der Kran konstruktiv ausgelegt ist. Die Last setzt sich zusammen aus Tragfähigkeit, dem festen Lastaufnahmemittel und dem Tragmittel. (DIN EN 15 011, 3.4)
- **Tragmittel**: Teil der Hublast, entweder ein Seil, Band oder eine Kette, mit dem/der das feste Lastaufnahmemittel aufgehängt wird, siehe Abb. 1.2. (DIN EN 15 011, 3.5)
- **Lastaufnahmemittel** (LAM): Bauteil, welches der Lastaufnahme dient, z. B. ein Lasthaken, eine Unterflasche oder ein Greifer, siehe Abb. 1.2.
  Als feste Lastaufnahmemittel werden die LAM bezeichnet, die fest mit dem Tragmittel verbunden sind.
- **Hubwerk**: Maschine zum Anheben der Last.
- **Nutzlast oder Payload**: Masse der Last, die an das LAM gehängt oder vom LAM getragen werden kann, siehe Abb. 1.2.

In gewerblich genutzten Gebäuden sind Krananlagen wesentliche Bestandteile der Einrichtung. Der Wille, schwere körperliche Arbeit zu vermeiden, steigende Löhne, Gesundheitsschutz, Automation und Massenproduktion – kurzum: der Wettbewerbsdruck – waren früher die Triebfedern für die starke Entwicklung der Krantechnik; sie werden es auch in Zukunft bleiben.

Der Begriff „Kran“ soll sich um die Jahrhundertwende 19./20. Jh. eingebürgert haben. Der Anblick von Kranen aus dieser Zeit mit ihren fachwerkartigen Füßen, dem drehbaren Maschinenhaus und dem Ausleger soll an Kraniche erinnert haben, deren vereinfachter Name dann auch für die Hebezeuge verwendet wurde (siehe Brockhaus Enzyklopädie, Band 10, 17. Auflage, Wiesbaden 1970, S. 579). Der Plural des Krans lautet folglich – analog zu „Kraniche“ – fachsprachlich „Krane“, während umgangssprachlich auch „Kräne“ verwendet wird (siehe Duden,

Krahn-Typen

der Firma

LUDWIG STUCKENHOLZ

WETTER A. D. RUHR

Westfalen

Zusammengestellt
von dem
technischen Leiter und Inhaber der Firma

RUDOLPH BREDT

Druck von L. Schwann in Düsseldorf

Abb. 1.3: Titelblatt des Kranbau-Katalogs von Rudolph Bredt, Düsseldorf 1894/1895; Rudolph Bredt (1842 – 1900) nach [Kur03]

Band 1, 20. Auflage, Mannheim, Wien, Zürich 1991, S. 418). Die Plural-Form „Kräne" ist allerdings in der Fachwelt verpönt und wird dort nicht verwendet.

Zur Geschichte des Kranbaus siehe [BLS00], [Dub22], [Kur00], [Kur03], [Ziz03]. Abb. 1.3 zeigt das Titelblatt des ersten deutschen Kran-Katalogs der Firma Ludwig Stuckenholz von Rudolph Bredt (1842–1900), dem Altmeister des deutschen Kranbaus. 1/4 des gesamten aus dem Jahr 1894 stammenden Katalogs ist den Laufkranen gewidmet, aber auch andere damals gängige Krantypen werden vorgestellt. Die Firma L. Stuckenholz ist eine der Vorgängerfirmen der DEMAG Cranes and Components GmbH.

1.2 Besonderheiten von Kranbahnen

Kranbahnen weisen meist einfache statische Systeme auf (Ein-, Zwei- oder Mehrfeldträger). Trotzdem sind sie ganz besondere Tragwerke mit Merkmalen, die sich von denen der im Stahlhochbau üblichen Bauwerke unterscheiden:

(a) **Kranbahnträger sind „nicht vorwiegend ruhend" beansprucht.** Die auftretenden Spannungen sind im Regelfall über die Zeit veränderlich $\sigma = \sigma(t)$, siehe Abb. 1.4. Eine nur statische Bemessung, wie sie im Stahlhochbau üblich ist, reicht deshalb nicht aus. Mit zunehmender Lastwechselzahl nimmt die Beanspruchbarkeit des Werkstoffs ab, der Stahl ermüdet. Ermüdungsprobleme spielen eine wichtige Rolle bei Konstruktion, Bemessung, Nachweis, Fertigung und Montage von Kranen und Kranbahnen.

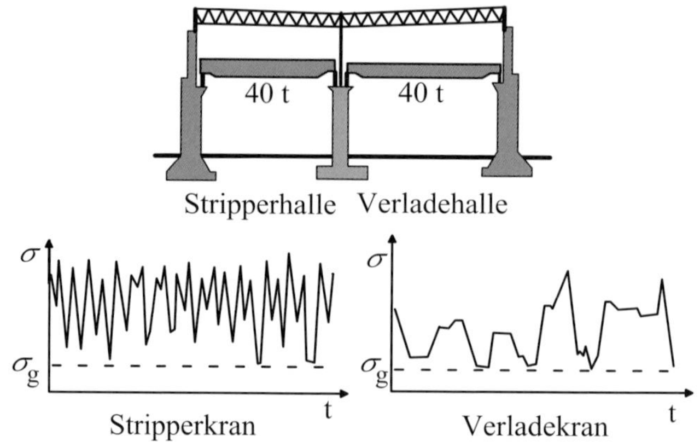

Abb. 1.4: Spannungs-Zeit-Verlauf für zwei Krane nach [Pet94]

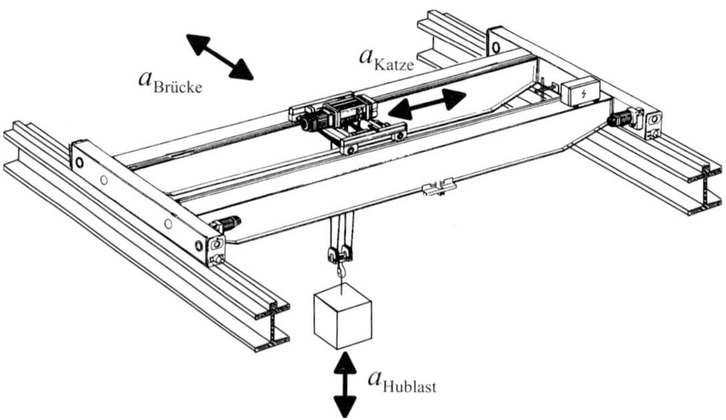

Abb. 1.5: Beschleunigte Massen beim Kranbetrieb

(b) **Massenkräfte** $F = m \cdot a$ infolge der Beschleunigung a können die Krananlage mit der Masse m in alle Richtungen beanspruchen. Sie werden z. B. durch Anfahr- und Bremsvorgänge der Kranbrücke und der Krankatze oder durch vertikales Beschleunigen der Hublast verursacht (Abb. 1.5). Teilweise werden die auftretenden Massenkräfte explizit berechnet, teilweise auch vereinfacht in Form eines Schwingbeiwerts als Faktor auf die statischen Gewichtskräfte berücksichtigt.

(c) **Komplexe Stabilitätsprobleme** sind beim Nachweis der Kranbahnträger zu lösen, zum Beispiel Biegedrillknicken in Verbindung mit planmäßig vorhandener Torsion.

(d) **Die Anforderungen an die Gebrauchstauglichkeit** von Krananlagen sind wesentlich höher als im Stahlhochbau sonst üblich. Nur bei Einhaltung der Grenzwerte für die Verformungen ist ein zuverlässiger Kranbetrieb zu erwarten.

(e) **Die steifenlose Lasteinleitung der Radlast** in den Kranbahnträger erfordert stets einen Beulnachweis des Stegs unter Berücksichtigung von Querlasten.

1.3 Bauarten von Krananlagen

DIN 15001-2 teilt die Fördermaschinen nach der Art ihrer Verwendung ein, z. B. Hafenkrane, Gießkrane, Werkstattkrane. Diese Einteilung ist im Hinblick auf die Bestimmung der Einwirkungen von Bedeutung. Die Einteilung der Krane nach der Bauart gemäß DIN 15001-1 bezieht sich dagegen vorwiegend auf das Stahltragwerk. Es werden ortsfeste und ortsveränderliche Krananlagen unterschieden. Eine Krananlage ist ortsveränderlich, wenn sie an wechselnden Orten eingesetzt werden kann. Bauarten ortsfester Krananlagen sind z.B.:

- Laufkatzen
- Drehkrane
  - Wandschwenkkrane
  - Säulendrehkrane
- Brückenkrane
  - Brückenlaufkrane
    - Einträger-Brückenlaufkrane
    - Zweiträger-Brückenlaufkrane
  - Hängekrane, Deckenkrane
- Konsolkrane (Wandlaufkrane)
- Portalkrane
  - Vollportalkrane
  - Halbportalkrane

1.3.1 Laufkatzen

Laufkatzen hängen am Unterflansch eines als Katzbahnträger bezeichneten Kranbahnträgers und können sich – hand- oder kraftbetätigt – in Richtung des Katzbahnträgers bewegen (Abb. 1.6). Auch der Hubvorgang kann entweder von Hand oder kraftbetätigt erfolgen. Hängekatzen kommen als eigenständige Krane, deren Katzbahnträger direkt am Gebäude befestigt sind, genauso vor wie als Bestandteil von Brückenkranen, Schwenkkranen oder Portalkranen.

Hängekatzen werden bei Hublasten bis ca. 10 t eingesetzt. Sie können Hublasten nur entlang des Katzbahnträgers transportieren. Deshalb findet man z. B. in der Automobilproduktion mit ihren entlang der Montagebänder verlaufenden Transportwegen viele Kranbahnen für Laufkatzen.

1.3.2 Drehkrane

Es werden Säulendrehkrane und Wandschwenkkrane unterschieden.

- **Säulendrehkrane** (Abb. 1.7) besitzen eine ortsfeste Säule, einen Ausleger und das Hebezeug (meist eine Laufkatze). Die Säule ist im Fundament eingespannt. Drehen, Fahren, Heben sind von Hand oder kraftbetrieben möglich.
  Die maximale Last kann bis ca. 6 t betragen. Das maximale Traglastmoment bleibt i. d. R. kleiner als 300 kNm. Die bedienbare Grundfläche ist kreisförmig.

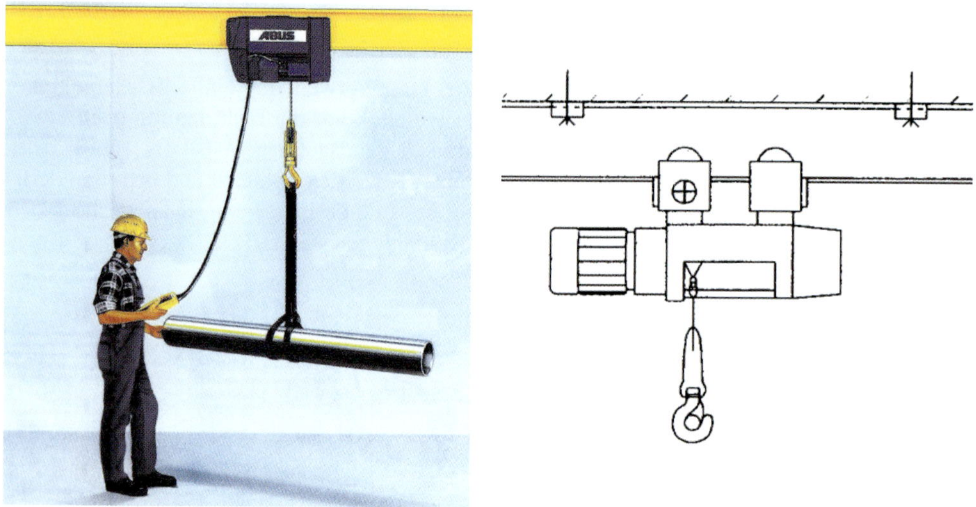

Abb. 1.6: Kranbahn mit Laufkatze (Firma ABUS)

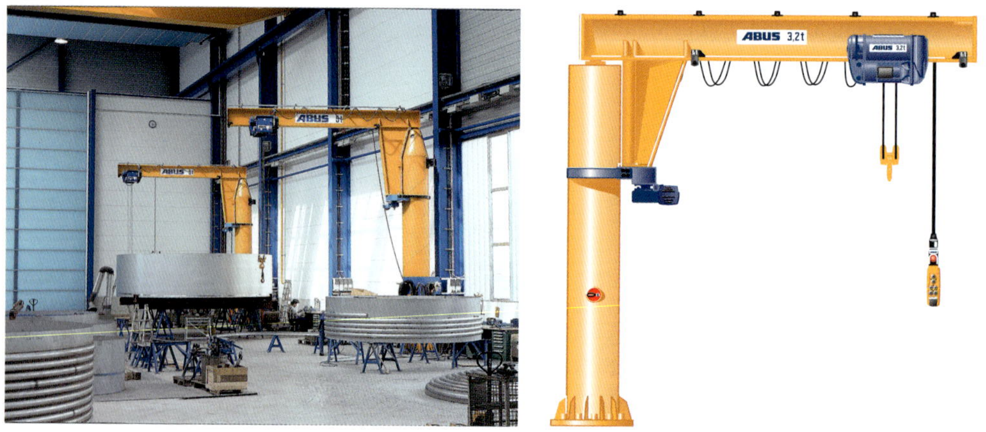

Abb. 1.7: Säulendrehkrane nach DIN EN 16851 (© ABUS Kransysteme GmbH)

- **Wandschwenkkrane** (Abb. 1.8) sind oben und unten gelagert. Das obere Lager ist ein einwertiges Lager und nimmt nur Horizontalkräfte auf. Das untere Lager ist zweiwertig; es nimmt vertikale und horizontale Lasten auf. Die maximale Last kann bis ca. 4 t betragen. Das maximale Traglastmoment bleibt meist unter 150 kNm. Es kann eine kreisausschnittsförmige Fläche bedient werden.

1.3.3 Brückenkrane

Brückenkrane im Sinne von DIN EN 15011 sind Krane, die auf Schienen oder Fahrbahnen bewegbar sind. Sie besitzen mindestens einen horizontalen Hauptträger und sind mit mindestens einem Hubwerk ausgestattet.

Abb. 1.8: Wandschwenkkrane nach DIN EN 16851 (© ABUS Kransysteme GmbH)

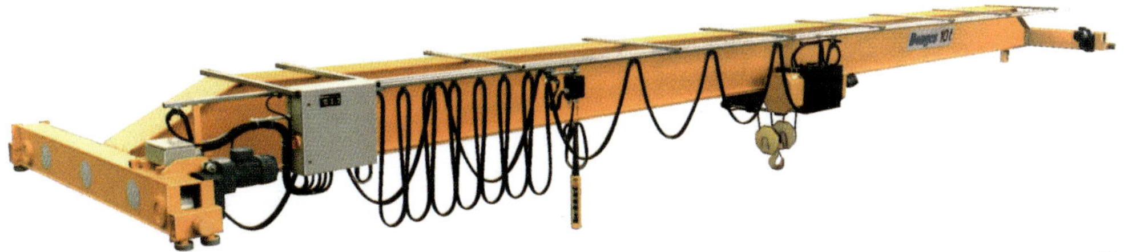

Abb. 1.9: Einträger-Brückenlaufkran nach DIN EN 15011 (Firma Donges)

1.3.3.1 Brückenlaufkrane

Brückenlaufkrane (Abb. 1.9 bis Abb. 1.11) bestehen aus einem oder zwei Brückenträgern, den Kopfträgern und der Katze mit dem Hebezeug. Der Laufkran fährt auf Schienen, die oben auf den Kranbahnträger aufgelegt sind. Der Querschnitt der Kranbrücke kann z. B. aus einem I-Walzprofil oder einem Kastenträger bestehen. Für das Verhältnis von Brückenspannweite s zu Radstand a (Abb. 1.10) sollte $s/a \leq 7$ gelten, um gute Laufeigenschaften des Krans zu gewährleisten.

Einträger-Brückenlaufkrane können Lasten bis ca. 10 t und darüber übernehmen und eine Spannweite bis ca. 22 m überbrücken. Der Brückenträger liegt auf den Kopfträgern auf oder ist zwischen ihnen eingehängt. Am Brückenträger leistet meist eine Hängekatze die Hubarbeit.

Zweiträger-Brückenlaufkrane können höhere Lasten als Einträger-Krane ertragen und größere Spannweiten überbrücken: 100 t Hublast und 30 m Spannweite sind keine Seltenheit, aber auch noch größere Hublasten kommen z. B. in Stahlwerken vor. Als Katze wird meist eine oben auf Schienen gesetzte Laufkatze mit Elektroseilzug oder Windwerk eingesetzt, weniger oft eine Hängekatze. Da Zweiträger-Brückenkrane steifer sind als Einträger-Krane, besitzen sie im Regelfall bessere Laufeigenschaften.

1.3.3.2 Hängekrane und Deckenkrane

Im Unterschied zum Laufkran hängt der Hängekran an den Untergurten der Kranbahnträger, siehe Abb. 1.12 und Kapitel 18. Üblicherweise werden Hängekrane als Einträger-Hängekrane

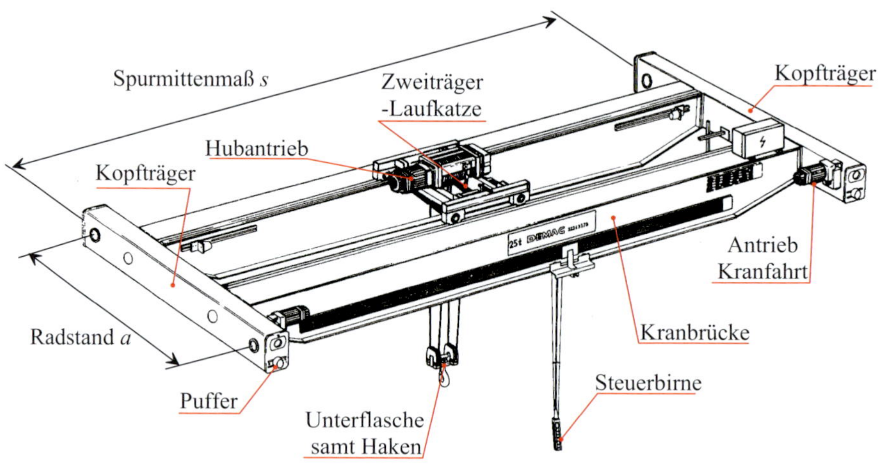

Abb. 1.10: Bauteile eines Zweiträger-Brückenlaufkrans (Firma DEMAG)

Abb. 1.11: Kranhalle mit Zweiträger-Brückenlaufkranen (Bursa, Türkei, 2011)

ausgeführt. Der Brückenträger besteht oft aus einem I-Walzprofil. Die Radlasten werden – siehe Abb. 1.12 – am Unterflansch eingeleitet und führen zu einem mehrachsigen Spannungszustand im Untergurt des Kranbahnträgers. Hängekrane werden üblicherweise bis ca. 10 t Hublast und bis ca. 20 m Spannweite eingesetzt.

Deckenkrane sind Hängekrane, deren Kranbahnen fest (also nicht pendelnd) am Dach oder an der Deckenkonstruktion befestigt sind. Hängekrane, deren Laufschienen an Konsolen der Hallenstützen befestigt sind, werden im Sinne der Unfallverhütungsvorschrift DGUV V52 [DGU01] als Brückenkrane behandelt ([KH11] S. 40).

Abb. 1.12: Deckenkran (Firma DEMAG)

1.3.4 Portalkrane und Halbportalkrane

Portalkrane (Abb. 1.13) bestehen aus einem Rahmen, der auf zwei parallelen Schienen fahrbar aufgestellt ist. Auf der Brücke fährt eine Laufkatze quer zur Hauptfahrtrichtung des Krans.

Portalkrane werden als Zwei- oder Dreigelenkrahmen ausgebildet. Bei einer Ausführung als Dreigelenkrahmen wird ein Gelenk an den oberen Endpunkt einer der beiden Stützen gelegt, die dadurch in der Kranebene zur Pendelstütze wird.

Portalkrane werden meist außerhalb von Gebäuden eingesetzt, z. B. als Hofkran, zur Containerverladung oder als Hafenkran.

Als Fahrweg kann ein Betonfundament mit aufgelegter Kranschiene dienen. Wegen der größeren Unebenheiten der Schienen – z. B. infolge von Setzungen oder größeren Maßabweichungen des Betonfundaments – werden die hohen, meist auf viele Räder aufgeteilten Vertikallasten statisch bestimmt übertragen. Dazu ist ein Fahrwerk mit Radschwingen notwendig, siehe Abb. 1.13 c).

Bei einer Ausführung als Halbportalkran wird eine Kranseite auf einer hochgelegten Kranbahn geführt. Diese Ausführungsvariante kann z. B. sinnvoll sein, wenn die Krananlage innen oder außen an eine Gebäudewand anschließt, siehe Abb. 1.14.

1.3.5 Konsolkrane

Konsolkrane, die auch als Wandlaufkrane bezeichnet werden, sind verfahrbare Krane mit einem Kragträger als Lastarm (Abb. 1.15).

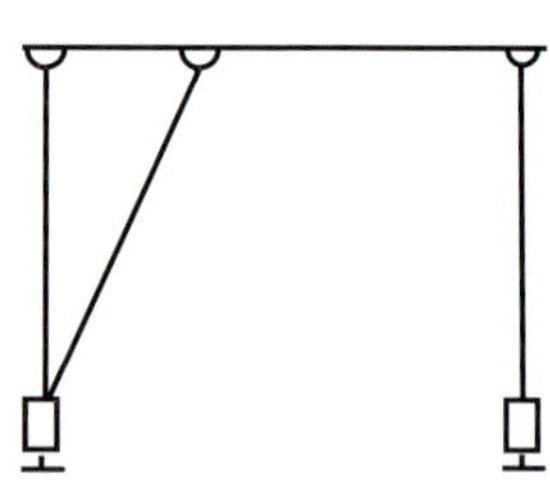

a) Portalkran als Dreigelenkrahmen; Termiz, Usbekistan 2014

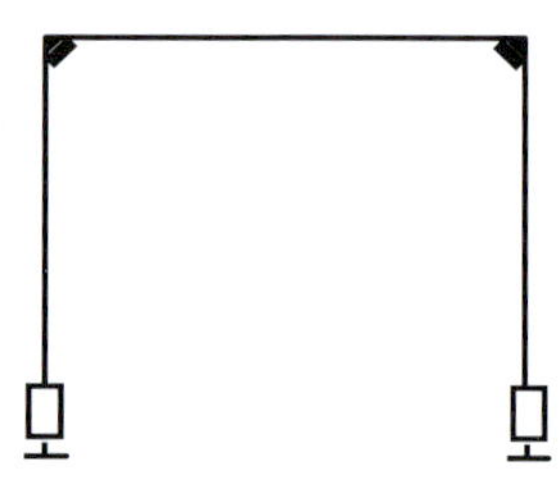

b) Portalkran als Zweigelenkrahmen; Inntal, Österreich 2005

c) Fahrwerk eines Portalkrans: Radlasten unabhängig von Schienenunebenheiten; Hamburg 2003

Abb. 1.13: Portalkrane

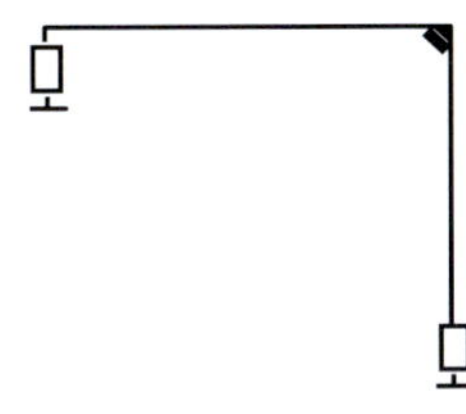

a) Halbportalkran als Zweigelenkrahmen; Bursa, Türkei 2011

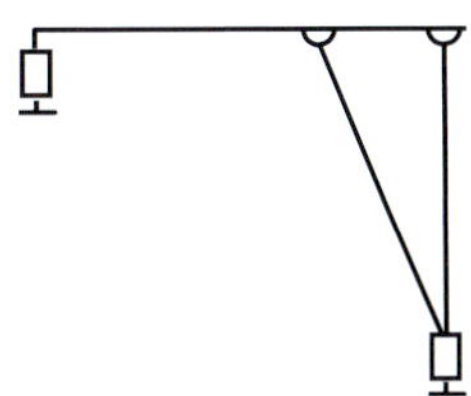

b) Halbportalkran als Zweigelenkrahmen; © ABUS Kransysteme GmbH

Abb. 1.14: Halbportalkrane

Die beiden Kranbahnträger befinden sich an einer Hallenseite übereinander. Die Vertikallasten werden in den unteren Kranbahnträger eingeleitet. Das durch Eigengewichte und die Hublast erzeugte Kragmoment wird in ein horizontales Kräftepaar umgewandelt. Die Tragfähigkeit kann 10 t erreichen, die Länge des Lastarms bis zu 7,5 m.

1.3.6 Hafenkrane

Containerkrane (Abb. 1.16 a) prägen die Skyline eines jeden Hafens.

Wippkrane (Abb. 1.16 b) werden gerne für die Beladung von Schiffen verwendet.

1.3.7 Mobile Krane: Turmdrehkrane und Fahrzeugkrane

Fahrzeugkrane (Abb. 1.16 c) werden durch die Weiterentwicklung der Stähle immer leistungsfähiger:

Abb. 1.15: Konsolkrane (© ABUS Kransysteme GmbH)

Das Verhältnis von Eigengewicht zu Hublast verbessert sich. Die maximalen Hublasten liegen mittlerweile bei über 1200 t, das maximale Lastmoment über 3600 tm.

Turmdrehkrane (Abb. 1.16 d) werden ebenfalls den mobilen Kransystemen zugerechnet.

1.3.8 Schiffskrane, Eisenbahnkrane

Schiffskrane (Abb. 1.17) dienen der Be- und Entladung von Frachtschiffen und sind mit der Schiffskonstruktion direkt verbunden. Eisenbahnkrane sind für den Betrieb auf Schienen optimierte mobile Kransysteme.

1.4 Normen für Krane und Kranbahnen

1.4.1 Normen für Krane in Deutschland und in Europa

Abb. 1.18 zeigt einen Überblick über die im Folgenden aufgelisteten Normen.

DIN 120 (1936–1974) „Berechnungsgrundlagen für Stahlbauteile von Kranen und Kranbahnen“:

DIN 120 galt gleichzeitig für Krane (Maschinenbau) und für Kranbahnen (Bauwesen). Nicht zuletzt auf Grund von Schadensfällen (Ermüdungsversagen an hochbeanspruchten Hüttenkranen, siehe [Sah68]) wurde die Norm in den siebziger Jahren des vergangenen Jahrhunderts überarbeitet. DIN 120 entspricht nicht mehr dem heutigen Stand der Technik.

DIN 15018 (1974–2012) „Krane“: Neue wissenschaftliche Erkenntnisse, besonders auf dem Gebiet der Betriebsfestigkeit, führten im maschinenbaulichen Kranbau in 1974 zur Ablösung der DIN 120 und zur Einführung der DIN 15018. Für die dem Baubereich zugeordneten Kranbahnen war zunächst weiterhin DIN 120 maßgebend.

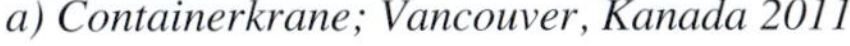

a) Containerkrane; Vancouver, Kanada 2011

b) Wippkrane; Nishny Novgorod, Russland 2014

c), d) Schwere Fahrzeugkrane; Firma Liebherr, Biberach

e) Leichter Turmdrehkran als Baustellenkran; Marzling 2012

Abb. 1.16: Hafenkrane und mobile Krane

Abb. 1.17: Schiffskrane (Ushuaia, Argentinien, 2016)

DIN EN 13 001 und DIN EN 15 011: (2012 bis heute): Euronormen ersetzen die mittlerweile zurückgezogene DIN 15 018 und regeln die Bemessung der Krane. Die neuen Krannormen beinhalten nun auch das semiprobabilistische Sicherheitskonzept. Sie sind in vielen – nicht in allen – Bereichen kompatibel zu den Eurocode-Normen des Baubereiches. Produktnormen sind inklusive der darin angegebenen mitgeltenden Normen primär anzuwenden. Für Brücken- und Portalkrane gilt die maschinenbauliche Produktnorm (Typ-C-Norm nach EN ISO 12 100):

- DIN EN 15 011 Krane – Brücken- und Portalkrane

Für aufgehängte oder freistehende Leichtkransysteme , Säulendrehkrane und Wanddrehkrane gilt die maschinenbauliche Produktnorm (Typ-C-Norm):

- DIN EN 16 851 Krane – Leichtkransysteme

Allgemeine maschinenbauliche Krannormen sind dann anzuwenden, wenn die spezifischen Produktnormen für eine Fragestellung keine Regelung vorsehen. Wichtige Teile der Normenfamilie DIN EN 1 3001 Krane – Konstruktion (Typ-C-Norm) allgemein sind:

DIN EN 13 001-1 Teil 1: Allgemeine Prinzipien und Anforderungen
DIN EN 13 001-2 Teil 2: Lasteinwirkungen
DIN EN 13 001-3-1 Teil 3.1: Grenzzustände und Sicherheitsnachweise von Stahltragwerken
DIN EN 13 001-3-2 Teil 3.2: Grenzzustände und Sicherheitsnachweise von Drahtseilen
DIN EN 13 001-3-3 Teil 3.3: Grenzzustände und Sicherheitsnachweise von Rad/Schiene-Kontakten

Weitere maschinenbauliche Regelwerke für Krane: Während im Bereich des Bauwesens die bauaufsichtlich eingeführten Normen konsequent anzuwenden sind, ist der maschinenbauliche Bereich traditionell hinsichtlich Berechnung und Nachweis weniger stark festgelegt. Dies führte zu einem Nebeneinander verschiedener Normen und Regeln. Außer den DIN-Normen gibt es für die Bemessung von Kranen weitere Regelwerke, die immer wieder angewandt werden:

- F.E.M.-Richtlinie 1.001 „Berechnungsgrundlagen für Krane", Ausgabe 1998 [FEM98]
- FKM-Richtlinie [FKM12], 1994 erstmalig erschienen, aktuell in der 6. Ausgabe von 2012 vorliegend

1.4.2 Normen für Kranbahnen in Deutschland und seit 2012 in Europa

DIN 120 (1936–1980) „Berechnungsgrundlagen für Stahlbauteile von Kranen und Kranbahnen"

DIN 120 entspricht nicht mehr dem heutigen Stand der Technik. Besonders im Hinblick auf den Ansatz der horizontalen Lasten aus Kranbetrieb und hinsichtlich der Bewertung der Ermüdung liegen die Regelungen der DIN 120 auf der unsicheren Seite. Der Nachweis einer Kranbahn nach DIN 120 wird heute nicht mehr als Nachweis einer ausreichenden Standsicherheit akzeptiert, DIN 120 gilt als unsichere Altnorm.

TGL 13471: Kranbahnen in der damaligen DDR (1969–1990): In der damaligen DDR wurden Kranbahnen und deren Unterstützungen nach TGL 13 471 „Stahltragwerke für Kranbahnen" (Ausgabe 1968) in Verbindung mit TGL 13 500 „Stahltragwerke, Berechnung und bauliche Durchbildung" berechnet, siehe [GLR20].

Mit den Normen TGL 21-386 001, Blatt 1 und 2 aus dem Jahr 1965 konnten Kranbahnträger im Rastermaß 6 m oder 12 m bei Hublasten bis 50 t bemessen werden.

Die TGL-Normen entsprechen nicht mehr in allen Bereichen dem heutigen Stand der Technik. Die nach TGL ermittelten Seitenkräfte sind geringer als nach den heutigen Normen. Eine nach TGL bemessene Kranbahn im Baubestand kann deshalb nicht automatisch als ausreichend sicher angesehen werden. Die genannten TGL-Normen gelten als unsichere Altnormen.

DIN 4132: (1980–2012) „Kranbahnen": Im Jahr 1980 wurde mit der DIN 4132 endlich eine Norm für Kranbahnen eingeführt, die zu DIN 15 018 kompatibel war. Damit konnte die längst als überholt geltende DIN 120 endlich zurückgezogen werden. Seit 1995 wurde DIN 4132 in Verbindung mit DIN 18 800 und der Anpassungsrichtlinie Stahlbau angewendet. Damit waren alle Nachweise erstmalig nach dem semiprobabilistischen Sicherheitskonzept zu führen. Nachweise nach DIN 4132 gelten im Regelfall auch heute noch als Nachweis einer ausreichenden Sicherheit.

Eurocodes: (2012 bis heute) Seit 2012 sind die Eurocodes in allen 16 Bundesländern bauaufsichtlich eingeführt. Für Kranbahnträger sind folgende Eurocodes besonders relevant:

- DIN EN 1991-3 „Einwirkungen infolge von Kranen und Maschinen" – im Folgenden auch als EC 1-3 bezeichnet. EC 1-3 wird zur Anwendung in Deutschland durch einen Nationalen Anhang ergänzt.
- DIN EN 1993-6 „Kranbahnen" – im Folgenden auch als EC 3-6 bezeichnet – regelt auf der Widerstandsseite die Bemessungsverfahren für Kranbahnen. EC 3-6 wird zur Anwendung in Deutschland durch einen Nationalen Anhang ergänzt.

Für Kranbahnträger relevante Stahlbau-Grundnormen (Auswahl)

- DIN EN 1993-1-1: Bemessung und Konstruktion von Stahlbauten, Teil 1-1: Allgemeine Bemessungsregeln und Regeln für den Hochbau. Kurzbezeichnung: Eurocode 3 Teil 1-1.

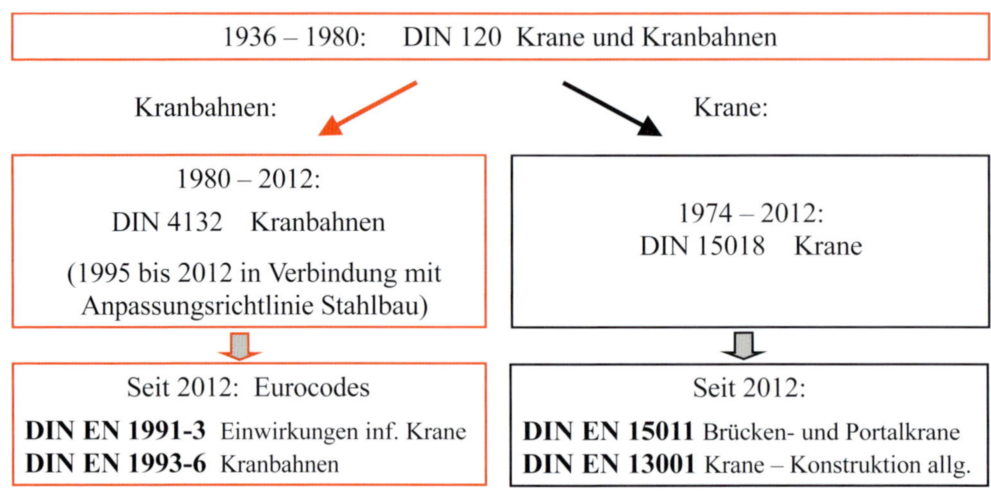

Abb. 1.18: Entwicklung der Normen für Krane und Kranbahnen seit 1936

- DIN EN 1993-1-5: Bemessung und Konstruktion von Stahlbauten, Teil 1-5: Plattenbeulen. Kurzbezeichnung: Eurocode 3 Teil 1-5.
- DIN EN 1993-1-8: Bemessung und Konstruktion von Stahlbauten, Teil 1-8: Bemessung von Anschlüssen. Kurzbezeichnung: Eurocode 3 Teil 1-8.
- DIN EN 1993-1-9: Bemessung und Konstruktion von Stahlbauten, Teil 1-9: Ermüdung. Kurzbezeichnung: Eurocode 3 Teil 1-9.

Weitere für Kranbahnträger relevante Einwirkungsnormen

- DIN EN 1990, Eurocode 0: Grundlagen der Tragwerksplanung
- DIN EN 1991, Eurocode 1: Einwirkungen auf Tragwerke
- DIN EN 1998-1, Eurocode 8: Auslegung von Bauwerken gegen Erdbeben – Teil 1: Grundlagen, Erdbebeneinwirkungen und Regeln für Hochbauten. Diese Norm wurde allerdings bisher nicht bauaufsichtlich eingeführt, stattdessen ist noch die bereits zurückgezogene frühere nationale Erdbebennorm DIN 4149 anzuwenden. Es ist aber geplant, im Zuge der bevorstehenden Neuausgabe des Nationalen Anhangs zu DIN EN 1998-1 den EC 8 endlich bauaufsichtlich einzuführen.

1.4.3 Format der Quellenangaben bei Eurocode-Normen in diesem Buch

Quellenhinweise auf Eurocode-Normen werden in diesem Buch platzsparend jeweils unter Weglassung von „DIN EN 199“ in folgendem Format angegeben (Beispiele):

[3-1-1/5.2.2]	DIN EN 1993 Teil 1-1, Kapitel 5.2.2
[1-3/Tab.2.6]	DIN EN 1991 Teil 3, Tabelle 2.6
[3-6/Bild 6.2]	DIN EN 1993 Teil 6, Bild 6.2
[3-1-1NA/Tab.1]	Nationaler Anhang zu DIN EN 1993, Teil 1-1, Tabelle 1

1.5 Geltungsbereich der deutschen Landesbauordnungen (LBO) für Kranbahnen

Die Frage, ob die jeweilige Landesbauordnung eines deutschen Bundeslandes auch auf Kranbahnen anzuwenden ist, ist für die Planung und die Bauausführung der Kranbahn entscheidend, regelt sie doch die einzuhaltenden rechtlichen Randbedingungen. Tabelle 1.1 zeigt, dass der Sachverhalt in den 16 Ländern unterschiedlich geordnet ist. In 7 der 16 Bundesländer gilt die jeweilige LBO auch für Kranbahnen. In 9 Bundesländern sind dagegen Krane und Krananlagen vom Geltungsbereich der LBO ausgeschlossen. Da die Kranbahn Teil der Krananlage ist, kann die Aussage nur so verstanden werden, dass die Kranbahn nicht in den Geltungsbereich der jeweiligen LBO fällt. Doch welche Konsequenz hat das für die Kranbahnen in diesen 9 Bundesländern? Dürfen die Eurocode Normen in diesen 9 Bundesländern bei der Bemessung von Kranbahnen unberücksichtigt bleiben? Nach Ansicht des Autors ist diese Frage mit „nein" zu beantworten. Denn es gilt nach Einschätzung der Fachkommission Bauaufsicht der Bauministerkonferenz, „dass eine Kranbahn, soweit sie als ortsfeste Unterstützungskonstruktion Bestandteil eines Gebäudes sei, auch relevante Auswirkungen auf die Statik des Gebäudes haben kann. In diesen Fällen ist die Kranbahn nicht vom Geltungsbereich [...] der Landesbauordnungen ausgeschlossen" (Schreiben vom 16.12.2016, zitiert nach [EK17]). Aus der Liste der als Technische Baubestimmungen eingeführten technischen Regeln (Bekanntmachung des Bayerischen Staatsministeriums des Innern vom 26.11.2014) geht hervor: „ Soweit von Krananlagen jedoch Lasten auf Gebäude übertragen werden, hängt die Standsicherheit des Gebäudes auch von der ordnungsgemäßen Beschaffenheit der mit dem Gebäude verbundenen Kranbahn ab. Die DIN EN 1991-3 in Verbindung mit DIN EN 1991-3/NA wird daher für solche Kranbahnen eingeführt, von denen Lasten auf Gebäude übertragen werden". Dies gilt, obwohl Bayern zu den Ländern zählt, in deren LBO festgelegt ist, dass sie nicht für Krananlagen gilt.

In Rheinland-Pfalz sind nach § 62 LBO (1998) Kranbahnen für Krane bis 50 kN Traglast genehmigungsfrei, im Saarland gilt nach § 61 LBO (2004) eine ähnliche Regelung für Krane bis 1 t Traglast.

Es wäre in einer globalisierten Welt sehr wünschenswert, wenn es den 16 Bundesländern wenigstens gelänge, die Frage, ob Kranbahnen nun in den Geltungsbereich der LBO fallen oder nicht, einheitlich zu beantworten.

Übereinstimmend gilt in allen Bundesländern, dass die Krane nicht in den Geltungsbereich der LBO fallen. Ein Kran stellt eine Maschine dar, für die eine Konformitätserklärung abzugeben ist.

1.6 Grenzzustände und Teilsicherheitsbeiwerte Widerstand

Eine Bemessung nach Eurocode erfolgt gegen Grenzzustände. Drei Grenzzustände sind relevant

- **Grenzzustand der Tragfähigkeit (GZT),** Kapitel 11, Kapitel 12, 13 und 16.
  Mit dem Erreichen des Grenzzustandes der Tragfähigkeit versagt das Bauwerk infolge Überbeanspruchung. Dies kann den Einsturz des Gebäudes oder einzelner Teile davon bedeuten. Im Rahmen der Nachweise gegen den GZT wird gezeigt, dass die tatsächlichen Lasten einen durch die Teilsicherheitsbeiwerte festgelegten Abstand vom Versagenspunkt haben. Zu den Nachweisen im GZT gehören beispielsweise die Nachweise, dass die Quer-

Tab. 1.1: Geltungsbereich LBO's (Landesbauordnungen), jeweils §1; Stand: März 2020

Bundesland	NICHT im LBO Geltungsbereich ...	LBO gilt für KrB.
Baden-Württemberg	„Kräne und Krananlagen"	siehe Abs. 1.6
Bayern	„Kräne und Krananlagen"	siehe Abs. 1.6
Berlin	„Kräne und Krananlagen"	siehe Abs. 1.6
Bremen	„Kräne und Krananlagen"	siehe Abs. 1.6
Hessen	„Krane und Krananlagen"	siehe Abs. 1.6
Niedersachsen	„Kräne und Krananlagen"	siehe Abs. 1.6
NRW	„Kräne und Krananlagen"	siehe Abs. 1.6
Sachsen	„Kräne und Krananlagen"	siehe Abs. 1.6
Thüringen	„Krane und Krananlagen"	siehe Abs. 1.6
Brandenburg	„Kräne, mit Ausnahme von Kranbahnen und Unterstützungen"	ja
Hamburg	„Kräne und ähnliche Anlagen, mit Ausnahme ihrer ortsfesten Bahnen und Unterstützungen"	ja
Mecklenburg-Vorpommern	„Kräne und Krananlagen mit Ausnahme der Kranbahnen und Kranfundamente"	ja
Rheinland-Pfalz	„Kräne, mit Ausnahme von Kranbahnen und deren Unterstützungen"	ja
Saarland	„Kräne und Krananlagen mit Ausnahme ihrer ortsfesten Bahnen und Unterstützungen"	ja
Sachsen-Anhalt	„Krane, mit Ausnahme von Kranbahnträgern und deren Unterstützungen"	ja
Schleswig-Holstein	„Kräne und Krananlagen mit Ausnahme der Kranbahnen und Kranfundamente"	ja

schnitte die Schnittgrößen aufnehmen können und dass die einzelnen Bauteile nicht infolge Knicken oder Biegedrillknicken – also infolge nicht ausreichender Stabilität – versagen.

- **Grenzzustand der Gebrauchstauglichkeit (GZG),** Kapitel 14.

  Die Grenzzustände der Gebrauchstauglichkeit sind dadurch gekennzeichnet, dass die Bedingungen, unter denen das Bauwerk seinen Zweck erfüllen kann, kritisch werden. Bei Kranbahnen ist der GZG z.B. überschritten, wenn die vertikalen oder horizontalen Durchbiegungen so groß werden, dass kein ordnungsgemäßer Kranbetrieb mehr möglich ist. Die Einhaltung der Gebrauchstauglichkeit ist zwar keine bauaufsichtliche Forderung, zivilrechtlich aber von Bedeutung. Die Grenzwerte können zwischen den am Bau Beteiligten vereinbart werden, wenn man die in den Normen vorgeschlagenen Werte nicht übernehmen möchte.

- **Grenzzustand der Ermüdung (GZE),** Kapitel 15 und 16.

  Mit dem Nachweis einer ausreichenden Ermüdungsfestigkeit wird über GZT und GZG hinaus nachgewiesen, dass das Bauwerk nicht nur unmittelbar nach der Fertigstellung, sondern für einen definierten Zeitraum (z.B. 25 Jahre) sicher genutzt werden kann. In Kombination mit einem Inspektionsplan wird so erreicht, dass Risse entweder gar nicht auftreten oder – falls sie auftreten – rechtzeitig entdeckt und repariert werden.

Als Teilsicherheitsbeiwerte auf der Widerstandsseite (Materialseite) werden für Kranbahnen u. a. folgende Werte festgelegt:

- GZT, [3-6NA/6.1(1)] :
  - Nachweise gegen Fließen: $\gamma_{M0} = 1,0$
  - Nachweise gegen Stabilitätsversagen: $\gamma_{M1} = 1,1$
  - Nachweise von Verbindungsmitteln; Nachweis des Nettoquerschnitts gegen Zugversagen (z. B. bei Schraubenlöchern): $\gamma_{M2} = 1,25$
  - Mit einer Ausnahme folgt der NA dabei den Empfehlungen der DIN EN 1993-6. Im Unterschied zur DIN EN 1993-6 mit $\gamma_{M1} = 1,0$ legt der NA abweichend $\gamma_{M1} = 1,1$ fest. Hintergrundinformationen zum Teilsicherheitsbeiwert γ_{M1} bei Stabilitätsnachweisen finden sich z. B. in [NSUS08].
- GZG, [3-6NA/7.5(1)]: $\gamma_{M,ser} = 1,0$
- GZE, [3-6NA/9.2(2)]: γ_{Mf} siehe Abschnitt 15.1.5

Die Teilsicherheitsbeiwerte für die Einwirkungen sind in Abschnitt 8.4 enthalten.

1.7 Koordinatensystem

Das in diesem Buch verwendete Koordinatensystem [3-1-1/1.7(1)] wird in Abb. 1.19 dargestellt. Die Indizes zur Bezeichnung von Momenten ergeben sich aus der Achse, um die das Moment wirkt.

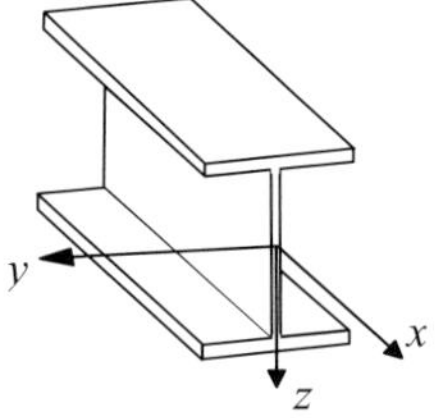

Abb. 1.19: Koordinatensystem nach DIN EN 1993-1-1, Kap. 1.7(1)

2 Planung von Brückenkrananlagen

2.1 Tabellen und Daten für die Planung

Kranhallen werden oft zu einem Zeitpunkt geplant, an dem der Lieferant des Krans noch nicht feststeht. Exakte Daten, z. B. für die Kranlasten, liegen dann noch nicht vor. Im Folgenden werden einige Planungsdaten herstellerunabhängig vorgestellt, die eine Grundlage für den Vorentwurf einer Kranhalle liefern können. Die Werte sind jedoch nicht als Konstruktionsdaten, sondern nur als Planungsgrößen einzustufen. Als Hilfsmittel sind empfehlenswert:

- VDI-Richtlinie 2388 [VDI07]: liefert Daten für Krananlagen für leichten bis mittleren Betrieb (bis HC2/S3)
- VDI-Richtlinie 3576 [VDI11a]: gibt Hinweise zu Schienen und deren Auflagerung
- Unterlagen der Kranhersteller und Kranausrüster
- Unfallverhütungsvorschrift DGUV V52 [DGU01] enthält z. B. Sicherheitsabstände.

Eine Vorplanung der Brückenkrananlage kann in den Arbeitsschritten a) bis g) erfolgen:

a) Eigenschaften des geplanten Krans wählen

- Tragfähigkeiten von Kranen in [t] können wie in Tab. 2.1 angegeben gewählt werden. Höhere Traglasten sind analog zu bilden (siehe auch DIN 15 021).
- Die Hubhöhen sind ebenfalls genormt.
  Möglich sind z. B. (in [m]) 4; 5; 6,3; 8; 10; 12,5; 16; 20 oder 25 m.
- Als Fahrgeschwindigkeiten für Krane kommen z. B. in Frage (in [m/min]): 1,0; 1,25; 1,6; 2; 2,5; 3,2; 4; 5; 6,3; 8; 10; 12,5; 16; 20; 25; 32; 40; 50; 63; 80; 100; 125; 160 m/min.
  Bei flurbedienten Kranen mit kabelgebundener Steuerung darf maximal v = 63 m/min gewählt werden. Bei drahtlosen Steuerungen werden maximale Fahrgeschwindigkeiten von bis zu 160 m/min geplant.
- Einstufung in Hubklasse und Beanspruchungsklasse nach Abschnitt 8.3 vornehmen.

Tab. 2.1: Genormte Tragfähigkeiten von Kranen in [t]

Tragfähigkeit in [t]									
0,13	0,16	0,2	0,25	0,32	0,4	0,5	0,63	0,8	1
1,25	1,6	2	2,5	3,2	4	5	6,3	8	10
12,5	16	20	25	32	40	50	63	80	100
125	160	200	250	usw.					

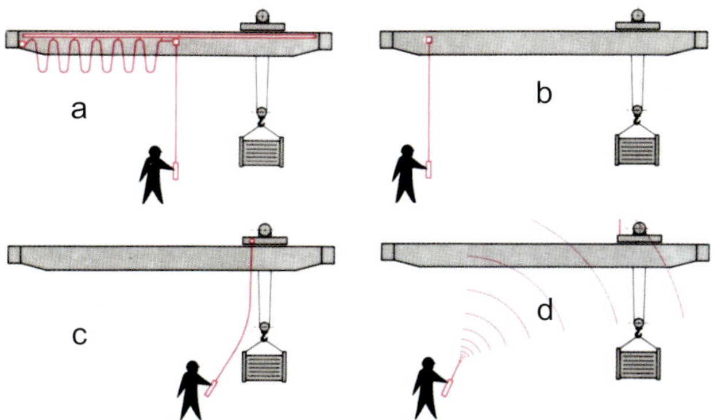

Abb. 2.1: Bedienung des Krans von Flur aus: am Kran verfahrbar (a), fest am Kran (b), fest an der Katze (c), drahtlose Steuerung (d) (nach DEMAG-Prospekt)

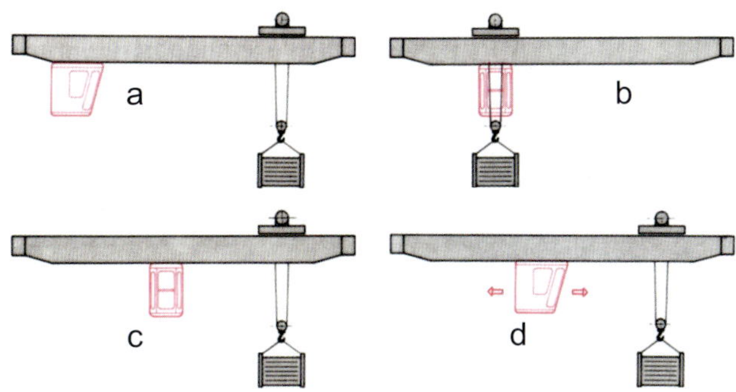

Abb. 2.2: Führerhausbedienung: seitlich fest am Hauptträger (a), fest an der Katze (b), mittig fest am Hauptträger (c), am Hauptträger unabhängig verfahrbar (d) (nach DEMAG-Prospekt)

- Brückenkran oder Hängekran ?
  Die Regeleinsatzbereiche nach VDI-Richtlinie 2388 sind von der Hublast und vom Spurmittenmaß (Spannweite als horizontaler Abstand der Kranbahnträgerachsen) abhängig:
  - Einträger-Hängekran: bis 10 t, Spurmittenmaß s von 4 m bis 24 m
  - Zweiträger-Hängekran: bis 10 t, Spurmittenmaß s von 7 m bis 30 m
  - Einträger-Brückenlaufkran: bis 10 t, Spurmittenmaß s von 4 m bis 24 m
  - Zweiträger-Brückenkran: Spurmittenmaß s von 4 m bis über 35 m
- Art der Kranbedienung in Abhängigkeit von der zu lösenden Transportaufgabe wählen:
  - In Abb. 2.1 sind 4 Varianten der Kranbedienung von Flur aus dargestellt. Am häufigsten werden die Varianten a (am Kran verfahrbar) und d (drahtlose Steuerung) gewählt.
  - In Abb. 2.2 sind 4 Varianten mit Führerhausbedienung dargestellt.

Tab. 2.2: Laufstege und Zugänge zu Laufkranen und Hängekranen (ohne Deckenkrane)

		Steuerstand an der Kranbrücke (Abb. 2.2 a, c, d); Bodenhöhe über Flur:		Steuerstand an der Katze (Abb. 2.2 b); Bodenhöhe über Flur:		Bedienung von Flur aus siehe Abb. 2.1
		≤ 5 m	> 5 m	≤ 5 m	> 5 m	
Kranausrüstung	Notabstieg aus dem Steuerstand, z. B. ausziehbare Leiter, Abseilgerät o. Ä.	ja		ja		
	Kranträgerlaufbühne, freier Durchgang min. 2,0 m $\times$ 0,45 m	ja*)	ja*)	ja*)	ja	***)
Gebäudeausrüstung	Fahrbahnlaufsteg min. 1,8 m $\times$ 0,4 m, Zugang mit mindestens einer Treppe**)		ja		ja	
	Zugangsbühne mit Treppe an einer Stelle der Kranbahn fest angebracht	ja		ja		

*) Wenn Zugang zum Steuerstand nur über Kranträgerlaufbühne möglich.
**) Zugang zum Kran in jeder Stellung; von 50 m bis 200 m Kranbahnlänge: ein weiterer Aufstieg ist erforderlich, je weitere 100 m ein zusätzlicher Aufstieg.
***) Ggf. sind die Vorgaben an Kranträgerlaufbühnen nach DIN EN 13 586 zu erfüllen.

b) Zugänge oder Laufstege

Im Folgenden werden einige Regeln für typische Fälle wiedergegeben. Die vollständigen Regeln können VDI-Richtlinie 2388 [VDI07] oder DGUV V52 [DGU01], siehe auch [KH11] und [KK17] entnommen werden.

- Tab. 2.2 enthält Angaben zu Laufstegen und Zugänge für Brückenlaufkrane und Hängekrane ohne Deckenkrane. Deckenkrane sind Hängekrane, die fest – also nicht pendelnd – an der Dachkonstruktion oder der Decke befestigt sind. Für vom Flur aus bediente Deckenkrane sind grundsätzlich keine Zugänge erforderlich.
- Für alle Brücken-, Hänge- und Deckenkrane ist zusätzlich eine Arbeits- und Reparaturbühne erforderlich, die entweder am Kran angebracht ist oder am Gebäude an geeigneter Stelle befestigt ist. Auf eine solche Bühne darf nur verzichtet werden, wenn alle Arbeiten von den ggf. vorhandenen Laufstegen verrichtet werden können oder eine jederzeit verfügbare mobile Hubarbeitsbühne zur Verfügung steht.
- Ein Fahrbahnlaufsteg hat zwischen den Geländern eine lichte Weite von mindestens 40 cm. Diese Breite ist ein absoluter Mindestwert. Bei Laufstegen auf Kranbrücken ist nach DIN EN 13586 eine Mindestbreite von 45 cm zu berücksichtigen. Für einen Werkzeug tragenden Arbeiter kann es außerordentlich mühselig sein, einen zwischen den Geländern nur 40 cm breiten, möglicherweise mehrere hundert Meter langen Steg zu begehen.
- Ein Fahrbahnlaufsteg, der sich zwischen zwei benachbarten Kranbahnträgern (z. B. in der Mitte einer zweischiffigen Halle) befindet, muss oberhalb der Geländer im Minimum eine

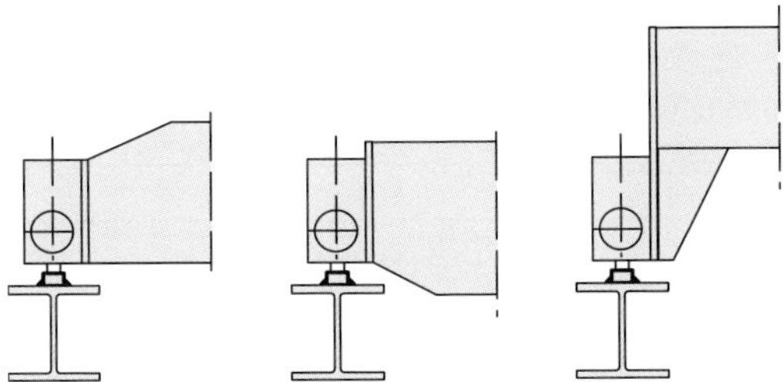

Abb. 2.3: Kranträgerausführungen nach [VDI07]

lichte Weite von 60 cm haben. Im Bereich von Stützen ist beidseits eine lichte Weite von 50 cm vorzusehen.

- Darüber hinausgehend sollte die Frage, ob an den Kranbahnen ein seitlicher Zugang über einen Laufsteg vorgesehen wird oder nicht, davon abhängig gemacht werden, wie das Umfeld des Krans gestaltet ist. Kommt man z. B. wegen der Produktion nur schwer mit einem Hubwagen an die Kranbahn heran, kann u. U. ein Laufsteg auch dann sinnvoll sein, wenn er aus Gründen der Unfallverhütung nicht zwingend erforderlich wäre.

c) Sicherheitsabstände

In Abb. 2.4 und Abb. 2.5 werden Sicherheitsabstände für typische Fälle angegeben. Die vollständigen Regeln können der DGUV Vorschrift 52 (bisher: BGV D6) [DGU01] entnommen werden. Eine ausführliche Darstellung mit vielen Beispielen findet sich in [KH11]. Siehe auch VDI 2388 [VDI07].

d) Maße des Krans

Verschiedene Möglichkeiten des Anschlusses der Kranbrücke an den Kopfträger werden in Abb. 2.3 dargestellt. Die Wahl der Variante hat Einfluss auf die Höhenlage der Kranbahnträger. Für die häufig gewählte mittlere Variante werden in Tab. 2.3 (Einträger-Brückenlaufkran) und Tab. 2.4 (Zweiträger-Brückenlaufkran) Maße angegeben, die für eine erste Planung ausreichend sind.

Für weitere Eingangsgrößen können Planungsdaten der VDI-Richtlinie 2388 [VDI07] entnommen werden.

e) Arbeitsraum, Begrenzungsprofil und Lichtraumprofil

Basis für die Planung der Krananlage ist u. a. der erforderliche Arbeitsraum. Als Arbeitsraum wird der vom Kranhaken bedienbare Raum bezeichnet, siehe Abb. 2.6. Die Hallenmaße müssen den Arbeitsraum in Fahrtrichtung um die Krananfahrmaße m_1 und m_2 überschreiten, in seitlicher Richtung um die Katzanfahrmaße g_1 und g_2 und zusätzlich um die erforderlichen Sicherheitsabstände (siehe oben). Das Begrenzungsprofil ergibt sich aus der von den kraftbewegten Teilen des Krans überstrichenen Fläche ohne Berücksichtigung der Lastaufnahmeeinrichtungen (z. B. Haken). Das Lichtraumprofil erhält man, wenn man das Begrenzungsprofil um die erforderlichen Sicherheitsabstände erweitert. Abb. 2.7 zeigt, was passieren kann, wenn das Begrenzungsprofil des Krans nicht frei von Gegenständen gehalten wird. Der nutzbare Hallenquerschnitt ergibt sich aus dem Profil des Arbeitsraums ohne das Kran-Lichtraumprofil.

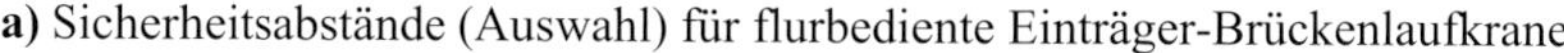

a) Sicherheitsabstände (Auswahl) für flurbediente Einträger-Brückenlaufkrane

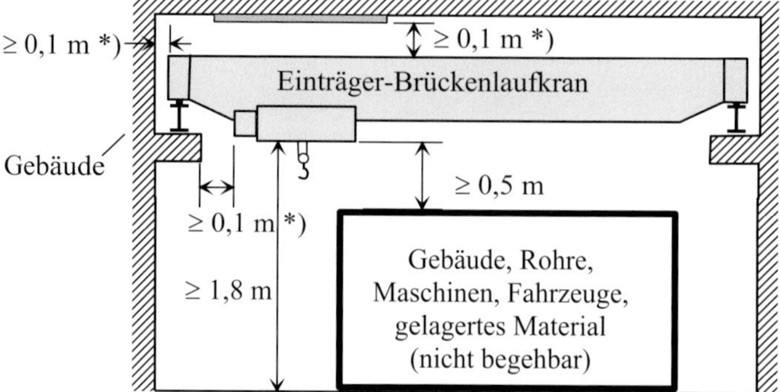

b) Sicherheitsabstände (Auswahl) für fest montierte Hängekrane

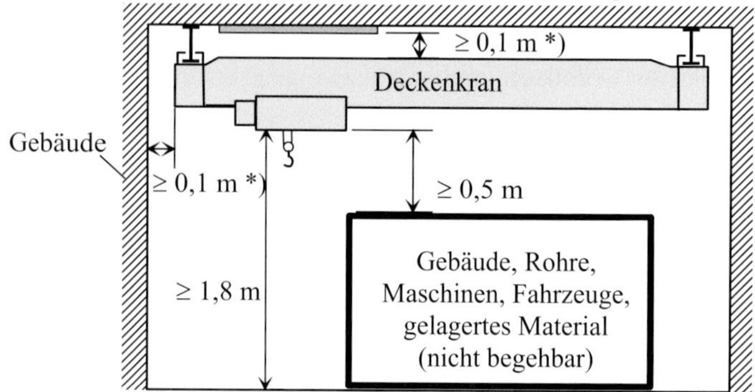

c) Sicherheitsabstände (Auswahl) für flurbediente Zweiträger-Brückenlaufkrane

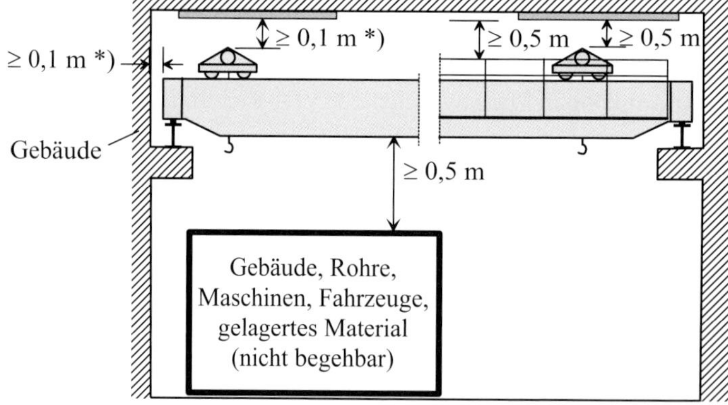

*) Im Regelfall Sicherheitsbstand nicht zwingend nötig, empfohlener Abstand 0,1 m.

Abb. 2.4: Sicherheitsabstände nach DGUV V52, siehe VDI 2388 [VDI07], Bilder 8 – 10

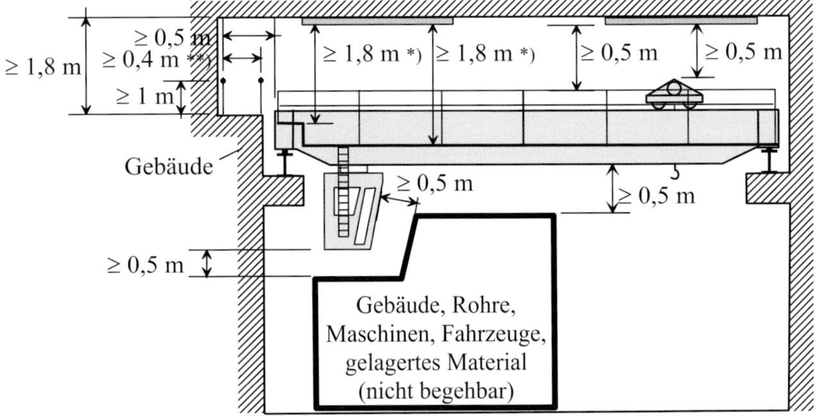

*) Nur erf., wenn der Steuerstand über die Kranträgerlaufbühne erreicht wird (DGUV V52, §9).

**) Die sehr gering angegebene Mindestbreite von 0,4 m sollte eher die Ausnahme als die Regel sein, da die Begehung eines so schmalen Laufstegs beschwerlich ist.

Abb. 2.5: Sicherheitsabstände (Auswahl) für Zweiträger-Brückenlaufkrane mit Steuerstand nach DGUV V52, siehe VDI 2388 [VDI07], Bild 11

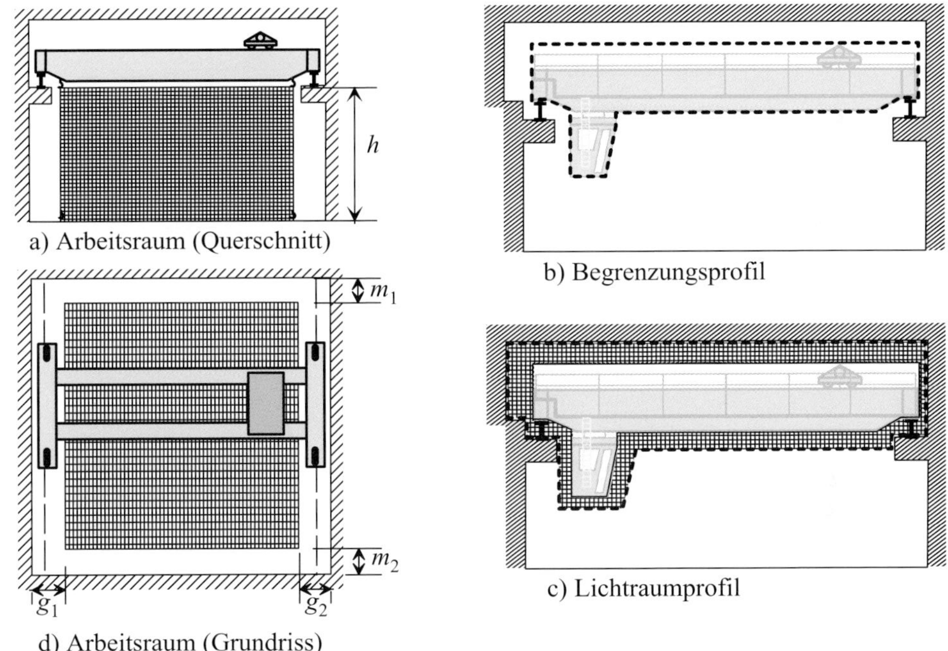

Abb. 2.6: Arbeitsraum (a, d), Begrenzungsprofil (b) und Lichtraumprofil (c) von Krananlagen

Tab. 2.3: Entwurfsmaße für Einträger-Brückenlaufkrane nach [VDI07]

<table>
<tr><th>Hublast
[t]</th><th>Spannweite
s [m]</th><th>e
[cm]</th><th>Radstand
a [cm]</th><th>Trägerhöhe
T [cm]</th><th>x
[cm]</th><th>d
[cm]</th><th>g
[cm]</th><th>y
[cm]</th></tr>
<tr><td rowspan="4">2</td><td>12,5</td><td rowspan="4">10</td><td>200</td><td>43</td><td rowspan="3">49</td><td rowspan="4">63</td><td rowspan="4">100</td><td>116</td></tr>
<tr><td>15</td><td>200</td><td>58</td><td>131</td></tr>
<tr><td>19</td><td>250</td><td>68</td><td>141</td></tr>
<tr><td>24</td><td>315</td><td>70</td><td>50</td><td>143</td></tr>
<tr><td rowspan="4">5</td><td>12,5</td><td rowspan="4">10</td><td>200</td><td>58</td><td rowspan="3">49</td><td rowspan="4">71</td><td rowspan="4">108</td><td>129</td></tr>
<tr><td>15</td><td>200</td><td rowspan="2">68</td><td rowspan="2">149</td></tr>
<tr><td>19</td><td>250</td></tr>
<tr><td>24</td><td>315</td><td>90</td><td>50</td><td>171</td></tr>
<tr><td rowspan="4">6,3</td><td>12,5</td><td rowspan="4">13</td><td>200</td><td rowspan="2">68</td><td rowspan="3">49</td><td rowspan="4">71</td><td rowspan="4">108</td><td rowspan="2">149</td></tr>
<tr><td>15</td><td>250</td></tr>
<tr><td>19</td><td>250</td><td>79</td><td>160</td></tr>
<tr><td>24</td><td>315</td><td>100</td><td>50</td><td>181</td></tr>
<tr><td rowspan="4">8</td><td>12,5</td><td rowspan="4">13</td><td>200</td><td rowspan="2">71</td><td rowspan="2">49</td><td rowspan="4">91</td><td rowspan="4">136</td><td rowspan="2">172</td></tr>
<tr><td>15</td><td>200</td></tr>
<tr><td>19</td><td>250</td><td>91</td><td rowspan="2">50</td><td>192</td></tr>
<tr><td>24</td><td>315</td><td>102</td><td>203</td></tr>
<tr><td rowspan="4">10</td><td>12,5</td><td rowspan="4">13</td><td>200</td><td>71</td><td rowspan="4">50</td><td rowspan="4">91</td><td rowspan="4">136</td><td>172</td></tr>
<tr><td>15</td><td>200</td><td>79</td><td>180</td></tr>
<tr><td>19</td><td>250</td><td rowspan="2">99</td><td rowspan="2">200</td></tr>
<tr><td>24</td><td>315</td></tr>
</table>

f) Vertikale Radlasten

Die charakteristischen vertikalen Radlasten max F können mit Tab. 2.5 bis Tab. 2.8 abgeschätzt werden, siehe VDI-Richtlinie 2388 [VDI07]. In ihnen sind nur die Lasten aus Kranbetrieb (Eigengewicht des Krans und Hublast) berücksichtigt, sie enthalten noch keine Schwingbeiwerte. Die Abschätzungen basieren auf einer Einstufung des Krans in HC2/S_2 und einer Triebwerksgruppe „1Am" nach DIN 15 020. Für Hängekrane sind die Summen der Radlasten auf einer Fahrwerksseite angegeben, für Brückenlaufkrane die maximale Radlast eines zweiachsigen Krans.

Tab. 2.4: Entwurfsmaße für Zweiträger-Brückenlaufkrane, flurbedient, ohne Kranträgerlaufbühne nach [VDI07]

Traglast [t]	Spannweite *s* [m]	*e* [cm]	Radstand *a* [cm]	Trägerhöhe *T* [cm]	*x* [cm]	*u* [cm]	*g* [cm]	*y* [cm]
5	10	10	200	37	139	0	65	94
	15		250	55		18		
	20		315	65		28		
	25	13	400	87	140	48		
	30		456	107		68		
10	10	10	200	55	144	18	75	108
	15	13	250	77	145	38		
	20		315	97		58		
	25		400	107		68		
	30		456	132		93		
16	10	17	200	69	177	19	97	145
	15		250	89		39		
	20		315	99		49		
	25		400	109		59		
	30		456	149		99		
20	10	17	250	69	187	19	97	158
	15		250	99		49		
	20		315	109		59		
	25		400	134		84		
	30		456	149		99		

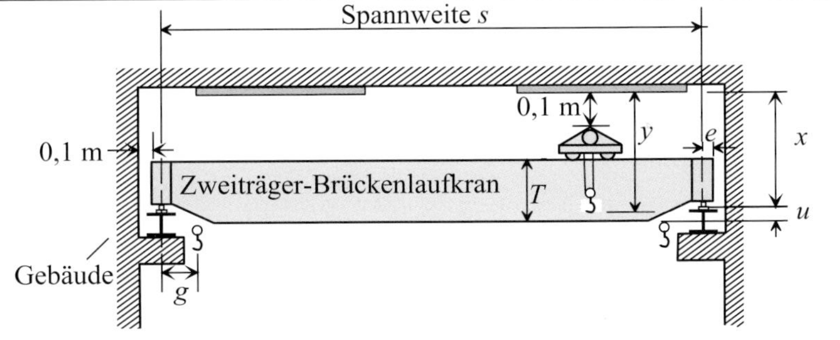

g) Abschätzung einer Walzprofilgröße für den Kranbahnträger

Mit den Vorbemessungstabellen in Abschnitt 9.3 lässt sich nun bei Vorwahl der Profilreihe die erforderliche Profilgröße bestimmen.

Tab. 2.5: Summe der maximalen Radlasten einer Fahrwerksseite Σ max *F* [kN] ohne Schwingbeiwerte als Funktion von Spurmittenmaß *s* und Hublast für einen Einträger-Hängekran [VDI07]

Hublast \ Spurmittenmaß *s*	6 m	8 m	10 m	12 m	14 m	16 m	18 m
0,5 t	10	13	15	18	20	23	25
1 t	19	22	24	27	30	32	35
2 t	27	30	32	35	37	40	42
3,2 t	46	49	51	54	57	59	62
5 t	60	63	66	69	71	74	77
6,3 t	84	87	89	92	95	97	100
10 t	115	118	120	123	125	128	130

Tab. 2.6: Max. Radlast *F* [kN] ohne Schwingbeiwerte als Funktion von Spurmittenmaß *s* und Hublast für einen zweiachsigen Einträger-Brückenlaufkran [VDI07]

Hubl. \ Spur *s*	8 m	10 m	12 m	14 m	16 m	18 m	20 m	22 m	24 m
0,5 t	6	7	8	8	9	10	11	11	12
1 t	10	11	12	13	14	15	16	17	18
2 t	15	16	17	18	19	20	21	22	23
3,2 t	22	23	24	25	26	27	28	29	30
5 t	29	31	32	34	35	37	38	40	41
6,3 t	35	37	39	40	42	44	46	47	49
8 t	47	49	51	52	54	56	58	60	62
10 t	56	58	60	62	64	66	68	70	72

Tab. 2.7: Max. Radlasten *F* [kN] ohne Schwingbeiwerte als Funktion von Spurmittenmaß *s* und Hublast für einen zweiachsigen Zweiträger-Brückenlaufkran mit Elektroseilzug, ohne Kranträgerlaufbühne und Steuerstand [VDI07]

Hubl. \ Spur *s*	10 m	12 m	14 m	16 m	18 m	20 m	22 m	24 m	26 m	28 m	30 m
3,2 t	23	25	27	29	32	34	36	38	40	42	44
5 t	29	32	34	36	39	41	44	46	48	51	53
6,3 t	38	40	43	45	48	50	53	55	58	60	63
8 t	47	50	52	55	57	60	62	65	67	70	72
10 t	55	58	61	63	66	69	71	74	77	79	82
12,5 t	66	70	73	76	80	83	87	90	93	97	100
16 t	80	84	88	92	96	100	104	108	112	116	120
20 t	98	102	107	111	116	120	124	129	133	138	142

Abb. 2.7: Steuerstand bei der Fahrt an zu hoch gelagertes Material angestoßen [DGU12b]

Tab. 2.8: Max. Radlasten F [kN] ohne Schwingbeiwerte als Funktion von Spurmittenmaß s und Hublast für einen zweiachsigen Zweiträger-Brückenlaufkran mit Elektroseilzug, mit Kranträgerlaufbühne und Steuerstand [VDI07]

Hubl. \ Spur s	10 m	12 m	14 m	16 m	18 m	20 m	22 m	24 m	26 m	28 m	30 m
25 t	135	142	148	155	161	168	174	181	187	194	200
32 t	165	172	179	186	193	200	207	214	221	228	235
40 t	200	208	215	223	230	238	245	253	260	268	275
50 t	245	254	263	272	281	290	299	308	317	326	335
63 t	300	310	320	330	340	350	360	370	380	390	400

Beispiel 2-1: Vorplanung einer Brückenkrananlage in einer einschiffigen Halle

Gegeben: Kran HC2/S_2, Hublast 16 t

- Mit Kran bedienbarer Arbeitsraum: Breite/Höhe = 18 m/7,5 m
- Kranbedienung von Flur aus
- Abstand der Hallenbinder: l = 6,0 m
- Kranbahnträger als Zweifeldträger; Profilreihe HEB; S 355

Gesucht sind Abschätzungen für das minimal erforderliche lichte Innenmaß der Halle und für das Kranbahnträgerprofil.

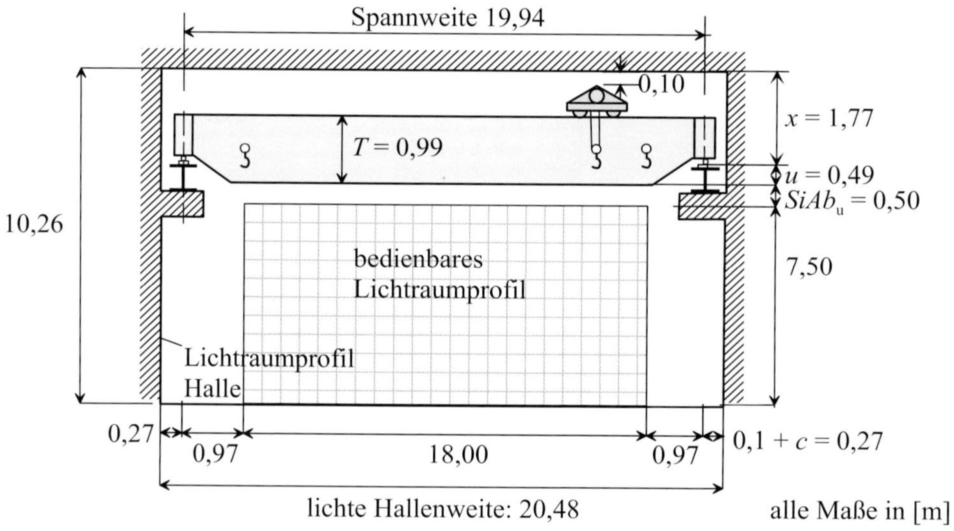

Abb. 2.8: Für den Kranbetrieb mindestens notwendige Hallenmaße (Beispiel 2-1)

Lösung:

- Gewählt: Zweiträgerbrückenkran, da Hublast größer als 10 t
- Laufsteg: nicht erforderlich, siehe Abb. 2.2
- Sicherheitsabstände (*SiAb*) nach Abb. 2.4:
  nach oben: $SiAb_o = 10$ cm (Empfehlung)
  zur Seite: $SiAb_s = 10$ cm (Empfehlung)
  nach unten: $SiAb_u = 50$ cm
- Einzelmaße gemäß Tab. 2.4 eingetragen in Abb. 2.8
  - Radstand des Krans $a = 3,15$ m; Trägerhöhe $T = 0,99$ m
  - Abstand Schienenoberkante – UK Dach: $x = 1,77$ m (inkl. $SiAb_o$)
  - vertikaler Abstand Schienenoberkante – UK Brückenträger: $u = 0,49$ m
  - kürzester horizontaler Abstand Schienenachse – Lasthaken: $g = 0,97$ m
  - horizontaler Abstand Schienenachse – Außenkante Kopfträger: $e = 0,17$ m
  - Spurmittenmaß $s = 18,0\text{ m} + 2 \cdot g = 19,94$ m
- Die Gesamtmaße ergeben sich daraus zu:
  - Lichte Mindesthöhe der Halle: $h = 7,5\text{ m} + SiAb_u + u + x = 10,26$ m
  - Lichte Mindestbreite der Halle: $b = 18,0\text{ m} + 2 \cdot (SiAb_s + g + e) = 20,48$ m
  - Radlast gemäß Tab. 2.7 für $s = 20$ m und 16 t Hublast: max $F = 100$ kN
  - Vorauswahl des Walzträger-Profils der HEB-Reihe für den Kranbahnträger
    $F = 100$ kN; $l = 6,0$ m; $a = 3,15$ m, Zweifeldträger, S 355: HEB 300 (Tab. 9.7)

Abb. 2.9: Einträger-Brückenlaufkran mit Einzelradantrieb „I" erkennbar an dem Fahrantriebsmotor am Kopfträger am linken Bildrand

2.2 Kranfahrwerksystem

Das Fahrwerksystem der Kranbrücke hat großen Einfluss auf die Größe der Horizontallasten, mit denen der Kran die Kranbahn belastet. Durch die Auswahl des Antriebstyps und der Art der Radlagerung ist das Kranfahrwerksystem festgelegt.

Antriebstypen

- Typ „I" – Einzelradantrieb (Abb. 2.9): Jedes der beiden Räder j der Achse i hat seinen eigenen Antrieb, es liegt keine Drehzahlkopplung vor. (Alte Bez. nach DIN 15018: „E")
- Typ „C" – Zentralantrieb (Abb. 2.10): Beide Räder einer Achse i werden durch einen einzigen Motor angetrieben bzw. beide Räder einer Achse sind drehzahlgekoppelt. (Alte Bezeichnung nach DIN 15018: „W")

In mehr als 99 % der Fälle liegt der Achstyp I vor, während die drehzahlgekoppelte Achse C besonders bei modernen Kranen eine sehr seltene Ausnahme ist.

Horizontale Radlagerung

Ein Rad kann in Achsenlängsrichtung auf der Achse fixiert sein (Regelfall) oder in Achsrichtung beweglich sein (Ausnahme). Dafür werden folgende Bezeichnungen verwendet:

- „F": Festlager: Das Rad kann Kräfte quer zur Fahrtrichtung abtragen, denn es ist fest mit seiner Achse verbunden. (Alte Bezeichnung nach DIN 15018: „F")
- „M": Loslager: Das Rad kann keine Kräfte quer zur Fahrtrichtung abtragen, wenn es beweglich auf der Achse sitzt. (Alte Bezeichnung nach DIN 15018: „L")

Abb. 2.10: Zweiträger-Brückenkrane mit Zentralantrieb „C". Der Fahrantriebsmotor ist in Bildmitte erkennbar.

Kranfahrwerksystem

Achstyp und Typ der horizontalen Radlagerung werden zur Bezeichnung des Kranfahrwerksystems zusammengefasst; der erste Buchstabe steht für den Achstyp, der zweite Buchstabe für die Lagerung des einen Rades, der dritte Buchstabe für die Lagerung des anderen Rades. Es gibt vier Möglichkeiten:

- IFF: Einzelradantrieb mit beiden Rädern als Festlager (Regelfall)
- IFM: Einzelradantrieb, ein Rad Festlager, ein Rad Loslager
- CFF: Zentralantrieb; drehzahlgekoppelte Achse mit beiden Rädern als Festlager
- CFM: Zentralantrieb; drehzahlgekoppelte Achse, ein Rad als Festlager, eins als Loslager.

2.3 Seitenführungssysteme

Um den Kran auf der Schiene zu halten ist – wie bei allen Schienenfahrzeugen – eine seitliche Führung der Räder vorzusehen. Hierfür kommen zwei Techniken in Frage: entweder Spurkränze oder Seitenführungsrollen. Kommt der Spurkranz oder die Seitenführungsrolle in Kontakt mit der Schiene, so wirkt am Berührungspunkt eine horizontale Kontaktkraft. Um ein Kräftegleichgewicht zu gewährleisten, sind zusätzlich Reibungskräfte, die in der Rad/Schiene-Ebene wirken, notwendig.

Spurkranzgeführte Räder (Abb. 2.11) werden hauptsächlich bei leichtem und mittlerem Kranbetrieb verwendet. Durch das unvermeidliche Schleifen der Spurkränze an den Schienenköpfen entsteht Verschleiß an Rad und Schiene.

Seitenführungsrollen (Abb. 2.12) werden in Verbindung mit spurkranzlosen, zylindrischen Rädern eingesetzt, vorwiegend bei mittlerem und schwerem Kranbetrieb. Der Verschleiß der Schiene infolge des Abrollens der Seitenführungsrollen ist im Regelfall deutlich geringer als bei Spurkränzen.

Wegen des bei Spurführungsrollen kleiner wählbaren Spurspiels ist der sich einstellende Schräglaufwinkel α zwischen Kranbahnachse und Kranachse deutlich geringer als bei Seitenführung

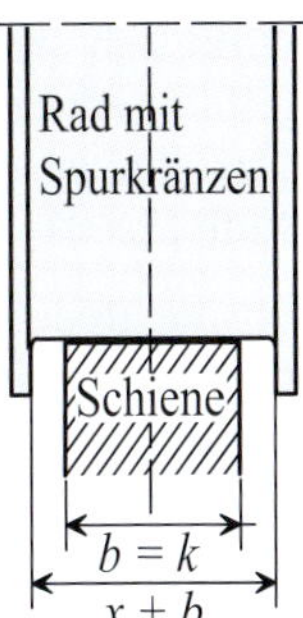

Abb. 2.11: Rad mit Seitenführung über Spurkränze; Spurspiel x

Abb. 2.12: Seitenführungsrollen rollen an einer Blockschiene ab (© ABUS Kransysteme GmbH)

über Spurkränze. Deshalb sind die Spurführungskräfte bei Seitenführung über Seitenführungsrollen oft ca. 40 % geringer als bei einer Spurführung über Spurkränze.

Der Einbau von Seitenführungsrollen erfolgt in der Regel nur auf einer Kranseite. Auf der anderen, horizontal nicht geführten Seite des Krans ist ein Entgleisungsschutz vorzusehen, der in Abschnitt 3.7 beschrieben wird. Die Führungsrollen können entweder auf der seitlichen Oberfläche des Schienenkopfes abrollen oder es werden für die Seitenführungsrollen separate Schienen z. B. am Steg angebracht.

1954 hat die Firma MAN erstmalig an einem deutschen Schmiedekran Führungsrollen zur Verminderung der Horizontallasten eingesetzt [BLS00]. Seitdem ist der Einsatz dieser Elemente im Kranbau weit verbreitet. Die Führungsrollen müssen nach DIN EN 13135 konstruiert sein.

Wirkt sich die Wahl von Seitenführungsrollen als Seitenführungssystem über die damit im Regelfall verbundene Reduzierung der Horizontallasten auf die Profilwahl des Kranbahnträgerquerschnitts aus? In vielen Fällen ergibt sich eine Reduzierung der Walzprofilgröße um ca. eine Stufe [See02].

Ob die Reduzierung der Horizontallasten mit Hilfe von Seitenführungsrollen wirtschaftlich zweckmäßig ist, muss im Einzelfall überprüft werden. Nehmen wir einmal an, dass einfache Seitenführungsrollen-Systeme für ca. 1000 € pro Kran erhältlich wären. Bei einem angenommenen Kilo-Preis der Walzträger von 2 € können sich Seitenführungsrollen u. U. ab einer Materialersparnis von 500 kg lohnen. Eine Profilreduzierung z. B. von HEB 400 auf HEB 360 bringt bei einer Kranbahnlänge von 30 m Länge eine Materialersparnis von 780 kg. Je länger die Kranbahn und je stärker die Profilreduzierung, desto lohnender ist der Einsatz von Seitenführungsrollen.

Seitenführungsrollen müssen gewartet werden. Wenn alte Seitenführungsrollen blockieren und nicht mehr gängig sind, kann dies zu hohem Schienenverschleiß führen.

3 Kranschienen und ihre Befestigung

3.1 Schienenformen

a) Flachstahlschienen, Blockschienen

Flachstahlschienen weisen einen rechteckigen Querschnitt auf, mit oder ohne gerundete oder abgeschrägte Kanten (Abb. 3.1). Die Verbindung zum Kranbahnträger wird über zwei Kehlnähte hergestellt (Abb. 3.1 d). Als Schienenwerkstoff wird ein Baustahl nach DIN EN 1993-1-1 gewählt. Vorzugsweise wird Baustahl S 355 wegen seiner gegenüber S 235 höheren Verschleißfestigkeit eingesetzt. Typische Abmessungen sind Schienenkopfbreite $b\times$ Höhe h: 50 × 40 oder 60 × 40. Seltener werden 60 × 60 oder 70 × 70 gewählt (Maße in mm).

Die früher übliche kleinste Flachstahlschiene 50 × 30 ist wegen der nach DIN EN 1993-6 gewachsenen Schienenschweißnahtdicken heute keine gute Wahl mehr. Denn die Spurkränze der Räder oder die Seitenführungsrollen könnten bei abgenutzter Schiene in Kontakt mit den Schienenkehlnähten kommen und diese beschädigen (siehe unten Abb. 16.7). Empfohlen wird, als Schienenhöhe einen Mindestwert als $(2/3 \cdot b)$ zu wählen.

Flachstahlschienen kommen bei kleinen bis mittleren Raddrücken zum Einsatz, wenn eine Auswechslung der Schiene während der prognostizierten Einsatzdauer des Krans von zumeist 25 Jahren [3-6NA/2.1.3.2(1)] vermutlich nicht erforderlich wird. Angeschweißte Flachstahlschienen werden nur bei Kranen der Beanspruchungsklassen S_0–S_3 empfohlen [3-6NA/8.5.2].

Eigenschaften abgenutzter Flachstahlschienen

Kranschienen unterliegen einem Verschleiß, der rechnerisch mit 25 % des Schienenkopfes zu berücksichtigen ist [3-6/5.6.2(2)]; bei Berechnungen im Rahmen des Ermüdungssicherheitsnachweises sind 12,5 % Verschleiß anzusetzen. Bei Flachstahlschienen gilt der gesamte Querschnitt als Schienenkopf. Der statischen Berechnung sind nicht die Querschnittswerte der neuwertigen, sondern der abgenutzten Schienen zugrunde zu legen. Zur verschleißbedingten Ablegereife der Schiene siehe Abs. 3.6.

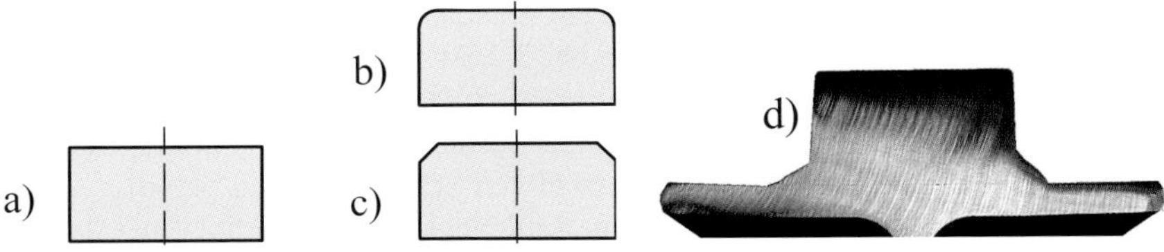

Abb. 3.1: Flachstahlschienen: a, b, c) Querschnittsformen, d) aufgeschweißt auf ein Walzprofil

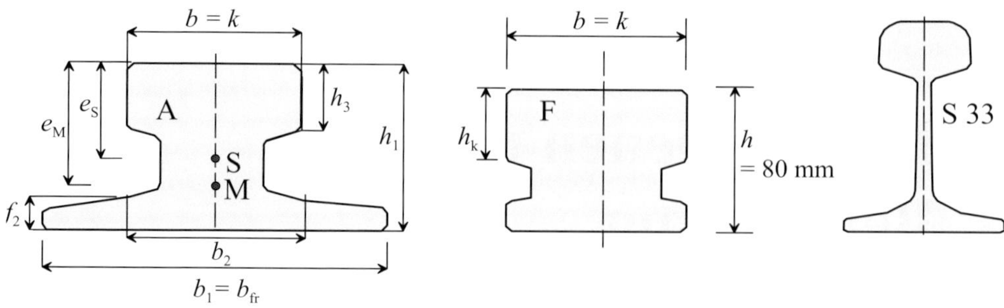

Abb. 3.2: Querschnitt einer Kranschiene A 100 (links; Kopfwölbung nicht dargestellt) und F 100 (Mitte) im Vergleich zur Eisenbahnschiene S 33 (rechts)

Tab. 3.1: Kranschienen Form A (DIN 536-1) und Form F (DIN 536-2), Querschnittswerte nach [KN17], Größenbezeichnungen siehe Abb. 3.2

	k [cm]	b_1 [cm]	h_1, h [cm]	h_3, h_k [cm]	f_2 [cm]	g [kg/m]	A [cm²]	I_y [cm⁴]	I_z [cm⁴]	I_T [cm⁴]
A 45	4,5	12,5	5,5	2,0	1,1	22,2	28,24	90,0	168,5	39,10
A 55	5,5	15,0	6,5	2,5	1,25	31,8	40,56	179	335,8	88,07
A 65	6,5	17,5	7,5	3,0	1,4	43,3	55,14	322	607,6	173,0
A 75	7,5	20,0	8,5	3,5	1,54	56,3	71,77	536	1010	309,5
A 100	10,0	20,0	9,5	4,0	1,65	74,6	95,06	870	1342	670,7
A 120	12,0	22,0	10,5	4,75	2,0	100,4	127,9	1382	2345	1308
A 150	15,0	22,0	15,0	5,0	-	151,6	193,1	4413	3652	3013
F 100	10,0	10,0	8,0	4,1	-	57,75	73,57	412,5	547,5	604,4
F 120	12,0	12,0	8,0	4,1	-	70,31	89,57	498,0	971,3	906,7

g Metergewicht; A Fläche; I_y, I_z Biegeträgheitsmomente; I_T Torsionsträgheitsmoment

b) A-Kranschiene mit Fußflansch nach DIN 536-1

Kranschienen der Form A (Abb. 3.2, Querschnittswerte Tab. 3.1) haben Schienenkopfbreiten b von 45 mm bis 150 mm; entsprechend tragen sie die Bezeichnung A 45 bis A 150. Sie werden i.d.R. über Klemmung mit dem Kranbahnträger verbunden und sind daher leichter austauschbar als Flachstahlschienen. Als Werkstoff wird nach DIN 536-1 ein verschleißfester Stahl mit der Zugfestigkeit 69 kN/cm² verwendet, für die Schienengrößen ab A 75 ist auch ein Stahl mit der Zugfestigkeit von 88 kN/cm² möglich. Schienen der Form A sind universell sowohl für Räder mit Spurkränzen als auch bei Seitenführungsrollen einsetzbar. Mittlere bis hohe Raddrücke sind ihr typischer Einsatzbereich. Rechts in Abb. 3.2 ist zum Vergleich der Proportionen die Eisenbahnschiene S 33 dargestellt, die wegen ihrer im Verhältnis zur Bauhöhe schmalen Aufstandsfläche für einen Einsatz als Kranbahnschiene normalerweise nicht in Frage kommt.
Seit 1991 werden A-Schienen nur noch mit gewölbten Schienenköpfen gefertigt. Diese haben gegenüber den älteren A-Schienen mit ebenem Schienenkopf den Vorteil einer deutlich reduzierten Exzentrizität der Radlast, siehe [STS19] und [VDI11a]. A-Schienen mit ebenem Kopf sollten aus diesem Grund nicht mehr eingesetzt werden.

Tab. 3.2: Querschnittswerte von um 25 % abgenutzten A- und F-Schienen [KM17, KN17], Größenbezeichnungen siehe Abb. 3.2

Schiene	h_1 [cm]	Querschnitt A [cm²]	I_y [cm⁴]	I_z [cm⁴]	I_T [cm⁴]	h_3 [cm]	e_S [cm]	e_M [cm]
A 45	5,00	26,0	67,41	164,7	30,77	1,5	3,084	3,816
A 55	5,87	37,3	131,9	327,1	68,5	1,87	3,591	4,396
A 65	6,75	50,6	235,4	590,4	133,4	2,25	4,099	4,999
A 75	7,62	65,8	388,3	979,3	236,5	2,62	4,599	5,592
A 100	8,50	85,1	628,5	1259	499,3	3,0	4,797	5,602
A 120	9,31	113,5	973,4	2173	953,7	3,56	5,194	5,752
A 150	13,75	173,6	3412	3301	2359	3,75	7,193	7,906
F 100	7,0	63,6	278,6	464,1	426,9	-	3,435	3,459
F 120	7,0	77,6	335,8	827,3	637,0	-	3,447	3,494

Tab. 3.3: Querschnittswerte von um 12,5 % abgenutzten A- und F-Schienen nach [KM17, KN17], Größenbezeichnungen siehe Abb. 3.2

Schiene	h_1 [cm]	Querschnitt A [cm²]	I_y [cm⁴]	I_z [cm⁴]	I_T [cm⁴]
A 45	5,25	27,12	78,29	166,6	34,72
A 55	6,18	38,86	155,0	331,5	77,94
A 65	7,12	52,67	276,3	598,9	152,0
A 75	8,06	68,47	459,0	994,7	271,3
A 100	9,0	90,06	743,5	1301	580,6
A 120	9,9	120,7	1165	2258	1121
A 150	14,37	183,7	3891	3475	2667
F 100	7,5	68,57	341,3	505,8	511,3
F 120	7,5	83,57	411,7	899,3	765,1

Eigenschaften abgenutzter A-Schienen

Auch bei A-Schienen ist grundsätzlich ein 25%iger Verschleiß des Schienenkopfes bei allen Berechnungen zu berücksichtigen.

Im Rahmen der Ermüdungsrechnung wird der Verschleiß auf 12,5 % begrenzt. Der Querschnittsteil mit der Höhe h_3 (siehe Abb. 3.2) ist als Schienenkopf anzusehen. Die Querschnittswerte der abgenutzten A-Schienen können Tab. 3.2 (25 %) und Tab. 3.3 (12,5 %) entnommen werden. Zur verschleißbedingten Ablegereife der Schiene siehe Abs. 3.6.

c) F-Kranschiene nach DIN 536-2

Kranschienen vom Typ F (flach) sind 80 mm hoch und haben eine Schienenkopfbreite von 100 mm oder 120 mm, entsprechend tragen sie die Bezeichnung F 100 und F 120 (Abb. 3.2 Mitte, Querschnittswerte Tab. 3.1 bis 3.3). Sie sind nicht handelsüblich und werden bei neuen

Kranbahnen nicht mehr eingesetzt.

Früher galt die Lehrmeinung: F-Schienen könnten wegen ihrer Schmalheit am Schienenfuß nur vergleichsweise geringe Horizontallasten aufnehmen und seien deshalb eher für spurkranzlose Räder geeignet. Bei größeren Horizontallasten bestünde Kippgefahr. VDI-Richtlinie 3576 (03/2011) macht diese Einschränkung jedoch nicht.

Es kommen die gleichen Werkstoffe zum Einsatz wie bei A-Schienen. F-Schienen wurden früher bei sehr hohen Raddrücken, z. B. in Hüttenwerken eingesetzt. Sie werden an den Kranbahnträger geklemmt, nicht geschweißt.

d) Sonderprofilschienen Q und R

Profilschienen Q (quadratisch) und R (rechteckig) wurden früher gelegentlich bei schwerstem Betrieb verwendet. Diese Profiltypen sind nicht genormt. Nur noch bei der Sanierung alter Krananlagen hat man heutzutage in seltenen Fällen mit ihnen zu tun.

e) Vignolschienen nach DIN EN 13 674-1 und DIN EN 13 674-4

Diese hochstegigen Schienen werden gerne für Portal-, Brücken- und Turmdrehkrane auf Schwellen (diskontinuierliche Lagerung) eingesetzt. Mit ihrem großen Widerstandsmoment können sie in beschränktem Maße auch Biegemomente übertragen. Auf normalen Kranbahnträgern aus Stahl kommen solche Schienen nicht zum Einsatz.

f) Dickstegige Schienen AS 86 (gerundeter Schienenkopf)

Dickstegige Schienen eignen sich vor allem bei hohen Raddrücken in Verbindung mit diskontinuierlicher Lagerung. Die Schiene MRS 87a entspricht der Schiene AS 86, hat jedoch im Unterschied zu dieser einen ebenen Schienenkopf. Schienen mit ebenem Kopf sollen nicht mehr eingesetzt werden, da sie zu hohen Exzentrizitäten des Lastangriffs führen können (siehe [STS19] und [VDI11a]) Dieser Schienentyp ist nicht genormt.

g) Vergleich und Auswahl des Schienentyps

Tab. 3.4 gibt die Kriterien für die Auswahl der Schienenart nach VDI-Richtlinie 3576 (03/2011) [VDI11a] wieder.

3.2 Befestigung der Schiene, Schienenunterlagen

3.2.1 Möglichkeiten der Befestigung der Schiene

Die Verbindung der Kranschiene mit dem Kranbahnträger kann schwimmend oder starr (d. h. schubfest) erfolgen. Als starr wird eine Schienenverbindung angesehen, wenn die Schiene am Kranbahnträger angeschweißt ist oder wenn sie mit Passschrauben, vorgespannten Schrauben oder Nieten durch den Flansch der Schiene am Kranbahnträger befestigt ist [3-6/8.5.2(1)]. [3-6NA/8.5.2] empfiehlt starre Schienenbefestigungen nur bei Kranen der BK S0 bis S3.

Bei einer schwimmenden Verbindung (z. B. Klemmung) wird die Schiene bei der Berechnung der Querschnittswerte des Kranbahnträgers nicht berücksichtigt.

Tab. 3.4: Bewertung der Schienenarten nach VDI-Richtlinie 3576 (03/2011)

Schienenart		Flach-stahl-schiene	A	F	Vignolschiene		Dicksteg
			A 45 bis A 150	F 100, F 120	< 46 kg/m	$\geq$ 46 kg/m	MRS, AS86
Radkraft	$\leq$ 200 kN	+	+	+	€	€	€
	> 200 kN $\leq$ 500 kN	+	+	+	-	+	€
	> 500 kN	o	+	+	-	-	+
Betrieb, BK	S_0, S_1	+	+	+	+	+	+
	S_2 - S_4	o	+	+	o	+	+
	S_5 - S_9	-	+	+	-	o	+
Unterbau	Stahl	+	+	+	+	+	+
	Beton	-	+	o	+	+	+
Schienen-lagerung	kontinuierlich	+	+	+	+	+	+
	diskontinuierl.	-	-	-	+	+	+
Seiten-führung	Führungsrollen	o	+	o	-	-	+
	Spurkränze	+	+	+	+	+	+
Aufnahme von Seitenkräften		+	+	+	o	o	+
Legende: + geeignet o bedingt geeignet - nicht geeignet € unwirtschaftlich							

3.2.2 Zur statischen Berücksichtigung des Schienenquerschnitts

Eine starre Verbindung von Schiene und Kranbahn erlaubt die Zuordnung des Schienenquerschnitts zum tragenden Querschnitt. Eine statische Berücksichtigung der Schiene bei der Berechnung aller relevanter Querschnittswerte ist darüber hinaus nur zulässig, wenn die Kranschienen mit Verbindungsmitteln angeschlossen werden, für die eine harmonisierte Produktnorm oder ein bauaufsichtlicher Verwendbarkeitsnachweis (Europäische technische Zulassungen, allgemeine bauaufsichtliche Zulassungen oder Zustimmung im Einzelfall) vorliegt [3-6NA/3.6.3(1)]. Allerdings sind für den Schienenkopf grundsätzlich 25 % Abnutzung zu unterstellen. Beim Ermüdungsnachweis sind 12,5 % Abnutzung zu berücksichtigen [3-6/5.6.2(2) und (3)]. Für ein doppeltsymmetrisches I-Profil mit angeschweißter Flachstahlschiene sind die Querschnittswerte unten in Abs. 10.4.2 angegeben.

Es spricht nichts gegen eine Berücksichtigung der Schiene im mittragenden Querschnitt, wenn die obigen Bedingungen eingehalten sind. Zwar ist dann ein späterer Austausch der Flachstahlschiene gegen eine geklemmte Schiene wegen der Querschnittsschwächung nicht mehr möglich, doch ein solcher Austausch wird in der Praxis kaum angestrebt. Darüber hinaus ist nur zu beachten, dass ein händischer Nachweis der Kranbahn wegen der komplexeren Querschnittsgeometrie aufwändiger wird. Untersuchungen zeigen, dass bei Walzprofilen in einigen Fällen durchaus Einsparungen von einer Profilgröße möglich sind, wenn die Flachstahlschiene als mittragend berücksichtigt wird [See02]. Dies gilt besonders dann, wenn die vertikale Durchbiegungsbegrenzung querschnittsbestimmend wird. Den Vorbemessungstabellen in Abs. 9.3 lässt sich entnehmen, dass letzteres häufig der Fall ist, wenn S355 als Stahlgüte gewählt wurde.

Auch wenn eine starr angebrachte Flachstahlschiene nicht als mittragend berücksichtigt wird, sind die Schienenschweißnähte mindestens auf die Lasteinleitungsspannungen aus Radlasteinleitung (GZT) und auf Ermüdung zu bemessen.

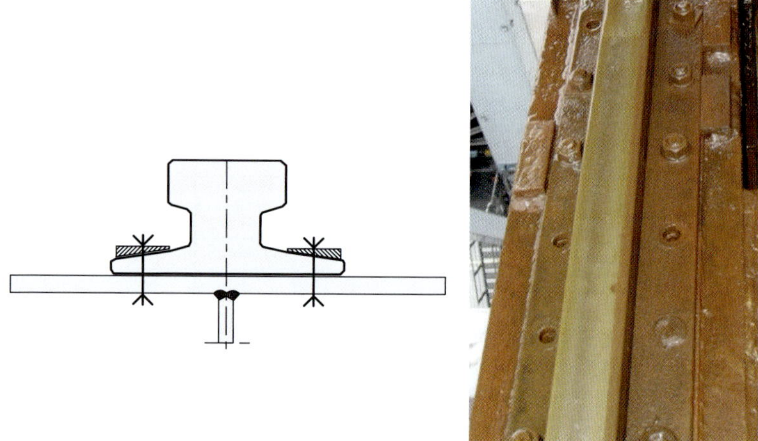

Abb. 3.3: Direkte Verschraubung der Schiene mit dem Kranbahnträger; Bild rechts siehe [Fel06]

3.2.3 Verschweißung von Flachstahlschienen

Für Flachstahlschienen ist die Verschweißung mit Kehlnähten die übliche Verbindungsart mit dem Kranbahnträger. Für Profilschienen der Form A oder F ist eine Verschweißung wegen der nur geringen Schweißeignung des Schienenwerkstoffs technisch und wirtschaftlich nicht sinnvoll.

Entwurf, Nachweis und Ausführung von Schienenschweißnähten werden weiter unten in Abschnitt 16.3 ausführlich behandelt.

3.2.4 Verbindung mit Schrauben oder Nieten bei Profilschienen

Durch die Befestigung einer Profilschiene mit vorgespannten HV-Schrauben (Abb. 3.3) kann ebenfalls eine schubfeste Verbindung hergestellt werden. Diese Verbindungsart gilt heute als veraltet und als nicht empfehlenswert. Sie wird nicht mehr angewendet, kann aber in sehr alten Kranbahnträgern noch vorkommen.

In Abb. 3.3 rechts ist eine alte Kranschiene zu sehen, die ursprünglich genietet war und nun verschraubt ist. Die leeren Schraubenlöcher dokumentieren die Schadensanfälligkeit dieser Konstruktionsart. Die Auswechslung ablegereifer angenieteter oder verschraubter Schienen ist sehr aufwändig.

3.2.5 Klemmen der A- oder F-Schienen

Klemmen ist die gebräuchlichste Art, Profilschienen mit dem Kranbahnträger zu verbinden, siehe Abb. 3.4. Vorteile einer Klemmung sind die vergleichsweise einfache Auswechslung der Schiene, die Möglichkeit der nachträglichen Justierung der Schienenlage und die Option der Verwendung elastischer Schienenunterlagen. Eine geklemmte – also schwimmend befestigte – Schiene wird nicht als statisch mitwirkend betrachtet. Zur Auswahl stehen verschiedene Typen von Klemmen [Bfs18b]:

- Geschweißte Klemmplatten (z. B. Abb. 3.4 a): Sie sind i. d. R. mehrteilig und sollen wegen der Schweißkerben nur in den Beanspruchungsklassen S_0 bis S_6 zum Einsatz kommen [3-6NA/8.2(4)]. Die aufzuschweißenden Bauteile sind meist aus Baustahl S 355 gefertigt.
- Geschraubte, ein- oder mehrteilige Klemmplatten. Die Verschraubung erfolgt mit Vorspannung. Zur Sicherung gegen Verlust der Vorspannung siehe Abschnitt 16.1.3.

Unterschieden werden in beiden Typen nicht ausrichtbare (Abb. 3.4 b) und ausrichtbare (Abb. 3.4 c) Varianten. Die ausrichtbaren Varianten haben eine seitliche Verstellmöglichkeit in beiden Richtungen von 5 mm bis zu 15 mm

Die Übertragung der Horizontalkräfte erfolgt durch den Kontakt des Schienenfußes mit der Klemme. Geschweißte Klemmplatten übertragen die Seitenkräfte über die Schweißnähte an den Kranbahnträger; bei geschraubten Schienenklemmen werden die Kräfte durch Reibschluss übertragen. Wichtige Auswahlkriterien für Klemmen sind:

- Die Größe der zu übertragenden Horizontalkräfte.
- Typ und Größe der Profilschiene.
- Breite des Obergurtes: Wie viel Platz steht für Klemmplatten zur Verfügung?
- Beanspruchungsklasse der Kranbahn: Für in S_7 bis S_9 eingeordnete Kranbahnen kommen nur geschraubte Klemmen in Frage. Aber auch in den Beanspruchungsklassen S_4 bis S_6 kann die Auswahl geschraubter Klemmen sinnvoll sein, wenn die Ermüdungsbeanspruchung des Obergurtes infolge geschweißter Klemmen zu groß würde.
- Wird eine elastische Schienenunterlage verwendet oder nicht?
- Die Seitenführung des Krans: Bei Seitenführungsrollen oder übergroßen Spurkränzen werden niedrige Klemmen verwendet, um Kollisionen zu vermeiden.
- Um welches Maß soll eine nachträgliche, seitliche Ausrichtung der Schienenlage möglich sein?

Bei der Fertigung des Kranbahnträgers ist sowohl bei geschraubten wie bei angeschweißten Klemmen Folgendes zu beachten: Eine Farbbeschichtung bzw. Grundierung ist nicht oder nur sehr dünn als Fertigungsbeschichtung oder ggf. als überschweißbare Fertigungsbeschichtung vorzusehen. Bei mit vorgespannten HV-Schrauben befestigten Klemmen werden die Horizontalkräfte über Reibung abgetragen.

Der Abstand der Klemmen wird nach den statischen und konstruktiven Erfordernissen festgelegt, die Angaben des Klemmplattenherstellers werden dabei berücksichtigt. Übliche Abstände liegen zwischen $l = 500$ mm bis $l = 800$ mm [Bfs18b]. Zwischen den Klemmen biegt sich die Schiene (E, I_z) infolge der Horizontalkraft H um das Maß δ_y horizontal durch.

$$\delta_y = \frac{H \cdot l^3}{192 \cdot EI_z} \leq \frac{l}{2000} \tag{3.1}$$

Größere Werte δ_y führen zu größeren Winkeln zwischen der Tangente der Schienenachse und der idealen Schienenrichtung im Grundriss. Eine Begrenzung der Tangentenwinkel ist sinnvoll, um Schlingerbewegungen des Krans und damit zu hohen Verschleiß an Schienenkopf und Kranrädern zu verhindern. Eine Begrenzung des Tangentenwinkels auf 0,001 erscheint sinnvoll. Dies führt zu der in Gl. 3.1 angegebenen Begrenzung der Durchbiegung auf $\delta_y \leq l/2000$, die hiermit empfohlen werden soll. Mit Gl. 3.1 lässt sich der nicht zu überschreitende Klemmenabstand zurückrechnen.

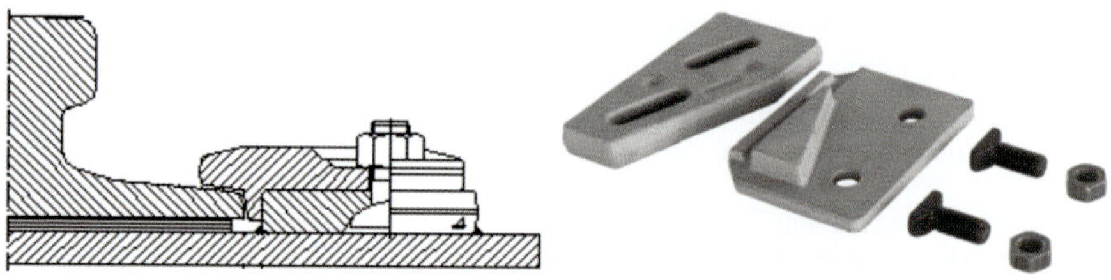

a) Aufgeschweißte, mehrteilige, ausrichtbare Klemmplatte (Bsp. RIW Nr. 17932)

b) Aufgeschraubte, einteilige, nicht ausrichtbare Klemmplatte (Bsp. RIW Nr. 17940)

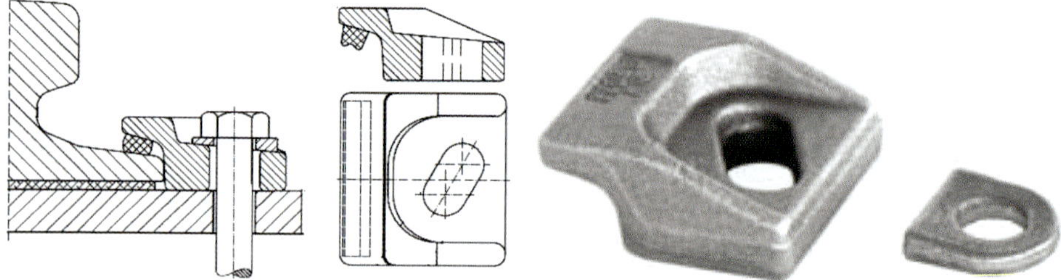

c) Aufgeschraubte, mehrteilige, ausrichtbare Klemmplatte (Bsp. RIW Nr. 17951)

d) Aufgeschraubte, mehrteilige, ausrichtbare Klemmplatte

Abb. 3.4: Typen von Klemmplatten für Profilschienen; a, b, c nach [RIW09]

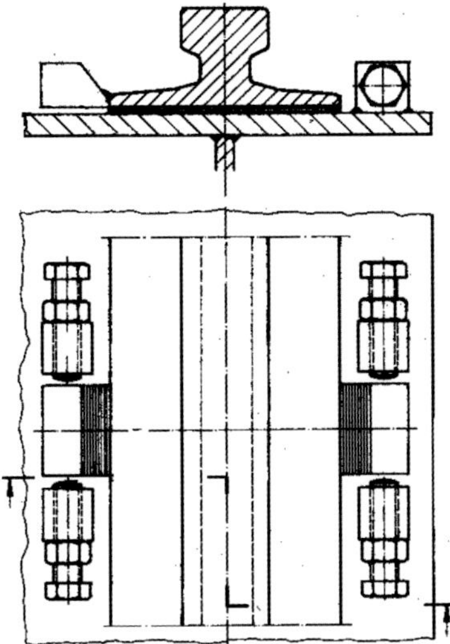

Abb. 3.5: Aufnahme der Längskräfte der Schiene durch Knaggen ([RIW09], S. 118)

Bei geklemmten Schienen können Anfahr- und Bremsvorgänge zu einer Verschiebung der Schiene in Längsrichtung führen. Schienen, die in einer bestimmten Richtung regelmäßig mit höherer Last überfahren werden als auf dem Rückweg, können darüber hinaus langsam in die Richtung wandern, in der sie mit der höheren Last überfahren werden.

Dieser Effekt („Schienenwandern") hängt u. a. damit zusammen, dass unter der höheren Radlast größere Reibungskräfte aktiviert werden können, die Schiene und Obergurt an der Stelle des Rades vorübergehend fixieren. Die gezogene untere Schienenrandfaser muss sich nun von der fixierten Stelle weg ausdehnen. Wenn auf dem Rückweg die Radlasten kleiner sind und damit die Fixierungswirkung geringer ist, überwiegt der Einfluss in Richtung der Hinfahrt.

Das Schienenwandern lässt sich vermeiden, indem jedes Schienenstück an einer Stelle einmal mit dem Kranbahnträger verschraubt wird. Eine Verschweißung ist ebenfalls möglich, allerdings sollte man wegen der Kerbwirkung darauf achten, dass die Schweißnaht an einer Stelle geringer Beanspruchung liegt.

Bei durchlaufenden, langen Schienen können Knaggen vorgesehen werden, die Spiel haben, um Zwängungen, insbesondere bei Wärmedehnung, zu vermeiden (siehe Abb. 3.5).

3.2.6 Kranschienenunterlagen

Wenn Schienen und Kranbahnträger geklemmt, also nicht schubfest miteinander verbunden sind, können beide Teile in der Berührungsfuge während des Kranbetriebs gegeneinander arbeiten. Es hat vielfältige Vorteile, zwischen Schiene und Obergurt eine elastische Schienenunterlage (siehe Abb. 3.6) vorzusehen:

- Vermeidung des Aushobelns des Obergurtes.
- Der Kranbetrieb wird ruhiger und geräuschärmer (Geräuschisolierung), besonders wenn zusätzlich die Schienenstöße voll verschweißt werden.

a) A-Schiene mit Schienenunterlage

b) Seitlich herausgedrückte Schienenunterlage

Abb. 3.6: Elastische Schienenunterlagen

- Stöße werden gedämpft, dadurch wird der Verschleiß an Rad und Schiene reduziert. Es treten weniger Schienenbrüche und weniger Schäden an Halsnähten von Kranbahnträgern auf.
- Die Lasteinleitungsbreite der Radlasten in Richtung der Trägerachse darf um 1/3 vergrößert werden, was eine Reduzierung der Spannungen aus Radlastpressung um 25 % bedeutet (siehe Tab. 12.2, Zeile c).
- Korrosionsschutz zwischen Schiene und Obergurt wird sichergestellt, da der infolge von Unebenheiten entstehende Freiraum zwischen Schiene und Obergurt völlig ausgefüllt wird.

Elastomerunterlagen [3-6/3.6.3] können mit Stahlblechen armiert sein. Die Unterlagen sind in der Regel mindestens 6 mm dick [3-6/Tab.5.1] und weisen eine Härte von ca. 90 Shore-A (entsprechend ca. 30–40 Shore-D) auf. Durch oberhalb des Stegbereichs positionierte, längs in die elastische Unterlage integrierte Stahleinlagen wird die Radlast in Querrichtung über dem Stegbereich konzentriert. So wird eine breitere Verteilung der Radlasten quer zur Fahrtrichtung vermieden, die zu einer unerwünschten zusätzlichen Querbiegung des Oberflansches führen würde,

Tab. 3.5: Bewertung der Schienenstöße von A- und F-Schienen und Flachstahlschienen nach VDI-Richtlinie 3576 (03/2011)

Stoßart	**BK S_0 und S_1**	**BK S_2 bis S_4**	**BK S_5 bis S_9**
offener Stumpfstoß	+	–	–
offener Schrägstoß	+	o	–
offener Stufenstoß	+	o	–
geschweißter Stoß	+	+	+

+ geeignet o bedingt geeignet – nicht geeignet

die wiederum eine zusätzliche Belastung der ggf. vorhandenen Halskehlnähte bedeuten könnte. Die Oberfläche der Schienenunterlage kann eben oder ballig gefertigt sein. Die ballige Ausführung ist besser geeignet, um das im Laufe der Jahre manchmal zu beobachtende seitliche Herausrutschen der Schienenunterlage (siehe Abb. 3.6) zu verhindern. Sobald eine entsprechende Produktnorm für die Elastomerunterlagen vorliegt, ist diese anzuwenden. Bis dahin sind die Hinweise der Hersteller zu beachten.

Bei Temperaturen oberhalb einer bestimmten produktabhängigen Grenze (z.B. ca. 90 °C) kann die elastische Unterlage nicht mehr einbaut werden. Stattdessen kann dann ein ca. 6–12 mm dickes Schleißblech aus Baustahl zum Einsatz kommen. Das Schleißblech ist ein Verschleißteil und darf nicht zum tragenden Querschnitt der Kranbahn gerechnet werden.

3.3 Schienenstöße

Zu beachten ist VDI-Richtlinie 3576 (03/2011) [VDI11a], Kapitel 3. Die technischen Anforderungen an Schienenstöße sind nach SEB 664 035 ([VSG]) festgelegt. Tab. 3.5 stellt die Eignung aller im Folgenden vorgestellten Stoßtypen in Abhängigkeit der Beanspruchungsklasse nach VDI-Richtlinie 3576 (03/2011) [VDI11a] dar.

3.3.1 Schienenstöße bei Flachstahlschienen

Schienenstöße [3-6/8.6] bei Flachstahlschienen werden in der Regel als offene Stöße, seltener verschweißt ausgeführt. Als offene Stöße kommen folgende Varianten in Frage:

Offene Stumpfstöße (Abb. 3.7 a und Abb. 3.8) mit ihren senkrecht zur Schienenachse ausgeführten Schnitten sind einfach zu fertigen. Die Querlücken zwischen den Schienen führen beim Überfahren zu Stoßbelastungen und Geräuschen und fördern damit den Verschleiß. Ein Verwalzen und Ausbrechen der Kanten ist nicht zu vermeiden. Deshalb wird der grundsätzlich nicht empfehlenswerte offene Stumpfstoß nur bei sehr leichtem Betrieb und wenig benutzten Kranbahnen eingesetzt. Bei handbetriebenen Kranen ist der offene Stumpfstoß die Regel.

Offene Schrägstöße (Abb. 3.7 b), bei denen der Schienenschnitt unter 45°geführt wird, sind deutlich besser als offene Stumpfstöße. Der stetigere Schienenübergang führt zu besseren Laufeigenschaften des Krans. Die Schienenspitzen können ausbrechen, weshalb sie manchmal in der Höhe leicht abgeschrägt werden. Der offene Schrägstoß ist bei Flachstahlschienen die am häufigsten angewandte Stoßart.

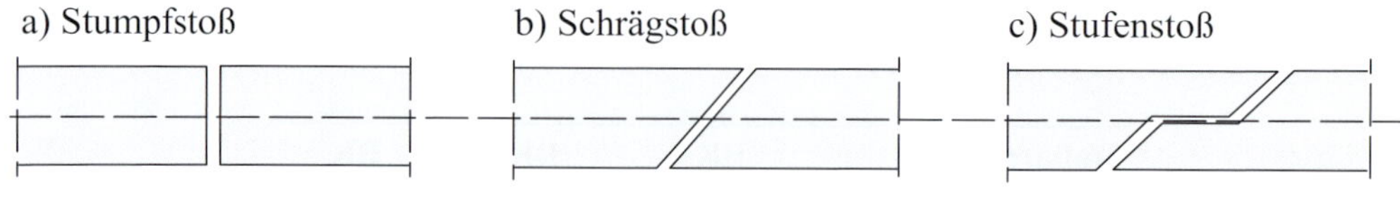

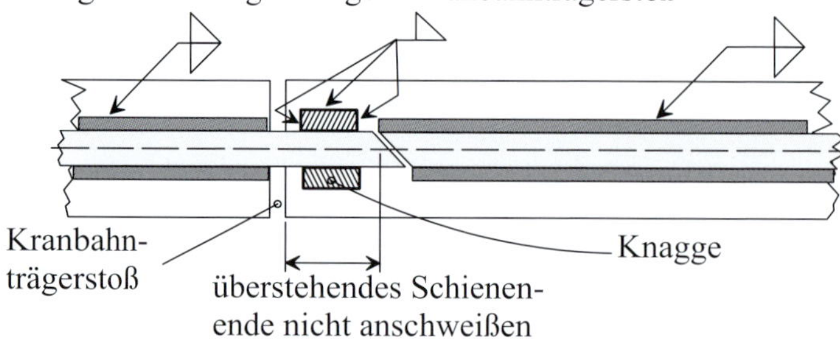

Abb. 3.7: Offene Schienenstöße bei Flachstahlschienen (Draufsicht)

Abb. 3.8: Ein offener Stumpfstoß ist im Regelfall - außer bei sehr leichtem Betrieb - nicht zu empfehlen

Stufenstöße von Schienen (Abb. 3.7) können zur Überbrückung von Dehnfugen von langen Kranbahnträgern vorgesehen werden. Die Laufeigenschaften von Stufenstößen sind schlechter als diejenigen des Schrägstoßes. Die Laufeigenschaften lassen sich etwas verbessern, wenn die Schienenenden nicht senkrecht zur Schienenachse, sondern schräg (Abb. 3.7 c) wie beim Schrägstoß geschnitten werden.

Schienenstöße im Bereich von Kranbahnträgerstößen: An einem gelenkigen Kranbahnträgerstoß (siehe unten Abschnitt 5.2) ist stets ein offener Stoß der Flachstahlschiene vorzusehen. Der Schienenstoß soll möglichst dicht am Kranbahnträgerstoß geplant werden, längere Schienenüberstände sind zu vermeiden. Das an einem gelenkigen Kranbahnträgerstoß überstehende Ende einer Flachstahlschiene darf auf keinen Fall am benachbarten Kranbahnträger angeschweißt werden, sondern es ist nur gegen seitliches Verschieben zu sichern (z. B. mit Knaggen, Abb. 3.7 d).

Abb. 3.9: Schrägstoß und Stufenstoß bei A-Schienen

3.3.2 Schienenstöße bei geklemmten Profilschienen

Schienenstöße [3-6/8.6] geklemmter Profilschienen sind offen oder verschweißt möglich. Stöße sollen so ausgeführt werden, dass eine ausreichende Laufruhe bei der Überfahrung gewährleistet wird.

Im Unterschied zu angeschweißten Schienen dürfen geklemmte Schienen auch über gelenkige Kranbahnträgerstöße und sogar über Dehnfugen der Kranbahn durchgehend geführt werden, ohne dass ein offener Schienenstoß vorgesehen werden muss, siehe [3-6NA/8.5.3].

a) Offene Stöße für Profilschienen

Offene Schrägstöße (Abb. 3.9 links), bei denen der Schienenschnitt unter 45°geführt wird, sind die beste Lösung, wenn ein geschweißter Vollstoß nicht in Frage kommt. Abb. 3.9 links zeigt anhand der Überfahrspuren, dass auch beim Schrägstoß eine gewisse Störung der Laufruhe unvermeidbar ist. Die Schienenspitzen können ausbrechen, weshalb sie manchmal in der Höhe leicht abgeschrägt werden.

Werden Elastomerunterlagen (siehe Abs. 3.2.6) unter Schienen-Schrägstößen eingesetzt, kann ein unerwünschter Effekt beobachtet werden: Durch die elastische Durchsenkung des Schienenendes, auf dem sich das Kranrad gerade noch befindet, entsteht eine Höhenstufe zum gegenüberliegenden, noch unbelasteten Schienenende. Die Überfahrung des Übergangs führt wegen der Stufe zu einem Stoß. Erhöhter Verschleiß an Schienen und Radsätzen sind die Folge. Besonders bei schwerem Kranbetrieb wird daher empfohlen, die Kranschienen durchlaufend zu verschweißen.

Offene Stufenstöße von Schienen sind in Abb. 3.9 rechts abgebildet. Wie oben dargestellt, erlaubt [3-6NA/8.5.3] bei geklemmten Schienen, grundsätzlich auf eine Dehnfuge zu verzichten, auch wenn die Kranbahn eine Dehnfuge hat. Ein Stufenstoß wird vorgesehen, wenn die Kranschiene dennoch eine Dehnfuge erhalten soll.

Die Laufeigenschaften von Stufenstößen sind schlechter als diejenigen des Schrägstoßes. Die Laufeigenschaften lassen sich etwas verbessern, wenn die Schienenenden nicht senkrecht zur Schienenachse, sondern schräg (Abb. 3.7 c) wie beim Schrägstoß geschnitten werden. Bei schwerem Kranbetrieb können die Enden des gestuften Stoßes verhältnismäßig schnell zerstört werden.

Abb. 3.10: Sprung der Laufspur an einem Stoß verdreht zusammengeschweißter Schienen

Offene Stöße geklemmter Schienen in der Nähe von Kranbahnträgerstößen: Bei Profilschienen sind im Stoßbereich die Klemmplattenabstände auf ca. 25 cm zu reduzieren. Beide Schienenenden sollen so dicht wie möglich neben der Stoßfuge durch Klemmen gehalten werden, siehe Abb. 3.9 links.

b) Verschweißter Stoß von Profilschienen

Schienenstöße können als voll durchgeschweißte Stumpfstöße ausgeführt werden. Bei hohen Beanspruchungsklassen (S_5 bis S_9) ist der durchgeschweißte Stumpfstoß heute üblich und empfehlenswert. Ein verschweißter Stoß führt im Vergleich zum offenen Stoß zur bestmöglichen Laufruhe, er ist jedoch teurer als offene Stoßarten.

Bei der Schweißung von Kranschienen ist die Qualität sicherzustellen, um spätere Schienenbrüche zu vermeiden. Grundsätzlich müssen die ausführenden Betriebe über die Zulassung für EXC3 verfügen. Manchmal werden Schienenschweißungen aber von Betrieben vorgenommen, die aus dem Bahnbereich kommen und keine Zulassungen im Baubereich haben. Stattdessen verfügen sie oft über die Zulassung der Deutschen Bahn – DB AG Richtlinie 826.1021 [DB999] für Schienenschweißungen im Schienennetz der DB. Die bei der DB geforderten Qualitäten scheinen im Hinblick auf Schienenschweißungen denen der EXC3-Zulassung in etwa zu entsprechen.

Bei der Schweißung von Schienenstößen sollte unbedingt darauf geachtet werden, dass die beiden zu verbindenden Schienenenden sich nicht tordiert berühren. Ggf. sollte versucht werden, die Schienen um 180 Grad um die vertikale Achse zu drehen, um beide Schienenenden zueinander passend zu machen. Eine Schweißstoß tordierter Schienen führt zu einer unbefriedigenden Verbindung, da die Laufruhe bei der Überfahrung nicht gewährleistet ist. Abb. 3.10 zeigt den Sprung der Laufspur an einem Stoß von zwei verdreht zusammengeschweißten Schienen.

Die technischen Anforderungen an geschweißte Schienenstöße sind im Regelblatt SEB 368 100 [VSG87] niedergelegt. Die Schweißverfahren müssen auf den Schienenwerkstoff abgestimmt werden. Es kommen grundsätzlich drei Verfahren in Frage

Abb. 3.11: Schienenschweißen: links und Mitte: Aluminiumthermitschweißen, rechts: Lichtbogenschweißen (© Gantrex GmbH)

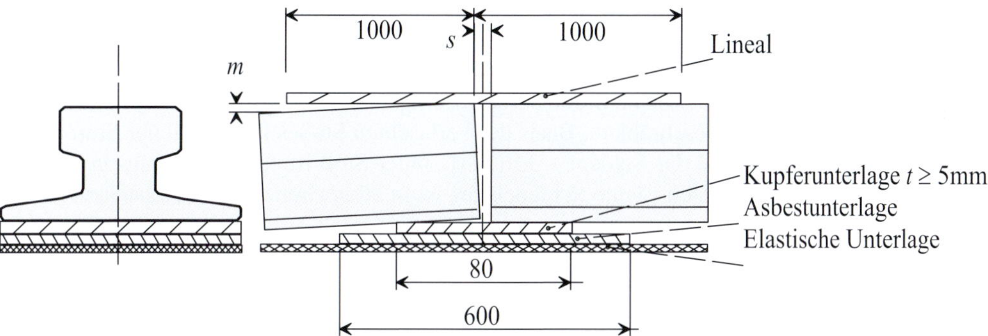

Abb. 3.12: Vorbereitung für die Lichtbogen-Handschweißung eines Schienen-Stumpfstoßes; nach [RIW09]

Das **Abbrennstumpfschweißen** ist eine mechanisierte Art der Verschweißung, es wird aber eine komplexe Schweißanlage benötigt und die fertig geschweißten Schienen müssen auf dem Kranbahnträger noch bewegt werden können.

Das **Aluminiumthermitschweißen** (siehe Abb. 3.11 links und Mitte und [Pet94], Abschnitt 11.4) wird wohl am häufigsten eingesetzt, um Kranschienenstöße zu verschweißen. Nach der Schweißung muss der Stoß von allen Seiten bearbeitet werden. Diese Nacharbeit kann u.U. entfallen, wenn das Schweißgut zwischen seitlich angedrückten Kupfer- oder Keramik-Passteilen eingebracht wird.

Das **Lichtbogen-Handschweißen**, siehe Abb. 3.11 rechts, hat sich vor allem bei Reparaturarbeiten bewährt: Abb. 3.12 zeigt die Vorbereitung der Schweißung. Zunächst wird die Schiene angehoben und symmetrisch unterfüttert. Eine Wärmeschutzmatte wird über evtl. vorhandene elastische Schienenunterlagen gelegt. Zwischen Wärmeschutzmatte und Schiene wird ein Kupferblech gelegt. Wegen der bei Profilschienen verwendeten höherfesten Stahlgüten mit ihrer weniger guten Schweißbarkeit ist es notwendig, die Schweißnähte besonders sorgfältig auszuführen. So werden Risse, die schon beim Erkalten entstehen können, vermieden.

Abb. 3.13: Schienenlasche an einer hochstegigen Schiene (a); verlaschter Stoß an einer Kranschiene in Nanjing/VR China (b)

c) Verlaschter Stoß (Hochstegige Sonderschienen)

Nur bei hochstegigen Sonderschienen ist der Schienenstoß über eine Verlaschung zwar möglich, aber in Deutschland sehr unüblich. Flachstahlschienen und Profilschienen Typ A und Typ F können nicht über eine Verlaschung verbunden werden. Laut VDI-Richtlinie 3576 (03/2011), Abschnitt 3.4 [VDI11a] sind verlaschte Stöße auf kurzzeitig zu nutzende Anlagen oder Anlagen in Bergsenkungsgebieten zu beschränken. Basis des verlaschten Stoßes ist ein offener Stumpfstoß oder ein offener Schrägstoß der Schienen. Ein verlaschter Stoß ist für hohe Beanspruchungsgruppen ungeeignet. Der geschwächte Schienensteg ist in allen Grenzzuständen nachzuweisen.

3.4 Zur Auswahl von Kranschiene und Laufrad

3.4.1 Kombination von Schiene und Laufrad nach DIN 15 072

Schiene und Laufrad sollen zueinander passen, um eine möglichst hohe Wirtschaftlichkeit zu erreichen. In der Regel schreibt der Kranhersteller im Krandatenblatt eine bestimmte Schiene zur Verwendung vor. Damit hat er die Verantwortung für eine ausreichend hohe Passung von Laufrad und Schiene übernommen. DIN 15 072 gibt geeignete und bevorzugte Kombinationen von Schienenkopfbreite/Laufraddurchmesser an, siehe Tab. 3.6.

Die Anwendung von Tab. 3.6 ersetzt nicht den zusätzlich notwendigen Nachweis. Für den Nachweis existieren folgende Regelwerke:

- ISO 16 881-1 ist die Norm, die in [3-6/8.4.3(3)] noch zur Anwendung vorgeschrieben ist. Der darin enthaltene Nachweis entspricht im Wesentlichen dem alten Nachweis nach der mittlerweile zurückgezogenen Norm DIN 15 070. Siehe unten Abschnitt 3.4.3.
- Die Krannorm DIN EN 13 001-3-3 „Grenzzustände und Sicherheitsnachweis von Laufrad/ Schiene-Kontakten" ist jünger als EC 3-6 und erst im Jahr 2015 fertiggestellt worden. Diese Vorschrift ersetzt den Nachweis nach ISO 16 881-1 (siehe DIN EN 15 011, Anmerkung zu Abschnitt 5.2.2.2). Zum Nachweis siehe unten Abschnitt 3.4.4.
- Alle Nachweisformate beruhen auf der Hertz'schen Pressung, siehe unten Abschnitt 3.4.2. In besonderen Fällen kann der Nachweis der Rad/Schiene-Kombination auch direkt über die Hertz'sche Pressung geführt werden, siehe DIN EN 13 001-3-3, Abschnitt 5.3.1.

Tab. 3.6: Zulässige Kombinationen Schienenkopfbreite *b* / Laufraddurchmesser d_1 nach DIN 15 072 für Laufräder mit Spurkränzen

d_1 [mm]	Durchmesser Spurkranz [mm]	Spurkranz schmal			Spurkranz breit			Ohne Spurkranz	
		b_1 [mm]	b_2 [mm]	Schiene A...	b_1 [mm]	b_2 [mm]	Schiene A...	b_2 [mm]	Schiene F...
200	230	55	90	**45**	-	-	-	-	-
250	280	55	90	**45**	-	-	-	-	-
315	350	55	90	**45**	65	110	**55**	-	-
400	440	65	110	45, **55**	90	140	65, **75**	140	**100**
500	540	65	110	45, **55**	90	140	65, **75**	140	**100**
630	680	75	120	**55**, 65	110	160	**75**	160	**100**, 120
710	760	90	140	**65**, 75	160	210	**100**, 120	210	**100**, 120
800	850	90	140	**65**, 75	160	210	**100**, 120	210	**100**, 120
900	950	90	140	65, **75**	160	210	**100**, 120	210	**120**
1000	1050	90	140	65, **75**	160	210	**100,** 120	210	**120**
1120	1180	-	-	-	160	220	**100**, 120	-	-
1250	1310	-	-	-	160	220	**100**, 120	-	-

Bevorzugte Rad/Schiene-Kombinationen sind fett gedruckt.

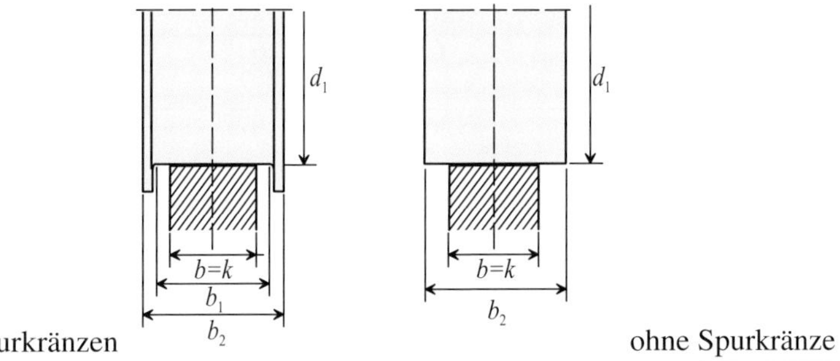

Durch die bewusste Auswahl der Werkstoffe für Rad und Schiene kann das Verschleißverhalten so beeinflusst werden, dass der hauptsächliche Verschleiß eher im Rad oder eher in der Schiene vorherrscht; siehe Tab. 3.7.

3.4.2 Hertz'sche Pressung

Die Kontaktspannungen zwischen Laufrad und Schiene lassen sich im unverformten Zustand nicht berechnen, da die Kontaktfläche zwischen Zylinder (Rad) und Ebene (Schienenoberfläche) die Größe 0 hat, siehe Abb. 3.14 und 3.15

Erst durch das Einsinken des Zylinders in den elastischen Halbraum ergibt sich eine endliche Spannungsgröße.

Der Physiker H. Hertz entwickelte auf halbempirischer Basis im Jahr 1881 Formeln für das Kontaktproblem. Dabei unterstellte er ein homogenes, isotropes Material mit linear-elastischem

Tab. 3.7: Laufrad/Schiene-Materialpaarungen und deren Verschleißverhalten nach DIN EN 13 001-3-3, Anhänge A und C

Laufrad		Schiene		Vorherrschender Verschleißpartner und Verschleißgrad	
Material	Bruchfestigkeit f_u [kN/cm^2]	Material	Bruchfestigkeit f_u [kN/cm^2]	Laufrad	Schiene
GE 300	52	C55	64	=	=
GE 300	52	R260Mn	87	**	
EN-GJS 700-2	70	S235	36		**
EN-GJS 700-2	70	S275	41		**
EN-GJS 700-2	70	S355	52		*
EN-GJS 700-2	70	S690QL	76	*	
25CrMo4 +QT	65	S355	52		**
34CrMo4 +QT	70	S355	52		**
34CrMo4 +QT	70	C35E	52		*
34CrMo4 +QT	70	S690QL	76	=	=
42CrMo4 +QT	75	S355	52		**
42CrMo4 +QT	75	C55	64	=	=
42CrMo4 +QT	75	R260Mn	87	*	
33NiCrMoV14-5 oberflächengehärtet	100	C55	64		**
33NiCrMoV14-5 oberflächengehärtet	100	R260Mn	87		*
42CrMo4 oberflächengehärtet	42	S355	52		**
42CrMo4 oberflächengehärtet	42	C55	64		***
Legende: = Gleiches Verschleißverhalten in Rad und Schiene * Leichter Verschleiß ** Mittlerer Verschleiß *** Starker Verschleiß					

Verhalten. Schubspannungen in der Kontaktfläche wurden vernachlässigt. Hertz behandelte die Berührungsspannungen zwischen verschiedenen Oberflächenformen, z. B. Kugeln, Zylindern, Ebenen usw. An dieser Stelle interessiert der Fall Zylinder auf Ebene.

Es ergibt sich nach Hertz:

$$\sigma_{HE} = -0,418 \cdot \sqrt{\frac{Q \cdot E}{b \cdot r}} \quad \text{und} \quad a = 1,52 \cdot \sqrt{\frac{Q \cdot r}{b \cdot E}} \tag{3.2}$$

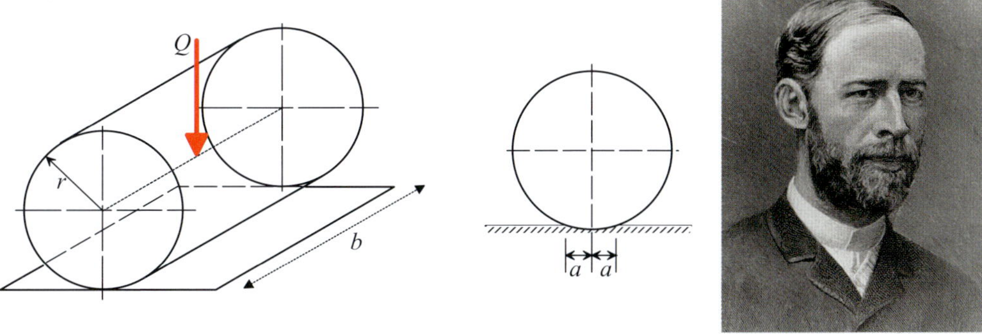

Abb. 3.14: Hertz'sche Pressung Zylinder auf Ebene (links); Zylinder in den elastischen Halbraum eingesunken (Mitte); Heinrich Rudolf Hertz, 1857–1894 (rechts)

Abb. 3.15: Spurkranzloses Rad auf Schiene

mit: E Elastizitätsmodul von Rad und Schiene
r Radius des Zylinders
b Zylinderlänge
Q Radlast (ohne Schwingbeiwert)
a halbe Breite der Kontaktfläche
σ_{HE} Kontaktspannung

Als zulässige Spannungen werden Werte über der Fließgrenze zugelassen, einem Bereich also, für den die von Hertz angenommene Voraussetzung des linear-elastischen Werkstoffverhaltens nicht mehr gegeben ist.

Die mit Gl. 3.2 errechneten Spannungswerte liegen daher über den tatsächlich vorhandenen Beanspruchungen. Deshalb sind sowohl die errechneten Spannungen σ_{HE} als auch die zulässigen Grenzwerte als theoretische Werte aufzufassen [Pet94].

3.4.3 Nachweis der Rad/Schiene-Kombination nach ISO 16 881-1

Der Nachweis der Rad/Schiene-Kombination sollte derzeit (2020) gemäß [3-6/8.4.3(3)] noch nach ISO 16 881-1, Ausgabe 05/2005 ausgeführt werden. Es ist damit zu rechnen, dass mit der nächsten Änderung von DIN EN 1993-6 stattdessen ein Nachweis nach DIN EN 13 001-3-3 gefordert werden wird.

Der Nachweis nach ISO 16 881-1 wird nicht direkt über die Hertz'schen Berührungsspannungen geführt, sondern mit der Stribeck'schen Pressung p. p ergibt sich aus der Verteilung der Radlast F auf eine gedachte Fläche (Raddurchmesser $d_1 \times$ nutzbare Schienenbreite b_{eff}), siehe auch [HKS93]. Bei der Darstellung der Nachweise im Folgenden wurden die Terminologie und die Bezeichnungen aus ISO 16 881-1 so verändert, dass sie DIN EN 1993-6 entsprechen. Die in ISO 16 881-1 angesetzten Einwirkungen und Einwirkungskombinationen sind ISO 8686 zu entnehmen, sie entsprechen aber im Wesentlichen den Einwirkungen aus DIN EN 13 001-2, Tab. 12a. Diese wiederum sind im Hinblick auf die hier interessierenden Lasten hinsichtlich der Schwingbeiwerte und der Teilsicherheitsbeiwerte nahezu identisch zu den Regeln in DIN EN 1991-3 (siehe Kap. 8 dieses Buches), so dass die Einwirkungen nach DIN EN 1991-3 – siehe unten Kap. 8 – für den Nachweis verwendet werden können.

Zwei Nachweise sind zu führen:

(a) Tragfähigkeitsnachweis: Rad und Schiene können die Radlast max F_{1-10} ertragen:

$$\max F_{\text{Ed},1-10} \leq 1{,}9 \cdot p_{\text{L}} \cdot d_1 \cdot b_{\text{eff}} \tag{3.3}$$

(b) Dauerhaftigkeit (Verschleißfestigkeit): Die normale Betriebsradlast F_{mean} kann ohne überhöhten Verschleiß von Schiene oder Rädern ertragen werden:

$$\max F_{\text{Ed,mean}} \leq p_{\text{L}} \cdot c_1 \cdot c_2 \cdot d_1 \cdot b_{\text{eff}} \tag{3.4}$$

Darin sind

F_{Ed} Bemessungswert der vertikalen Radlasten nach Tab. 8.2 inklusive Schwingbeiwerten nach Tab. 8.5 und Teilsicherheitsbeiwerten nach Tab. 8.6

$\max F_{\text{Ed},1-7}$ maximale Radlast bei ungünstigster Katzposition aus den Lastgruppen 1 bis 7 der Tab. 8.2 (veränderliche Lasten ohne Prüflast); entspricht $P_{\text{max,A,B}}$ nach ISO 16 881-1

$\min F_{\text{Ed},1-7}$ minimale Radlast bei günstigster Katzposition aus den Lastgruppen 1 bis 7 der Tab. 8.2 (veränderliche Lasten ohne Prüflast); entspricht $P_{\text{min,A,B}}$ nach ISO 16 881-1

$F_{\text{Ed,mean}}$ gemittelte Radlast

$$F_{\text{Ed,mean}} = \frac{1}{3}(\min F_{\text{Ed},1-7} + 2 \cdot \max F_{\text{Ed},1-7}) \tag{3.5}$$

$\max F_{\text{Ed},1-10}$ maximale Radlast bei ungünstigster Katzposition aus den Lastgruppen 1 bis 10 der Tab. 8.2 (GZT, veränderliche und außergewöhnliche Lasten, inklusive der Prüflast); entspricht $P_{\text{max,A,B,C}}$ nach ISO 16 881-1

p_{L} Grenzdruck in kN/cm^2 als Funktion des Laufradwerkstoffs, siehe Tab. 3.9

d_1 Laufraddurchmesser

$b_{\text{eff}} = b - 2 \cdot r_1$ nutzbare Schienenkopfbreite nach Tab. 3.8, entspricht der Schienenkopfbreite abzüglich der Ausrundungsradien

Tab. 3.8: Nutzbare Schienenkopfbreite b_{eff} mit r_1 Radius Schienenkopfkante

Kranschiene	r_1 [cm]	nutzbare Schienenbreite $b_{\mathrm{eff}} = (b - 2 \cdot r_1)$ [cm]
A 45	0,4	3,7
A 55	0,5	4,5
A 65	0,6	5,3
A 75	0,8	5,9
A 100	1,0	8,0
A 120	1,0	10,0
F 100	1,0	8,0
F 120	1,0	10,0

Tab. 3.9: Grenzdruck p_L nach ISO 16 881-1 in kN/cm²

Zugfestigkeit des Laufradmaterials [kN/cm²]	p_L [kN/cm²]	Mindestzugfestigkeit des Schienenmaterials [kN/cm²]
> 50	0,50	35
> 60	0,56	35
> 70	0,65	51
> 80	0,72	51
> 90	0,78	60
> 100	0,85	70

c_1 Drehzahlbeiwert, berücksichtigt den Einfluss der Drehzahl n [Umdrehungen/Minute] des Laufrades

$$c_1 = \frac{1}{0,803 + 0,0169 \cdot n^{0,7}} \tag{3.6}$$

Aus der Fahrgeschwindigkeit v der Kranbrücke und dem Laufradradius r ergibt sich die Drehzahl n zu (v in [m/min] und r in [m])):

$$n = \frac{v}{\pi \cdot 2 \cdot r} \tag{3.7}$$

c_2 Betriebsdauerbeiwert, gibt den Einfluss der Betriebsdauer des Fahrantriebes an, siehe Tab. 3.10.
Falls die für die Bestimmung notwendige Triebwerksgruppe unbekannt ist, kann c_2 behelfsweise über die Betriebsdauer (siehe zurückgezogene DIN 15 070) bestimmt werden.

Ist einer der Nachweise nach Gl. 3.3 und 3.4 nicht erfüllt, sind Schiene und/oder Laufradradius zu vergrößern.

Zu den Schienennachweisen siehe auch [War99].

Tab. 3.10: Betriebsdauerbeiwert c_2 nach ISO 16 881-1 und DIN 15 070

ISO 16 881-1: Triebwerksgruppe nach FEM Richtlinie, Heft 2 oder ISO 4301-1	DIN 15 070: Betriebsdauer des Fahrantriebs bezogen auf eine Stunde	Betriebsdauerbeiwert c_2
M_1 und M_2	< 16 %	1,25
M_3 und M_4	16 bis 25 %	1,12
M_5	25 bis 40 %	1,00
M_6	40 bis 63 %	0,90
M_7 und M_8	> 63 %	0,80
Triebwerksgruppe unbekannt	Betriebsdauer unbekannt	0,80

Beispiel 3-1: Nachweis der Kontaktpressung Rad/Schiene

Gegeben:

- 20 t Zweiträger-Brückenlaufkran
- Laufradmaterial 34CrMo4 (siehe Tab. 3.7) mit $f_u = 700$ N/mm^2
- A-Profilschiene nach DIN 536-1, Material S690Q (siehe Tab. 3.7)
- Kran: Triebwerksgruppe M6 (Information vom Kranhersteller)
- max $F_{\text{Ed},1-7} = 154$ kN (max. vertikale Radlast aus LG 1 – 7 Tab. 8.2, inklusive Schwingbeiwerte und $\gamma_Q = 1,35$)
- min $F_{\text{Ed},1-7} = 35$ kN
- max $F_{\text{Ed},1-10} = 154$ kN
  (max. vertikale Radlast aus LG 1 – 10 Tab. 8.2 inklusive Schwingbeiwerte und $\gamma_Q = 1,35$ für die Lasten außer Prüflast und $\gamma_{\text{F,Test}} = 1,1$ für die Prüflast)
- Fahrgeschwindigkeit Brücke $v = 80$ m/min
- Betriebsdauer ca. 50 %

Verlangt: Nachweis der Rad/Schiene-Kombination nach ISO 16 881-1

Gewählt: Schiene A 55 ($b_{\text{eff}} = 4,5$ cm) und Laufraddurchmesser $d_1 = 50$ cm

- Schiene und Laufrad passen nach Tab. 3.6 zusammen.
- Gewichtete Radlast $F_{\text{Ed,mean}}$:

$$F_{\text{Ed,mean}} = \frac{1}{3}\left(\min F_{\text{Ed},1-7} + 2 \cdot \max F_{\text{Ed},1-7}\right) = \frac{1}{3}(35 + 2 \cdot 154) = 114 \text{ kN} \qquad (3.8)$$

- Der Werkstoffbeiwert ergibt sich abhängig von der Bruchfestigkeit f_u des Radmaterials aus Tab. 3.9: $p_L = 0,65$ kN/cm^2
- Die Mindestzugfestigkeit der Schiene aus Tab. 3.9 beträgt 51 kN/cm^2. Sie ist für den Schienenstahl S690Q gegeben.

- Drehzahlbeiwert für eine Fahrgeschwindigkeit von $v = 80$ m/min:

$$n = \frac{v}{\pi \cdot d_1} = \frac{80 \text{ m/min}}{\pi \cdot 0,5 \text{ m}} = 50,9 \text{ Umdrehungen/min}$$

$$c_1 = 10,803 + 0,0169 \cdot n^{0,7} = 10,803 + 0,0169 \cdot 50,9^{0,7} = 0,937$$

- Betriebsdauerbeiwert nach Tab. 3.10 für Triebwerksgruppe M6: $c_2 = 0,90$
- Nachweis, dass das Rad die maximale Radlast max $F_{\text{Ed},1-10}$ ertragen kann:

$$\max F_{\text{Ed},1-10} = 154 \text{ kN } \leq 1,9 \cdot p_{\text{L}} \cdot d_1 \cdot b_{\text{eff}} = 1,9 \cdot 0,65 \cdot 50 \cdot 4,5 = 278 \text{ kN } (\checkmark)$$

- Nachweis, dass das Rad die Betriebsradlast $F_{\text{Ed,mean}}$ ohne erhöhten Verschleiß ertragen kann:

$$\max F_{\text{Ed,mean}} = 114 \text{ kN } \leq p_{\text{L}} \cdot c_1 \cdot c_2 \cdot d_1 \cdot b_{\text{eff}} = 0,65 \cdot 0,937 \cdot 0,9 \cdot 50 \cdot 4,5 = 123 \text{ kN } (\checkmark)$$

Wäre mindestens einer der Nachweise nicht erfüllt, müsste ein größerer Laufraddurchmesser und/oder eine größere Schiene gewählt werden.

3.4.4 Nachweis der Rad/Schiene-Kombination nach DIN EN 13 001-3-3

Mit DIN EN 13 001-3-3 wird der Nachweis von Rad und Schiene auf eine neue, aktuellere und detailliertere Grundlage als nach ISO 16 881-1 gestellt. Alle Nachweise beruhen auf der Hertz'schen Pressung und der durch den Laufrad/Schiene-Kontakt hervorgerufenen Scherspannungen unterhalb der Oberfläche.

Für die Auswahl der Kombination aus Laufrad und Schiene sind der statische Festigkeitsnachweis und der Ermüdungsfestigkeitsnachweis zu führen. Beim statischen Festigkeitsnachweis sind die Materialeigenschaften des schwächeren Teils (Laufrad oder Schiene) zu verwenden, während der Dauerhaftigkeitsnachweis für Rad und Schienen separat durchzuführen ist.

Das Nachweisformat ist zu umfangreich, um an dieser Stelle dargestellt zu werden, es wird auf die Norm verwiesen.

3.5 Nachweis diskontinuierlich gelagerter Profilschienen

Diskontinuierlich gelagerte Schienen (Abb. 3.16 rechts) werden zwischen ihren Auflagerpunkten durch die vertikalen und horizontalen Radlasten auf Biegung beansprucht. Die nicht im Schubmittelpunkt M der Schiene angreifenden Radlasten führen darüber hinaus zu Normalspannungen aus Wölbkrafttorsion. Der gewählte Lagerabstand a - oft zwischen 30 cm und 80 cm - ist unter Beachtung der maximalen Schienenspannungen im GZT nachzuweisen.

Die Radlasten F_{Ed} und H_{Ed} sind nach Kapitel 8 zu bestimmen. Die Querschnittswerte von um 25% abgenutzen A-Profilschienen können Tab. 3.2 oder [KN17, HS20b] entnommen werden.

Wenn keine genauere Rechnung erfolgt, können die maximalen Spannungen in der Schiene auf der sicheren Seite liegend mit einem ingenieurmäßigen Ansatz wie folgt abgeschätzt werden. Dazu wird die Schiene als gabelgelagerter Träger der Länge a auf zwei Stützen angesehen, in dessen Mitte H_{Ed} und F_{Ed} wie in Abb 3.16 dargestellt angreifen. Die sonst übliche Regel, die vertikalen Radlasten im GZT zentrisch wirken zu lassen, würde zu unsicheren Bemessungen führen. Es wird einen Exzentrizität von $k/4$ vorgeschlagen.

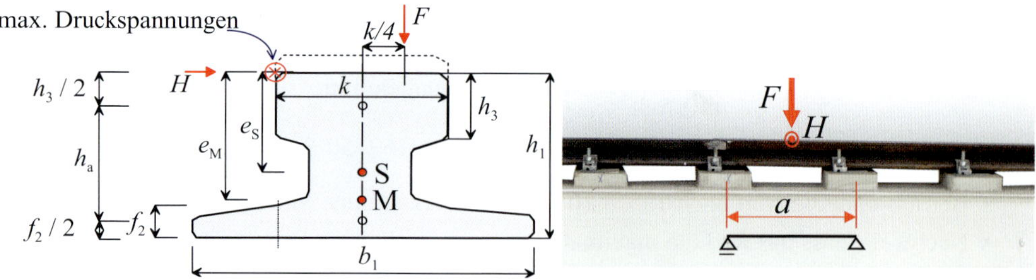

Abb. 3.16: links: Typ A Profilschiene mit 25% Abnutzung nach Tab. 3.2; rechts: diskontinuierliche Schienenlagerung

Die Spannungen an einer oberen Schienenecke aus der Biegung infolge der vertikalen Radlast (Index: F) ergeben sich zu (e_S = Abstand Schienenoberkante - Schwerpunkt, Tab. 3.2):

$$\sigma_{x,F,Ed} = \frac{F_{Ed} \cdot a}{4 \cdot I_y} \cdot e_S \tag{3.9}$$

Die Spannungen an einer oberen Schienenecke aus der Biegung infolge der horizontalen Radlast (Index: H) ergeben sich zu:

$$\sigma_{x,H,Ed} = \frac{H_{Ed} \cdot a}{8 \cdot I_z} \cdot k \tag{3.10}$$

Die Spannungen an einer oberen Schienenecke aus der Wölbkrafttorsion (Index: w) ergeben sich über die Umrechnung des Wölbbimoments nach Tab. 10.5 auf Gurtbiegemomente (e_M = Abstand Schienenoberkante - Schubmittelpunkt, Tab. 3.2) und mit Abs. 10.4.2 zu:

$$M_{T,Ed} = F_{Ed} \cdot (k/4) + H_{Ed} \cdot e_M \tag{3.11}$$

$$M_{w,Ed} = \frac{M_{T,Ed}}{\lambda} \cdot \frac{\sinh^2(\lambda \cdot a/2)}{\sinh(\lambda \cdot a)} = \frac{M_{T,Ed}}{2 \cdot \lambda} \cdot \tanh(\lambda \cdot a/2) \tag{3.12}$$

$$\lambda = \sqrt{\frac{G \cdot I_T}{E \cdot I_w}} \tag{3.13}$$

$$I_w = \frac{I_1 \cdot I_2}{I_1 + I_2} \cdot h_a^2 \tag{3.14}$$

$$I_1 = k^3 \cdot h_3/12 \qquad I_2 = b_1^3 \cdot f_2/12 \qquad h_a = h_1 - h_3/2 - f_2/2 \tag{3.15}$$

$$\sigma_{x,w,Ed} = \frac{M_{w,Ed}}{h_a \cdot I_1} \cdot \frac{k}{2} \tag{3.16}$$

Die nachzuweisenden Gesamtspannungen werden mit den ertragbaren Spannungen verglichen:

$$\sigma_{x,Ed} = \sigma_{x,F,Ed} + \sigma_{x,H,Ed} + \sigma_{x,w,Ed} \leq f_y/\gamma_{M0} \tag{3.17}$$

f_y kann nach DIN 536-1 mit 60 % der Zugfestigkeit angenommen werden, bei A-Profilschinen ergibt sich für einen Werkstoff mit einer Mindestzugfestigkeit von 69 kN/cm^2: $f_y = 41,4$ kN/cm^2 und für einen Werkstoff mit einer Mindestzugfestigkeit von 88 kN/cm^2: $f_y = 52,8$ kN/cm^2.

Bei kontinuierlich gelagerten Schienen können die Schienenspannungen $\sigma_{x,H,Ed}$ und $\sigma_{x,w,Ed}$ aus den obigen Gleichungen übernommen werden. In der Gleichung für $\sigma_{x,F,Ed}$ ist die Länge a nach

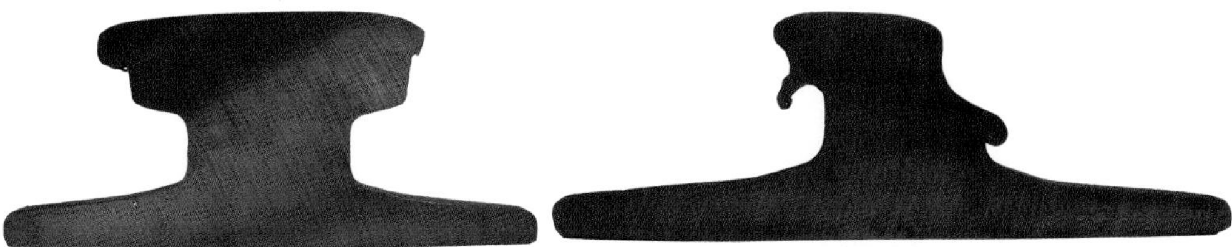

Abb. 3.17: Stark beanspruchte Kranschienen mit Schienenbärten (links) und extremem Verschleiß (rechts); Foto: Reiner Thoß, siehe [Tho11]

[HKS93], S. 93 zu ersetzen durch die Länge L (t_w: Stegdicke Kranbahn; b_1: Schienenfußbreite; c: Bettungsziffer elastische Unterlage):

$$L = \sqrt[4]{\frac{4 \cdot EI_y}{C}} \tag{3.18}$$

$$\frac{1}{C} = \frac{1}{c \cdot b_1} + \frac{h_{\text{Kranbahn}}}{E \cdot t_w} \tag{3.19}$$

3.6 Schienenverschleiß, Auswechslung

Schienen und Radsätze verschleißen beim Kranbetrieb infolge der Rad/Schiene-Reibung. Infolge der vertikalen Raddrücke wird die Schienenoberseite abgenutzt oder gar plastisch verformt, wenn die Raddrücke zu groß sind. Schienen, deren Köpfe mehr als 25 % verschlissen sind [3-6/5.6.2(2)], haben ihre Ablegereife erreicht und sind auszuwechseln. Bei Flachstahlschienen gilt der gesamte Schienenquerschnitt als Schienenkopf, während bei A-Profilschienen (siehe Abb. 3.2) der Querschnittsteil mit der Höhe h_3 als Kopf zählt.

Abb. 3.17 links zeigt eine Schiene, deren Kopf infolge zu hoher vertikaler Raddrücke plastizierte. So entstanden an beiden Seiten Schienenbärte. Die Schiene in Abb. 3.17 rechts ist unter der Wirkung zu hoher vertikaler und horizontaler Lasten unzulässig stark verschlissen. Beide Schienen hätten schon längst ausgetauscht werden müssen.

Der Verschleiß infolge horizontaler Radlasten ist bei Rädern mit Spurkränzen stärker als bei Systemen mit Spurführung über Seitenführungsrollen. Der Verschleiß kann infolge Konstruktions-, Montage- oder Werkstofffehlern wachsen, wie das folgende Beispiel zeigt.

Der in Abb. 3.18 dokumentierte Schadensfall machte ein Auswechseln der Schiene erforderlich. Der Schaden entstand, weil die Spurkränze – aus hier nicht näher erläuterten Gründen – gleichzeitig an beiden Kranseiten auf Kontakt anlagen. Das führte zu einem erhöhten Abrieb an den Schienenkopfflanken. Auf dem Schienenfuß (Abb. 3.18 links) liegt der schwarze, pulverförmige Abrieb der Schiene. In Abb. 3.18 Mitte sind Steg und Kopf der beschädigten A-Schiene zu erkennen. Das seitlich an den Schienenkopf gehaltene Blech zeigt, wie viel Material am oberen, seitlichen Kopfbereich bereits abgetragen wurde. Weitere mögliche Schäden an Schienen sind in [War99] zusammengestellt worden.

Abb. 3.18: Schadensfall: Zu hoher seitlicher Verschleiß am Schienenkopf

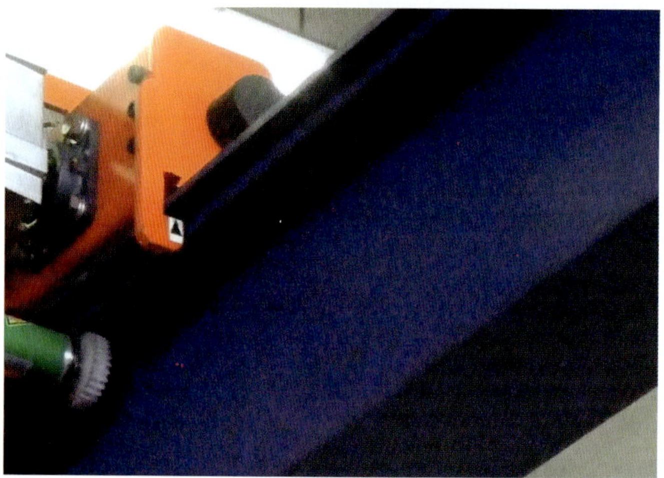

Abb. 3.19: Senkrechte Führung als Entgleisungsschutz

3.7 Entgleisungsschutz

Wenn die plötzliche Freigabe der Last (z. B. durch Lastabwurf) dazu führen kann, dass der Kran um mehr als 70 % der Höhe der Spurkränze oder der Führungsrollen angehoben wird, dann muss der Kran nach DIN 15011, Abschnitt 5.4.4.5, mit einer Abhebesicherung versehen werden. Die maximale im Kranbrückentragwerk gespeicherte Energie muss zur Bewertung des Anhebens der gesamten Kranmasse (ohne Hublast) angesetzt werden. Der Entgleisungsschutz kann beispielsweise mit einer der folgenden Vorrichtungen gewährleistet werden:

- Seitliche Führungen aller Kranlaufräder; z. B. können bei Kranen mit einseitiger Seitenführung über Seitenführungsrollen auf der nicht geführten Seite Räder mit ausreichend hohen Spurkränzen mit besonders großem Spurspiel vorgesehen werden.
- Senkrechte Führungen des Kopfträgers (siehe z.B. Abb. 3.19).

4 Kranbahnträger: Statisches System und Querschnitte samt Aussteifung

4.1 Statisches System der Kranbahn

Bei der Auswahl eines statischen Systems für den Kranbahnträger hat man nicht viel Auswahl: Einfeldträger, Zweifeldträger oder Durchlaufträger? Wenn dabei zunächst ausschließlich auf die wirtschaftliche Querschnittsgestaltung fokussiert wird, dann ist die Entscheidung nicht schwer, wie das folgende Beispiel zeigt.

Beispiel 4-1: Kranbahn in einer zwölffeldrigen Halle

Die Kranbahn in der zwölffeldrigen Halle (Länge $12 \cdot l$) (Abb. 4.1) wird durch eine zweiachsige Kranbrücke mit zwei gleichen Radlasten im Abstand $a = 0,6 \cdot l$ beansprucht.

Jede Kranbahn könnte alternativ aus 12 Einfeldträgern, aus 6 Zweifeldträgern, aus 4 Dreifeldträgern oder einem über zwölf Felder durchlaufenden Träger bestehen. Für alle Varianten wurden die Biegemomente berechnet und in Tab. 4.1 auf das maximale Feldmoment des Einfeldträgers bezogen angegeben.

Vergleicht man die maximalen Feld- und Stützmomente der verschiedenen Ein- und Mehrfeldträger (Abb. 4.1) miteinander, so stellt man fest: Der Zweifeldträger ist wegen der deutlich geringeren Feldmomente gegenüber dem Einfeldträger im Vorteil. Bei Walzprofil-Kranbahnträgern

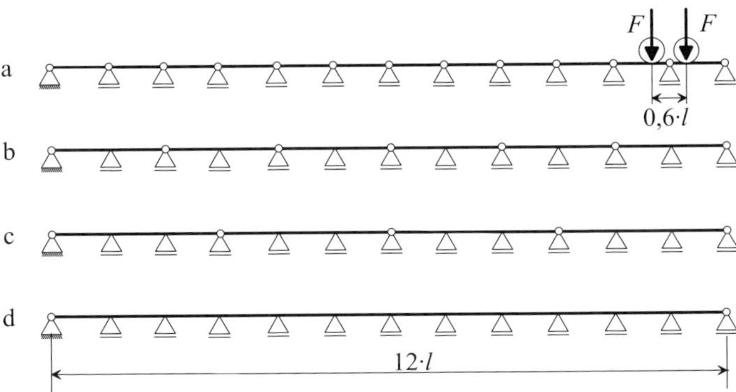

Abb. 4.1: Beispiel 4-1: Alternative statische Systeme für eine Kranbahn über 12 Felder: (a) 12 Einfeldträger, (b) 6 Zweifeldträger, (c) 4 Dreifeldträger, (d) Durchlaufträger

Tab. 4.1: Biegemomente für den Kranbahnträger aus Abb. 4.1 und Beispiel 4-1

Kranbahn als...	maximales Feldmoment	maximales Stützmoment
	in [%] des max. Feldmoments des Einfeldträgers	
1-Feldträger	100 %	–
2-Feldträger	84 %	–71 %
3-Feldträger	83 %	–69 %
Durchlaufträger	83 %	–69 %

Tab. 4.2: Eignung statischer Systeme für Kranbahnen bei Vorliegen verschiedener Ziele

Kriterium/Randbedingung	Einfeld-träger	Zweifeld-träger	Durchlauf-träger
Möglichst geringe Querschnittsfläche der Kranbahn	–	+	+
Möglichst wenig biegesteife Stöße in der Kranbahn	+	+	–
Kranbahn soll unterschiedliche Fundamentsetzungen der Kranstützen ertragen können	+	–	–
Möglichst ruhiger und stoßfreier Kranbetrieb	-	–	+
Abhebende Auflagerkräfte vermeiden	+	–	o
Geringer Montageaufwand der Kranbahn	+	o	–
Gleiche max. Auflagerkräfte im Halleninnenbereich	+	–	o
Legende: + gut geeignet o bedingt geeignet - nicht geeignet			

lässt sich die Profilgröße oft um eine Stufe reduzieren, wenn statt des Einfeld- ein Zweifeldträger gewählt wird (siehe Abs. 9.3). Träger mit drei oder mehr Feldern haben dagegen nur noch vernachlässigbar geringere Schnittgrößen als Zweifeldträger.

Anzahl und Art der Kranbahnträgerstöße beeinflussen darüber hinaus ebenfalls die Gesamtkosten. Biegesteife Trägerstöße sind mit höherem Fertigungs- und Montageaufwand verbunden als gelenkige Stöße, siehe unten Abschnitt 5.2. Wegen der maximalen Lieferlänge für Walzerzeugnisse (i. d. R. bis 18 m) lassen sich – je nach Feldweite – Zweifeldträger (selten auch Dreifeldträger) aus einem Stück fertigen. In unserem Beispiel der 12-feldrigen Halle seien wegen der begrenzten Lieferlänge der Walzprofile pro Kranbahn mindestens 5 Stöße notwendig. Wird eine Kranbahn aus Zweifeldträgern zusammengesetzt, reichen 5 gelenkige Stöße aus. Ein komplett durchlaufender Träger erfordert dagegen 5 aufwändigere biegesteife Stöße. Aus den Ergebnissen des Beispiels folgt zunächst, dass der Kranbahnträger als Zweifeldträger eine wirtschaftliche und oft empfehlenswerte Lösung ist.

Die Größe des Kranbahnquerschnitts und die Vermeidung biegesteifer Stöße sind jedoch oft nicht die einzigen Argumente für die Wahl des statischen Systems. Der Wunsch nach besonders ruhigem Kranbetrieb, unterschiedliche Setzungen der Kranstützen oder die Vermeidung abhebender Auflagerkräfte können weitere Überlegungen zum statischen System erforderlich machen. Tab. 4.2 können weitere Ziele entnommen werden, die in konkreten Situationen wichtig werden können. Die Eignung (+ / o / -) der unterschiedlichen statischen Systeme im Hinblick auf die verschiedenen Ziele lässt sich der Tabelle entnehmen.

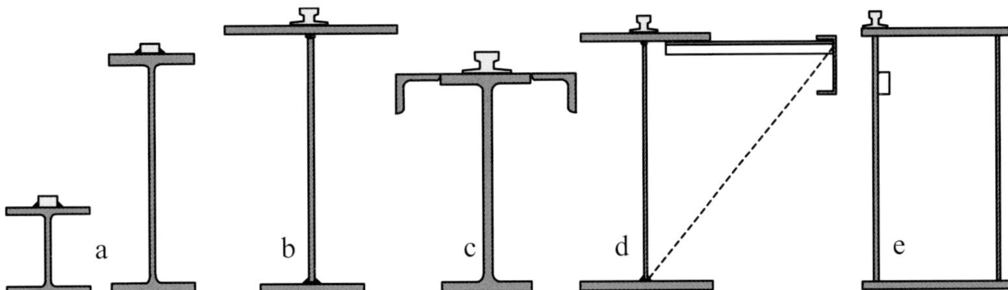

Abb. 4.2: Querschnittstypen für Kranbahnträger: (a) Walzprofile, (b) I-Schweißprofile, (c) mit Winkeln verstärkte Walzprofile, (d) Träger mit Horizontalverband, (e) Kastenträger

4.2 Querschnittstypen für Kranbahnträger

Verschiedene Typen von Kranbahnquerschnitten aus Stahl für einen Betrieb mit Brückenlaufkranen sind in Abb. 4.2 dargestellt. Kranbahnträger für Hängekrane und Laufkatzen werden in Kapitel 18 behandelt.

Welcher Querschnittstyp als Kranbahnträger für Laufkrane gewählt wird, hängt wesentlich von der Größe der vertikalen und der horizontalen Radlasten aus Kranbetrieb und der Feldweite der Kranbahnträger (Abstand der Hallenbinder) ab, aber auch von den Möglichkeiten und Kapazitäten des fertigenden Stahlbaubetriebs im Hinblick auf das Schweißen.

Während kleine und mittlere Walzprofile (Abschnitt 4.3) vorwiegend für Kranbahnen mit leichtem und mittlerem Betrieb geeignet sind, kommen I-Schweißprofile (Dreiblechquerschnitte) (Abschnitt 4.4) und verstärkte Querschnitte (Abschnitte 4.5 und 4.6) bei Kranbahnen für mittleren und schweren Betrieb zum Einsatz. Kranbahnen mit Horizontalträger (Abschnitt 4.8) und Kastenträger (Abschnitt 4.9) sind bei schwerem bis schwerstem Kranbetrieb geeignet. Andere zusammengesetzte Profile (Abschnitte 4.7, 4.10) werden mit gutem Grund seltener ausgeführt. Kranbahnträger, die aus Stahlbeton, Spannbeton oder sogar Holz (Abs. 4.11) gefertigt sind, bilden die Ausnahme.

4.3 Walzprofile als Kranbahnträger für Brückenlaufkrane

4.3.1 Vergleich der Eigenschaften der Profilreihen

Welche Walzprofilreihe eignet sich als Kranbahnträger am besten? Abb. 4.3 zeigt die Querschnittsgeometrie von Walzprofilen verschiedener Profilreihen mit einer annähernd gleichen, mittelgroßen Querschnittsfläche von ca. 200 cm^2, deren Eigenschaften dann in Tab. 4.4 gegenübergestellt werden. Daraus lassen sich besondere Stärken und Schwächen der einzelnen Walzprofilreihen erkennen. In den Tab. 4.3, 4.5 und 4.6 wird der Vergleich für Profile mit kleinen, großen und sehr großen Querschnittsflächen wiederholt. Dazu wurden ebenfalls Profile verschiedener Profilreihen mit jeweils ähnlichen Querschnittsflächen herausgesucht. [1]

[1] In zwei Fällen wurden die Mittelwerte benachbarter Profilgrößen verwendet, um die gewünschte Querschnittsfläche zu erreichen.

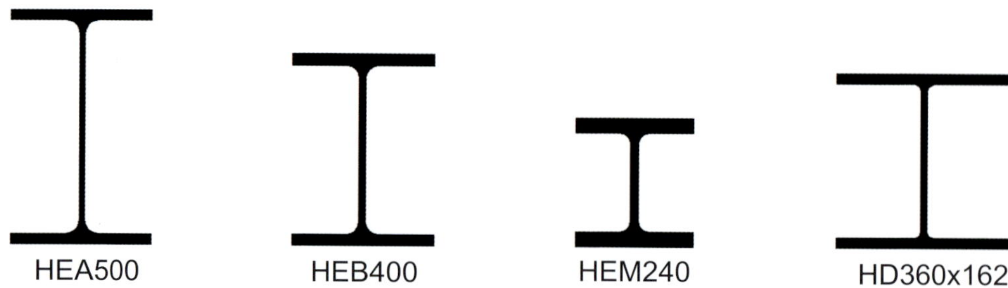

Abb. 4.3: Maßstäbliche Darstellung mittelgroßer Walzprofile mit jeweils ca. 200 cm² Querschnittsfläche, siehe Tab. 4.4

Tab. 4.3: Vergleich von Querschnittswerten kleiner Walzprofile mit $A \approx 98$ cm²

	A	$1/(h_w/t_w)$	W_y	W_z	I_z	I_T
HEA 280	97,3 cm²	100 %	100 %	100 %	100 %	100 %
IPE 450	98,8 cm²	61 %	149 %	52 %	35 %	108 %
(HEB 220 + HEB 240)/2	98,5 cm²	152 %	83 %	86 %	71 %	144 %
HEM 160	97,1 cm²	330 %	56 %	62 %	37 %	262 %
HD 320 x 74,2	94,6 cm²	87 %	108 %	97 %	104 %	90 %

Tab. 4.4: Vergleich von Querschnittswerten mittelgroßer Walzprofile mit $A \approx 200$ cm²

	A	$1/(h_w/t_w)$	W_y	W_z	I_z	I_T
HEA 500	198 cm²	100 %	100 %	100 %	100 %	100 %
HEB 400	198 cm²	147 %	81 %	104 %	104 %	146 %
HEM 240	200 cm²	356 %	51 %	95 %	79 %	258 %
HD 360 x 162	206 cm²	149 %	80 %	145 %	179 %	121 %

Tab. 4.5: Vergleich von Querschnittswerten großer Walzprofile mit $A \approx 305$ cm²

	A	$1/(h_w/t_w)$	W_y	W_z	I_z	I_T
(HEA 800 + HEA 900)/2	303 cm²	100 %	100 %	100 %	100 %	100 %
HEB 700	306 cm²	116 %	86 %	110 %	110 %	125 %
HEM 300	303 cm²	403 %	41 %	143 %	148 %	211 %
HD 400 x 237	301 cm²	261 %	49 %	179 %	237 %	124 %

Tab. 4.6: Vergleich von Querschnittswerten sehr großer Walzprofile mit $A \approx 440$ cm²

	A	$1/(h_w/t_w)$	W_y	W_z	I_z	I_T
HEM 1000	444 cm²	100 %	100 %	100 %	100 %	100 %
HD 400 × 347	442 cm²	388 %	43 %	195 %	260 %	148 %
HL 920 x 344	437 cm²	97 %	97 %	153 %	211 %	68 %

Die einzelnen Spalteninhalte der Tabellen 4.3 bis 4.6 lassen sich wie folgt verstehen:

- Querschnittsfläche als Maßstab für die Materialkosten
- $1/(h_w/t_w)$-Verhältnis des Stegs als Maßstab für die Beulneigung des Stegs
- Widerstandsmomente W_y und W_z als Maßstab für den Querschnittswiderstand gegen die Biegemomente M_y und M_z
- Trägheitsmoment I_z als Maßstab für den Widerstand gegen horizontale Durchbiegung
- Torsionsträgheitsmoment I_T als ein Maßstab für den Widerstand gegen Biegedrillknicken.

Die angegebenen Querschnittsgrößen beziehen sich auf die mit 100 % angegebenen Werte des zuerst genannten Profils; ein höherer Prozentwert bedeutet immer eine Verbesserung. Die jeweils besten und schlechtesten Werte wurden eingefärbt, so dass auf den ersten Blick die Besonderheiten der Profilreihen erkannt werden können.

Beispiel 4-2: Tragfähigkeit eines zweifeldrigen Kranbahnträgers

An einem Beispiel wird nun die unterschiedliche Tragfähigkeit und Eignung der verschiedenen Profilreihen exemplarisch gezeigt. Gegeben sind:

- Zweifeldriger Kranbahnträger (S 355) mit einer Feldweite von $l = 7$ m
- Schiene A45 ohne elastische Unterlage
- zweiachsiger Kran, Hubklasse HC2, Beanspruchungsklasse S_2
- Kranfahrwerksystem IFF; Seitenführung über Spurkränze, Radstand $a = 3,2$ m
- Hubgeschwindigkeit 5 m/min
- Spurführungskraft $H = S - H_{S,1,T}$ entspricht 25 % einer maximalen vertikalen Radlast F. Dies ist ein durchschnittlich großer, jedoch kein maximaler Wert.
- F ist die charakteristische vertikale Radlast ohne Schwingbeiwerte.

Sämtliche Nachweise der Tragsicherheit nach [3-6] sind berücksichtigt. Die horizontale Durchbiegung der Schienenoberkante darf nach [3-6/7] bis zu $l/600$ betragen. Die maximale vertikale Durchbiegung wird auf $l/500$ begrenzt.

Abb. 4.4 ermöglicht nun einen Vergleich der Tragfähigkeiten: Die maximal zulässige charakteristische Radlast F (ohne Schwingbeiwerte) ist über der Querschnittsfläche der Profiltypen HEA, HEB, HEM, HL und HD aufgetragen. Die Ergebnispunkte der einzelnen Walzprofile des gleichen Typs sind im Diagramm zur besseren Erkennbarkeit mit Linien verbunden.

Bemerkenswert ist die Eigenschaft großer HEM-Profile (ab HEM 320), siehe Abb. 4.4: Die maximal mögliche Radlast sinkt mit zunehmender HEM-Profilgröße wieder. Eine Ursache dafür liegt in der leicht sinkenden Profilbreite (HEM 320: 309 mm; HEM 1000: 302 mm) bei gleichbleibender Flanschdicke und der sich daraus ergebenden Verminderung des Querträgheitsmoments I_z (HEM 320: 19709 cm^4; HEM 1000: 18460 cm^4), das höhere horizontale Durchbiegungen zur Folge hat, die hier querschnittsbestimmend werden. Der besonders in der HEM-Tragfähigkeitskurve erkennbare Knick stellt den Punkt dar, ab dem nicht mehr die Tragfähigkeit, sondern die Gebrauchstauglichkeit (horizontale Durchbiegung) querschnittsbestimmend wird.

Erkennbar weisen die Profilreihen HD 400, HD 360 und HL 920 bei höheren Radlasten deutlich höhere Tragfähigkeiten auf als die HE-Profile. So erträgt ein HD 400 × 216-Profil mit 275,5 cm^2 eine Radlast von 234 kN, während das mit einer ähnlichen Querschnittsfläche ausgestattete

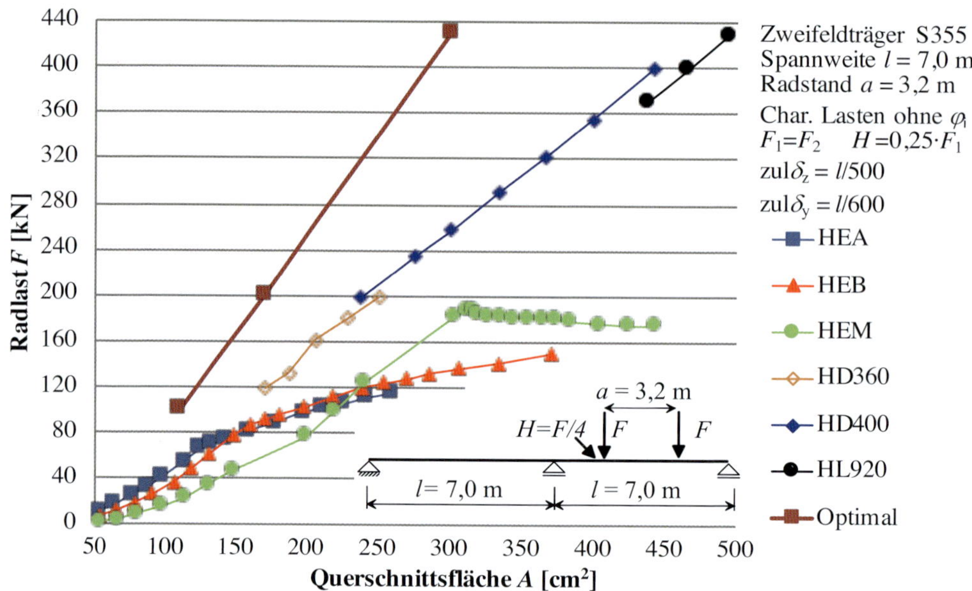

Abb. 4.4: Belastbarkeitskurven verschiedener Walzprofilreihen (Beispiel 4-2) gegenüber dem optimalen Dreiblechquerschnitt

Profil HEB 600 (270 cm²) nur 128 kN als Radlast zu tragen vermag. Eine wesentliche Ursache dafür ist der sich günstig auswirkende, breitere Obergurt der Breitflanschprofile gegenüber den HE-Profilen.

Die im Diagramm als „Optimal" bezeichnete obere Kurve stellt das theoretisch mögliche Optimum der Tragfähigkeit für einen einfachsymmetrischen I-Querschnitt (Dreiblechquerschnitt), siehe Abschnitt 4.4 dar.

Die Tragfähigkeitskurven in Abb. 4.4 gelten für das gewählte Zahlenbeispiel. Berechnet man ein solches Diagramm für andere Spannweiten, so erhält man Kurven, die denen aus Abb. 4.4 ähnlich sind. Weitere Informationen zur Eignung von Profilreihen finden sich in Abs. 9.4.

4.3.2 Eignung der Walzprofilreihen als Kranbahnträger

Im Folgenden wird die Eignung der verschiedenen Walzprofilreihen als Kranbahnträger diskutiert und verglichen.

a) **Kleine und mittelgroße HEA- und HEB-Profile** sind als Kranbahnträger bestens geeignet (Abb. 4.5). Der Unterschied der Tragfähigkeiten beider Profilreihen ist – bezogen auf die eingesetzte Stahlmenge – gering.

b) Der Einsatz **großer HEA- und HEB-Profile** ($h > 50$ cm) ist oft unwirtschaftlich, da sie wegen der auf ca. 30 cm begrenzten Flanschbreite ein zu ungünstiges Verhältnis I_z/I_y besitzen.

c) **IPE-Profile** (ohne Obergurt-Verstärkung) eignen sich wegen des zu geringen Querträgheitsmoments I_z nicht als Kranbahnträger für Laufkrane. Für Hängekrane können sie dagegen gut eingesetzt werden, siehe Kapitel 18.

Abb. 4.5: Walzprofil-Kranbahnträger mit aufgeschweißter Flachstahlschiene als Standardlösung bei leichtem und mittlerem Kranbetrieb

d) **Kleinere und mittlere HEM-Profile** sind i. d. R. keine wirtschaftliche Lösung für Kranbahnträger, da sie eine zu gedrungene Form haben. Die Trägheitsmomente I_y und I_z sind – bezogen auf eine bestimmte Querschnittsfläche A – geringer als bei HEA- oder HEB-Profilen. Vorteilhaft sind dagegen die hohe Beulsteifigkeit der Stege und das – verglichen mit anderen Walzprofilreihen – hohe Torsionsträgheitsmoment. Wenn es auf eine möglichst niedrige Bauweise des Kranbahnträgers ankommt, dann kann der Einsatz von HEM-Profilen sinnvoll sein.

e) **Hohe HEM-Profile** sind HL- und HD-Profilen und Schweißprofilen im Hinblick auf die Wirtschaftlichkeit unterlegen. Sie kommen als Kranbahnträger höchstens dann zum Einsatz, wenn andere HE-Profile keine ausreichende Tragfähigkeit mehr besitzen, HL- und HD-Profile nicht zur Verfügung stehen und Schweißprofile vermieden werden sollen.

f) Die seit 2017 in DIN EN 10 365 genormten **Profilreihen HD 360 und HD 400** weisen Flanschbreiten b zwischen 36,9 cm und 47,6 cm auf und haben deshalb eine hervorragende Tragfähigkeit auch für die Horizontallasten H aus Kranbetrieb. Die bei HE-Profilen besonders bei großen Trägerhöhen und großen Spannweiten oft zu großen horizontalen Durchbiegungen sind bei HD 360- und HD 400-Profilen deutlich geringer. HD-Profile sind, beginnend mit dem kleinsten verfügbaren Profil (HD 360 × 134 mit ca. 170 cm^2 Querschnittsfläche), stets wirtschaftlicher als ein HE-Profil mit vergleichbarer Querschnittsfläche [MRS14]. HD-Profile werden direkt aus der Walzung bezogen und sind kaum im Stahlhandel vorrätig. Wegen der i. d. R. monatlichen Walzzyklen der Hersteller sind sie dennoch gut verfügbar.

g) Bei besonders hohen Radlasten und größeren Spannweiten können die bis zu 47,3 cm breiten, ebenfalls seit 2017 in DIN EN 10 365 genormten **HL 920-Profile** wirtschaftlich interessant sein. HL-Profile werden direkt aus der Walzung bezogen und sind kaum im Stahlhandel vorrätig. Wegen der i. d. R. monatlichen Walzzyklen der Hersteller sind sie dennoch gut verfügbar.

4.3.3 Wahl der Stahlgüte für Walzprofil-Kranbahnträger

Durch die ständige Weiterentwicklung der Herstellungsprozesse von warmgewalztem Baustahl sind heute Walzträger in der Stahlgüte S 355 oder höher (z. B. S 460M nach EN 10 025-4) ausgesprochen wirtschaftlich herstellbar. Historisch bedingt wird in Deutschland heute standardmäßig noch die Stahlgüte S 235 eingesetzt. Dieser bevorzugte Einsatz von S 235 lässt sich allerdings bei der Qualität der aktuell verfügbaren Stähle nicht mehr technisch begründen. Vermutlich wird sich zukünftig auch in Deutschland S 355 zur Standardgüte für Walzträger entwickeln, wie es bereits in Nordamerika mit Grade 50 (Streckgrenze 345 N/mm^2) und Großbritannien mit S 355 der Fall ist. Die nur geringen Mehrkosten von S 355 gegenüber S 235 in Höhe von heute etwa 5 % (Güten JR, J0) bis 10 % (Güten J2, K2, M und ML) bei Walzprofilen begründen den gesamteuropäischen Trend zur Stahlgüte S 355. Schon wenn der höherwertige Stahl S 355 ein um eine Profilstufe kleineres Profil ermöglicht, ist der Einsatz von S 355 gegenüber S 235 wirtschaftlich. Für die Wahl der Stahlgüte eines Kranbahnträgers aus Walzprofilen gelten folgende Argumente:

- Wenn die Durchbiegungsbegrenzung oder die Ermüdungssicherheit maßgebend für die Walzprofilgröße des Kranbahnträgers ist, hat die Auswahl einer höheren Stahlgüte keinen Einfluss auf die Profilgröße. Allerdings können sich selbst dann aus der Wahl einer höheren Stahlgüte Kostenersparnisse ergeben: Die infolge der Nachweise im Grenzzustand der Tragfähigkeit (GZT) erforderlichen Nahtdicken für Schienenschweißnähte sind geringer.
- Wenn dagegen die Durchbiegungsbegrenzungen nicht dimensionierend sind, dann führt der Einsatz einer höheren Stahlgüte regelmäßig zu einer kleineren Walzprofilgröße und damit zu Materialeinsparungen. Als grobe Abschätzung lässt sich festhalten: Der Wechsel von S 235 zu S 355 ermöglicht ein um eine Stufe kleineres Walzprofil [See02], wenn nur die Nachweise im GZT dimensionierend für den Querschnitt sind.
- Beim Einsatz von HD-Profilen, HL-Profilen, I-Schweißprofilen, verstärkten Walzprofilen, Trägern mit Horizontalverband oder Kastenprofilen (Abb. 4.2) ist im Allgemeinen der Einsatz von S 235 unwirtschaftlich. Da die Durchbiegungsbegrenzungen bei solchen Querschnittsarten eher nicht kritisch werden, ermöglicht der Einsatz von S 355 regelmäßig eine geringere Profilgröße [Pod10, Rup13].

4.4 I-Schweißprofile, Dreiblechquerschnitte

Das einfachsymmetrische I-Profil (Abb. 4.6) besteht aus drei Blechen (Dreiblechquerschnitt). Dieser Querschnittstyp mit seinen sechs einzustellenden Maßen (jeweils 3 Blechbreiten und 3 Blechdicken) kann den auftretenden Beanspruchungen aus Kranbetrieb besonders gut angepasst werden. Der Obergurt ist oft stärker ausgebildet als der Untergurt. Zur Konstruktion und zum Nachweis der oberen und unteren Halskehlnähte siehe unten Abs. 16.4.

4.4.1 Entwurfsregeln für optimale Dreiblechquerschnitte

Aus den Ergebnissen von Optimierungsrechnungen mit mathematischen Algorithmen [BSS94] über ein breites Parameterfeld lassen sich Optimalitätskriterien für I-Schweißprofile ableiten [See03], die als Entwurfsregeln dienen können. Mit Hilfe solcher Regeln ist es möglich, Kranbahnträger-Schweißprofile mit einer nahezu kleinstmöglichen Querschnittsfläche zu entwerfen, ohne einen Optimierungs-Algorithmus verwenden zu müssen. Bei den im Folgenden angegebenen Regeln sind die Grenzzustände der Tragfähigkeit und der Gebrauchstauglichkeit berück-

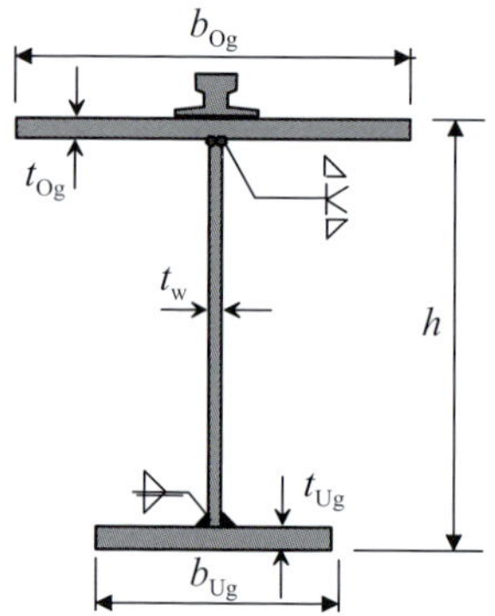

Abb. 4.6: I-Schweißprofile (Dreiblechquerschnitte)

sichtigt. Sie gelten, wenn die Ermüdungssicherheit nicht querschnittsbestimmend wird.

a) Wahl der Trägerhöhe h

Die Vergrößerung der Kranbahnträgerhöhe h hat verschiedene, teilweise gegenläufige Auswirkungen:

- Der Steiner-Anteil der Trägerflansche steigt; die Spannungen aus der Hauptbiegung M_y verringern sich.
- Der Hebelarm e_z der horizontalen Radlasten H zum Schubmittelpunkt steigt; die Torsionslast $M_T = H \cdot e_z$ und die daraus resultierenden Wölbnormalspannungen nehmen zu.
- Die Querschnittsfläche des länger werdenden Stegs nimmt zu.

Die Trägerhöhe h kann [See03] innerhalb vernünftiger Grenzen frei bestimmt werden, ohne dass man damit bereits auf einen zu großen Trägerquerschnitt festgelegt wäre. Bezogen auf die Stützweite l liegen nachweisbare Trägerhöhen h für zweifeldrige Kranbahnträger etwa zwischen $h = l/40$ bei kleinen Radlasten und $h = l/6$ und darüber bei sehr hohen Radlasten. Da Schweißprofile i. d. R. nur bei hohen Radlasten eingesetzt werden, erscheint ein Verhältnis $1/15 < h/l < 1/8$ meist brauchbar.

b) Dimensionierung des Obergurts $(b_{Og} \cdot t_{Og})$

Ein breiter und dünner Obergurt ist wegen seines größeren Querwiderstandsmoments W_z hinsichtlich der Abtragung der Horizontallasten günstiger als ein schmaler und dicker (gedrungener) Obergurt gleicher Querschnittsfläche. Der Verbreiterung des Obergurts sind jedoch Grenzen gesetzt: Die Bedingung $c/t \leq$ grenz c/t [3-1-1/Tab.5.2] ist einzuhalten.

Optimierungsrechnungen zeigen, dass bei Kranbahnen für leichten Betrieb für den optimalen Obergurt gilt: $c/t =$ grenz c/t. Bei hohen Beanspruchungsklassen kann dagegen zur Reduktion der Stegbiegung ein gedrungenerer und damit torsionssteiferer Obergurt zweckmäßiger sein, siehe dazu [See03].

Manchmal begrenzt auch die Geometrie der Kranhalle die mögliche Gurtbreite.

c) Dimensionierung des Untergurts $(b_{\mathrm{Ug}} \cdot t_{\mathrm{Ug}})$

Der Untergurt beteiligt sich in erster Linie an der Abtragung der Vertikallasten. Da der Untergurt zur Abtragung der Horizontallasten nur wenig beiträgt, kann er i. d. R. schwächer als der Obergurt ausgebildet werden. Je kleiner der Untergurtquerschnitt bezogen auf den Obergurtquerschnitt gewählt wird, desto stärker steigen Schwerpunkt und Schubmittelpunkt des Querschnitts in Richtung Obergurt. Damit reduziert sich das Moment der Horizontalkräfte H bezogen auf den Schubmittelpunkt – ein günstiger Einfluss.

Welches Verhältnis Untergurtquerschnitt zu Obergurtquerschnitt sollte für typische Kranbahnträger vorgesehen werden? Wenn die Untergurtfläche maximal so groß ist wie der halbe Obergurtquerschnitt, ergeben sich oft wirtschaftlich dimensionierte Schweißprofile.

Manchmal muss die Untergurtbreite der Obergurtbreite des Dreiblechquerschnitts entsprechen, um vorhandene Schweißautomaten für die Halsnähte einsetzen zu können. Der Aspekt der Materialeinsparung muss dann in den Hintergrund treten.

Unabhängig von diesen Überlegungen muss der Untergurt so stabil ausgeführt werden, dass eine vernünftige Auflagerung des Kranbahnträgers möglich wird. Außerdem muss der Untergurt so stark ausgeführt sein, dass die Annahme der seitlichen Fixierung der Stegunterkante im Hinblick auf das Stegbeulen gerechtfertigt ist.

Darüber hinaus darf der Untergurts nicht so schlank sein, dass die Gefahr seitlicher Schwingungen besteht, siehe Abs. 14.6. Deswegen ist die Bedingung $L/i_z \leq 250$ einzuhalten. Dabei ist i_z der Trägheitsradius des Unterflansches und L die Länge zwischen den seitlichen Halterungen.

d) Wahl der Stegdicke t_{w}

Die Stegdicke von Schweißprofilen sollte so klein wie möglich gewählt werden, da der Stegquerschnitt kaum zur Abtragung der Biegemomente beiträgt. Optimierungsrechnungen zeigen, dass für den Steg des querschnittsminimalen Kranbahnträgers mindestens einer der drei folgenden Nachweise kritisch wird:

- Lasteinleitungsspannungen in der EK 1 (mit LG 1 nach Tab. 8.2): Nachweis der gemeinsamen Wirkung der Spannungen nach Gl. 12.5, Abschnitt 12.2.2 aus Lasteinleitungsspannungen $\sigma_{\mathrm{oz,Ed}}$, den lokalen Schubspannungen $\tau_{\mathrm{oxz,Ed}}$, den Biegenormalspannungen $\sigma_{\mathrm{x,Ed}}$, den Biegeschubspannungen $\tau_{\mathrm{xz,Ed}} = \max V_{\mathrm{z,Ed}}/A_{\mathrm{Steg}}$ am oberen Stegrand unmittelbar neben dem Mittelauflager für die Lastposition max $V_{\mathrm{z,Ed}}$ (siehe Abb. 4.7).
- Beulnachweis für das Stegblech unter der Radlast im Feldbereich des Kranbahnträgers. Die mindestens erforderliche beulsichere Stegdicke wird ggf. durch die Aussteifung des Stegs mit Quersteifen und/oder mit Längssteifen beeinflusst, siehe unten Abs. 4.12
- Ermüdungsnachweis ab Beanspruchungsklasse S_3: Nachweis der addierten Spannungen aus Stegpressung $\sigma_{\mathrm{oz,Ed}}$ und Stegbiegung $\sigma_{\mathrm{T,Ed}}$, siehe unten Abs. 12.3. Bei Beanspruchungsklassen S_0 bis S_2 braucht die Stegbiegung $\sigma_{\mathrm{T,Ed}}$ nicht berücksichtigt zu werden, der Ermüdungsnachweis ist für den Steg meist nicht kritisch.

e) Wahl der Stahlgüte

Der Einsatz von S 355 gegenüber S 235 führt bei Schweißprofilen in aller Regel zu einer Verkleinerung des Querschnitts und ist daher zu empfehlen, siehe auch Abschnitt 4.3.3. Denn die

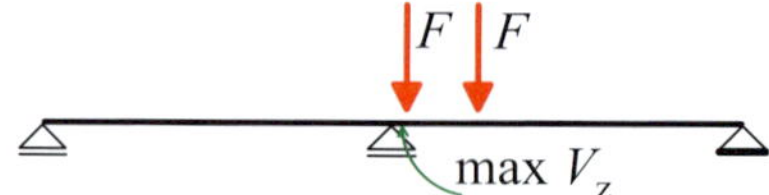

Abb. 4.7: Laststellung max V_z

Querschnitte werden in aller Regel so entworfen, dass die horizontale Durchbiegungsbeschränkung nicht querschnittsbestimmend wird.

4.4.2 Dreiblechquerschnitt oder Walzprofil?

In welchen Fällen ist ein Walzprofil und wann ein I-Schweißprofil / Dreiblechquerschnitt die günstigere Alternative?

Die Tragfähigkeit unverstärkter Walzprofile wurde zu diesem Zweck mit der Tragfähigkeit eines einfachsymmetrischen I-Schweißprofils anhand eines Beispiels verglichen: zweifeldriger Kranbahnträger, HC2/S_2, $l = 7$ m, zwei gleiche Radlasten im Abstand $a = 3{,}2$ m, $H = 0{,}25 \cdot F$, siehe oben Abschnitt 4.3.1 und Abb. 4.4. Dazu wurden für unterschiedliche Radlasten Optimierungsrechnungen durchgeführt [See03]. Die Tragfähigkeit (charakteristische Radlast F ohne Schwingbeiwert) kann in Abb. 4.4 als Funktion der Querschnittsfläche des jeweiligen Profils abgelesen werden. Schweißprofile werden durch die obere, mit dem Wort „Optimal" bezeichnete Linie beschrieben.

Das Ergebnis der Vergleichsrechnungen überrascht kaum: Das optimierte Schweißprofil kann in allen Fällen deutlich höhere Radlasten ertragen als alle Walzprofile mit gleicher Querschnittsfläche! Dieses Resultat lässt sich auch auf andere Spannweiten und Radstände übertragen.

Wann sollte eher ein Walzprofil, in welchen Fällen ein Schweißprofil gewählt werden?

- Die Wahl eines Schweißprofils als Kranbahnträger kann dann zweckmäßig sein, wenn HE-, HD- oder HL-Walzprofile zu einem signifikanten Mehrbedarf (> 20 %) an Stahl führen würden. Materialeinsparungen beim Einsatz von Schweißprofilen stehen allerdings höheren Fertigungskosten gegenüber. Mit einer Kostenkalkulation kann im Einzelfall die wirtschaftlichste Lösung ermittelt werden.
- Kleine und mittelgroße HE-Walzprofile (HEB; HEA oder HEM bis ca. 50 cm Trägerhöhe) oder HD-Profile stellen für Kranbahnen mit leichtem und mittlerem Betrieb unter Berücksichtigung von Material- und Fertigungsaufwand i. d. R. eine günstigere Lösung dar als Schweißprofile.
- Der Einsatz hoher HE-Walzprofile ist i.d.R. gegenüber Dreiblechquerschnitten unwirtschaftlich, da HE-Profile wegen der nicht über ca. 30 cm hinausgehenden Flanschbreite eine zu geringe Quersteifigkeit besitzen und die horizontale Durchbiegungsbeschränkung häufig eine Werkstoffausnutzung verhindert. HD- oder HL-Profile verhalten sich zwar deutlich günstiger, benötigen jedoch wegen der doppelten Symmetrie bei gleichen Radlasten höhere Materialmengen als optimierte Schweißprofile.
- Bei sehr großen Radlasten und/oder Spannweiten kommen nur noch Schweißprofile (oder noch tragfähigere Profiltypen wie Kastenträger oder Träger mit Horizontalverband) in Frage, da die Tragfähigkeit von Walzprofilen begrenzt ist.

Abb. 4.8: Kranbahn als mit Winkeln verstärktes Walzprofil; die Unterbrechung der Schweißnaht wie im linken Bild erkennbar ist nicht empfehlenswert

4.5 Mit Winkeln verstärkte I-Profile

Mit gleichschenkligen oder ungleichschenkligen Winkeln verstärkte I-Profile (Abb. 4.8) eignen sich sehr gut als Kranbahnträger-Querschnitte bei mittlerem und schwerem Betrieb. Die Obergurt-Winkel erhöhen die Tragfähigkeit des Profils beträchtlich. Als Grundquerschnitt kommen IPE-, aber auch HEA-, HEB- oder sogar HEM-Profile in Betracht. Winkel wirken sich in zweierlei Hinsicht sehr günstig auf die Tragfähigkeit des Gesamtquerschnitts aus:

- Die Winkel erhöhen das Querträgheitsmoment I_z des Trägers gegenüber dem unverstärkten Walzprofil signifikant.
- Wegen des U-förmigen Obergurts steigt der Schubmittelpunkt nach oben. So wird das Torsionsmoment der Horizontallast bezogen auf den Schubmittelpunkt kleiner.

Bei der Bemessung gilt es, optimal zueinander passende I-Walzprofile und Winkelprofile zu kombinieren, siehe Beispiele 4-3 und 4-4. Der Einsatz von S 355 gegenüber S 235 führt bei verstärkten Walzprofilen in aller Regel zu einer Verkleinerung des Querschnitts und ist daher zu empfehlen. Denn wegen der deutlich vergrößerten Quersteifigkeit ist die horizontale Durchbiegungsbeschränkung regelmäßig nicht querschnittsbestimmend.

Zur Konstruktion und Bemessung der Schweißnähte zwischen I-Profil und Winkelprofil siehe Abs. 16.2.

Beispiel 4-3: Eignung unterschiedlicher Profilreihen für eine Verstärkung mit Winkeln

Die Eignung verschiedener Profilreihen als Basisprofil soll anhand des in Abb. 4.9 dargestellten Kranbahnträgers untersucht werden. Tab. 4.7 enthält das Ergebnis der Berechnungen: Für vier Profilreihen ist die optimale Kombination aus I-Walzprofil und gleichschenkligem Winkelprofil angegeben. Der letzten Spalte kann die Veränderung der Querschnittsfläche gegenüber der minimalen Querschnittsfläche eines Dreiblechquerschnitts (I-Schweißprofils mit 189 cm^2) entnommen werden. Die Querschnittsfläche des verstärkten Walzprofils wird in unserem Beispiel mit 194 cm^2 nur unwesentlich größer; sie ist dann am geringsten, wenn ein IPE-Profil verwendet wird.

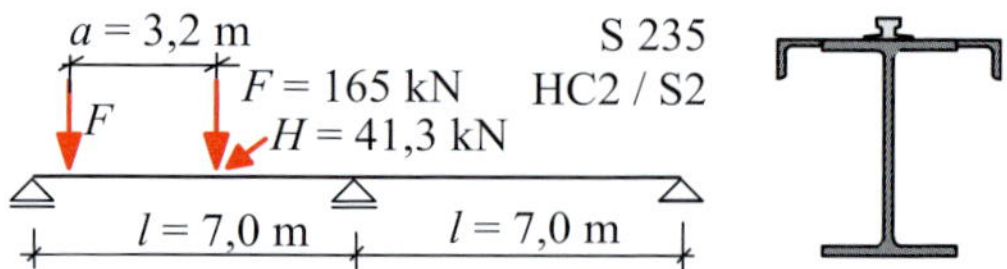

Abb. 4.9: Beispiel 4-3: Kranbahn mit winkelverstärktem Walzprofil

Tab. 4.7: Optimale gleichschenklige Winkelprofile bei vorgewählter Walzprofilreihe für Bsp. 4-3

Walzprofil	Winkelprofil	Querschnitt A [cm^2]	Flächendifferenz zum Dreiblechquerschnitt ΔA [%]
Optimaler Dreiblechquerschnitt		189	
IPE 600	100 · 10	194	+3 %
HEA 450	100 · 10	216	+14 %
HEB 400	90 · 9	228	+21 %
HEM 280	90 · 10	274	+45 %

Beispiel 4-4: Optimale Kombination von IPE-Walzprofil und Winkelprofil

Gegeben ist ein zweifeldriger Kranbahnträger HC2/S_2, Stahlgüte S 235, Schiene A45, Feldlänge 7 m. Er wird durch 2 Radlasten $F = 120$ kN im Abstand von $a = 3,2$ m beansprucht. Horizontalkraft $H = 0,25 \cdot F$. Bis auf die Radlast sind die Beispiele 4-3 und 4-4 identisch.

Gesucht ist die gewichtsminimale Kombination eines IPE-Profils mit einem gleichschenkligen Winkelprofil beim Nachweis elastisch-elastisch.

Tab. 4.8 zeigt Kombinationen aus IPE-Profilen und gleichschenkligen Winkelprofilen, für die die Nachweise im GZT und im GZG so gerade eben erfüllt sind. Bei großen IPE-Profilen reichen kleine Winkel aus, für kleinere IPE-Profile sind große Winkelprofile zu verwenden.

Für alle Kombinationen wurden die Spannungen nach Biegetorsionstheorie II. Ordnung berechnet. Ist der Winkel bezogen auf das I-Walzprofil zu groß (z. B. Zeile IPE 450), so wird wegen des sehr weit oben liegenden Gesamtschwerpunkts der Zugspannungsnachweis an der Trägerunterkante kritisch, während die Spannungen an der Trägeroberseite noch entfernt von den zulässigen Grenzwerten sind.

Tab. 4.8: Mögliche Kombinationen aus IPE- und Winkelprofilen für Bsp. 4-4

	IPE	...dazu passender Winkel	Querschnittsfläche A [cm^2]	Auslastung Nachweis el.-el. [%] σ_x oben BDK	σ_v Steg Lasteinleitung	σ_x unten BDK
1	450	200 · 24	280	34 %	90 %	103 %
2	500	150 · 10	175	59 %	79 %	98 %
3	**550**	**100 · 8**	**165**	**94 %**	**69 %**	**91 %**
4	600	90 · 7	180	100 %	61 %	73 %

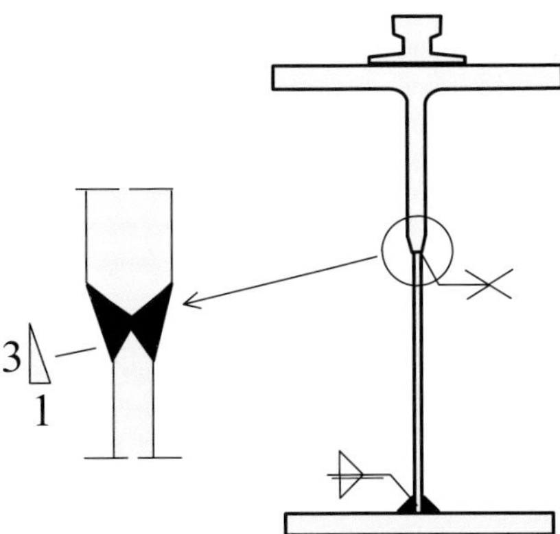

Abb. 4.10: Kranbahnträger mit halbiertem Walzprofil als Obergurt

Ist dagegen das Winkelprofil zu klein ausgewählt (Zeile: IPE 600), so verhält es sich umgekehrt: Die Spannungen an der Trägeroberseite werden kritisch, während der Werkstoff im unteren Trägerbereich nicht ausgelastet ist.

Eine minimale Gesamtquerschnittsfläche wird dann erreicht, wenn – wie in Zeile 3 der Tab. 4.8 (IPE 550) – die Spannungen an der Trägeroberseite und an der Trägerunterseite in etwa gleich groß sind.

Aus den Ergebnissen der Beispiele 4-3 und 4-4 lassen sich Entwurfsregeln für diesen Querschnittstyp ableiten.

Entwurfsregeln für optimale mit Winkeln verstärkte Walzprofile

- Als Basis eines verstärkten Walzprofils wird eine Profilreihe mit einer gestreckten Form (z. B. IPE) verwendet. Erst wenn das größte IPE-Profil (IPE 600) nicht mehr ausreicht oder aber die Stegdicke eines IPE im konkreten Fall zu gering ist, sollten andere Walzprofilreihen verwendet werden.
- Die Kombination aus Walzprofil und Winkelprofil ist dann optimal, wenn die Spannungen aus den Radlasten an den Randfasern von Obergurt und Untergurt möglichst gleich groß sind.

4.6 Kranbahnen mit halbierten Walzprofilen als Obergurte

Halbierte I-Walzprofile werden mit Blechen zu einem I-Profil ergänzt (Abb. 4.10). So liegt die Schweißnaht im Steg nicht am durch Biegespannungen und Radlasteinleitung hochbeanspruchten oberen Stegrand, sondern in einem Bereich geringerer Spannungen.

Der Übergang vom Walzprofilsteg zum meist dünneren unteren Stegblech ist ermüdungsgerecht zu konstruieren. Bei Bedarf kann der Obergurt evtl. zusätzlich durch Winkelprofile verstärkt werden. Als halbierte Walzprofile kommen HEB- und HEM-, besonders aber die bis zu 476 mm breiten HD- oder HL-Profile in Frage. HEA-Profile sind ebenfalls möglich, wegen der geringeren Stegdicke aber nicht ganz so gut geeignet.

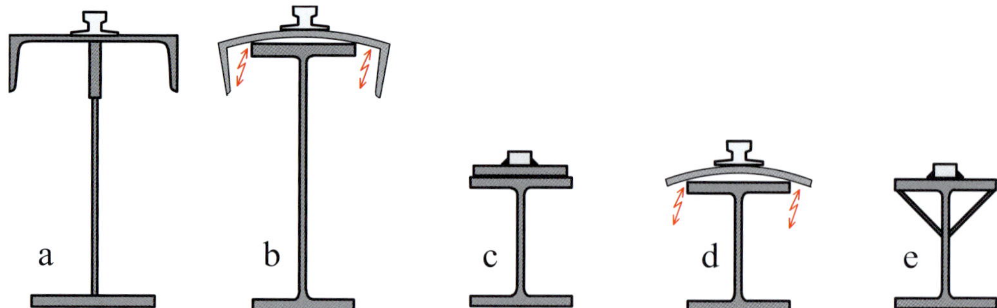

Abb. 4.11: Verschiedene zusammengesetzte Profile, die eher nicht empfohlen werden. Bei Varianten b) und d) ist der zu erwartende, besonders problematische Schweißverzug eingetragen.

4.7 Weitere zusammengesetzte Querschnitte

Die in Abb. 4.11 dargestellten Querschnittstypen sind eher nicht empfehlenswert:

a: U-Profil als alleiniger Obergurt (Abb. 4.11 a). Die Fertigung ist aufwändiger als beim winkelverstärkten Walzprofil, das deshalb vorzuziehen ist.

b: U-Profil als Verstärkung des Obergurts (Abb. 4.11 b). Ein Teil des Obergurts bestehend aus dem Steg des U-Profils und dem Oberflansch des I-Profils wirkt als „Hohlprofil", das die Torsionsmomente anzieht. Wegen der notwendigen Übertragung der Torsionsschubspannungen sind daher starke Nähte erforderlich. Die Schweißnähte, die das U-Profil mit dem Obergurt verbinden, können infolge der Schweißwärme zur Verbiegung des U-Profils und damit zu Querschubspannungen in der Naht führen. Unter der Schiene zwischen U-Profil und Obergurt könnte sich ein Hohlraum bilden, der bei jeder Radüberfahrt zusammengedrückt werden würde. Die schlechte Zugänglichkeit beim Ziehen der Schweißnähte ist sehr nachteilig. Von diesem Querschnittstyp ist dringend abzuraten.

c: Der Querschnitt nach Abb. 4.11 c ist hinsichtlich der Quersteifigkeit I_z schlechter zu beurteilen als ein winkelverstärktes Walzprofil nach Abb. 4.8. Die Schweißnähte, die die Lamelle mit dem Obergurt verbinden, sind – wie beim Querschnitt b – für Torsionsschubspannungen auszulegen. Die Längsnähte an der Lamelle sind ermüdungsmäßig problematisch, siehe [Eic67].

d: Der Schweißvorgang an den Längsnähten der Obergurtlamellen kann wegen des Schweißverzugs wie bei b eine Verbiegung zur Folge haben. Dieser Querschnitt ist daher schlechter zu bewerten als Querschnitt c, es wird dringend abgeraten. Eichenmüller berichtet in [Eic67] über schwere Schäden an solchen Lamellenlängsnähten.

e: Das Profil ist sehr torsionssteif, da der verstärkte Obergurt ein Hohlprofil bildet. Die Hohlräume sind jedoch nicht kontrollierbar. Da sich die Schweißnähte an den oberen Flanschecken an Orten mit höchster Beanspruchung befinden, ist der Querschnitt ermüdungsempfindlich. Außerdem sind wegen der notwendigen Querschnittsformtreue eher dicke Stegbleche nötig. Von diesem Querschnittstyp wird abgeraten.

Abb. 4.12 zeigt ungeeignete Querschnitte. Mit der links dargestellten Konstruktion [Bie66] wird zwar eine gute Quertragfähigkeit und vor allem eine hohe Torsionssteifigkeit des Trägers erreicht. Die Anhäufung von Schweißnähten sollte jedoch wegen der unkalkulierbaren Eigenspan-

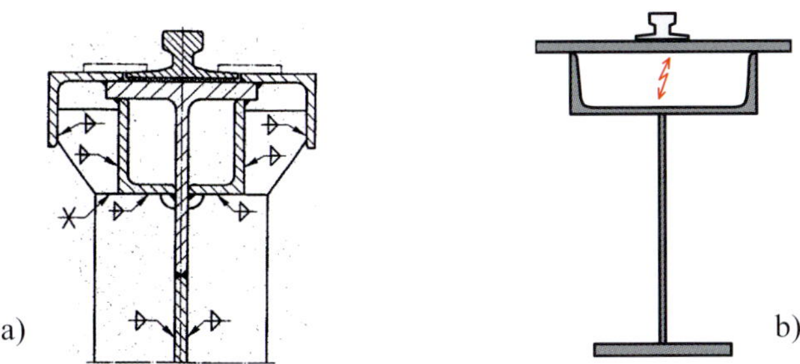

Abb. 4.12: Wegen der Schweißnahtanhäufung wenig geeigneter (a) und wegen dem fehlenden Steg unter der Radlast völlig ungeeigneter Kranbahnträgerquerschnitt (b)

nungen und der vielen Kerbstellen vermieden werden. Völlig abwegig ist die in Abb. 4.12 rechts dargestellte Variante: Zur Erhöhung der Torsionssteifigkeit wurde der Obergurt als Hohlprofil, bestehend aus einem nach oben offenen U-Profil und einem darüber gelegten Blech, geplant. Wegen des Fehlens der Möglichkeiten der direkten Übertragung der Radlasten in den Steg ist diese Konstruktion gefährlich und ungeeignet.

4.8 Träger mit Horizontalverband

Bei großen Spannweiten oder großen Querlasten reicht möglicherweise die Quersteifigkeit von Dreiblechquerschnitten oder verstärkten Walzprofilen (Abb. 4.2) nicht mehr aus, um die Horizontalbeanspruchung aus Kranbetrieb aufzunehmen. Durch den Einbau eines Horizontalverbandes lässt sich in solchen Fällen eine noch größere Quersteifigkeit erzielen. Der Horizontalträger wird i. d. R. als fachwerkartiger Verband ausgeführt. Wenn auf den fachwerkartigen Horizontalträger ein Gitterrost aufgelegt wird, kann dieser gleichzeitig als Laufsteg dienen (zur Notwendigkeit von Laufstegen siehe Abschnitt 2.1). Die vertikale Aussteifung des Außengurtes des Horizontalverbands kann durch eine Abstützung gegenüber dem Untergurt des Hauptträgers (Abb. 4.13) oder durch eine Deckenabhängung erfolgen. Auch eine von Auflager zu Auflager selbsttragende Konstruktion ohne zusätzliche Halterungen ist möglich.

Beim Entwurf ist darauf zu achten, dass nach [3-6NA/8.2(4)] ab BK S_5 die Knotenbleche für den Anschluss der Verbandsstäbe nicht mehr an den Obergurt angeschweißt werden dürfen, siehe unten Tab. 16.1. Eine Montage der Knotenbleche am Steg wie in den Abb. 4.13 und 4.14 dargestellt ist aus Ermüdungsgründen zu bevorzugen. Zur statischen Berechnung von Trägern mit Horizontalverband siehe Abschnitt 10.9.

Besonders wirtschaftlich lässt sich ein Horizontalverband bei benachbarten Kranbahnträgern erreichen (Abb. 4.14): Durch eine verbandsartige Kopplung beider Kranbahnträger dient jede Kranbahn gleichzeitig als Außenträger des Horizontalverbandes der jeweils anderen Kranbahn.

4.9 Kastenträger

Bei schwerstem Kranbetrieb mit hohen Radlasten und/oder großen Spannweiten, wenn alle anderen Querschnittsformen nicht mehr ausreichen, wird die Kranbahn oft als Kastenträger aus-

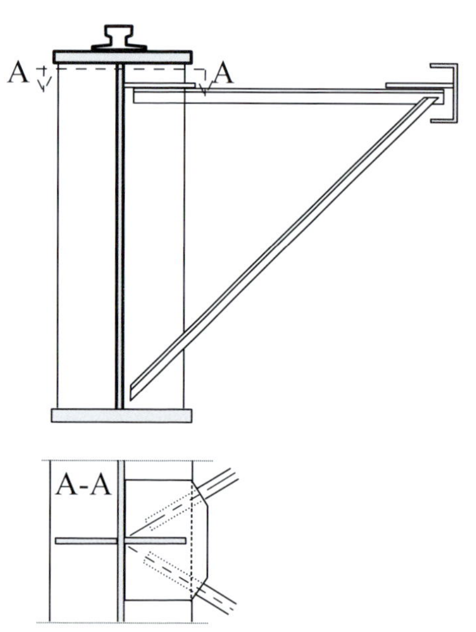

Abb. 4.13: Kranbahnträger mit Horizontalverband

Abb. 4.14: Benachbarte Kranbahnen bilden einen Horizontalverband (© Atlas Ward GmbH)

Abb. 4.15: Vollwandiger (a) oder fachwerkartiger Kastenträger (b)

gebildet. Kastenträger sind außerordentlich torsionssteif und damit kippstabil. Die hohen Fertigungskosten bewirken, dass Kastenträger nur dort wirtschaftlich eingesetzt werden können, wo andere Querschnittstypen keine ausreichende Tragfähigkeit mehr bieten.

Kastenträger können vollwandig (Abb. 4.15 a), aber auch teilweise oder ganz fachwerkartig (Abb. 4.15 b) ausgeführt werden. Abb. 4.16 zeigt einen Kranbahnträger (fachwerkartiger Kastenträger), der im Bereich einer Toreinfahrt wegen der großen Spannweite verstärkt und ausgesteift ist.

Die Schiene wird direkt über einem der beiden Stegbleche angeordnet, um die unmittelbare Übertragung des Raddrucks in den Steg zu gewährleisten (Abb. 4.15).

Kastenträger werden i.d.R. durch Schotte ausgesteift (Abb. 4.17 a). Schotte haben die Aufgabe, die exzentrisch angreifenden Radlasten in den Gesamtquerschnitt einzuleiten und die Formtreue des Kastenquerschnitts sicherzustellen. Bei hohen Kastenträgern werden in den Schotten u. U. ausgesteifte Mannlöcher benötigt, um eine Inspektion des Trägers von innen zu ermöglichen. Bauweisen für Schotte:

- Vollschott: beulsteife Blechwand, wird häufig bei kleinen Querschnitten eingesetzt (Abb. 4.17 a).
- Schottrahmen: Aussteifung des Querschnitts bei höheren, begehbaren Kastenträgern.
  - Schott mit unausgesteiftem Mannloch, Abb. 4.17 b (weniger hohe Beulsteifigkeit)
  - Schott mit gesäumtem Mannloch, Abb. 4.17 c (aufwändige Fertigung, größere Beulsteifigkeit)
  - Schott mit durch Steifen verstärktem Schottblech, Abb. 4.17 d (günstig, große Beulsteifigkeit). Die vertikalen Steifen werden auf der einen Seite des Schottblechs angeschweißt, die horizontalen auf der anderen Seite.

Zur Montage der Querschotte in einem nicht begehbaren Kastenträger

Bei Kastenträgern sind die Schweißarbeiten besonders sorgfältig zu planen. Bei Kastenträgern, die nicht von innen begangen werden können, lassen sich die Querschotte natürlich nur an drei Seiten von innen mit der Wand des Kastenträgers verschweißen. Oft werden die Querschot-

Abb. 4.16: Kastenträger, teilweise fachwerkartig, verstärkt im Bereich eines Hallentors

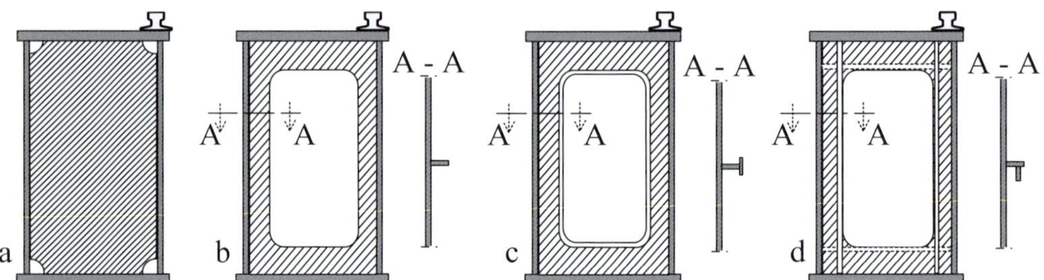

Abb. 4.17: Querschott a) ohne Mannloch, b) mit unausgesteiftem Mannloch, c) mit gesäumtem Mannloch, d) mit durch Steifen verstärktem Mannloch

te an die beiden vertikalen Stege und an den Oberflansch angeschweißt. Eine Verschweißung der 4. Seite ist nur unter Inkaufnahme eines ungünstigen Kerbfalls über einen Schlitz und eine Dreiblechnaht möglich, siehe Abb. 4.18 a. Unter Ermüdungsgesichtspunkten ist eine solche Lösung nicht vorteilhaft.

Alternativ dazu kann die untere Seite des Schotts unangeschlossen bleiben (Abb. 4.18 b), oft wird sie durch ein Saumblech verstärkt. Der lichte Abstand u zwischen Saumblech und Untergurt soll so klein wie möglich gewählt werden. Die eigentlich von der unteren Seite zu übertragende Schubkraft kann über Kontakt des Saumblechs gegen die Stege des Kastenträgers abgetragen werden. Diese Lösung ist fertigungstechnisch einfacher und kostengünstiger.

Zur Berechnung von Kastenträgern siehe Abschnitt 10.10. Umfangreiche konstruktive und rechnerische Hinweise enthält [War99], Abs. 5.2.3.11.

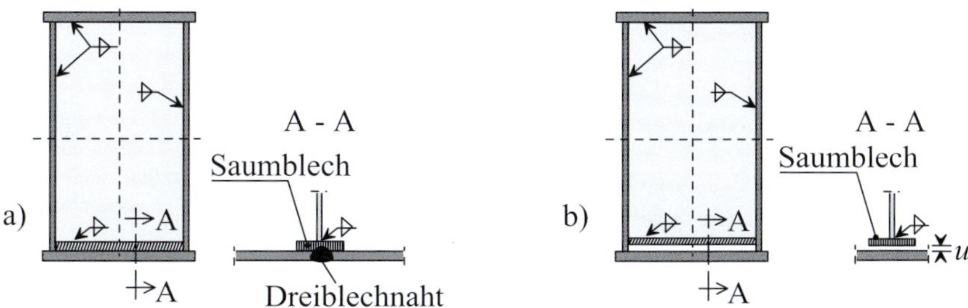

Abb. 4.18: Befestigung der 4. Seite eines mit einem Saumblech verstärkten Querschottes in einem nicht begehbaren Kastenträger a) durch eine Dreiblechnaht von außen und b) unangeschlossen

Abb. 4.19: Kranbahnträgerquerschnitt aus Hohlprofilen [DHJS08]

4.10 Besondere Bauarten für Kranbahnträger

4.10.1 Sonderquerschnitt aus warmgewalzten Stahlhohlprofilen

In [DHJS08] wird ein Kranbahnträger (Abb. 4.19) beschrieben, der aus folgenden Bestandteilen besteht:

- Obergurt aus zwei quadratischen oder rechteckigen, warmgewalzten Stahlhohlprofilen
- Stegblech, ggf. mit Beulsteifen stabilisiert
- Untergurt aus runden oder eckigen, warmgewalzten Stahlhohlprofilen
- Kranschiene.

Abb. 4.20: 3-t-Norail-Kran (Foto: Hartmut Pasternak [PHF10])

Mit dieser alternativen Konstruktion kann nach [DHJS08] vor allem wegen der hervorragenden Torsionssteifigkeit des Obergurtes die notwendige Tragfähigkeit mit einer gegenüber üblichen Querschnittsformen reduzierten Stahlmenge erreicht werden.

Diese Konstruktionsvariante für Kranbahnen hat sich in der Praxis bisher nicht durchgesetzt.

4.10.2 Norail-Kran

Eine Variante, die sich offensichtlich nicht bewährt hat, ist der Norail-Kran (Abb. 4.20), der ganz ohne eigene Kranbahnträger auskommt, weil seine Kopfträger diese Funktion mit übernehmen.

4.11 Krahnbahnträger aus anderen Werkstoffen

Wenn Kranbahnträger aus anderen Werkstoffen als Baustahl gefertigt werden sollen, z.B. aus Aluminium, aus Holz, aus Stahlbeton oder Spannbeton, stellt sich stets die Frage, welche Berechnungs- und Fertigungsnormen zu Grunde gelegt werden sollen. Da es keine speziellen Normen für Kranbahnen aus anderen Werkstoffen als Stahl gibt, ist eine ingenieurmäßige Lösung angesagt. Vorstellbar wäre z.B. die Berücksichtigung folgender Normen:

- Einwirkungen nach DIN EN 1991-3, siehe Kap. 7
- Grenzwerte der Verformungen im GZG nach DIN EN 1993-6, siehe Kap. 14.
- Ergänzende Toleranzen, nur die Gebrauchstauglichkeit der Kranbahn betreffend nach DIN EN 1090-2 und/oder VDI 3576, siehe Abs 6.4.
- Bauteilwiderstände im GZT und bei Ermüdung: Zum jeweiligen Werkstoff gehörige Eurocode-Norm.

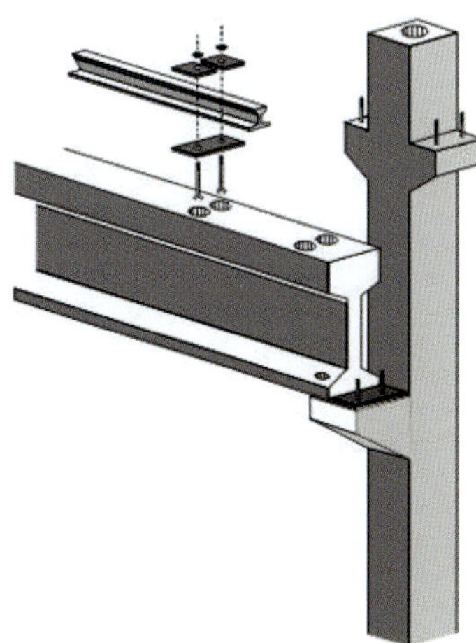

Abb. 4.21: Kranbahn aus Spannbeton-Fertigteilen; Curitiba/Brasilien (Foto: Jörg Ansorge)

4.11.1 Kranbahnträger aus Stahlbeton oder Spannbeton

In eher seltenen Fällen werden Kranbahnträger auch aus Stahlbeton oder Spannbeton hergestellt [KG82, Sch95, UF90], siehe Abb. 4.21.

Die mittlerweile ohne Ersatz zurückgezogene DIN 4212 „Kranbahnen aus Stahlbeton und Spannbeton" regelte die Berechnung inklusive der Betriebsfestigkeitsuntersuchung und die Ausführung solcher Kranbahnen. Die Berechnung und Bemessung von Kranbahnen aus Stahlbeton oder Spannbeton wird in [HGH06] gezeigt – allerdings nach den alten, zurückgezogenen DIN-Normen.

Der rechteckige Betonquerschnitt des Kranbahnträgers weist eine hohe Torsionssteifigkeit auf. Die Befestigung der Schienen ist aufwändiger als bei stählernen Kranbahnträgern. Die geringe Zahl von in Beton ausgeführten Kranbahnträgern lässt vermuten, dass diese Bauweise in Deutschland weniger wirtschaftlich als eine Ausführung in Stahl ist.

In einigen anderen Ländern – besonders solchen, in denen gewalzte I-Profile aus Stahl nicht verfügbar sind – werden häufiger Kranbahnen aus Stahl- oder Spannbeton in Fertigteilbauweise gefertigt als in Deutschland. Das ist z.B. in Brasilien der Fall.

Abb. 4.22 zeigt einen Kran, der auf dem Untergurt eines I-förmigen Spannbetonträgers fährt. Der Spannbetonträger ist gleichzeitig Dachträger und Kranbahnträger, er nimmt also neben seinem Eigengewicht und den Kranlasten auch Wind- und Schneelasten auf. Bei einer solchen Konstruktion ist besonders darauf zu achten, dass die Fertigungstoleranzen der Kranbahn eingehalten werden und die Gebrauchstauglichkeit gewährleistet bleibt.

4.11.2 Kranbahnträger aus Holz

Kranbahnträger werden im Allgemeinen eher nicht in Holz ausgeführt. Manchmal – z.B. in Werkstatthallen von Holzbaubetrieben – wünscht der Bauherr dennoch eine aus Holz gefer-

Abb. 4.22: Kran, der auf dem Untergurt eines I-förmigen Spannbeton-Dachträgers fährt

tigte Kranbahn, um die Möglichkeiten des Baustoffes Holz aufzuzeigen. In einzelnen Fällen gelang es, die Schwierigkeiten (geringere Festigkeit und geringerer Elastizitätsmodul von Holz verglichen mit Stahl) zu überwinden und Kranbahnen für leichten Betrieb aus Holz zu bauen, siehe Abb. 4.23. Auch Kranbahnstützen aus Holz sind möglich, siehe unten in Abs. 5.3. Um die Gebrauchstauglichkeit solcher Krananlagen sicherzustellen, müssen die lastunabhängigen Verformungen (Schwinden und Quellen) möglichst neutralisiert werden. Dies ist möglich, indem Brettschichtholz statt Vollholz verwendet wird.

Abb. 4.23: Kranbahn und Kranstützen für einen 6,3-t-Kran aus Buchenfurnierschichtholz, Bauherr: Gebr. Schütt KG, Foto: Ruffograf, Holzlieferant: Pollmeier Massivholz GmbH & Co. KG

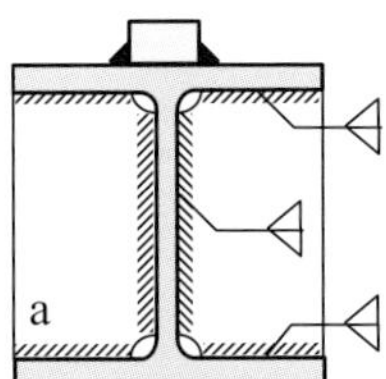

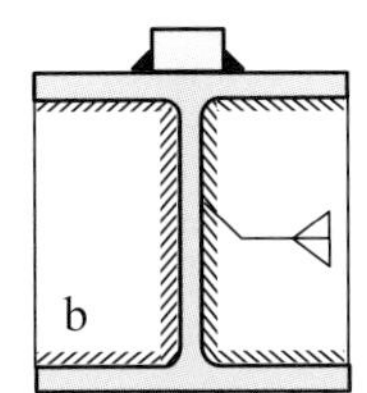

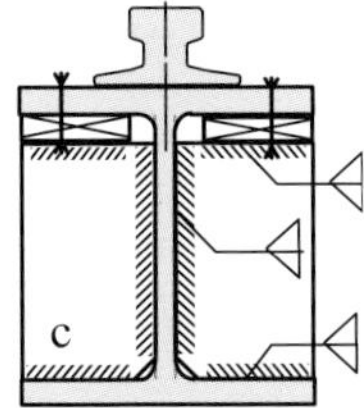

Abb. 4.24: a) Quersteifen mit Mausloch b) Quersteifen ohne Mausloch c) kerbarme, unverschweißte Verbindung der Quersteifen mit dem Obergurt

4.12 Aussteifung von Kranbahnträgern aus Stahl

4.12.1 Quersteifen

Der Querschnitt eines Kranbahnträgers sollte grundsätzlich ausgesteift werden:

- Der Querschnitt soll unverformt erhalten bleiben. Um diesen Zweck zu erfüllen, muss auf beiden Seiten des Stegs je eine Steife vorgesehen werden.
- Der Steg soll daran gehindert werden, aus seiner Ebene heraus zu beulen. Für diesen Zweck reicht es aus, nur auf einer Stegseite eine Steife vorzusehen.

Bei Kranbahnträgern mit geringeren Bauhöhen und kleinen Radlasten reicht es häufig aus, an den Auflagern Quersteifen anzuordnen. Manchmal erzwingen dünne, hohe Stegbleche eine Anordnung von Beulsteifen auch im Feld zur Sicherstellung einer ausreichenden Beulsicherheit (siehe Abs. 12.4). Bei leichtem und mittlerem Betrieb (Beanspruchungsklassen S_0 bis S_4) können die Quersteifen mit Kehlnähten an allen Seiten an den Träger angeschweißt werden. Die Konstruktionsvariante mit Mausloch (Abb. 4.24 a) ist dabei bezüglich der Lasteinleitungsspannungen in einen ungünstigeren Kerbfall einzuordnen als die Variante ohne Mausloch (Abb. 4.24 b), siehe Abs. 15.3.6.8. Bei Kranbahnträgern für schweren und schwersten Betrieb (Beanspruchungsklassen S_5 bis S_9) ist es zur Sicherstellung einer ausreichenden Ermüdungssicherheit nicht zulässig, die Quersteife an den Obergurt anzuschweißen [3-6/8.2 (4)] und [3-6NA/8.2(4)], siehe unten Tab. 16.1. Abb. 4.24 c) zeigt eine Möglichkeit, den Obergurt mit der Quersteife zu verbinden, wenn eine direkte Anschweißung unzulässig ist. Angeschraubte Passstücke können einen Kontakt herstellen. Ggf. kann auch darauf verzichtet werden, die senkrechten Kehlnähte am Steg bis ganz nach oben zu ziehen.

Quersteifen werden bei Kranbahnträgern geringer und mittlerer Höhe häufig beidseitig als Bleche vorgesehen, die mit den Außenkanten der Flansche abschließen, siehe Abb. 4.24. So lässt sich der rechte Winkel zwischen Oberflansch und Stegachse auch unter Last gewährleisten. Wenn bei hohen Kranbahnträgern die Sicherheit des Steges gegen Beulversagen im Vordergrund steht, dann könnte man evtl. – wie auch bei Längssteifen – darauf verzichten, die Steifen beidseitig zu montieren. In diesem Fall sollte man allerdings – den Überlegungen von Warkenthin in [War99], S. 78 ff. folgend – als Steife keinen Flachstahl, sondern besser ein Winkelprofil oder gleich – wegen der höheren Torsionssteifigkeit – ein U-Profil einsetzen (Abb. 4.27). Bei der Frage, in welchen Mindestabständen Beulsteifen vorgesehen werden können, gibt Warkenthin auf der sicheren Seite an, dass aus technologischen Gründen (Vermeidung schwer zu beseitigender Verwerfungen des Gesamtbeulfelds infolge der Schweißungen) das kürzeste Maß (Länge oder

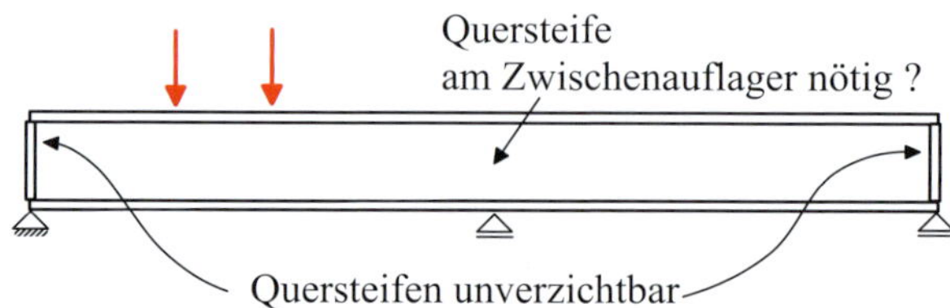

Abb. 4.25: Sind Quersteifen am Mittelauflager notwendig?

Abb. 4.26: Nicht grundsätzlich empfehlenswert: Zwischenauflager ohne Quersteife

Höhe) des Einzelbeulfeldes bei S 235 Stahl kleiner als die 100-fache Stegdicke sein soll (S 355: max. 80-fache Dicke).

4.12.2 Quersteifen am Auflager

Kranbahnträger sind im Auflagerbereich grundsätzlich durch Quersteifen zu verstärken, so lautet die übereinstimmende Meinung der Fachleute, der sich auch der Autor anschließt. Der Einbau von Quersteifen führt zu Kosten, die man jedoch gerne vermeiden würde. In der Baupraxis wird auf Quersteifen bei Mittelauflagern von mehrfeldrigen Walzprofil-Kranbahnträgern für leichten Betrieb in einigen Fällen verzichtet (Abb. 4.25 und 4.26). Diese Vorgehensweise kann im Einzelfall durchaus zulässig sein. Über Schadensfälle infolge fehlender Steifen wurde in letzter Zeit nicht berichtet. Wenn die Auflagersteife weggelassen wird, ist jedoch eine ausreichende Beulsteifigkeit des Stegblechs im Auflagerbereich nachzuweisen, siehe Abschnitt 12.4, Beulfall b) nach Tab. 12.3. Wenn eine Beuluntersuchung ergibt, dass ausnahmsweise auf eine Quersteife am Mittelauflager eines Durchlaufträgers verzichtet werden kann, ist konstruktiv besonders auf die Erhaltung der Querschnittsform und – im Hinblick auf den Biegedrillknicknachweis – auf die Realisierung einer Gabellagerung zu achten.

Für die Endauflager von Kranbahnträgern sind Quersteifen in jedem Fall dringend empfohlen, um die Beulsicherheit, die Erhaltung der Querschnittsform und die Gabellagerung zu gewährleisten. Zur steifenlosen Lasteinleitung siehe auch [UT15].

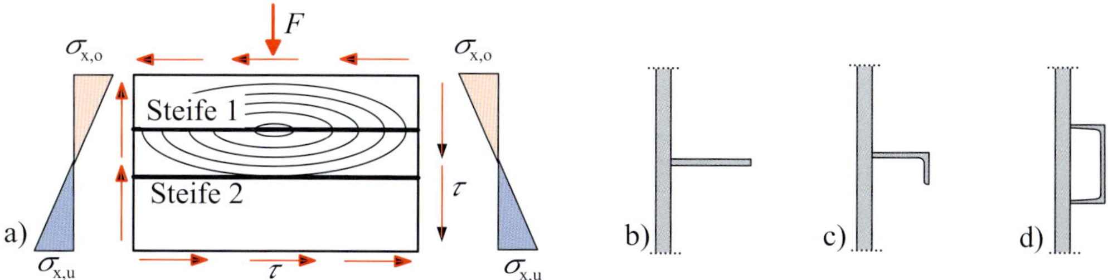

Abb. 4.27: a) Positionierung der Längssteifen im Beulfeld bezüglich der potentiellen Beulfigur: Steife 1 sinnvoll, Steife 2 nicht zweckmäßig; b) Längssteifen aus Flachstahl; c) Längssteifen aus Profilstahl; d) Profilstahl, der mit dem Stegblech einen geschlossenen Querschnitt bildet

4.12.3 Längssteifen

Beulsteifen in Längsrichtung erhöhen die Sicherheit gegen Beulen und ermöglichen es auch bei sehr hohen Trägern, die Stegdicke wieder an der Querkrafttragfähigkeit auszurichten und zu reduzieren. Es reicht i.d.R. aus, die Beulsteifen nur auf einer Stegseite vorzusehen. Wenn wegen der besonderen Höhe des Kranbahnträgers in Verbindung mit einer geringen Stegdicke Längssteifen für eine ausreichende Beulsicherheit notwendig sind, sollten diese über die Maxima der potentiellen Beulfiguren der unversteiften Platte verlaufen (Abb. 4.27 a, Steife 1). Statisch sinnlos ist dagegen die in der Zugzone angeordnete Beulsteife 2 (Abb. 4.27 a).

Die einfache Beulsteife (Abb. 4.27 b oder c) setzt in der Beulfigur die Biegeverformungen herab. Dem Winkelprofil c) ist dabei gegenüber dem Flachstahl b) der Vorzug zu geben: Die Flachstähle b) erhalten nämlich durch die Anschlussnähte zum Steg Druckeigenspannungen, die zu wellenförmigen Verwerfungen des nicht gehaltenen freien Längsrandes führen können [War99].

Den größten Versteifungseffekt bringen Beulsteifen, die zusammen mit dem Steg einen geschlossenen Hohlquerschnitt bilden (Abb. 4.27 d): Neben der Biegeverformung wird – wegen der hohen Torsionssteifigkeit – auch die Tangentenneigung der Beulfigur drastisch herabgesetzt. Zur Beantwortung der Frage, ob Längssteifen vorgesehen werden sollten, können die Kosten der Beulsteifen den eingesparten Materialkosten (dünnerer Steg) gegenübergestellt werden.

5 Auflager, Stöße und Stützen

5.1 Auflagerungen für Kranbahnträger

Kranbahnträgerauflager haben die Aufgabe, die Lasten aus dem Kranbahnträger in die Unterkonstruktion abzuleiten, unerwünschte Verformungen (z. B. Querschnittsverdrehungen) zu verhindern und vom statischen System her mögliche Verformungen zuzulassen.

Auflagerungen sind auf Stützen oder Konsolen, auf Stahl oder auf Beton, im Ausnahmefall, bei leichtem Kranbetrieb, sogar auf Holz möglich.

Auflagerungen sollten möglichst derart ausgebildet werden, dass die vertikale und horizontale Ausrichtung des Kranbahnträgers so korrigiert werden kann, dass die Lagetoleranzen der Schienenoberkante innerhalb der zulässigen Grenzen bleibt [3-6/8.3(2)].

5.1.1 Auflagerung auf Stahlkonsolen bei leichtem Kranbetrieb

Bei einer typischen Auflagerung für Kranbahnträger werden die drei Verschiebungen und die Verdrehung (Torsion) um die Kranbahnträgerlängsachse festgehalten, während die beiden anderen Verdrehungen frei bleiben. Man spricht von einem Gabellager. Abb. 5.1 a) zeigt eine typische Auflagerung einer durchlaufenden Kranbahn (leichter Kranbetrieb) auf eine Konsole.

Die Kranlasten aus dem Kranbahnträger werden in Konsole und Kranstütze wie folgt übertragen:

- Vertikale Radlasten werden als Kontaktdruckkräfte in die Konsolen weitergegeben.
- Horizontale Radlasten quer zur Kranbahn werden über die horizontale Anbindung des Obergurts oder des oberen Stegbereichs an die Kranstütze abgeleitet. In Abb. 5.1 a) übernehmen die Gewindestäbe diese Funktion.
- Normalkräfte im Kranbahnträger z.B. aus Beschleunigungskräften längs der Fahrbahn werden über Scherkräfte in der Schraubenverbindung Kranbahnträgeruntergurt/Konsole abgetragen.
- Torsionsmomente aus dem Angriff der horizontalen Radlasten am Kranbahnträgerobergurt werden als vertikales Kräftepaar über die Zugkräfte in den Verbindungsschrauben Kranbahnuntergurt/Konsole und/oder als horizontales Kräftepaar über Längskräfte in den Gewindestäben und über Scherkräfte in den Verbindungsschrauben abgetragen. Diese Abtragung ist statisch unbestimmt. Zur Auslegung der Gewindestäbe (z.B. Knicknachweis) kann eine ausschließliche Abtragung über das horizontale Kräftepaar unterstellt werden.

Die zwei Biegemomente M_y und M_z aus dem Kranbahnträger sollen nicht in Konsole und Stütze übertragen werden. Die Auflagerung in Abb. 5.1 a) ist jedoch nicht wirklich völlig gelenkig: Besonders das Hauptbiegungsmoment M_y aus der Kranbahn überträgt sich durch die vierfache Verschraubung in gewissem Maße auf die Konsole und wirkt als Torsionsmoment im Konsolquerschnitt. Auch die aus Gründen der Lasteinleitung notwendigen Konsolrippen unter dem Kranbahnsteg führen dazu, dass der Kranbahnträger den Endtangentenwinkel, der sich der sta-

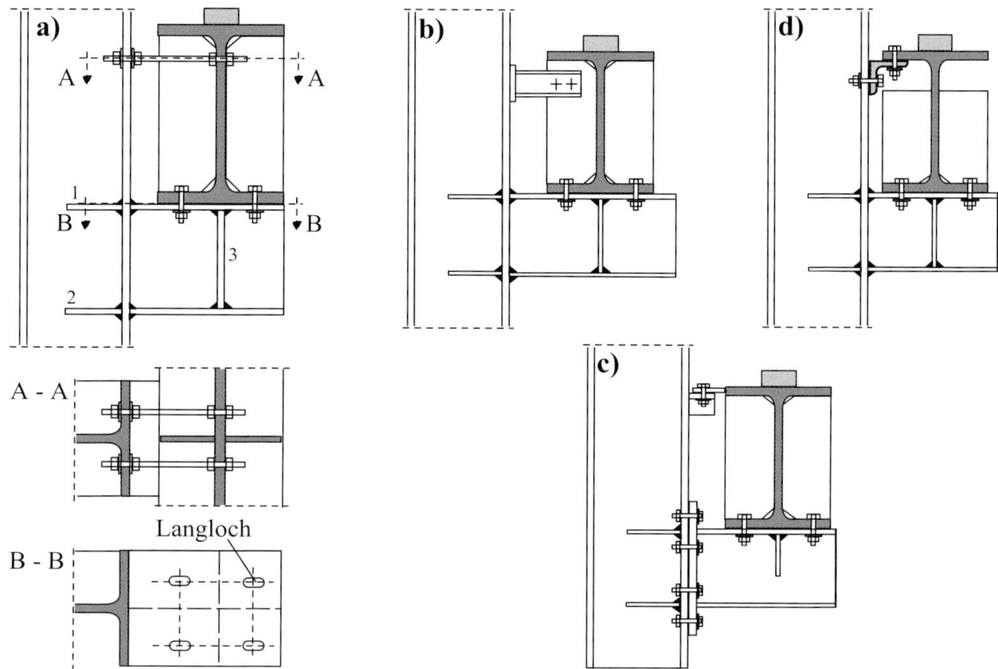

Abb. 5.1: Auflager von Kranbahnträgern für leichten Betrieb auf Stahlkonstruktionen

tischen Annahme des frei drehbaren Auflagers folgend eigentlich einstellen müsste, nicht ohne Zwängung einnehmen kann. Diese Zwängungsbeanspruchungen wirken sich ermüdungsmäßig besonders auf den Kranbahnuntergurt aus, weshalb diese Art der Verbindung nur bis Beanspruchungsklasse S_2 empfohlen werden kann. Bei höheren Beanspruchungsklassen lässt sich durch die Auflagerung z.B. über Zentrierleisten – siehe unten Abb. 5.3 – die beschriebene Zwängungsbeanspruchung vermeiden.

Bei der Konstruktion und der Montage einer Auflagerung wie in Abb. 5.1 a) dargestellt ist Folgendes zu beachten:

- Der Untergurt des Kranbahnträgers ist mit Schrauben an der Konsole befestigt. Diese Verbindung dient der Lagesicherung. Wenn abhebende Auflagerkräfte möglich sind, müssen die Schrauben dafür ausgelegt werden. Die Schrauben sind gegen unbeabsichtigtes Lösen zu sichern.
- Langlöcher am Obergurt der Konsole (Abb. 5.1 a) quer zur Fahrtrichtung des Krans ermöglichen eine einfache seitliche Justierung des Kranbahnträgers.
- Bei der Montage des Kranbahnträgers auf der Konsole können zum Höhenausgleich Futterbleche in abgestuften Dicken bereitgehalten werden, um Maßabweichungen auszugleichen.
- Der Kranbahnsteg ist über zwei Gewindestäbe mit der Hallenstütze verbunden. Diese Gewindestäbe werden so weit oben am Steg wie möglich positioniert und übertragen die Horizontallasten der Kranbahn als Zug- oder Druckkraft (Knicknachweis!). Mit dieser

Konstruktion wird zusammen mit der Quersteife in der Kranbahn sichergestellt, dass die Querschnittsform der Kranbahn erhalten bleibt und sich der Kranbahnquerschnitt nicht um seine Längsachse verdrehen kann. Diese Eigenschaften (Gabellagerung) werden vor allem beim Biegedrillknicknachweis als notwendig vorausgesetzt.
Je ein Gewindestab ist rechts und links der Auflagersteife des Kranbahnträgers vorzusehen (Abb. 5.1 a). Ein Verzicht auf den zweiten Gewindestab hätte eine planmäßige Torsionsbeanspruchung der Kranstütze wegen exzentrischer Krafteinleitung zur Folge. Eine Rippe in der Stütze an der Stelle, an der der Gewindestab montiert ist, ist i. d. R. nicht notwendig, da die einzuleitenden Kräfte meist nicht sehr groß sind. Vorteile der Horizontalanbindung über Gewindestäbe liegen darin, dass keine ermüdungsrelevanten Schweißungen am Kranbahnträger notwendig sind und dass das Justieren der Trägerlage in horizontaler Richtung leicht möglich ist.

Beim Entwurf von Konsole und Kranstütze sollte Folgendes beachtet werden:

- Die Konsole ist im Regelfall durch eine Quersteife (z. B. Rippe 3 in Abb. 5.1 a) auszusteifen. Verzichtet man auf die Konsolsteife, so könnte dies dazu führen, dass dem Oberflansch der Konsole der Endtangentenwinkel des Kranbahnträgers aufgezwungen wird. Diese Zwängungsbeanspruchung könnte bei höheren Beanspruchungsgruppen zu Ermüdungsschäden auch an der Konsole führen. Ein Weglassen der Konsolrippen könnte nach Ansicht des Autors ausnahmsweise erwogen werden, wenn die folgenden Bedingungen erfüllt sind:
  - Einstufung der Kranbahn in eine Beanspruchungsgruppe S_2 oder kleiner.
  - Die Beulsicherheit des Konsolstegs unter der maximalen vertikalen Auflagerlast ist nach [3-1-5] rechnerisch nachgewiesen.
  - Alle rechnerischen Nachweise für eine steifenlose Lasteinleitung wurden nach der Elastizitätstheorie geführt [VPI15], siehe auch [Wag14b], Kap. 4.
- Sollen die Rippen an der Hallenstütze (z. B. Rippen 1 und 2 in Abb. 5.1 a) als zweiseitig angeschlossene Halbrippen ausgeführt werden oder wären wie dargestellt an drei Seiten angeschweißte Vollrippen vorzuziehen? In vielen Fällen reicht die Lösung mit Halbrippen aus. Grundsätzlich muss dies aber im Einzelfall geprüft werden, siehe z. B. [KHV08], Kap. 8.
- Üblicherweise wird die Krankonsole an eine Stütze angeschweißt. Eine vorgespannte, gleitfeste, geschraubte Stirnplattenverbindung zwischen Stütze und Konsole (Abb. 5.1 c) ist ebenfalls möglich, wird aber eher nicht empfohlen. Wegen der dynamischen Lasten aus Kranbetrieb ist bei der Montage besonders auf die reibfeste Vorbereitung der Anschlussflächen zu achten. Außerdem sind die Schrauben wirksam gegen Verlust der Vorspannung zu sichern und während der Nutzung regelmäßig zu kontrollieren.

Abb. 5.1 b)–d) zeigt Konstruktionsalternativen: Die Variante c) ermöglicht eine direkte Übertragung der Horizontallasten vom Oberflansch in die Hallenstütze ohne den Umweg über den Steg. Im Hinblick auf die Ermüdung ist die Schweißnaht des Knotenblechs am Obergurt nachteilig, weshalb diese Lösung bei Beanspruchungsklassen ab S_7 nicht gewählt werden darf [3-6NA/8.2(4)], siehe unten Tab. 16.1.

Kerbfallmäßig günstiger ist die Variante b), bei der weder Oberflansch noch Steg zusätzliche Schweißkerben erhalten.

Abb. 5.2: Unvollständige Auflagerkonstruktion einer Kranbahn

Die geschraubte Variante d) kommt ebenfalls ohne eine zusätzliche Schweißnaht am Obergurt aus.

Drei Konstruktionsfehler bei Auflagerungen sind auf dem Foto in Abb. 5.2 erkennbar:

- Die Horizontalanbindung des Kranbahnträger-Obergurts an die Kranbahnträger-Stütze fehlt.
- Die Auflager-Quersteife im Kranbahnträger fehlt (siehe dazu Abs. 4.12.2).
- Die Steife in der Konsole unter dem Trägersteg fehlt.

Die Frage, wie ein gelenkiger Stoß zweier Kranbahnträger aufgelagert sein kann, wird in Abs. 5.2 behandelt.

5.1.2 Auflagerung auf Stahlkonsolen bei mittlerem oder schwerem Kranbetrieb

Bei mittelschwerem oder schwerem Kranbetrieb sind die oben in Abs. 5.1.1 beschriebenen Zwängungskräfte aus der Tangentenverdrehung der Kranbahn an Auflagern wie in Abb. 5.1 dargestellt inakzeptabel. Dann lagert man den Kranbahnträger über eine Zentrierleiste auf, die mit geringem Spiel seitlich gehalten wird und die eine nahezu zwängungsfreie Tangentenverdrehung ermöglicht (Abb. 5.3).

Falls – wie z. B. bei Endauflagern von Mehrfeldträgern – mit abhebenden Auflagerkräften zu rechnen ist, werden diese üblicherweise über Schrauben abgetragen (Abb. 5.3). Diese Schrauben können infolge der Auflagerverdrehung großen Zwängungskräften unterliegen, die zu Ermüdungsversagen führen können [UTK15]. Solche Schrauben, die nicht zu klein gewählt werden sollten, werden daher nicht zu fest angezogen und gegen Verlust der Schraubenmutter gesichert. Denn ihre einzige Aufgabe besteht darin, zu verhindern, dass der Kranbahnträger z.B. infolge abhebender Auflagerkräfte aus dem Lagernest herausspringt.

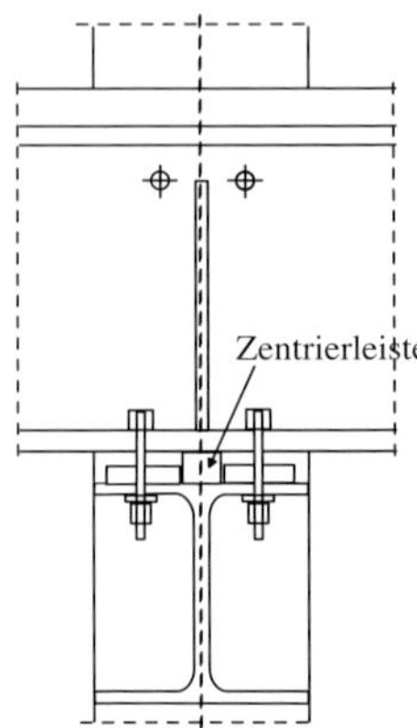

Abb. 5.3: Auflagerung eines Kranbahnträgers bei mittlerem und schwerem Kranbetrieb

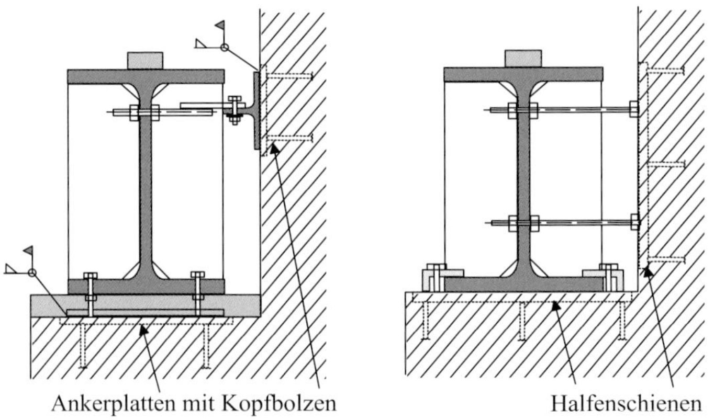

Abb. 5.4: Auflagerung auf Stahlbeton-Konsole: (a) Ankerplatten mit Kopfbolzen; (b) Verankerung an Halfenschienen (nach HALFEN-DEHA GmbH)

5.1.3 Auflagerung der Kranbahn bei Stützen aus Stahlbeton oder Holz

Kranbahnträger werden öfters auch auf Stahlbeton-Konsolen aufgelagert. Abb. 5.4 zeigt die Verankerung an Ankerplatten mit Kopfbolzen (a) und an Halfenschienen (b). Die für den Kranbau viel zu großen Toleranzen von Betonkonstruktionen müssen bei der Montage des Kranbahnträgers ausgeglichen werden können.

Einen anderen Weg der Kranbahnauflagerung für leichtem Kranbetrieb bei Stahlbetonstützen geht die Firma Abus mit der in Abb. 5.5 dargestellten Stahlkonsole, siehe auch [BH10]. Für diese Konsole werden in den Betonstützen Durchgangslöcher benötigt. Bei einer Neubauplanung können entsprechende Rohrhülsen oder Stahlrohre nach Angabe der Firma Abus eingeplant werden. Bei Erweiterungen oder Nachrüstungen kann die Konsole auch in Kernlochbohrungen befestigt werden. Die Kranbahn wird auf der gut justierbaren Stahlkonsole mit Schrauben befestigt. Nach Angaben der Firma Abus sind so Auflagerungen für Krane mit einer Hublast bis zu 50 t möglich.

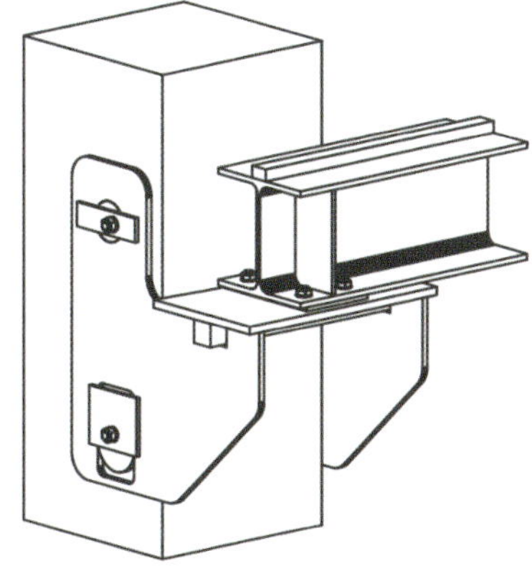

Abb. 5.5: Stahlbetonstütze mit Stahl-Konsole der Fa. ABUS

Bei leichtem Kranbetrieb ist auch eine Auflagerung auf einer Holzkonstruktion möglich, siehe oben Abb. 4.23 und unten Abb. 5.15.

5.1.4 Alternativen zur Auflagerung der Kranbahn auf Konsolen

a) Auflagerung der Kranbahn auf abgesetzten Hallenstützen

Bei Krananlagen mit hohen Hublasten und schwerem Betrieb stellen manchmal die Beanspruchungen aus Kranbetrieb den überwiegenden Teil der Stützenlast dar. In solchen Fällen kann es zuweilen sinnvoll sein, die Stütze oberhalb der Kranbahn mit einem geringeren Querschnitt weiterzuführen (siehe Abb. 5.6 a). Die Auflagerung erfolgt dann auf der abgesetzten Stütze so, dass der Steg des Kranbahnträgers über dem Stützenflansch zentriert wird.

b) Auflagerung der Kranbahn auf Nebenstützen

Bei einem nachträglichen Einbau der Kranbahn ist es häufig nicht möglich, deren Lasten in die Hallenstützen einzuleiten, weil die alten Hallenstützen bereits vollständig ausgelastet sind und keine zusätzlichen Kranlasten mehr übernehmen können. Die Anordnung von Nebenstützen (Abb. 5.6 b) ist in solchen Fällen eine mögliche Lösung. Ein Verband zwischen beiden Stützen kann dabei helfen, die Nebenstütze auszusteifen. Gegenüber der Auflagerung auf Konsolen hat diese Lösung den Nachteil, dass der Raum unter der Kranbahn nicht mehr nutzbar ist.

c) Auflagerung der Kranbahn direkt auf der Stütze

Dient eine Stütze allein dem Zweck der Auflagerung der Kranbahn (z. B. bei Hofkrananlagen, Abb. 5.6 c), so kann der Kranbahnträger direkt zentrisch oben auf die Stütze montiert werden. Dabei ist darauf zu achten, dass die Auflagerung als „Gabellager“ konstruiert ist: Eine Verdrehung des Kranbahnträgerquerschnitts um seine Längsachse (Tordierung) am Auflager ist zu verhindern. Quersteifen im Kranbahnträger und Aussteifungen der Stützenstirnplatten tragen dazu bei.

a) Auflagerung der Kranbahnen auf abgesetzten Hallenstützen

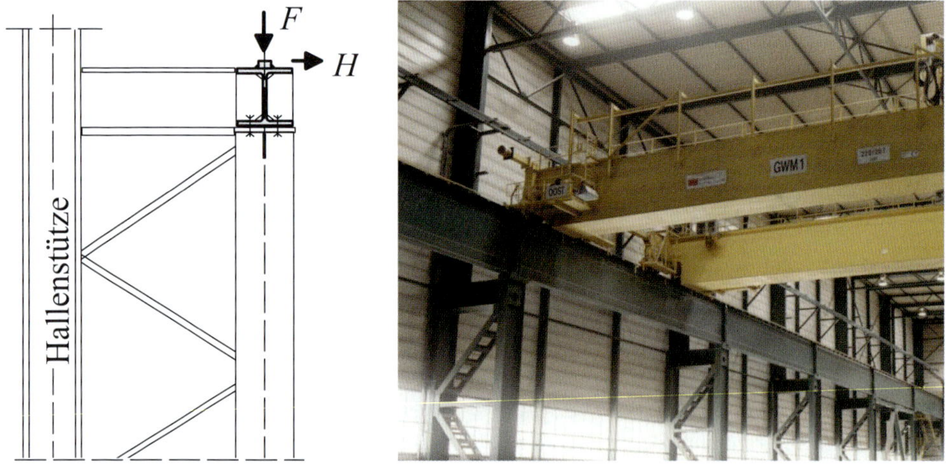

b) Auflagerung der Kranbahnen auf Nebenstützen

c) Auflagerung der Kranbahnen auf frei stehenden Stützen

Abb. 5.6: Auflagerung von Kranbahnen auf Stützen

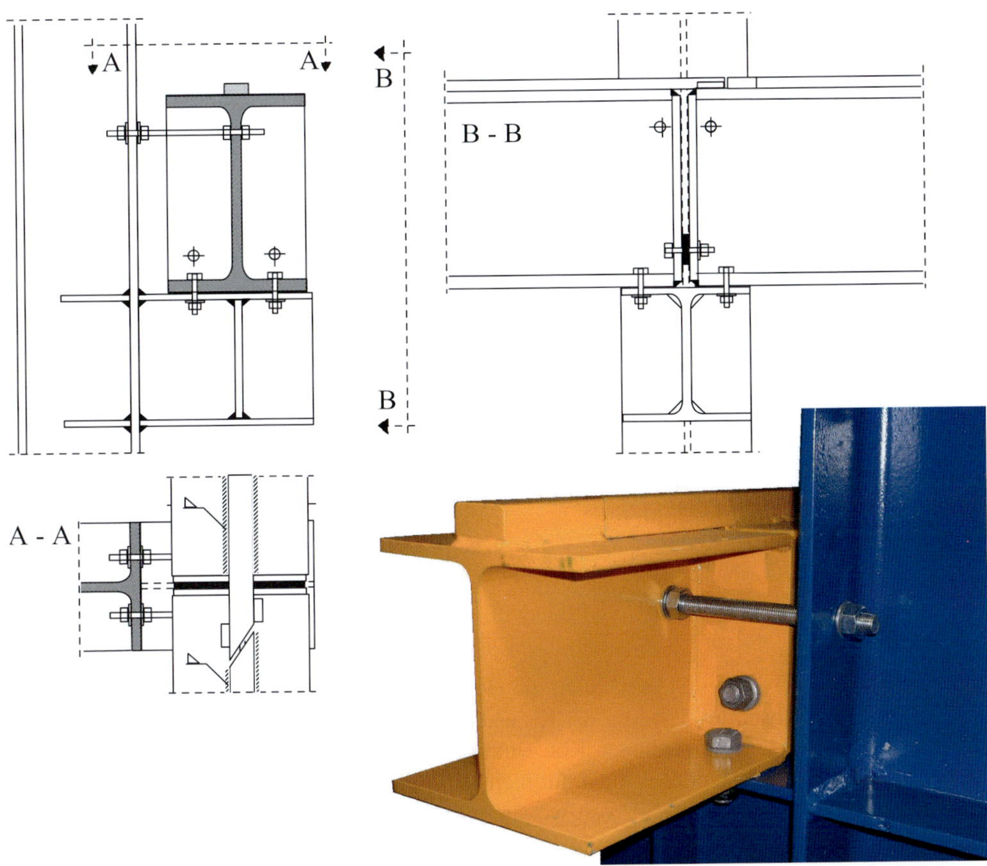

Abb. 5.7: Ausführung eines gelenkigen Stoßes von Kranbahnen für leichten Betrieb

5.2 Stöße der Kranbahnträger

Gelenkige oder biegesteife Kranbahnstöße werden gerne an Auflagerpunkten vorgesehen (Abb. 5.7), damit keine Querkräfte über die Stoßkonstruktion übertragen werden müssen. Stirnplattenstöße im Feldbereich haben dagegen auch Querkräfte zu übertragen. Bei solchen Konstruktionen, bei denen das Vorzeichen der Querkraft bei der Kranüberfahrt wechselt, dürfen aus Gründen der Ermüdungssicherheit die beiden Stirnplatten nicht gegeneinander arbeiten. Deshalb sind i. d. R. vorgespannte, gleitfeste Scherverbindungen der Kategorie C [3-1-8/Tab. 3.2] mit reibfester Vorbereitung der Stirnplattenoberflächen vorzusehen (siehe auch Abschnitt 16.1). Zur Vermeidung dieses hohen Aufwands werden Stöße im Feldbereich gerne vermieden.

5.2.1 Gelenkiger Stoß am Auflager bei leichtem Kranbetrieb

Die Abb. 5.7 zeigt gelenkige Stöße von Kranbahnträgern mit leichtem Kranbetrieb. Bei der Konstruktion sollte Folgendes bedacht werden:

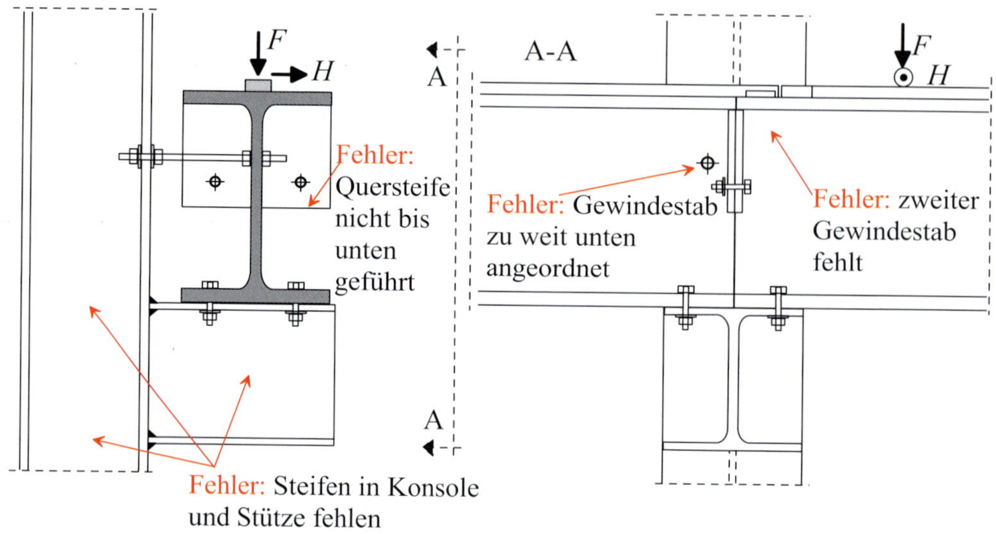

Abb. 5.8: Ungeeignete Ausführung eines Stoßes

- Auf beiden Seiten des Stoßes sollen die Horizontalkräfte in die Stütze abgeleitet werden (siehe auch Abschnitt 5.1), um die Kranstütze nicht durch planmäßige Torsion zu beanspruchen. Mit der ungeeigneten Konstruktion aus Abb. 5.8 werden die Horizontalkräfte aus dem rechten Träger über die dafür nicht geeigneten Stirnplattenverbindungsschrauben in den linken Träger geführt, von wo sie über den Gewindestab in die Stütze abgeleitet werden.
- Die Stirnplatte sollte an beiden Kranbahnflanschen angeschweißt sein, wenn dies aus Gründen der Ermüdung zulässig ist (Abs. 16.1). Eine verkürzte Stirnplatte, wie in Abb. 5.8 dargestellt, erfüllt die Aufgabe, den Querschnitt in seiner Form zu erhalten, nicht und ist deshalb nicht empfehlenswert.
- Die Schrauben, mit denen die beiden Stirnplatten möglichst weit unten am Steg verbunden werden (Abb. 5.7), haben u. a. die Längskräfte im Kranbahnträger aus Anfahren/Bremsen des Krans und aus Pufferanprall zu übertragen. Durch die Nachgiebigkeit der Stirnplatte werden die an einem gelenkigen Auflager entstehenden Verformungen nicht übermäßig behindert.
- Der Schienenstoß kann gegenüber dem Kranbahnträgerstoß etwas versetzt werden, damit das freie Schienenende nicht ohne Unterstützung bleibt (Abb. 5.7). Wenn man die Endstirnplatten bis zur Oberkante des Trägers führt, sie dort mit einer HY-Naht anschweißt und diese Naht dann im Schienenbereich oberflansch-eben abschleift, kann der Schienenstoß auch direkt über die Trägerstoßfuge gelegt werden.

Abb. 5.9 zeigt einen gelenkigen Stoß, bei dem die Zwängungsbeanspruchungen besser vermieden werden als bei der Konstruktion nach Abb. 5.7. Die Kranbahnträger stehen mit den nach unten verlängerten Stirnplatten auf der Konsole auf. Das Kammblech sichert die horizontale Lage und kann nach der genauen Ausrichtung der Lage auf der Baustelle angeschweißt werden. Vor Stoßausführungen mit Laschen wie in Abb. 5.10 dargestellt, ist dringend abzuraten:

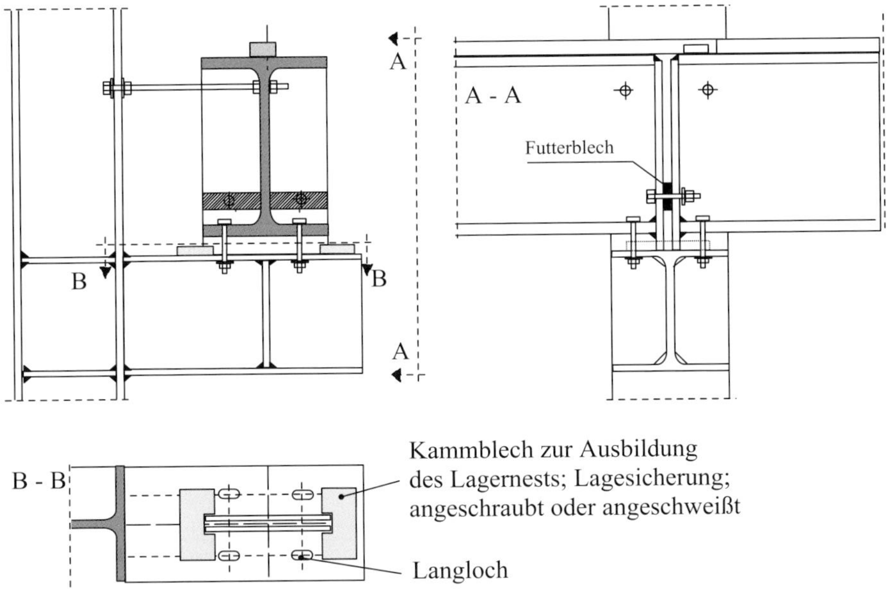

Abb. 5.9: Gelenkige Stoßkonstruktion weitgehend ohne Zwängungen nach [Bfs18b]

- Laschen und Schraubenreihen passen nicht zur Annahme eines gelenkigen Kranbahnstoßes. Der Steg wird infolge der durch die Laschenverschraubung erzeugten Teileinspannung beansprucht, die zu Ermüdungsrissen führen kann (Abb. 5.10 links).
- Die Stirnplatte zur Querschnittsaussteifung fehlt, siehe Abs. 4.12.2.

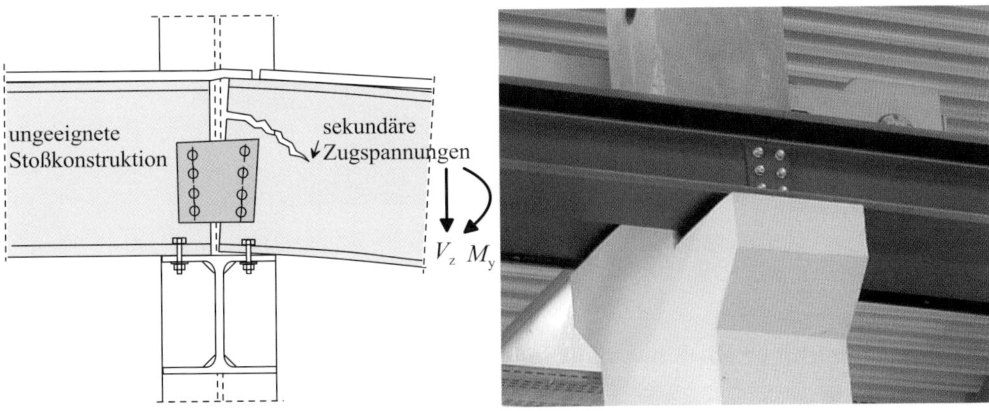

Abb. 5.10: Der Laschenstoß ist wegen seiner teilweisen Stegeinspannung ungeeignet.

5.2.2 Gelenkiger Stoß am Auflager bei mittlerem Kranbetrieb

Abb. 5.11 zeigt gelenkige Stöße von Kranbahnträgern für mittleren Kranbetrieb. Bei schwerer werdendem Kranbetrieb und wachsender Beanspruchungsklasse ist immer stärker darauf zu achten, dass im Auflagerbereich keine Zwängungsspannungen auftreten können, die dort zu Ermüdungsschäden führen könnten. In der dargestellten Konstruktion können sich die Endtangentenwinkel der beiden Kranbahnträger frei einstellen, ohne dass es zu relevanten Zwängungen kommt.

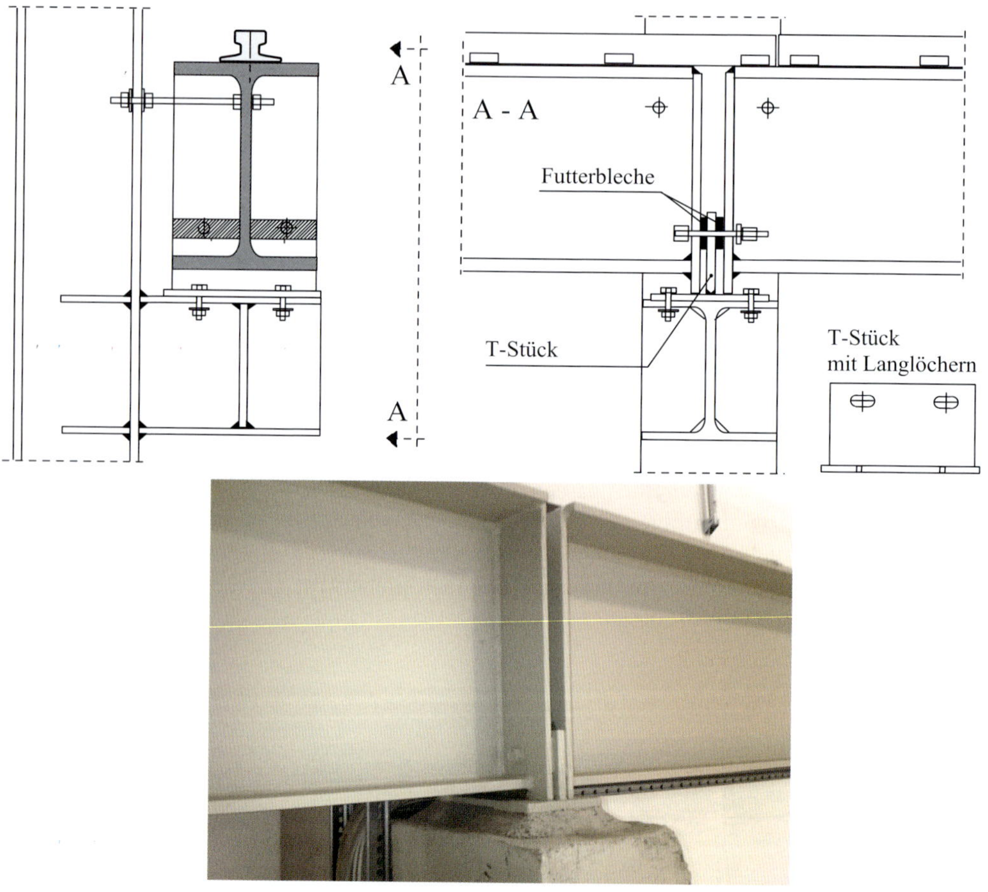

Abb. 5.11: Gelenkiger Stoß bei mittlerem Kranbetrieb nach [Bfs18b]; Foto: Reiner Thoß

5.2.3 Gelenkiger Stoß am Auflager bei schwerem Kranbetrieb

Abb. 5.12 zeigt die Auflagerung einer Kranbahn im Stoßbereich auf einem Stützenkopf (links) und auf einer Konsole (rechts). Mit einer Zentrierleiste unter dem Kranbahnauflager sollen Zwängungsbeanspruchungen aus der Verdrehung φ_y des Kranbahnträgers vermieden werden.

Dies ist bei Kranbahnträgern für schweren und schwersten Betrieb erforderlich. Auch wenn

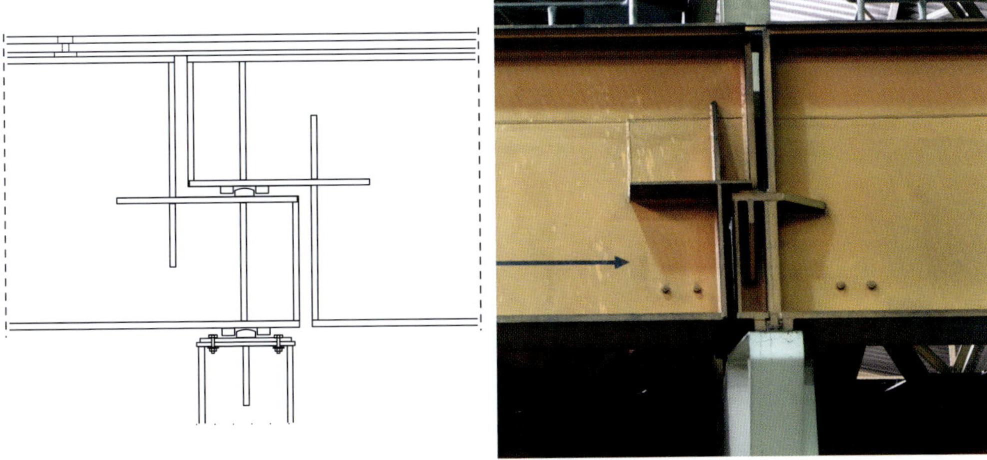

Abb. 5.12: Gelenkiger Stoß zweier Kranbahnträger bei schwerem Kranbetrieb

keine abhebenden Auflagerkräfte zu berücksichtigen sind (z. B. bei einfeldrigen Systemen), ist es – anders als in Abb. 5.12 dargestellt – empfehlenswert, den unteren Kranbahnträgerflansch mit dem Auflager zum Zwecke der Lage- und Abhebesicherung mit Schrauben zu verbinden. Auch die Montage wird durch diese Schrauben erleichtert.

5.2.4 Biegesteife Stirnplattenstöße am Auflager

Abb. 5.13 zeigt links oben einen biegesteifen Stirnplattenstoß über dem Auflager.

Biegesteife Stöße von Kranbahnträgern sind aufwändiger als gelenkige Stöße. Bei der Konstruktion von biegesteifen Stößen sind die im Stahlbau allgemein gültigen Grundsätze zu beachten. Stöße mit überstehenden Stirnplatten sind im Auflagerbereich nicht möglich, weil für Überstände weder unten noch oben Platz ist. Besonders bei höheren Beanspruchungsklassen ist auf eine kerbarme Konstruktion zu achten. Der biegesteife Stoß ist auf zweiachsige Biegung zu bemessen. Zum Nachweis der Schrauben siehe Abs. 16.1.2.

5.2.5 Biegesteife Stirnplattenstöße im Feld

Biegesteife Stöße im Feldbereich zeigt Abb. 5.13 rechts. Verlegt man den Stoß vom Auflager in die Nähe des Momentennullpunktes im Feld, so werden die zu übertragenden Biegemomente betragsmäßig deutlich geringer. Neben den Biegemomenten M_y und M_z müssen – anders als bei Stößen am Auflager – Querkräfte V_z und V_y mit wechselnden Vorzeichen übertragen werden.

Die beiden Stirnplatten dürfen unter der Wirkung der das Vorzeichen bei jeder Kranüberfahrt wechselnden Querkräfte nicht gegeneinander arbeiten. Diese Forderung wird durch die Wahl einer vorgespannten, gleitfesten Verbindung vom Typ c [3-1-8/3.2] Rechnung getragen. Bei der Bauausführung ist besonders auch auf die reibfeste Vorbereitung der Stirnplatten zu achten. Zum Nachweis der Schraubenverbindungen siehe Abschnitt 16.1.2. Die Stirnplatten können am Träger nach unten überstehen, wegen der Schienen aber nicht nach oben.

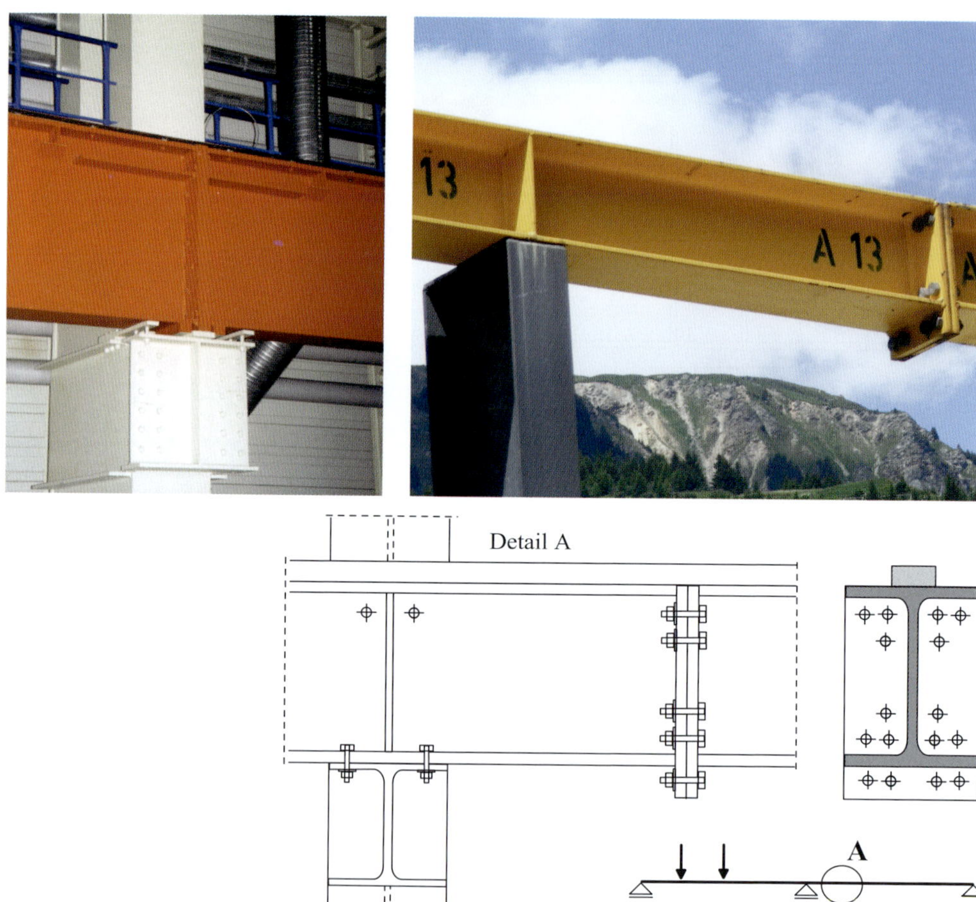

Abb. 5.13: Biegesteife Stöße von Kranbahnträgern am Auflager (oben links) und im Feld (oben rechts, in Semprun, Schweiz); biegesteifer Stirnplattenstoß in der Nähe des Momentennullpunktes (unten)

5.3 Kranbahnträgerstützen

5.3.1 Querschnitte von Kranbahnträgerstützen

a) Leichter/mittlerer Kranbetrieb: Walzprofile HEA, HEB, HD, HL oder I-Schweißprofile kommen üblicherweise zur Anwendung. Wegen der Beschränkung der horizontalen Stützenkopfauslenkung zur Sicherung eines verschleißarmen Kranbahnbetriebs werden die Profile spannungsmäßig u. U. nicht voll ausgenutzt (Gebrauchstauglichkeit, Kap. 14).

b) Schwerer und schwerster Kranbetrieb: Geschweißte Vollwandprofile, Hohlkastenquerschnitte oder Fachwerkstützen sind möglich, siehe Abb 5.14.

c) Kranbahnstützen aus Stahlbeton sind ebenfalls gebräuchlich (z.B. siehe oben, Abb. 4.21).

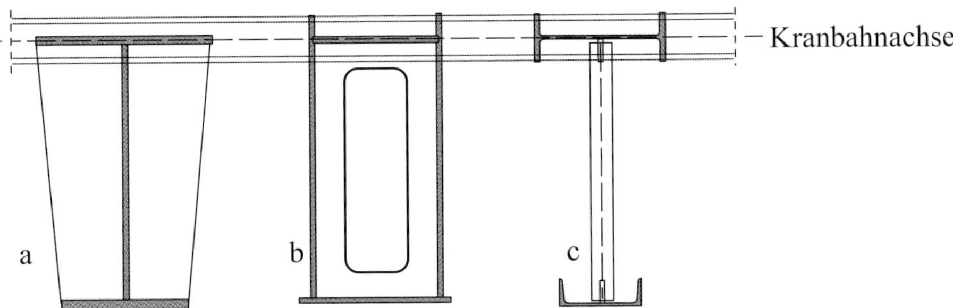

Abb. 5.14: Querschnitte von Kranbahnstützen für schweren und schwersten Kranbetrieb: a) Einfachsymmetrischer Dreiblechquerschnitt b) Kastenprofil, c) Fachwerkstütze

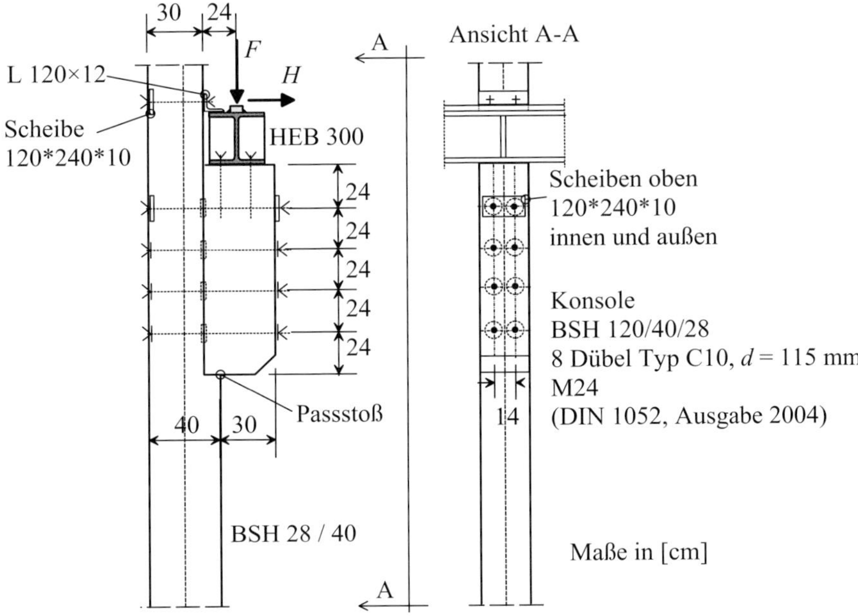

Abb. 5.15: Beispiel einer Kranstütze aus Holz

d) Kranbahnstützen aus Holz stellen die Ausnahme dar und sind eher für leichten Kranbetrieb geeignet. Abb. 5.15 zeigt die Konstruktion einer Kranbahnstütze aus Holz für einen Hallenkran mit 20 t Hublast. Siehe dazu auch Abschnitt 4.11.2. Als Baustoff kommt nicht zuletzt wegen der Maßhaltigkeit nur Brettschichtholz, nicht aber Vollholz in Frage. Die Befestigung des Unterflanschs der Kranbahn mit der Konsole kann über eingeklebte Gewindestäbe erfolgen.

Schaden an einer Kranbahnträgerstütze

In [Kin04] wird über einen Schadensfall an einer Kranbahnträgerstütze berichtet, siehe Abb. 5.16. In einer Gießerei wiesen mehrere Kranbahnträgerstützen starke plastische Verformungen auf. Die Tragfähigkeit war nicht mehr gegeben, so dass die Stützen zuerst notdürftig verstärkt

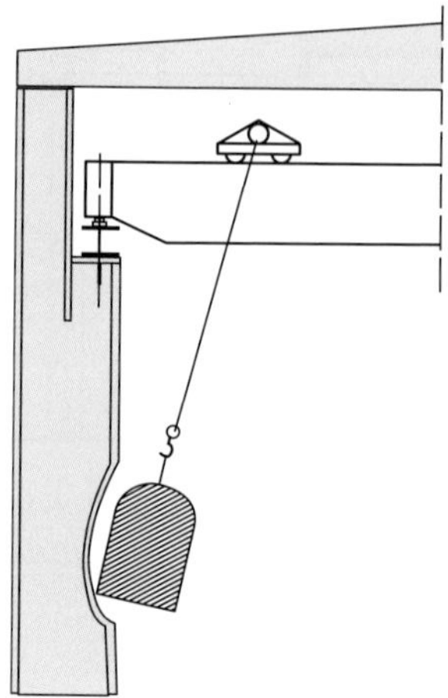

Abb. 5.16: Schadensfall Kranbahnstütze

und dann ausgetauscht werden mussten. Die Ermittlungen ergaben, dass zumindest ein Kranfahrer die am Kranhaken hängenden Gießformen regelmäßig zum Pendeln brachte. Dann ließ er sie an die Stützen anschlagen, um sie komplett zu entleeren. Dieses Fehlverhalten erfolgte über Jahre, ohne dass ein Verantwortlicher eingeschritten ist.

5.3.2 Aussteifung der Kranbahnstützen

Kranbahnträger werden in ihrer Längsrichtung durch Massenkräfte aus Beschleunigen und Bremsen der Kranbrücke und vor allem durch Lasten aus Pufferanprall beansprucht (siehe Kap. 8). Diese Lasten H_L müssen durch die Aussteifungen der Kranbahnträgerstützen aufgenommen werden können.

Abb. 5.17 zeigt einige Möglichkeiten für Aussteifungen:

- Die gekreuzten Diagonalen (Abb. 5.17 a, Abb. 5.18 a) sind die einfachste Lösung, das Feld ist dann jedoch für die Durchfahrt z. B. mit Gabelstaplern gesperrt.
- Mit dem Fachwerkverband (Abb. 5.17 b) wird der Verkehrsraum unter der Kranbahn zugänglicher als mit den gekreuzten Diagonalen, er ist aber noch immer eingeschränkt.
- Ein portalartiger Rahmen kann als Aussteifung dienen (Abb. 5.17 c, Abb. 5.18 b). So bleibt die Durchfahrt unbehindert. Der Rahmen ist ausreichend massiv auszubilden, die Konstruktion darf nicht zu weich werden.

Grundsätzlich sollte beachtet werden:

- Die Aussteifung kann auch in einem mittleren Feld der Kranbahn vorgesehen werden siehe z.B. oben 4.23.
- Ein Verband ist so zu entwerfen, dass er keine Kräfte aus den vertikalen Radlasten übernimmt (Abb. 5.18 a bis c). Die in Abb. 5.18 d dargestellte Konstruktion ist daher unbrauchbar.
- Kranbahnträger sollten nicht als aussteifendes Element bei der Berechnung der Stabilität

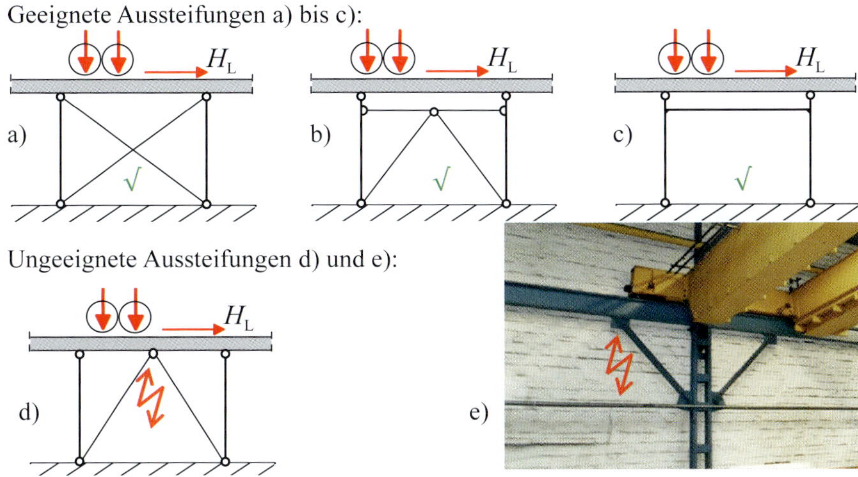

Abb. 5.17: a) bis c): geeignete Aussteifungen der Kranbahnträgerstützen; d), e) ungeeignete Aussteifungen, da die Verbände durch vertikale Radlasten beansprucht werden.

Abb. 5.18: Aussteifung durch einen Verband (li.) und Aussteifung durch einen Rahmen (re.)

der Kranbahnstütze oder der gesamten Halle in Rechnung gestellt werden. Kranbahnträgern sollen ausschließlich Lasten aus dem Kranbetrieb zugeordnet werden.

Die horizontalen Lasten aus Kranbetrieb machen auch eine Aussteifung quer zur Fahrtrichtung erforderlich. Bei Hallenkranen wird diese Aussteifung im Regelfall durch die Hallenbinder übernommen. Frei stehende Kranstützen werden regelmäßig quer zur Kranbahnlängsachse eingespannt, in Richtung der Längsachse aber als Pendelstützen ausgebildet.

6 Anforderungen an Fertigung und Montage von Kranbahnträgern

Allgemeine Anforderungen an Ausführung und Herstellerqualifikationen von Stahlbauten sind DIN EN 1090-2 zu entnehmen, sie gelten natürlich auch für die Fertigung von Kranbahnen. Im Folgenden werden – ohne Anspruch auf Vollständigkeit – einige für die Fertigung und Montage von Kranbahnträgern wichtige Regeln aufgezeigt

6.1 Einstufungen, Anforderungen an den fertigenden Betrieb

a) Wahl der Ausführungsklasse (EXC)

Die Einstufung eines Bauwerks in eine „Execution Class“(EXC) hat weitreichende Auswirkungen auf die Qualitätssicherung und auf die notwendige Dokumentation und damit auf die Kosten. Ein Betrieb, der die Zulassung zu der für ein Bauwerk notwendigen EXC nicht hat, darf das Bauwerk nicht fertigen oder reparieren. Die Einstufung des Bauwerks ist Aufgabe des Tragwerksplaners, daher wurden die notwendigen Regeln aus der DIN EN 1090-2 herausgenommen und im Jahr 2014 in DIN EN 1993-1-1/A1, Anhang C ergänzt.

In [3-6NA/C.2.2(4)] ist eindeutig geregelt, dass Kranbahnen unabhängig von der Schwere des Betriebs in EXC 3 einzustufen sind. Ausnahmen davon sind nicht vorgesehen. Diese Einstufung ist auch auf die Konsolen zu übertragen.

Es wird empfohlen, die Einstufung auch für die Kranstützen zu übernehmen, wenn die Stützen vorwiegend durch die Lasten aus Kranbetrieb beansprucht werden und deshalb ein Ermüdungsnachweis auch für die Stützen notwendig ist.

b) Anforderungen an den fertigenden Betrieb bei EXC3

Anforderungen an die betrieblichen Abläufe beim Schweißen können DIN EN ISO 3834-2 entnommen werden.

Anforderungen an Ausführungsunterlagen und Dokumentation (DIN EN 1090-2, Abs. 4 u. 7.4):

- Qualifizierte Schweißanweisung WPS (= Welding Procedure Specification) nach DIN EN ISO 15609-1 / EN ISO 14555 / EN ISO 15620
- Qualifizierung Schweißverfahren WPQR (= Welding Procedure Qualification Record) nach DIN EN ISO 15613 und DIN EN ISO 15614-1
- Die vollständige Rückverfolgbarkeit der verwendeten Konstruktionsmaterialien ist sicherzustellen.

Abb. 6.1: Mangelhaft geschweißter Anschluss einer Hängekranbahn an die Ankerplatte (links, Foto: O. Gerthofer); mangelhaft geschweißter, gerissener Schienenstoß (rechts)

Anforderung an das Personal infolge EXC3 (DIN EN 1090-2, Abs. 7.4):

- Qualifizierung der Schweißer nach DIN EN ISO 9606-1 (Nachfolge der zurückgezogenen DIN EN 287-1)
- Qualifizierung der Bediener von Schweißeinrichtungen nach DIN EN ISO 14732 (Nachfolge der zurückgezogenen DIN EN 1418-1)
- Anforderung an die technischen Kenntnisse der Schweißaufsichtsperson in der Werkstatt gemäß DIN EN 1090-2, Abschnitt 7.4.3 und Tab. 14. Bei EXC3 und Materialdicken ab 25 mm ist die Kenntnisstufe „C", d. h. umfassende technische Kenntnisse (nach EN ISO 14731) verlangt. Diese Kenntnisse weist ein Schweißfachingenieur auf.

Nur im Sinne der Norm qualifizierte Betriebe dürfen Bauteile schweißen. Bei der Frage, welche Betriebe welche Zulassungen haben, kann die Website ‹http://www.en1090.net› weiterhelfen.

Wenn man fehlerhafte Schweißnähte bei Bestandskranbahnen beobachtet (siehe z.B. Abb. 6.1), dann lässt sich sehr oft feststellen, dass der dafür verantwortliche Stahlbaubetrieb keine Zulassungen für EXC 3 hat und daher die Kranbahn nicht hätte schweißen dürfen.

c) Betriebstemperatur von Kranbahnen

Bei der Auswahl des Werkstoffs spielt die zu erwartende Betriebstemperatur der Krananlage eine Rolle. In [3-6NA/3.2.3(1)] ist –10 °C als niedrigste Betriebstemperatur für Kranbahnen innerhalb von Gebäuden in Deutschland angegeben. Für andere Länder Europas können andere niedrigste Temperaturen gelten, die sich den jeweiligen Nationalen Anhängen entnehmen lassen.

Wenn die Temperaturen +150 °C überschreiten, lässt sich der Ermüdungsnachweis nicht mehr nach DIN EN 1993-1-9 führen.

6.2 Qualität der Schweißnähte bei EXC3/DIN EN 1090-2

Folgende Punkte sind u.a. zu beachten:

a) Schweißnahtvorbereitung (DIN EN 1090-2, Abschnitt 7.5.1):

- Die Schweißnahtvorbereitung darf keine sichtbaren Risse aufweisen.
- Fertigungsbeschichtungen dürfen nur dann im Ausnahmefall auf den Nahtflanken belassen werden, wenn eine Schweißverfahrensprüfung nach EN ISO 15614-1 bzw. EN ISO 15613 unter Benutzung solcher Beschichtungen erfolgreich durchgeführt wurde.

b) Stumpfnähte (DIN EN 1090-2, Abschnitt 7.5.9):

- Für voll durchgeschweißte Quernähte sind An- und Auslaufbleche zu verwenden, bei deren Entfernung DIN EN 1090-2, Abs. 7.5.6 zu beachten ist.

c) Ausführung von Schweißarbeiten (DIN EN 1090-2, Abschnitt 7.5.17):

- Zündstellen sind zu vermeiden. Falls sie doch auftreten, muss die Stahloberfläche leicht geschliffen und auf Rissfreiheit geprüft werden.
- Schweißspritzer müssen entfernt werden.
- Sichtbare Unregelmäßigkeiten sind vor dem Schweißen weiterer Lagen zu entfernen (Risse, Hohlräume, Schlacke).

d) Abnahmekriterien für Schweißnahtunregelmäßigkeiten (DIN EN 1090-2, Abs. 7.5.16 u. 7.6):

- EXC3: Bewertungsgruppe B (nach EN ISO 5817) ist einzuhalten.
- Die Merkmale „Wurzelrückfall und Wurzelkerbe“ (Ordnungs-Nr. 515 und 5013 nach ISO 6520-1:1998) sind unzulässig.
- Scharfe Übergänge bei vorhandenem zulässigen Kantenversatz, Ordnungs-Nr. 507, sind abzuarbeiten.

e) Kontrolle des Schweißens (DIN EN 1090-2, Abschnitt 12.4):

- Der Umfang der ZfP (Zerstörungsfreie Prüfungen) bei EXC3 ergibt sich nach DIN EN 1090-2, Tabelle 24.
- DIN EN 1090-2, Tabelle 24 ist jedoch grundsätzlich nicht projektbezogen gedacht, sondern auf die gesamte Fertigung bezogen. Das bedeutet, dass ein einzelnes Projekt ohne ergänzende ZfP durchlaufen werden kann, wenn vom Stahlbaubetrieb die geforderten Prüfungen insgesamt durchgeführt werden. Wenn für das konkrete Projekt eine ZfP gewünscht wird, sollte dies vorab festgelegt werden.

6.3 Korrosionsschutz

Die normgerechte Durchführung der Korrosionsschutzmaßnahmen an Kranbahnen und deren Unterstützungen ist Voraussetzung für die Anwendbarkeit des Ermüdungsnachweises nach DIN EN 1993-1-9.

Von der Feuerverzinkung von Kranbahnen wird abgeraten, solange nicht der Einfluss der Feuerverzinkung auf die Ermüdungssicherheit restlos geklärt ist. Verzinkte Bauteile sind in DIN EN 1993-1-9 nicht explizit abgedeckt. Hinweise zu ermüdungsbeanspruchten, verzinkten Bauteilen können [Bfs16] entnommen werden.

6.4 Geometrische Toleranzen

6.4.1 Arten von geometrischen Toleranzen

Abweichungen von den idealen Planungs- und Konstruktionsmaßen einer Kranbahn können sich auf die Tragsicherheit, auf die Gebrauchstauglichkeit oder auf die Ermüdungssicherheit von Kranbahn und Kran auswirken, siehe [Har19]. Drei Beispiele:

- Eine zu große Abweichung der Stegfläche von einer ideal ebenen Fläche (z.B. infolge Schweißverzugs) kann die Beulsicherheit des Stegs beeinträchtigen.
- Eine zu große Exzentrizität der Radlasteinleitung auf der Schiene kann die Sicherheit eines Kranbahnträgers gegen Biegedrillknicken oder die Lebensdauer der Radsätze der Kranbrücke beeinträchtigen.
- Zu große Abweichungen des Spurmittenmaßes (Schiene im Grundriss) können wegen Anliegens beider Spurkränze den Verschleiß von Schienenflanken und Spurkränzen stark ansteigen lassen.

Toleranzen (geometrische Abweichungen) gliedern sich nach DIN EN 1090-2, Abs. 11 in grundlegende Toleranzen, deren Einhaltung für die Standsicherheit des Bauwerks unverzichtbar ist und ergänzende Toleranzen, deren Einhaltung funktions- und gebrauchstauglichkeitsbedingt notwendig ist. Die Überschreitung der grundlegenden Toleranzen ist als Nichtkonformität zu werten.

Geometrische Abweichungen nach DIN EN 1090-2, Abs. 11.2, werden außerdem in Herstelltoleranzen (Tab. B.1 bis B.14), die bei der Herstellung zu beachten sind, und Montagetoleranzen (Tab. B.15 bis B.25), die bei der Montage der hergestellten Teile zu beachten sind, unterschieden. Im Fall von Kranbahnen ist die Unterscheidung nicht konsequent umgesetzt. So ist beispielsweise die Begrenzung der Querneigung der eingebauten Schiene in der Tabelle für die Herstelltoleranzen Tab. B.9, Zeile 3 angegeben, obwohl diese Toleranz eindeutig als Montagetoleranz anzusehen ist und deshalb in der Tabelle für Montagetoleranzen Tab. B.22 eingeordnet sein müsste. Deswegen wird im Weiteren zwischen Herstell- und Montagetoleranzen nicht weiter unterschieden.

Die Einhaltung der Herstell- und Montagetoleranzen wird in der Regel bei der Bauabnahme der neuen Kranbahn geprüft. Elastische Verformungen aus Eigengewicht oder anderen Lasten sind in den Toleranzen nicht berücksichtigt, müssen also ggf. herausgerechnet werden. Von den Maßabweichungen sind die Durchbiegungsbegrenzungen im Grenzzustand der Gebrauchstauglichkeit, siehe Kap. 14, streng zu trennen.

Durch Verschleiß und plastische Verformungen wachsen die Maßabweichungen im Laufe der Nutzungsdauer an. Mit Betriebstoleranzen (siehe Abs. 6.4.4)wird geregelt, welche maximalen Maßabweichungen während des Betriebes der Kranbahn akzeptiert werden können.

6.4.2 Grundlegende Herstell- und Montagetoleranzen nach DIN EN 1090-2

Da Kranbahnen in Deutschland meist dem Bereich des Bauwesens zugeordnet sind (siehe Abs. 1.6), müssen alle grundlegenden Maßabweichungen nach der bauaufsichtlich eingeführten DIN EN 1090-2 eingehalten werden. Im Fall der ausnahmsweisen Nichteinhaltung einer grundle-

Abb. 6.2: Stegblech mit eingezeichneten großen Krümmungen; Stich bis 10 mm (Foto: R. Thoß)

genden Toleranz nach DIN EN 1090-2 muss durch zusätzliche Berechnungen nachgewiesen werden, dass die Standsicherheit trotz der Abweichung ausreichend groß ist. Gelingt der Nachweis nicht, muss die Maßabweichung korrigiert werden.
Ein Beispiel: Das hohe Stegblech eines Kranbahnträgers (siehe Abb. 6.2) weist eine durch Schweißverzug unbeabsichtigt erzeugte Krümmung mit einem Stich Δ auf. Der maximale Stich ist in DIN EN 1090-2, Tabelle B.1, Zeile 7 begrenzt. Im Beulnachweis des Stegblechs unter der Radlast nach DIN EN 1993-1-5 ist eine solche Imperfektion mit der maximalen Maßabweichung berücksichtigt. Sollte jedoch der Stich Δ im Stegblech größer sein als nach Zeile 7 zulässig, dann müsste im Rahmen einer Beulrechnung gezeigt werden, dass der Trägersteg trotzdem eine ausreichende Tragsicherheit hat. Gelingt dies nicht, ist der Stich im Stegblech so nachzurichten, dass die Maßabweichungen im zulässigen Bereich bleiben.

Im Vertragsverhältnis zwischen Bauherrn, Kranhersteller und Stahlbaubetrieb könnten zwar – vom Kranhersteller getrieben – andere Toleranzen als diejenigen aus DIN EN 1090-2 vereinbart sein, das entbindet jedoch den Stahlbaubetrieb nicht davon, die Kranbahn so herzustellen und zu montieren, dass allen bauaufsichtlichen Forderungen Genüge getan ist. Unabhängig von den Anforderungen des Kranherstellers oder des Nutzers sind deshalb alle grundlegenden Toleranzen nach DIN EN 1090-2 einzuhalten. Die meisten relevanten grundlegenden Toleranzen gelten für den Stahlbau allgemein; auf diese Einschränkungen wird hier nicht näher eingegangen, es wird auf die Fachliteratur verwiesen. Eine einzige grundlegende kranspezifische Toleranz findet sich in DIN EN 1090-2, Tab. B.17; sie betrifft die Kranstützen.

- Schiefstellung Δ der Kranbahnstütze nach Tab. B.17, Zeile 4: $\Delta \leq \pm h/1000$ mit h in mm: Höhe der Stütze von der Fußbodenoberkante bis zum Lager des Kranbahnträgers. Eine ausreichende Sicherheit der Kranbahnstütze bzw. des Hallenbinders gegen Stabilitätsversagen erfordert die Einhaltung dieser Toleranz.

Die Tab. B.9 und B.22 in DIN EN 1090-2 enthalten zwar Angaben für Kranbahnträger, es sind dort aber nur ergänzende, keine grundlegenden Toleranzen angegeben. Übrigens sind die grundlegenden Toleranzen für alle Toleranzklassen gleich, weshalb die Toleranzklassen an dieser Stelle nicht differenziert werden müssen.

6.4.3 Ergänzende Herstell- und Montagetoleranzen

Drei Normen enthalten kranbahnspezifische ergänzende Toleranzen:

- DIN EN 1090-2, Ausführung von Stahltragwerken und Aluminiumtragwerken – Teil 2: Technische Regeln für die Ausführung von Stahltragwerken, Ausgabe 09/2018, Kapitel 11 und Tab. B.9 und Tab. B.22
- VDI-Richtlinie 3576 [VDI11a], Schienen für Krananlagen – Schienenverbindungen, Schienenlagerungen, Schienenbefestigungen, Toleranzen für Kranbahnen, Ausgabe 03/2011, Kap. 6
- ISO 12 488-1, Krane – Toleranzen für Laufräder und Kranfahrwerke und Laufkatzenschienen – Teil 1: Allgemeines, Ausgabe 07/2012. In den Normen der maschinenbaulichen Krannormenfamilie DIN EN 13001 wird ISO 12488-1 inhaltlich zugrunde gelegt.

Welche Norm gilt für die Festlegung der ergänzenden Toleranzen?

Die Möglichkeit einer frei vereinbaren Abweichung von den funktionsorientierten ergänzenden Toleranzen ist DIN EN 1090-2, Abs. 11.3.3 zwar nicht zu entnehmen, jedoch ist im Kommentar zu DIN EN 1090-2 [SKM19], S. 381 und S. 395 ff., die Rede von der Möglichkeit, alternative Kriterien festzulegen, so lange diese innerhalb der grundlegenden Toleranzen liegen und die Randbedingungen des Tragsicherheitsnachweises eingehalten werden. Dies würde bedeuten, dass Bauherr (Nutzer), Kranhersteller und Stahlbaubetrieb vereinbaren könnten, statt der ergänzenden Toleranzen nach DIN EN 1090, Tab. B.9 und B.22 die alternativen Grenzwerte nach VDI 3576 oder ISO 12 488-1 zu vereinbaren. Die Nutzung dieser Option kommt in der Praxis regelmäßig vor, da im Regelfall der Kranhersteller die Anforderungen dafür definiert.

Toleranzklassen für ergänzende Toleranzen

Der Begriff der Toleranzklasse sagt etwas über die Höhe der Anforderungen der ergänzenden Toleranzen aus. In den drei Normen sind die Toleranzklassen unterschiedlich geregelt:

a) DIN EN 1090-2: Es wird zwischen der weniger strengen Toleranzklasse 1 und der strengeren Toleranzklasse 2 unterschieden. Grundsätzlich sind alle Bauwerke – also auch Kranbahnen – zunächst in Toleranzklasse 1 einzustufen, es sei denn, es ist mit dem Bauherrn etwas anderes vereinbart, siehe [Bfs18b], Abs. 3.8 und DIN EN 1090-2, Abs. 11.3.2. Ein Zusammenhang zwischen der Schwere des Kranbetriebs und der Toleranzklasse lässt sich DIN EN 1090-2 nicht entnehmen. Häufig wird vom Kranhersteller die Einstufung in Toleranzklasse 2 gefordert, um einen ruhigen und verschleißarmen Kranbetrieb zu gewährleisten.

b) VDI Richtlinie 3576, Ausgabe 03/2011, Tab. 5: Es existieren 4 Toleranzklassen, wobei Toleranzklasse 1 die strengste und Toleranzklasse 4 die am wenigsten strenge Toleranzklasse darstellt. Übliche Hallenkrane für längerfristige Nutzung werden – je nach Beanspruchungsgruppe (DIN 15 018) in die strengste Toleranzklasse 1 (B4 – B6) oder in die weniger strenge Toleranzklasse 2 (B1 – B3) eingestuft. Für selten benutzte Krane oder für Krane mit kurzen Fahrwegen kommt evtl. die Toleranzklasse 3 mit abgeminderten Anforderungen hinsichtlich der Maßgenauigkeit in Frage. Krananlagen mit geringster Beanspruchung und zeitlich begrenzter Nutzungsdauer (z. B. Baustellenkrane) können evtl. in die Toleranzklasse 4 eingeordnet werden.

c) ISO 12 488-1, Ausgabe 07/2012: Die Einstufung in eine von 4 Toleranzklassen stimmt im Wesentlichen mit der Einstufung nach VDI 3576 überein.

Abb. 6.3: Beschädigung der Kranschiene durch den Entgleisungsschutz wegen zu großer Abweichung A vom Soll-Spurmittenmaß s (Foto: © Andreas Hardt, ABUS Kransysteme GmbH)

Kranbahnen, die in Toleranzklasse 1 nach DIN EN 1090-2 eingestuft sind, würde man wohl am ehesten der Toleranzklasse 2 nach VDI 3576 bzw. ISO 12488-1 zuordnen, während Kranbahnen der Toleranzklasse 2 (DIN EN 1090-2) in die Toleranzklasse 1 der beiden anderen Normen (VDI 3576 und ISO 12 488-1) einzuordnen wären.

Übersicht über wichtige kranbahnspezifische ergänzende Toleranzen

Tab. 6.1 gibt eine Auswahl der kranbahnspezifischen ergänzenden Herstell- und Montagetoleranzen nach den drei genannten Normen wieder. Die Werte unterscheiden sich je nach Norm und Toleranzklasse teilweise deutlich, so dass der ausführende Stahlbaubetrieb sich bewusst sein sollte, welche der drei Normen zwischen Bauherrn (Nutzer), Kranhersteller und Stahlbaubetrieb hinsichtlich der Toleranzen vereinbart wurde und welche Maßabweichungen deshalb unbedingt einzuhalten sind. Wenn die vom Kranhersteller vorgeschriebenen Toleranzen nicht eingehalten werden, kann es Probleme beim Kranbetrieb geben. Der Kranhersteller könnte in diesem Fall von seiner Gewährleistungspflicht zurücktreten oder gar den Betrieb des von ihm gelieferten Krans erst gar nicht freigeben. In [KE08] wird von einer allerdings nicht repräsentativen Umfrage unter Stahlbaufirmen und Schadensgutachtern nach Schadensfällen an Kranbahnen aus Walzprofilen mit Flachstahlschienen berichtet. Danach sind Maßabweichungen mit deutlichem Abstand vor anderen Fehlern (z. B. Schweißfehlern) als Hauptursache für Schäden anzusehen.

Zu den einzelnen Toleranzen nach Tab. 6.1 sollen noch folgende Erläuterungen gegeben werden:

- **Toleranz *A* zum Spurmittenmaß:** *S* wird von Mitte Schienenkopf bis Mitte Schienenkopf gemessen. Bei beidseitiger Führung können zu große Abweichungen *A* Zwängungen in der Spur bewirken, die im Extremfall zu einem Klemmen des Krans führt, siehe Abb. 6.3. In jedem Fall sind erhöhter Verschleiß an Laufrädern und Schienen sowie zusätzliche Beanspruchung des Kranfahrwerks zu erwarten. Krane, die nur einseitig mit Spurführungsrollen geführt sind, können größere Abweichungen *A* ertragen.
- **Toleranz *B* zur Lage der Schiene im Grundriss:** *B* ist die absolute Abweichung von der Solllage, *b* der maximale Stich innerhalb einer beliebig gewählten Länge von 2 m. Schienenknicke können zu beachtlichen Steigerungen der Seitenkräfte und damit zu einem erhöhten Verschleiß an Schiene und Fahrwerk führen mit der Konsequenz einer reduzierten Nutzungsdauer. Krane mit Seitenführungsrollen werden in der Regel nur an einem Schienenstrang geführt. Dieser sollte im Grundriss sehr präzise verlegt werden, während die Kranschiene auf der nicht geführten Seite etwas größere Abweichungen aufweisen darf.

Tab. 6.1: Auswahl an kranbahnspezifischen ergänzenden Toleranzen – Teil 1, für Toleranzklassen (TK) 1 und 2; Größen S, L und e in [m] einsetzen; Toleranzen in [mm] angegeben

Tol.	Bild	VDI 3576 und ISO 12 488 (Tk 1)	VDI 3576 und ISO 12 488 (Tk 2)	DIN EN 1090-2 (Tk 1)	DIN EN 1090-2 (Tk 2)
A	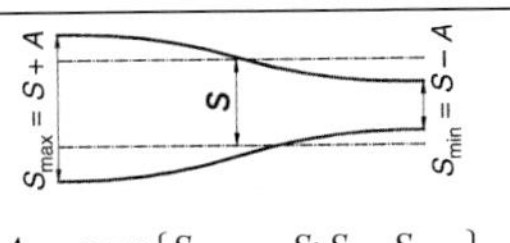 $S_{max} = S + A$; S; $S_{min} = S - A$ $A = \max\{S_{max} - S; S - S_{min}\}$	$S \leq 16$ m $A = \pm 3$ $S > 16$ m $\pm(3 + (S - 16)/4)$	$S \leq 16$ m $A = \pm 5$ $S > 16$ m $\pm(5 + (S - 16)/4)$	$S \leq 16$ m $A = \pm 10$ $S > 16$ m $\pm(10 + (S - 16)/3)$	$S \leq 16$ m $A = \pm 5$ $S > 16$ m $\pm(5 + (S - 16)/3)$
b, B	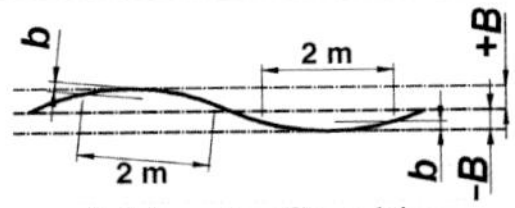 b; 2 m; +B; 2 m; b; -B Schiene im Grundriss bezogen auf Solllage	$B = \pm 5$ $b = 1$	$B = \pm 10$ $b = 1$	$B = \pm 10$ $b = 1{,}5$	$B = \pm 5$ $b = 1$
c, C	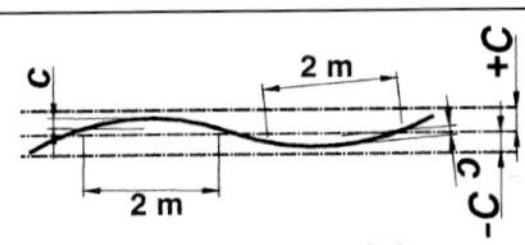 c; 2 m; +C; 2 m; c; -C Schiene in Ansicht bezogen auf Solllage	$C = \pm 5$ $c = 1$	$C = \pm 10$ $c = 2$	$C = \pm 15$ $c = 3$	$C = \pm 10$ $c = 2$
–	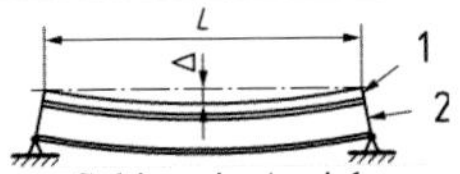 L; Δ; 1; 2 Schiene in Ansicht	-	-	$\Delta = \max\{2 \cdot L; 10\}$	$\Delta = \max\{1 \cdot L; 10\}$
E	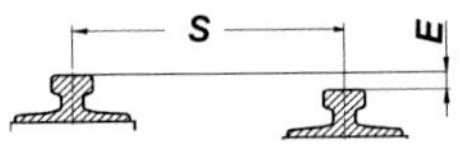 S; E	$E = \pm 0{,}5 \cdot S$ $E_{max} = \pm 5$	$E = \pm 1 \cdot S$ $E_{max} = \pm 10$	$S \leq 10$ m $E = \pm 20$ $S > 10$ m $E = \pm 2 \cdot S$	$S \leq 10$ m $E = \pm 10$ $S > 10$ m $E = \pm 1 \cdot S$
F	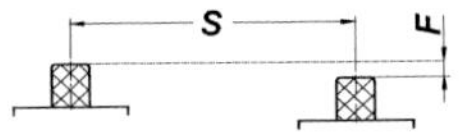 S; F Parallelität der Endanschläge	$F = \pm 0{,}8 \cdot S$ $F_{max} = \pm 8$	$F = \pm 1 \cdot S$ $F_{max} = \pm 10$	$F = \pm 1 \cdot S$ $F_{max} = \pm 10$	$F = \pm 1 \cdot S$ $F_{max} = \pm 10$
G	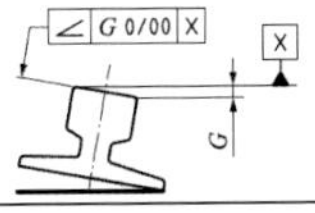 ∠ G 0/00 X; X; G	$G = 4$ ‰	$G = 6$ ‰	$G = 10$ ‰	$G = 10$ ‰
K	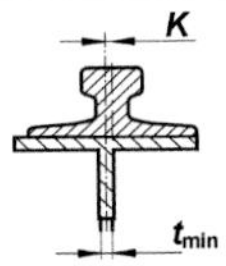 K; t_{min}	$K = 0{,}5 \cdot t_w$	$K = 0{,}5 \cdot t_w$	$t_w \leq 10$ mm $K = 5$ $t_w > 10$ mm $K = 0{,}5 \cdot t_w$	$t_w \leq 10$ mm $K = 5$ $t_w > 10$ mm $K = 0{,}5 \cdot t_w$
Δhr	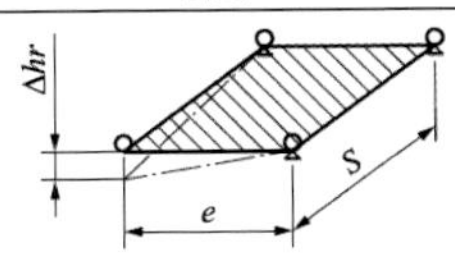 Δhr; S; e	$\Delta hr =$ $\min\{S/2; e/2\}$ jedoch $\Delta hr \leq 5$ e: Radstand des Krans in [m]	$\Delta hr =$ $\min\{S/1; e/1\}$ jedoch $\Delta hr \leq 10$ e: Radstand des Krans in [m]	$\Delta hr = 2 \cdot S$	$\Delta hr = 1 \cdot S$

Tab. 6.2: Auswahl an kranbahnspezifischen ergänzenden Toleranzen – Teil 2, für Toleranzklassen (TK) 1 und 2; Toleranzen in [mm] angegeben

Tol.	Bild	VDI 3576 und ISO 12 488 (Tk 1)	VDI 3576 und ISO 12 488 (Tk 2)	DIN EN 1090-2 (Tk 1)	DIN EN 1090-2 (Tk 2)
Δ	Vertikaler Versatz an der Naht	Δ = 1 (Baustellennaht) Δ = 0 (Werkstattnaht) (nur ISO 12 488)	Δ = 1 (Baustellennaht) Δ = 0 (Werkstattnaht) (nur ISO 12 488)	Δ = 1	Δ = 0,5
Δ	Horizontaler Versatz (alle Stöße)	Δ = 1 (nur ISO 12 488)	Δ = 1 (nur ISO 12 488)	Δ = 1	Δ = 0,5

- **Toleranz *C* zur Höhenlage der Schiene (Ansicht):** *C* ist die absolute Abweichung von der Solllage, *c* der maximale Stich innerhalb einer beliebig gewählten Länge von 2 m. Unter der betreffenden Zeile in Tab. 6.1 mit der Bezeichnung „Schiene in Ansicht“ ist der maximale Stich bezogen auf die Spannweite der Kranbahn begrenzt, nicht die Abweichung von der Solllage.
- **Toleranz *F* zur Parallelität der Endanschläge:** Durch Versatz der Endanschläge stellt sich der Kran beim Auffahren schräg. Daraus ergibt sich eine erhöhte Beanspruchung der Kranhalle und der Spurführungsmittel des Krans.
- **Toleranz *G* zur Querneigung des Kopfs der eingebauten Schiene:** Diese Begrenzung ist bei Schienen mit ebenen Köpfen sinnvoll, um den Berührungspunkt zwischen Rad und Schiene weitestgehend in die Nähe der vertikalen Schienenachse zu legen und eine übergroße Exzentrizität des Lastangriffs zu vermeiden. Bei A-Schienen mit gewölbten Schienenköpfen ist diese Toleranz nicht sinnvoll, weshalb sie in ISO 12488-1 ausdrücklich nur auf Schienen mit ebenen Köpfen begrenzt ist, für Schienen mit gewölbten Köpfen jedoch nicht gilt. DIN EN 1090-2 unterscheidet nicht zwischen gewölbten und ebenen Schienenköpfen, mithin ist die Querneigungsbegrenzung G auch für A-Profilschienen relevant. In [STS19] wird dargelegt, warum die Forderung *G* der DIN 1090-2 bei Verwendung von A-Profilschienen in den allermeisten Fällen gar nicht erfüllbar ist. Um nur einen Grund zu nennen, sei darauf hingewiesen, dass schon bei der Walzung der A-Schiene aus technologischen Gründen keine Begrenzung der Querneigung eingehalten werden kann. Bei fabrikneuen A-Schienen wurden bereits Querneigungen von bis zu 2,2° = 3,8 % gemessen [STS19]. Es ist offensichtlich, dass die Begrenzung nach DIN EN 1090-2 auf $G \leq 1\%$ in solchen Fällen nicht erreichbar ist. Mit der Akzeptanz dieser Toleranz gibt man dem Kranhersteller ein Argument in der Hand, mit der er später wegen Nichteinhaltung die Gewährleistung ablehnen könnte. Es sind bereits einzelne Fälle bekannt. Es wird daher empfohlen, bei Schienen mit gewölbten Köpfen die Toleranz *G* von den vereinbarten Toleranzen auszuschließen.
  In [STS19] wird ausgeführt, dass es weitaus sinnvoller wäre, die Exzentrizität des Radlastangriffs auf der Schiene zu begrenzen statt die Querneigung einzuschränken.

Abb. 6.4: Zu große horizontale und vertikale Versätze Δ an zwei offenen Schienenschrägstößen

- **Toleranz Δhr, Tab. 6.1:** Sehr steife Krane neigen schon bei kleinen Höhenunterschieden Δhr dazu, dass eines der Räder in der Luft hängt. Wenn der Kran nur über zwei angetriebene Räder verfügt und eines davon in der Luft hängt, dann wird der Antrieb des einzigen angetriebenen Rades mit Schienenkontakt überlastet. Bei Kranen mit vier angetriebenen Rädern ist dieser Punkt unkritischer.
- **Toleranz zu horizontalen oder vertikalen Versätzen Δ bei Schienenstößen, Tab. 6.2:** Besonders auch bei offenen Stößen muss auf die Vermeidung eines vertikalen oder horizontalen Versatzes geachtet werden, da andernfalls – wie bei der Überfahrt über den Stoß in Abb. 6.4 – ein Stoß entsteht, der zu Geräuschen und vor allem zu Verschleiß bei Radsätzen, Führungsrollen und Schienen führt. Die Toleranz für den vertikalen Versatz gilt nach DIN ISO 12488-1 für geschweißte Stöße und nach DIN EN 1090-2 für geschweißte und ungeschweißte Stöße. Die Toleranz für den horizontalen Versatz ist auf alle Stoßarten anzuwenden. VDI 3576 listet in Tab. 6 keine Grenzwerte für die Versätze der Schienenenden auf. Dies hat vermutlich den Grund, dass der Versatz indirekt auch über die Begrenzung des Wertes b (vertikale Abweichung auf 2 m bezogen) und c (horizontale Abweichung auf 2 m bezogen) beschränkt ist.

Es wird empfohlen, dass der Tragwerksplaner rechtzeitig die Absprachen für eine geeignete Wahl der Toleranzklasse vornimmt. Unternimmt er nichts, wird automatisch die Toleranzklasse 1 nach DIN EN 1090-2 gelten, mit der möglichen Folge, dass der Kranbetrieb von Anfang an – besonders in Folge möglicherweise zu geringer Forderungen an die Schienenlage im Grundriss – unter zu hohem Verschleiß leidet, siehe [Har19].

Welche Norm mit kranbahnspezifischen ergänzenden Toleranzen sollte vereinbart werden? Vergleicht man die Grenzwerte in Tab. 6.1, stellt man in den meisten Fällen fest, dass die Toleranzen nach DIN EN 1090-2 größere Grenzwerte vorsehen als die beiden anderen Normen in den vergleichbaren Toleranzklassen. Die Einigung auf DIN EN 1090-2 und eine geringerwertige Toleranzklasse bedeutet daher für den Stahlbauer zunächst weniger Aufwand bei der Montage. Verfolgt man jedoch das Ziel eines ruhigen und verschleißarmen Kranbetriebs, können niedrigere Grenzwerte für die Toleranzen und/oder die Einordnung in eine höherwertige Toleranzklasse geboten sein, wie sie möglicherweise der Kranhersteller fordern wird. Unabhängig davon sollte darauf geachtet werden, bei A-Proilschienen die Gültigkeit der Toleranz *G* in Tab. 6.1 mit Hinweis auf den gewölbten Schienenkopf auszuschließen, siehe Begründung oben.

Nicht kranbahnspezifische ergänzende Toleranzen nach DIN EN 1090-2

Unabhängig von einer Vereinbarung der kranbahnspezifischen ergänzenden Normen gilt für die nicht kranbahnspezifischen, allgemein stahlbaulichen, ergänzenden Toleranzen weiterhin DIN EN 1090-2, es sei denn, es werden dafür andere Werte vereinbart.

6.4.4 Betriebstoleranzen

Wird eine neue Kranbrücke auf eine bestehende Kranbahn gesetzt, können nicht mehr ohne weiteres die oben beschriebenen Herstell- und Montagetoleranzen vorausgesetzt werden. Verschleiß der Schienen, plastische Verformungen und evtl. auch Setzungen der Fundamente können dazu führen, dass die ursprünglich im Neuzustand eingehaltenen Herstell- und Montagetoleranzen nun überschritten werden. Um den Zustand einer Bestandskranbahn bewerten zu können, werden Betriebstoleranzen benötigt. Wenn die Betriebstoleranzen überschritten werden, kann man nicht mehr von einem ausreichend sicheren und verschleißarmen Kranbetrieb ausgehen. Wie groß sind die Betriebstoleranzen?

Im Bereich der grundlegenden Toleranzen müssen die Betriebstoleranzen wohl dauerhaft den Herstell- und Montagetoleranzen entsprechen, denn deren Überschreitung würde eine unzulässige Reduzierung der Standsicherheit bedeuten.

Für funktionsorientierte ergänzende Toleranzen ist dagegen eine Vergrößerung der Grenzwerte sinnvoll. DIN EN 1090-2 enthält dazu keinerlei Angaben, da diese Norm ausschließlich den Neubau betrifft, nicht die Bewertung von Bestandsbauwerken.

VDI 3576 fordert in Abs. 7, dass der Kranhersteller die Betriebstoleranzen in der zur Lieferung gehörenden Dokumentation angeben soll. Wird nichts spezielles vereinbart, gelten die Betriebstoleranzen nach ISO 12 488-1. Besondere Randbedingungen – z.B. hohe Positionierungsgenauigkeit oder schlechte Bodenverhältnisse mit zu erwartenden Setzungen – erfordern aber spezielle Vereinbarungen der am Bau Beteiligten mit dem Kranhersteller.

Es wird empfohlen, die Werte für Betriebstoleranzen der ISO 12 488-1, Tab. 7 zu entnehmen, die in einigen Fällen den verdoppelten Herstell- und Montagetoleranzen entsprechen.

6.5 Vermessung der Kranbahn

Um die Einhaltung der Toleranzen (Abschnitt 6.4) einer Kranbahn zu überprüfen, kann die Kranbahn nach ihrer Montage vermessen werden. Bei der Suche nach Schadensursachen kann es ebenfalls sinnvoll sein, zunächst eine Vermessung vorzunehmen.

Die Kranbahnen in Abb. 6.5 beispielsweise lassen augenscheinlich wegen ihrer gekrümmten Lage in Grundriss bzw. Ansicht keinen ordentlichen Kranbetrieb erwarten.

Neue Technologien ermöglichen mit einer automatisierten Kranbahnvermessung (Beispiel siehe Abb. 6.6) einen schnellen Überblick darüber, ob die Maßabweichungen des Schienenstranges innerhalb der zulässigen Grenzen bleiben. Über die aktuelle Messtechnik zur Vermessung von Kranbahnträgern wird in [Sud19] berichtet.

Abb. 6.5: Zu stark gekrümmte Schienenstränge: rechts Krümmung im Grundriss (Foto: © Andreas Hardt, ABUS Kransysteme GmbH), links Krümmung in der Ansicht.

Abb. 6.6: Automatische Vermessung einer Kranbahn (Foto: Marx Ingenieurgesellschaft mbH, Oberhausen)

7 Prüfungen und Inspektionen von Krananlagen

7.1 Arten von Prüfungen, Prüfpersonal, Dokumentation

Krananlagen werden geprüft, um Beschäftigte und andere Personen vor Gefährdungen durch die Krananlage zu schützen und die Sicherheit über ihre gesamte Nutzungsdauer zu gewährleisten.

Die Notwendigkeit von Prüfungen der Krane ergibt sich aus folgenden dem maschinenbaulichen Bereich zuzuordnenden Vorgaben und Regelwerken:

- Staatliche gesetzliche Vorgaben (nationales Recht und die sich daraus nachgeordnet ergebenden Regeln):
  - EG Maschinenrichtlinie (Richtlinie 2006/42/EG) und die Maschinenverordnung (9. ProdSV), mit der die europäische Richtlinie in Deutsches Recht umgesetzt wird.
  - Betriebssicherheitsverordnung (BetrSichV) 2015
- Die Regeln der Unfallverhütung der Berufsgenossenschaften bilden ein autonomes Rechtsgebiet für die von ihnen versicherten Unternehmen:
  - DGUV Vorschrift 52 (bisher: BGV D6) „Krane" [DGU01]
  - DGUV Grundsatz 309-001 (bisher BGG/GUV-G 905) „Prüfung von Kranen" siehe [DGU12a]
- Europäische und nationale Normen und Regeln wie z.B. VDI Richtlinie 2485 „Instandhaltung von Krananlagen" [VDI14]

Zwischen der BetrSichV 2015 und der DGUV V 52 gibt es inhaltliche Überschneidungen. Da die BetrSichVO 2015 den Status eines nationalen Gesetzes hat, stellt sie die höherrangige Regel dar. Die DGUV V 52 ist jedoch nach wie vor nicht zurückgezogen und damit weiterhin für Unternehmer und Versicherte im Zuständigkeitsbereich des entsprechenden Unfallversicherungsträgers rechtskräftig. Denn die DGUV V 52 enthält auch Regelungen zu Themen, die von der BetrSichV nicht betroffen sind, z.B. über Sicherheitsabstände.

Maschinenbauliche Kranprüfungen werden in dem zuletzt 2011 aufgelegten und daher nicht mehr ganz aktuellen Standardwerk [KH11], das Ende des Jahres 2020 eine Neuauflage erfahren soll, beschrieben. Den Stand im Februar 2017 enthält [KK17].

Aktuelle Informationen zum Thema enthält auch die vom HDT Essen verantwortete Website ‹www.krananlagen-info.de›.

Inspektionen der dem Bauwesen zugeordneten Kranbahnen werden in DIN EN 1993-6 geregelt. Allerdings betreffen die oben genannten maschinenbaulichen Regelwerke auch die Kranbahnen als Teil der Krananlage.

Folgende Arten von Prüfungen werden unterschieden:

a) Einmalige Prüfungen der Krananlage

§ 14 der Betriebssicherheitsverordnung fordert generell, dass der Arbeitgeber Arbeitsmittel vor deren erstmaliger Nutzung prüfen lässt. In der praktischen Anwendung hinsichtlich der Brücken- und Portalkrane bedeutet das Folgendes:

- Vorprüfung im Sinne §14(1) BetrSichV 2015, siehe auch DGUV G 309-001, Abs. 2.3.2.2 und DGUV V 52 § 25. Verantwortlich ist der Hersteller des Krans.
- Bauprüfung im Sinne §14(1) BetrSichV 2015, siehe auch DGUV G 309-001, Abs. 2.3.2.3 und DGUV V 52 § 25.Verantwortlich ist der Hersteller des Krans.
- Abnahmeprüfung vor der ersten Inbetriebnahme nach §14(1) BetrSichV 2015, DGUV G 309-001, Abs. 3.4.2 und DGUV V 52 § 25. Verantwortlich ist der Betreiber des Krans.
- Prüfung nach wesentlichen Änderungen nach §14(3) BetrSichV 2015, siehe auch DGUV G 309-001, Abs. 3.4.3 und DGUV V 52 § 25. Verantwortlich ist der Betreiber des Krans.

Die ersten drei der genannten Prüfungen werden auch unter der Bezeichnung "Prüfung vor der ersten Inbetriebnahme" zusammengefasst.

Bauteile der Krananlage, für die eine Konformitätserklärung nach EG Maschinenrichtlinie 2006/42/EG vorliegt, brauchen nicht geprüft zu werden, siehe Abs. 7.2.4 Alle genannten Prüfungen sind durch einen Kransachverständigen vorzunehmen. Bei Mängeln sind ggf. Nachprüfungen erforderlich.

b) Wiederkehrende Prüfungen der Krananlage

Während des Betriebs ist die Krananlage nach §14(2) BetrSichV 2015 (siehe auch DGUV G 309-001, Abs. 3.4.4 und DGUV V 52 § 26) mindestens einmal jährlich durch einen Sachkundigen oder einen Sachverständigen zu überprüfen.

Kransachverständige und Sachkundige

- Bei den Kransachverständigen sind folgende Qualifikationen zu unterscheiden:
  - Prüfsachverständiger nach BetrSichVO, Anhang 3, Abschnitt 2, siehe auch TRBS 1203, Abschnitt 4.1, [ABS19]
  - Ermächtigter Sachverständiger nach DGUV V 52, § 28 und DGUV G 309-001, 3.2.1

  Die Anforderungen an den Prüfsachverständigen nach BetrSichVO sind erstmalig vom Land Schleswig-Holstein in [SHM20] konkretisiert worden. In [DGU15] wird darauf hingewiesen, dass beide Qualifikationen nicht gleichwertig seien, da die Anforderungen an den ermächtigten Sachverständigen nach DGUV V 52 umfangreicher sind. Der ermächtigte Sachverständige nach DGUV V 52 erfüllt gleichzeitig alle Anforderungen an den Prüfsachverständigen nach BetrSichV; umgekehrt gelte das aber nicht.
  Im Folgenden wird der Einfachheit halber unter Kransachverständigen der ermächtigte Sachverständige nach DGUV V 52 verstanden.
  Die Ernennung zum Sachverständigen setzt regelmäßig eine abgeschlossene Ingenieurausbildung, eine mehrjährige Erfahrung im Kranbereich und ausreichende Kenntnisse der Unfallverhütungsvorschriften, Richtlinien und sonstigen Regeln der Technik voraus.

Stammblatt für Kran 766302 - Umbau Nr. 786333

Hersteller: Aufzug- u. Kranbau	Art des Kranes: 1) Brückenkran	Bedienungsart: 2) Flurbedient
Baujahr: 1986/86 Typ: ZLK 6.4 - 29.00	Tragkraft: Gesamttraglast 6.400 t	Antrieb: 3) Drehstrom 380/42 Volt
Fabrik-Nr.: 766302 - 786333	Hubhöhe: max. 7.0 m Ausladung: – m	Standort:
Krangruppe: (Triebgruppe) H2-B3 - 3M	Spannweite: 4) Kran 29000 mm Katze: 1000 mm	Inbetriebnahme am: Dez. 86
Gewicht des Kranes: 16.500 t	Laufraddurchm.: Kran 400 mm Katze: 160 mm	Bemerkungen:
davon Gewicht der Katze: je 0.650 t	Anzahl der Räder: Kran 4 Katze: je 4	TÜV-Abn. 17.7.87

Kranbrücke mit 2 Laufkatzen 1a	Geschw. m/min.	Motoren Typ	kW	U/min.	% ED	Art der Steuerung	Art der Bremse	Besondere Einrichtungen	Tragmittel 5)
3,2 t Hubwerk	8.0	2/12 A5/5	5.0	2950	60	Schützstg.	Schiebeanker	2 Laufkatzen	Stahlseil
t Hubwerk Feinh.	1.3	"	0.83	470	20	"	"	mit je 3.2 to	siehe Attest
								Traglast auf	
3,2 t Katzfahrwerk	20.0	GO 242816	0.30	2850	80	"	"	der Kranbrücke	
t Katzfahrwerk Feinf.	5.0	"	0.08	700	20	"	"	mit Überlast-	
Kranfahrwerk	40.0	KBF 100 LA	1.2	2960	40	"	"	sicherungen	
~~Drehwerk~~ " Feinf.	10.0	8/2	0.26	740	40	"	"		
Einziehwerk									

Lastaufnahmemittel: Unterflasche - Einfachhaken

1) z. B. Brückenkran, Auslegerkran
2) z. B. Führerhaus (fest oder beweglich), Flurbedienung (fest oder beweglich)
3) z. B. elektr. (Stromart, Spannung), Dieselmotor, Handbetrieb
4) gemessen von Mitte Schiene bis Mitte Schiene.
5) Bei Seilen: Machart, Schlagart, Seildurchmesser, Festigkeit des Einzeldrahtes bzw. DIN-Blatt-Angabe
Bei Ketten auch Güteklasse und DIN-Bezeichnung.

(Ort), den 30.12. 1986

Stempel und Unterschrift des Kranherstellers

Prüfungsbescheinigungen umseitig!

Abb. 7.1: Kranstammblatt aus dem Jahr 1986

- Sachkundiger (BetrSichVO, § 2 Absatz 6; DGUV Grundsatz 309-001, 3.2.2): Als Sachkundiger für die Durchführung der wiederkehrenden Prüfung gilt, wer aufgrund seiner fachlichen Ausbildung und Erfahrung ausreichende Kenntnisse auf dem Gebiet der Krane hat und mit den einschlägigen Unfallverhütungsvorschriften, Richtlinien und sonstigen Regeln der Technik so weit vertraut ist, dass er den arbeitstechnischen Zustand von Kranen beurteilen kann. Betriebsingenieure, Maschinenmeister, Kranmeister oder besonders ausgebildetes Personal können zum Sachkundigen ernannt werden, wenn sie folgende Voraussetzungen erfüllen:
  - Sie können den sicherheitstechnischen Zustand eines Kranes beurteilen.
  - Sie kennen die Unfallverhütungsvorschriften in ausreichendem Maße.
  - Sie haben ausreichende Kenntnisse der Arbeitsschutzverordnung und Arbeitsstättenrichtlinien.
  - Sie können unabhängig handeln und sind in der Ausübung ihrer Sachkunde nicht weisungsgebunden

Das Prüfbuch für den Kran (DGUV V 52, §27 und DGUV G 309-006)

Im Prüfbuch sind wesentliche technische Daten des Kranes erfasst, u.a. sind hier die Einstufungen der Beanspruchungen eingetragen. Ergebnisse der Kranprüfungen werden in das Prüfbuch eingetragen.

Prüfbücher müssen auf Verlangen der Berufsgenossenschaft und der Gewerbeaufsicht vorgezeigt werden. Ein Prüfbuch sollte Folgendes enthalten:

- Stammblatt (Abb. 7.1 zeigt ein Kranstammblatt)
- Zusatzstammblatt (z. B. Laufkatze, Brückenkran, Portalkran)
- Zusatzstammblatt Kranbahn (beinhaltet u.a. die Radlasten aus Kranbetrieb (Lastenzüge) und die Einstufung der Kranbahn)
- Beiblatt für Tragmittel (Seile, Ketten, Lasthaken)
- Beiblatt für Tragfähigkeitsangaben und Ballastierung
- Beiblatt für Standsicherheitsnachweis von Auslegerkranen
- Prüfbescheinigung Seile/Ketten
- Prüfbescheinigung Lasthaken
- EG-Konformitäts- gegebenenfalls Herstellererklärung nach EG-Richtlinie 98/37/EG, ab dem 29.12.2009 Einbauerklärung nach EG-Richtlinie 2006/42/EG
- Nachweis der Prüfung vor der ersten Inbetriebnahme
- Nachweis der Typprüfung/Bauartprüfung
- Nachweis der Prüfung nach wesentlichen Änderungen
- Nachweis weiterer Prüfungen

7.2 Einmalige Prüfungen der Krananlage

7.2.1 Kranbahn: Prüfungen der statischen Berechnung und Bauabnahme (Bauwesen)

Die Oberkante der Kranbahnschiene ist grundsätzlich die Nahtstelle zwischen Bauwesen und Maschinenbau. Ob eine Kranbahn in den Zuständigkeitsbereich der jeweiligen Landesbauordnung (LBO) fällt, ist oben in Abs. 1.6 beschrieben. Unabhängig davon ist regelmäßig der Prüfingenieur für Baustatik für die Prüfung des Standsicherheitsnachweises der Kranbahn und deren Bauabnahme zuständig, wenn die Kranbahn Teil eines Gebäudes ist oder Lasten aus der Kranbahn in das Gebäude oder – wie bei Portalkranen – in bodennahe Fundamente geleitet werden.

Der Kransachverständige wird regelmäßig die Vorlage einer geprüften Kranbahn-Statik einfordern, aus der die zugrunde gelegten Lastannahmen hervorgehen. Zumindest darf er eine sog. „Leistungserklärung" des Kranbahnerrichters im Sinne der EU Richtlinie 305/2011 fordern. Diese Leistungserklärung muss die zugrunde gelegten Lastannahmen enthalten, die die Grundlage für den Standsicherheitsnachweis der Kranbahn bildeten. Gleich in welcher Form: Der Kransachverständige muss Gewissheit erlangen, dass die horizontalen und vertikalen Radlasten (Lastenzüge) des von ihm abgenommenen Kranes sicher von der Kranbahn aufgenommen werden können. Da die Prüfung der Kranbahn durch den Prüfingenieur für Baustatik manchmal schon zu einem frühen Zeitpunkt stattfindet, an dem die finale Entscheidung über den Kran noch nicht gefällt wurde und damit die Lasten aus Kranbetrieb noch gar nicht festliegen, ist dies tatsächlich unverzichtbar.

7.2.2 Vorprüfung der Krananlage (Maschinenbau)

Bei der Vorprüfung stellt der Sachverständige fest, ob der Kran so konstruiert und berechnet ist, dass eine bestimmungsgemäße Verwendung für die geplante Nutzungsdauer ohne Gefährdung von Personen erfolgen kann (DGUV Grundsatz 309-001, 2.3.2.2.1). Von anderen Stellen

– z. B. vom Prüfingenieur – bereits geprüfte Unterlagen darf der Sachverständige als richtig voraussetzen. Die Übereinstimmung der in den Berechnungen unterstellten Kranlasten mit den tatsächlichen Lasten aus Kranbetrieb muss er jedoch überprüfen. Geprüfte Unterlagen erhalten einen Prüfvermerk. Sie sind nach Maschinenrichtlinie (Richtlinie 2006/42/EG) 10 Jahre aufzuheben.

Was umfasst die Vorprüfung?

1. Prüfung der Bemessung des Kranes hinsichtlich
   - Einstufung in Hubklasse und Beanspruchungsklasse,
   - Lastannahmen,
   - Berechnungsverfahren,
   - Werkstoffauswahl,
   - Maschinentechnische Berechnungen,
   - Standsicherheitsnachweis (inkl. Berechnung von Montagezuständen),
   - Nachweis des Krans gegen Umkippen und Windabtrieb,
   - Angabe der abzuleitenden Kräfte.
2. Prüfung der Konstruktionsunterlagen auf Einhaltung der grundlegenden Sicherheits- und Gesundheitsschutzanforderungen der Richtlinie 2006/42/EG, angewendeter Normen und technischer Spezifikationen,
3. Prüfung der Ausführungszeichnungen auf Übereinstimmung mit den Berechnungsunterlagen,
4. Prüfung der Steuerungspläne (Elektrik, Hydraulik, Pneumatik).

Wenn von einzelnen Teilen der Krananlage Konformitätserklärungen nach der Maschinenrichtlinie vorliegen, brauchen diese Teile im Rahmen der Vorprüfung nicht mehr betrachtet zu werden.

7.2.3 Die Bauprüfung der Krananlage

Der Kransachverständige prüft, ob die Qualitätskontrolle wirksam ist und ob der Kran entsprechend den in der Vorprüfung untersuchten Unterlagen gefertigt wurde. Die Bauprüfung erfolgt i. d. R. durch den Sachverständigen im Herstellerwerk der Kranbrücke.

Die Bauprüfung sollte umfassen:

1. Prüfung der Übereinstimmung der Fertigung der Konstruktionsteile entsprechend den Regeln der Technik. Hierzu gehört auch die Feststellung, ob Aufzeichnungen und Unterlagen über zerstörungsfreie Prüfungen und erforderliche schweißtechnische Eignungsnachweise vorhanden sind.
2. Prüfung der Werksprüfzeugnisse oder vergleichbarer Bescheinigungen, der Stücklisten für Werkstoffe und der Atteste, z. B. für Seile, Lasthaken, Hakengeschirre.
3. Übereinstimmung der Fertigung mit den Ausführungszeichnungen aus der Vorprüfung,
4. Prüfung, ob alle erforderlichen Zulassungen vorliegen.

7.2.4 Abnahmeprüfung der Krananlage vor der ersten Inbetriebnahme

Die Abnahmeprüfung findet – wenn der Kran erst am Standort des Betreibers betriebsbereit montiert wurde – am Standort des Betreibers statt, der die Prüfung auch veranlassen muss. Eine Prüfung ist auch für handbetriebene oder teilkraftbetriebene Krane mit einer Tragfähigkeit von über 1000 kg erforderlich. Für Krane, die betriebsbereit angeliefert wurden, ist eine Prüfung vor der ersten Inbetriebnahme nicht erforderlich, wenn der Nachweis einer Typprüfung (Baumusterprüfung) oder die EG-Konformitätserklärung nach EG Maschinenrichtlinie 2006/42/EG vorliegt (DGUV V 52, § 25(4)). Teile der Krananlage, für die eine Konformitätserklärung des Kranherstellers vorliegt, brauchen nicht überprüft werden; allerdings müssen die Einbauverhältnisse (z.B. Zugänglichkeit, Aufstiege, Wartungsstege, Kranbahn) geprüft werden.

Was hat der Kransachverständige gemäß DGUV Grundsatz 309-001, 3.4.2.5 bei der Abnahme grundsätzlich zu prüfen?

1. Prüfung auf Vorhandensein und Vollständigkeit der technischen Dokumentation. Dabei prüft er u.a. auch das Vorhandensein der Kranbahnstatik einschließlich Abgleich der Lastannahmen, das Vorliegen der Leistungserklärung nach EU Richtlinie 305/2011 und das Vorhandensein der Betriebs- und Wartungsanleitungen.
2. Prüfung auf Identität des Kranes anhand des Prüfbuches sowie Vollständigkeit von Kennzeichnungen und Beschilderungen
3. Prüfung des Kranes hinsichtlich seiner Ausrüstung (siehe §§ 10, 11, 13, 21 und 24 der DGUV V 52). Dabei sind auch nicht dem Anwendungsbereich der Maschinenrichtlinie unterliegende Bereiche zu berücksichtigen. Das betrifft insbesondere nicht am Kran angebaute Kranaufstiege und Zugänge zu Steuerständen, nicht am Kran angebaute Bühnen und Laufstege, Kranbahnen, Gleisanlagen und Fahrbahnbegrenzungen, Arbeits- und Verkehrsbereiche, Sicherheitsabstände
4. Prüfung der Wartungsmöglichkeiten
5. Prüfung der Tragkonstruktion, z. B. Kranbahn, Kranfundamente[1], Gleisanlagen
6. Prüfung der Eignung des Kranes für den vom Betreiber angegebenen Einsatz
7. Prüfung der Sicherheitseinrichtungen und -maßnahmen hinsichtlich Vollständigkeit, Eignung und Wirksamkeit
8. Funktionsprüfung des gesamten Krans ohne Last
9. Durchführung der statischen und dynamischen Fahr- und Funktionsprüfungen mit Lasten nach DIN 15011, Kap. 6.3.2 und nach Maschinenrichtlinie 2006/42/EG, Anhang I, Abs. 4.1.2.3.

   Bei der Durchführung der Prüfungen kann wie folgt vorgegangen werden: Der Kran wird zunächst mit der dynamischen Prüflast (110 % der Nenntragfähigkeit) nach DIN EN 15011, Abs. 6.3.2.3 bzw. EG-Richtlinie 2006/42/Eg belastet. Mit dieser Last werden alle Bewegungen mit Nennfahrgeschwindigkeit durchgeführt sowie alle Begrenzungseinrichtungen angefahren. Kommt es dabei z.B. zu auffälligen Schwingungen oder anderen sicherheitskritischen Auffälligkeiten, kann die Krananlage nicht abgenommen werden.

   Danach wird die Last auf die statische Prüflast nach DIN EN 15011, Abs. 6.3.2.2 erhöht. Die Größe dieser Prüflast kann 125 % der Nenntragfähigkeit überschreiten, wenn der Schwingbeiwert $\phi_2 = \varphi_2$ (siehe Tab. 8.5) größer als 1,25 ist. Der Lasterhöhungsfak-

[1] Vermutlich sind im DGUV Grundsatz 309-001 mit „Kranfundamente" auch die Unterstützungskonstruktionen gemeint.

Abb. 7.2: Prüfung eines Krans mit Prüfgewichtssatz am Kran hängend (Foto: Reiner Thoß)

tor bezüglich der Nenntragfähigkeit beträgt $max\{1,25;\phi_2\}$. Mit dieser Last werden in Bodennähe die Katze und der Kran über die gesamten möglichen Fahrwege verfahren. Dabei wird jede Bewegung (ausgenommen Heben) einzeln und erst nach Abklingen von eventuell aufgetretenen Schwingungen mit der kleinsten Geschwindigkeit durchgeführt. Mit dieser quasi „statischen" Prüfung sollen auch durch Eigenspannungen entstandene Spannungsspitzen in Kran und Kranbahn durch örtliches Fließen abgebaut werden. Abb. 7.2 zeigt eine am Kran hängende Prüflast.

10. Prüfung der richtigen Einstellung der Hubkraftbegrenzung bzw. Überlastsicherung.

Ggf. sind Wiederholungsprüfungen der mängelbehafteten Bauteile durchzuführen.

7.2.5 Die Prüfung der Krananlage nach wesentlichen Änderungen

In DGUV Grundsatz 309-001, 3.4.3 ist festgelegt: Die Prüfung ist von Art und Umfang der wesentlichen Änderung abhängig und soll in Anlehnung an die Prüfung vor der ersten Inbetriebnahme erfolgen. Im Bedarfsfall ist auch eine Vorprüfung und eine Bauprüfung durchzuführen.

Wesentliche Änderungen sind z. B. Erhöhung der Tragfähigkeit, Auswechseln von Katzen oder Auslegern, Veränderung der Antriebe, Verlegung von Steuerständen, Änderung der Stromart, konstruktive Änderungen tragender Teile, Schweißungen an tragenden Teilen, Umsetzen von Kranen auf andere Kranbahnen bei ortsfesten Krananlagen, Umbau auf eine andere Steuerungsart, Änderung der Betriebsverhältnisse hinsichtlich der Laufzeitklasse und des Lastkollektivs des Kranes.

Nicht als wesentliche Änderung sind dagegen ein Ersatz von Teilen gleicher Art und das planmäßige Umrüsten von Kranen anzusehen.

7.3 Wiederkehrende Prüfungen der Krananlage (Maschinenbau)

Die Krananlage ist mindestens einmal jährlich durch einen Sachkundigen oder Sachverständigen zu überprüfen (DGUV V 52, §26(1) und BetrSichV §16, Anhang 3, Abschnitt 1).

Die Prüfung dient der Feststellung, ob sich der Kran in einem arbeitssicheren Zustand befindet.

Festgestellte Mängel sind entsprechend ihrer sicherheitstechnischen Bedeutung in angemessener Zeit abzustellen. Prüfumfang:

1. Prüfung auf Vorhandensein und Vollständigkeit der technischen Dokumentation:
    - Prüfbuch mit Stammblatt und Beiblättern (Vollständigkeit hinsichtlich der Eintragungen und Bescheinigungen und Übereinstimmung mit der ausgeführten Krananlage)
    - Konformitätserklärung bzw. Vor-, Bau- und Abnahmeprüfung
    - Betriebsanleitung einschließlich der Montage- und gegebenenfalls Demontageanleitung
2. Prüfung auf Identität des Kranes anhand des Prüfbuches sowie Vollständigkeit von Kennzeichnungen und Beschilderungen
3. Prüfung des Kranes hinsichtlich der Einhaltung der grundlegenden Sicherheits- und Gesundheitsschutzanforderungen der Maschinenrichtlinie, der Unfallverhütungsvorschriften und der Regeln der Technik
4. Prüfung des Kranes hinsichtlich seiner Betriebsweise entsprechend den Angaben im Prüfbuch, z. B. Hubklassen, Beanspruchungsgruppen, Umgebungsbedingungen
5. Prüfung des Hubwerkes hinsichtlich des verbrauchten Anteils der theoretischen Nutzungsdauer (siehe DGUV Vorschrift 54 „Winden, Hub- und Zuggeräte“)
6. Prüfung des Zustandes von Bauteilen und Einrichtungen hinsichtlich Beschädigungen, Verschleiß, Korrosion oder sonstiger Veränderungen
7. Prüfung auf Vollständigkeit und Wirksamkeit der Sicherheitseinrichtungen und der Bremsen
8. Funktions- und Bremsproben mit Last, wobei die Last in der Nähe der höchstzulässigen Tragfähigkeit liegen muss
9. Prüfung der richtigen Einstellung der Überlastsicherung bzw. Lastmomentbegrenzung. Bei der Prüfung der Überlastsicherung ist der Abschaltwert zu überprüfen. Er beträgt in der Regel, wenn vom Hersteller nicht anders vorgegeben, das 1,1fache der Nenntragfähigkeit.
10. Sichtprüfung der Kranbahnen und Aufstiege.

7.4 Wiederkehrende Inspektionen von Kranbahnen (Bauwesen)

7.4.1 Normative Grundlagen der Kranbahninspektion

Unter einer Inspektion sind Maßnahmen zur Feststellung und Bewertung des Ist-Zustandes der Konstruktion samt den daraus zu ziehenden Folgerungen zu verstehen. In DIN EN 1993-6 wird zwar die Inspektionshäufigkeit der Kranbahnen vorgeschrieben, es fehlen jedoch fast alle weitergehenden Regelungen:

- Welche Personen dürfen Inspektionen nach DIN EN 1993-6 durchführen?
- Welche Bauteile und Eigenschaften der Kranbahn sind zu prüfen?
- Wie detailliert sind die Untersuchungen vorzunehmen?

Diese offenen Fragen führen in der Praxis oft zu Unsicherheiten und Fehleinschätzungen.

Auch die VDI Richtlinien 6200 „Standsicherheit von Bauwerken – regelmäßige Überprüfungen" [VDI10] und 2485 „Instandhaltung von Krananlagen" [VDI14] enthalten Bestimmungen zur Überprüfung der Kranbahnen.

Eine erste, häufige Frage lautet: Kann auf separate und zusätzliche Inspektionen der Kranbahn nach DIN EN 1993-6 verzichtet werden, wenn die jährlichen wiederkehrenden Prüfungen nach BetrSichV 2015 bzw. nach DGUV V 52 regelgerecht durchgeführt wurden? Diese Frage könnte nur dann bejaht werden, wenn alle für Kranbahnen notwendigen Einzelmaßnahmen von dafür geeigneten Personen im Rahmen der jährlichen Kranprüfung durchgeführt wurden. Die Erfahrung lehrt, dass diese Bedingung meist nicht erfüllt ist. Deswegen wird im Folgenden davon ausgegangen, dass die Kranbahninspektion zusätzlich durchzuführen ist.

Hilfestellung bei der Frage, wie eine Inspektion durchzuführen ist, gibt eine bauforumstahl-Richtlinie [Bfs18a]; siehe auch [See19a]. Verantwortlich für die Durchführung der Inspektion ist der Betreiber der Kranbahn.

7.4.2 Inspektionsintervalle, Zeitpunkt der Inspektion

7.4.2.1 Inspektionsintervalle für die Rissprüfung

Zunächst wird die durchschnittliche Inspektionsintervalldauer der Kranbahn für die Rissprüfung bestimmt. Dazu ist zunächst zu klären, in welcher Nutzungsphase sich die Kranbahn befindet. Sie befindet sich in der Phase der regulären Nutzung, wenn mindestens eine von zwei Bedingungen erfüllt ist:

- Die ursprünglich bei Planung der Kranbahn angenommene Nutzungsdauer ist noch nicht abgelaufen. Wenn keine anderslautenden Vereinbarungen dokumentiert sind und die Kranbahn nicht stärker als geplant durch den Kranbetrieb beansprucht wurde, ist bei Kranbahnen unabhängig vom Jahr der Inbetriebnahme und unabhängig von der Berechnungsnorm von einer 25-jährigen Nutzungsdauer auszugehen.
- Die bisherigen Lastkollektive der Krane sind vollständig bekannt. Daraus wurde im Rahmen einer Schädigungsrechnung (siehe Kap. 15) mit Hilfe der Palmgren-Miner Regel für den ungünstigsten maßgebenden Kerbfall eine Schädigung $D < 1,0$ ermittelt.

Wenn die reguläre Nutzungsdauer abgelaufen ist und die Kranbahn weitergenutzt wird, befindet sie sich in der Phase der sogenannten weiterführenden Nutzung, siehe Abs. 15.1.

Grundsätzlich kann das Inspektionsintervall wie folgt bestimmt werden:

- **Kranbahnen nach DIN EN 1993-6 in der Phase der regulären Nutzung:**
  DIN EN 1993-1-10 (Stahlsortenauswahl) gibt in Kap. 2.3.1(2) die von den Teilsicherheitsfaktoren γ_M abhängige Anzahl i der Inspektionen während der Nutzungsdauer der Kranbahn an, siehe dazu Abs. 15.1.5. Es ist anhand des Standsicherheitsnachweises der Kranbahn zu prüfen, mit welchem Teilsicherheitsbeiwert γ_M der Ermüdungssicherheitsnachweis ausgeführt wurde. Daraus ergibt sich die durchschnittliche Länge eines Inspektionsintervalls.
- **Kranbahnen nach DIN 4132 in der Phase der regulären Nutzung:**
  In DIN 4132, Kap. 1 werden vom Betreiber der Kranbahn in geeigneten Zeitabständen Überprüfungen auf Anrisse verlangt. Weitere Angaben sind nicht vorhanden. Es wird deshalb empfohlen, die Regelungen nach DIN EN 1993-6 mit dem Regelwert des Teilsicherheitsbeiwerts von $\gamma_M = 1,15$ zu übernehmen. Daraus errechnen sich drei Inspektionsintervalle über die Nutzungsdauer. Bei 25 Jahren Nutzungsdauer ergeben sich so 8-jährige Inspektionsintervalle.
- **Kranbahnen in der Phase der weiterführenden Nutzung (also nach dem Ende der regulären Nutzungsdauer), unabhängig von der dem Entwurf zugrunde liegenden Norm:**
  Es ist nicht vorgeschrieben, Kranbahnen nach Ablauf der regulären Nutzungsdauer stillzulegen. Die Weiternutzung von schadensfreien Kranbahnen ist üblich und manchmal wirtschaftlich geboten, wenn auch in keiner Norm ausdrücklich erlaubt. Die statistisch erwartbare Schadenshäufigkeit wächst jedoch ermüdungsbedingt mit zunehmendem Alter. Die Inspektionsintervalle werden den sich verkürzenden sicheren Betriebsintervallen angepasst. Was bei der Festlegung der Inspektionsintervalle für Kranbahnen in der Phase der weiterführenden Nutzung zu beachten ist, kann Abs. 19.5.7 entnommen werden.

7.4.2.2 Verteilung der Inspektionen über die Nutzungsdauer

Es ist nicht in jedem Fall zwingend, die Inspektionen gleichmäßig über die Nutzungsdauer zu verteilen. Ingenieurmäßige Gründe könnten für eine Veränderung der Intervalldauer sprechen, z.B. in folgenden Fällen:

- Bei schadensfreien Kranbahnen, die regelgerecht bemessen, ausgeführt und eingesetzt wurden, ist das Schadensrisiko in den ersten Nutzungsjahren geringer als in späteren Nutzungsphasen. Das spricht dafür, die Inspektionsintervalle zum Ende der Nutzungszeit hin kürzer zu wählen.
- Bei Krananlagen, bei denen sich längere Stillstandsphasen mit Zeiten intensiver Nutzung abwechseln, sollte der Inspektionszeitpunkt nutzungsorientiert gewählt werden.
- Bei Kranbahnen, bei denen sich frühzeitig Ermüdungsschäden zeigen, kann eine größere Inspektionsdichte als nach DIN EN 1993-6 empfohlen angesagt sein.

In Abhängigkeit vom letzten Inspektionszeitpunkt lässt sich nun mit der gerade bestimmten Intervalldauer festlegen, wann die nächste Inspektion durchzuführen ist.

7.4.2.3 Inspektionsintervalle für andere als Rissprüfungen

Zwar fordert [3-6NA/2.1.3.2(1)] zunächst konkret nur die Überprüfung der Kranbahn auf Risse, jedoch wird auch darauf hingewiesen, dass die Wartung der Kranbahnen und die Einhaltung anderer Regelwerke (damit können z. B. VDI 6200 oder Unfallverhütungsvorschriften gemeint sein) ebenfalls notwendig sind. Weitere notwendige Prüfungen können sich aus anderen Regelwerken – z.B. VDI 6200 – oder aber aus Erfahrungswerten (z. B. wie lange halten dynamisch beanspruchte Schraubenverbindungen ihre Vorspannung?) ergeben. Nach VDI 6200 ergibt sich folgende Überlegung: Kranbahnen, die in die Schadensfolgeklasse CC2 einzuordnen sind, sollen alle 4–5 Jahre einer Inspektion durch eine fachkundige Person unterzogen werden. In Anhang D der VDI 6200 sind die zu prüfenden Punkte aufgelistet. Neben der Inspektion der Schweißnähte, die ja schon durch die Regeln aus DIN EN 1993-6 abgedeckt sind, sind vor allem folgende Punkte zu prüfen:

- Schrauben (fehlende Schrauben, lockere Schrauben, ggf. Verlust der Vorspannung)
- Zustand der Schienen und ihrer Befestigungen
- Plastische Verformungen der Konstruktion

Diese Punkte sollen in den Inspektionsprüfumfang mit aufgenommen werden. Dies empfiehlt auch [Bfs18a], allerdings ohne auf VDI 6200 hinzuweisen. Sicherlich ist es sinnvoll, diese Prüfpunkte gleichzeitig mit zu erledigen, wenn die planmäßige Untersuchung auf Risse nach DIN EN 1993-6 stattfindet. Davon soll im Folgenden ausgegangen werden. Allerdings können sich die oben in Abschnitt 7.4.2.1 ermittelten Inspektionsintervalle so lang ergeben, dass zwischendurch zusätzliche Inspektionen nach VDI 6200 angesetzt werden sollten, bei denen zwar nicht die Risse, wohl aber die anderen Punkte nach VDI 6200 geprüft werden.

7.4.3 Anforderungen an das Inspektionspersonal

Bisher wurden keine formalen gesetzlichen Anforderungen an das inspizierende Personal festgelegt. Es kann deshalb zunächst nur gefordert werden, dass die Inspektion von einer dazu befähigten Person verantwortet werden sollte, die über die notwendigen Kenntnisse, Fähigkeiten und Erfahrungen verfügt, um die im Weiteren vorgeschlagenen Inspektionen sachgerecht durchzuführen und deren Ergebnisse beurteilen zu können.

Kransachverständige erfüllen sicherlich im Regelfall diese Forderungen und könnten mit einer entsprechenden Inspektion beauftragt werden. Sachkundige (Befähigte Personen) nach DGUV G 309-001, Abs. 3.2.2, die die jährliche wiederkehrende Kranprüfung durchführen dürfen, erfüllen diese Forderungen dagegen nicht automatisch.

Inspektionen nach VDI 6200 [VDI10], Kap. 11 dürfen fachkundige Personen ausführen. Fachkundige Personen sind z. B. Bauingenieure, die mindestens fünf Jahre Tätigkeit mit der Aufstellung von Standsicherheitsnachweisen, mit technischer Bauleitung und mit vergleichbaren Tätigkeiten, davon mindestens drei Jahre mit der Aufstellung von Standsicherheitsnachweisen, nachweisen können. Sie sollen vor allem Erfahrung mit vergleichbaren Konstruktionen nachweisen können. Als fachkundig gelten auch Bauingenieure, die eine mindestens dreijährige Erfahrung mit der Überprüfung vergleichbarer Konstruktionen belegen können.

Nach VDI Richtlinie 6200 werden für eingehende Überprüfungen an Stahlbauwerken und Kranbahnträgern Ingenieure mit mindestens 10 Jahren Praxis, davon mindestens 5 Jahre Aufstellung von Standsicherheitsnachweisen und mindestens 1 Jahr Bauleitung gefordert. Beispielhaft werden Prüfingenieure für Metallbau genannt. Dieser Personenkreis könnte sicherlich ebenfalls mit der Inspektion nach DIN EN 1993-6 beauftragt werden.

7.4.4 Vorbereitung der Kranbahninspektion

Inspektionsanweisung erstellen

Der Nutzer soll – unterstützt von entsprechenden Fachleuten – eine Inspektionsanweisung erstellen, die folgende Inhalte haben kann:

- Beschreibung der zu prüfenden Kranbahn und Identifikation der Bereiche, die durch die Arbeitsabläufe des Krans besonders beansprucht werden
- Normative Grundlagen der Inspektion und der eingesetzten Prüfverfahren
- Maßnahmen zur Vorbereitung der Inspektion, u.a. Säuberung der Kranbahn
- Prüfumfang
  - z.B.: Rissprüfung, Schraubenprüfung, Schienenprüfung
  - zu untersuchende kritische Stellen am Kranbahnträger
  - Umfang der Stichproben
  - Untersuchungsmethoden (z.B.: Sichtprüfung, zerstörungsfreie Prüfverfahren usw.)
- Hinweis auf besondere Prüfpunkte (z.B. Stellen, an denen in der Vergangenheit bereits Schäden auftraten)
- Notwendige Qualifikationen des Prüfpersonals

Unterlagen bereitstellen

Um eine Inspektion der Kranbahn zu ermöglichen, sollte der Nutzer folgende Unterlagen und Informationen zur Verfügung stellen:

- Werkstattzeichnungen der Kranbahn
- Geprüfte Berechnungsunterlagen der Kranbahn, ggf. Prüfbericht des Prüfingenieurs:
- Prüfbuch für den Kran mit Zusatzstammblatt Kranbahn nach DGUV Grundsatz 309-006, Seite 10; mindestens aber horizontale und vertikale Radlasten aus Kranbetrieb
- Geprüfte Ausführungsunterlagen von Umbaumaßnahmen
- Prüfprotokolle zurückliegender Inspektionen
- Protokolle von Reparaturmaßnahmen
- Unterlagen, aus denen das Alter der Kranbahn hervorgeht, um zu entscheiden, ob sich die Kranbahn noch in der regulären Nutzungsdauer (i.d.R. 25 Jahre) befindet.

Verschmutzungen entfernen

Vor der Inspektion sollte der Nutzer grobe Verschmutzungen oder abblätternde Farbschichten entfernen lassen, um eine Risserkennung zu ermöglichen.

Die Kranbahn in Abb. 7.3 rechts beispielsweise wurde vor der Inspektion nicht von der abblätternden Farbe gereinigt. Bei der Inspektion wurden keine Risse festgestellt. Nach einer Reklamation wurde die Kranbahn gesäubert, danach ein zweites Mal qualifiziert inspiziert. Es zeigte

Abb. 7.3: Verschmutzungen und abblätternde Farbschichten sind vor der Inspektion zu entfernen

sich, dass sich unter den abblätternden Farbschichten tatsächlich Risse befanden, die bei der ersten Inspektion unentdeckt geblieben waren. Abgelagerte Staubschichten (Abb. 7.3 links) verhindern eine ordnungsgemäße Inspektion.

Zugänglichkeit gewährleisten

Kranbahninspektionen werden handnah durchgeführt. Der Nutzer hat Gerät bereitzustellen, mit dem der Inspizierende ausreichend dicht von oben und von unten und an allen Stellen an die Kranbahnträger herankommen kann, so dass eine handnahe Inspektion überall und von allen Seiten entlang der Kranbahn möglich ist. Eine mobile Hubarbeitsbühne kann in Frage kommen, aber auch verfahrbare Gerüste oder andere Einrichtungen. Leitern sind auf keinen Fall ausreichend. Je nach Halleneinrichtung und -nutzung kann die Sicherstellung der Erreichbarkeit der Kranbahnträger ein großes Problem darstellen, das aber gelöst werden muss, wenn die Inspektion vollständige Ergebnisse liefern soll.

7.4.5 Prüfung auf Verformungen

Die Kranbahn und ihre Unterstützungskonstruktionen sind auf auffällige Verformungen zu untersuchen, siehe z. B. Abb. 7.4 (Verbiegung der gesamten Kranbahn) oder weiter oben Abb. 6.2 (Beulen im Steg).

Sollten plastische Verformungen festgestellt werden und Verschleißerscheinungen an den Schienenflanken, den Spurkränzen der Kranräder oder den Seitenführungsrollen auf Probleme mit dem Spurspiel hindeuten, so kann die Vermessung der Kranbahn durch ein dafür befähigtes Vermessungsbüro angeraten sein, siehe oben Abs. 6.5.

7.4.6 Prüfung auf Risse nach DIN EN 1993-6

Abb. 7.5 zeigt einige Details von Kranbahnträgern, an denen Risse entstehen können. Grundsätzlich sind alle Schweißnähte potentielle Ausgangspunkte von Rissen. Das kann auch für solche Schweißnähte gelten, die keine tragenden Bauteile miteinander verbinden, wie z.B. Schweißnähte an Schleifleitungshaltern (Abb. 7.5 links–Mitte), die für die Normalspannungen in den

Abb. 7.4: Der Druck des Schüttguts auf die Kranstütze (siehe roter Pfeil) führt zu der im Bild links deutlich erkennbaren Kranbahnverformung (Foto: R. Thoß)

Gurtungen eine scharfe Kerbe darstellt. Kritisch sind die Schweißnähte in Flansch/Steg - Verbindungen (Halsnähte), Nähte an Quersteifen und Stirnplatten, Schienenstöße, Schienenschweißnähte, aufgeschweißte Schienenklemmplatten, Anschlüsse von Horizontalträgern usw.

Auch Konsolen sind in die Überprüfung einzubeziehen, um Risse wie den in Abb. 7.5 rechts–Mitte dargestellten entdecken zu können. Das Gleiche gilt für die Verbindungen zur Übertragung horizontaler Krankräfte [3-6/4(6)] und evtl. vorhandene Horizontalträger. In [Bfs18a] sind weitere kritische Stellen angegeben. Besonders die Inspektion der oberen Halsnähte der Kranbahnträger ist aufwändig, weil sie bei einer Betrachtung von der Kranbrücke aus nicht einsehbar sind.

Folgende Vorgehensweise zur Risserkennung kann geeignet sein:

1. Sichtprüfung auf Risse: 100 % der kritischen Stellen einer Kranbahn werden handnah durch Inaugenscheinnahme geprüft. Sollte das wegen Verschmutzungen o.Ä. nicht möglich sein, ist der Nutzer darauf hinzuweisen. Bei sehr langen Kranbahnen kann evtl. eine Beschränkung auf die nach Angaben des Nutzers maximal genutzten Bereiche der Kranbahn in Frage kommen. Wenn keine Risse festgestellt werden konnten, ist die Rissprüfung abgeschlossen. Falls bei der Sichtprüfung Risse festgestellt wurden: gehe zu Schritt 2.
2. Vertiefte Prüfung: Mit geeignetem Verfahren (z.B. Farbeindringverfahren) wird zunächst an einer kleinen Stichprobe gleichartiger Stellen geprüft, ob es sich bei dem Riss um eine Ausnahme handelt oder ob er auf eine systematische Schwachstelle der Konstruktion hinweist. Dabei muss nötigenfalls auch der Korrosionsschutz der Konstruktion teilweise entfernt werden. Falls keine weiteren Risse gefunden werden, gehe zu Schritt 3. Falls weitere Risse gefunden wurden, vergrößere schrittweise die Stichprobe für die Risssuche bis ggf. zu einer 100 % Untersuchung.
3. Ermittlung der Schadensursache und Reparatur.

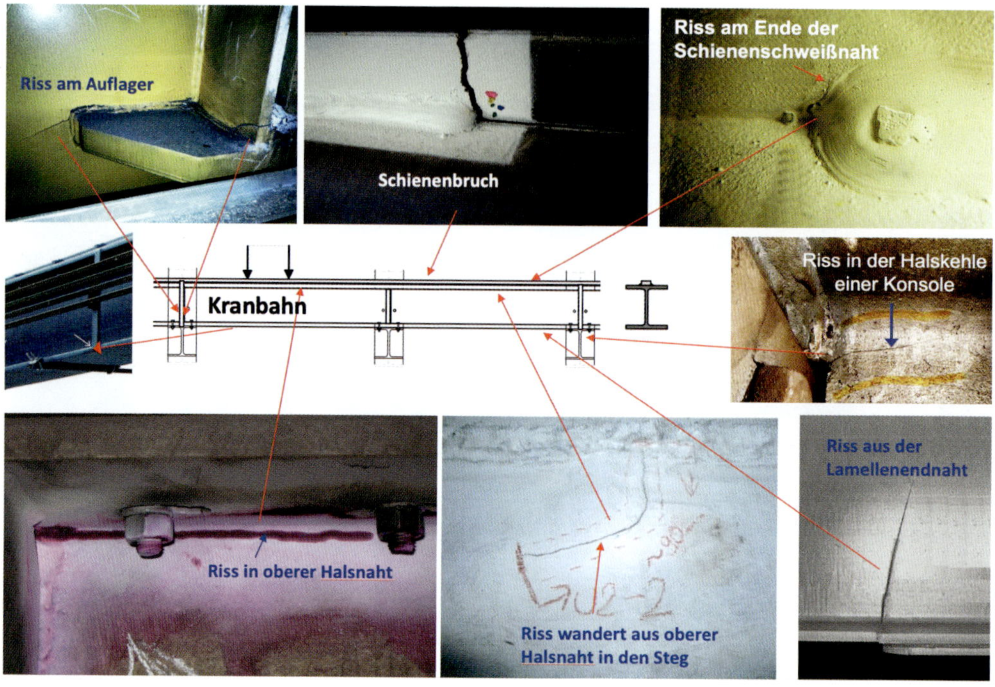

Abb. 7.5: Einige kritische Details, an denen mit der Entstehung von Rissen zu rechnen ist.

7.4.7 Zustand der Schrauben und Schienenklemmen nach VDI 6200

Erfahrungsgemäß betreffen die zahlenmäßig meisten Mängel den Zustand der Schrauben, siehe Abb. 7.6. An sämtlichen Schrauben und Schienenklemmen sollte deshalb überprüft werden:

- Zustand der Schienenklemmen (Funktion; Korrosion)
- Sind alle vorgesehenen Schrauben vorhanden?
- Ist der Sitz der Muttern fest?
- Schrauben der Kategorie B, C oder E: Ist ausreichende Vorspannung vorhanden?
- Zustand der Verbindungen zur Übertragung von horizontalen Krankräften [3-6/4(6)].

Schrauben, die einmal bis zur vollen Vorspannkraft angezogen wurden und danach die Vorspannung verloren haben, dürfen nach DIN EN 1090-2 nicht einfach nachgespannt werden, sondern sind gegen eine neue Schraubengarnitur auszutauschen. Denn Schrauben werden bei der Aufbringung der vollen Vorspannung bis in den plastischen Bereich hinein beansprucht.

7.4.8 Zustand der Schienen samt -unterlagen nach VDI 6200

Bei Schienen ist zunächst die Ablegereife zu prüfen: Schienen sind ablegereif, wenn 25 % ihres Kopfes durch Verschleiß fehlen. Die in Abb. 3.17 (siehe oben Abs. 3.6) gezeigten Schienen sind extrem abgefahren und hätten viel früher ausgewechselt werden müssen. Darüber hinaus sind die Schienen auch auf folgende in Abs. 3.6 beschriebene Phänomene zu untersuchen:

Abb. 7.6: Einige Mängel an Schrauben und Schienenklemmen

- Unzulässig starke plastische Verformungen des Materials im Bereich der Schienenlauffläche, siehe Abb. 7.7
- Lage der Laufspur auf dem Schienenkopf (siehe unten Abb 8.3), die Rückschlüsse auf die Querneigung des Schienenkopfs und die Exzentrizität des Lastangriffs zulässt siehe dazu Anmerkungen zur Toleranz *G* in Abs. 6.4.3 und [STS19]
- Unzulässig starker Verschleiß der Schienenflanken
- Sind die Schienenunterlagen noch durchgängig vorhanden? Sind sie seitlich herausgedrückt (siehe oben Abb. 3.6 b)?
- Ist die Längsbeweglichkeit von geklemmten Profilschienen sichergestellt? Die Schiene muss – außer am Festpunkt – überall längsbeweglich sein.

Übermäßiger Verschleiß an den Radsätzen (Laufflächen, Spurkränze) oder den Seitenführungsrollen deutet ebenfalls auf Schäden an der Schiene hin (siehe Abb. 7.8).

7.4.9 Inspektionsbericht

Der Inspektionsbericht soll mindestens folgende Informationen enthalten:

- Auftragsbeschreibung (Inspektionsanweisung)
- Detaillierte Beschreibung des Prüfumfangs:
  - Welche Bauteile und Details wurden geprüft?
  - Stichprobengröße bei jeder Prüfung?
  - Angewandte Prüfverfahren?
  - Angabe von Bauteilen, die nicht geprüft werden konnten

Abb. 7.7: Massive Abhobelung (links); ursprünglich 60 mm breite Schiene, die auf 65 mm breitgefahren wurde (rechts)

Abb. 7.8: Links; mitte: Räder mit völlig abgefahrenen Spurkränzen; rechts: verschlissene Seitenführungsrolle (Fotos: © Andreas Hardt, ABUS Kransysteme GmbH)

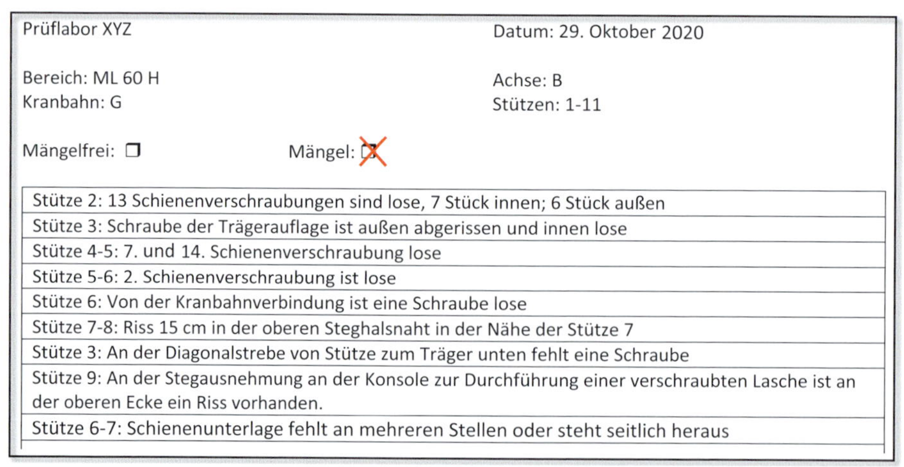

Prüflabor XYZ — Datum: 29. Oktober 2020

Bereich: ML 60 H — Achse: B
Kranbahn: G — Stützen: 1-11

Mängelfrei: ❒ Mängel: ☒

Mängel
Stütze 2: 13 Schienenverschraubungen sind lose, 7 Stück innen; 6 Stück außen
Stütze 3: Schraube der Trägerauflage ist außen abgerissen und innen lose
Stütze 4-5: 7. und 14. Schienenverschraubung lose
Stütze 5-6: 2. Schienenverschraubung ist lose
Stütze 6: Von der Kranbahnverbindung ist eine Schraube lose
Stütze 7-8: Riss 15 cm in der oberen Steghalsnaht in der Nähe der Stütze 7
Stütze 3: An der Diagonalstrebe von Stütze zum Träger unten fehlt eine Schraube
Stütze 9: An der Stegausnehmung an der Konsole zur Durchführung einer verschraubten Lasche ist an der oberen Ecke ein Riss vorhanden.
Stütze 6-7: Schienenunterlage fehlt an mehreren Stellen oder steht seitlich heraus

Abb. 7.9: Ausschnitt aus einem Inspektionsbericht

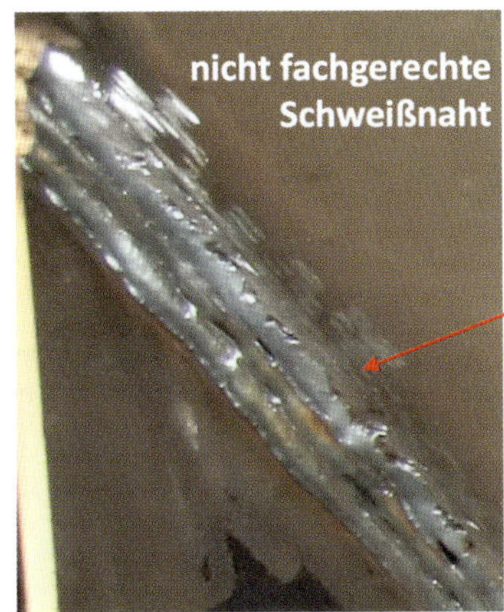

Abb. 7.10: Nicht fachgerechte Reparatur an einer Kranbahnkonsole

- Vermessungsprotokolle aus dem vergangenen Prüfintervall
- Einzelergebnisse der Prüfung mit Empfehlungen für Reparaturmaßnahmen
- Empfehlungen für zwar nicht sofort notwendige, aber demnächst sinnvolle Maßnahmen zur Instandhaltung (z.B. bevorstehende Erreichung der Ablegereife der Schienen)
- Zusammenfassende Beurteilung
- Empfehlung des nächsten Inspektionszeitpunkts.

Es wird empfohlen, die Inspektionsberichte in einem Prüfbuch analog dem Kranbuch abzulegen. In das Kranbuch sollte ein Vermerk über die durchgeführte Kranbahninspektion aufgenommen werden. Abb. 7.9 zeigt einen typischen Ausschnitt aus einem Prüfbericht. Typisch ist er deshalb, weil die Schadensbeschreibung „Schraube lose" der am häufigsten vorkommende Mangel ist. Wenn die Standsicherheit der Kranbahn durch gravierende Schäden beeinträchtigt ist, ist zu beurteilen, ob Gefahr in Verzug ist und ob deshalb Sofortmaßnahmen nötig sind: Diese könnten z.B. darin bestehen, die Fahrgeschwindigkeit der Krane zu reduzieren, die maximale Hublast zu reduzieren oder nötigenfalls sogar den Kranbetrieb ganz einzustellen.

7.4.10 Reparatur

Der fachgerechten und vor allem auch ermüdungsgerechten Reparatur der im Rahmen der Inspektion festgestellten Schäden sollte stets eine Feststellung der Schadensursachen vorangehen, um fatale Fehler wie z.B. gravierende Berechnungsfehler oder Materialfehler auszuschließen. Hierbei kann die Richtlinienreihe VDI 3822 [VDI11b] hilfreich sein. Da Kranbahnen nach DIN EN 1993-1-1/NA NDP zu C.2.2.(4) [16] grundsätzlich in EXC 3 einzustufen sind, ist das entsprechende Befähigungszeugnis von dem die Reparaturschweißung ausführenden Betrieb zu verlangen. Abb. 7.10 zeigt eine nicht fachgerecht ausgeführte Reparatur-Schweißnaht an der Krankonsole einer Kranbahn der Beanspruchungsklasse S_6, die nicht der notwendigen Bewertungsgruppe B entspricht. Der Betrieb hatte nicht die Zulassung für EXC3.

Reparaturschweißungen müssen so vorgenommen werden, dass es möglich ist, zukünftige Schädigungen im betroffenen Bereich hinreichend frühzeitig erkennen zu können.

8 Einwirkungen auf Kranbahnen

In diesem Kapitel werden die Einwirkungen auf Kranbahnen nach DIN EN 1991-3 und ihre Kombinationen beschrieben. Abb. 8.1 zeigt die verschiedenen Einwirkungen im Überblick. Abweichend von der Bezeichnungsweise in allen anderen Kapiteln wird in Kap. 8 die Spannweite der Kranbrücke nicht mit s, sondern DIN EN 1991-3 folgend mit l bezeichnet. l ist sonst der Spannweite der Kranbahnen vorbehalten.

8.1 Einwirkungen aus Kranbetrieb

8.1.1 Vertikale, veränderliche Einwirkungen aus Kranbetrieb

8.1.1.1 Berechnung der vertikalen Radlasten aus den Massen des Krans

Die charakteristischen vertikalen Radlasten Q_r setzen sich aus den Radlastanteilen Q_c aus dem Eigengewicht der Kranbrücke samt Katze (Index c) und den Radlastanteilen Q_h aus der Hublast (Index h) zusammen.

$$Q_r = Q_c + Q_h$$

Die Summe der Radlasten auf einer Kranbahn wird mit ΣQ bezeichnet. Die maximale Radlastsumme (mit Hublast) auf einer Seite beträgt bei symmetrischer Kranbrücke (Abb. 8.2 links):

$$\Sigma Q_{r,max} = \frac{G_b}{2} + (G_k + G_h) \cdot \left(\frac{l - g_{min}}{l} \right) \tag{8.1a}$$

mit:

G_b Eigengewicht Kranbrücke
G_k Eigengewicht Krankatze
G_h Eigengewicht Hublast
g_{min} minimales Anfahrmaß

Für einen zweiachsigen, symmetrischen Kran ergibt sich daraus die maximale Radlast

$$Q_{r,max} = {}^1\!/_2 \cdot \Sigma Q_{r,max} \tag{8.1b}$$

Die minimale Radlastsumme (ohne Hublast) auf einer Seite beträgt bei symmetrischer Kranbrücke (Abb. 8.2) rechts:

$$\Sigma Q_{r,min} = \frac{G_b}{2} + G_k \left(\frac{g_{min}}{l} \right) \tag{8.1c}$$

Für einen zweiachsigen, symmetrischen Kran ergibt sich daraus die minimale Radlast

$$Q_{r,min} = {}^1\!/_2 \cdot \Sigma Q_{r,min} \tag{8.1d}$$

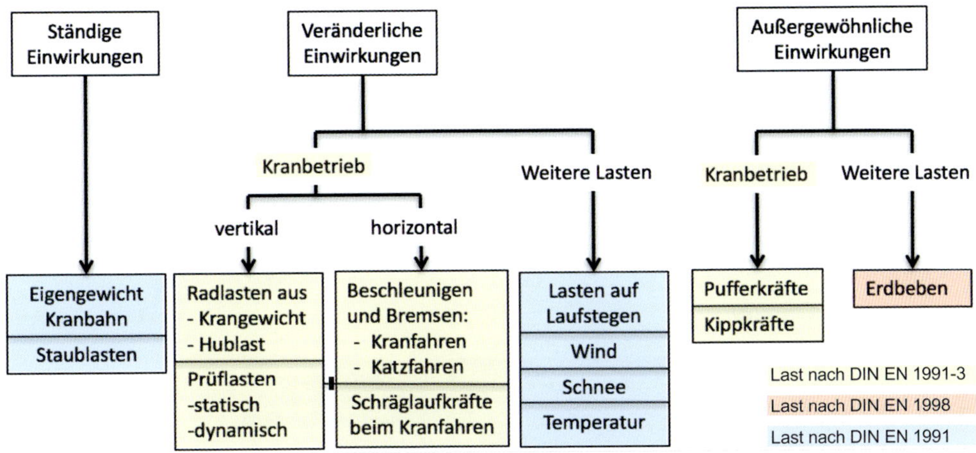

Abb. 8.1: Überblick über für Kranbahnträger relevante Einwirkungen

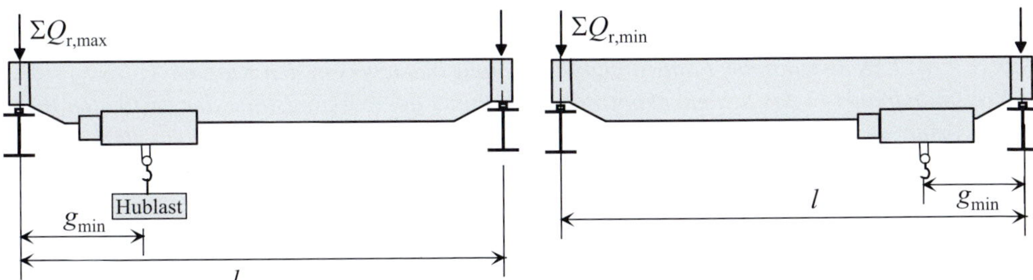

Abb. 8.2: Kranbrücke mit Katzpositionen für $\Sigma Q_{\mathrm{r,max}}$ (mit Hublast) und $\Sigma Q_{\mathrm{r,min}}$ (ohne Hublast)

8.1.1.2 Exzentrizität der vertikalen Radlast

Regel: Die vertikalen Radlasten werden in allen Fällen zentrisch wirkend angenommen, mit Ausnahme für den Ermüdungsnachweis bei Beanspruchungsklassen ab S_3 mit einer anzunehmenden Exzentrizität von $e = \max(b_{\mathrm{r}}/4; t_{\mathrm{w}}/2)$, siehe Abb. 8.3 a).

Begründung: Grundsätzlich wird zwar in der Einwirkungsnorm eine Radlastexzentrizität von $b/4$, mindestens jedoch $t_{\mathrm{w}}/2$ festgelegt [1-3/2.5.2.1(2)], in vielen Fällen ist jedoch eine in der Widerstandsnorm festgelegte Ausnahme wirksam und der Grundsatz kommt dann nicht zur Anwendung:

- Die sich aus der Exzentrizität der vertikalen Radlasten ergebende Torsion ist in der Liste der zu berücksichtigenden Schnittgrößen nicht enthalten [3-6/5.6.1(1)].
- Ersatzimperfektionen und Exzentrizitäten der Radlasten müssen nicht kombiniert werden [3-6/5.3.2(2) und 5.3.4(2)]. D.h.: Bei Berücksichtigung von Ersatzimperfektionen darf die Radlast zentrisch angenommen werden.
- Nur für den Ermüdungsnachweis in den Beanspruchungsklassen S_4 bis S_9 ist eine Exzentrizität des Radlastangriffs in der genannten Größe zu berücksichtigen [3-6/9.3.3(1)].

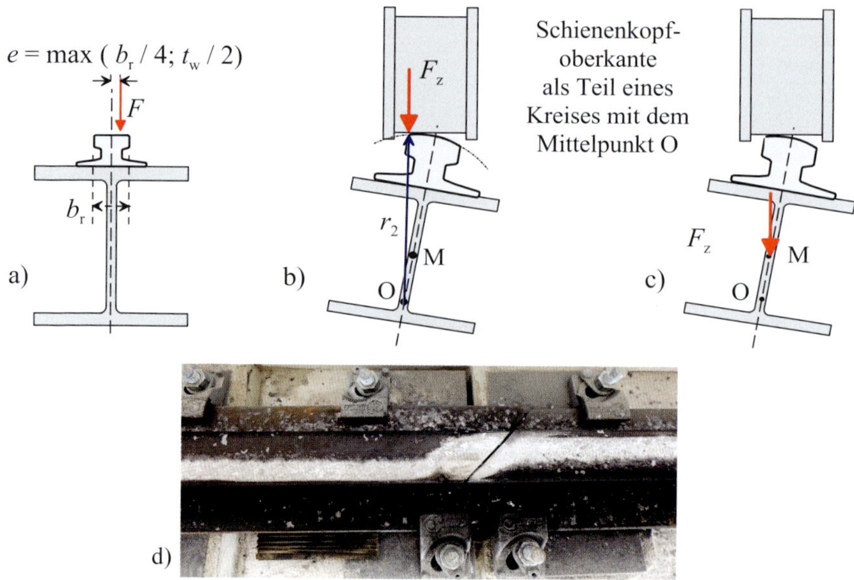

Abb. 8.3: a) Exzentrizität der Radlast beim Ermüdungsnachweis in den Klassen S_3 bis S_9 b) Kreismittelpunkt O des Schienenkopfradius als Punkt der Wirkungslinie der vertikalen Radlast c) Ansatz der Radlast für Nachweise im GZT, wenn keine elastische Schienenunterlage verwendet wurde d) die helle Ablaufspur am Schienenkopf zeigt die große Radlastexzentrizität

- In [3-6NA/9.3.3(1)] ist davon abweichend für Deutschland festgelegt: Nur für den Ermüdungsnachweis in den Beanspruchungsklassen S_3 bis S_9 ist eine Exzentrizität des Radlastangriffs in der genannten Größe (Abb. 8.3) zu berücksichtigen.

8.1.1.3 Höhe des Radlastangriffs: Schienenoberkante, Oberflansch oder Schubmittelpunkt?

Regel nach [3-6/6.3.2.2]: Bei Kranbahnträgern aus verstärkten oder unverstärkten I-Querschnitten, bei denen die Lasten über eine Kranschiene ohne elastische Unterlage eingeleitet werden, darf für die Nachweise im Grenzzustand der Tragfähigkeit der Lasteinleitungspunkt auf Höhe des Schubmittelpunktes M angenommen werden (Abb. 8.3 c). Wird eine elastische Unterlage verwendet, ist die vertikale Radlast auf Höhe der Oberflansch-Oberseite anzusetzen.

Begründung: Der Lastangriffspunkt der Radlast auf der Schiene verändert sich, wenn der Kranbahnquerschnitt infolge Torsion verdreht wird, siehe Abb. 8.3 b). In der Abb. führt die Querschnittsverdrehung zu einer günstigen, stabilisierenden Wirkung, die durch einen Lastansatz auf Höhe des Schubmittelpunkts ausgenutzt wird, siehe auch [Pet82], Bild 7.62 und [EK17], S. 417. Dies gilt für alle Schienentypen. Wird eine elastische Unterlage verwendet, ist der günstige Einfluss weniger stark ausgeprägt und der Wirkungspunkt der vertikalen Radlast ist auf Höhe der Oberflansch-Oberseite anzunehmen.

Die Regelung im Eurocode geht auf eine schwedische Bemessungsregel aus den 1970er Jahren zurück, deren wissenschaftliche Basierung heute allerdings etwas im Dunklen liegt, siehe

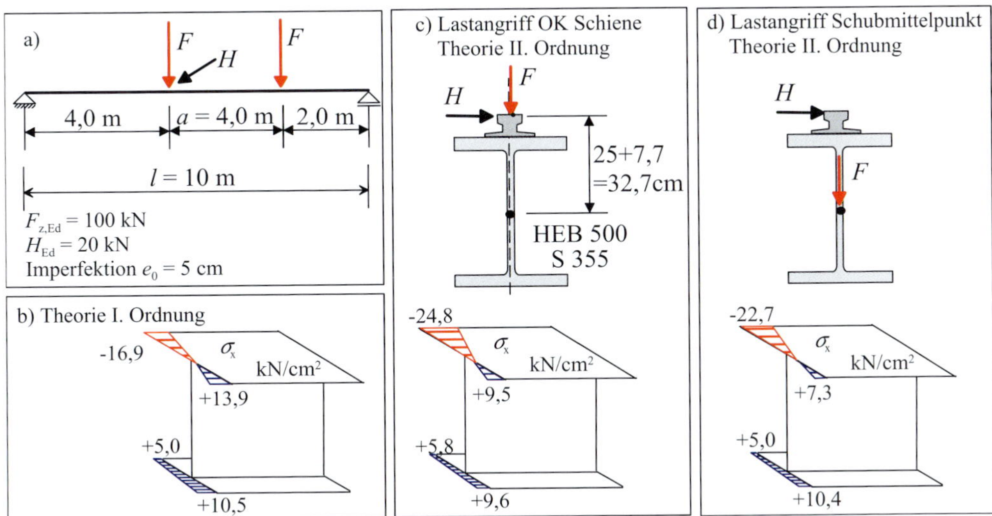

Abb. 8.4: Auswirkung der Wahl des Angriffspunkts der vertikalen Radlast an einem Beispiel

[EK17]. Es wird angenommen, dass auf die Zeichnungsebene von Abb. 8.3 b) bezogen die obere Begrenzungslinie der gekrümmten A-Profilschiene Teil eines Kreises mit dem Radius r_2 ist, dessen Mittelpunkt O auf einer durch die Stegmitte verlaufenden Geraden liegt. Vernachlässigt man mögliche Reibungskräfte, so wirkt die vertikale Radlast F_z auf einer Geraden durch den Kreismittelpunkt O. Liegt der Kreismittelpunkt O unterhalb des Schubmittelpunkts M, so ergibt sich ein rückdrehendes, stabilisierendes Moment. Liegt der Punkt O oberhalb von M, wirkt das Moment destabilisierend.
Beispielhaft gilt für einen Kranbahnträger HEB 500 ($h = 500$ mm) mit fabrikneuer Kranschiene A75 ($h_1 = 85$ mm) unter Annahme eines idealen Schienenkopfradius r_2 = 500 mm: Der Abstand der Schienenoberfläche vom Schubmittelpunkt des HEB 500 ergibt sich zu $a = h_1 + h/2 = 85 + 500/2 = 335$ mm. Wegen $r_2 = 500$ mm $> a = 335$ mm liegt der Punkt O (siehe Abb. 8.3 b) unterhalb von M, das Moment ist also stabilisierend. Die Annahme des Wirkungspunkts der vertikalen Radlast im Schubmittelpunkt liegt auf der sicheren Seite.

Auswirkung der Regel: Wie stark wirkt sich die Verschiebung des Angriffspunkts der vertikalen Radlast in den Schubmittelpunkt aus? Auf die Ergebnisse einer Rechnung nach Theorie I. Ordnung hat diese Annahme natürlich keinen Einfluss. Die Auswirkung auf die Ergebnisse einer Berechnung nach Theorie II. Ordnung werden in Abb 8.4 am Beispiel eines einfeldrigen Kranbahnträgers HEB 500/S 355 mit 10 m Feldlänge gezeigt. Der Betrag der maximalen Normalspannungen sinkt um 8,5 %, wenn der Lastangriffspunkt von der Schienenoberkante ($\sigma_x = -24,8$ kN/cm^2) auf den Schubmittelpunkt ($\sigma_x = -22,7$ kN/cm^2) verlegt wird. Die Auswirkungen auf die Schnittgrößen und Spannungen sind nicht vernachlässigbar.

Kritik: Damit die Annahme des Lastangriffs im Schubmittelpunkt auf der sicheren Seite liegt, müssen drei Annahmen zutreffen:

- Der Schienenkopfradius der gewalzten A-Profilschiene weist an jeder Stelle genau den Wert auf, den er nach DIN 536-1 haben soll. Außerdem muss der Mittelpunkt des Kreisradius auf einer Mittellinie durch den Steg liegen.

Abb. 8.5: Krananlage belastet durch eine Prüflast (Ballastkörper aus Beton)

- Der Kran ist starr und die Durchbiegung der Kranbrücke ist vernachlässigbar, d.h. das Kranlaufrad hat keinen Sturz, es kann sich nicht um die Achse senkrecht zur Radachse verdrehen.
- Ungünstige Phänomene wie z.B. Schwingungen, die zu einer ungünstig wirkenden Verschiebung des Lastangriffs führen, werden ausgeschlossen.

Die 1. Annahme trifft i.d.R. nicht zu, da die Hersteller der Schienenprofile im Walzprozess derzeit noch keine Toleranzen für die Schienenkopfgeometrie berücksichtigen. Das zeigte die Untersuchung in [STS19]. Die Einhaltung der beiden letzten Annahmen kann durch den Tragwerksplaner kaum überprüft werden.

Deshalb empfiehlt der Arbeitsausschuss Technisches Büro des DStV in [Bfs16], Abs. 5.2.2, beim Biegedrillknicknachweis von der nach Norm zulässigen Wahl eines günstigeren Lastangriffs keinen Gebrauch zu machen und stattdessen den Lastangriff an der Schienenoberkante anzusetzen. Auch in den zuständigen Normungsgremien wird der Sachverhalt derzeit diskutiert.

8.1.1.4 Statische und dynamische Prüflasten

Prüflasten [1-3/2.10] (Abb. 8.5) werden bei der Abnahme der Krananlage vor der ersten Inbetriebnahme aufgebracht, siehe Abs. 7.2.4. Sie gelten als veränderliche Lasten, da sie zwingend mindestens einmal auftreten. Prüflasten sind in folgender Höhe in der statischen Berechnung zu berücksichtigen:

- dynamische Prüflast 110 % der Nenn-Hublast, Schwingbeiwert φ_6 nach Tab. 8.5
- statische Prüflast, 125 % der Nenn-Hublast, Schwingbeiwert $\varphi_6 = 0$

Da die Größe der Prüflasten durch den Kransachverständigen überwacht wird, ist ihre statistische Schwankungsbreite geringer als bei üblichen Lasten. Das rechtfertigt einen geringeren Teilsicherheitsbeiwert, siehe Tab. 8.6. So wird vermieden, dass die Prüflasten querschnittsdimensionierend werden.

8.1.1.5 Hubkraftbegrenzer zur Begrenzung der vertikalen Radlasten

Krane mit einer Nenntragfähigkeit von 1000 kg oder höher müssen mit Hubkraftbegrenzern nach DIN EN 15011, Abschnitt 5.5.1 und DIN EN 12077-2 ausgestattet sein. Hubkraftbegrenzer müssen so eingestellt sein, dass der Begrenzer ausgelöst wird, wenn eine Last angehoben wird, die größer ist als die Hublast multipliziert mit dem Auslösefaktor. Die Hublast setzt sich zusammen aus der Tragfähigkeit, dem Lastaufnahmemittel und dem Tragmittel (z. B. Seil). Es wird unterschieden zwischen direkten Hubkraftbegrenzern, die direkt in der Kette der Antriebselemente arbeiten und die übertragende Kraft begrenzen, und den indirekt wirkenden Hubkraftbegrenzern, die die übertragene Kraft durch gemessene Signale bestimmen und die Energieversorgung für den Betrieb ausschalten und, sofern erforderlich, die Aufbringung des Bremsmoments auslösen. Der Auslösefaktor liegt in vielen Fällen zwischen 1,1 und 1,25, siehe dazu DIN 15011.

8.1.2 Horizontale, veränderliche Einwirkungen aus Kranbetrieb

8.1.2.1 Massenkräfte aus Beschleunigen/Bremsen der Kranbrücke

Horizontallasten aus Beschleunigen/Bremsen der Kranbrücke werden auch als Massenkräfte bezeichnet. Es ergeben sich Kräfte längs H_L und quer (transversal) H_T zur Fahrbahn. Die Kräfte quer zur Fahrbahn entstehen, wenn die Resultierende der Antriebslasten K nicht im Massenschwerpunkt des Systems (Kranbrücke + Katze + Hublast) wirkt. Die Berechnung wird in Abschnitt 8.5 erklärt. Die Kräfte H_L und H_T enthalten noch keinen Schwingbeiwert φ_5, [1-3, Gl. 2.2] ist in dieser Hinsicht missverständlich. Während die Kräfte H_T an den Führungsmitteln anzusetzen sind, wirkt H_L in der Rad-Schiene-Ebene, siehe [1-3/2.7.2] und DIN EN 13001-2, Abs. 4.2.2.5. Der Tragwerksplaner erhält diese Lasten meist vom Kranhersteller.

8.1.2.2 Massenkräfte aus Beschleunigen/Bremsen der Laufkatze

Diese Lasten sind durch die Pufferkräfte aus dem Anprall der Laufkatze (außergewöhnliche Einwirkung) abgedeckt und brauchen nicht separat berücksichtigt zu werden [1-3/2.7.5]. Siehe auch [3-6/5.6.2(6)].

8.1.2.3 Spurführungskräfte

Spurführungskräfte $S, H_{S,i,j}$, die sich aus dem Schräglauf des Krans ergeben, werden nach Abs. 8.6 berechnet. Während die Führungskraft S an einem Führungsmittel (Spurkranz, Seitenführungsrolle) über Kontakt wirkt, sind die mit ihr im Gleichgewicht stehenden Reaktionskräfte $H_{S,i,j}$ Reibungskräfte, die im Rad/Schiene-Kontakt aktiviert werden. Der Tragwerksplaner erhält diese Lasten meist vom Hersteller der Kranbrücke. Die Begriffe Spurführungskraft und Schräglaufkraft sind synonym.

8.1.2.4 Überlagerung von Schräglaufkräften und Masselasten?

Massenkräfte und Schräglaufkräfte sind veränderliche Lasten, die grundsätzlich zu überlagern wären, falls sie gemeinsam auftreten. Es sind keine Untersuchungen bekannt, die klären, ob und ggf. in welcher Größe die beiden horizontalen Kranlasten gemeinsam auftreten könnten. Eine Annahme für die Ermittlung der Schräglaufkräfte nach Tab. 8.8 ist jedoch die Beharrungsfahrt des Krans, bei der keine Massenkräfte auftreten können. Daraus folgt, dass die Überlagerung der Maximalwerte von Massenkräften und Schräglaufkräften nicht sachgerecht wäre. Bei der

Ermittlung der Einwirkungen für Krane und Kranbahnen ist eine gemeinsame Wirkung von Massenkräften und Schräglaufkräften nicht zu unterstellen [1-3/Tab.2.2], DIN EN 13001-2.

8.1.2.5 Horizontale Einwirkungen auf Kranbahnen von Hängekranen und Laufkatzen

Besonderheiten für horizontale Einwirkungen aus Kranbetrieb auf Kranbahnträger von Hängekranen und Laufkatzen werden in Abschnitt 18.1 beschrieben.

8.1.3 Außergewöhnliche Einwirkungen aus Kranbetrieb

8.1.3.1 Pufferkräfte aus Anprall des Krans

Die Pufferkräfte infolge Anprall des Krans an einen Puffer wirken längs der Fahrbahn. Die sich daraus ergebenden Normalkräfte im Kranbahnträger können in den meisten Fällen bei seiner Bemessung vernachlässigt werden. Für die Auslegung der Verbände der Kranbahnträgerstützen können die Pufferlasten jedoch dimensionierend werden [1-3/2.11.1]. Ihre Berechnung wird in Abschnitt 8.7 erläutert. Die Pufferkräfte H_B enthalten noch keinen Schwingbeiwert φ_7, [1-3, Gl. 2.19] ist in dieser Hinsicht missverständlich.

8.1.3.2 Pufferkräfte aus Anprall der Laufkatze

Die Pufferkräfte infolge Anprall der Katze dürfen bei frei schwingender Nutzlast mit 10 % der Summe aus Hublast und Katzeigengewicht gebildet werden, sie wirken quer zur Kranbahn [1-3/2.11.2]. Ist die Nutzlast nicht frei schwingend, werden die Pufferlasten der Katze wie beim Anprall der Kranbrücke auf den Puffer (Abs. 8.7) ermittelt.

8.1.4 Zusammenwirken von zwei Kranen beim Heben von Lasten

Manchmal wirken zwei Kranbrücken planmäßig zusammen, um gemeinsam eine besonders schwere oder besonders große Hublast zu transportieren, siehe Abb. 8.6. Krane, von denen planmäßig erwartet wird, dass sie zusammenwirken, sind wie ein einziger Kran zu behandeln [1-3/2.5.3(1)]. Dies gilt auch dann, wenn die Krane nur selten zusammenwirken.

Beim Ermüdungssicherheitsnachweis sind zwei Krane im Unterschied zur vorgenannten Regel nur dann als ein einziger Kran zu behandeln, wenn sie in erheblichem Ausmaß zusammen betrieben werden [3-6/9.4.2(4)].

8.1.5 Gleichzeitiger, aber unabhängiger Betrieb mehrerer Krane

Eine Kranbahn kann von mehreren Kranbrücken gleichzeitig befahren werden. Wenn mehrere Krane zusammen Hublasten tragen, gilt Abschnitt 8.1.4. In Tab. 8.1 ist angegeben, wie viele Kranbrücken gleichzeitig zu berücksichtigen sind.

Die Einwirkungsnorm DIN EN 1991-3 enthält keine zur früheren Norm DIN 4132 analoge Regelung, den Schwingbeiwert φ_2 für die zweiten oder weitere Krane auf den zur Hubklasse 1 gehörigen Wert zu reduzieren. Im Nationalen Anhang der Widerstandsnorm [3-6NA/2.3.1] wurde eine solche Regelung jedoch sinnvollerweise ergänzt. Bei der Berechnung der Schwingbeiwerte für zweite und weitere Krane dürfen diese bei allen Nachweisen, also auch beim Ermüdungsnachweis, der HC1 zugeordnet werden. Als erster Kran gilt derjenige mit den größten Radlasten.

Tab. 8.1: Anzahl der zu berücksichtigenden Krane nach [1-3 Berichtigung 1/Tab. 2.3] und [1-3NA/2.5.3(2)]

	Für Kranbahnen	Für Kranunterkonstruktionen	
		Einschiffige Halle	Mehrschiffige Halle
Vertikale Kraneinwirkung...	**... von 3 Kranen**	**...von 4 Kranen** Anmerkung: Die ungünstigste Kombination könnte sein: (a) 3 Krane hintereinander und 1 Kran auf einer weiteren Kranbahn oder (b) 2 Krane hintereinander und 2 Krane auf einer weiteren Kranbahn oder (c) 2 Krane hintereinander und 2 Krane übereinander auf 2 weiteren Kranbahnen	**...von 6 Kranen** Anmerkung: Die ungünstigste Stellung der Krane könnte sein: (a) Stellung der Krane wie für eine einschiffige Halle und 2 weitere Krane in einem weiteren Hallenschiff oder (b) 6 Krane über mehrere Hallenschiffe verteilt.
Horizontale Kraneinwirkung...	**...von 1 Kran** Anmerkung: Es ist festzustellen, ob es ungünstiger ist, wenn 2 Krane zusammenarbeiten, um schwere Lasten zu heben.	**...von 2 Kranen** Anmerkung: 2 Krane je Hallenschiff, die übereinander arbeiten; pro Kranbahnebene also nur Horizontallasten aus 1 Kran.	**...von 4 Kranen** Anmerkung: Die ungünstigste Kombination unter Berücksichtigung der Bedingungen in den Spalten links ist maßgebend.

8.1.6 Kombination stochastisch abhängiger Lasten zu Lastgruppen

Die verschiedenen Lasten aus Kranbetrieb treten nicht unabhängig voneinander auf. Beispielsweise ist es unmöglich, dass nur Schräglaufkräfte angreifen, ohne dass gleichzeitig auch vertikale Radlasten wirken. Das gleichzeitige Auftreten der stochastisch voneinander abhängigen Lasten aus Kranbetrieb wird durch Bildung von Lastgruppen nach Tab. 8.2 berücksichtigt [1-3/2.2.2(6)]. Alle Lasten aus einer Spalte der Tabelle, multipliziert mit den jeweiligen Schwingbeiwerten, gelten zusammen als eine einzige charakteristische Einwirkung. Jede Spalte stellt dabei einen Vorgang dar, wie in Tab. 8.3 dargestellt, siehe auch [EK17].

Tab. 8.2: Lastgruppen zur Bemessung von Kranbahnträgern nach EC 1-3, Tab. 2.2

Belastung	Bez. nach [1-3]		Lastgruppen (LG) für Einwirkungskombinationen im GZT, im GZG und im Grenzzustand der Ermüdung													
	Symbol	Abschnitt	Grenzzustand der Tragfähigkeit (GZT)							GZT, Prüflast	GZT, außergewöhnl.		Grenzzustand der Gebrauchstauglichkeit[d] (GZG)			Ermüdung [3-6/9.1(3)]
			1	2	3	4	5	6	7	8	9	10	101 [b]	102 [c]	103 [c]	201
Eigengewicht des Krans	Q_c	2.6	φ_1	φ_1	1	φ_4	φ_4	φ_4	1	φ_1	1	1	1	1	1	$\varphi_{fat,1}$ [e]
Hublast	Q_h	2.6	φ_2	φ_3	–	φ_4	φ_4	φ_4	η [a]	–	1	1	1	1	1	$\varphi_{fat,2}$ [e]
Anfahren/ Bremsen der Kranbrücke	H_L H_T	2.7	φ_5	φ_5	φ_5	φ_5	–	–	–	φ_5	–	–	–	–	1	–
Schräglauf der Kranbrücke	H_S	2.7	–	–	–	–	1	–	–	–	–	–	–	1	–	–
Anfahren/ Bremsen der Laufkatze oder des Hubwerks	$H_{T,3}$	2.7	–	–	–	–	–	1	–	–	–	–	–	–	–	–
Wind in Betrieb	F_{W*}	Anh. A.1	1	1	1	1	1	–	–	1	–	–	–	1	1	–
Kranprüflast	Q_T	2.10	–	–	–	–	–	–	–	φ_6	–	–	–	–	–	–
Pufferkraft	H_B	2.11	–	–	–	–	–	–	–	–	φ_7	–	–	–	–	–
Kippkraft	H_{TA}	2.11	–	–	–	–	–	–	–	–	–	1	–	–	–	–
Teilsicherheitsbeiwerte Einwirkungen γ_Q siehe unten Tab. 8.6 Teilsicherheitsbeiwerte Widerstände γ_M siehe oben Abs. 1.6																

[a] η: Anteil der Hublast, der nach Entfernen der Nutzlast verbleibt, jedoch nicht im Eigengewicht des Krans enthalten ist.

[b] Zur Bestimmung der vertikalen Durchbiegungen bzw. Verformungen.

[c] Zur Bestimmung der horizontalen Verformungen.

[d] Siehe [3-6NA/Tab.NA1].

[e] Siehe [1-3/2.12.1(7)].

Abb. 8.6: Zwei Brückenlaufkrane wirken beim Heben einer großen Last zusammen (© ABUS Kransysteme GmbH)

Tab. 8.3: Den Lastgruppen aus Tab. 8.2 zugeordnete Vorgänge

LG	Vorgang GZT	LG	Vorgang GZG bzw. Ermüdung
1	Anheben der Hublast	101	Stehender beladener Kran
2	Loslassen der Hublast	102	Fahren beladener Kran (Schräglauf)
3	Beschleunigen unbeladener Kran	103	Beschleunigen beladener Kran
4	Beschleunigen beladener Kran		
5	Fahren beladener Kran (Schräglauf)		
6	Beschleunigtes Katzfahren		
7	Stehender unbeladener Kran		
8	Statische und dyn. Kranprüfung		
9	Pufferanprall		
10	Kippen der Laufkatze	201	Ermüdung

8.2 Weitere Einwirkungen auf Kranbahnträger

8.2.1 Weitere veränderliche Einwirkungen

Neben den veränderlichen Lasten aus Kranbetrieb (Abschnitt 8.1) sind ggf. zu berücksichtigen:

- Lasten auf Laufstege, Treppen, Podeste und Geländer [1-3/2.9]
- Temperaturlasten [1-3/2.8] und [1-1-5]
- Windlasten [1-3/A.1(6) und (7)] und [1-1-4]
- Schneelasten [1-1-3]

Abb. 8.7: Coilkran mit geführter Last

Die Auswirkungen von Temperaturdehnungen der Kranbrücke auf das Spurspiel sollte besonders bei Krananlagen im Freien, die hohen Temperaturdifferenzen ausgesetzt sein können, beachtet werden. Beispiel: Eine Kranbrücke mit einem Spurmittenmaß von $s = 30$ m, die sich z.B. um 40 °C erwärmt, dehnt sich um ca 1,5 cm aus. Mit einer einseitigen Anordnung von Führungsrollen und entsprechend weit ausgedrehten Spurkränzen nur zum Entgleisungsschutz auf der anderen Kranseite kann dem Rechnung getragen werden.

8.2.2 Außergewöhnliche Einwirkungen aus Erdbeben

Je nach Aufstellungsort der Kranbahnen sind auch Erdbebenlasten gemäß DIN EN 1998-1 oder in Deutschland nach DIN 4149 zu berücksichtigen. Mit der in Kürze erwarteten Neuausgabe des deutschen Nationalen Anhangs zu DIN EN 1998-1 ist damit zu rechnen, dass DIN EN 1998 endlich auch in Deutschland bauaufsichtlich eingeführt wird und dann DIN 4149 nicht mehr anzuwenden ist.

Zur Bestimmung der Erdbebenkraft F_b ist zunächst die längste Eigenschwingdauer T der Kranbahn samt Unterstützungskonstruktion für eine horizontale Schwingung mit Biegung um die schwache (vertikale) Querschnittsachse der Kranbahn zu ermitteln. Dabei sind die Massen m von Kranbahn und Kran zu berücksichtigen. Die mit ψ_2 multiplizierte Masse der Hublast wird nur mitberücksichtigt, wenn sie geführt ist [3-6NA/2.3.1]; ψ_2 nach Tab. 8.7. Während eine an einem Seil hängende Hublast als nicht geführt gilt, besteht die Lastaufnahme bei einer geführten Hublast aus einem starren Bauteil, siehe Abb. 8.7

Die richtungsabhängige Ordinate des Antwortspektrums $S_d(T_1)$ wird nach [8-1/3.2] ermittelt. Die Erdbebenkräfte errechnen sich dann mit dem Korrekturfaktor $\lambda = 1$ gemäß [8-1/Gl.4.5] zu:

$$F_b = S_d(T_1) \cdot m \cdot \lambda \tag{8.2}$$

Tab. 8.4: Hubklassen (HC) und Beanspruchungsklassen (BK) nach [1-3/Tab.B.1] und [1-3NA/Tab.NA.B.1]

	Hubklasse	**BK**
Montagekrane	HC1, HC2	S_0, S_1
Maschinenhauskrane	HC1	S_0, S_1
Lagerkrane, unterbrochener Betrieb	HC2	S_4
Lager-, Traversen-, Schrottplatzkrane, im Dauerbetrieb	HC3, HC4	S_6, S_7
Werkstattkrane	**HC2, HC3**	$\mathbf{S_2 - S_4}$
Brückenkrane, Anschlagkrane, im Greifer- oder Magnetbetrieb	HC3, HC4	S_6, S_7
Gießereikrane	HC2, HC3	S_6, S_7
Tiefofenkrane	HC3, HC4	S_7, S_8
Stripperkrane, Beschickungskrane	HC4	S_8, S_9
Schmiedekrane	HC4	S_6, S_7
Transportbrücken, Halbportalkrane, Portalkrane mit Katz- oder Drehkran; im Hakenbetrieb	HC2	S_4, S_5
... wie vorige Zeile, jedoch im Greifer- oder Magnetbetrieb	HC3, HC4	S_6, S_7

8.3 Hubklassen, Schwingbeiwerte, Beanspruchungsklassen

8.3.1 Hubklassen

Beim Heben und Senken der Hublast können bei folgenden Ereignissen Stöße auf den Kran und die Kranbahn wirken:

- Ruckartiges Abbremsen der Hublast
- Plötzliches Abwerfen oder Aufnehmen der Last, z. B. mit einem Magnetgreifer
- Ruckartiges Beschleunigen der Last, z. B. durch schlechte Abstufung der Hubgeschwindigkeiten.

Stöße lösen Tragwerksschwingungen aus. Sie führen zu Schnittgrößen, die größer sind als die statisch ermittelten Werte.

Zur Berücksichtigung dieses Einflusses werden Schwingbeiwerte eingeführt, deren Größe u. a. von der Hubklasse des Krans abhängt. Krananlagen werden in die Hubklassen HC1 bis HC4 eingeteilt. Je größer die zu erwartenden Stöße sind, die beim Heben und Senken der Last auf einen Kran wirken, desto größer ist seine Hubklasse. Die Hubklasse hängt vom Verwendungszweck des Krans, der Charakteristik des Hubwerks und der Art des Lastaufnahmemittels ab. Während mit Kokillenzange, Magnetgreifer, Scherengreifer und Zweischalengreifer (Abb. 8.8) die Last plötzlich abgeworfen werden kann, ist dies bei einer Unterflasche mit Haken kaum möglich. Deswegen sind Krane mit Hakenbetrieb i.d.R. in geringere Hubklassen eingestuft als Krananlagen mit Greifer- oder Magnetbetrieb. Für Standardfälle wird die Anwendung von [1-3/Tab.B.1] empfohlen, die in Ausschnitten in Tab. 8.4 wiedergegeben ist. Präziser lässt sich die Bestimmung der Hubklasse nach DIN EN 15011, Kap. 5.2.1.3.2 in Verbindung mit DIN EN 13001-2, Kap. 4.2.2.2 durchführen.[1] Die für den Kran ermittelte Hubklasse wird auf die von ihm befahrenen Kranbahnträger übertragen.

[1] In DIN EN 13001-2 werden die Hubklassen als Steifigkeitsklassen bezeichnet.

a) Kokillenzange

b) Magnetgreifer

c) Zweischalengreifer

d) Scherengreifer

e) Unterflasche mit drehbarem Haken [RIW13]

Abb. 8.8: Verschiedene Lastaufnahmemittel (Links oben im Bild: Ömer Bucak)

8.3.2 Schwingbeiwerte für den Kranbetrieb

Eine dynamische Berechnung der beschriebenen Stoßvorgänge kann umgangen werden, wenn stattdessen die statischen Lasten mit Stoß- oder Schwingbeiwerten vergrößert werden. So wird das dynamische Verhalten des Krantragwerks quasi-statisch berücksichtigt.

Eine Gruppe von 7 Schwingbeiwerten (Tab. 8.5) erlaubt es, die Belastungssituationen genau zu erfassen; siehe [1-3/Tab. 2.1, 2.4, 2.6 und 2.10]. Für den Fall, dass die Schwingbeiwerte nicht in den Unterlagen des Kranherstellers enthalten sind, dürfen die Anhaltswerte aus der rechten Spalte in Tab. 8.5 verwendet werden.

Die Schwingbeiwerte ergeben sich teilweise analog zu DIN EN 13 001. Beispielsweise entspricht der zur Berechnung von φ_2 notwendige Parameter $\varphi_{2,min}$ dem Wert $\phi_{2,min}$ aus DIN EN 13 001-2, Tab. 4 für den Hubwerkstyp HD1.

Tab. 8.5: Schwingbeiwerte nach [1-3/Tab. 2.1, 2.4, 2.6 und 2.10]

<table>
<tr><th>φ_i</th><th>Berücksichtigter Einfluss</th><th>Anzuwenden auf</th><th>Werte für dynamische Faktoren</th></tr>
<tr><td>φ_1</td><td>Schwingungsanregung des Krantragwerks infolge Anheben der Hublast</td><td>Eigengewicht des Krans</td><td>$0{,}9 < \varphi_1 < 1{,}1$
1,1 und 0,9 decken die unteren und oberen Werte des Schwingungsimpulses ab.</td></tr>
<tr><td>φ_2</td><td>Dynamische Wirkungen beim Anheben der Hublast vom Boden</td><td>Hublast</td><td>$\varphi_2 = \varphi_{2,\min} + \beta_2 \cdot v_h$; v_h konstante Hubgeschwindigkeit in [m/s]; $\varphi_{2,\min}$ und β_2 sind von der Hubklasse des Krans abhängig.
<table><tr><td>Hubklasse</td><td>β_2</td><td>$\varphi_{2,\min}$</td></tr><tr><td>HC1</td><td>0,17</td><td>1,05</td></tr><tr><td>HC2</td><td>0,34</td><td>1,10</td></tr><tr><td>HC3</td><td>0,51</td><td>1,15</td></tr><tr><td>HC4</td><td>0,68</td><td>1,20</td></tr></table></td></tr>
<tr><td>φ_3</td><td>Dynamische Wirkungen durch plötzliches Loslassen der Nutzlast bei Verwendung von Greifern und Magneten</td><td>Hublast</td><td>$$\varphi_3 = 1 - \frac{\Delta m}{m} \cdot (1 + \beta_3)$$
Δm: der abgesetzte oder losgelassene Teil der gesamten Hublastmasse m
β_3 = 0,5 bei Kranen mit Greifern oder ähnlichen Vorrichtungen für langsames Absetzen
β_3 = 1,0 bei Kranen mit Magneten oder ähnlichen Vorrichtungen für schnelles Absetzen</td></tr>
<tr><td>φ_4</td><td>Dynamische Wirkungen, hervorgerufen durch Fahren über Unebenheiten</td><td>Eigengewicht von Kran und Hublast</td><td>φ_4 = 1,0, falls die in EN 1090-2 für Kranschienen festgelegten ergänzenden Toleranzen der Klasse 1 eingehalten werden. Sonst: siehe EN 13001-2</td></tr>
<tr><td>φ_5</td><td>Dynamische Wirkungen verursacht durch Antriebskräfte</td><td>Antriebskräfte</td><td>φ_5 = 1,0 für Fliehkräfte
$1{,}0 \leq \varphi_5 \leq 1{,}5$ für Systeme mit stetiger Veränderung der Kräfte
$1{,}5 \leq \varphi_5 \leq 2{,}0$ wenn plötzliche Veränderungen der Kräfte auftreten
φ_5 = 3,0 bei Antrieben mit beträchtlichem Spiel</td></tr>
<tr><td>φ_6</td><td>Dyn. Wirkungen infolge einer Prüflast</td><td>Dyn. Prüflast 110 %</td><td>$\varphi_6 = 0{,}5(1 + \varphi_2)$ nach [1-3/2.10(4)]
(statische Prüflast: $\varphi_6 = 0$)</td></tr>
<tr><td>φ_7</td><td>Dynamische, elastische Wirkungen verursacht durch Pufferanprall</td><td>Pufferkräfte</td><td>$\varphi_7 = 1{,}25$ für $0 \leq \xi \leq 0{,}5$
$\varphi_7 = 1{,}25 + 0{,}7 \cdot (\xi - 0{,}5)$ für $0{,}5 \leq \xi \leq 1$
ξ ist von der Pufferkennlinie abhängig
</td></tr>
</table>

Schwingbeiwerte für Konsolen und Stützen

Je größer der Abstand des nachzuweisenden Tragwerksteils vom Ort der dynamischen Erregung, desto geringer sind deren Auswirkungen. Die Schwingbeiwerte φ_i dürfen bei Unterstützungs- und Aufhängungskonstruktionen von Kranbahnen um $\Delta\varphi = 0,1$, jedoch maximal bis auf $\varphi_i = 1,0$ abgemindert werden. Die in [3-6NA/2.3.1] gewählte wenig exakte Formulierung ist so zu verstehen. Die Bemessung der Gründungen darf ganz ohne Ansatz der Schwingbeiwerte erfolgen.

Schwingbeiwerte für die Ermüdungsrechnung

Die Schwingbeiwerte für den Ermüdungsfall $\varphi_{\text{fat,i}}$ (Schadensäquivalente dynamische Vergrößerungsbeiwerte; Index fat: „fatigue") werden berechnet, indem die jeweiligen dynamischen Inkremente (d.h. die 1 übersteigenden Teile von φ_i) halbiert werden [1-3/2.12.1(7)]:

$$\varphi_{\text{fat},1} = \frac{1+\varphi_1}{2} \quad \text{und} \quad \varphi_{\text{fat},2} = \frac{1+\varphi_2}{2} \tag{8.3}$$

Darin sind φ_1 und φ_2 nach Tab. 8.5 zu bestimmen. Bei einem Ermüdungsnachweis von Unterstützungs- und Aufhängungskonstruktionen sind zunächst die Schwingbeiwerte φ_1 bis φ_7 wie oben beschrieben um 0,1 abzumindern; erst danach ist Gl. 8.3 anzuwenden.

8.3.3 Beanspruchungsklassen (BK)

Krananlagen werden nach DIN EN 1993-1-9 in eine von 10 Beanspruchungsgruppen (BK) S_0 – S_9 eingestuft. Die BK spielt bei der Beurteilung der Materialermüdung eine wesentliche Rolle. Während S_0 für eine sehr leichte Beanspruchung steht, sind Krananlagen mit schwerstem Betrieb in S_9 einzustufen.

Die Bestimmung der Beanspruchungsgruppe einer Kranbahn wird in Abschnitt 15.2 ausführlich behandelt. Tab. 15.2 erlaubt eine einfache, funktionsorientierte, schnelle Einstufung, die aber unpräzise und damit ungünstig sein kann.

8.4 Einwirkungskombinationen (EK)

8.4.1 EK Grenzzustand der Tragfähigkeit (GZT)

Einwirkungskombinationen (EK) für Kranbahnträger gegen die jeweiligen Grenzzustände (GZT, GZG, Ermüdung) sind nach EC 0 zu bilden. Darin sind neben Lasten aus Kranbetrieb auch andere auftretende Einwirkungen zu berücksichtigen, z. B. Eigengewicht der Kranbahn oder ggf. Windlasten außer Betrieb.

Tab. 8.6 enthält die Teilsicherheitsbeiwerte für die Einwirkungsseite. Der maximale Teilsicherheitsbeiwert für veränderliche Kranlasten γ_Q beträgt 1,35, siehe Abs. 1.6.

Stochastisch zusammenhängende Einwirkungen aus Kranbetrieb (z. B. Kraneigengewicht, Hublast und Spurführungskräfte) werden nach [1-3/Tab.2.2] zu Lastgruppen zusammengefasst, die im Sinne von DIN EN 1990 jeweils als eine einzige veränderliche Last gelten. Diese Lastgruppen sind in Tab. 8.2 angegeben. Die Einwirkungskombinationen (EK) für den Grenzzustand der Tragfähigkeit (GZT) werden damit wie folgt gebildet:

Tab. 8.6: Teilsicherheitsbeiwerte nach [1-3/Anhang A], [3-6/2.8] und [3-6NA/2.8(2)]

Einwirkungen aus ... (ungünstig wirkend)	Teilsicherheitsbeiwerte Einwirkungen	
	Ständige und vorübergehende Bemessungssituationen	Außergewöhnliche Bemessungssituationen
Kranen, EK GZT	$\gamma_Q = 1{,}35$ nach [1-3NA/Tab.A.1] (EK mit LG 1 bis 7, Tab. 8.2)	$\gamma_A = 1{,}0$ nach [1-3NA/Tab. A.1] (EK mit LG 9 bis 10)
Kranprüflast, EK GZT	$\gamma_{F,Test} = 1{,}1$ nach [3-6NA/2.8] (EK mit LG 8, Tab. 8.2)	–
Kranen, EK GZG	$\gamma_{Q,ser} = 1{,}0$ nach [1-3/Anh. A.3.2] (EK mit LG 11–13, Tab. 8.2)	–
Kranen, EK Ermüdung	$\gamma_{Ff} = 1{,}0$ nach [3-6NA/9.2] (EK mit LG 14, Tab. 8.2)	–

Tab. 8.7: Kombinationsbeiwerte nach [1-3/Tab. A.2] und [3-6NA/2.3.1]

Einwirkung	ψ_0 *)	ψ_1 *)	ψ_2 *)
... aus Kranen	1,0	0,9	a **)

*) Indizes der Kombinationsbeiwerte siehe Erläuterungen in Abschnitt 8.4.1.

**) a bezeichnet das Verhältnis des Krangewichts zur Summe aus Krangewicht plus Hublast:

$$a = \frac{\text{Krangewicht}}{\text{Krangewicht} + \text{Hublast}}$$

Für ständige und vorübergehende Bemessungssituationen werden die Einwirkungskombinationen (EK) aus dem Eigengewicht der Kranbahn, je einer Kranbetriebs-Lastgruppe (LG) 1 bis 8 nach Tab. 8.2 und ggf. weiteren Lasten gebildet. Beispielberechnungen haben gezeigt, dass für Hallenkrane häufig die EK mit LG 1 oder LG 5 nach Tab. 8.2 maßgebend sind.

Wenn außer Eigengewicht und einer Kranlastgruppe (Leiteinwirkung) keine weiteren Lasten wirken, lautet die EK mit i = 1 bis 8:

$$1{,}35 \cdot \text{ Eigengewicht Kranbahnträger } + 1{,}35 \cdot (\text{LG } i \text{ nach Tab. 8.2})$$

Wenn zusätzlich zur Lastgruppe aus Kranbetrieb weitere, nicht in Tab. 8.2 angegebene veränderliche Einwirkungen (z. B. Schnee) zu berücksichtigen sind, ist die Kenntnis der Kombinationsbeiwerte nach [1-3/Anhang A, Tab. A.2] in Verbindung mit EC 0 notwendig. Tab. 8.7 enthält die Kombinationsbeiwerte für Lasten aus Kranbetrieb. Der Kombinationsbeiwert ψ_0 findet in allen ständigen und veränderlichen Einwirkungskombinationen Anwendung. In außergewöhnlichen Einwirkungskombinationen werden die vorherrschende veränderliche Einwirkung mit ψ_1, die restlichen veränderlichen Einwirkungen mit ψ_2 abgemindert.

8.4.2 EK Grenzzustand der Tragfähigkeit, außergewöhnliche Lasten

Für außergewöhnliche Bemessungssituationen sind EK mit Lastgruppe 9 (Pufferkraft) oder 10 (Kippkraft) zu bilden. Die EK lautet, falls keine weiteren Einwirkungen zu berücksichtigen sind:

$$1{,}0 \cdot \text{ Eigengewicht Kranbahnträger } + 1{,}0 \cdot (\text{LG 9 oder LG 10 nach Tab. 8.2})$$

Einwirkungskombination Bemessungssituation Erdbeben nach EC 0, Kap. 6.4.3.4

Die Erdbebenkraft F_b nach Abs. 8.2.2 liegt vor. Zusätzlich sind das Eigengewicht der Kranbahn und die vertikalen Radlasten aus Kranbetrieb (Kraneigengewicht und geführte wie auch nicht geführte Hublasten) zu berücksichtigen. Horizontale Lasten aus Kranbetrieb (Schräglaufkräfte; Massenkräfte) bleiben unberücksichtigt, da davon ausgegangen wird, dass der Kran außer Betrieb ist. Die Einwirkungskombinationen (EK) für den Kranbahnträger kann man DIN EN 1990, Kap. 6.4.3.4 entnehmen. Falls neben den vertikalen Radlasten aus Kranbetrieb keine weiteren veränderlichen Einwirkungen zu berücksichtigen sind, gilt mit ψ_2 nach Tab. 8.7:

$$1,0 \cdot (\text{Eg Kranbahnträger}) + 1,0 \cdot (\text{Erdbebenlast } F_b) + \psi_2 \cdot (\text{Hublast } + \text{ Eg Brückenkran})$$

8.4.3 EK Grenzzustand der Gebrauchstauglichkeit (GZG)

Die Einwirkungskombinationen (EK) für den Grenzzustand der Gebrauchstauglichkeit (GZT) werden analog zu Abschnitt 8.4.1 gebildet.

Dazu werden die Lastgruppen 101, 102 oder 103 nach Tab. 8.2 verwendet, siehe [3-6NA/7.3]. Die Einwirkungskombinationen im GZG können DIN EN 1990 (EC 0), Kap. 6.5 entnommen werden, siehe auch [1-3/Anhang A.3.1(1)].

Welche Einwirkungskombination ist für die Nachweise im GZG zu wählen: die quasi-ständige, die häufige oder die charakteristische? Für alle Nachweise im GZG, die in [3-6/7] gefordert werden, sind die charakteristischen Einwirkungskombinationen zu berücksichtigen, siehe [3-6/7.3(1)] und [3-6/7.5(1)]. Falls neben Kranbahneigengewicht und Lasten aus Kranbetrieb keine weiteren Einwirkungen zu berücksichtigen sind, lautet die charakteristische Einwirkungskombination:

$$1,0 \cdot (\text{Eigengewicht Kranbahnträger}) + 1,0 \cdot (\text{LG 101, 102 oder 103 nach Tab. 8.2})$$

Der Nachweis "Begrenzung der Spurweitenänderung"nach [3-6/Tab. 7.1, Zeile e] verfolgt das alleinige Schutzziel "Verschleiß minimieren". Deshalb ist nach [3-6NA/7.3(1)] die quasi-ständige Einwirkungskombination mit LG 101 ausreichend, die mit $\psi_2 = 1,0$ (also nicht ψ_2 nach Tab. 8.7) lautet:

$$1,0 \cdot (\text{Eigengewicht Kranbahnträger}) + 1,0 \cdot \psi_2 \cdot (\text{LG 101 nach Tab. 8.2})$$

8.4.4 EK Grenzzustand der Ermüdung (GZE)

Die Einwirkungskombinationen (EK) für den Grenzzustand der Ermüdung (GZE) werden analog zu Abs. 8.4.1 gebildet.

Als vertikale Einwirkungen sind das Eigengewicht der Kranbahn und die Lastgruppe 201 nach Tab. 8.2 zu berücksichtigen. LG 201 verknüpft das Eigengewicht des Krans und die Hublast, jeweils vergrößert mit Schwingbeiwerten $\varphi_{\text{fat,i}}$, siehe Abs. 8.2.2.

Exzentrizität der Radlasteinleitung:

- In den Beanspruchungsklassen S_3 bis S_9 sind beim Ermüdungsnachweis die lokalen Auswirkungen infolge einer Exzentrizität von $1/4$ der Schienenkopfbreite b, mindestens aber $t_w/2$ anzusetzen (siehe oben Abb. 8.3). Die Exzentrizität wirkt sich lokal z.B. in der

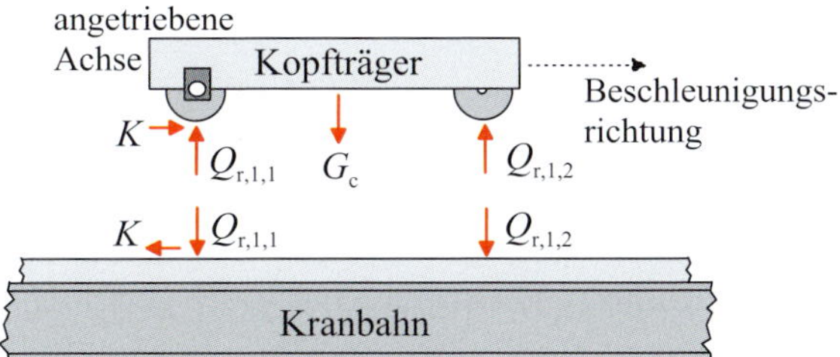

Abb. 8.9: Die Antriebskraft K an der angetriebenen Achse beschleunigt die Kranbrücke

Stegblechbiegung oder in der Erhöhung der Schienenschweißnahtspannungen aus. Die Schnittgrößen aus globaler Torsion infolge exzentrischer Radlasteinleitung bleiben auch in diesem Fall unberücksichtigt.

- Für die Beanspruchungsklassen S_0 bis S_2 darf die Radlast zentrisch angesetzt werden, siehe [3-6/9.3.3(1)] und [3-6NA/9.3.3(1)].

Horizontale Lasten werden beim Ermüdungsnachweis im Regelfall nicht berücksichtigt, da sie nicht dauernd wirken, siehe Tab. 8.2. Nur falls regelmäßig in einem bestimmten Bereich der Kranbahn gebremst/beschleunigt wird, müssen ausnahmsweise Horizontallasten auch im Ermüdungsnachweis berücksichtigt werden [3-6/9.1(3)]. Das gilt ebenfalls, falls Verbindungen zur Übertragung der Seitenlasten einer sehr hohen Ermüdungsbeanspruchung ausgesetzt sind.

Die Einwirkungskombination lautet mit LG 201 nach Tab. 8.2 und $\gamma_{Ff} = 1,0$ nach [3-6NA/9.2(1)]:

$$\gamma_{Ff} \cdot (\varphi_{fat,1} \cdot \text{Eg Kranbrücke} + \varphi_{fat,2} \cdot \text{Hublast})$$

Auf die Berücksichtigung des Eigengewichts der Kranbahn kann im Regelfall verzichtet werden, da für den Ermüdungsnachweis nur noch die Spannungsschwingbreiten maßgebend sind, auf die das Eigengewicht der Kranbahn keinen Einfluss hat.

Beispiel zu Abs. 8.4 : Lastannahmen für die Kranbahn eines Hallenkrans

Aufgabenstellung und Berechnungen sind in den Abschnitten 17.1 und 17.2 enthalten.

8.5 Kräfte aus Beschleunigung und Bremsen

8.5.1 Antriebskraft *K*

Aus dem Beschleunigen und Verzögern von Kranbewegungen wirken Massenkräfte längs der Kranbahn $H_{L,i}$ und quer zur Kranbahn $H_{T,i}$. Kranbewegungen sind z. B. Fahren einer Kranbrücke oder einer Katze. Abb. 8.9 zeigt eine sich beschleunigende Kranbrücke und die Reaktionskräfte auf die Kranbahn. Die beim Beschleunigen oder Bremsen der Kranbrücke an einem Rad i, j der angetriebenen/gebremsten Achse j maximal mögliche Kraft $K_{i,j}$ hängt vom Reibungsbeiwert μ und den charakteristischen vertikalen Radlasten $Q_{r,i,j}$ ab: $K_{i,j} = Q_{r,i,j} \cdot \mu$.

Als Reibungsbeiwert für den Rad/Schiene-Kontakt ist nach [1-3NA/2.7.3] $\mu = 0,2$ für Stahl auf Stahl anzusetzen. Dies entspricht ungefähr der Reibungszahl für Haftreibung Stahl/Stahl bei trockenen und rauen Oberflächen, die mit $0,15 < \mu < 0,3$ angegeben wird [WA90]. Zur Frage des Reibbeiwerts siehe auch [War04].

Damit ergibt sich die horizontale Kraft am Antriebsrad auf die Schiene: $K_{i,j} = Q_{r,i,j} \cdot 0,2$. Die Kraft $K_{i,j}$ kann natürlich nur an Rädern angetriebener oder gebremster Achsen j auftreten.

Die Antriebsleistung und die Bremsen der Kranbrücke sind so auszulegen, dass das Rad weder beim Beschleunigen durchdreht noch beim Bremsen blockiert [1-3/2.7.3]. So wird ein für Schienen und Räder verschleißarmer und sicherer Kranbetrieb gewährleistet.

Für Q ist daher im Folgenden die kleinste charakteristische Radlast ohne Schwingbeiwerte und ohne Nutzlast am Haken anzusetzen.

Die dynamische Wirkung der Antriebs- und Bremskräfte wird durch den Schwingbeiwert φ_5 [1-3/Tab.2.6] berücksichtigt. Oft wird mit $\varphi_5 = 1,5$ gerechnet. Dieser Schwingbeiwert wird jedoch erst später bei der Bildung der Lastgruppen nach [1-3/Tab.2.2], siehe auch Tab. 8.2 eingerechnet und bleibt also zunächst bei der Bestimmung von $H_{T,i}$ und $H_{L,i}$ unberücksichtigt. Die Gleichungen in [1-3/Gl.2.2 bis 2.4] sind insofern missverständlich.

Die Rechenwerte der horizontalen Massenkräfte $K_{i,j}$ ergeben sich – abhängig vom Achstyp – wie folgt:

- Typ I – Einzelradantrieb: Das Durchdrehen/Blockieren nur eines einzelnen der beiden Räder einer angetriebenen Achse ist möglich. Die auf jeden Fall übertragbare Antriebskraft eines einzelnen Rades beträgt: $\mu \cdot Q_{r,i,j,\min}$. Darin ist $Q_{r,i,j,\min}$ die minimal mögliche charakteristische Radlast nach Gl. 8.1d ohne Berücksichtigung der Hublast; die Katze steht möglichst weit entfernt vom betrachteten Rad. Pro angetriebenes/gebremstes Rad ist folgende Kraft zu berücksichtigen: $K_{i,j} = \mu \cdot Q_{r,i,j,\min}$. Die Resultierende berechnet sich als Summe über alle angetriebenen Räder zu: $K = \Sigma K_{i,j} = \mu \cdot \Sigma Q_{r,i,j,\min}$.
- Typ C – Zentralantrieb: Die ohne Durchdrehen der Räder übertragbare Antriebskraft der angetriebenen Achse j beträgt: $K_j = \mu \cdot \left(Q_{r,1,i,\min} + Q_{r,2,j}\right)$. Darin ist $Q_{r,1,j,\min}$ die minimal mögliche charakteristische Last des einen Rades ohne Hublast und $Q_{r,2,j}$ die gleichzeitig wirkende Radlast des anderen Rades der Achse. Da sich die Antriebs-/Bremskraft auf beide Räder einer Achse j verteilt und das Durchdrehen/Blockieren nur eines einzelnen der beiden Räder einer Achse unmöglich ist, ist die minimale Summe der beiden *gleichzeitig* wirkenden Radlasten $Q_{r,1,j,\min}$ und $Q_{r,2,j}$ ohne Hublast zu berücksichtigen. "Gleichzeitig" bedeutet: bei einer bestimmten Katzstellung.

Beispiel 8-1: Charakteristische Antriebskraft *K* für die Antriebstypen I und C

Die in der Draufsicht dargestellte Brücke eines Zweiträgerbrückenkrans (Abb. 8.10) hat eine Masse von $m_b = 4,0$ t ($G_b = 40$ kN), die in äußerster Position eingezeichnete Laufkatze wiegt noch einmal $m_k = 1,0$ t ($G_k = 10$ kN). Die Schwerpunkte befinden sich jeweils in der geometrischen Mitte. Die Spannweite der Brücke beträgt 20 m.

Der minimale Abstand des Katzschwerpunkts von den Kranbahnträgerachsen beträgt auf beiden Seiten 1,0 m. Für die Lastgruppe 1 nach Tab. 8.2 sind die Massenkräfte zu bestimmen.

Das rechte vordere, angetriebene Rad hat die minimale vertikale Radlast:

$$Q_{r,2,1,\min} = \frac{G_b}{4} + \frac{1}{2} \cdot \left(G_k \cdot \frac{1\text{ m}}{l}\right) = \frac{40}{4} + \frac{1}{2} \cdot \left(10 \cdot \frac{1}{20}\right) = 10,25\text{ kN}$$

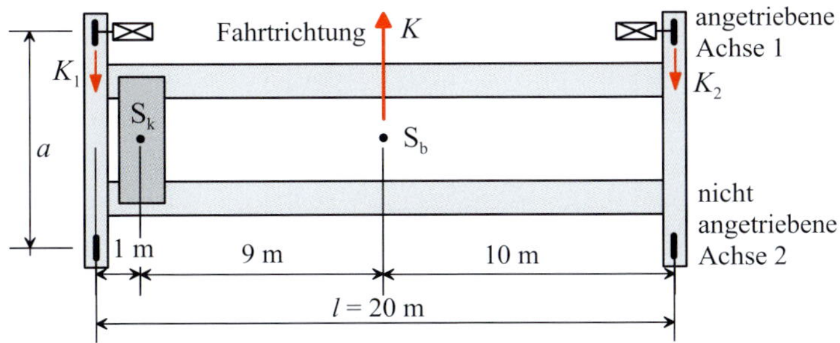

Abb. 8.10: Draufsicht auf den Zweiträgerbrückenkran Beispiel 8-1

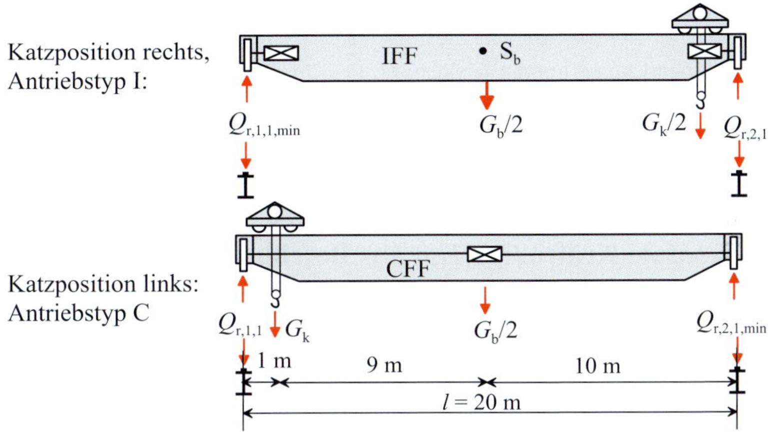

Abb. 8.11: Belastung der angetriebenen Achse mit Antriebstyp I oder C aus Bsp. 8-1

Die zugehörige gleichzeitig wirkende Radlast auf der linken Seite ergibt sich zu:

$$Q_{\mathrm{r},1,1} = \frac{G_\mathrm{b}}{4} + \frac{1}{2} \cdot \left(G_\mathrm{k} \cdot \frac{19\ \mathrm{m}}{l} \right) = \frac{40}{4} + \frac{1}{2} \cdot \left(10 \cdot \frac{19}{20} \right) = 14,75\ \mathrm{kN}$$

(a) Antriebskraft K längs der Kranbahn bei Einzelradantrieb I (Abb. 8.11 oben)

- Rechts ist die minimale Radlast $Q_{\mathrm{r},2,1,\mathrm{min}} = 10,25$ kN maßgebend.
- Links ist nicht die gleichzeitig wirkende Kraft $Q_{\mathrm{r},1,1} = 14,75$ kN, sondern die bei Katzposition rechts auftretende minimale Radlast $Q_{\mathrm{r},1,1,\mathrm{min}} = 10,25$ kN maßgebend.
- Pro angetriebenem/gebremstem Rad i ergibt sich als Antriebskraft:

$$K_{\mathrm{i},1} = 0,2 \cdot Q_{\mathrm{r,i},1,\mathrm{min}} = 0,2 \cdot 10,25 = 2,05\ \mathrm{kN}$$

- Die Antriebskraft ist damit bei 2 angetriebenen Rädern an der Achse 1:

$$K = K_{1,1} + K_{2,1} = 2,05 + 2,05 = 4,1\mathrm{kN}$$

(b) Antriebskraft K längs der Kranbahn bei gekoppeltem Antrieb C (Abb. 8.11 unten)

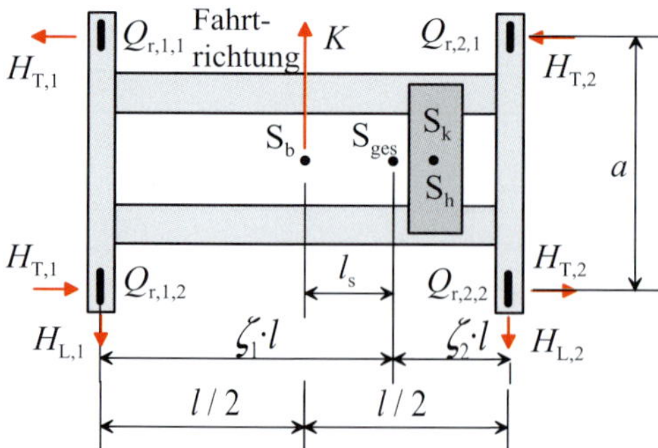

Abb. 8.12: Horizontale Massenkräfte längs und quer zur Fahrtrichtung bei Einzelradantrieb

- Maßgebend ist rechts die Radlast: $Q_{r,2,1,min} = 10,25$ kN und links die gleichzeitig wirkende Kraft $Q_{r,1,1} = 14,75$ kN.
- Damit ergibt sich die zu berücksichtigende Kraft an der angetriebenen Achse 1 zu:

$$K = 0,2 \cdot (Q_{r,1,1} + Q_{r,2,1,min}) = 0,2 \cdot (14,75 + 10,25) = 5,0 \text{ kN}$$

8.5.2 Horizontale Kräfte $H_{L,i}, H_{T,i}$ aus Beschleunigung und Bremsen

Die Wirkungslinie der Resultierenden K aus den Antriebskräften verläuft in der Regel durch deren geometrische Mitte, die kaum mit dem Massenschwerpunkt der mit der Hublast belasteten Kranbrücke S_{ges} (Abb. 8.12) übereinstimmt. Zur Herstellung des Gleichgewichts sind daher Kräfte $H_{T,i}$ quer zur Fahrtrichtung und $H_{L,i}$ längs der Fahrtrichtung notwendig.

Die Horizontalkräfte $H_{T,i}$ und $H_{L,i}$ werden im Folgenden ohne Schwingbeiwert φ_5 angegeben.

Zur Erhaltung des Momentengleichgewichts muss gelten:

$$K \cdot l_s = a \cdot (H_{T,1} + H_{T,2}) = a \cdot \Sigma H_{T,i} \tag{8.4}$$

Daraus ergeben sich die Kräfte quer zur Kranbahn (l_s siehe Abb. 8.12)

$$\Sigma H_{T,i} = \frac{M}{a} = \frac{K \cdot l_s}{a} \tag{8.5}$$

Die Kräfte längs des Kranbahnträgers betragen bei zwei Kranbahnträgern:

$$H_{L,i} = K \cdot \frac{1}{2} \tag{8.6}$$

Das Maß a in Gl. 8.4 und 8.5 ergibt sich nach DIN EN 13001-2, Abs. 4.2.2.5, DIN 15018, Abs. 4.1.5 und [1-3/2.7.2].

- Krane mit Seitenführung über Seitenführungsrollen, unabhängig von der Zahl der Radachsen: a entspricht auf der geführten Seite dem Abstand der äußeren Führungsmittel (Seitenführungsrollen), siehe Abb. 8.13 c. Auf der ungeführten Seite verteilen sich die Radlasten wie bei Kranen mit Spurkranzführung.
- Krane mit maximal 4 Rädern pro Schiene bei Spurkranzführung: a entspricht dem Abstand der äußeren Räder auf der jeweiligen Kranseite, siehe Abb. 8.13 a.

- Krane mit Spurkranzführung und bis zu 8 Rädern pro Schiene: Die Lasten werden gleichmäßig auf die jeweils äußeren beiden Räder verteilt (d.h. auf 4 Räder pro Schiene, siehe Abb. 8.13 b), während die inneren Räder als unbelastet angenommen werden. a lässt sich Abb. 8.13 b entnehmen.
- Krane mit Spurkranzführung und mehr als 8 Rädern pro Schiene: Die Lasten werden auf die jeweils äußeren drei Räder verteilt (d.h. insgesamt auf 6 Räder pro Schiene, analog zu Abb. 8.13 b), während die inneren Räder als unbelastet angenommen werden. a ergibt sich analog zu Abb. 8.13 b.

l_s ist der Abstand der Kranbrückenmitte zum Gesamtschwerpunkt S_{ges}. Bei der Schwerpunktberechnung wird neben den Eigengewichten von Brücke und Katze auch die Hublast berücksichtigt, da in diesem Fall die Seitenkräfte H_T am größten werden.

Die Aufteilung in $H_{T,1}$ und $H_{T,2}$ erfolgt proportional zu den für die Aktivierung der Reibungskräfte notwendigen Vertikallasten. Mit $\xi_1 = \Sigma Q_{r,max}/\Sigma Q_r$ und $\xi_2 = 1 - \xi_1$ wird:

$$l_s = (\xi_1 - 0,5) \cdot l \tag{8.7}$$

und

$$H_{T,1} = \xi_2 \cdot \Sigma H_T \quad \text{und} \quad H_{T,2} = \xi_1 \cdot \Sigma H_T \tag{8.8}$$

Es bedeutet:

- $\Sigma Q_{r,max}$ Summe der max. Radlasten einer Kranseite mit Hublast ohne Schwingbeiwerte
- ΣQ_r Summe aller Radlasten des Krans mit Hublast ohne Schwingbeiwerte

Für Kranfahrwerksysteme mit einem Loslager IFL oder CFL gilt: $H_{T,i} = \Sigma H_T$; i = Nummer der Seite mit dem Festlager. Auf der Seite des Loslagers sind die Seitenkräfte natürlich 0.

Bei drehzahlgekoppeltem Antrieb C ist die Aufteilung der Reaktionskräfte $H_{L,i}, H_{T,i}$ etwas komplexer, da es ein zusätzliches Moment aus den Kräften $H_{T,i}$ gibt. Auf der sicheren Seite liegend können die Kräfte aus Bremsen/Beschleunigen wie beim Antriebstyp I berechnet werden, siehe [OB82], S. 10 und [EK17].

Auch Anfahr- und Bremsvorgänge der Laufkatzen bewirken Kräfte quer zur Brückenfahrtrichtung, deren Berechnung analog vorgenommen werden kann.

Beispiel 8-2, Teil I: Masselasten für einen Zweiträgerbrückenkran, siehe Abb. 8.14

Gegeben: Kranfahrwerksystem IFF, zwei Achsen, eine angetriebene/gebremste Achse

- Masse Brücke: $m_b = 6,0$ t; $G_b = 60$ kN (Schwerpunkt S_b in der geom. Mitte)
- Katzmasse: $m_k = 1,0$ t; $G_k = 10$ kN (Schwerpunkt S_k in der geometrischen Mitte)
- Anfahrmaß 1,5 m, Katzposition links
- Hublast: $m_h = 10,0$ t; $G_h = 100$ kN (Der Schwerpunkt S_h der Hublast kann entsprechend dem Seiltrieb des Hubwerks wandern, er wird hier vereinfachend als unter dem Katzschwerpunkt liegend angenommen.)

Gesucht: Kräfte $H_{T,i}$ und $H_{L,i}$ aus Bremsen/Beschleunigen

(a) Kräfte K und $H_{L,i}$ längs der Fahrtrichtung

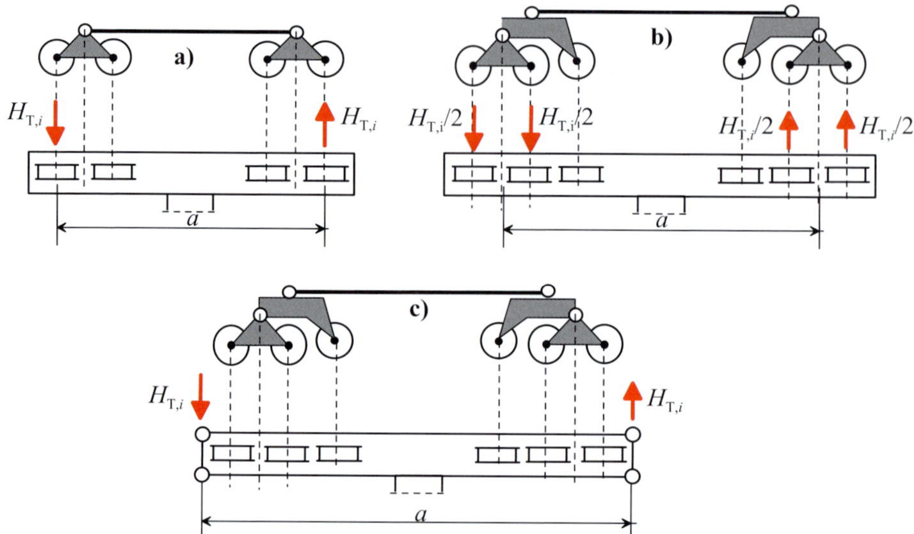

Abb. 8.13: Verteilung der Kräfte $H_{T,i}$ nach DIN 15018 und DIN EN 13001-2: Verteilung bei Spurkränzen a), b); Verteilung bei Seitenführungsrollen c)

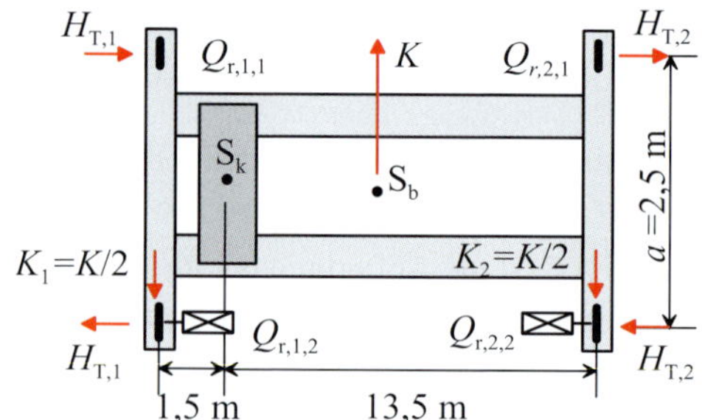

Abb. 8.14: Zweiträgerbrückenkran Beispiel 8-2

- Vertikale Radlasten ohne Hublast:

$$Q_{r,1,j,\min} = Q_{r,2,j,\min} = \frac{G_b}{4} + \frac{G_k}{2} \cdot \frac{1,5\text{m}}{15\text{m}} = 15,5 \text{ kN}$$

- $K_1 = K_2 = H_{L,1} = H_{L,2} = \mu \cdot Q_{r,i,2,\min} = 0,2 \cdot 15,5 = 3,1$ kN
- Summe der Antriebskräfte: $K = K_1 + K_2 = 6,2$kN

(b) Kräfte $H_{T,i}$ quer zur Fahrtrichtung

- Der Gesamtschwerpunkt hat einen Abstand von der Brückenmitte:

$$l_s = \frac{\sum G_i \cdot l_i}{\sum G_i} = \frac{G_b \cdot 0 + G_k \cdot 6\text{m} + \cdot G_h \cdot 6\text{m}}{G_b + G_k + G_h} = \frac{10 \cdot 6 + 100 \cdot 6}{60 + 10 + 100} = 3,88 \text{ m}$$

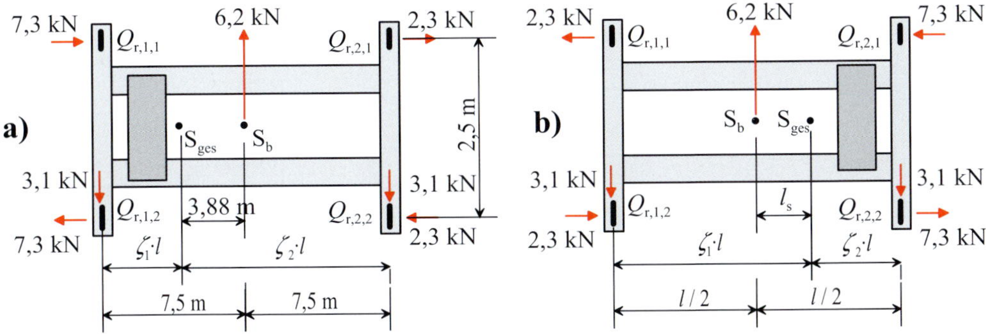

Abb. 8.15: Massenkräfte $H_{T,i}$ für Beispiel 8-2: a) Katze links, b) Katze rechts

- Aus dem Momentengleichgewicht folgt (siehe Gl. 8.5), noch ohne Schwingbeiwert:

$$\Sigma H_{T,i} = \frac{M}{a} = \frac{K \cdot l_s}{a} = \frac{6,2 \cdot 3,88}{2,5} = 9,6 \text{ kN}$$

- Mit $\xi_1 = (l/2 - l_s)/l = (7,5 - 3,88)/15 = 0,241$ und $\xi_2 = 1 - \xi_1 = 0,759$ wird:

$$H_{T1} = \xi_2 \cdot \sum H_T = 0,759 \cdot 9,6 = 7,3 \text{ kN}$$
$$H_{T2} = \xi_1 \cdot \sum H_T = 0,241 \cdot 9,6 = 2,3 \text{ kN (siehe Abb. 8.15 links)}$$

Wäre die Katzposition nicht links, sondern rechts angenommen worden, so hätten sich die in Abb. 8.15 rechts dargestellten Horizontalkräfte ergeben.

8.6 Kräfte aus Schräglauf

8.6.1 Grundlagen der Berechnung der Schräglaufkräfte

Ein nach den Regeln der Technik gebauter Kran, der sich auf einer ebenso korrekt gebauten Kranbahn bewegt, wird sich dennoch nicht genau gerade parallel zur Kranbahn bewegen. Maßabweichungen, Verschleiß, Verformungen etc. führen dazu, dass der Kran im Rahmen seines Spurspiels im Grundriss betrachtet begrenzt schlingert und Bögen fährt, siehe [Hen68]. Es kann sich zwischen Kranachse und Schienenachse der Schräglaufwinkel α einstellen, siehe Abb. 8.16. Dadurch kommt ein Führungsmittel (Seitenführungsrolle oder Spurkranz) in Kontakt mit der Schiene. Die dadurch verursachte Führungskraft S ist die Kontaktkraft, die dazu führt, dass der Kran nun nicht mehr gerade in Richtung seiner Laufräder weiterfahren kann, sondern seitlich abgedrängt wird, wodurch eine Richtungsänderung (Drehung im Grundriss) verursacht wird. Die Führungskraft S steht mit den horizontalen Radlasten $H_{S,i,j}$ im Gleichgewicht, die als Reibungskräfte in der Rad-Schiene-Ebene angenommen werden.

Die Begriffe Schräglaufkraft, Spurführungskraft oder Seitenführungskraft werden üblicherweise synonym verwendet.

Für Eisenbahnen und andere Gleisfahrzeuge wurde die Theorie der Spurführungsmechanik entwickelt (siehe [Pet94], Kap. 21.5.2.4.2). Die Anwendung dieser sehr komplexen Zusammenhänge auf Brückenlaufkrane wurde durch vereinfachende, auf der sicheren Seite liegende Annahmen erleichtert. Diese vereinfachenden Rechenregeln, die auf die Arbeiten von Hennies [Hen68]

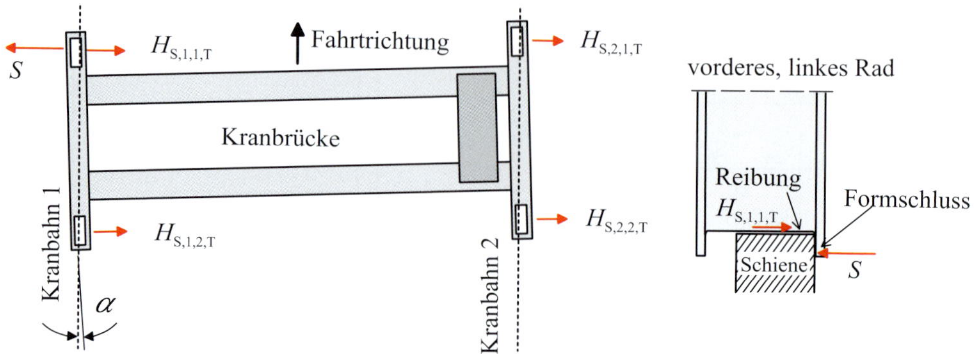

Abb. 8.16: Schräglauf einer Kranbrücke (Draufsicht)

und Hannover [Han69], [Han70], [Han74] zurückgehen, bilden auch die Grundlage der Berechnung der Schräglaufkräfte nach DIN EN 1991-3, DIN EN 15011 und DIN EN 13001-2. Der in Tab. 8.8 angegebene Formelapparat basiert auf folgenden Annahmen:

- Kranbrücke und Kranbahn werden als starre Körper angesehen. Diese Annahme kann für übliche Brücken- und Hängekrane als näherungsweise erfüllt gelten. Portalkrane und Halbportalkrane dagegen können diese Bedingung nicht ohne weiteres erfüllen. Ob ein Portalkran als starr oder nicht angesehen werden darf, ist nach DIN EN 15011, Tab. 7 zu entscheiden. Die Schräglaufkräfte von Kranen, die nicht als starr angesehen werden können, können nicht wie in Abschnitt 8.6.2 beschrieben ermittelt werden: Zur Berechnung siehe DIN EN 15011, Abs. 5.2.1.4 und Anhang D und [San96].
- Die Kranfahrbahn wird als ideal-gerade und ideal-horizontal betrachtet.
- Der Kran bewegt sich mit konstanter Geschwindigkeit (Beharrungsfahrt). Kräfte aus Bremsen/Beschleunigen werden vernachlässigt. Diese Annahme liegt auf der sicheren Seite, da Antriebs- und Bremskräfte den Reibungsschluss Rad/Schiene auch beanspruchen würden und dadurch für die Schräglaufkräfte weniger Kraftschluss zur Verfügung stünde ([Hen68] und [EK17]).
- Die Laufräder sind spielfrei und haben alle den gleichen Durchmesser.
- Die Kranbrücke wird mit ihrem in Fahrtrichtung vordersten rechten oder linken Führungsmittel (Seitenführungsrolle oder Spurkranz) geführt, während alle anderen Räder als freilaufend betrachtet werden.

Kranhersteller berechnen die im Krandatenblatt (Beispiel siehe unten Abb. 8.28) angegebenen Schräglaufkräfte i. d. R. nach der maschinenbaulichen Kran-Norm DIN EN 15011, Abschnitt 5.2.1.4. Wenn das Krandatenblatt vorliegt, sollten die darin angegebenen Schräglaufkräfte für den Nachweis der Kranbahn verwendet werden. In frühen Planungsphasen, in denen der Kranhersteller noch nicht ausgewählt ist, können die Schräglaufkräfte von Brückenlaufkranen nach Abs. 8.6.2 bestimmt werden.

8.6.2 Schräglaufkräfte S und $H_{S,i,j,T}$ für Krane

[1-3/2.7.4] enthält einen vereinfachenden Ansatz für die Berechnung der Kräfte S und $H_{S,i,j,T}$ bei als starr anzusehenden Kranen. Siehe dazu auch DIN EN 15011, Abschnitt 5.2.1.4, Verfahren für starre Krantragwerke. Brückenkrane dürfen stets als starr eingestuft werden. Die Seitenführung erfolgt über eine Führungskraft S, die zu einer Drehung der Kranbrücke um den sog. Gleitpol führt. Aus Gleichgewichtsgründen entstehen bei allen Rädern in der Rad-Aufstandsfläche Reaktionskräfte (Reibungskräfte) $H_{s,i,j,L}$ längs und $H_{s,i,j,T}$ quer zur Fahrtrichtung (Abb. 8.17). Die Größe dieser Kräfte hängt vom Kranfahrwerksystem, der Geometrie der Kranbrücke und der Art der Spurführung ab. Wir wollen die Führungskraft S zunächst der Einfachheit halber als am in Fahrtrichtung vorderen, linken Führungsmittel wirkend annehmen, obwohl sie grundsätzlich an allen Rädern wirken kann.

Ausgangspunkt der Berechnungen ist der **Schräglaufwinkel** α, siehe oben Abb. 8.16.

Es gilt:

$$\alpha = \alpha_f + \alpha_v + \alpha_0 \leq 0,015\,\text{rad} \approx 15\ ‰ \tag{8.9}$$

α_f Schräglaufwinkel aus 75 % des Spurspiels x (siehe oben Abb. 2.11)

$$\alpha_f = 0,75 \cdot \frac{x}{a_{ext}} \tag{8.10}$$

a_{ext} Abstand der formschlüssigen Führungsmittel, siehe Abb. 8.17
x Spurspiel; Führungsrollen: $0,75 \cdot x \geq 5$ mm; Spurkränze: $0,75 \cdot x \geq 10$ mm

α_V Schräglaufwinkel aus Verschleiß y

$$\alpha_V = \frac{y}{a_{ext}} \tag{8.11}$$

y beträgt mindestens 3 % der Schienenkopfbreite b bei Führungsrollen bzw. mindestens 10 % der Schienenkopfbreite b bei Spurkränzen
α_0 aus Maßabweichungen des Krans und der Kranbahn $\alpha_0 = 0,001 \approx 1\ ‰$

Kraftschlussbeiwert f (kann nach [1-3] nicht größer als 0,3 werden)

$$f = 0,3 \cdot \left(1 - e^{-0,25\alpha}\right) \leq 0,3 \tag{8.12}$$

mit: α Schräglaufwinkel in Promille; $e = 2,7183$ (Euler'sche Zahl)

Berechnung der Spurführungskraft S und der Reaktionskräfte $H_{S,i,j,T}$ (Tab. 8.8)

Der Formelapparat zur Berechnung der Schräglaufkräfte kann Tab. 8.8 entnommen werden.

Zur Herleitung der Formeln siehe [Pet94], Kap. 21.5.2.4.2. Der ungünstigste Fall liegt vor, wenn die Katze von der (meist links) angesetzten Spurführungskraft S möglichst weit entfernt ist. Besonderheiten:

- Als „Loslager" gebaute Räder (L) können keine Horizontalkräfte quer zur Fahrtrichtung übernehmen.
- Kräfte in Längsrichtung können nur an einer drehzahlgekoppelten Achse (C) auftreten.
- Achsen IFF können nur Kräfte quer zur Fahrtrichtung aufnehmen.

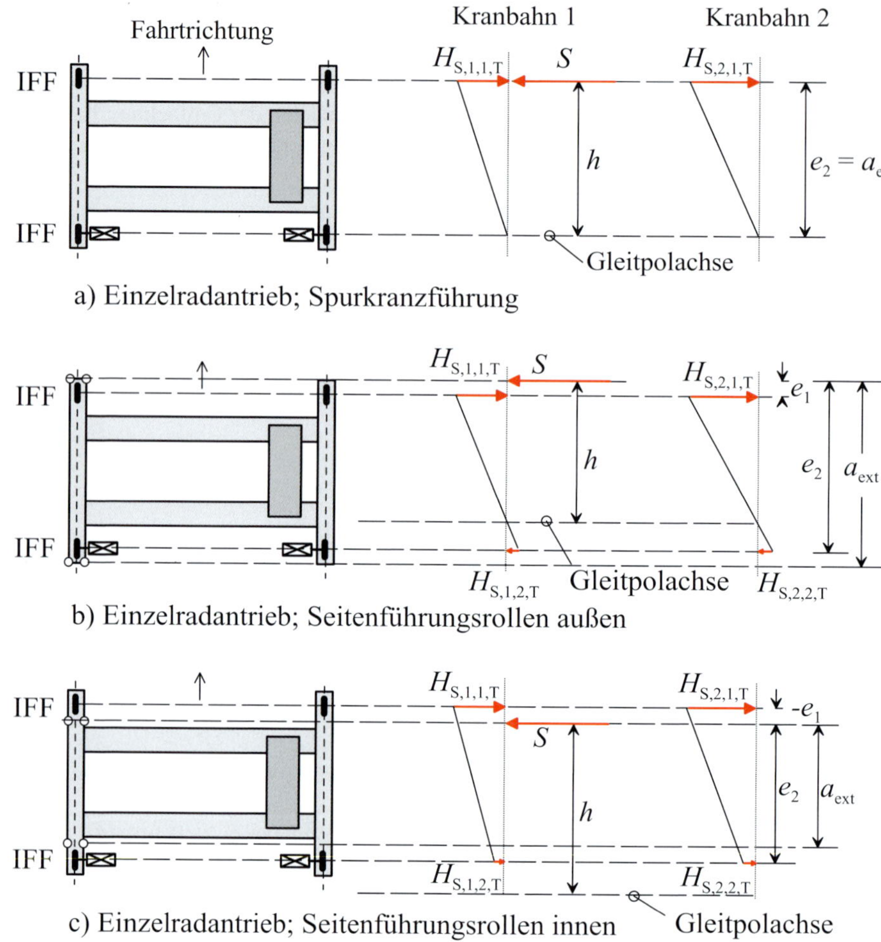

Abb. 8.17: Schräglaufkräfte für verschiedene Kranfahrwerksysteme und Seitenführungssysteme (Quelle: Beiblatt zu DIN 4132)

Tab. 8.8: Berechnung der Schräglaufkräfte nach DIN EN 1991-3

Spurführungskraft S

$$S = \lambda_{S,j} \cdot f \cdot \Sigma Q_r$$

Horizontale Reaktionskräfte quer $H_{S,i,j,T}$ und längs $H_{S,i,j,L}$

$$H_{S,1,j,T} = \lambda_{S,1,j,T} \cdot f \cdot \Sigma Q_r$$

$$H_{S,1,j,L} = \lambda_{S,1,j,L} \cdot f \cdot \Sigma Q_r$$

$$H_{S,2,j,T} = \lambda_{S,2,j,T} \cdot f \cdot \Sigma Q_r$$

$$H_{S,2,j,L} = \lambda_{S,2,j,L} \cdot f \cdot \Sigma Q_r$$

(Radlasten Q_r mit Hublast, ohne Schwingbeiwert)

	Gleitpolabstand h	Hilfswert $\lambda_{S,j}$
FF	$\frac{m \cdot \xi_1 \cdot \xi_2 \cdot l^2 + \Sigma e_j^2}{\Sigma e_j}$	$1 - \frac{\Sigma e_j}{n \cdot h}$
FM	$\frac{m \cdot \xi_1 \cdot l^2 + \Sigma e_j^2}{\Sigma e_j}$	$\xi_2 \cdot \left(1 - \frac{\Sigma e_j}{n \cdot h}\right)$

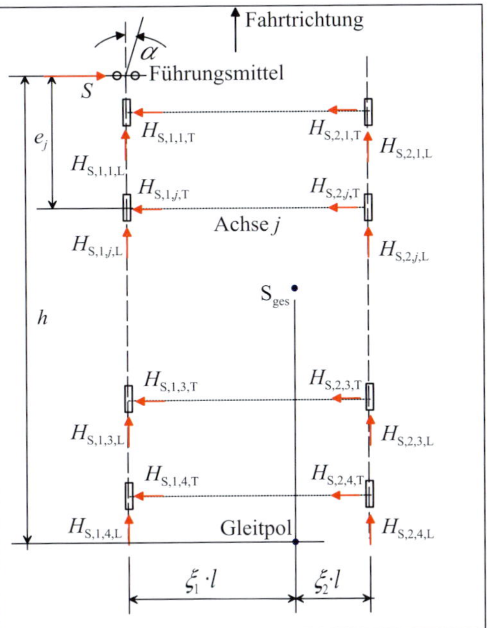

Kranfahrwerksystem	$\lambda_{S,1,j,L}$	$\lambda_{S,1,j,T}$	$\lambda_{S,2,j,L}$	$\lambda_{S,2,j,T}$
CFF	$\frac{\xi_1 \cdot \xi_2}{n} \cdot \frac{l}{h}$	$\frac{\xi_2}{n} \cdot \left(1 - \frac{e_j}{h}\right)$	$\frac{\xi_1 \cdot \xi_2}{n} \cdot \frac{l}{h}$	$\frac{\xi_1}{n} \cdot \left(1 - \frac{e_j}{h}\right)$
IFF	0	$\frac{\xi_2}{n} \cdot \left(1 - \frac{e_j}{h}\right)$	0	$\frac{\xi_1}{n} \cdot \left(1 - \frac{e_j}{h}\right)$
CFM	$\frac{\xi_1 \cdot \xi_2}{n} \cdot \frac{l}{h}$	$\frac{\xi_2}{n} \cdot \left(1 - \frac{e_j}{h}\right)$	$\frac{\xi_1 \cdot \xi_2}{n} \cdot \frac{l}{h}$	0
IFM	0	$\frac{\xi_2}{n} \cdot \left(1 - \frac{e_j}{h}\right)$	0	0

n Anzahl der Achsen bzw. Radpaare

h Kürzester Abstand zwischen der Gleitpolachse und dem vorderen Führungsmittel

m Anzahl der drehzahlgekoppelten C-Achsen ($m = 0$, wenn nur Achsen vom Typ I vorhanden sind)

l Spannweite der Kranbrücke, entspricht dem Achsabstand der beiden Kranbahnträger

e_j Kürzester Abstand zwischen der Achse j und dem vorderen Führungsmittel

$\xi_1 \cdot l$ Abstand zwischen Gleitpol und linker Kranbahn ($i = 1$): $\xi_1 = \Sigma Q_{r,2,i,max}/(\Sigma Q_r)$ (Katzposition rechts)

$\xi_2 \cdot l$ Abstand zwischen dem Gleitpol und der rechten Kranbahn ($i = 2$); $\xi_2 = 1 - \xi_1$

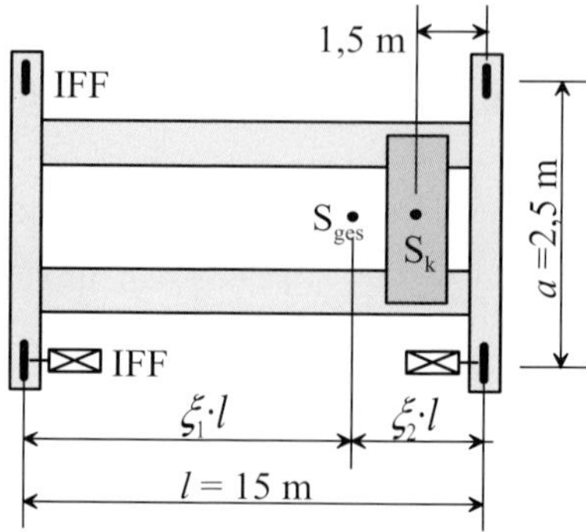

Abb. 8.18: Beispiel 8-2: Berechnung von Schräglaufkräften

Warkenthin [War02] vergleicht berechnete mit gemessenen Schräglaufkräften und stellt fest, dass bei den von ihm versuchstechnisch untersuchten typischen Kranen tatsächlich in seltenen Fällen Schräglaufkräfte auftraten, die doppelt so hoch waren wie die nach Norm berechneten Schräglaufkräfte. Da die maximalen Schräglaufkräfte aber stets an den Rädern auftreten, die durch die Hublast nicht extremal beansprucht sind, führte das bei Kranbahnträgern nicht zu Problemen.

Leider sind keine systematischen weiteren Untersuchungen zu diesem Thema bekannt, die eine allgemeingültige Aussage zuließen.

Bsp. 8-2, Teil IIa Schräglaufkräfte: Fortsetzung Bsp. 8-2, Teil I (Abs. 8.5)

Gegeben: Zweiträgerbrückenkran, Kranfahrwerksystem IFF, siehe Abb. 8.18

- Masse Brücke: $m_\text{b} = 6,0$ t; $G_\text{b} = 60$ kN (Schwerpunkt in der geometrischen Mitte)
- Katzmasse: $m_\text{k} = 1,0$ t; $G_\text{k} = 10$ kN (Schwerpunkt in der geometrischen Mitte)
- Kleinstes Anfahrmaß (entspricht dem kleinsten horizontalen Abstand des Lasthakens der Katze von der Kranbahnachse) e = 1,5 m
- Hublast: $m_\text{h} = 10,0$ t; $G_\text{h} = 100$ kN (wirkt unter dem Schwerpunkt der Katze)
- Spurkranzführung, Spurspiel: $x = 13$ mm (siehe oben Abb. 2.11)
- Flachstahlschiene, Schienenkopfbreite $b = 50$ mm
- Radstand, Abstand der Führungsmittel: $a = a_\text{ext} = 2,5$ m

Gesucht: Schräglaufkräfte $S, H_{\text{S},i,j,\text{T}}$

1. Radlasten inklusive maximaler Hublast

   $$Q_{\text{r},1,j,\text{min}} = \frac{G_\text{b}}{4} + \frac{G_\text{k}+G_\text{h}}{2} \cdot \frac{e}{l} = \frac{60\text{ kN}}{4} + \frac{110\text{ kN}}{2} \cdot \frac{1,5\text{ m}}{15\text{ m}} = 20,5\text{ kN}$$

   (minimale Radlast auf der linken Seite (Index 1) incl. Hublast)

   $\sum Q_{\text{r},1,\text{min}} = 2 \cdot Q_{\text{r},1,\text{min}} = 41,0$ kN

   (Summe der Radlasten auf der linken, weniger belasteten Kranbahn)

   $\sum Q_\text{r} = Q_\text{c} + Q_\text{h} = Q_\text{b} + Q_\text{k} + Q_\text{h} = 170$ kN

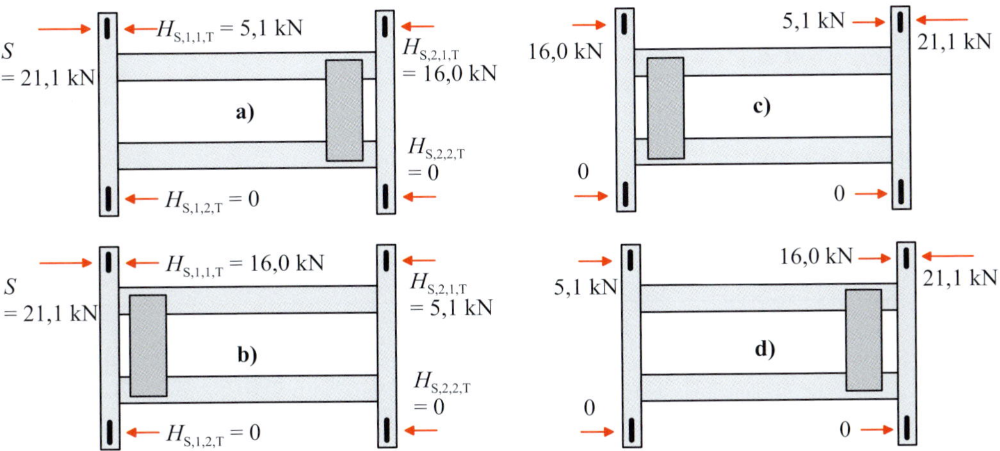

Abb. 8.19: Schräglaufkräfte Beispiel 8-2: a), c) größte Schräglaufkräfte; b), d) kleinste Schräglaufkräfte mit Spurführung links a),b); oder Spurführung rechts c), d)

$\sum Q_{r,2,j,\max} = \sum Q_r - \sum Q_{r,1,j,\min} = 170 - 41 = 129$ kN
(Summe der Radlasten auf der rechten, stärker belasteten Kranbahn)

2. Schräglaufwinkel $\alpha = \alpha_f + \alpha_V + \alpha_0 \leq 15$ ‰

$$\alpha_f = 0,75 \cdot \frac{x}{a_{ext}} = \frac{10 \text{ mm}}{2500 \text{ mm}} = 4,0 \text{ ‰} \quad (\text{mit } 0,75 \cdot x \geq 10 \text{ mm})$$

$$\alpha_V = \frac{y}{a_{ext}} = \frac{0,1 \cdot 50 \text{ mm}}{2500 \text{ mm}} = 2,0 \text{ ‰} \quad \text{Verschleiß } y = 10\,\% \cdot b_r$$

$$\alpha = 4,0 + 2,0 + 1,0 = 7,0 \text{ ‰}$$

3. Kraftschlussbeiwert

$$f = 0,3 \cdot \left(1 - e^{-0,25 \cdot \alpha}\right) = 0,3 \cdot \left(1 - e^{-0,25 \cdot 7,0}\right) = 0,248 \leq 0,3$$

4. Schwerpunktlage

$$\xi_1 = \frac{\sum Q_{r,2,j,\max}}{\sum Q_r} = \frac{129}{170} = 0,759; \quad \xi_2 = 1 - 0,759 = 0,241$$

5. Spurführungskraft S am linken, vorderen Rad (Abb. 8.19 a))

$n = 2$ (Anzahl der Achsen des Krans)
$m = 0$ (Anzahl der C-Achsen)
$e_1 = 0$; $e_2 = a = 2,5$ m

$$h = \frac{m \cdot \xi_1 \cdot \xi_2 \cdot l^2 + \Sigma e_j^2}{\Sigma e_j} = \frac{0 + (0^2 + 2,5^2)}{0 + 2,5} = 2,5 \text{ m}$$

$$\lambda_{S,j} = 1 - \frac{\Sigma e_j}{n \cdot h} = 1 - \frac{0+2,5}{2 \cdot 2,5} = 0,5$$
$$S = \lambda_{S,j} \cdot f \cdot \Sigma R = 0,5 \cdot 0,248 \cdot 170 = 21,07 \text{ kN}$$

6. Reaktionskräfte $H_{S,i,j,T}$

Achse j	$\lambda_{S,1,j,T}$	$\lambda_{S,2,j,T}$
1	$\frac{\xi_2}{n} \cdot \left(1 - \frac{e_j}{h}\right) = \frac{0,241}{2} \cdot \left(1 - \frac{0}{2,5}\right) = 0,120$	$\frac{\xi_1}{n} \cdot \left(1 - \frac{e_j}{h}\right) = \frac{0,759}{2} \cdot \left(1 - \frac{0}{2,5}\right) = 0,380$
2	$\frac{\xi_2}{n} \cdot \left(1 - \frac{e_j}{h}\right) = \frac{0,241}{2} \cdot \left(1 - \frac{2,5}{2,5}\right) = 0$	$\frac{\xi_1}{n} \cdot \left(1 - \frac{e_j}{h}\right) = \frac{0,759}{2} \cdot \left(1 - \frac{2,5}{2,5}\right) = 0$

damit wird:

$$H_{S,1,1,T} = \lambda_{S,1,1,T} \cdot f \cdot \Sigma Q_r = 0,120 \cdot 0,248 \cdot 170 = 5,10 \text{ kN} \qquad H_{S,1,2,T} = 0$$
$$H_{S,2,1,T} = \lambda_{S,2,1,T} \cdot f \cdot \Sigma Q_r = 0,380 \cdot 0,248 \cdot 170 = 16,0 \text{ kN} \qquad H_{S,2,2,T} = 0$$

7. Gleichgewichtsprobe (Abb. 8.19 oben a)):

$$S - \Sigma H_{S,i,j,T} = 0 \quad \Rightarrow \quad 21,07 - 5,06 - 16,01 = 0 \quad \checkmark$$

Zur Wirkungsrichtung der Schräglaufkräfte gibt es noch Folgendes anzumerken:

- Da die Kräfte S und $H_{S,1,1,T}$ bei einer Seitenführung über Spurkränze an derselben Stelle wirken, wird der Kranbahnträger an dem geführten Rad durch die resultierende Kraft $(S - H_{S,1,1,T})$ belastet.
- Die Wirkungsrichtung von S wurde willkürlich nach rechts gewählt, die Spurführungskraft könnte ebenso gut auch nach links wirken, dann würden die $H_{S,i,j,T}$ - Kräfte ebenfalls die Richtung wechseln.
- Wenn – was in diesem Beispiel der Fall ist – die andere Kranseite durch ein gleiches Führungsmittel geführt ist, dann kann die Führungskraft S auch auf der anderen Kranseite (hier also rechts) wirken, siehe (Abb. 8.19 c).
  Aus diesem Grund sind die ungünstigsten Schräglaufkräfte für beide Kranbahnen gleich groß, wenn beide Kranseiten gleich geführt sind.
- Wäre bei gleichbleibendem Angriffspunkt der Spurführungskraft S die Katzstellung links angenommen worden, hätten sich die in Abb. 8.19 b) angegebenen, weniger ungünstigen Schräglaufkräfte ergeben.

Bsp. 8-2, Teil IIb: S, $H_{S,i,j,T}$ bei Seitenführungsrollen statt Spurkränzen

Das Seitenführungssystem wird gegenüber Beispiel 8-2, Teil IIa verändert: Auf der linken Kranseite werden Seitenführungsrollen (Spurspiel $x = 7$ mm) im Abstand von $a_{ext} = 3,1$ m einge-

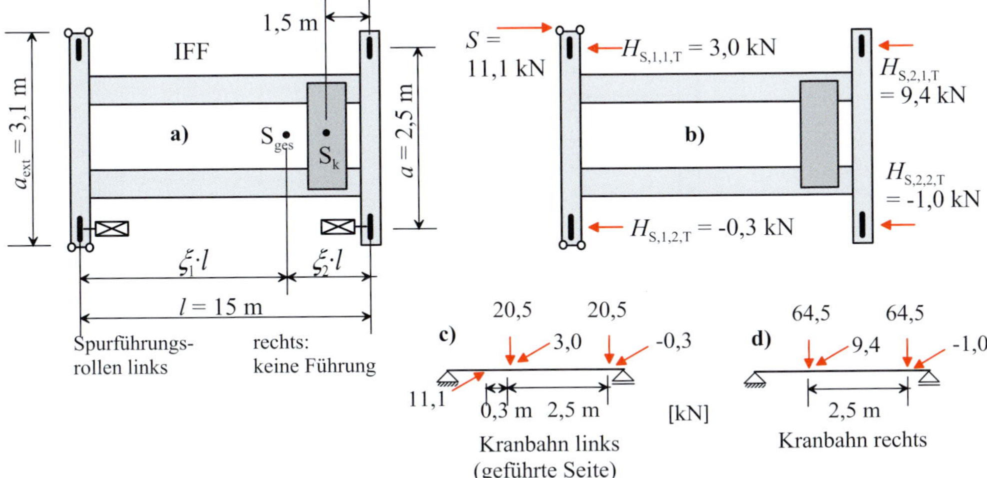

Abb. 8.20: a) Beispiel 8-2, Teil IIb Schräglaufkräfte bei Seitenführungsrollen; b) Schräglaufkräfte; c), d) charakteristische Lasten ohne Schwingbeiwerte aus Kranbetrieb (vertikale Radlasten, Schräglaufkräfte) an beiden Kranbahnträgern

baut, die linke Seite ist nicht geführt. Zwar sind auf der linken Seite Räder mit Spurkränzen eingebaut, diese haben jedoch ein extrem hohes Spurspiel (40 mm) und dienen einzig als Entgleisungsschutz. Als Führungsmittel bleiben sie wegen dem hohen Spurspiel ohne Wirkung.

1. Radlasten inklusive maximaler Hublast: unverändert zu Bsp. 8-2, Teil IIa
2. Schräglaufwinkel $\alpha = \alpha_f + \alpha_V + \alpha_0 \leq 15\,‰$

   $$\alpha_f = 0,75 \cdot \frac{x}{a_{ext}} = \frac{5,3 \text{ mm}}{3100 \text{ mm}} = 1,7\,‰ \quad (\text{mit } 0,75 \cdot x \geq 5 \text{ mm})$$

   $$\alpha_V = \frac{y}{a_{ext}} = \frac{0,03 \cdot 50 \text{ mm}}{3100 \text{ mm}} = 0,5\,‰ \quad \text{Verschleiß } y = 3\,\% \cdot b_r$$

   $$\alpha = 1,7 + 0,5 + 1,0 = 3,2\,‰$$

3. Kraftschlussbeiwert

   $$f = 0,3 \cdot \left(1 - e^{-0,25 \cdot \alpha}\right) = 0,3 \cdot \left(1 - e^{-0,25 \cdot 3,2}\right) = 0,165 \leq 0,3$$

4. Schwerpunktlage: unverändert, siehe oben: $\xi_1 = 0,759$; $\quad \xi_2 = 1 - 0,759 = 0,241$
5. Spurführungskraft S am linken, vorderen Rad

   $n = 2$ (Anzahl der Achsen des Krans)

   $m = 0$ (Anzahl der C-Achsen)

   $e_1 = 0,3$ m; $e_2 = 2,8$ m

   $$h = \frac{m \cdot \xi_1 \cdot \xi_2 \cdot l^2 + \Sigma e_j^2}{\Sigma e_j} = \frac{0 + \left(0,3^2 + 2,8^2\right)}{0,3 + 2,8} = 2,56 \text{ m}$$

   $$\lambda_{S,j} = 1 - \frac{\Sigma e_j}{n \cdot h} = 1 - \frac{0,3 + 2,8}{2 \cdot 2,56} = 0,395$$

   $$S = \lambda_{S,j} \cdot f \cdot \Sigma R = 0,395 \cdot 0,165 \cdot 170 = 11,08 \text{ kN}$$

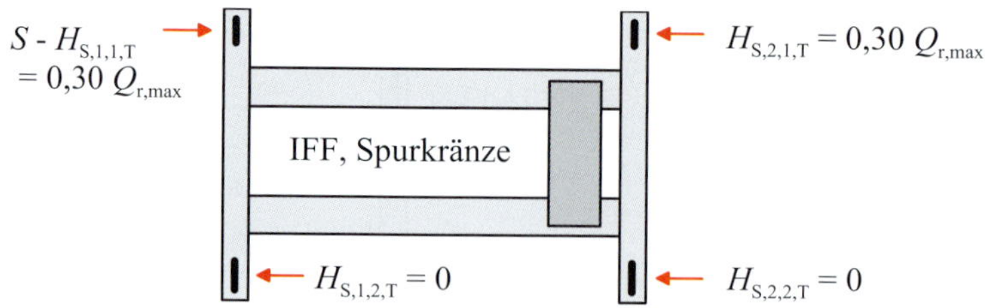

Abb. 8.21: Vereinfachte Berechnung der Schräglaufkräfte nach Gleichung 8.13

6. Reaktionskräfte $H_{S,i,j,T}$

Achse j	$\lambda_{S,1,j,T}$	$\lambda_{S,2,j,T}$
1	$\frac{\xi_2}{n} \cdot \left(1 - \frac{e_j}{h}\right) = \frac{0,241}{2} \left(1 - \frac{0,3}{2,56}\right) = 0,106$	$\frac{\xi_1}{n} \cdot \left(1 - \frac{e_j}{h}\right) = \frac{0,759}{2} \left(1 - \frac{0,3}{2,56}\right) = 0,335$
2	$\frac{\xi_2}{n} \cdot \left(1 - \frac{e_j}{h}\right) = \frac{0,241}{2} \left(1 - \frac{2,8}{2,56}\right) = -011$	$\frac{\xi_1}{n} \cdot \left(1 - \frac{e_j}{h}\right) = \frac{0,759}{2} \left(1 - \frac{2,8}{2,56}\right) = -0,036$

damit wird:

$$H_{S,1,1,T} = \lambda_{S,1,1,T} \cdot f \cdot \Sigma Q_r = 0,106 \cdot 0,165 \cdot 170 = 3,0 \text{ kN}$$

$$H_{S,1,2,T} = \lambda_{S,1,2,T} \cdot f \cdot \Sigma Q_r = -0,011 \cdot 0,165 \cdot 170 = -0,3 \text{ kN}$$

$$H_{S,2,1,T} = \lambda_{S,2,1,T} \cdot f \cdot \Sigma Q_r = 0,335 \cdot 0,165 \cdot 170 = 9,4 \text{ kN}$$

$$H_{S,2,2,T} = \lambda_{S,2,2,T} \cdot f \cdot \Sigma Q_r = -0,036 \cdot 0,165 \cdot 170 = -1,0 \text{ kN}$$

Die maximale Schräglaufkraft beträgt in diesem Beispiel mit $H_{S,2,1,T}$ = 9,4 kN nur 59 % der maximalen Kräfte bei Spurkranzführung. Die Kraft S wirkt am Führungsmittel – hier: Seitenführungsrolle – nicht am Rad! Die ungünstigsten Schräglaufkräfte sind nicht – wie im Beispiel 8-2 Teil IIa – bei beiden Kranbahnträgern gleich, sondern unterscheiden sich, siehe Abb. 8.20 c). Die Schräglaufkräfte sind am Kranbahnträger auf der nicht geführten Seite etwas höher. Würde die Katze links stehen, würden sich auf der linken Kranbahn zwar die vertikalen Radlasten erhöhen, aber die Summe der Spurführungskräfte der Kranbahn wäre dann kleiner, da $H_{S,1,1,T}$ und $H_{S,2,1,T}$ die Werte tauschen, genauso wie $H_{S,1,2,T}$ und $H_{S,2,2,T}$.

8.6.3 Vereinfachte Schräglaufkräfte von zweiachsigen Kranen mit Spurkränzen

Mehr als die Hälfte aller im Betrieb befindlichen Brückenlaufkrane sind zweiachsig, weisen das Kranfahrwerksystem IFF auf und verfügen über Räder mit Spurkränzen. Für diesen Standardfall (Abb. 8.21) werden im Folgenden die Schräglaufkräfte berechnet. Der Kraftschlussbeiwert kann auf der sicheren Seite mit $f = 0,3$ angenommen werden, falls er nicht genauer gegeben ist.

Radlasten: Kranbahnträger rechts: $Q_{\mathrm{r,max}} = Q_{\mathrm{r},2,1} = Q_{\mathrm{r},2,2}$ (Katzposition rechts)
Kranbahnträger links: $Q_{\mathrm{r}} = Q_{\mathrm{r},1,1} = Q_{\mathrm{r},1,2}$
Gleitpolabstand $h = \Sigma e_i^2 / \Sigma e_i = a$ mit $e_1 = 0$ und $e_2 = a$
Der Gleitpol liegt auf der Hinterachse auf Höhe des Schwerpunkts. Mit Tab. 8.8 ergibt sich:

$$\lambda_{\mathrm{S},j} = 1 - \frac{\Sigma e_i}{n \cdot h} = 1 - \frac{a}{2 \cdot a} = \frac{1}{2}$$

$$S = \lambda_{\mathrm{S},j} \cdot f \cdot \sum Q_{\mathrm{r}} = \frac{1}{2} \cdot 0,3 \cdot \sum Q_{\mathrm{r}} = 0,15 \cdot \sum Q_{\mathrm{r}} = 0,30 \cdot (Q_{\mathrm{r,max}} + Q_{\mathrm{r}})$$

$$H_{\mathrm{S},1,1,\mathrm{T}} = \frac{\xi_2}{n}\left(1 - \frac{e_1}{h}\right) \cdot f \cdot \sum Q_{\mathrm{r}} = \frac{Q_{\mathrm{r},1,1} + Q_{\mathrm{r},1,2}}{\Sigma Q_{\mathrm{r}} \cdot 2} \cdot \left(1 - \frac{0}{a}\right) \cdot 0,3 \cdot \sum Q_{\mathrm{r}}$$

$$= 0,15 \cdot (Q_{\mathrm{r},1,1} + Q_{\mathrm{r},1,2}) = 0,30 \cdot Q_{\mathrm{r},1,1} = 0,30 \cdot Q_{\mathrm{r}}$$

Die resultierenden Schräglaufkräfte betragen damit:

$$(S - H_{\mathrm{S},1,1,\mathrm{T}}) = H_{\mathrm{S},2,1,\mathrm{T}} = f \cdot Q_{\mathrm{r,max}} = 0,30 \cdot Q_{\mathrm{r,max}} \tag{8.13a}$$

$$H_{\mathrm{S},2,1,\mathrm{T}} = 0,15 \cdot \sum Q_{\mathrm{r,max}} = 0,30 \cdot Q_{\mathrm{r,max}} \tag{8.13b}$$

$$H_{\mathrm{S},1,2,\mathrm{T}} = H_{\mathrm{S},2,2,\mathrm{T}} = 0 \tag{8.13c}$$

Die Horizontallasten betragen im ungünstigsten Fall 30 % der maximalen vertikalen Radlast Q_{r} mit Hublast. Siehe dazu auch [War02].

8.7 Pufferkräfte

8.7.1 Eigenschaften von Puffern, Pufferkräfte

Pufferkräfte H_{B} entstehen, wenn Kranbrücken oder Laufkatzen auf einen Endanschlag auffahren oder wenn zwei Kranbrücken aufeinanderprallen. Die Pufferkräfte gelten als außergewöhnliche Einwirkungen nach DIN EN 1990 und sind für die Kranbahnträger selber meist nicht dimensionierend. Für die Bremsverbände oder -portale bzw. für die Aussteifungen der Kranbahnstützen in Richtung der Kranbahn können die Pufferkräfte maßgebend werden, sie müssen in den Untergrund abgeleitet werden. Der Stoß einer Kranbrücke gegen eine zweite Kranbrücke wirkt sich auf die Kranbahn kaum aus, ist jedoch bei der Bemessung der Krane zu berücksichtigen. Auch zwischen Katzen und ihren Endanschlägen sind Puffer vorzusehen.

Puffer können einseitig oder beidseitig vorgesehen werden, siehe Abb. 8.22. Ihre Aufgaben sind:

- Eine weiche Abfederung des Stoßes soll die Belastungen der Katzen, der Kranbrücken, der Kranbahnträger und der Kranstützen gering halten. Die Puffer sind möglichst niedrig und nahe der Radaufstandsfläche vorzusehen, um Momente aus Exzentrizität zu vermeiden.
- Die Bewegungsenergie der Kranbrücke bzw. der Katze soll möglichst weitgehend umgewandelt werden. So wird vermieden, dass sich der anprallende Körper wieder vom Puffer löst und Schaden anrichtet.

Die Betrachtung des Pufferanpralls ist zur Lösung der folgenden Aufgabenstellungen notwendig:

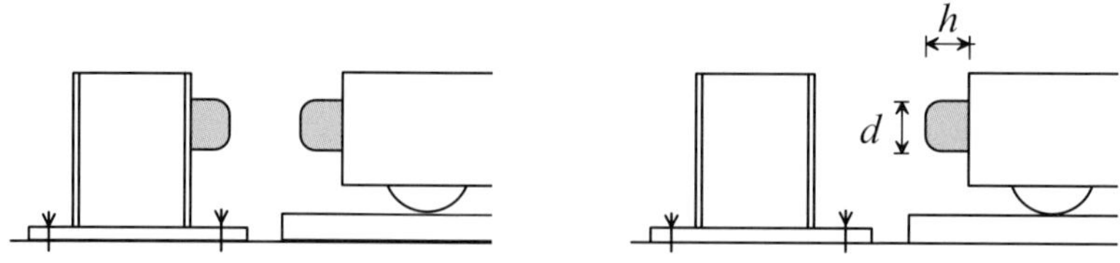

Abb. 8.22: Beidseitige oder einseitige Anordnung der Puffer

- Auslegung der durch Pufferkräfte beanspruchten Bauteile von Krananlage und Halle.
- Auswahl und Bemessung der Puffer.
- Berechnung und Nachweis des Krans und seiner Bauteile.

Anprall von Laufkatzen oder Hängekatzen an die Endanschläge

Kräfte aus dem Anprall von Katzen an die Endanschläge sind bei der Bemessung der Kranbahnträger und ihrer Unterstützungen grundsätzlich als außergewöhnliche Einwirkungen zu berücksichtigen, siehe Tab. 8.2. Dies gilt sowohl für Laufkatzen, die direkt auf dem Kranbahnträger laufen, als auch für Katzen, die auf einer Kranbrücke fahren. Wenn die Nutzlast freischwingend ist, darf als horizontale Last $H_{B,2}$ für die Pufferkräfte aus Anprall der Laufkatze oder der Unterflansch-Laufkatze ein Betrag von 10 % der Summe aus Hublast und Eigengewicht der Katze oder Unterflansch-Laufkatze angesetzt werden. In anderen Fällen sollen die Pufferkräfte wie beim Anprall der Kranbrücke (siehe unten) bestimmt werden [1-3/2.11.2].

Welche Pufferarten werden an Kranen verwendet?

- Blockpuffer
  - Gummipuffer aus massivem Elastomer, Shore-A-Härte 70–90 (Abb. 8.23 c)
  - Zellstoffpuffer, z. B. aus geschäumtem Polyurethan (Abb. 8.23 d)
- Hydraulikpuffer (Abb. 8.23 a): Beim Eindrücken der Kolbenstange wird eine Flüssigkeit (z. B. Öl) durch Drosselbohrungen gedrückt. Eine eingebaute Feder bewirkt die Rückstellung. Beim Aufprall auf den Puffer entsteht ein Staudruck, der der abzubremsenden Masse entgegenwirkt.

Was passiert beim Aufprall auf einen Puffer?

Die Betrachtung des Kraft-Verschiebungs-Diagramms des Aufpralls (Abb. 8.24) erlaubt einen Rückschluss auf die Menge der umgewandelten Energie.

- Elastischer Stoß: Das Kraft-Weg-Diagramm für eine ideal-elastische Feder ist in Abb. 8.24 links dargestellt. Die Kurven für den Belastungs- und den Entlastungsvorgang sind deckungsgleich, der Abstoß erfolgt mit derselben Geschwindigkeit wie der Aufprall. Es wird keine Energie dissipiert. Eine ideale Feder ist deshalb als Kranpuffer ungeeignet.
- Teil-elastischer Stoß: Die Kraft-Verformungs-Kurven für den Be- und den Entlastungsvorgang sind nicht deckungsgleich, sondern verlaufen als Hysterese (Abb. 8.24).

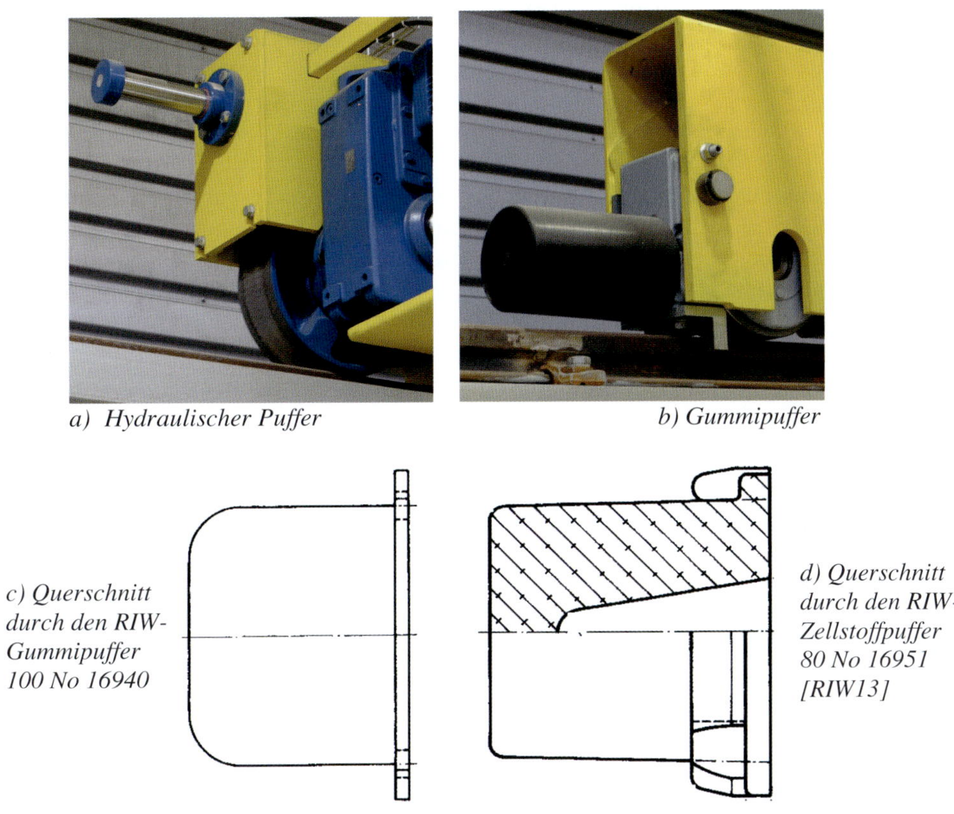

Abb. 8.23: Verschiedene Pufferarten

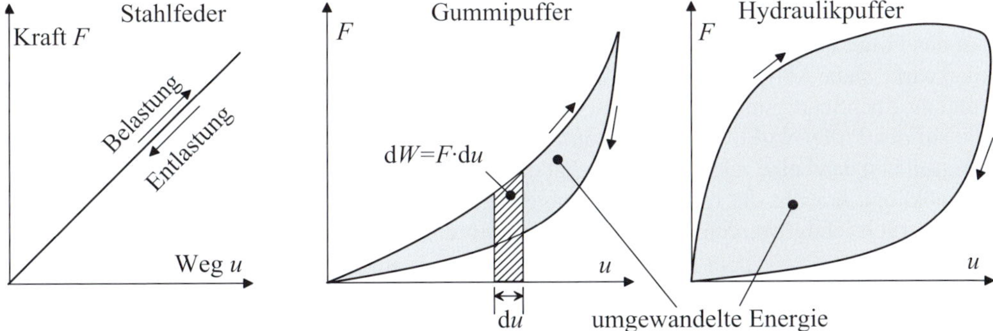

Abb. 8.24: Kraft-Weg-Diagramme von idealer Stahlfeder, Gummipuffer und Hydraulikpuffer

Wenn der Kran am Ende des Aufprallvorgangs die Geschwindigkeit $v = 0$ hätte, dann wäre seine komplette Bewegungsenergie vom Puffer aufgenommen und vorwiegend in Wärmeenergie umgewandelt worden. Die Fläche unter der Belastungskurve gibt die Arbeit an, die geleistet wird:

$$W = \int_0^{u_{\max}} F \cdot \mathrm{d}u \tag{8.14}$$

Die Differenz der Flächen unter der Belastungs- und der Entlastungskurve gibt die umgewandelte Energie $E = \Delta W = W_o - W_u$ an. Die nicht umgewandelte Bewegungsenergie wird wieder an den Kran zurückgegeben. Abb. 8.24 zeigt solche Kurven für einen Gummipuffer (Mitte) und einen Hydraulikpuffer (rechts). Erkennbar entzieht der Hydraulikpuffer dem System einen deutlich größeren Anteil der Bewegungsenergie.

8.7.2 Größe, Verteilung und Geschwindigkeit der abzupuffernden Masse

Die kinetische Energie der sich bewegenden Kranbahnbrücke ergibt sich zu:

$$E = \frac{1}{2} \cdot m_c \cdot v_1^2 \tag{8.15}$$

Diese Energie wird vom Puffer zunächst aufgenommen. Ist sowohl am Kran als auch am Prellbock jeweils ein Puffer vorhanden (siehe Abb. 8.22), nimmt jeder der Puffer die halbe Energie auf. Um die aufzunehmende Energie E berechnen zu können, sind zunächst unter Berücksichtigung von DIN EN 13001-2, Abs. 4.2.4.4 und DIN EN 1991-3, Abs. 2.11.1 folgende Fragen zu klären:

- Ist die Hublast in der abzupuffernden Masse m_c zu berücksichtigen?
- Ist die maximal mögliche Kranfahrgeschwindigkeit v_{max} als Aufprallgeschwindigkeit anzunehmen?
- Wie teilt sich die abzupuffernde Masse m_c in Abhängigkeit der Katzposition auf beide Kranseiten auf?

Zunächst zur ersten Frage: Wenn die Hublast nicht am Seil, sondern starr geführt wird – siehe oben Abb. 8.7 – dann ist die Hublastmasse in m_c einzurechnen. Wenn die Hublast horizontal nicht geführt wird (z.B. Hublast hängt am Seil) und der Kran unbeschleunigt und ungebremst auf den Puffer auffährt, trägt die Hublast zunächst nicht zur Pufferkraft bei, da die Seilkraft vertikal wirkt, siehe Abb 8.25 links. Die durch den Pufferanprall einsetzende Bremsbeschleunigung führt zu einer Schrägstellung des Seils. Die Seilkraft bekommt nun eine Horizontalkomponente, die auf den Puffer wirkt. Weil zu vermuten ist, dass die horizontale Kraftkomponente aus dem Tragseil erst dann eine relevante Größe haben wird, wenn der eigentliche Pufferstoß schon wieder abklingt, braucht die frei am Seil hängende Hublast nach DIN EN 13 001-2, Abs. 4.2.4.4 nicht berücksichtigt werden, wenn der Kran ungebremst auf den Puffer auffährt.

Anders ist der Sachverhalt, wenn der Kran gebremst auffährt und das Tragseil bereits im Moment des Aufpralls einen Winkel zur Senkrechten hat, siehe Abb 8.25 rechts. In diesem Fall soll nach o.g. Norm die Hublast multipliziert mit der Bremsverzögerung unmittelbar vor Erreichen der Puffer als horizontale Last addiert werden. Wenn die Größe der Bremsverzögerung unbekannt ist, kann auf der sicheren Seite liegend die komplette Hublastmasse in m_c eingerechnet werden.

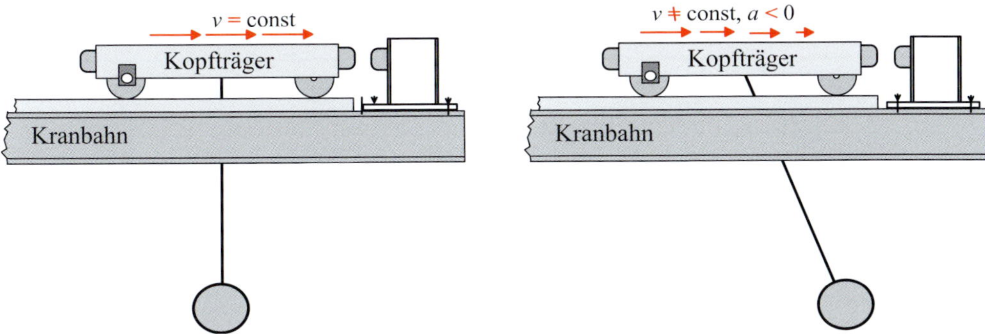

Abb. 8.25: Links: ungebremster Kran; rechts: gebremster Kran unmittelbar vor Aufprall auf Puffer

Damit ergeben sich für die Berücksichtigung der am Seil hängenden Hublast in der abzubremsenden Masse m_c zwei Möglichkeiten:

- Bei Ansatz der maximalen Krangeschwindigkeit v_{max} (Nenngeschwindigkeit) darf im Regelfall eine ungebremste Fahrt unterstellt werden und die Hublastmasse darf unberücksichtigt bleiben.
- Bei Ansatz einer reduzierten Kranfahrgeschwindigkeit, im Regelfall $0,70 \cdot v_{max}$, ist davon auszugehen, dass der Kran gebremst ist. Das erfordert i. d. R. die Berücksichtigung der vollen Hublastmasse. Kleinere Geschwindigkeiten als $0,70 \cdot v_{max}$ dürfen nur in Ansatz gebracht werden, wenn dies durch Sondermaßnahmen, z.B. den Einbau eines redundanten Steuerungssystems zur Verzögerung der Bewegung, sichergestellt ist.

Die abzubremsende Masse m_c kann bei Brückenkranen gleichmäßig auf beide Kranseiten aufgeteilt werden, wenn davon ausgegangen werden darf, dass die Puffer auf beiden Seiten der Kranbrücke gleich stark eingedrückt werden. Dies ist der Fall, wenn sich der Kran wegen der Seitenführung und der als starr angenommenen Brückenkrankonstruktion nicht um seine Hochachse drehen kann, siehe DIN EN 13 001-2, Abs. 4.2.4.4. In Fällen, in denen der Kran keine Seitenführung hat oder ein seitengeführter Kran nicht als steif betrachtet werden kann (z.B. Portalkrane), ist m_c aus der anteiligen Masse auf der höher beanspruchten Kranseite zu bestimmen.

8.7.3 Auswahl des Puffers und Berechnung der Pufferkraft H_{B1}

a) Angabe von H_{B1} durch den Kranhersteller

Im Regelfall wählt der Kranhersteller den Puffertyp aus und gibt die maximale Pufferkraft H_{B1} im Krandatenblatt (Beipiel siehe unten Abb. 8.28) an. Die vom Kranhersteller genannten Kräfte können ohne weitere Überprüfung als richtig vorausgesetzt werden.

b) Berechnung von H_{B1} mit Hilfe der Pufferkennlinie

Wenn die Pufferdaten nicht vom Kranhersteller geliefert werden, ist zunächst an Hand der Unterlagen des Herstellers ein Puffertyp zu bestimmen. Ist die vom Puffer aufzunehmende Energie E nach Gl. 8.15 berechnet, wird der Puffer nach den Herstellerangaben als Funktion von E

Tab. 8.9: Kennwerte des RIW-Zellstoffpuffers NO 16940 [RIW09]

Nenngröße d [mm]	Energieaufnahme E_{max} [J] = [Nm]	h [mm]	max. Federweg u [mm]	Endkraft F_{max} [kN]
100	1200	100	63	80
125	2400	125	80	130
160	4800	150	96	210
200	11500	190	128	330
250	18500	230	160	470
315	34000	290	190	560

Tab. 8.10: Kennwerte des RIW-Gummipuffers NO 16951 [RIW09]

Nenngröße d [mm]	Energieaufnahme E_{max} [J] = [Nm]	h [mm]	max. Federweg u [mm]	Endkraft F_{max} [kN]
40	50	32	16	10
50	100	40	20	16
63	200	50	25	25
80	390	63	32	39
100	780	80	40	62
125	1570	100	50	98
160	3140	125	63	157
200	6180	160	80	245
250	12300	200	100	392

h bezeichnet die Pufferlänge und *d* den Pufferdurchmesser, siehe Abb. 8.22.

ausgewählt (Beispiele in Tab. 8.9 und Tab. 8.10). Die Pufferkraft H_{B1} hängt von der Bewegungsenergie E des Krans und den Pufferkenngrößen ab.

H_{B1} lässt sich mit Hilfe der Kennlinie des gewählten Puffers ermitteln. Beispielhaft ist die Kennlinie eines in Tab. 8.10 beschriebenen Puffers in Abb. 8.26 gegeben.

Um dynamische Beanspruchungen zu berücksichtigen, müssen die Kräfte aus Pufferstoß mit einen Schwingbeiwert φ_7 [1-3/Tab.2.10] (siehe oben Tab. 8.5) bzw. ϕ_7 nach DIN EN 13001-2, Gl. 17 vergrößert werden. Allerdings wird aus systematischen Gründen der Schwingbeiwert φ_7 erst bei Bildung der Lastgruppe nach Tab. 8.2 eingerechnet.

Eine Pufferkraft H_{B1} lässt sich grundsätzlich reduzieren, indem ein größerer und höherwertiger Puffer ausgewählt wird.

c) Berechnung von H_{B1} ohne Pufferkennlinie, aber mit Kennwerten des Puffers

Wenn eine Pufferkennlinie nicht zur Verfügung steht, kann die Pufferkraft bei Kenntnis der maximalen Pufferendkraft F_{max} und der aufnehmbaren Energie E_{max} (siehe z.B. Tab. 8.10) abgeschätzt werden zu:

$$H_{B1} = \frac{E_{vorh}}{E_{max}} \cdot F_{max} \tag{8.16}$$

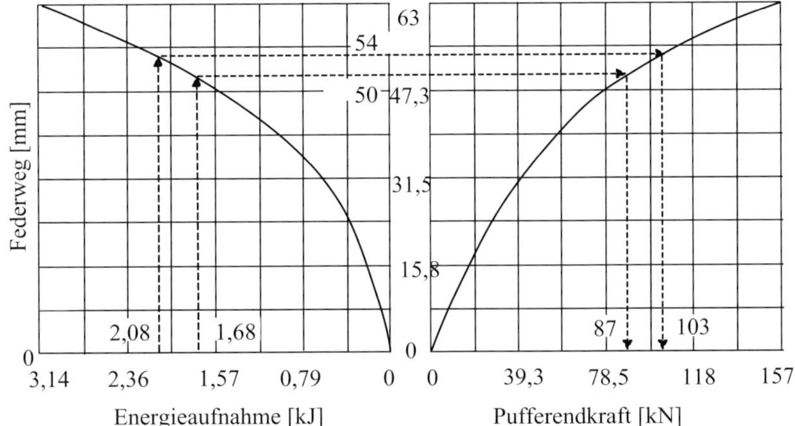

Abb. 8.26: Kennlinie des RIW-Gummipuffers NO 16951 mit d = 160 mm (Abb. 8.23 d) nach [RIW09]

Ein so abgeschätzter Werte kann allerdings auch auf der unsicheren Seite liegen.

d) Berechnung von H_{B1} mit der Federsteifigkeit nach DIN EN 1991-3, Abs. 2.11.1

Sind genauere Berechnungen wie z.B. nach a) oder b) nicht möglich, so können die Pufferlasten auch nach DIN EN 1991-3, Abschnitt 2.11.1, Gl. 2.15 berechnet werden (der Schwingbeiwert φ_7 soll erst später bei der Zusammenstellung der Lastgruppe eingerechnet werden):

$$H_{\mathrm{B},1} = v_1 \cdot \sqrt{m_{\mathrm{c}} \cdot S_{\mathrm{B}}} \tag{8.17}$$

Die Herleitung der Formel ergibt sich einfach aus der Gleichsetzung der vom Puffer geleisteten Arbeit mit der aufzunehmenden Energie E. Als Geschwindigkeit v_1 darf 70 % der Nenngeschwindigkeit angenommen werden. Die abzubremsende Masse m_{c} entspricht der Summe aus Brückenmasse, Kranmasse und Hublast [1-3/2.11.1(2)]. Die Annahme einer Federsteifigkeit S_{B} ist untrivial, da die üblichen Puffer keine lineare Arbeitslinie haben. S_{B} lässt sich aus $S_{\mathrm{B}} = F_{\mathrm{max}}/u_{\mathrm{max}}$ abschätzen. Die Werte F_{max} und u_{max} sind den Herstellerunterlagen zu entnehmen. Die mit Gl. 8.17 abgeschätzten Werte für H_{B1} können allerdings auch auf der unsicheren Seite liegen.

Bsp. 8-2, Teil III Pufferkräfte nach DIN EN 13001-2: Fortsetzung von Bsp. 8-2, Teil I aus Abschnitt 8.5

Gegeben: Zweiträgerbrückenkran nach Abb. 8.27, als starr zu betrachten, mit Seitenführungsrollen

- Kranbrücke: $m_{\mathrm{b}} = 6,0$ t
- Katze: $m_{\mathrm{k}} = 1,0$ t
- Hublast: $m_{\mathrm{h}} = 10,0$ t
- Nenngeschwindigkeit der Kranbrücke: $v_{1,\mathrm{max}} = 60$ m/min $= 1,0$ m/s
- Pro Seite: 1 Puffer

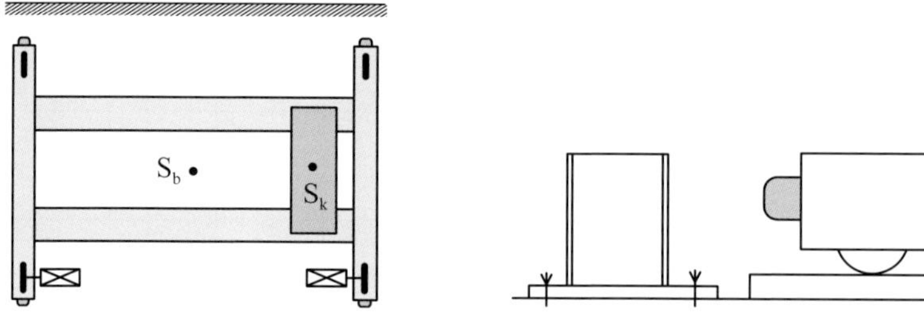

Abb. 8.27: Beispiel 8-2: Kran und Puffer

Gesucht: Pufferkräfte nach DIN EN 13001-2 und [1-3/2.11.1]

a) Berechnung von H_{B1}, Kran gebremst, Geschwindigkeit 70 % von $v_{1,\mathrm{max}}$

Die zu berücksichtigende Geschwindigkeit ist

$$v_1 = 70\ \% \cdot v_{1,\mathrm{max}} = 0{,}70 \cdot 60 = 42\ \mathrm{m/min} = 0{,}70\ \mathrm{m/s}$$

Die Bewegung des Krans ist abgebremst, deshalb ist die Masse der Hublast zu berücksichtigen. Die auf einer Kranseite abzubremsende Masse beträgt für den starren, seitengeführten Kran:

$$m_\mathrm{c} = \frac{1}{2} \cdot (6000\ \mathrm{kg} + 1000\ \mathrm{kg} + 10000\ \mathrm{kg}) = 8500\ \mathrm{kg}$$

Die auf einer Seite von dem Puffer aufzunehmende Bewegungsenergie ist:

$$E = \frac{1}{2} \cdot m_\mathrm{c} \cdot v_1^2 = \frac{1}{2} \cdot 8500 \cdot 0{,}7^2 = 2{,}08\ \mathrm{kJ}$$

Aus Tab. 8.10 wird ein Gummipuffer der Größe 160 mit $F_{\mathrm{max}} = 157$ kN ausgewählt. Aus der Kennlinie Abb. 8.26 (eingezeichnete Spur) ergibt sich ein Federweg von 54 mm und eine Pufferlast von $H_{\mathrm{B1}} = 103$ kN.

b) Berechnung von H_{B1}, Kran ungebremst, Nenngeschwindigkeit $v_{1,\mathrm{max}}$

Die zu berücksichtigende Geschwindigkeit ist $v_1 = 1{,}0$ m/s Die Bewegung des Krans ist nicht abgebremst, deshalb darf die Masse der Hublast unberücksichtigt bleiben. Die auf einer Kranseite abzubremsende Masse beträgt für den starren, seitengeführten Kran:

$$m_\mathrm{c} = \frac{1}{2} \cdot (6000\ \mathrm{kg} + 1000\ \mathrm{kg}) = 3500\ \mathrm{kg}$$

Die auf einer Seite von dem Puffer aufzunehmende Bewegungsenergie ist:

$$E = \frac{1}{2} \cdot m_\mathrm{c} \cdot v_1^2 = \frac{1}{2} \cdot 3500 \cdot 1^2 = 1{,}75\ \mathrm{kJ}$$

Aus der Kennlinie Abb. 8.26 (eingezeichnete Spur) ergibt sich ein Federweg von 50 mm und eine Pufferlast von $H_{\mathrm{B1}} = 87$ kN. Der Wert ist kleiner als der unter a) berechnete Wert. Als Pufferkraft H_{B1} ist daher der größere unter a) berechnete Wert anzunehmen.

c) Abschätzung von H_{B1} ohne Pufferkennlinie

Wenn eine Pufferkennlinie nicht zur Verfügung steht, kann die Pufferkraft bei Kenntnis der maximalen Pufferendkraft $F_{max} =$ 157 kN (Tab. 8.10) mit Gl. 8.16 abgeschätzt werden zu:

$$H_{B1} = \frac{E_{vorh}}{E_{max}} \cdot F_{max} = \frac{2,08}{3,14} \cdot 157 = 104 \text{ kN}$$

d) H_{B1} für den Puffer nach Tab. 8.10 mit d = 160 mm nach DIN EN 1991-3, Abs. 2.11.1

Puffer einseitig wie in Abb. 8.27 Die Federkonstante S_B des Puffers errechnet man aus den Kennwerten Tab. 8.10: $S_B = F_{max}/u_{max} = 157 \text{ kN}/0,063 \text{ m} = 2,49 \cdot 10^6$ N/m. Daraus ergibt sich die Pufferkraft mit Gl. 8.17 und $m_c = 8500$ kg und 70 % von $v_{1,max} = 1,0$ m/s zu

$$H_{B1} = v_1 \cdot \sqrt{m_c \cdot S_B} = 0,7 \cdot \sqrt{8500 \cdot 2,49 \cdot 10^6} = 102 \text{ kN}$$

Bei Berechnung nach DIN EN 1991-3 ergeben sich in diesem Einzelfall ähnliche Werte wie mit der präziseren Methode nach EN 13 001-2 (siehe oben unter a: $H_{B1} = 103$ kN). Die Ergebnisse mit dieser Näherungsformel können aber stärker abweichen.

e) Puffer auf beiden Seiten statt nur auf einer, keine Abbremsung

Wenn nicht nur an der Kranbrücke, sondern zusätzlich auch an den Anschlägen der Kranbahn Puffer montiert sind, stehen insgesamt 4 Puffer statt nur 2 zur Aufnahme der Energie zur Verfügung. Pro Puffer wird nur die Hälfte der unter a) berechneten Energie aufgenommen: $E = 2,08/2 = 1,04$ kJ. Aus dem Diagramm Abb. 8.26 lässt sich nun $F_0 = 60$ kN ablesen. Die von der Hallenstruktur aufzunehmende Pufferkraft inklusive Schwingbeiwert verringert sich um 42 % auf $H_{B1} = 60$ kN.

8.8 Auswertung des Krandatenblatts

Für den gewählten Kran stellt der Kranhersteller üblicherweise ein Krandatenblatt zur Verfügung, dessen Inhalte vom Tragwerksplaner als verbindliche Berechnungsgrundlage für den Kranbahnträger angesehen werden dürfen. Einstufungen, minimale und maximale vertikale Radlasten, Massenkräfte, Schräglaufkräfte und Pufferkräfte können neben den wichtigen Konstruktionsmaßen dem Krandatenblatt entnommen werden. Diese Daten sollten verwendet werden, eine eigene Berechnung der Kräfte von Hand, wie in Abs. 8.5 bis 8.7 dargestellt, ist dann weder erforderlich noch sinnvoll. Abb. 8.28 und Abb. 8.29 zeigen beispielhaft das Krandatenblatt eines 20-t-Zweiträgerbrückenlaufkrans.

Vor einer Verwendung eines Krandatenblatts sollte der Tragwerksplaner sicherstellen, dass sich die Angaben im Krandatenblatt auf DIN EN 13 001 und DIN EN 15 011 als Berechnungsgrundlage beziehen, nicht mehr auf die längst zurückgezogene DIN 15 018. Andernfalls fehlen nämlich Angaben, die für eine Berechnung nach Eurocode unverzichtbar sind. Ggf. sollte der Tragwerksplaner vom Kranhersteller ein aktualisiertes Datenblatt anfordern.

Zum anderen sollte darauf geachtet werden, ob die angegebenen Kräfte – besonders Kräfte aus Beschleunigen/Bremsen und Pufferkräfte – bereits Schwingbeiwerte φ_i enthalten oder nicht. Da DIN EN 1991-3 (12/2010) in dieser Frage missverständlich gehalten ist, sollte das eindeutig geklärt sein. Im Krandatenblatt Abb. 8.29 ist z.B. der klärende Satz enthalten: "Alle Lasteinwirkungen sind statische, charakteristische Lasten und müssen mit dem jeweiligen Dynamikbeiwert beaufschlagt werden". Sollte diese Angabe auf einem Krandatenblatt fehlen, empfiehlt sich eine Nachfrage beim Kranhersteller.

Bei der Ableitung der nachzuweisenden Radlasten aus dem Krandatenblatt ist darauf zu achten, dass alle möglichen Radlastkombinationen auch berücksichtigt werden:

- Wenn der Kran nur auf einer Seite geführt wird, dann können die ungünstigsten Radlasten auf beiden Seiten unterschiedlich sein. Es sind dann die Varianten Katze Position links und Katze Position rechts zu untersuchen.
- Wenn der Kran auf beiden Seiten geführt wird, dann kann die Seitenführungskraft S nicht nur links, sondern auch rechts wirken. Daraus ergeben sich vier mögliche Kombinationen: (Führung links, Katze links), (Führung rechts, Katze links), (Führung links, Katze rechts) und (Führung rechts, Katze rechts).
- Bei der Kombination der Seitenlasten mit den vertikalen Radlasten ergeben sich die ungünstigsten Kombinationen jeweils immer auf der Seite, auf der die Katze steht.

Oft wird der Standsicherheitsnachweis für eine Kranhalle samt Kranbahnträger bereits erstellt, wenn die Entscheidung für einen konkreten Kran noch nicht abschließend getroffen ist. Es kommen selbst Fälle vor, wo sich der Bauherr zum Zeitpunkt der Erstellung der Standsicherheitsnachweise noch nicht für einen Kranhersteller entschieden hat. Der Tragwerksplaner ist dann gezwungen, Daten eines Kranes zu verwenden, der im Nachhinein betrachtet möglicherweise nicht mit dem eingebauten Kran übereinstimmt. Wenn dann der Kransachverständige bei der Abnahmeprüfung des Krans eine auf der unsicheren Seite liegende Diskrepanz der Lasten aus Kranbetrieb feststellt, ist das eine überaus unangenehme Sache. Deswegen sollte der Tragwerksplaner darauf bestehen, vom Bauherrn verbindliche Angaben zum verwendeten Kran zu bekommen.

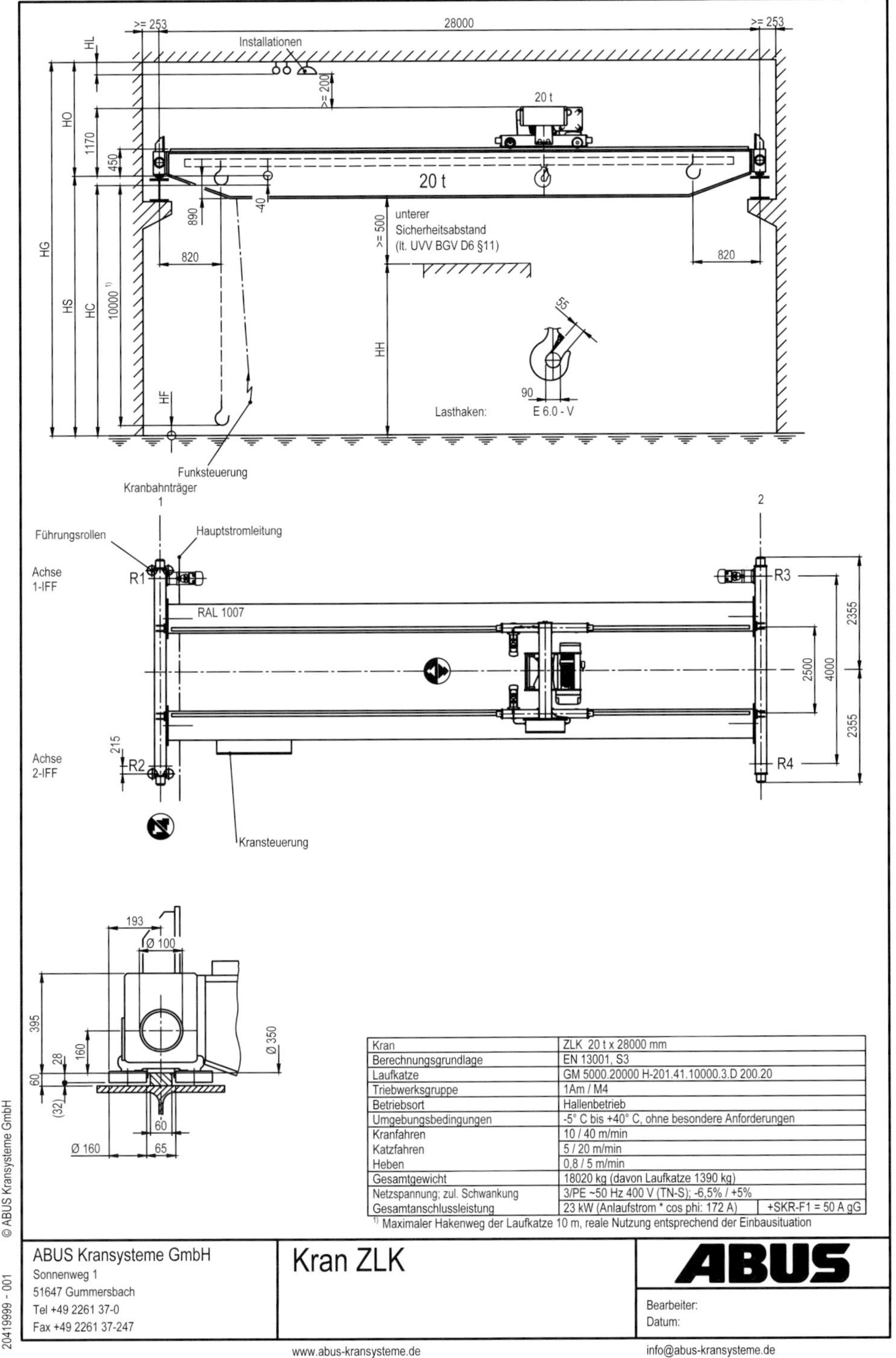

Kran	ZLK 20 t x 28000 mm	
Berechnungsgrundlage	EN 13001, S3	
Laufkatze	GM 5000.20000 H-201.41.10000.3.D 200.20	
Triebwerksgruppe	1Am / M4	
Betriebsort	Hallenbetrieb	
Umgebungsbedingungen	-5° C bis +40° C, ohne besondere Anforderungen	
Kranfahren	10 / 40 m/min	
Katzfahren	5 / 20 m/min	
Heben	0,8 / 5 m/min	
Gesamtgewicht	18020 kg (davon Laufkatze 1390 kg)	
Netzspannung; zul. Schwankung	3/PE ~50 Hz 400 V (TN-S); -6,5% / +5%	
Gesamtanschlussleistung	23 kW (Anlaufstrom * cos phi: 172 A)	+SKR-F1 = 50 A gG

[1] Maximaler Hakenweg der Laufkatze 10 m, reale Nutzung entsprechend der Einbausituation

Abb. 8.28: Beispiel Krandatenblatt für einen 20-t-Zweiträgerbrückenlaufkran, Teil 1

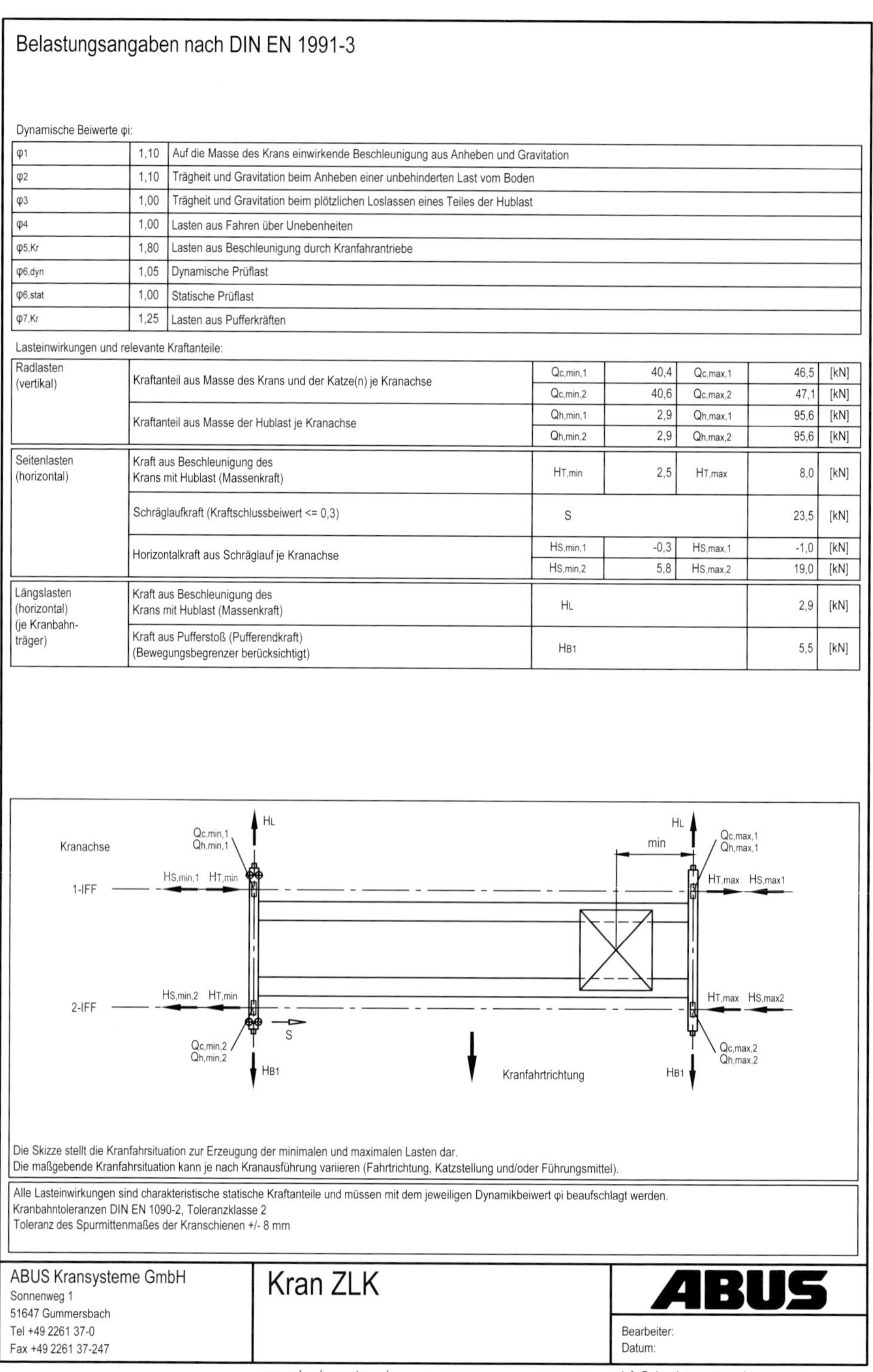

Belastungsangaben nach DIN EN 1991-3

Dynamische Beiwerte φ_i:

φ_1	1,10	Auf die Masse des Krans einwirkende Beschleunigung aus Anheben und Gravitation
φ_2	1,10	Trägheit und Gravitation beim Anheben einer unbehinderten Last vom Boden
φ_3	1,00	Trägheit und Gravitation beim plötzlichen Loslassen eines Teiles der Hublast
φ_4	1,00	Lasten aus Fahren über Unebenheiten
$\varphi_{5,Kr}$	1,80	Lasten aus Beschleunigung durch Kranfahrantriebe
$\varphi_{6,dyn}$	1,05	Dynamische Prüflast
$\varphi_{6,stat}$	1,00	Statische Prüflast
$\varphi_{7,Kr}$	1,25	Lasten aus Pufferkräften

Lasteinwirkungen und relevante Kraftanteile:

Radlasten (vertikal)	Kraftanteil aus Masse des Krans und der Katze(n) je Kranachse	$Q_{c,min,1}$	40,4	$Q_{c,max,1}$	46,5	[kN]
		$Q_{c,min,2}$	40,6	$Q_{c,max,2}$	47,1	[kN]
	Kraftanteil aus Masse der Hublast je Kranachse	$Q_{h,min,1}$	2,9	$Q_{h,max,1}$	95,6	[kN]
		$Q_{h,min,2}$	2,9	$Q_{h,max,2}$	95,6	[kN]
Seitenlasten (horizontal)	Kraft aus Beschleunigung des Krans mit Hublast (Massenkraft)	$H_{T,min}$	2,5	$H_{T,max}$	8,0	[kN]
	Schräglaufkraft (Kraftschlussbeiwert <= 0,3)	S			23,5	[kN]
	Horizontalkraft aus Schräglauf je Kranachse	$H_{S,min,1}$	-0,3	$H_{S,max,1}$	-1,0	[kN]
		$H_{S,min,2}$	5,8	$H_{S,max,2}$	19,0	[kN]
Längslasten (horizontal) (je Kranbahnträger)	Kraft aus Beschleunigung des Krans mit Hublast (Massenkraft)	H_L			2,9	[kN]
	Kraft aus Pufferstoß (Pufferendkraft) (Bewegungsbegrenzer berücksichtigt)	H_{B1}			5,5	[kN]

Die Skizze stellt die Kranfahrsituation zur Erzeugung der minimalen und maximalen Lasten dar.
Die maßgebende Kranfahrsituation kann je nach Kranausführung variieren (Fahrtrichtung, Katzstellung und/oder Führungsmittel).

Alle Lasteinwirkungen sind charakteristische statische Kraftanteile und müssen mit dem jeweiligen Dynamikbeiwert φ_i beaufschlagt werden.
Kranbahntoleranzen DIN EN 1090-2, Toleranzklasse 2
Toleranz des Spurmittenmaßes der Kranschienen +/- 8 mm

© ABUS Kransysteme GmbH

20420003 - 001

ABUS Kransysteme GmbH
Sonnenweg 1
51647 Gummersbach
Tel +49 2261 37-0
Fax +49 2261 37-247

Kran ZLK

ABUS

Bearbeiter:
Datum:

www.abus-kransysteme.de   info@abus-kransysteme.de

Abb. 8.29: Beispiel Krandatenblatt für einen 20-t-Zweiträgerbrückenlaufkran, Teil 2

9 Vorbemessung von Kranbahnen aus Walzprofilen

An diesem Kapitel, das auf [Pos17] und [PS19] basiert, war Herr Raphael Possler, M.Eng. wesentlich beteiligt, wofür ihm der herzliche Dank des Autors gilt.

Die Vorbemessungstabellen erlauben für häufig vorkommende Situationen bei der Planung von Kranbahnträgern eine schnelle Abschätzung der Walzprofilgröße für die gewünschte Profilreihe. Aus dem Vergleich der Vorbemessungsergebnisse für unterschiedliche Profilreihen kann dann auch die wirtschaftlichste Profilreihe ausgewählt werden.

Es ist zu betonen, dass eine Vorbemessung von Kranbahnträgern mit Vorbemessungstabellen niemals einen normgerechten Nachweis der Kranbahn ersetzt. Im Rahmen der Detailplanung ist ein solcher Standsicherheitsnachweis nach den gültigen Eurocode-Normen stets ergänzend zu führen. Dies gilt besonders für den Ermüdungsnachweis, der in den Vorbemessungstabellen unberücksichtigt blieb, weil er für geringe und auch mittlere Beanspruchungsklassen im Regelfall nicht querschnittsdimensionierend wird.

9.1 Parameterfeld und Randbedingungen für die Vorbemessungstabellen

Den Vorbemessungstabellen liegen Annahmen über den Kranbahnträger, über die Kranbrücke und die Lasten aus Kranbetrieb und über die verwendeten Nachweise und Normen zu Grunde, siehe Tabelle 9.1.

Tabelle 9.1 ist durch folgende Anmerkungen zu ergänzen:

a) Der **Anteil des Kraneigengewichts an der vertikalen Radlast**:
Kranradlasten $Q_r = Q_h + Q_c$ setzen sich aus zwei Anteilen zusammen: Q_h ist der Anteil der Radlast aus der Hublast, Q_c der Anteil aus dem Eigengewicht der Kranbrücke samt Katze. Da beide Anteile bei den Tragsicherheitsnachweisen mit unterschiedlichen Schwingbeiwerten zu vergrößern sind, muss eine Annahme über die Aufteilung (Q_h/Q_c) getroffen werden. Da der auf die Hublast anzuwendende Schwingbeiwert bei Hubklasse HC 2 größer ist als der Schwingbeiwert für das Kraneigengewicht, darf der Anteil der Radlast aus Hublast Q_h auf der sicheren Seite liegend überschätzt werden. In den Vorbemessungstabellen wurde angenommen, dass der Anteil aus Eigengewicht Q_c mindestens 1/5 der maximalen Radlast ($Q_c + Q_h$) entspricht. Die Berechnungen liegen mit diesem Mindestanteil für die üblichen Fälle auf der sicheren Seite. Der Anteil von 20 % ergibt sich, wenn von einem Spurmittenmaß der Kranbrücke von 20 m und einem minimalen Anfahrmaß von 1,0 m (Abstand zwischen Kranbahnträgerachse und Katzenschwerpunkt) ausgegangen wird.

Tab. 9.1: Wichtige Randbedingungen für die Vorbemessung von Kranbahnträgern

Parameter, Eigenschaft	**In den Vorbemessungstabellen berücksichtigte Randbedingungen bzw. Werte**	**Erläuterungen**
Normen	DIN EN 1991-3, DIN EN 1993-6 samt NA in den in 12/2017 gültigen Fassungen	-
Berücksichtigte Nachweise	· alle für die Profilwahl relevanten GZT-Nachweise · alle relevanten Gebrauchstauglichkeitsnachweise · kein Ermüdungsnachweis	Anm. d), e), f)
Berücksichtigte Profilreihen	HEB; HD260; HD320; HD 360; HD 400; HL 920	-
Statisches Sys. Spannweite	· Ein- und Zweifeldträger mit gleich langen Feldern · Feldlängen 4,0 m $\leq l \leq$ 12,0 m; Rastermaß 1,0 m	-
Auflager Kranbahn	· Starre Auflager für vertikale und horizontale Kräfte · Gabellagerung für Torsionsmomente · Quersteifen an allen Auflagerpunkten	-
Stahlgüte	S 355	Abs. 4.3.3
Kranschiene	· angeschweißte Flachstahlschiene 60 $\times$ 60 mm^2 für Kranbahnträger der Profilreihen HEA und HEB · A75 geklemmt auf elastischer Unterlage für Kranbahnträger der Profilreihen HD und HL · Schienen statisch nicht mittragend · Schienenköpfe mit 25 % Abnutzung	-
Anzahl der Kranachsen	2	-
Radstand a	1,9 m; 2,2 m; 2,7 m; 3,2 m; 3,8 m; 4,6 m; 5,5 m	-
vert. Radlasten Q_r aus Kranbetrieb	Zwei gleich große Radlasten Q_r im Abstand a. Die Radlasten wurden für Tragfähigkeits- und Gebrauchstauglichkeitsnachweise zentrisch angesetzt.	Anm. a)
horizontale Radlasten + Seitenführung + Beschleunigen	· Seitenführungskräfte: $H_S = 0,25 \cdot Q_r$ · Kräfte aus Bremsen/Beschleunigen: $H_T = 0,15 \cdot Q_r$ Mit: Q_r char. vert. Radlast ohne Schwingbeiwerte	Anm. b), c)
Einwirkungskombinationen (EK)	· GZT: EK mit LG 1 und 5 nach [1-3/Tab.2.2] · GZG: EK mit LG 101 – 103 nach [3-6NA/Tab.NA.1]	-
Seitenführungssystem	Seitenführung über Spurkränze	Anm. c)
Kranfahrwerksystem	IFF (Standardfall; liegt bei mindestens 99 % der neu gebauten Kranbrücken vor)	Abs. 2.2
Hubklasse (HC) Hubgeschw. v_h	· HC 2 · Hubgeschwindigkeit v_h = 16 m/Min	-
Beanspruchungsklasse (BK)	Die BK wirkt sich auf die Nachweise im GZT und GZG nicht aus. Da Ermüdungsnachweise unberücksichtigt geblieben sind, ist keine BK angenommen worden.	Anm. f)
Anzahl Krane	1	-

b) **Horizontalkräfte aus Anfahren/Bremsen** H_T, siehe Abschnitt 8.5: Um eine sinnvolle Annahme für diese Einwirkung treffen zu können, wurde eine umfangreiche Parameterfelduntersuchung [Pos17] durchgeführt, bei der sowohl geometrische Einflüsse aus der Kranbrücke, unterschiedlichste Verhältnisse von Katzgewicht G_k zu Brückengewicht G_b sowie von Q_c zu Q_h als auch dynamische Einflüsse und deren Auswirkungen auf die Horizontalkräfte betrachtet wurden. Als sichere und zweckmäßige Annahme erwies sich: Die Massenkräfte H_T (siehe Abb. 9.1 links) betragen 15 % einer maximalen charakteristischen vertikalen Radlast ohne Schwingbeiwerte.

c) **Horizontalkräfte aus Seitenführung (Schräglauf)** H_S, siehe Abschnitt 8.6: Die horizontale Führung von Kranbrücken erfolgt entweder über Spurkränze oder über zumeist einseitig angeordnete Seitenführungsrollen, siehe Abschnitt 2.3. Beim Einsatz von Seitenführungsrollen ist gegenüber der Seitenführung über Spurkränze mit bis zu 40 % geringeren Seitenführungskräften zu rechnen. Auf der sicheren Seite liegend wird in allen Tabellen eine Seitenführung über Spurkränze angenommen. 25 % der maximalen, charakteristischen vertikalen Radlast ohne Schwingbeiwerte, siehe Abb. 9.1 rechts, wurden in den Vorbemessungstabellen als Horizontallasten aus Spurführung berücksichtigt. Der Anteil – 25 % – ist der in typischen Fällen bei einer Seitenführung über Spurkränze zu erwartende Wert. Auf die Wahl des nach DIN EN 1991-3 oberen, ungünstigsten Grenzwertes von 30 % (Abschnitt 8.6) wurde verzichtet, um nicht unwirtschaftliche Vorbemessungsergebnisse zu erzeugen, sondern realistische Ergebnisse, die die Mehrzahl der Fälle abdecken.

d) **Verbindungsnachweise** für Schweißverbindungen und Schraubverbindungen blieben unberücksichtigt, da es in den Vorbemessungstabellen ausschließlich um die Auswahl der Profilgröße geht.

e) **Gebrauchstauglichkeitsnachweise** nach DIN EN 1993-6, siehe unten Kap. 14

- Die vertikale Durchbiegung des Kranbahnträgers darf nach [3-6/Tab. 7.1] den Wert $(\min l/600; 25\ \text{mm})$ nicht überschreiten. Von der nur im deutschen Nationalen Anhang zulässigen etwas größeren Verformungsgrenze von $(\min l/500; 25\ \text{mm})$ wurde kein Gebrauch gemacht, damit die Vorbemessungstabellen auch in anderen Staaten angewandt werden können.
- Die horizontale Durchbiegung der Schienenoberkante des Kranbahnträgers darf nach [3-6/Tab.7.2] den Wert $(l/600)$ nicht überschreiten.
- Der Nachweis, dass die Spannungen unter Gebrauchslasten an keiner Stelle die Fließgrenze überschreiten, ist berücksichtigt

f) **Ermüdungsnachweis**: Bei der Erstellung der Vorbemessungstabellen wurden Ermüdungsnachweise nicht berücksichtigt. Besonders bei niedrigen und mittleren Beanspruchungsklassen beeinflusst der Ermüdungsnachweis die Querschnittswahl nicht, wohl aber die Gestaltung von Schweißdetails. Da die Vorbemessungstabellen nur etwas über die Profilgröße aussagen, aber nichts über die Schweißdetails, war es sinnvoll, den Ermüdungsnachweis unbeachtet zu lassen. Bei hohen Beanspruchungsklassen kann jedoch auch die Querschnittswahl von der Ermüdungsrechnung beeinflusst sein; in diesen Fällen könnte das Ergebnis der Vorbemessung auf der unsicheren Seite liegen. Unabhängig davon ist für jede Kranbahn ein Ermüdungsnachweis zu führen.

g) **Software**: Als Berechnungssoftware ist das Programm BT II von FriLo [Nem16] zum Einsatz gekommen.

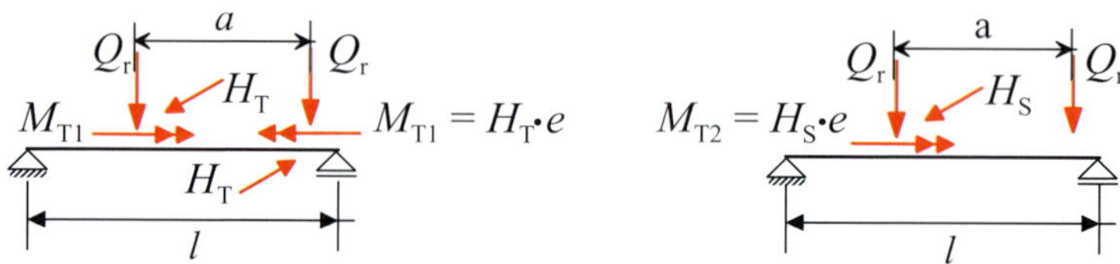

Abb. 9.1: Lasten aus Kranbetrieb inklusive Horizontalkräfte aus Bremsen/Beschleunigen (links) und aus Spurführung (rechts)

9.2 Vorbemessung des Kranbahnquerschnitts mit Tabellen

9.2.1 Prüfung der Anwendungsvoraussetzungen

Bevor die Tabellen zur Vorbemessung genutzt werden können, ist zu prüfen, ob die Anwendungsvoraussetzungen im konkreten Fall in ausreichendem Maße erfüllt sind. Dabei helfen die Tabellen 9.2 und 9.3. Die Tabellen enthalten Angaben dazu, wie mit Abweichungen von den in Abschnitt 9.1 aufgelisteten Randbedingungen umzugehen ist.

Abweichungen bei Parametern des Kranbahnträgers

Tabelle 9.2 ist durch folgende Anmerkungen zu ergänzen:

a) **Stahlgüte**: Soll ein Kranbahnträger aus S 235 vorbemessen werden, können die Ergebnisse aus den Vorbemessungstabellen auf der unsicheren Seite liegen. Auch dann, wenn im konkreten Fall der festigkeitsunabhängige Verformungsnachweis bemessungsrelevant ist (Auslastung 100 %), könnten sich Profilerhöhungen bei S 235 ergeben, wenn die Auslastung der Tragsicherheitsnachweise für die Stahlgüte S 355 nur knapp unter 100 % liegen. Oft reicht es aus, die Profilstufe aus dem Vorbemessungsergebnis um 1 Stufe zu erhöhen, um die Auswirkung der geringeren Stahlgüte S 235 abzuschätzen. Es gibt jedoch auch Fälle (besonders bei sehr hohen Walzprofilen), bei denen eine Erhöhung um mehr als eine Profilstufe nötig wäre. In anderen Fällen kann es sein, dass bei S 235 die gleiche Profilstufe gewählt werden könnte wie bei S 355.

b) **Schienentyp und Schienengröße** wirken sich auf die Berechnungen aus, und dies hat vier Gründe:

   1) Je größer die Höhe der abgenutzten Schiene ist, desto größer ist die Lasteinleitungslänge der Radlast in den Steg (höhere Schiene günstiger).
   2) Die Höhe der Schiene ist maßgebend für den Hebelarm der Horizontalkräfte bezüglich des Schubmittelpunkts. Höhere Schienen führen wegen des größeren Hebelarms zu stärkerer Torsion des Kranbahnträgers und damit zu einer Vergrößerung der Effekte aus Theorie II. Ordnung (höhere Schienen ungünstiger).
   3) Ein Kranbahnträger mit geklemmter Schiene gilt als ungeschweißter Querschnitt. Die für die Schnittgrößenermittlung beim Biegedrillknicknachweis anzunehmende Vorverformung ist deshalb geringer als bei Querschnitten mit Flachstahlschiene, die als geschweißte Querschnitte zu bewerten sind. (A-Schiene günstiger als Flachstahlschiene).

Tab. 9.2: Nutzung der Vorbemessungstabellen bei Abweichungen von den Randbedingungen für Kranbahnträger aus Tab. 9.1

Parameter, Eigenschaft	Abweichung	Anwendung möglich?	Bewertung
Profilreihe	Einsatz von anderen Profilreihen als HEA; HEB; HD260; HD320; HD 360; HD 400; HL 920 Einsatz von zusammengesetzten Profilen	Nein	-
statisches System	Drei- oder Mehrfeldträger mit gleichen Feldweiten	Ja, als Zweifeldträger behandeln	Fehlergröße gering
	Mehrfeldträger mit ungleichen Feldweiten	Ja, maximale Feldweite auswählen	Ergebnisse können unwirtschaftlich sein
	Feldlänge größer als 12 m	Nein	-
	Feldlänge hat nicht das Rastermaß mit ganzzahligen Meterlängen	Ja, auf ganzzahlige Maße runden	Beim Aufrunden liegen die Ergebnisse auf der sicheren Seite.
Auflager	Keine Gabellagerung oder keine starren Auflagerungen	Nein	-
Stahlgüte	Geringer als S355	Bedingt, siehe Anmerkung a)	Fehler auf der unsicheren Seite, siehe Anm. a)
Kranbahnschiene	Andere Schienen als 60×60 bei HEA und HEB bzw. A75 bei HD und HL	Ja	Ergebnisse geringfügig auf sicherer oder unsicherer Seite, siehe Anm. b)
	A-Schiene ohne elastische Unterlage bei HD und HL		
	Geklemmte Schiene auf HEA oder HEB		
	Geschweißte Schiene auf HD oder HL		
vertikale Durchbiegungsbegrenzung	Statt des Wertes $l/600$ nach [3-6] soll $l/500$ nach [3-6NA] zulässig sein	Ja	Siehe Anm. c)

4) Für den BDK-Nachweis (Schnittgrößen nach Wölbkrafttorsionstheorie II. Ordnung) darf die Radlast bei der angeschweißten Flachstahlschiene auf Höhe des Schubmittelpunktes angesetzt werden, während die Radlast bei Verwendung von elastischen Unterlagen auf Höhe der Oberkante des Obergurts des Kranbahnträgers anzusetzen ist (Flachstahlschiene günstiger als A-Schiene mit elastischer Unterlage).

Während sich der Grund 1) – Lasteinleitungslänge – wegen der eher dicken Stege der Walzprofile in den hier untersuchten Fällen nicht auf die Profilwahl auswirkt, sind die Gründe 2) bis 4) relevant. Wegen der teilweise gegenläufigen Effekte lässt sich bei einer bestimmten Abweichung von Schienentyp oder Schienengröße nicht sicher vorhersagen, ob das Ergebnis auf der unsicheren oder der sicheren Seite liegt.

c) Statt der in den Vorbemessungstabellen berücksichtigten zulässigen vertikalen Durchbiegung $l/600$ nach DIN EN 1993-6 soll der größere Grenzwert $l/500$ nach DIN EN 1993-6NA zur Anwendung kommen. Um die Auswirkung dieser Entscheidung zu bewerten, ist zunächst zu überprüfen, welcher Nachweis im konkreten Fall nach Angabe der Vorbemessungstabelle maßgebend ist. Dies ist mit Hilfe der Legende in Abschnitt 3.3 möglich: Wenn der Hintergrund in dem relevanten Feld der Vorbemessungstabelle grau oder gelb ist, dann ist der Nachweis der vertikalen Durchbiegung nicht bemessungsbestimmend und die Vergrößerung der zulässigen vertikalen Durchbiegung wirkt sich nicht aus. Ist der Hintergrund des relevanten Feldes dagegen weiß, dann ist die vertikale Durchbiegung bemessungsrelevant und die abgelesene Profilgröße kann auf der sicheren Seite liegen. Im günstigsten Fall kann dann ein um eine Profilstufe kleineres Profil verwendet werden, im ungünstigsten Fall bleibt die Profilgröße unverändert.

Abweichungen bei Parametern von Kranbrücke und Lasten aus Kranbetrieb

Tabelle 9.3 ist durch folgende Anmerkungen zu ergänzen:

a) **Kranbrücke mit 4 statt 2 Achsen** – was tun? Addiert man z.B. alle 4 Radlasten auf einer Kranbahn, teilt sie durch zwei und setzt sie dann mit dem Abstand der mittleren Räder an, so erhält man ein Vorbemessungsergebnis, das auf der sicheren Seite liegt. Möglicherweise liegt es aber sehr deutlich auf der sicheren Seite.
Setzt man die beiden Kranersatzlasten mit dem Außenabstand der Kranräder an, so erhält man ein Ergebnis, das auf der unsicheren Seite liegt.
Während man die globalen Biegemomente durch die Wahl des Radabstandes a gut den tatsächlichen Verhältnissen anpassen kann, gelingt das für die Nachweise der Lasteinleitung (Beulen des Steges unter der Radlast) nicht, da die Umrechnung von 4 Radlasten auf 2 Radlasten stets deutlich größere Beulgefährdung als tatsächlich vorhanden bedeutet. Da jedoch der Beulnachweis bei Kranbahnträgern aus Walzprofilen wegen deren eher dicken Stegen meist nicht kritisch wird, wirkt sich das möglicherweise nicht aus. Insgesamt ist die Anwendung der Vorbemessungstabellen bei vier statt zwei Achsen als problematisch und eher ungenau anzusehen.

b) **Anzahl der Krane:** Die Vorbemessungstabellen sind unter der Randbedingung berechnet worden, dass ein einzelner zweiachsiger Kran auf der Kranbahn fährt. Fahren mehrere Kranbrücken auf der Kranbahn, dann können die Tabellen nicht verwendet werden, es sei denn, die Distanz der Kranbrücken ist so groß, dass sie auch im ungünstigsten Fall gemeinsam keine höheren Biegemomente M_y verursachen als der größere der beiden Einzelkrane. Dies muss ggf. überprüft werden und sichergestellt sein.

Tab. 9.3: Nutzung der Vorbemessungstabellen bei Abweichungen von den Randbedingungen für Kranbrücke und Lasten aus Kranbetrieb aus Tab. 9.1

Parameter, Eigenschaft	**Abweichung**	**Anwendung möglich?**	**Bewertung**
Beanspruchungs-klasse (BK)	BK bis S2	Ja	Ermüdungsnw. beeinflusst Profilgröße nicht
	BK S3 und höher	Bedingt	Siehe oben Anm. f) zu Tab. 9.1
Art der Seitenführung	Seitenführungsrollen statt Spurkränze (bedeutet ca. 40 % geringere Seitenführungskräfte)	Ja	Ergebnis liegt auf der sicheren Seite
Horizontalkräfte	Seitenführungskräfte größer als $H_S = 0,25 \cdot Q_r$	Bedingt	Erg. auf der unsicheren Seite
	Kräfte aus Beschleunigen größer als $H_T = 0,15 \cdot Q_r$	Bedingt	Erg. auf der unsicheren Seite
Achsanzahl	4 statt 2 Achsen	Bedingt	Siehe Anm. a)
Vertikale Radlasten Q_r	unterschiedlich große Radlasten Q_r	Ja, größere Radlast verwenden	Ergebnis auf der sicheren Seite
		Ja, Mittelwert der Radlasten verwenden	Erg. auf der unsicheren Seite
Radstand a	a weicht von den Rastergrößen [m] 1,9; 2,2; 2,7; 3,2; 3,8; 4,6; 5,5 ab	Ja, für a ist die kleinere Rastergröße anzusetzen.	Ergebnisse geringfügig auf der sicheren Seite
Kranfahrwerk-system	IFL, CFL, CFF	Bedingt, horizontale Radlasten mit $H_S = 0,25 \cdot Q_r$ $H_T = 0,15 \cdot Q_r$ vergleichen	Fehlergröße von der Größe der Abweichung der Kräfte abhängig
Hubklasse HC	Statt HC 2 liegt HC 1 vor	Ja	Erg. geringfügig auf sicherer Seite
	Statt HC 2 liegt HC 3 oder HC 4 vor	Ja, Radlasten um 10 % (HC 3) bzw. um 20 % (HC 4) vergrößern	Erg. auf sicherer Seite
Hub-geschwindigkeit v_h	Hubgeschwindigkeit $v_h < 16$ m/Min	Ja	Erg. geringfügig auf sicherer Seite
	Hubgeschwindigkeit $v_h > 16$ m/Min	Ja	Erg. geringfügig unsicher
Anzahl der Krane	Zwei oder mehr Krane	Bedingt	Siehe Anm. b)

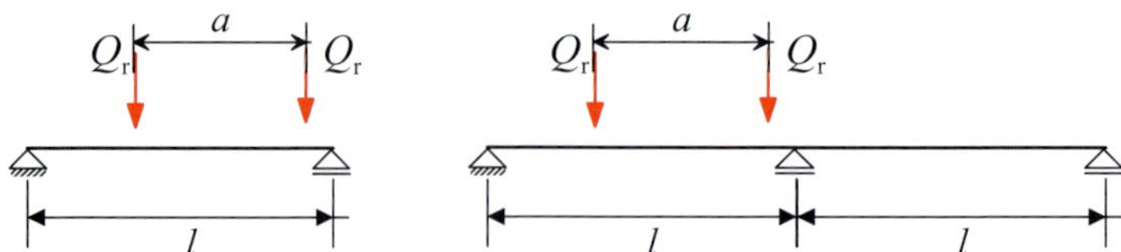

Abb. 9.2: Parameter für die Vorbemessungstabellen: Q_r als vertikale, charakteristische Radlasten ohne Schwingbeiwerte; a und l; Ein- oder Zweifeldträger

9.2.2 Bestimmung der vertikalen charakteristischen Radlasten Q_r

Als Eingangsparameter für die Vorbemessungstabellen ist die charakteristische vertikale Radlast aus Eigengewicht der Kranbrücke samt Katze ($Q_{c,max}$) und aus Hublast ($Q_{h,max}$) ohne Schwingbeiwerte (!) zu verwenden: $Q_r = Q_{h,max} + Q_{c,max}$

Für die Bestimmung dieses Wertes gibt es Alternativen:

a) Falls der Bauherr sich bereits für einen bestimmten Kran eines festgelegten Herstellers entschieden hat, sollte das von diesem erhältliche Krandatenblatt zur Feststellung der vertikalen Radlast herangezogen werden. Falls das Datenblatt gemäß DIN EN 1991-3 gehalten ist, können die Werte Q_c und Q_h direkt daraus abgelesen werden. Bei alten Krandatenblättern nach DIN 15018 wird der Wert Q_r meist als *R* bezeichnet und ist direkt – ohne Aufteilung in Q_c und Q_h – angegeben.

b) Bei der Planung von Neubauten hat sich der Bauherr oft noch nicht für einen speziellen Kran entschieden, sondern weiß nur, dass er einen Kran mit einer bestimmten Hublast benötigt. Es liegt kein Datenblatt vor. In diesem Fall ist es erforderlich, die vertikalen Radlasten aus den Angaben zur gewünschten Hublast, zum Spurmittenmaß (= Abstand der Kranbahnträger auf beiden Hallenseiten) und zur Art des Kranes selbst abzuschätzen. Dabei kann – manchmal sehr auf der sicheren Seite liegend – die VDI Richtlinie 2388 [VDI07] helfen, siehe auch Abschnitt 2.1. Alternativ kann bei den Kranherstellern ein Datenblatt von einem in etwa passenden Kran angefordert werden. Hier ist bei Fortschreiten der Planung und nach der Bestellung des Kranes zu überprüfen, ob die ursprüngliche Annahme der Radlasten die tatsächlichen Radlasten des nun bestellten Kranes abdecken.

c) Bei Neubauten von Kranbahnträgern im Bestand soll mit vorhandenen Kranbrücken weitergearbeitet werden, für die die Krandatenblätter abhanden gekommen sind. Hier empfiehlt es sich, den Kranhersteller oder die Firma, die den Service für den Kran durchführt, um die Berechnung der vertikalen Radlasten zu bitten. Alternativ können die vertikalen Radlasten evtl. der statischen Berechnung der Bestandskranbahn entnommen werden. Alternativ können die vertikalen Radlasten auf der Basis der Maße und Gewichte selber berechnet werden, siehe oben Abs. 8.1.1.

9.2.3 Anwendung der Vorbemessungstabelle

Die Vorbemessung erfordert folgende Schritte:

a) Bestimmung der Radlast Q_r (charakteristische Radlast ohne Teilsicherheits- und Schwingbeiwerte) nach Abschnitt 9.2.2 und des Radstands *a* nach Abb. 9.2

b) Weitere Angaben der zu planenden Kranbahn unter Beachtung der Tabellen 9.2 und 9.3:
   - Statisches System des Kranbahnträgers festlegen: Einfeldträger oder Zweifeldträger (Mehrfeldträger)?
   - Feldweite l des Kranbahnträgers als ganzzahlige Meterangabe festlegen
   - Achsabstand a abgerundet auf das nächste Rastermaß ermitteln: 1,90 m; 2,20 m; 2,70 m; 3,20 m; 3,80 m; 4,60 m; 5,50 m.

c) Auswahl der gewünschten Profilreihe (HEA, HEB, HD, HL920)

d) Ablesen der Ergebnisse aus den Tab. 9.4 bis 9.10: Profilgröße und maßgebender Nachweis

Erläuterungen der Abkürzungen und der Farben der Vorbemessungstabellen 9.4 – 9.8:

Profile in *rot und kursiv*	Querschnittsklasse 3 (alle anderen Profile: QK1 oder QK2)							
Hintergrund in Grau	horizontale Verformung δ_y maßgebend							
Hintergrund in Weiß	vertikale Durchbiegung δ_z maßgebend							
Hintergrund in Gelb	Biegedrillknicknachweis dimensionierend gegenüber Durchbiegungsnachweisen							
Profilbezeichnungen der Reihe HD	**260**×	54,1 68,2	**320**×	74,2 97,6 127	**360**×	134 147 162 179 196	**400**×	187 216 237 262 287 >300

Ablesebeispiel: *147* bedeutet:

- Profil HD 360 × 147
- Das Profil ist bezüglich Biegung in die Querschnittsklasse 3 einzustufen.
- Der Biegedrillknicknachweis ist querschnittsdimensionierend.

9.3 Vorbemessungstabellen

Folgende Vorbemessungstabellen liegen vor:

- Tab. 9.4: HEA-Einfeldträger, Spannweite 4–12 m; kleinere und mittlere Radlasten
- Tab. 9.5 HEA-Zweifeldträger, Spannweite 4–12 m; kleinere und mittlere Radlasten
- Tab. 9.6 HEB-Einfeldträger, Spannweite 4–12 m; kleinere und mittlere Radlasten
- Tab. 9.7 HEB-Zweifeldträger, Spannweite 4–12 m; kleinere und mittlere Radlasten
- Tab. 9.8 HD-Einfeldträger, Spannweite 4–12 m; mittlere und größere Radlasten
- Tab. 9.9 HD-Zweifeldträger, Spannweite 4–12 m; mittlere und größere Radlasten
- Tab. 9.10 HL920-Einfeldträger, Spannweite 4–12 m; mittlere und größere Radlasten
- Tab. 9.11 HL920-Zweifeldträger, Spannweite 4–12 m; mittlere und größere Radlasten

Tab. 9.4: HEA-Profile, Einfeldträger; Q_r char. Lasten ohne Schwingbeiwerte

Q_r [kN]	a [m]	HEA - Einfeldträger - Spannweite [m] 4,0	5,0	6,0	7,0	8,0	9,0	10,0	11,0	12,0
15	1,90	180	220	240	260	280	300	320	340	400
	2,20	180	200	240	260	280	300	320	340	400
	2,70	180	200	220	260	280	300	320	340	360
	3,20	180	200	220	240	280	300	320	340	360
	3,80	180	200	220	240	260	300	320	340	360
	4,60	180	200	220	220	260	280	300	320	360
	5,50	180	200	220	220	240	280	300	320	340
20	1,90	200	220	260	280	300	320	340	400	400
	2,20	200	220	240	280	300	320	340	400	400
	2,70	200	220	240	280	300	320	340	400	400
	3,20	200	220	240	260	300	320	340	360	400
	3,80	200	220	240	260	280	300	340	360	400
	4,60	200	220	240	240	280	300	320	360	400
	5,50	200	220	240	240	260	280	320	340	400
25	1,90	200	240	260	300	320	340	400	400	450
	2,20	200	240	260	300	320	340	360	400	450
	2,70	200	220	260	280	320	340	360	400	450
	3,20	200	220	240	280	320	340	360	400	450
	3,80	200	220	240	260	300	320	360	400	450
	4,60	200	220	240	260	300	320	340	400	400
	5,50	200	220	240	260	280	300	340	360	400
30	1,90	220	240	280	300	340	360	400	450	450
	2,20	220	240	280	300	320	360	400	450	450
	2,70	220	240	260	300	320	360	400	450	450
	3,20	220	240	260	300	320	340	400	450	450
	3,80	220	240	260	280	320	340	400	400	450
	4,60	220	240	260	280	300	320	360	400	450
	5,50	220	240	260	280	300	320	340	400	450
35	1,90	220	260	300	320	340	400	400	450	550
	2,20	220	260	280	320	340	400	400	450	550
	2,70	220	240	280	300	340	400	400	450	550
	3,20	220	240	260	300	340	360	400	450	550
	3,80	220	240	260	300	320	360	400	450	550
	4,60	220	240	260	280	300	340	400	450	550
	5,50	220	240	260	280	300	320	400	450	550
40	1,90	240	260	300	320	360	400	450	550	900
	2,20	240	260	300	320	360	400	450	550	900
	2,70	240	260	280	320	360	400	450	550	900
	3,20	240	260	280	320	340	400	450	550	900
	3,80	240	260	280	300	340	400	450	550	900
	4,60	240	260	280	300	320	360	450	550	900
	5,50	240	260	280	300	320	360	450	550	900
45	1,90	240	280	300	340	400	450	500	800	
	2,20	240	280	300	340	400	450	500	800	
	2,70	240	260	300	320	360	450	500	800	
	3,20	240	260	300	320	360	450	500	800	
	3,80	240	260	300	300	340	450	500	800	
	4,60	240	260	300	300	340	450	500	800	
	5,50	240	260	300	300	320	450	500	800	
50	1,90	240	280	320	360	400	500	700		
	2,20	240	280	320	340	400	500	700		
	2,70	240	280	300	340	400	500	700		
	3,20	240	280	300	320	400	500	700		
	3,80	240	280	300	320	400	500	700		
	4,60	240	280	300	320	400	500	700		
	5,50	240	280	300	320	400	500	700		
60	1,90	260	300	340	400	500	700			
	2,20	260	300	320	400	500	700			
	2,70	260	280	320	400	500	700			
	3,20	260	280	320	400	500	700			
	5,50	260	280	320	400	500	700			

Q_r [kN]	a [m]	HEA - Einfeldträger - Spannweite [m] 4,0	5,0	6,0	7,0	8,0	9,0	10,0	11,0	12,0
70	1,90	280	300	340	450	650				
	2,20	280	300	340	450	650				
	2,70	280	300	340	450	650				
	3,20	280	300	340	450	650				
	3,80	280	300	340	450	650				
	4,60	280	300	340	450	650				
	5,50	280	300	340	450	650				
80	1,90	300	320	400	550	900				
	2,20	300	320	400	550	900				
	2,70	300	320	400	550	900				
	3,20	300	320	400	550	900				
	3,80	300	320	400	550	900				
	4,60	300	320	400	550	900				
	5,50	300	320	400	550	900				
90	1,90	300	320	450	700					
	2,20	300	320	450	700					
	2,70	300	320	450	700					
	3,20	300	320	450	700					
	3,80	300	320	450	700					
	4,60	300	320	450	700					
	5,50	300	320	450	700					
100	1,90	300	360	550	900					
	2,20	300	360	550	900					
	2,70	300	360	550	900					
	3,20	300	360	550	900					
	3,80	300	360	550	900					
	4,60	300	360	550	900					
	5,50	300	360	550	900					
120	1,90	320	450	800						
	2,20	320	450	800						
	2,70	320	450	800						
	3,20	320	450	800						
	3,80	320	450	800						
	4,60	320	450	800						
	5,50	320	450	800						
140	1,90	360	500							
	2,20	360	500							
	2,70	360	500							
	3,20	360	500							
	3,80	360	500							
	4,60	360	500							
	5,50	360	500							
160	1,90	400	700							
	2,20	400	700							
	2,70	400	700							
	3,20	400	700							
	3,80	400	700							
	4,60	400	700							
	5,50	400	700							
180	1,90	400	900							
	2,20	400	900							
	2,70	400	900							
	3,20	400	900							
	3,80	400	900							
	4,60	400	900							
	5,50	400	900							
200	1,90	450								
	2,20	450								
	2,70	450								
	3,20	450								
	5,50	450								

Tab. 9.5: HEA-Profile, Zweifeldträger; Q_r char. Lasten ohne Schwingbeiwerte

Q_r	a	HEA - Zweifeldträger - Spannweite [m]								
[kN]	[m]	4,0	5,0	6,0	7,0	8,0	9,0	10,0	11,0	12,0
	1,90	160	200	220	240	*260*	*280*	*300*	*300*	320
	2,20	160	180	220	240	*260*	*280*	*280*	*300*	320
	2,70	160	180	200	220	240	*260*	*280*	*300*	320
15	3,20	160	180	200	220	240	*260*	*280*	*300*	320
	3,80	160	180	200	220	240	*260*	*280*	*300*	320
	4,60	160	180	200	220	220	240	*280*	*300*	*300*
	5,50	160	180	200	220	220	240	*260*	*280*	*300*
	1,90	180	200	240	*260*	*280*	*300*	*300*	320	340
	2,20	180	200	220	240	*260*	*300*	*300*	320	340
	2,70	180	200	220	240	*260*	*280*	*300*	320	340
20	3,20	180	200	220	240	*260*	*280*	*300*	320	340
	3,80	180	200	220	240	*260*	*280*	*300*	320	340
	4,60	180	200	220	220	240	*260*	*280*	*300*	320
	5,50	180	200	220	220	240	*260*	*280*	*300*	320
	1,90	200	220	240	*260*	*280*	*300*	320	340	400
	2,20	200	220	240	*260*	*280*	*300*	320	340	360
	2,70	200	220	240	*260*	*280*	*300*	320	340	360
25	3,20	200	220	220	*260*	*280*	*300*	320	340	360
	3,80	200	220	220	240	*260*	*300*	320	340	360
	4,60	200	220	220	240	*260*	*280*	*300*	320	360
	5,50	200	220	220	240	*260*	*260*	*300*	320	360
	1,90	200	220	*260*	*280*	*300*	320	340	360	400
	2,20	200	220	240	*280*	*300*	320	340	360	400
	2,70	200	220	240	*260*	*300*	320	340	360	400
30	3,20	200	220	240	*260*	*280*	*300*	340	360	400
	3,80	200	220	240	*260*	*280*	*300*	320	360	400
	4,60	200	220	240	*260*	*280*	*300*	320	340	360
	5,50	200	220	240	*260*	*280*	*300*	*300*	340	360
	1,90	220	240	*260*	*280*	320	340	360	400	450
	2,20	220	240	*260*	*280*	*300*	340	360	400	400
	2,70	220	220	*260*	*280*	*300*	320	360	400	400
35	3,20	220	220	240	*280*	*300*	320	340	400	400
	3,80	220	220	240	*260*	*300*	320	340	400	400
	4,60	220	220	240	*260*	*280*	*300*	340	360	400
	5,50	220	220	240	*260*	*280*	*300*	320	340	400
	1,90	220	240	*280*	*300*	320	340	400	400	450
	2,20	220	240	*260*	*300*	320	340	400	400	450
	2,70	220	240	*260*	*300*	320	340	360	400	450
40	3,20	220	240	*260*	*280*	*300*	340	360	400	450
	3,80	220	240	*260*	*280*	*300*	320	360	400	450
	4,60	220	240	*260*	*280*	*300*	320	340	400	450
	5,50	220	240	*260*	*280*	*300*	*300*	320	400	450
	1,90	220	*260*	*280*	*300*	340	360	400	450	500
	2,20	220	240	*280*	*300*	320	360	400	450	500
	2,70	220	240	*260*	*300*	320	360	400	450	500
45	3,20	220	240	*260*	*300*	320	340	400	450	500
	3,80	220	240	*260*	*280*	*300*	340	360	450	500
	4,60	220	240	*260*	*280*	*300*	320	360	450	500
	5,50	220	240	*260*	*280*	*300*	320	360	450	500
	1,90	240	*260*	*280*	320	340	400	400	500	700
	2,20	240	*260*	*280*	320	340	400	400	500	700
	2,70	240	*260*	*280*	*300*	340	360	400	500	700
50	3,20	240	*260*	*280*	*300*	320	360	400	500	700
	3,80	240	*260*	*280*	*300*	320	340	400	500	700
	4,60	240	*260*	*280*	*300*	*300*	340	400	500	700
	5,50	240	*260*	*280*	*300*	*300*	340	400	500	700
	1,90	240	*280*	*300*	340	360	450	500	800	
	2,20	240	*260*	*300*	320	360	450	500	800	
	2,70	240	*260*	*300*	320	360	450	500	800	
60	3,20	240	*260*	*300*	320	340	450	500	800	
	3,80	240	*260*	*300*	300	340	450	500	800	
	5,50	240	*260*	*300*	*300*	340	450	500	800	

Q_r	a	HEA - Zweifeldträger - Spannweite [m]								
[kN]	[m]	4,0	5,0	6,0	7,0	8,0	9,0	10,0	11,0	12,0
	1,90	*260*	*280*	320	340	400	600	800		
	2,20	*260*	*280*	*300*	340	400	600	800		
	2,70	*260*	*280*	*300*	340	400	600	800		
70	3,20	*260*	*280*	*300*	340	400	600	800		
	3,80	*260*	*280*	*300*	340	400	600	800		
	4,60	*260*	*280*	*300*	340	400	600	800		
	5,50	*260*	*280*	*300*	340	400	600	800		
	1,90	*260*	*300*	340	400	500	700			
	2,20	*260*	*300*	340	400	500	700			
	2,70	*260*	*300*	340	400	500	700			
80	3,20	*260*	*300*	340	400	500	700			
	3,80	*260*	*300*	340	400	500	700			
	4,60	*260*	*300*	340	400	500	700			
	5,50	*260*	*300*	340	400	500	700			
	1,90	*280*	320	340	450	600	1000			
	2,20	*280*	*300*	340	450	600	1000			
	2,70	*280*	*300*	340	450	600	1000			
90	3,20	*280*	*300*	340	450	600	1000			
	3,80	*280*	*300*	340	450	600	1000			
	4,60	*280*	*300*	340	450	600	1000			
	5,50	*280*	*300*	340	450	600	1000			
	1,90	*300*	320	360	500	800				
	2,20	*280*	320	360	500	800				
	2,70	*280*	320	360	500	800				
100	3,20	*280*	*300*	360	500	800				
	3,80	*280*	*300*	360	500	800				
	4,60	*280*	*300*	360	500	800				
	5,50	*280*	*300*	360	500	800				
	1,90	*300*	340	450	700					
	2,20	*300*	340	450	700					
	2,70	*300*	340	450	700					
120	3,20	*300*	340	450	700					
	3,80	*300*	340	450	700					
	4,60	*300*	340	450	700					
	5,50	*300*	340	450	700					
	1,90	320	400	550						
	2,20	320	400	550						
	2,70	320	400	550						
140	3,20	320	400	550						
	3,80	320	400	550						
	4,60	320	400	550						
	5,50	320	400	550						
	1,90	320	450	800						
	2,20	320	450	800						
	2,70	320	450	800						
160	3,20	320	450	800						
	3,80	320	450	800						
	4,60	320	450	800						
	5,50	320	450	800						
	1,90	340	500							
	2,20	340	500							
	2,70	340	500							
180	3,20	340	500							
	3,80	340	500							
	4,60	340	500							
	5,50	340	500							
	1,90	400	550							
	2,20	400	550							
	2,70	400	550							
200	3,20	400	550							
	3,80	400	550							
	5,50	400	550							

Tab. 9.6: HEB-Profile, Einfeldträger; Q_r char. Lasten ohne Schwingbeiwerte

Q_r	a	HEB - Einfeldträger - Spannweite [m]								
[kN]	**[m]**	**4,0**	**5,0**	**6,0**	**7,0**	**8,0**	**9,0**	**10,0**	**11,0**	**12,0**
15	1,90	160	200	220	240	260	280	300	320	340
	2,20	160	180	220	240	260	280	300	320	340
	2,70	160	180	200	240	260	280	300	320	340
	3,20	160	180	200	220	240	280	300	320	340
	3,80	160	180	200	220	240	260	280	320	340
	4,60	160	180	200	200	240	260	280	300	320
	5,50	160	180	200	200	220	240	280	300	320
20	1,90	180	200	240	260	280	300	320	340	400
	2,20	180	200	220	260	280	300	320	340	400
	2,70	160	200	220	240	280	300	320	340	360
	3,20	160	180	220	240	260	300	320	340	360
	3,80	160	180	200	240	260	280	300	340	360
	4,60	160	180	200	220	260	280	300	320	360
	5,50	160	180	200	220	240	260	300	320	340
25	1,90	180	220	240	260	300	320	340	360	400
	2,20	180	220	240	260	300	320	340	360	400
	2,70	180	200	240	260	280	300	340	360	400
	3,20	180	200	220	260	280	300	340	360	400
	3,80	180	200	220	240	280	300	320	360	400
	4,60	180	200	220	240	260	300	320	340	400
	5,50	180	200	220	240	260	280	300	340	360
30	1,90	200	220	260	280	300	340	360	400	450
	2,20	180	220	260	280	300	320	360	400	450
	2,70	180	220	240	280	300	320	360	400	450
	3,20	180	200	240	260	300	320	360	400	450
	3,80	180	200	220	260	280	320	340	400	400
	4,60	180	200	220	240	280	320	340	360	400
	5,50	180	200	220	240	260	320	340	360	400
35	1,90	200	240	260	300	320	340	400	400	450
	2,20	200	240	260	280	320	340	400	400	450
	2,70	200	220	260	280	320	340	400	400	450
	3,20	200	220	240	280	300	340	360	400	450
	3,80	200	220	240	260	300	320	360	400	450
	4,60	200	220	240	260	280	320	340	400	450
	5,50	200	220	240	260	280	320	340	360	450
40	1,90	200	240	280	300	340	360	400	450	450
	2,20	200	240	280	300	320	360	400	450	450
	2,70	200	220	260	300	320	360	400	450	450
	3,20	200	220	260	280	320	340	400	450	450
	3,80	200	220	240	280	300	340	400	400	450
	4,60	200	220	240	260	300	320	360	400	450
	5,50	200	220	240	260	280	320	340	400	450
45	1,90	220	260	280	320	340	400	400	450	500
	2,20	200	240	280	300	340	400	400	450	500
	2,70	200	240	280	300	340	360	400	450	500
	3,20	200	220	260	300	320	360	400	450	500
	3,80	200	220	240	280	320	360	400	450	500
	4,60	200	220	240	260	320	340	400	450	500
	5,50	200	220	240	260	300	320	360	400	500
50	1,90	220	260	300	320	360	400	450	500	900
	2,20	220	260	280	320	360	400	450	500	900
	2,70	220	240	280	320	340	400	450	500	900
	3,20	220	240	260	300	340	400	450	500	900
	3,80	220	240	260	300	320	360	400	500	900
	4,60	220	240	260	280	320	360	400	500	900
	5,50	220	240	260	280	300	320	400	500	900
60	1,90	240	280	300	340	400	450	500	900	
	2,20	240	260	300	340	400	450	500	900	
	2,70	220	260	300	320	360	400	500	900	
	3,20	220	260	280	320	360	400	500	900	
	3,80	220	260	280	300	340	400	500	900	
	5,50	220	260	280	300	320	400	500	900	

Q_r	a	HEB - Einfeldträger - Spannweite [m]								
[kN]	**[m]**	**4,0**	**5,0**	**6,0**	**7,0**	**8,0**	**9,0**	**10,0**	**11,0**	**12,0**
70	1,90	240	280	320	360	400	500	1000		
	2,20	240	280	320	360	400	500	1000		
	2,70	240	280	300	340	400	500	1000		
	3,20	240	280	300	340	400	500	1000		
	3,80	240	280	300	320	360	500	1000		
	4,60	240	280	300	300	360	500	1000		
	5,50	240	280	300	300	360	500	1000		
80	1,90	240	300	340	400	450	900			
	2,20	240	280	320	360	450	900			
	2,70	240	280	320	360	450	900			
	3,20	240	280	300	340	450	900			
	3,80	240	280	300	340	450	900			
	4,60	240	280	300	340	450	900			
	5,50	240	280	300	340	450	900			
90	1,90	260	300	340	400	650				
	2,20	260	300	340	400	650				
	2,70	260	280	320	400	650				
	3,20	260	280	320	400	650				
	3,80	260	280	300	400	650				
	4,60	260	280	300	400	650				
	5,50	260	280	300	400	650				
100	1,90	260	300	360	500	1000				
	2,20	260	300	340	500	1000				
	2,70	260	300	340	500	1000				
	3,20	260	300	340	500	1000				
	3,80	260	300	340	500	1000				
	4,60	260	300	340	500	1000				
	5,50	260	300	340	500	1000				
120	1,90	280	320	450	900					
	2,20	280	320	450	900					
	2,70	280	320	450	900					
	3,20	280	320	450	900					
	3,80	280	320	450	900					
	4,60	280	320	450	900					
	5,50	280	320	450	900					
140	1,90	300	360	600						
	2,20	300	360	600						
	2,70	300	360	600						
	3,20	300	360	600						
	3,80	300	360	600						
	4,60	300	360	600						
	5,50	300	360	600						
160	1,90	300	450	1000						
	2,20	300	450	1000						
	2,70	300	450	1000						
	3,20	300	450	1000						
	3,80	300	450	1000						
	4,60	300	450	1000						
	5,50	300	450	1000						
180	1,90	320	500							
	2,20	320	500							
	2,70	320	500							
	3,20	320	500							
	3,80	320	500							
	4,60	320	500							
	5,50	320	500							
200	1,90	360	700							
	2,20	360	700							
	2,70	360	700							
	3,20	360	700							
	3,80	360	700							
	5,50	360	700							

Tab. 9.7: HEB-Profile, Zweifeldträger; Q_r char. Lasten ohne Schwingbeiwerte

Q_r	a	HEB - Zweifeldträger - Spannweite [m]									Q_r	a	HEB - Zweifeldträger - Spannweite [m]								
[kN]	**[m]**	**4,0**	**5,0**	**6,0**	**7,0**	**8,0**	**9,0**	**10,0**	**11,0**	**12,0**	**[kN]**	**[m]**	**4,0**	**5,0**	**6,0**	**7,0**	**8,0**	**9,0**	**10,0**	**11,0**	**12,0**
	1,90	140	180	200	220	240	240	260	280	300		1,90	220	260	280	320	340	400	450	600	
	2,20	140	180	200	220	220	240	260	280	300		2,20	220	260	280	320	340	400	450	600	
	2,70	140	160	180	200	220	240	260	280	300		2,70	220	240	280	300	340	400	450	600	
15	3,20	140	160	180	200	220	240	260	280	300	**70**	3,20	220	240	260	300	340	360	450	600	
	3,80	140	160	180	200	220	240	260	280	280		3,80	220	240	260	280	320	360	450	600	
	4,60	140	160	180	180	200	240	240	260	280		4,60	220	240	260	280	300	340	450	600	
	5,50	140	160	180	180	200	240	240	260	280		5,50	220	240	260	280	300	340	450	600	
	1,90	160	180	200	220	240	260	280	300	320		1,90	220	260	300	320	360	400	550		
	2,20	160	180	200	220	240	260	280	300	320		2,20	220	260	300	320	360	400	550		
	2,70	160	180	200	220	240	260	280	300	320		2,70	220	260	280	320	360	400	550		
20	3,20	160	160	200	220	240	260	280	300	320	**80**	3,20	220	260	280	300	340	400	550		
	3,80	160	160	180	200	240	260	280	300	300		3,80	220	260	280	300	340	400	550		
	4,60	160	160	180	200	220	240	260	280	300		4,60	220	260	280	300	320	400	550		
	5,50	160	160	180	200	220	240	260	280	300		5,50	220	260	280	300	320	400	550		
	1,90	160	200	220	240	260	280	300	320	340		1,90	240	280	300	340	400	500	900		
	2,20	160	200	220	240	260	280	300	320	340		2,20	240	260	300	340	400	500	900		
	2,70	160	180	220	240	260	280	300	320	340		2,70	240	260	300	320	360	500	900		
25	3,20	160	180	200	220	260	280	300	320	340	**90**	3,20	240	260	280	320	360	500	900		
	3,80	160	180	200	220	240	260	280	300	320		3,80	240	260	280	300	360	500	900		
	4,60	160	180	200	220	240	260	280	300	320		4,60	240	260	280	300	360	500	900		
	5,50	160	180	200	220	220	240	260	300	320		5,50	240	260	280	300	360	500	900		
	1,90	180	200	240	260	280	300	320	340	360		1,90	240	280	320	360	450	700			
	2,20	180	200	220	260	280	300	320	340	360		2,20	240	280	320	360	450	700			
	2,70	180	200	220	240	260	300	300	340	360		2,70	240	280	300	340	450	700			
30	3,20	180	200	220	240	260	280	300	320	360	**100**	3,20	240	280	300	320	450	700			
	3,80	180	200	220	240	260	280	300	320	340		3,80	240	280	300	320	450	700			
	4,60	180	200	220	240	260	260	300	320	340		4,60	240	280	300	320	450	700			
	5,50	180	200	220	240	240	260	280	300	320		5,50	240	280	300	320	450	700			
	1,90	180	220	240	260	280	300	320	360	400		1,90	260	300	340	450	650				
	2,20	180	220	240	260	280	300	320	360	400		2,20	260	280	320	450	650				
	2,70	180	200	240	260	280	300	320	340	400		2,70	260	280	320	450	650				
35	3,20	180	200	220	240	280	300	320	340	360	**120**	3,20	260	280	320	450	650				
	3,80	180	200	220	240	260	300	320	340	360		3,80	260	280	320	450	650				
	4,60	180	200	220	220	260	280	300	320	360		4,60	260	280	320	450	650				
	5,50	180	200	220	220	240	260	300	320	340		5,50	260	280	320	450	650				
	1,90	200	220	240	280	300	320	340	360	400		1,90	280	300	360	550					
	2,20	180	220	240	280	300	320	340	360	400		2,20	280	300	360	550					
	2,70	180	200	240	260	300	320	340	360	400		2,70	280	300	360	550					
40	3,20	180	200	220	260	280	300	340	360	400	**140**	3,20	280	300	360	550					
	3,80	180	200	220	240	280	300	320	360	400		3,80	280	300	360	550					
	4,60	180	200	220	240	260	300	320	340	400		4,60	280	300	360	550					
	5,50	180	200	220	240	260	280	300	320	360		5,50	280	300	360	550					
	1,90	200	220	260	280	300	340	360	400	450		1,90	280	320	450	900					
	2,20	200	220	260	280	300	320	360	400	400		2,20	280	320	450	900					
	2,70	200	220	240	280	300	320	360	400	400		2,70	280	320	450	900					
45	3,20	200	220	240	260	300	320	340	400	400	**160**	3,20	280	320	450	900					
	3,80	200	220	v220	260	280	300	340	360	400		3,80	280	320	450	900					
	4,60	200	220	220	240	280	300	320	360	400		4,60	280	320	450	900					
	5,50	200	220	220	240	260	280	320	340	400		5,50	280	320	450	900					
	1,90	200	240	260	300	320	340	360	400	450		1,90	300	360	550						
	2,20	200	220	260	280	320	340	360	400	450		2,20	300	360	550						
	2,70	200	220	260	280	300	340	360	400	450		2,70	300	360	550						
50	3,20	200	220	240	280	300	320	360	400	450	**180**	3,20	300	360	550						
	3,80	200	220	240	260	300	320	340	400	400		3,80	300	360	550						
	4,60	200	220	240	260	280	300	340	360	400		4,60	300	360	550						
	5,50	200	220	240	260	280	300	320	360	400		5,50	300	360	550						
	1,90	220	240	280	300	340	360	400	450	550		1,90	300	400							
	2,20	220	240	280	300	320	360	400	450	550		2,20	300	400							
	2,70	220	240	260	300	320	360	400	450	550		2,70	300	400							
60	3,20	220	240	260	280	320	340	400	450	550	**200**	3,20	300	400							
	3,80	220	240	240	280	300	340	400	450	550		3,80	300	400							
	4,60	220	240	240	280	300	320	360	450	550		4,60	300	400							
	5,50	220	240	240	280	280	300	340	450	550		5,50	300	400							

Tab. 9.8: HD-Profile, Einfeldträger; Q_r char. Lasten ohne Schwingbeiwerte

Q_r [kN]	a [m]	HD - Einfeldträger - Spannweite [m] 4,0	5,0	6,0	7,0	8,0	9,0	10,0	11,0	12,0
70	1,90	74,2	97,6	127	134	179	216	287	347	421
	2,20	74,2	97,6	127	134	179	216	262	347	421
	2,70	74,2	97,6	127	134	162	216	262	347	382
	3,20	74,2	97,6	127	134	147	196	262	314	382
	3,80	74,2	97,6	127	134	147	196	237	314	382
	4,60	74,2	97,6	127	134	134	162	216	287	347
	5,50	74,2	97,6	127	134	134	147	196	262	347
80	1,90	93	127	134	147	196	262	314	382	463
	2,20	93	114	127	147	196	237	314	382	463
	2,70	93	114	127	134	179	237	287	382	421
	3,20	93	114	127	134	179	237	287	347	421
	3,80	93	114	127	134	162	216	262	347	421
	4,60	93	114	127	134	147	196	237	314	382
	5,50	93	114	127	134	147	162	216	287	382
90	1,90	97,6	127	134	162	216	287	347	421	599
	2,20	97,6	127	134	162	216	262	347	421	463
	2,70	97,6	114	134	147	196	262	314	382	463
	3,20	97,6	114	134	147	187	262	314	382	463
	3,80	97,6	114	134	147	179	237	287	382	463
	4,60	97,6	114	134	147	162	216	287	347	421
	5,50	97,6	114	134	147	162	179	237	314	382
100	1,90	97,6	127	134	179	237	287	382	463	509
	2,20	97,6	127	134	179	237	287	382	421	509
	2,70	97,6	127	134	162	216	287	347	421	509
	3,20	97,6	127	134	147	216	262	347	421	509
	3,80	97,6	127	134	147	196	262	314	421	509
	4,60	97,6	127	134	147	179	237	287	382	463
	5,50	97,6	127	134	147	179	196	262	347	421
110	1,90	114	127	147	196	262	314	382	463	551
	2,20	114	127	147	196	262	314	382	463	551
	2,70	114	127	134	179	237	314	382	463	551
	3,20	114	127	134	162	237	287	382	463	551
	3,80	114	127	134	162	216	287	347	421	509
	4,60	114	127	134	162	179	262	314	421	509
	5,50	114	127	134	162	179	216	287	382	463
120	1,90	114	134	162	216	287	347	421	509	592
	2,20	114	134	147	196	262	347	421	509	592
	2,70	114	134	147	196	262	347	421	509	592
	3,20	114	134	147	179	237	314	382	463	551
	3,80	114	134	147	179	216	287	382	463	551
	4,60	114	134	147	179	196	262	347	421	509
	5,50	114	134	147	179	196	237	314	382	509
130	1,90	127	134	162	237	287	382	463	551	634
	2,20	127	134	162	216	287	382	463	509	634
	2,70	127	134	147	216	287	347	421	509	592
	3,20	127	134	147	196	262	347	421	509	592
	3,80	127	134	147	179	237	314	382	509	592
	4,60	127	134	147	179	216	287	382	463	551
	5,50	127	134	147	179	196	237	347	421	509
140	1,90	127	147	179	237	314	382	509	551	677
	2,20	127	134	162	237	314	382	463	551	634
	2,70	127	134	162	216	287	382	463	551	634
	3,20	127	134	162	196	287	347	463	551	634
	3,80	127	134	162	179	262	347	421	551	592
	4,60	127	134	162	179	216	314	382	551	592
	5,50	127	134	162	179	216	262	347	463	551
160	1,90	134	162	196	262	347	421	509	634	744
	2,20	134	162	196	262	347	421	509	592	744
	2,70	134	147	179	237	314	421	509	592	744
	3,20	134	147	179	237	314	382	509	592	677
	3,80	134	147	179	196	287	382	463	551	677
	4,60	134	147	179	196	237	347	421	551	634
	5,50	134	147	179	196	216	287	382	509	592

Q_r [kN]	a [m]	HD - Einfeldträger - Spannweite [m] 4,0	5,0	6,0	7,0	8,0	9,0	10,0	11,0	12,0
180	1,90	134	162	216	287	382	463	592	677	818
	2,20	134	162	216	287	382	463	551	677	818
	2,70	134	162	196	262	347	463	551	634	744
	3,20	134	162	196	262	347	421	509	634	744
	3,80	134	162	196	216	314	421	509	592	744
	4,60	134	162	196	216	262	382	463	592	677
	5,50	134	162	196	216	237	314	421	551	634
200	1,90	147	162	237	314	421	509	592	744	818
	2,20	147	162	237	314	421	509	592	744	818
	2,70	147	162	216	287	382	509	592	744	818
	3,20	147	162	196	262	382	463	592	677	818
	3,80	147	162	196	237	347	463	551	677	818
	4,60	147	162	196	237	287	382	509	634	744
	5,50	147	162	196	237	262	347	463	592	677
220	1,90	162	179	262	347	463	551	634	744	900
	2,20	162	179	262	347	421	551	634	744	900
	2,70	162	179	237	314	421	509	634	744	900
	3,20	162	179	216	287	382	509	592	744	900
	3,80	162	179	216	262	382	463	592	744	818
	4,60	162	179	216	237	314	421	551	677	818
	5,50	162	179	216	237	287	382	509	592	744
240	1,90	162	196	287	382	463	592	677	818	990
	2,20	162	196	262	382	463	592	677	818	990
	2,70	162	196	237	347	463	551	677	818	900
	3,20	162	196	216	314	421	551	634	818	900
	3,80	162	196	216	287	382	509	634	744	900
	4,60	162	196	216	262	347	463	592	744	818
	5,50	162	196	216	262	347	382	509	634	818
260	1,90	162	216	287	382	509	634	744	900	990
	2,20	162	196	287	382	509	592	744	900	990
	2,70	162	196	262	382	463	592	744	818	990
	3,20	162	196	237	347	463	551	677	818	990
	3,80	162	196	237	314	421	551	677	818	900
	4,60	162	196	237	262	382	509	592	744	900
	5,50	162	196	237	262	347	421	592	677	818
280	1,90	162	216	314	421	551	634	818	990	1086
	2,20	162	216	314	421	509	634	744	990	1086
	2,70	162	216	287	382	509	634	744	900	990
	3,20	162	216	262	347	463	592	744	900	990
	3,80	162	216	237	314	463	551	677	818	990
	4,60	162	216	237	287	382	509	634	818	900
	5,50	162	216	237	287	347	463	592	744	900
300	1,90	179	237	347	421	551	677	818	990	1086
	2,20	179	216	314	421	551	677	818	990	1086
	2,70	179	216	287	421	509	634	818	900	1086
	3,20	179	216	262	382	509	634	744	900	1086
	3,80	179	216	262	347	463	592	744	900	990
	4,60	179	216	262	287	421	551	677	818	990
	5,50	179	216	262	287	347	463	592	744	900
320	1,90	179	237	347	463	592	744	818	990	1202
	2,20	179	237	347	463	592	744	818	990	1086
	2,70	179	216	314	421	551	677	818	990	1086
	3,20	179	216	287	421	509	677	818	990	1086
	3,80	179	216	262	347	509	634	744	990	1086
	4,60	179	216	262	314	421	551	744	990	990
	5,50	179	216	262	314	421	509	634	818	990
340	1,90	196	262	382	509	634	744	900	990	1202
	2,20	196	237	347	463	592	744	900	990	1202
	2,70	196	237	347	463	592	744	900	990	1202
	3,20	196	237	287	421	551	677	818	990	1202
	3,80	196	237	287	382	509	634	818	990	1086
	4,60	196	237	287	314	463	592	744	900	1086
	5,50	196	237	287	314	421	509	677	818	990

Tab. 9.9: HD-Profile, Zweifeldträger; Q_r char. Lasten ohne Schwingbeiwerte

Q_r [kN]	a [m]	HD - Zweifeldträger - Spannweite [m] 4,0	5,0	6,0	7,0	8,0	9,0	10,0	11,0	12,0
	1,90	68,2	74,2	97,6	127	134	147	196	237	287
	2,20	68,2	74,2	97,6	127	134	162	196	237	287
	2,70	68,2	74,2	97,6	127	134	147	179	237	262
70	3,20	68,2	74,2	97,6	127	134	147	179	216	262
	3,80	68,2	74,2	97,6	127	127	134	162	216	262
	4,60	68,2	74,2	97,6	127	127	134	147	196	237
	5,50	68,2	74,2	97,6	127	127	134	134	179	216
	1,90	93	93	127	127	147	179	216	262	314
	2,20	93	93	127	127	134	179	216	262	314
	2,70	93	93	114	127	134	162	216	262	314
80	3,20	93	93	114	127	134	162	196	237	287
	3,80	93	93	114	127	134	147	196	237	287
	4,60	93	93	114	127	134	147	179	216	262
	5,50	93	93	114	127	134	147	162	196	237
	1,90	74,2	97,6	127	134	162	196	237	287	347
	2,20	74,2	97,6	127	134	147	196	237	287	347
	2,70	74,2	97,6	127	134	147	179	237	287	347
90	3,20	74,2	97,6	127	134	134	179	216	262	314
	3,80	74,2	97,6	127	134	134	162	216	262	314
	4,60	74,2	97,6	127	134	134	147	196	237	287
	5,50	74,2	97,6	127	134	134	147	179	216	262
	1,90	93	114	127	134	179	216	262	314	382
	2,20	93	114	127	134	162	216	262	314	382
	2,70	93	114	127	134	162	196	262	314	347
100	3,20	93	114	127	134	147	196	237	287	347
	3,80	93	114	127	134	147	179	237	287	347
	4,60	93	114	127	134	147	162	216	262	314
	5,50	93	114	127	134	147	162	179	237	287
	1,90	93	127	127	147	179	237	287	347	421
	2,20	93	114	127	134	179	237	287	347	382
	2,70	93	114	127	134	179	216	262	347	382
110	3,20	93	114	127	134	162	216	262	314	382
	3,80	93	114	127	134	147	196	262	314	382
	4,60	93	114	127	134	147	179	216	287	347
	5,50	93	114	127	134	147	179	196	262	314
	1,90	97,6	127	134	147	196	262	314	382	421
	2,20	97,6	127	134	147	196	262	314	382	421
	2,70	97,6	127	134	147	179	237	287	347	421
120	3,20	97,6	127	134	147	179	216	287	347	421
	3,80	97,6	127	134	147	162	216	262	347	382
	4,60	97,6	127	134	147	162	179	237	314	382
	5,50	97,6	127	134	147	162	179	216	262	347
	1,90	97,6	127	134	162	216	262	347	382	463
	2,20	97,6	127	134	162	216	262	314	382	463
	2,70	97,6	127	134	147	196	262	314	382	463
130	3,20	97,6	127	134	147	179	237	287	382	421
	3,80	97,6	127	134	147	179	216	287	347	421
	4,60	97,6	127	134	147	179	196	262	314	382
	5,50	97,6	127	134	147	179	196	216	314	382
	1,90	97,6	127	147	179	237	287	347	421	463
	2,20	97,6	127	147	162	216	287	347	421	463
	2,70	97,6	127	134	162	216	262	347	382	463
140	3,20	97,6	127	134	162	196	262	314	382	463
	3,80	97,6	127	134	162	179	237	314	382	463
	4,60	97,6	127	134	162	179	216	287	347	421
	5,50	97,6	127	134	162	179	196	237	314	382
	1,90	127	134	162	196	262	314	382	463	509
	2,20	127	134	162	196	262	314	382	463	509
	2,70	127	134	147	179	237	314	382	463	509
160	3,20	127	134	147	179	216	287	347	421	509
	3,80	127	134	147	179	196	262	347	421	509
	4,60	127	134	147	179	196	237	314	382	463
	5,50	127	134	147	179	196	216	287	347	421

Q_r [kN]	a [m]	HD - Zweifeldträger -Spannweite [m] 4,0	5,0	6,0	7,0	8,0	9,0	10,0	11,0	12,0
	1,90	127	147	162	216	287	347	421	463	551
	2,20	127	147	162	216	287	347	421	509	551
	2,70	127	147	162	196	262	347	421	463	551
180	3,20	127	147	162	196	237	314	382	463	551
	3,80	127	147	162	196	216	287	382	463	509
	4,60	127	147	162	196	216	262	347	421	509
	5,50	127	147	162	196	216	262	287	382	463
	1,90	127	162	179	237	314	382	463	551	634
	2,20	127	147	179	237	287	382	463	551	634
	2,70	127	147	179	216	287	347	421	509	592
200	3,20	127	147	179	196	262	347	421	509	592
	3,80	127	147	179	196	237	314	421	509	551
	4,60	127	147	179	196	216	287	382	463	551
	5,50	127	147	179	196	216	237	314	421	509
	1,90	134	162	196	262	347	421	509	592	677
	2,20	134	162	179	262	314	421	509	592	677
	2,70	134	162	179	237	314	382	463	551	634
220	3,20	134	162	179	216	287	382	463	551	634
	3,80	134	162	179	216	262	347	421	509	592
	4,60	134	162	179	216	237	314	382	509	592
	5,50	134	162	179	216	237	262	347	463	551
	1,90	147	162	216	287	347	463	509	634	744
	2,20	147	162	196	262	347	421	509	592	744
	2,70	147	162	196	262	347	421	509	592	677
240	3,20	147	162	196	237	314	382	509	592	677
	3,80	147	162	196	216	287	382	463	551	634
	4,60	147	162	196	216	237	347	421	509	634
	5,50	147	162	196	216	237	287	382	463	592
	1,90	162	162	216	287	382	463	551	634	744
	2,20	147	162	216	287	382	463	551	634	744
	2,70	147	162	196	262	347	463	551	634	744
260	3,20	147	162	196	262	347	421	509	592	744
	3,80	147	162	196	237	314	382	509	592	677
	4,60	147	162	196	237	262	347	463	551	634
	5,50	147	162	196	237	262	287	382	509	592
	1,90	162	179	237	314	421	509	592	677	818
	2,20	162	179	216	314	382	463	592	677	818
	2,70	162	179	216	287	382	463	551	677	744
280	3,20	162	179	216	262	347	463	551	634	744
	3,80	162	179	216	237	314	421	509	634	744
	4,60	162	179	216	237	287	382	463	592	677
	5,50	162	179	216	237	262	314	421	509	634
	1,90	162	179	262	347	421	509	634	744	818
	2,20	162	179	237	314	421	509	592	744	818
	2,70	162	179	216	314	382	509	592	677	818
300	3,20	162	179	216	287	382	463	592	677	818
	3,80	162	179	216	262	347	463	551	634	744
	4,60	162	179	216	262	287	382	509	592	744
	5,50	162	179	216	262	287	347	463	551	677
	1,90	162	196	262	347	463	551	634	744	900
	2,20	162	196	262	347	421	551	634	744	900
	2,70	162	196	237	314	421	509	634	744	818
320	3,20	162	196	216	287	382	509	592	744	818
	3,80	162	196	216	262	347	463	592	677	818
	4,60	162	196	216	262	314	421	509	634	744
	5,50	162	196	216	262	287	347	463	592	744
	1,90	179	196	287	382	463	592	677	818	900
	2,20	162	196	262	347	463	551	677	818	900
	2,70	162	196	237	347	463	551	634	744	900
340	3,20	162	196	237	314	421	509	634	744	900
	3,80	162	196	237	287	382	509	592	744	818
	4,60	162	196	237	262	347	421	551	677	818
	5,50	162	196	237	262	314	382	509	592	744

Tab. 9.10: HL-920 Profile, Einfeldträger; Q_r char. Lasten ohne Schwingbeiwerte

Q_r	*a*	**HL 920 - Einfeldträger - Spannweite [m]**								
[kN]	**[m]**	**4,0**	**5,0**	**6,0**	**7,0**	**8,0**	**9,0**	**10,0**	**11,0**	**12,0**
100	1,90 – 5,50	344	344	344	344	344	344	344	344	368
120	1,90 – 5,50	344	344	344	344	344	344	344	368	390
140	1,90 – 5,50	344	344	344	344	344	344	368	420	449
160	1,90 – 5,50	344	344	344	344	344	344	390	449	491
180	1,90 – 5,50	344	344	344	344	344	390	420	491	537
200	1,90 – 5,50	344	344	344	344	368	420	449	537	588
220	1,90 – 5,50	344	344	344	344	390	449	449	537	588
240	1,90 – 5,50	344	344	344	344	420	491	537	588	656
260	1,90 – 5,50	344	344	344	368	420	491	588	656	656
280	1,90 – 5,50	344	344	344	390	449	537	588	656	725
300	1,90 – 5,50	344	344	344	420	491	537	656	656	725
320	1,90 – 5,50	344	344	344	420	491	588	656	656	787
340	1,90 – 5,50	344	344	368	449	537	588	656	725	787
360	1,90 – 5,50	344	344	390	449	537	656	656	787	970
380	1,90 – 5,50	344	344	390	491	588	656	725	787	970
400	1,90 – 5,50	344	344	420	491	588	656	725	970	970
420	1,90 – 5,50	344	344	420	537	588	656	787	970	970
440	1,90 – 5,50	344	344	449	537	656	725	787	970	970
460	1,90 – 5,50	344	344	449	537	656	725	787	970	970
480	1,90 – 5,50	344	368	491	588	656	725	970	970	1077
500	1,90 – 5,50	344	368	491	588	656	787	970	970	1077
550	1,90 – 5,50	344	420	537	656	725	970	970	1077	1077
600	1,90 – 5,50	344	420	588	656	787	970	970	1077	1194
650	1,90 – 5,50	344	449	588	725	787	970	1077	1194	1194
700	1,90 – 5,50	344	491	656	725	970	970	1077	1194	1269
750	1,90 – 5,50	390	537	656	787	970	970	1194	1194	1377
800	1,90 – 5,50	390	537	656	787	970	1077	1194	1269	
900	1,90 – 5,50	420	588	725	970	970	1194	1269	1377	
1000	1,90 – 5,50	491	656	787	970	1077	1194	1377		

Bei allen Vorbemessungsfällen ist der Nachweis der horizontalen Durchbiegung δ_y der Schienenoberkante maßgebend. Auf eine farbliche Kodierung wurde daher verzichtet.

Tab. 9.11: HL-920 Profile, Zweifeldträger; Q_r char. Lasten ohne Schwingbeiwerte

Q_r	a	HL 920 - Zweifeldträger - Spannweite [m]								
[kN]	**[m]**	**4,0**	**5,0**	**6,0**	**7,0**	**8,0**	**9,0**	**10,0**	**11,0**	**12,0**
100	1,90 – 5,50	344	344	344	344	344	344	344	344	344
120	1,90 – 5,50	344	344	344	344	344	344	344	344	344
140	1,90 – 5,50	344	344	344	344	344	344	344	344	368
160	1,90 – 5,50	344	344	344	344	344	344	344	368	420
180	1,90 – 5,50	344	344	344	344	344	344	368	420	420
200	1,90 – 5,50	344	344	344	344	344	344	390	420	491
220	1,90 – 5,50	344	344	344	344	344	368	420	449	491
240	1,90 – 5,50	344	344	344	344	344	390	420	491	537
260	1,90 – 5,50	344	344	344	344	344	420	449	537	588
280	1,90 - 5,50	344	344	344	344	368	420	491	537	588
300	1,90 – 5,50	344	344	344	344	390	449	537	588	656
320	1,90 – 5,50	344	344	344	344	420	491	537	588	656
340	1,90 – 5,50	344	344	344	368	420	491	537	656	656
360	1,90 – 5,50	344	344	344	390	449	537	588	656	656
380	1,90 – 5,50	344	344	344	390	449	537	588	656	725
400	1,90 – 5,50	344	344	344	420	491	537	656	656	725
420	1,90 – 5,50	344	344	344	420	491	588	656	725	787
440	1,90 – 5,50	344	344	344	420	537	588	656	725	787
460	1,90 – 5,50	344	344	368	449	537	588	656	725	970
480	1,90 – 5,50	344	344	368	449	537	656	725	787	970
500	1,90 – 5,50	344	344	390	491	588	656	725	787	970
550	1,90 – 5,50	344	344	420	537	588	656	787	970	970
600	1,90 – 5,50	344	344	449	537	656	787	787	970	970
650	1,90 – 5,50	344	368	368	588	656	787	970	970	1077
700	1,90 – 5,50	344	390	491	656	725	787	970	970	1077
750	1,90 – 5,50	344	420	537	656	725	970	970	1077	1194
800	1,90 – 5,50	344	420	537	656	787	970	970	1077	1194
900	1,90 – 5,50	344	449	588	725	970	970	1077	1194	1269
1000	1,90 – 5,50	368	537	656	787	970	1077	1194	1269	1377
Bei allen Vorbemessungsfällen ist der Nachweis der horizontalen Durchbiegung δ_y der Schienenoberkante maßgebend. Auf eine farbliche Kodierung wurde daher verzichtet.										

9.4 Wirtschaftliche Einsatzbereiche der Profilreihen

Welche Profilreihen sind bei welchen Kranbahn-Spannweiten und bei welchen Radlasten am wirtschaftlichsten? Um diese Frage beantworten zu können, wurde für Kranbahnträger mit Spannweiten von 4 bis 12 m und unter Radlasten von 60 bis 200 kN aus den verschiedenen Vorbemessungstabellen zusammengetragen, welche Profilreihe den Querschnitt mit der kleinsten Querschnittsfläche liefert.

Das Ergebnis kann Tab. 9.12 und 9.13 entnommen werden. Vereinfacht lässt sich festhalten: Mit steigender Spannweite und mit steigender Radlast ändert sich die jeweils günstigste Profilreihe von HEA über HEB zu HD und schließlich zu HL-Profilen.

9.5 Anwendungsbeispiel

Gegeben ist eine Kranbrücke mit Hakenbetrieb, Hubklasse HC 2, Beanspruchungsklasse S_2, Hubgeschwindigkeit $v_h = 16$ m/Min. Die Randbedingungen nach Tab. 9.1 sind erfüllt.

Radlast	$Q_r = 120$ kN ($Q_c = 24$ kN, $Q_h = 96$ kN)
Radstand	$a = 3,80$ m
System	Einfeldträger oder Zweifeldträger jeweils mit $l = 6,0$ m Spannweite; Baustahl S 355
Schiene	aufgeschweißte Flachstahlschiene 60×60 mm^2, nicht mittragend

Gesucht ist das kleinste geeignete Profil der jeweiligen Profilreihen.

- HEA 800 als Einfeldträger nach Tab. 9.4; A = 286 cm^2
- HEA 450 als Zweifeldträger nach Tab. 9.5; A = 178 cm^2
- HEB 450 als Einfeldträger nach Tab. 9.6; A = 218 cm^2
- HEB 320 als Zweifeldträger nach Tab. 9.7; A = 161 cm^2
- HD 360×147 als Einfeldträger nach Tab. 9.8; A = 188 cm^2
- HD 360×134 als Zweifeldträger nach Tab. 9.9; A = 171 cm^2
- HL 920×344 als Einfeldträger nach Tab. 9.10; A = 437 cm^2
- HL 920×344 als Zweifeldträger nach Tab. 9.11; A = 437 cm^2

Ergebnis: Als Einfeldträger ist das Profil HD 360×147 mit A = 188 cm^2 die wirtschaftlichste Wahl, als Zweifeldträger empfiehlt sich das Profil HEB 320 mit A = 161 cm^2 . Diese Profile hätten aus den Tab. 9.12 und 9.13 direkt abgelesen werden können.

Tab. 9.12: Einfeldträger: günstigste Profilreihe und Profilgröße

Q_r	*a*	Spannweite [m] des Einfeldträgers							
[kN]	[m]	5	6	7	8	9	10	11	12
	1,9	HEA300	HEA340	HEA400	HD360x147	HEB450	HEB500	HD400x287	HL920x344
	2,2	HEA300	HEA320	HEA400	HD360x147	HEB450	HEB500	HD400x287	HL920x344
	2,7	HEA280	HEA320	HEA400	HEB360	HEB400	HEB500	HD400x287	HL920x344
60	3,2	HEA280	HEA320	HEA400	HD360x134	HEB400	HEB500	HD400x287	HL920x344
	3,8	HEA280	HEA320	HEB300	HEB340	HEB400	HEB500	HD400x262	HL920x344
	4,6	HEA280	HEA320	HEB300	HEB320	HD360x147	HEB500	HD400x262	HD400x314
	5,5	HEA280	HEA320	HEB300	HEB320	HD360x134	HD360x179	HD400x237	HD400x287
	1,9	HEA320	HEA400	HD360x147	HEB450	HD400x262	HD400x314	HL920x344	HL920x344
	2,2	HEA320	HEA400	HEB360	HEB450	HD400x237	HD400x314	HL920x344	HL920x344
	2,7	HEA320	HEA400	HD360x134	HEB450	HD400x237	HD400x287	HL920x344	HL920x344
80	3,2	HEA320	HEB300	HEB340	HEB450	HD400x237	HD400x287	HL920x344	HL920x344
	3,8	HEA320	HEB300	HEB340	HD360x162	HD400x216	HD400x262	HL920x344	HL920x344
	4,6	HEA320	HEB300	HEB340	HD360x147	HD360x196	HD400x237	HD400x314	HL920x344
	5,5	HEA320	HEB300	HEB340	HD360x147	HD360x162	HD400x216	HD400x287	HL920x344
	1,9	HEA360	HD360x134	HD360x179	HD400x237	HD400x287	HL920x344	HL920x344	HL920x368
	2,2	HEA360	HEB340	HD360x179	HD400x237	HD400x287	HL920x344	HL920x344	HL920x368
	2,7	HEA360	HEB340	HD360x162	HD400x216	HD400x287	HL920x344	HL920x344	HL920x368
100	3,2	HEA360	HEB340	HD360x147	HD400x216	HD400x262	HL920x344	HL920x344	HL920x368
	3,8	HEA360	HEB340	HD360x147	HD360x196	HD400x262	HD400x314	HL920x344	HL920x368
	4,6	HEA360	HEB340	HD360x147	HD360x179	HD400x237	HD400x287	HL920x344	HL920x368
	5,5	HEA360	HEB340	HD360x147	HD360x179	HD360x196	HD400x262	HL920x344	HL920x368
	1,9	HEB320	HD360x162	HD400x216	HD400x287	HL920x344	HL920x344	HL920x368	HL920x390
	2,2	HEB320	HD360x147	HD360x196	HD400x262	HL920x344	HL920x344	HL920x368	HL920x390
	2,7	HEB320	HD360x147	HD360x196	HD400x262	HL920x344	HL920x344	HL920x368	HL920x390
120	3,2	HEB320	HD360x147	HD360x179	HD400x237	HD400x314	HL920x344	HL920x368	HL920x390
	3,8	HEB320	HD360x147	HD360x179	HD400x216	HD400x287	HL920x344	HL920x368	HL920x390
	4,6	HEB320	HD360x147	HD360x179	HD360x196	HD400x262	HL920x344	HL920x368	HL920x390
	5,5	HEB320	HD360x147	HD360x179	HD360x196	HD400x237	HD400x314	HL920x368	HL920x390
	1,9	HEB360	HD360x179	HD400x237	HD400x314	HL920x344	HL920x368	HL920x420	HL920x449
	2,2	HD360x134	HD360x162	HD400x237	HD400x314	HL920x344	HL920x368	HL920x420	HL920x449
	2,7	HD360x134	HD360x162	HD400x216	HD400x287	HL920x344	HL920x368	HL920x420	HL920x449
140	3,2	HD360x134	HD360x162	HD360x196	HD400x287	HL920x344	HL920x368	HL920x420	HL920x449
	3,8	HD360x134	HD360x162	HD360x179	HD400x262	HL920x344	HL920x368	HL920x420	HL920x449
	4,6	HD360x134	HD360x162	HD360x179	HD400x216	HD400x314	HL920x368	HL920x420	HL920x449
	5,5	HD360x134	HD360x162	HD360x179	HD400x216	HD400x262	HD400x347	HL920x420	HL920x449
	1,9	HD360x162	HD360x196	HD400x262	HL920x344	HL920x344	HL920x390	HL920x449	HL920x491
	2,2	HD360x162	HD360x196	HD400x262	HL920x344	HL920x344	HL920x390	HL920x449	HL920x491
	2,7	HD360x147	HD360x179	HD400x237	HD400x314	HL920x344	HL920x390	HL920x449	HL920x491
160	3,2	HD360x147	HD360x179	HD400x237	HD400x314	HL920x344	HL920x390	HL920x449	HL920x491
	3,8	HD360x147	HD360x179	HD360x196	HD400x287	HL920x344	HL920x390	HL920x449	HL920x491
	4,6	HD360x147	HD360x179	HD360x196	HD400x237	HL920x344	HL920x390	HL920x449	HL920x491
	5,5	HD360x147	HD360x179	HD360x196	HD400x216	HD400x287	HD400x382	HL920x449	HL920x491
	1,9	HD360x162	HD400x237	HD400x314	HL920x368	HL920x420	HL920x449	HL920x537	HL920x588
	2,2	HD360x162	HD400x237	HD400x314	HL920x368	HL920x420	HL920x449	HL920x537	HL920x588
	2,7	HD360x162	HD400x216	HD400x287	HL920x368	HL920x420	HL920x449	HL920x537	HL920x588
200	3,2	HD360x162	HD360x196	HD400x262	HL920x368	HL920x420	HL920x449	HL920x537	HL920x588
	3,8	HD360x162	HD360x196	HD400x237	HD400x347	HL920x420	HL920x449	HL920x537	HL920x588
	4,6	HD360x162	HD360x196	HD400x237	HD400x287	HD400x382	HL920x449	HL920x537	HL920x588
	5,5	HD360x162	HD360x196	HD400x237	HD400x262	HD400x347	HL920x449	HL920x537	HL920x588

Tab. 9.13: Zweifeldträger: günstigste Profilreihe und Profilgröße

Q_r	a	Spannweite [m] des Einfeldträgers							
[kN]	[m]	5	6	7	8	9	10	11	12
	1,9	HD320x74,2	HEA300	HEA340	HEA360	HD360x134	HEA500	HEB450	HEB550
	2,2	HEA260	HEA300	HEA320	HEA360	HD360x134	HEA500	HEB450	HEB550
	2,7	HEA260	HEA300	HEA320	HEA360	HD360x134	HEA500	HEB450	HEB550
60	3,2	HEA260	HEA300	HEA320	HEA340	HEB340	HEA500	HEB450	HEB550
	3,8	HEA260	HEB240	HEA300	HEA340	HEB340	HD360x147	HEB450	HEB550
	4,6	HEA260	HEB240	HEA300	HEA340	HEB320	HD360x134	HEB450	HEB550
	5,5	HEA260	HEB240	HEA300	HEB280	HEB300	HD360x134	HD360x147	HD360x162
	1,9	HEA300	HEA340	HEA400	HEB360	HEB400	HEB550	HD400x262	HD400x314
	2,2	HEA300	HEA340	HEA400	HD360x134	HEB400	HEB550	HD400x262	HD400x314
	2,7	HEA300	HEB280	HEA400	HD360x134	HEB400	HEB550	HD400x262	HD400x314
80	3,2	HEA300	HEB280	HEB300	HEB340	HEB400	HD360x196	HD400x237	HD400x287
	3,8	HEA300	HEB280	HEB300	HEB340	HD360x147	HD360x196	HD400x237	HD400x287
	4,6	HEA300	HEB280	HEB300	HEB320	HD360x147	HD360x179	HD400x216	HD400x262
	5,5	HEA300	HEB280	HEB300	HEB320	HD360x147	HD360x162	HD360x196	HD400x237
	1,9	HEA320	HEA360	HD360x134	HEB450	HD400x216	HD400x262	HD400x314	HL920x344
	2,2	HEA320	HEA360	HD360x134	HD360x162	HD400x216	HD400x262	HD400x314	HL920x344
	2,7	HEA320	HEA360	HEB340	HD360x162	HD360x196	HD400x262	HD400x314	HL920x344
100	3,2	HEA300	HEA360	HEB320	HD360x147	HD360x196	HD400x237	HD400x287	HL920x344
	3,8	HEA300	HEA360	HEB320	HD360x147	HD360x179	HD400x237	HD400x287	HL920x344
	4,6	HEA300	HEA360	HEB320	HD360x147	HD360x162	HD400x216	HD400x262	HD400x314
	5,5	HEA300	HEA360	HEB320	HD360x147	HD360x162	HD360x179	HD400x237	HD400x287
	1,9	HEA340	HEB340	HD360x147	HD360x196	HD400x262	HD400x314	HL920x344	HL920x344
	2,2	HEB280	HEB320	HD360x147	HD360x196	HD400x262	HD400x314	HL920x344	HL920x344
	2,7	HEB280	HEB320	HD360x147	HD360x179	HD400x237	HD400x287	HL920x344	HL920x344
120	3,2	HEB280	HEB320	HD360x147	HD360x179	HD400x216	HD400x287	HL920x344	HL920x344
	3,8	HEB280	HEB320	HD360x147	HD360x162	HD400x216	HD400x262	HL920x344	HL920x344
	4,6	HEB280	HEB320	HD360x147	HD360x162	HD360x179	HD400x237	HD400x314	HL920x344
	5,5	HEB280	HEB320	HD360x147	HD360x162	HD360x179	HD400x216	HD400x262	HL920x344
	1,9	HEB300	HEB360	HD360x179	HD400x237	HD400x287	HL920x344	HL920x344	HL920x368
	2,2	HEB300	HEB360	HD360x162	HD400x216	HD400x287	HL920x344	HL920x344	HL920x368
	2,7	HEB300	HD360x134	HD360x162	HD400x216	HD400x262	HL920x344	HL920x344	HL920x368
140	3,2	HEB300	HD360x134	HD360x162	HD360x196	HD400x262	HD400x314	HL920x344	HL920x368
	3,8	HEB300	HD360x134	HD360x162	HD360x179	HD400x237	HD400x314	HL920x344	HL920x368
	4,6	HEB300	HD360x134	HD360x162	HD360x179	HD400x216	HD400x287	HL920x344	HL920x368
	5,5	HEB300	HD360x134	HD360x162	HD360x179	HD360x196	HD400x237	HD400x314	HL920x368
	1,9	HEB320	HD360x162	HD360x196	HD400x262	HD400x314	HL920x344	HL920x368	HL920x420
	2,2	HEB320	HD360x162	HD360x196	HD400x262	HD400x314	HL920x344	HL920x368	HL920x420
	2,7	HEB320	HD360x147	HD360x179	HD400x237	HD400x314	HL920x344	HL920x368	HL920x420
160	3,2	HEB320	HD360x147	HD360x179	HD400x216	HD400x287	HL920x344	HL920x368	HL920x420
	3,8	HEB320	HD360x147	HD360x179	HD360x196	HD400x262	HL920x344	HL920x368	HL920x420
	4,6	HEB320	HD360x147	HD360x179	HD360x196	HD400x237	HD400x314	HL920x368	HL920x420
	5,5	HEB320	HD360x147	HD360x179	HD360x196	HD400x216	HD400x287	HD400x347	HL920x420
	1,9	HEB400	HD360x179	HD400x237	HD400x314	HL920x344	HL920x390	HL920x420	HL920x491
	2,2	HD360x147	HD360x179	HD400x237	HD400x287	HL920x344	HL920x390	HL920x420	HL920x491
	2,7	HD360x147	HD360x179	HD400x216	HD400x287	HL920x344	HL920x390	HL920x420	HL920x491
200	3,2	HD360x147	HD360x179	HD360x196	HD400x262	HL920x344	HL920x390	HL920x420	HL920x491
	3,8	HD360x147	HD360x179	HD360x196	HD400x237	HD400x314	HL920x390	HL920x420	HL920x491
	4,6	HD360x147	HD360x179	HD360x196	HD400x216	HD400x287	HD400x382	HL920x420	HL920x491
	5,5	HD360x147	HD360x179	HD360x196	HD400x216	HD400x237	HD400x314	HL920x420	HL920x491

10 Berechnung von Kranbahnen

Im Folgenden geht es um die Berechnung der Schnittgrößen und Spannungen von Kranbahnen. Je nachdem, welches Ziel mit der Berechnung verfolgt wird, können unterschiedliche Vorgehensweisen angeraten sein:

Manchmal geht es darum, eine Vorbemessung der Kranbahn vorzunehmen oder vorliegende Bemessungsergebnisse durch eigene Rechnungen zu plausibilisieren. Dafür werden in den folgenden Abs. 10.1 bis 10.4 einfache, von Hand ausführbare Berechnungsverfahren dargestellt, mit denen es gelingen kann, die Beanspruchung von Kranbahnen auf der sicheren Seite liegend zu erfassen.

Oft gilt es aber auch, die Beanspruchungen der Querschnitte und Bauteile sehr präzise zu erfassen mit dem Ziel, die Kranbahn möglichst wirtschaftlich bemessen zu können. Einige Überlegungen dazu werden in den Abs. 10.5 bis 10.7 vorgestellt. Dabei wird auch auf den Einsatz von Stabwerksprogrammen eingegangen, mit denen die Schnittgrößen von Kranbahnträgern auf Basis der Biegetorsionstheorie II. Ordnung berechnet werden.

Wie sich die Lasten aus Kranbetrieb auf Hallenbinder auswirken, ist Gegenstand des Abs. 10.8. Die letzten Teile des Kapitels sind der Berechnung von Trägern mit Horizontalverband und von Kastenträgern gewidmet.

10.1 Schnittgrößen und ihre Darstellungsformen

Kranbahnträger werden durch wandernde Radlast-Gruppen aus vertikalen Kräften F_i und horizontalen Kräften H_i belastet, siehe Abs. 8.1. Abb. 10.1 zeigt die Belastung einer Kranbahn mit $F = F_1 = F_2$ und $H = H_1$ durch einen zweiachsigen Kran.

z_M entspricht als vorzeichenbehaftete Größe dem Abstand vom Schwerpunkt S zum Schubmittelpunkt M. z_M hat in dem in Abb. 10.1 dargestellten Beispiel einen negativen Wert, da in negative Koordinatenrichtung weisend. Nach [3-6/6.3.2.2] darf die vertikale Radlast F in bestimmten Fällen im Schubmittelpunkt angesetzt werden, siehe dazu Abs. 8.1.1.

Die in Abb. 10.1 dargestellten Lasten aus Kranbetrieb können zu acht Schnittgrößen im Kranbahnträger führen:

- Biegemomente M_y, M_z
- Querkräfte V_y, V_z und Normalkraft N
- Torsionsschnittgrößen M_{xp} (primäres Torsionsmoment), M_{xs} (sekundäres Torsionsmoment) und M_w (Wölbbimoment).

Selbst bei einem so einfachen Tragwerk wie einem einfeldrigen Kranbahnträger sind weder der Ort, an dem die maximalen Biegemomente M_y und M_z auftreten, noch die zugehörigen Positionen des Laufkrans von vornherein offensichtlich. Das macht die Berechnung komplex.

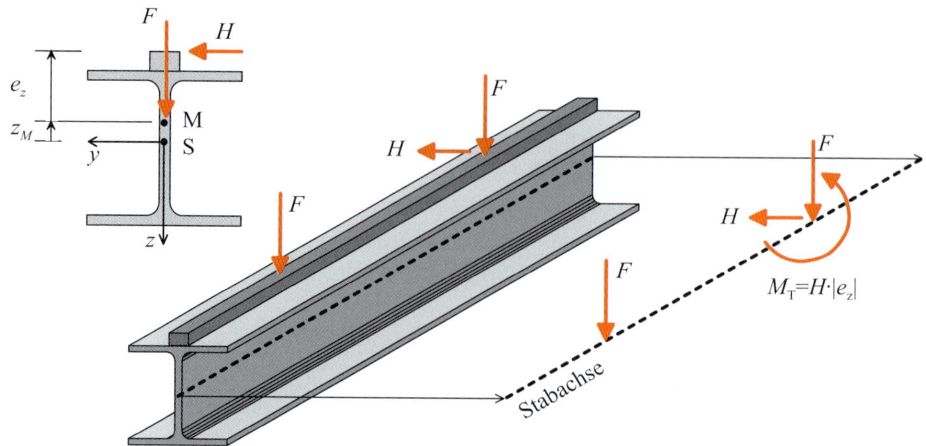

Abb. 10.1: Typische Einwirkungen auf eine Kranbahn (M Schubmittelpunkt; S Schwerpunkt)

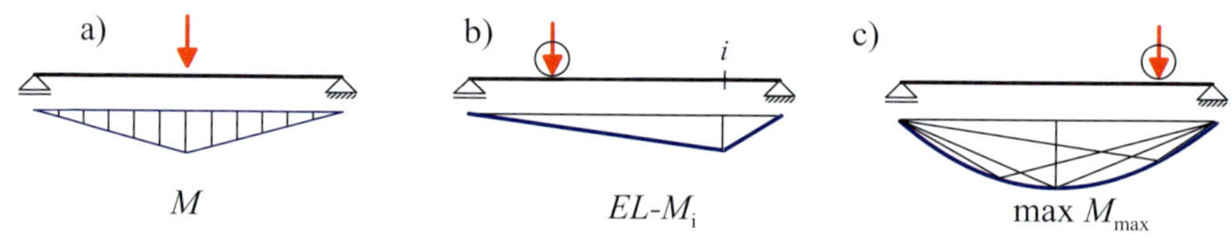

Abb. 10.2: a) Zustandslinie – b) Einflusslinie – c) Grenzlinie

Schnittgrößen können auf verschiedene Arten dargestellt werden (Abb. 10.2):

- Die Zustandslinie gibt Schnittgrößen an jedem Ort des Trägers für eine festgelegte Lastposition an. Bei Kranbahnträgern ist die bemessungsmaßgebliche Lastposition vorher meist unbekannt.
- Die Einflusslinie (EL) gibt eine Schnittgröße an einem bestimmten Ort für alle Lastpositionen einer wandernden Einheitslast an. Die Auswertung der EL ermöglicht die Bestimmung der maximalen Schnittgröße am betrachteten Ort. Bei Kranbahnträgern ist der Ort der maximalen Feldmomente nicht a priori bekannt. Zur Bestimmung und Auswertung von Einflusslinien wird auf die Literatur, z. B. [SSSH07], verwiesen.
- Die Grenzlinie gibt für jeden Ort die dort maximal mögliche Schnittgröße für eine beliebige Wanderlastgruppe an. Diese Darstellungsform ist für Kranbahnträger wegen unbekannter Laststellung und unbekanntem Ort der maximalen Biegemomente gut geeignet. Aus dem Extremwert der Grenzlinie max *M* ergibt sich das bemessungsrelevante Biegemoment des Kranbahnträgers.

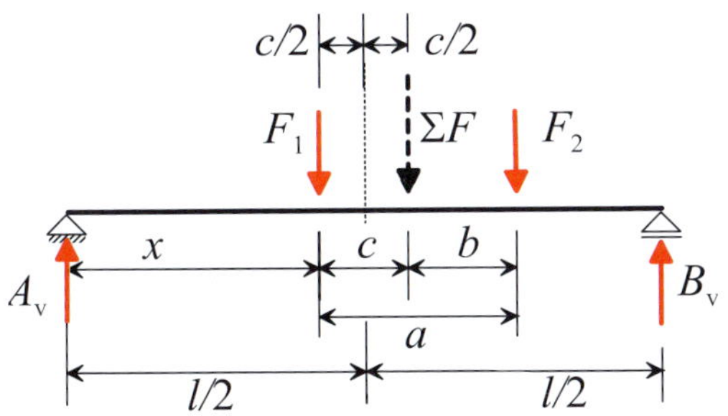

Abb. 10.3: Links: Culmann'sche Laststellung für einen zweiachsigen Kran, rechts: Karl Culmann (1821–1881)

10.2 Der von Wanderlasten befahrene Einfeldträger

10.2.1 Culmann'sche Lastposition bei zwei Radlasten

Gegeben sei ein Einfeldträger der Länge l, der durch zwei Einzellasten F_1 und F_2 mit konstantem Abstand a überfahren wird (Abb. 10.3). Die Trägermitte ist – entgegen laienhafter Erwartung – nicht der Ort des maximalen Biegemoments. Karl Culmann (1821–1881) [Kur03], [Mau99] löste als erster das Problem, den Ort des maximalen Biegemoments und die zugehörige Lastposition einer Wanderlastgruppe explizit anzugeben:

- Es gelte: $F_1 \geq F_2$
- Resultierende aus den Radlasten: $\sum F = F_1 + F_2$
- Lage a der Resultierenden innerhalb der Radlastgruppe (siehe Abb. 10.3):

$$c = a \cdot \frac{F_2}{\sum F} \tag{10.1}$$

- Das maximale Moment M wird unter der größeren der beiden Einzellasten F_1 auftreten. Für eine vorgegebene Lastposition x der Kraft F_1 ergibt sich die Auflagerkraft A_v zu:

$$A_v = \frac{l-x-c}{l} \cdot \sum F \tag{10.2}$$

- Daraus berechnet sich das Biegemoment an der Stelle x zu:

$$M(x) = A_v \cdot x = x \cdot \frac{l-x-c}{l} \cdot \sum F = \left(\left(1 - \frac{c}{l}\right) \cdot x - \frac{1}{l} \cdot x^2 \right) \cdot \sum F \tag{10.3}$$

- Die Lastposition x, für die das Biegemoment maximal wird, ergibt sich aus der Bedingung:

$$\frac{\mathrm{d}M(x)}{\mathrm{d}x} = 0 \quad \Rightarrow \quad \left(1 - \frac{c}{l}\right) - 2 \cdot \frac{1}{l} \cdot x = 0$$

$$\Rightarrow \quad x = \frac{l}{2} - \frac{c}{2} \quad \text{(Culmann'sche Laststellung)} \tag{10.4}$$

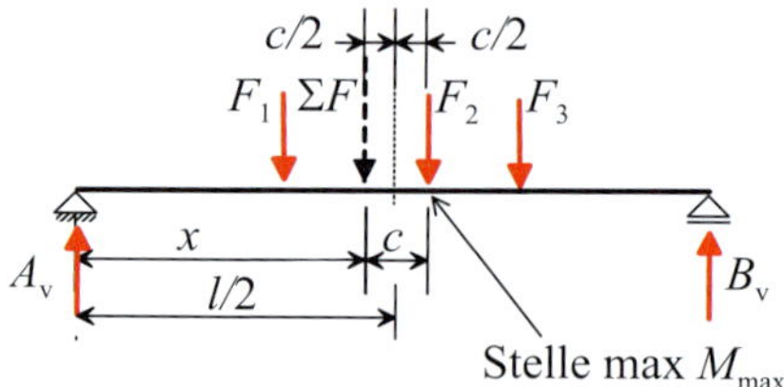

Abb. 10.4: Culmann'sche Laststellung bei mehr als zwei Einzellasten

- Das maximale Biegemoment max M erhält man durch Einsetzen von x in Gl. 10.3.
- Sonderfall: gleich große Radlasten $F = F_1 = F_2$:
  mit $c = a/2$ und $x = l/2 - a/4$ ergibt sich nach Zwischenrechnung aus Gl. 10.3:

$$\max M = \left(\frac{l}{2} - \frac{a}{4}\right)^2 \cdot \frac{2 \cdot F}{l} \tag{10.5}$$

- Für $a \geq l/2$ könnte auch der Fall maßgebend sein, dass eine der beiden Radlasten in der Trägermitte steht. Die andere Radlast hat dann den Träger verlassen. Das Moment ergibt sich zu

$$\max M = \frac{F \cdot l}{4} \tag{10.6}$$

- Durch Gleichsetzen von Gleichung 10.5 und 10.6 erhält man den Grenzfall:

$$a_{\text{grenz}} = 0{,}586 \cdot l \quad (\text{nur für } F_1 = F_2) \tag{10.7}$$

Überschreitet der Radabstand a den Grenzwert a_{grenz}, wird statt der Culmann'schen Laststellung diejenige Laststellung maßgebend, bei der die größere der beiden Radlasten in der Trägermitte steht. Für zwei gleiche Radlasten ist der Grenzfall mit Gleichung 10.7 gegeben, für den Fall $F_1 \neq F_2$ nimmt a_{grenz} andere Werte an.

Tabelle 10.1 zeigt die maximalen Biegemomenten infolge eines zweiachsigen Krans nach Culmann.

Die Culmann'sche Laststellung wird ohne Berücksichtigung des Kranbahnträger-Eigengewichts g ermittelt. Tatsächlich verändert sich der Ort des Momentenmaximums, wenn auch das Eigengewicht g berücksichtigt wird. Bei den üblichen Größenordnungen der Lasten bei Krananlagen bleibt diese Ortsveränderung aber klein und darf vernachlässigt werden. Zur Bestimmung des maximalen Bemessungsmoments max $M_{\text{y,Ed}}$ wird das Eigengewicht des Kranbahnträgers natürlich berücksichtigt.

10.2.2 Gruppe aus n beliebigen Radlasten

Das Culmann'sche Verfahren lässt sich auch auf Wanderlastgruppen mit n Radlasten (Abb. 10.4) übertragen:

1. Lage der Gesamtresultierenden innerhalb der Lastgruppe festlegen.
2. c sei der Abstand der Resultierenden zur unmittelbar rechts von der Resultierenden stehenden Einzellast F_{rechts}.

Tab. 10.1: Maximales Biegemoment des Einfeldträgers infolge der Überfahrt durch einen zweiachsigen Kran nach Culmann

<table>
<tr><th>Belastung</th><th>Schnittgrößen</th><th>Lastposition</th></tr>
<tr><td>a) 2 Kräfte $F_1 \geq F_2$; Culmann'sche Laststellung
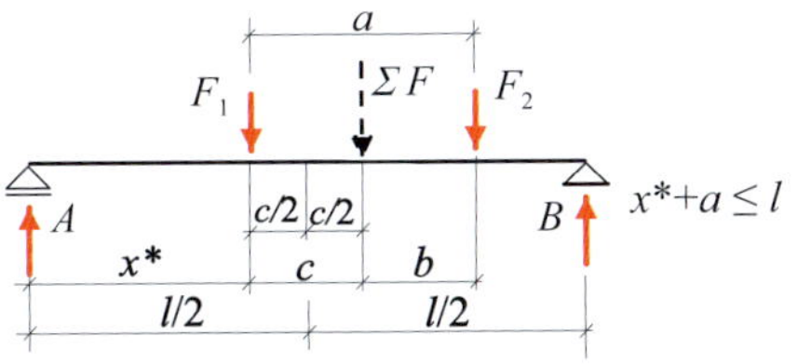

b) F_1 mittig, $a > l/2$; F_2 kann Träger verlassen
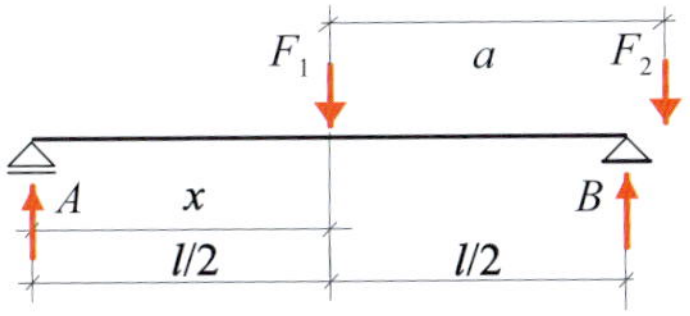
</td><td>$c = \dfrac{F_2 \cdot a}{\sum F}$; $\sum F = F_1 + F_2$
$A = \dfrac{\sum F \cdot x^*}{l}$
$M_{y,\mathrm{Cul}} = A \cdot x^*$
$M_{y,\mathrm{mittig}} = F \cdot l / 4$
max M ergibt sich daraus zu:
1. $a \leq l/2$: max$M = M_{y,\mathrm{Cul}}$
2. $a > l/2$ und $x^* + a \leq l$: max$M = \max(M_{y,\mathrm{Cul}}; M_{y,\mathrm{mittig}})$
3. $x^* + a > l$: max$M = M_{y,\mathrm{mittig}}$</td><td>$x^* = \dfrac{l}{2} - \dfrac{c}{2}$
$x = l/2$</td></tr>
<tr><td>Gleich große, entgegengerichtete Kräfte; $a \leq l/2$
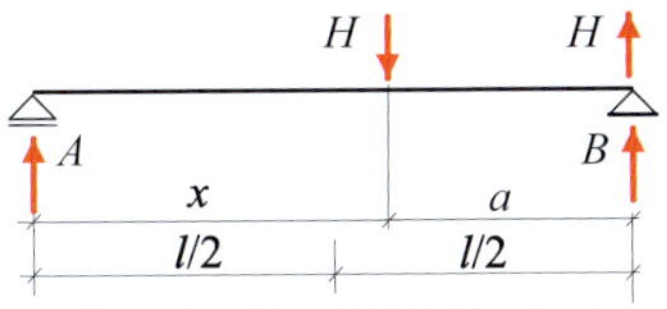
</td><td>$\max M = H \cdot \dfrac{a \cdot (l-a)}{l}$</td><td>$x = l - a$</td></tr>
<tr><td>Gleich große, entgegengerichtete Kräfte; $a > l/2$
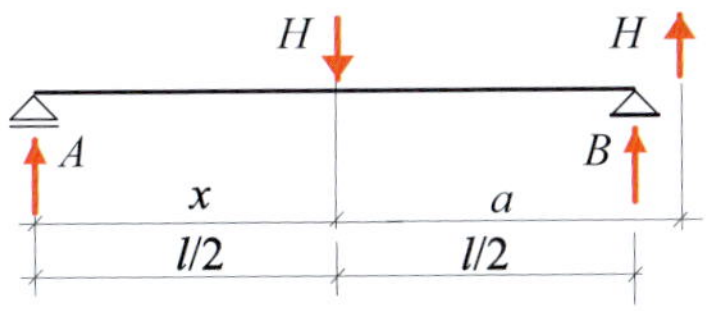
</td><td>max$M = H \cdot l / 4$</td><td>$x = l/2$</td></tr>
</table>

3. Abstand c halbieren und Halbierungspunkt genau in Trägermitte stellen.
   - Überprüfe: Stehen jetzt alle in Schritt 1 berücksichtigten Lasten noch auf dem Einfeldträger?
   - Wenn ja: gehe zu Schritt 4.
   - Wenn nein: Vernachlässige diejenigen Kräfte, die nicht mehr auf dem Träger stehen, bilde eine neue Lastgruppe aus den noch auf dem Träger stehenden Kräften und gehe zu Schritt 1.
4. M_1 unter der Kraft F_{rechts} berechnen.
5. Alle n Radlasten wieder berücksichtigen.
6. Lage der Gesamtresultierenden innerhalb der Lastgruppe festlegen.
7. b sei der Abstand der Resultierenden zur unmittelbar links von der Resultierenden stehenden Einzellast F_{links}.
8. Abstand b halbieren und Halbierungspunkt genau in Trägermitte stellen.

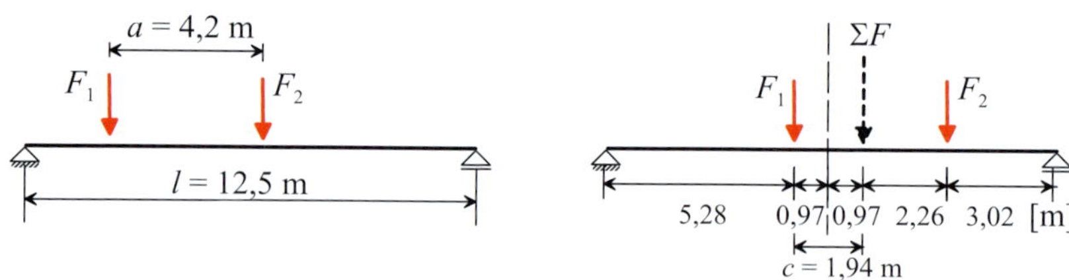

Abb. 10.5: Aufgabenstellung Beispiel 10-1 und Culmann'sche Laststellung

- Überprüfe: Stehen jetzt alle in Schritt 6 berücksichtigten Lasten noch auf dem Einfeldträger?
- Wenn ja: gehe zu Schritt 9.
- Wenn nein: Vernachlässige diejenigen Kräfte, die nicht mehr auf dem Träger stehen, bilde eine neue Lastgruppe aus den noch auf dem Träger stehenden Kräften und gehe zu Schritt 6.

9. M_2 unter der Kraft F_{links} berechnen.
10. Alle n Radlasten wieder berücksichtigen.
11. Bei im Verhältnis zur Trägerlänge l großen Radabständen können auch solche Lastpositionen maßgebend werden, bei denen größere Einzellasten in Trägermitte stehen oder Lastgruppen aus dicht nebeneinander stehenden Rädern wie in Abb. 10.3 angeordnet werden. M_3 ist der daraus berechnete Maximalwert.
12. $\max M = \max\{M_1; M_2; M_3\}$

Beispiel 10-1: Biegemomente infolge einer zweiachsigen Kranbrücke

Gegeben:

- Einfeldriger Kranbahnträger mit $l = 12,5$ m
- Zweiachsige Kranbrücke; Radstand $a = 4,2$ m
- $F_1 = 168$ kN, $F_2 = 144$ kN (Charakteristische Radlasten mit Schwingbeiwerten der Lastgruppe 1)
- Eigengewicht des Kranbahnträgers: $g_k = 3,5$ kN/m

Gesucht: Biegemoment $M_{y,Ed}$ aus Hauptbiegung (Bemessungswert) für die Einwirkungskombination mit Lastgruppe (LG) 1 nach Tab. 8.2.

1. Radlasten

$$\sum F = F_1 + F_2 = 168 + 144 = 312 \text{ kN}$$

2. Abstand der Resultierenden $\sum F$ von der Radlast F_1:

$$c = a \cdot \frac{F_2}{\sum F} = 4,2 \text{ m} \cdot \frac{144 \text{ kN}}{312 \text{ kN}} = 1,94 \text{ m}$$

3. Culmann'sche Laststellung, siehe Abb. 10.5. Das maximale Moment tritt auf bei:

$$x = \frac{l}{2} - \frac{c}{2} = \frac{12,5}{2} - \frac{1,94}{2} = 5,28 \text{ m}$$

4. Charakteristisches Moment M_R aus Radlasten (Index: R)

$$A_\mathrm{V} = \frac{l-x-c}{l} \cdot \sum F = \frac{12,5-5,28-1,94}{12,5} \cdot 312 \text{ kN} = 131,8 \text{ kN}$$

$$\max M_\mathrm{R} = A_\mathrm{V} \cdot x = 131,8 \text{ kN} \cdot 5,28 \text{ m} = 695,9 \text{ kNm}$$

5. Wegen $a < l/2$ wird die Lastposition mit F_1 in Trägermitte nicht untersucht.
6. Charakteristisches Moment aus Eigengewicht der Kranbahn bei $x = 5,28$ m

$$M_\mathrm{g} = \frac{g \cdot l}{2} \cdot x - \frac{g \cdot x^2}{2} = \frac{3,5 \cdot 12,5}{2} \cdot 5,28 - \frac{3,5 \cdot (5,28)^2}{2} = 66,7 \text{ kNm}$$

7. Das Bemessungsmoment $M_\mathrm{y,Ed}$ für EK 1 ergibt sich mit dem Teilsicherheitsbeiwert γ_Q nach Tab. 8.6 zu:

$$\max M_\mathrm{y,Ed} = \gamma_\mathrm{Q} \cdot M_\mathrm{g} + \gamma_\mathrm{Q} \cdot \max M_\mathrm{R} = 1,35 \cdot 66,7 + 1,35 \cdot 695,9 = 1030 \text{ kNm}$$

Beispiel 10-2: Biegemomente infolge einer Wanderlastgruppe aus 3 Kräften

Gegeben (siehe Bild 10.6):

- Einfeldriger Kranbahnträger mit $l = 10$ m (Abb. 10.6)
- $F_1 = 20$ kN, $F_2 = 50$ kN, $F_3 = 80$ kN (Radlasten inkl. Schwingbeiwerte)

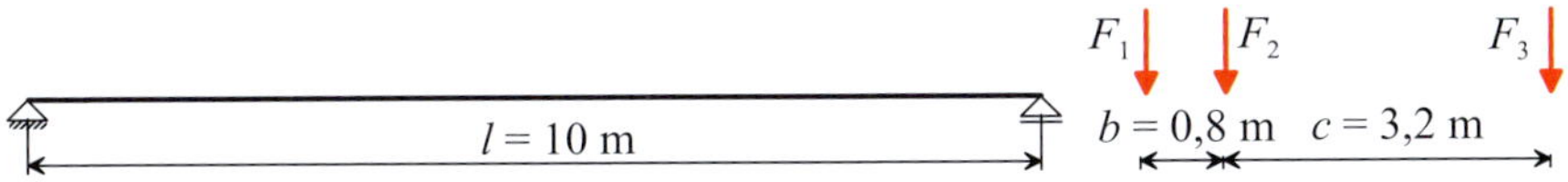

Abb. 10.6: Zu berechnender Kranbahnträger aus Beispiel 10-2

Gesucht: Charakteristisches Biegemoment M_y aus Radlasten

1. Resultierende: Betrag und Lage

$$\sum F = 20 + 50 + 80 = 150 \text{ kN}$$

$$d = \frac{F_2 \cdot b + F_3 \cdot (b+c)}{\sum F} = \frac{50 \cdot 0,8 + 80 \cdot 4}{150} = 2,4 \text{ m}$$

2. Culmann'sche Lastposition 1, siehe Abb. 10.7:

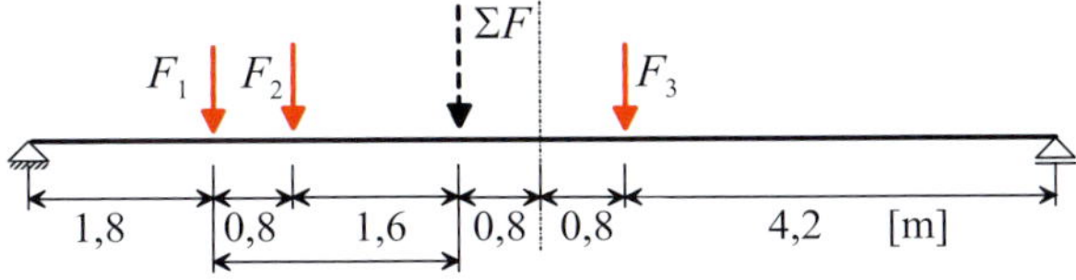

Abb. 10.7: Culmann'sche Lastposition 1, Beispiel 10-2

$$B = \sum F \cdot \frac{4,2 \text{ m}}{l} = 150 \cdot \frac{4,2}{10} = 63 \text{ kN}$$

$$M_\mathrm{y,1} = B \cdot 4,2 \text{ m} = 63 \cdot 4,2 = 265 \text{ kNm}$$

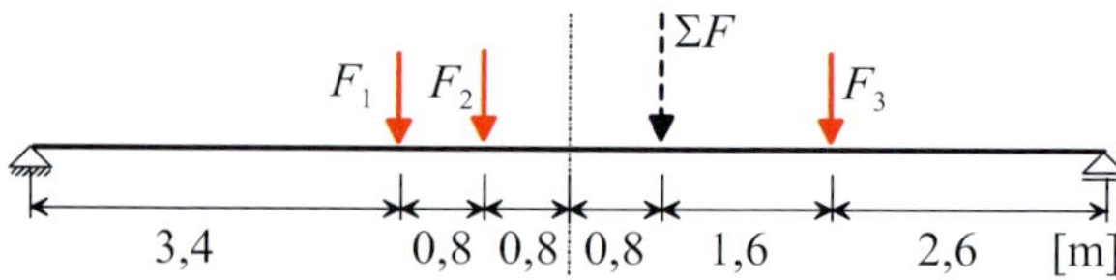

Abb. 10.8: Culmann'sche Lastposition 2, Beispiel 10-2

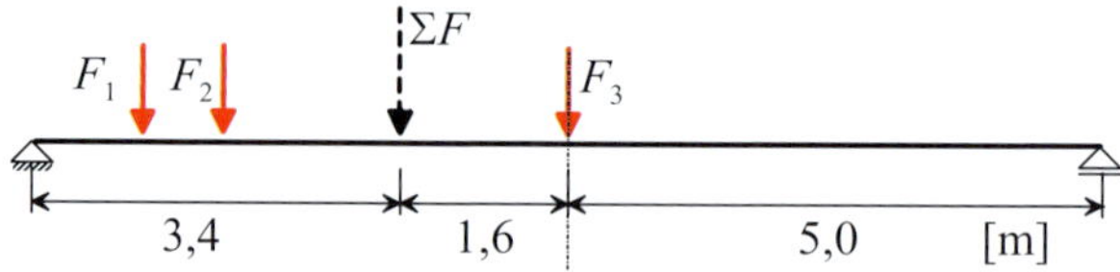

Abb. 10.9: Lastposition größte Last in Trägermitte, Beispiel 10-2

3. Culmann'sche Lastposition 2, siehe Abb. 10.8:

$$A = \sum F \cdot \frac{4,2\text{ m}}{l} = 150 \cdot \frac{4,2}{10} = 63\text{ kN}$$

$$M_{y,2} = A \cdot 4,2\text{ m} - F_1 \cdot 0,8\text{ m} = 63 \cdot 4,2 - 20 \cdot 0,8 = 249\text{ kNm}$$

4. Lastposition 3, siehe Abb. 10.9: Größte Einzellast in Trägermitte

$$B = \sum F \cdot \frac{3,4\text{ m}}{l} = 150 \cdot \frac{3,4}{10} = 51\text{ kN}$$

$$M_{y,3} = B \cdot 5\text{ m} = 51 \cdot 5 = 255\text{ kNm}$$

5. $\max M_y = \max\left\{M_{y,1}; M_{y,2}; M_{y,3}\right\} = M_{y,1} = 265\text{ kNm}$

10.2.3 Grenzlinien am Einfeldträger

Zur Berechnung des Maximalwerts des Biegemoments eines Einfeldträgers und des Ortes, wo es wirkt, reichen die Culmann'schen Formeln aus. Manchmal interessieren aber auch die ungünstigsten Schnittgrößen an einem anderen Punkt, z. B. weil dort ein Trägerstoß vorgesehen werden soll. Wird an einer bestimmten Trägerstelle x eine dort auftretende extremale Schnittgröße gesucht, so können besonders Grenzlinien hilfreich sein. Die Grenzlinie kann als Einhüllende der Zustandslinien für alle möglichen Lastpositionen angesehen werden, siehe (Abb. 10.10). Am Beispiel eines zweiachsigen Krans wird in Abb. 10.11 die Grenzlinie (rot) als Einhüllende dargestellt. Zur Berechnung der Grenzlinien wird auf die Literatur oder ältere Auflagen dieses Buches verwiesen.

10.3 Der von Wanderlasten befahrene Mehrfeldträger

Abb. 10.12 zeigt die Grenzlinie eines dreifeldrigen Kranbahnträgers als Ergebnis einer EDV-Berechnung. Die Kranbahn aus Abb. 10.11 wurde einfach um zwei Felder verlängert. Es ergibt sich ein maximales charakteristisches Moment infolge der Radlasten von $\max M_y = 299$ kNm

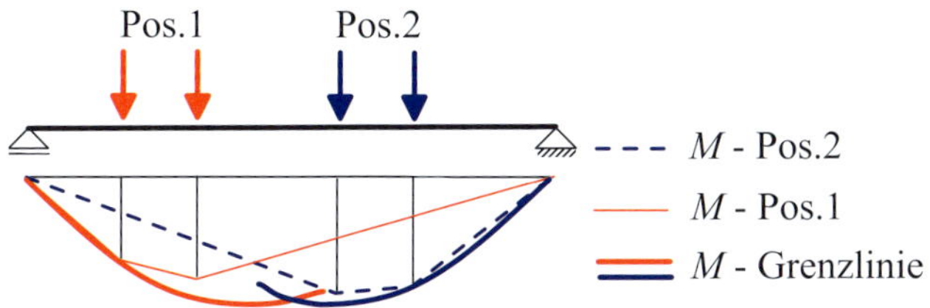

Abb. 10.10: Die Grenzlinie als Einhüllende der Zustandslinie aller Lastpositionen

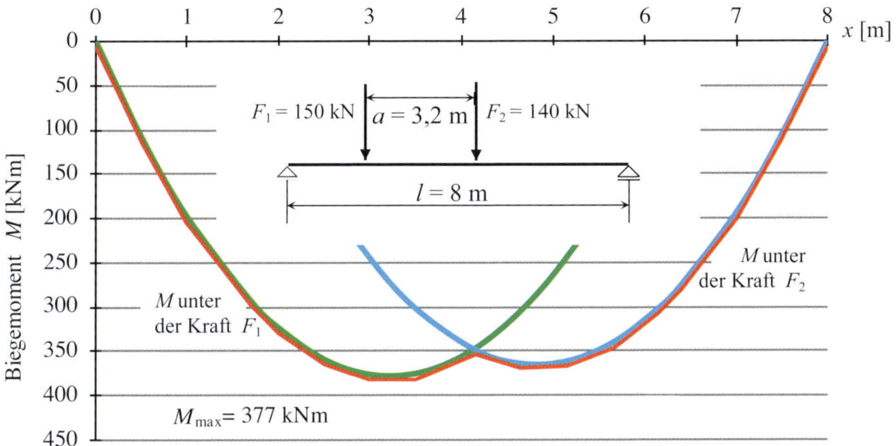

Abb. 10.11: Grenzlinie (rot) am Beispiel eines zweiachsigen Krans: Das maximale Moment wirkt nicht in Trägermitte, sondern links davon bei $x = 3,23$ m mit $\max M_y = 377$ *kNm.*

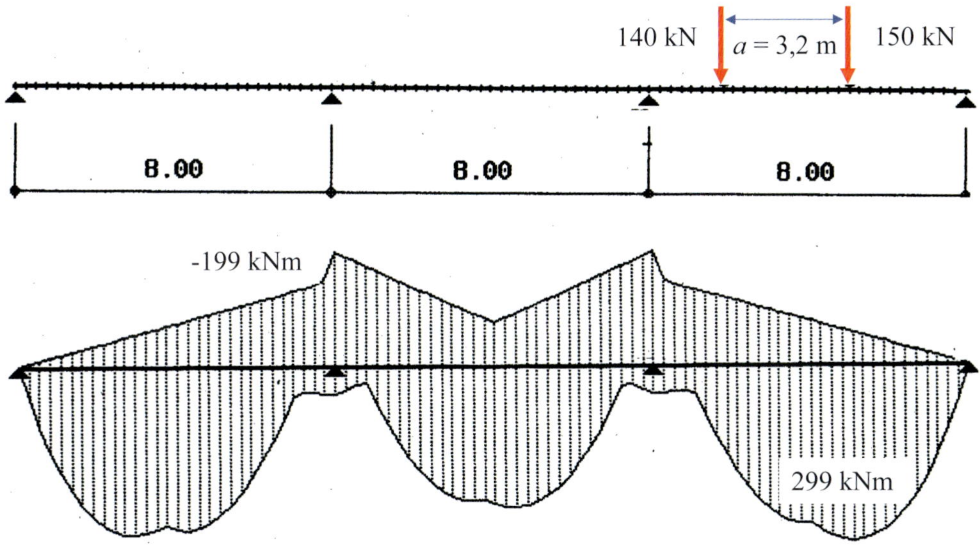

Abb. 10.12: Momenten-Grenzlinie eines dreifeldrigen Kranbahnträgers mit $\max M_y = 299$ *kNm.*

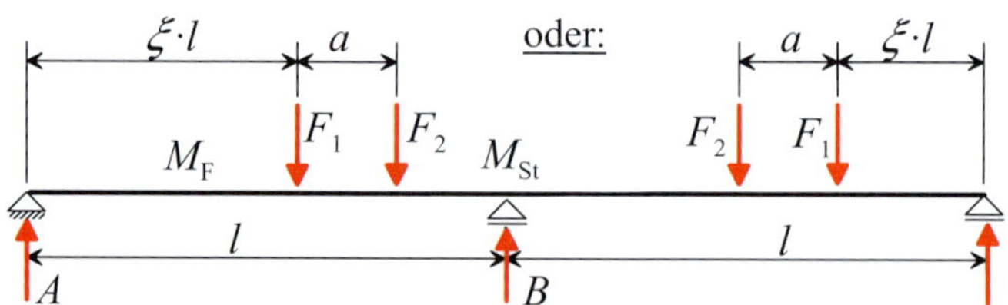

Abb. 10.13: Maximale Schnittgrößen von Zweifeldträgern nach Tab. 10.2

(statt 377,6 kNm beim Einfeldträger, Abb. 10.11). Im Unterschied zum Einfeldträger sind an den Zwischenauflagern Stützmomente zu berücksichtigen.

Im Folgenden geht es darum, wie das maximale Biegemoment bei mehrfeldrigen, statisch unbestimmten Kranbahnträgern von Hand unter Verwendung von Zahlentabellen möglichst einfach berechnet werden kann.

10.3.1 Maximale Schnittgrößen von Zweifeldträgern nach Rose

Gegeben ist eine Kranbahn mit zwei gleich langen Feldern und EI = const., die durch zwei gleich große Radlasten $F = F_1 = F_2$ im Abstand a belastet wird. Für einfache, aber häufig vorkommende Fälle stellte Rose [Ros58] Formeln zusammen, mit denen die Maximalwerte der Schnittgrößen und Auflagerkräfte ermittelt werden können. Die Formelwerte für Zweifeldträger sind in Tab. 10.2 angegeben. Sie ermöglichen eine schnelle Ermittlung der Schnittgrößen von Hand.

Anwendungsvoraussetzungen für Tab. 10.2

- Die Tabellenwerte gelten für Zweifeldträger. Sie lassen sich aber in guter Näherung und auf der sicheren Seite liegend auch für Träger mit mehr als 2 Feldern anwenden, der Fehler ist i. d. R. kleiner als 5 %.
- Die Tabellenwerte gelten für zwei gleiche, vertikale Radlasten. Krane mit mehr als zwei Achsen lassen sich mit den Tabellen nicht berechnen. Bei zweiachsigen Kranen mit unterschiedlichen Radlasten liegen die Ergebnisse auf der sicheren Seite, wenn die maximale Radlast zur Berechnung der Schnittgrößen verwendet wird. Wenn sich die beiden Radlasten nur geringfügig unterscheiden, ist der Fehler vernachlässigbar.

Tab. 10.2: Hilfswerte zur Berechnung von zweifeldrigen Kranbahnträgern nach Rose [Ros58], zitiert nach [Pet94] und [EK17]

Hilfswerte zur Berechnung der Schnittgrößen infolge von zwei gleichen Radlasten $F_1 = F_2$ im Abstand a (z.B. zwei vertikale Radlasten)

α $=a/l$	γ_{MF}	γ_{MSt}	γ_A	γ_B	ξ_{MF}	ξ_{MSt}	$\gamma_{\Delta MF}$ Fall a **)	$\gamma_{\Delta MF}$ Fall b ***)
0,0	0,415	0,193	2,000	2,000	0,432	0,577	0,498	0,498
0,1	0,369	0,190	1,875	1,993	0,412	0,525	0,447	0,447
0,2	0,328	0,184	1,752	1,971	0,393	0,469	0,400	0,400
0,3	0,292	0,173	1,632	1,936	0,377	0,408	0,357	0,357
0,4	0,260	0,159	1,516	1,888	0,364	0,342	0,318	0,318
≤ 0,44		0,152				0,316		
≥ 0,44		0,152				0,780		
0,5	0,233	0,164	1,406	1,828	0,354	0,750	0,283	0,283
0,6	0,210	0,179	1,304	1,757	0,347	0,700	0,252	0,252
0,7	0,193 *)	0,188	1,211	1,675	0,348	0,650	0,240	0,224
0,8	0,180 *)	0,192	1,128	1,584	0,353	0,600	0,241	0,205
0,9	0,172 *)	0,192	1,057	1,484	0,363	0,550	0,242	0,188
1,0	0,169 *)	0,188	1,000	1,375	0,377	0,500	0,243	0,169

*) Falls die Kranräder den Zweifeldträger verlassen können, gilt stattdessen: $\gamma_{MF} = 0{,}207$

**) $\gamma_{\Delta MF}$ für den Fall, dass die Kranräder den Zweifeldträger auch verlassen können.

***) $\gamma_{\Delta MF}$ für den Fall, dass beide Kranräder stets auf dem Träger bleiben müssen.

Hilfswerte zur Berechnung der Schnittgrößen infolge von zwei gleich großen, aber entgegengerichteten Kräften $H_1 = -H_2$ (z.B. Kräfte aus Bremsen/Beschleunigen)

max. Feldmomente — Räder bleiben auf dem Zweifeldträger oder können ihn verlassen

α	$\gamma_{MF,z}$	$\xi_{MF,z}$
0,0	-	-
0,1	0,088	0
0,2	0,150	0
0,3	0,190	0
0,4	0,206	0
0,485	0,205	0 | 0,585
0,5	0,208	0,580
0,6	0,227	0,555
0,7	0,240	0,535
0,8	0,248	0,510
0,9	0,251	0,490
1,0	0,251	0,470

max. Stützmoment — Räder können Zweifeldträger verlassen

α	$\gamma_{MSt,z}$	$\xi_{MSt,z}$
0,0	-	-
0,1	0,0428	0,900
0,2	0,0720	0,800
0,3	0,0893	0,700
0,4	0,0960	0,600
0,423	0,0962	0,577
0,5	0,0938	0,500 | 0
0,577	0,0962	0
0,6	0,0962	–0,023
0,7	0,0962	–0,123
0,8	0,0962	–0,223
1,0	0,0962	–0,423

max. Stützmoment — Räder bleiben auf dem Zweifeldträger

α	$\gamma_{MSt,z}$	$\xi_{MSt,z}$
0,0	-	-
0,1	0,0428	0,900
0,2	0,0720	0,800
0,3	0,0893	0,700
0,4	0,0960	0,600
0,423	0,0962	0,577
0,5	0,0938	0,500 | 0
0,577	0,0962	0
0,6	0,0960	0
0,8	0,0720	0
0,965	0,0167	0 | 0,260
1,0	0,0241	0,210

Vorgehensweise der Schnittgrößenermittlung nach Tab. 10.2, siehe Abb. 10.13

- Vorwert $\alpha = a/l$ bestimmen.
- Entscheiden, ob die Kranbahn nur aus dem Zweifeldträger besteht oder ob die Kranräder den betrachteten Zweifeldträger verlassen können.
- Tafelwerte aus Tab. 10.2 ablesen, ggf. linear interpolieren.
- Biegemomente M_y (Index R: … infolge Radlasten):
  - Maximales Feldmoment, Position der linken Radlast und gleichzeitig Ort des maximalen Feldmoments: $x_{MF} = l \cdot \xi_{MF}$

$$\max M_{y,F,R} = \gamma_{MF} \cdot F \cdot l \tag{10.8}$$

  - Extremales Stützmoment, Position der linken Radlast: $x_{MSt} = l \cdot \xi_{MSt}$

$$\max M_{y,St,R} = -\gamma_{MSt} \cdot F \cdot l \tag{10.9}$$

- Auflagerkräfte und Querkräfte aus Radlasten:

$$\max A_R = \gamma_A \cdot F \quad \text{(maximale Randauflagerkraft)} \tag{10.10}$$

$$\max V_A = \gamma_A \cdot F \quad \text{(maximale Randquerkraft am Auflager A)} \tag{10.11}$$

$$\max B_R = \gamma_B \cdot F \quad \text{(maximale Mittelauflagerkaft)} \tag{10.12}$$

- Biegemomente M_y und vertikale Auflagerkräfte nur aus Eigengewicht g:

$$\max M_{y,F,g} = 0{,}070 \cdot g \cdot l^2 \quad \text{(maximales Feldmoment)} \tag{10.13}$$

$$\max M_{y,St,g} = \min M_{y,St,g} = -0{,}125 \cdot g \cdot l^2 \quad \text{(Stützmoment)} \tag{10.14}$$

$$A_g = 0{,}375 \cdot g \cdot l; \quad B_g = 1{,}25 \cdot g \cdot l \tag{10.15}$$

- Schräglaufkräfte – Biegemomente M_z aus einer einzigen Horizontallast H:
  Man fasse diese als zwei Kräfte $H/2$ im Abstand $a = 0$ auf. M_z kann nun mit Tab. 10.2 und den Gleichungen 10.8 und 10.9 bestimmt werden.
  Da die Horizontalkräfte auch in die jeweils andere Richtung wirken können, sind auch die mit (–1) multiplizierten Schnittgrößen $M_{z,F}$ und $M_{z,St}$ zu berücksichtigen.
- Kräfte aus Bremsen/Beschleunigen – Moment M_z aus zwei Horizontallasten $H_1 = -H_2$:
  Die Berechnung erfolgt mit den Hilfswerten aus Tab. 10.2 unten und den Formeln 10.8 und 10.9.
  Da die Horizontalkräfte auch in die jeweils andere Richtung wirken können, sind auch die mit (–1) multiplizierten Schnittgrößen zu berücksichtigen.
- Maximales Biegemomentenspiel für den Ermüdungsnachweis im Feld $\Delta M_{y,F,R}$ und an der Stütze $\Delta M_{y,St,R}$:

$$\max \Delta M_{y,F,R} = \gamma_{\Delta MF} \cdot F \cdot l \tag{10.16}$$

$$\max \Delta M_{y,St,R} = \max M_{y,St,R} = \gamma_{MSt} \cdot F \cdot l \tag{10.17}$$

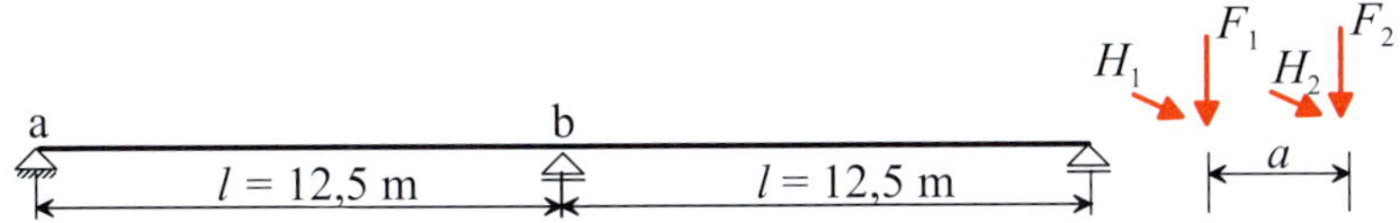

Abb. 10.14: Zu berechnender Kranbahnträger Beispiel 10-3

Beispiel 10-3: Schnittgrößen einer zweifeldrigen Kranbahn

Gegeben:

- Zweiachsiger Kran, siehe Abb. 10.14
- Kranbahn als Zweifeldträger, $EI = \text{const.}$, $l = 12,5$ m, $g = 3,5$ kN/m
- Vertikale Radlasten inkl. Schwingbeiwerte für Lastgruppe 1: $F = F_1 = F_2 = 168$ kN; $a = 4,2$ m
- Horizontale Kräfte aus Beschleunigen/Bremsen: $H_{T,1} = 20$ kN ; $H_{T,2} = -20$ kN
- Horizontale Kräfte aus Schräglauf $H_{S,1}1 = 35$ kN; $H_{S,2} = 0$ kN

Gesucht: Charakteristische, maximale Biegemomente im Feld und über der Stütze

1. Vorwert $\alpha = a/l = 4,2/12,5 = 0,336$
2. Tafelwerte aus Tab. 10.2 (für Hauptbiegung; interpolierte Werte)
   $\gamma_{MF} = 0,280$; $\xi_{MF} = 0,372$
   $\gamma_{MSt} = 0,168$; $\xi_{MSt} = 0,384$
3. Charakteristische Biegemomente $\max M_{y,R}$ aus vertikalen Radlasten LG1:
   Feldmoment: $\max M_{y,F,R} = \gamma_{MF} \cdot F_1 \cdot l = 0,280 \cdot 168 \cdot 12,5 = 588$ kNm
   Position der Kraft F_1 und gleichzeitig Ort von $\max M_{y,F,R}$:
   $x_{MF} = \xi_{MF} \cdot l = 0,372 \cdot 12,5 = 4,65$ m
   Stützmoment: $\max M_{y,St,R} = -\gamma_{MSt} \cdot F_1 \cdot l = -0,168 \cdot 168 \cdot 12,5 = -352,8$ kNm
   Position der Kraft F_1 bei $\max M_{ySt,R}$: $x_{MSt} = \xi_{MSt} \cdot l = 0,384 \cdot 12,5 = 4,80$ m
4. Charakteristische Biegemomente $M_{y,g}$ aus Eigengewicht g:
   $\max M_{y,F,g} = 0,070 \cdot g \cdot l^2 = 0,070 \cdot 3,5 \cdot 12,5^2 = 38,3$ kNm
   $\max M_{y,St,g} = -0,125 \cdot g \cdot l^2 = -0,125 \cdot 3,5 \cdot 12,5^2 = -68,4$ kNm
5. Charakteristisches Feldbiegemoment $M_{z,F,R}$ aus Bremsen/Beschleunigen $H_{T,1} = -H_{T,2}$:
   Vorwert: $\alpha = 0,336$
   Tafelwert aus Tab. 10.2, interpoliert: $\gamma_{MF,z} = 0,196$
   $\max M_{z,F} = \gamma_{MF,z} \cdot H_{T,1} \cdot l = 0,196 \cdot 20 \cdot 12,5 = \pm 48,9$ kNm
6. Charakteristisches Feldbiegemoment $M_{z,F}$ aus Schräglauf:
   $H_{S,1}$ wird in zwei Kräfte $H_{S,1}/2$ im Abstand 0 aufgeteilt.
   Vorwerte: $\alpha = 0$
   Tafelwert: $\gamma_{MF} = 0,415$
   $\max M_{z,F} = \gamma_{MF} \cdot H_{S,1}/2 \cdot l = 0,415 \cdot 35/2 \cdot 12,5 = \pm 90,8$ kNm

10.3.2 Einflusslinien von Zweifeldträgern mit gleichen Stützweiten

Biegemomente M und Querkräfte V an beliebigen Stellen können für einen Zweifeldträger mit gleichen Feldlängen mit Hilfe der in Tab. 10.3 angegebenen Einflusslinien nach [RR20] berechnet werden.

Für die Berechnung von Biegemomenten in Außenfeldern drei- oder mehrfeldriger Träger kann die Tabelle näherungsweise ebenfalls verwendet werden.

Tab. 10.3: Einflusslinien *M* und *V* bei Zweifeldträgern mit gleichen Stützweiten nach [RR20]

Ort des Lastangriffs bei Punkt…	ξ_M für das Biegemoment M in Punkt …										ξ_V für V in Pkt…		
	1	**2**	**3**	**4**	**5**	**6**	**7**	**8**	**9**	**10**	**0**	**10 *li***	**10 *re***
0	0	0	0	0	0	0	0	0	0	0	-10	0	0
1	**-0,88**	-0,75	-0,63	-0,50	-0,38	-0,25	-0,13	0,00	0,12	0,25	-8,75	1,25	-0,25
2	-0,75	**-1,50**	-1,26	-1,01	-0,76	-0,51	-0,26	-0,02	0,23	0,48	-7,52	2,48	-0,48
3	-0,63	-1,26	**-1,90**	-1,53	-1,16	-0,79	-0,42	-0,05	0,31	0,68	-6,32	3,68	-0,68
4	-0,52	-1,03	-1,55	**-2,06**	-1,58	-1,10	-0,61	-0,13	0,36	0,84	-5,16	4,84	-0,84
5	-0,41	-0,81	-1,22	-1,63	**-2,03**	-1,44	-0,84	-0,25	0,34	0,94	-4,06	5,94	-0,94
6	-0,30	-0,61	-0,91	-1,22	-1,52	**-1,82**	-1,13	-0,43	0,26	0,96	-3,04	6,96	-0,96
7	-0,21	-0,42	-0,63	-0,84	-1,05	-1,26	**-1,48**	-0,69	0,10	0,89	-2,11	7,89	-0,89
8	-0,13	-0,26	-0,38	-0,51	-0,64	-0,77	-0,90	**-1,02**	-0,15	0,72	-1,28	8,72	-0,72
9	-0,06	-0,11	-0,17	-0,23	-0,29	-0,34	-0,40	-0,46	**-0,52**	0,43	-0,57	9,43	-0,43
10 *li*	0	0	0	0	0	0	0	0	0	0	0	10	0
10 *re*	0	0	0	0	0	0	0	0	0	0	0	0	-10
11	0,04	0,09	0,13	0,17	0,21	0,26	0,30	0,34	0,39	0,43	0,43	0,43	-9,43
12	0,07	0,14	0,22	0,29	0,36	0,43	0,50	0,58	0,65	0,72	0,72	0,72	-8,72
13	0,09	0,18	0,27	0,36	0,45	0,54	0,63	0,71	0,8	0,89	0,89	0,89	-7,89
14	**0,1**	**0,19**	**0,29**	**0,38**	**0,48**	**0,58**	**0,67**	**0,77**	**0,86**	**0,96**	0,96	0,96	-6,96
15	0,09	0,19	0,28	0,38	0,47	0,56	0,66	0,75	0,84	0,94	0,94	0,94	-5,94
16	0,08	0,17	0,25	0,34	0,42	0,5	0,59	0,67	0,76	0,84	0,84	0,84	-4,84
17	0,07	0,14	0,21	0,27	0,34	0,41	0,48	0,55	0,61	0,68	0,68	0,68	-3,68
18	0,05	0,1	0,14	0,19	0,24	0,29	0,34	0,38	0,43	0,48	0,48	0,48	-2,48
19	0,03	0,05	0,07	0,1	0,12	0,15	0,17	0,2	0,22	0,25	0,25	0,25	-1,25
20	0	0	0	0	0	0	0	0	0	0	0	0	0

Punkt...
0 1 2 3 4 5 F 6 7 8 9 10 11 12 13 14 15 16 17 18 19 20
l l

$$\text{Biegemoment} \quad M = -\frac{\xi_M \cdot F \cdot l}{10} \; ; \quad \text{Querkraft} \quad V = -\frac{\xi_V \cdot F}{10}$$

Tab. 10.4: Bezeichnungen der Querschnittswerte der Teilquerschnitte I-Profil (1) und Flachstahlschiene (2)

	Doppeltsymmetrisches I-Walzprofil oder I-Schweißprofil (1) Flanschdicke t_1 Flanschbreite b_1	Flachstahlschiene (2) Schienenkopfbreite b Schienenhöhe h_s
Höhe	h_1 (Achsmaß)	h_s
Schwerpunktbezeichnung	S_1	S_2
Querschnittsfläche A	A_1	A_2
Flächenträgheitsmoment I_z	I_{z1}	I_{z2}
Torsionsträgheitsmoment I_T	I_{T1}	I_{T2}

10.4 Querschnittswerte von ausgewählten Kranbahnquerschnitten

Die für die Berechnung von Spannungen und Verformungen aus Biegung und Torsion notwendigen Querschnittswerte können mit geeigneter Software (z. B. [Ing16a]) ermittelt werden. Zur EDV-Berechnung siehe auch [Kra05]. Für Walzprofile können die Daten Tabellenwerken (z. B. [HS20b]) entnommen werden. Für ausgewählte Kranbahnträgerquerschnitte werden die Querschnittswerte im Folgenden formelmäßig aufbereitet angegeben.

10.4.1 Doppeltsymmetrisches I-Profil mit Flachstahlschiene

Für doppeltsymmetrische I-Walzprofile oder I-Schweißprofile mit mittragender Flachstahlschiene werden im Folgenden wichtige Querschnittswerte angegeben [OR02].

Eingangswerte für die Berechnung sind die in Tab. 10.4 aufgezählten Querschnittswerte der beiden Einzelquerschnitte I-Profil (Index 1) und Schiene (Index 2).

- Abstand e_S Schwerpunkt I-Profil S_1 – Gesamtschwerpunkt (S)

$$e_S = \frac{A_2 \cdot (h_1/2 + t_1/2 + h_s/2)}{A_1 + A_2} \tag{10.18}$$

- Abstand e_M Schwerpunkt I-Profil S_1 – Schubmittelpunkt (M)

$$e_M = \frac{I_{z2} \cdot (h_1/2 + t_1/2 + h_S/2)}{I_{z1} + I_{z2}} \tag{10.19}$$

- St. Venant'sches Torsionsträgheitsmoment der Flachstahlschiene $h_s \cdot b$ bei $h_s < b$

$$I_{T2} = \frac{b \cdot h_s^3}{3} \cdot \left(1 - 0,63 \cdot \frac{h_s}{b} + 0,052 \cdot \frac{h_s^5}{b^5}\right) \tag{10.20}$$

- St. Venant'sches Torsionsträgheitsmoment des Gesamtquerschnitts

$$I_T \approx I_{T1} + I_{T2} + \frac{b^2\,(h_S + t_1)^2}{\frac{b}{h_S} + \frac{b}{t_1}} \tag{10.21}$$

- Wölbwiderstand

$$I_w = C_M = \frac{b_1^3 \cdot t_1 \cdot h_1^2}{24} + \frac{1}{6} \cdot e_M^2 \cdot b_1^3 \cdot t_1 + \frac{b^3 \cdot h_s}{12} \cdot \left(\frac{h_1}{2} + \frac{t_1}{2} + \frac{h_s}{2} - e_M\right)^2 \tag{10.22}$$

- Wölbordinate w_M (Hauptverwölbung, bezogen auf Schubmittelpunkt M)

$$\text{Obergurt: } w_{M,Og,re} = -w_{M,Og,li} = \left(\frac{h_1}{2} - e_M\right) \cdot \frac{b_1}{2} \tag{10.23}$$

$$\text{Untergurt: } w_{M,Ug,li} = -w_{M,Ug,re} = \left(\frac{h_1}{2} + e_M\right) \cdot \frac{b_1}{2} \tag{10.24}$$

10.4.2 Dreiblechquerschnitt (Einfachsymmetrisches I-Profil)

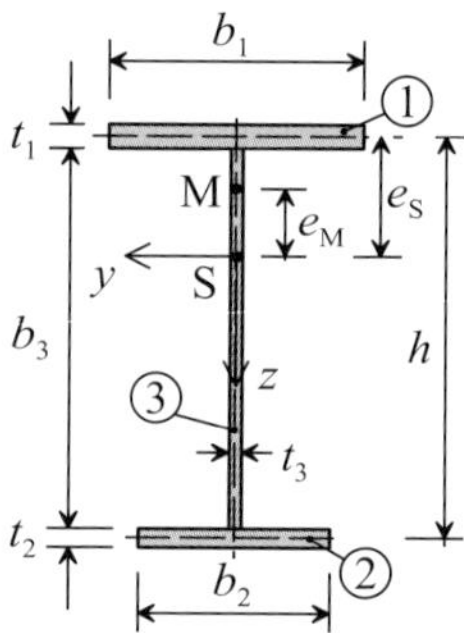

Abb. 10.15: Einfachsymmetrisches I-Profil

Wichtige Querschnittswerte für ein einfachsymmetrisches I-Profil mit $A_1 \geq A_2$ (Abb. 10.15) sind (Schiene bleibt unberücksichtigt):

- Querschnittsfläche mit $A_1 = b_1 \cdot t_1$; $A_2 = b_2 \cdot t_2$; $A_3 = b_3 \cdot t_3$; $A = A_1 + A_2 + A_3$
- Abstand Oberflanschachse – Schwerpunkt

$$e_s = \frac{b_2 \cdot t_2 \cdot h + b_3 \cdot t_3 \cdot h/2}{A} \tag{10.25}$$

- Hilfswerte $I_1 = (t_1 \cdot b_1^3)/12$ und $I_2 = (t_2 \cdot b_2^3)/12$ (Flansch-Flächenträgheitsmomente um die Stegachse)

- Abstand Schwerpunkt – Schubmittelpunkt

$$e_M = \frac{I_1 \cdot e_s - I_2 \cdot (h - e_s)}{I_z} \tag{10.26}$$

Flächenträgheitsmomente:

$$I_z = I_1 + I_2 \tag{10.27}$$

$$I_y = b_1 \cdot t_1 \cdot e_s^2 + b_2 \cdot t_2 \cdot (h - e_s)^2 + \frac{t_3 \cdot b_3^3}{12} + t_3 \cdot b_3 \left(e_s - \frac{h}{2}\right)^2 \tag{10.28}$$

- St. Venant'sches Torsionsträgheitsmoment des Gesamtquerschnitts

$$I_T = \frac{1}{3} \cdot \left(b_1 \cdot t_1^3 + b_2 \cdot t_2^3 + b_3 \cdot t_3^3\right) \tag{10.29}$$

- Wölbwiderstand

$$I_w = C_M = \frac{I_1 \cdot I_2}{I_1 + I_2} \cdot h^2 \tag{10.30}$$

- Wölbordinate (Hauptverwölbung) obere Flanschecke

$$w_M = (e_s - e_M) \cdot \frac{b_1}{2} \tag{10.31}$$

- Wölbordinate (Hauptverwölbung) untere Flanschecke

$$w_M = (h - e_s + e_M) \cdot \frac{b_2}{2} \tag{10.32}$$

10.4.3 Beanspruchbarkeit von doppeltsymmetrischen I-Profilen

Das doppeltsymmetrische I-Profil hat Maße: Flanschbreite b_f, Gesamthöhe h, Abstand der Flanschachsen h_1, Stegdicke t_w und Flanschdicke t_f.

$$M_{pl,y,R} = \left(b_f \cdot t_f \cdot h_1 + \frac{(h_1 - t_f)^2 \cdot t_w}{4}\right) \cdot f_y \tag{10.33}$$

$$M_{pl,z,R} = \left(\frac{t_f \cdot b_f^2}{2}\right) \cdot f_y \tag{10.34}$$

$$M_{pl,w,R} = B_{pl,R} = \frac{(h - t_f) \cdot t_f \cdot b_f^2 \cdot f_y}{4} \quad \text{(vollplastisches Wölbbimoment)} \tag{10.35}$$

$$M_{el,w,R} = B_{el,R} = \frac{(h - t_f) \cdot t_f \cdot b_f^2 \cdot f_y}{6} \quad \text{(vollelastisches Wölbbimoment)} \tag{10.36}$$

Für Walzprofile können die Werte [HS20b] entnommen werden. In den obigen Formeln sind ggf. vorhandene Ausrundungen nicht mit berücksichtigt.

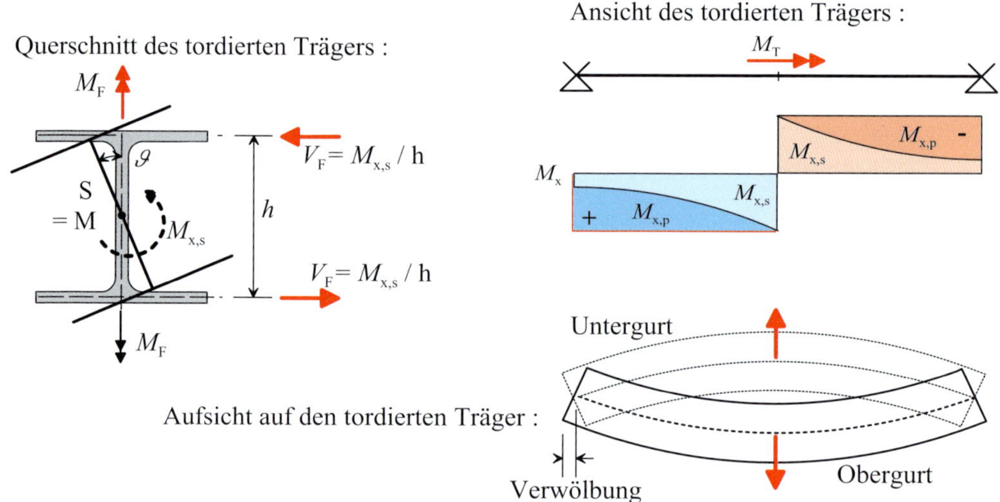

Abb. 10.16: Auswirkung der Wölbkrafttorsion (Ansicht und Grundriss)

10.5 Anmerkungen zur Berechnung von Kranbahnen

10.5.1 Torsion des Kranbahnträgers

10.5.1.1 Wölbkrafttorsion

Die an der Schienenoberkante angreifenden horizontalen Radlasten aus Kranbetrieb führen zu einer Torsionsbeanspruchung des Kranbahnträgers. Daraus resultieren drei Schnittgrößen: Das primäre (St. Venant'sche) Torsionsmoment $M_{x,p}$ und das sekundäre Torsionsmoment $M_{x,s}$ führen zu Schubspannungen τ_1 und τ_2. Es gilt: $M_x = M_{x,p} + M_{x,s}$. Das gemeinsam mit dem sekundären Torsionsmoment auftretende Wölbbimoment $B = M_w$ führt im Querschnitt zu zusätzlichen Normalspannungen σ_x.

Zur Herleitung und Lösung der Differentialgleichung der Wölbkrafttorsion sei auf die Literatur (z. B. [Bor52, RCL72, FF05]) verwiesen. Zur Bezeichnungsweise: In diesem Buch wird eine Torsionslast (ein angreifendes Torsionsmoment) mit M_T bezeichnet, während die daraus resultierende Schnittgröße „Torsionsmoment" mit M_x bezeichnet wird (siehe Abb. 10.16 rechts oben). In der Literatur werden die Variablen M_T und M_x manchmal auch mit vertauschter Bedeutung verwendet.

Die Wölbkrafttorsion einer Kranbahn wird am Beispiel eines Einfeldträgers mit doppeltsymmetrischem I-Querschnitt erläutert: Der Querschnitt nimmt einen Teil des Torsionsmoments M_x als inneres Kräftepaar aus Querkräften V_F (Index F: Flansch) auf, siehe Abb. 10.16. Dieser Anteil wird als sekundäres Torsionsmoment $M_{x,s}$ bezeichnet, es gilt: $M_{x,s} = V_F \cdot h$. Zur Flansch-Querkraft V_F gehört ein Flanschbiegemoment M_F, das zu einer horizontalen Verformung des Flansches führt. Betrachtet man Ober- und Unterflansch als getrennte Biegeträger, so ergibt sich in der Draufsicht das in Abb. 10.16 rechts unten dargestellte Bild: die beiden Flansche werden in unterschiedliche Richtungen gebogen.

Beide Flanschbiegemomente M_F bilden ein "Momentenpaar" im Abstand h. Dieses Momentenpaar wird "Wölbbimoment" bezeichnet: $B = M_w = M_F \cdot h$. Das Wölbbimoment führt zu Verformungen in Stablängsrichtung (Verwölbung) und – wenn diese Verformungen behindert werden – zu Normalspannungen σ_x. Verteilung und Vorzeichen der durch die Wölbkrafttorsion hervorgerufenen Normalspannungen σ_x lassen sich aus dem Verformungsbild (Abb. 10.16 rechts unten) leicht ableiten.

Wichtige Querschnittswerte der Torsion sind:

- I_T [cm^4] Torsionsflächenmoment 2. Grades (im Folgenden "Torsionsträgheitsmoment" genannt)
- w_M [cm^2] Hauptverwölbung mit Schubmittelpunkt (M) als Drehpunkt
- $I_w = C_M$ [cm^6] Wölbflächenmoment 2. Grades (im Folgenden "Wölbwiderstand" genannt)

Die Formeln der Torsions-Querschnittswerte für I-Profile sind in Abschnitt 10.4.2 angegeben. Für Walzprofile können sie Tabellenwerken, z. B. [HS20b, KN17], entnommen werden.

In Tab. 10.5 sind die drei Torsionsschnittgrößen für einen einfeldrigen Träger infolge eines einzelnen angreifenden Torsionsmoments M_T angegeben. Ist der Kranbahnträger durch mehrere Horizontallasten beansprucht, treten mehrere Torsionslasten $M_T = H \cdot e_z$ auf (Abb. 10.1). Die Schnittgrößen nach Theorie I. Ordnung können dann durch Superposition aus Tab. 10.5 gewonnen werden.

Torsionsschnittgrößen für viele andere Systeme können z. B. Bornscheuer [Bor52] oder Cywinski [Cyw83] entnommen werden.

Für durchlaufende Kranbahnträger ergeben sich die Schnittgrößen aus einer statisch unbestimmten Rechnung, die kaum mehr von Hand ausgeführt wird. Es wird die Benutzung geeigneter Programme empfohlen (siehe Abschnitt 10.7). In erster Näherung und auf der sicheren Seite liegend könnte das Endfeld eines Mehrfeldträgers nach Tab. 10.5 als Einfeldträger betrachtet werden.

10.5.1.2 Näherung: Lastabtrag der Torsion nur über Wölbkraft

Die Schnittgröße Torsionsmoment teilt sich in St. Venantsche Torsion und Wölbkrafttorsion auf, siehe oben. Die exakte Berechnung dieser Torsionsschnittgrößen ist von Hand im Regelfall viel zu aufwändig. Eine Berechnung von Hand ist jedoch möglich, wenn man die St. Venantsche Torsion vernachlässigt und annimmt, dass das komplette Torsionsmoment über Wölbkrafttorsion abgetragen wird. Diese Annahme lässt sich näherungsweise umsetzen, indem man die Torsionslast M_T in ein Kräftepaar $H_{\text{Obergurt}} = -H_{\text{Untergurt}} = M_T/h$ umrechnet (Abb. 10.16), das die beiden Flansche in entgegengesetzte Richtung biegt.

Abb. 10.17 zeigt einen einfachsymmetrischen I-Querschnitt mit an der Schienenoberkante angreifender Horizontallast. (Die gleichzeitig wirkende vertikale Radlast ist nicht eingezeichnet.) Die Torsionslast $M_T = H \cdot (e + z_M)$ wird als auf Ober- und Unterflansch wirkendes Kräftepaar aufgeteilt. Teilt man nun auch die Horizontalkraft H auf Ober- und Untergurt wie in Abb. 10.17 dargestellt auf, ergibt sich in Summe am Obergurt wirkend $(H \cdot (h+e)/h)$, während die Kraft am Untergurt $(-H \cdot e/h)$ beträgt. Abb. 10.18 zeigt an einem Beispiel, dass die mit dieser Näherung (Näherung 1) berechneten Spannungen auf der sicheren Seite liegen.

Tab. 10.5: Torsionsschnittgrößen am Einfeldträger infolge einer Torsionslast M_T

	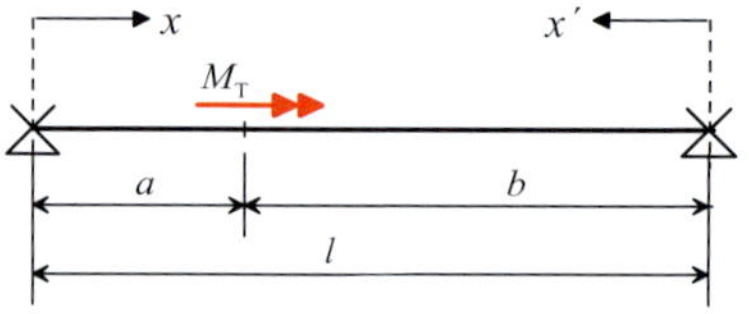 x, x', M_T, a, b, l	$\lambda = \sqrt{\dfrac{G \cdot I_T}{E \cdot I_w}}$
	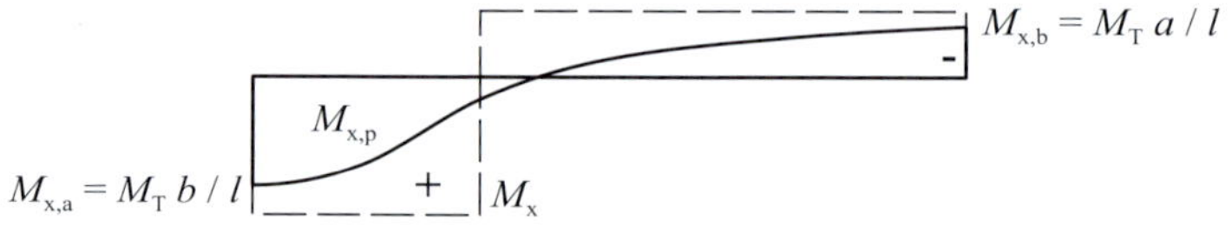 $M_{x,a} = M_T\, b\,/\,l$; $M_{x,p}$; M_x	$M_{x,b} = M_T\, a\,/\,l$
$M_{x,p} =$	$M_T \cdot \left(\dfrac{b}{l} - \dfrac{\sinh(\lambda \cdot b)}{\sinh(\lambda \cdot l)} \cdot \cosh(\lambda \cdot x)\right)$	$M_T \cdot \left(-\dfrac{a}{l} + \dfrac{\sinh(\lambda \cdot a)}{\sinh(\lambda \cdot l)} \cdot \cosh(\lambda \cdot x')\right)$
	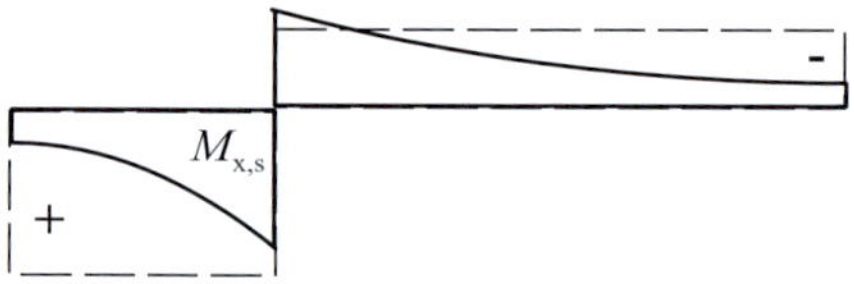 $M_{x,s}$	
$M_{x,s} =$	$M_T \cdot \left(\dfrac{\sinh(\lambda \cdot b)}{\sinh(\lambda \cdot l)} \cdot \cosh(\lambda \cdot x)\right)$	$M_T \cdot \left(-\dfrac{\sinh(\lambda \cdot a)}{\sinh(\lambda \cdot l)} \cdot \cosh(\lambda \cdot x')\right)$
	 M_w	
$M_w = B$	$\dfrac{M_T}{\lambda} \cdot \left(\dfrac{\sinh(\lambda \cdot b)}{\sinh(\lambda \cdot l)} \cdot \sinh(\lambda \cdot x)\right)$	$\dfrac{M_T}{\lambda} \cdot \left(\dfrac{\sinh(\lambda \cdot a)}{\sinh(\lambda \cdot l)} \cdot \sinh(\lambda \cdot x')\right)$

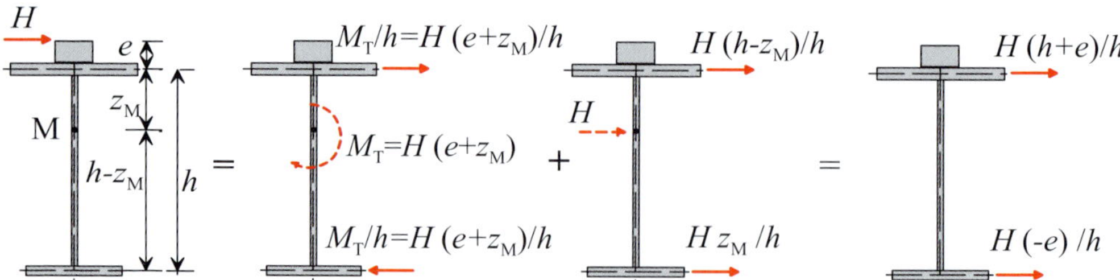

Abb. 10.17: Lastabtragung der Torsion über reine Wölbkrafttorsion

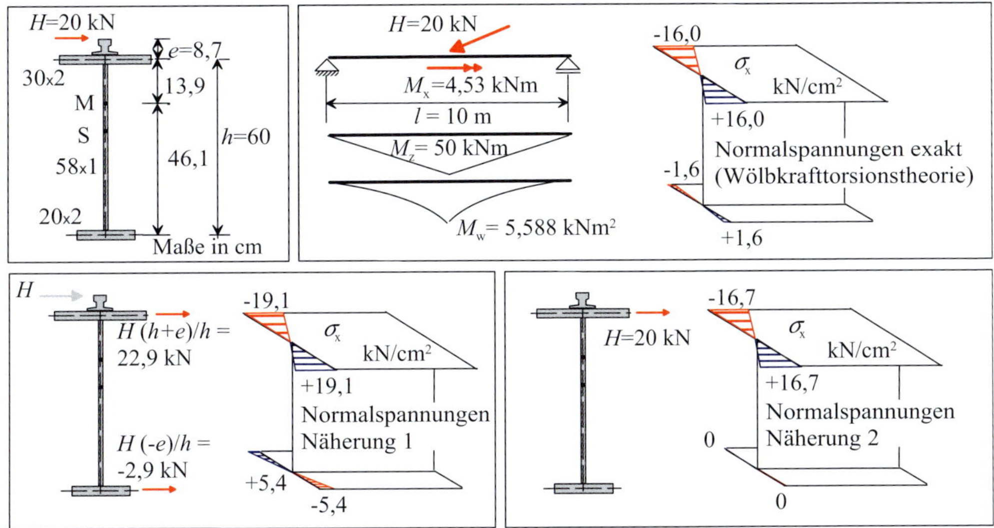

Abb. 10.18: Beispiel: Vergleich der Spannungen nach Wölbkrafttorionstheorie (exakt) mit Näherung 1 (H greift an der Schienenoberkante an; Torsion nur als Wölbkraft, siehe Abb 10.17) und mit Näherung 2: H greift am Oberflansch an (Tragwirkungssplitting)

Vernachlässigt man auf der unsicheren Seite liegend das Maß e, d.h. nimmt man den horizontalen Lastangriff in der Oberflanschachse an (Näherung 2), so verschwindet die Kraft am Untergurt, während der Obergurt die komplette Kraft H übernimmt. Abb. 10.18 zeigt, dass auch in diesem Fall die Spannungen noch auf der sicheren Seite liegen.

10.5.2 Theorie II. Ordnung bei Kranbahnträgern

Bei Kranbahnträgern sind die Effekte aus Theorie II. Ordnung nicht – wie meist sonst im Stahlbau – auf die Wirkung der Normalkräfte in Verbindung mit Durchbiegungen und Schrägstellungen zurückzuführen, sondern auf die Wirkung der Torsion, siehe Abb. 10.19. Zwei Wirkungen können dabei unterschieden werden:

- Die durch die horizontalen Radlasten verursachte Tordierung des Kranbahnquerschnitts führt zu einem vergrößerten Hebelarm der oberhalb des Schubmittelpunkts angreifenden vertikalen Radlasten zum Schubmittelpunkt des Trägers und damit zu einer Vergrößerung der Torsionslast (Abb. 10.19 links).
- Die richtungstreuen, stets senkrecht wirkenden vertikalen Radlasten erzeugen am um den Winkel ϑ verdrehten Querschnitt nicht nur Hauptbiegemomente M_y, sondern ein mit zunehmenden Verdrehungswinkel ϑ wachsendes Nebenbiegemoment M_z, da sie auch um die Achse z des verformten Querschnitts drehen, siehe Abb. 10.19.

Die erste oben beschriebene Wirkung aus Theorie II. Ordnung tritt nicht auf, wenn die vertikalen Radlasten – wie bei Kranbahnen ohne elastische Unterlagen zulässig – im Schubmittelpunkt angesetzt werden. Die zweite Auswirkung aus Theorie II. Ordnung tritt bei Kranbahnträgern für Brückenkrane jedoch in allen Fällen auf.

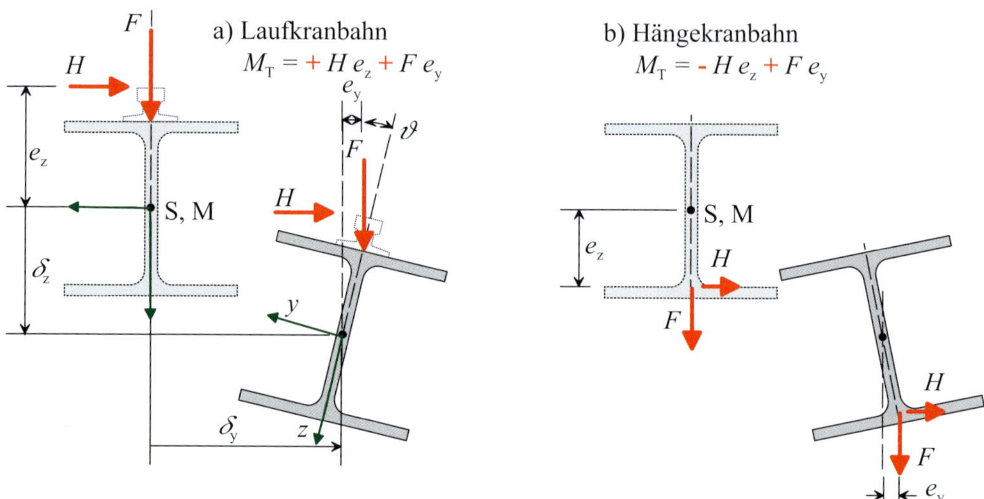

Abb. 10.19: Querschnittsverdrehung und deren Auswirkung bei Laufkran und Hängekran; der Lastangriffspunkt im linken Teilbild ist an der Oberkante Flansch zu wählen, wenn eine elastische Schienenunterlage verwendet wird, siehe Abs. 8.1.1.

Bei Kranbahnträgern für Unterflanschlaufkatzen liegt eine andere Situation vor: Aus einer Querschnittsverdrehung ϑ folgt ein rückdrehendes Moment der Radlasten (Abb. 10.19 rechts). Mit der Vernachlässigung der Theorie II. Ordnung liegt man bei einem solchen "gutartigen"Problem meist (aber nicht immer) auf der sicheren Seite.

In welchen Fällen sind Brückenkrane nach Th.II.O. zu berechnen?

In [3-1-1/5.2.1] sind die allgemeinen Kriterien festgelegt, in welchen Fällen Schnittgrößen nach Theorie II. Ordnung berechnet werden sollen: Wenn die Verzweigungslast mindestens 10-mal so groß wie die einwirkende Bemessungslast ist, dann darf mit Schnittgrößen nach Theorie I. Ordnung gerechnet werden. In [LSS98] wird gezeigt, dass dieses sowohl in [3-1-1/5.2.1] als auch in DIN 18 800-1 (739) enthaltene Kriterium in etwa gleichbedeutend mit der 10%-Regel ist: Auf eine Berechnung nach Theorie II. Ordnung darf verzichtet werden, wenn der Zuwachs der Schnittgrößen aus Theorie I. Ordnung infolge der nach Theorie I. Ordnung berechneten Verformungen unter 10 % bleibt. Es wird Folgendes empfohlen:

- Wenn die Schnittgrößenberechnung mit geeigneten Computerprogrammen (siehe Abs. 10.7) durchgeführt wird, dann sollten Schnittgrößen grundsätzlich nach Biegetorsionstheorie II. Ordnung berechnet werden.
- Bei Berechnungen von Hand ist es kaum möglich, Theorie II. Ordnung zu berücksichtigen. Die Schnittgrößen M_y und M_z können mit den in den Abschnitten 10.2 und 10.3 präsentierten Verfahren von Hand nach Theorie I. Ordnung berechnet werden. Die Spannungen (Th.I.O.) ergeben sich daraus nach dem Prinzip des Tragwirkungssplittings, siehe Abschnitt 11.3.2. Die Ergebnisse liegen üblicherweise auch gegenüber den EDV-gestützen Berechnungsergebnissen nach Theorie II. Ordnung auf der sicheren Seite, da die Mitwirkung des Unterflansches zur Abtragung der Horizontallasten unberücksichtigt bleibt.

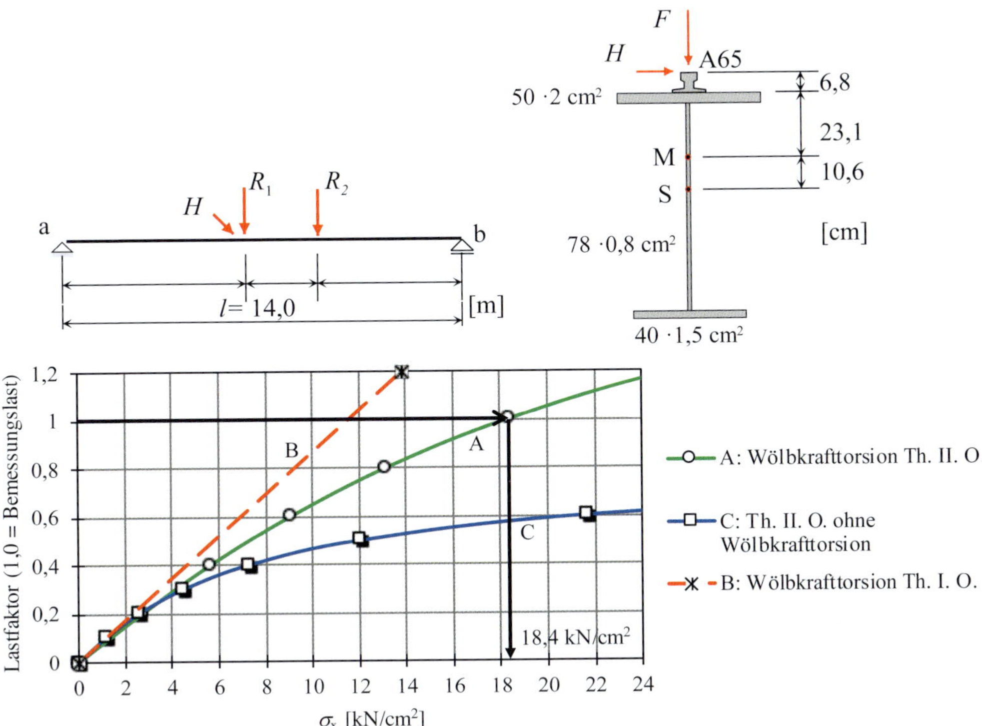

Abb. 10.20: Bsp. 10-4: Einfeldriger Kranbahnträger HC2/S$_2$, Schiene mit elastischer Unterlage, charakteristische Lasten inkl. Schwingbeiwerte: $F_1 = 78$ kN; $F_2 = 66$ kN; $H = 6,5$ kN; Eigengewicht Träger 2,0 kN/m; Last-Spannungskurven für drei Berechnungsmethoden

Bemessungswerte der Materialkonstanten bei Berechnungen nach Th.II.O.

Auch bei Berechnungen nach Theorie II. Ordnung dürfen nach [3-1-1/3.2.6] als Bemessungswerte der Materialkonstanten (E, G, ν) die charakteristischen Werte verwendet werden.

Beispiel 10-4: Auswirkungen der Wölbkrafttorsion und der Theorie II. Ordnung

An einem Beispiel (Abb. 10.20) werden die Einflüsse von Wölbkrafttorsion und Theorie II. Ordnung aufgezeigt: Ein einfeldriger Kranbahnträger mit einfachsymmetrischem I-Querschnitt wird durch eine zweiachsige Kranbrücke befahren. Nun wurden Berechnungen ausgeführt, deren Ergebnisse in ein Last-Spannungsdiagramm (siehe Abb. 10.20 unten) eintragen sind. Die Werte auf der Lastachse beziehen sich auf die Bemessungslast, d. h.: Lastfaktor 1,0 entspricht 100 % der Bemessungslast. Auf der Spannungsachse sind die Bemessungswerte der Spannungen angegeben.

- Kurve A (Abb. 10.20) zeigt die maximale Spannung, die mit Wölbkrafttorsion nach Theorie II. Ordnung unter Verwendung des Programms BTII [Nem16] ermittelt wurde. Diese Werte mögen als Referenzwerte gelten. Die Krümmung der Kurve zeigt den Einfluss aus Theorie II. Ordnung deutlich.

- Kurve B gibt das Ergebnis nach Theorie I. Ordnung wieder, die so errechneten Spannungen sind auf Bemessungslastniveau (Lastfaktor 1,0) deutlich zu gering und damit untauglich für den Nachweis.
- In den in Kurve C dargestellten Berechnungsergebnissen ist zwar die Theorie II. Ordnung berücksichtigt, es wurde aber angenommen, dass der Querschnitt keinen Wölbwiderstand hat. Wenn die Wölbkrafttorsion und damit der Wölbwiderstand unberücksichtigt bleibt, erscheint der Träger in der Rechnung torsionsweicher, als er tatsächlich ist. Der größere Verdrehwinkel ϑ führt dann zu deutlich größeren Spannungen. Das Bemessungslastniveau wird bei dieser Berechnungsvariante nicht erreicht, da der Träger vorher rechnerisch versagt.

Zusammenfassend lässt sich festhalten, dass nicht nur in Beispiel 10-4 die Berücksichtigung der Wölbkrafttorsion nach Theorie II. Ordnung für eine genaue Erfassung der Beanspruchungs- und Verformungszustände von Kranbahnträgern grundsätzlich unverzichtbar ist.

10.5.3 Plastische Tragwerksberechnung

Stabtragwerke aus Stahl, deren Querschnitte in die Querschnittsklasse 1 eingestuft werden können, dürfen grundsätzlich plastisch berechnet werden, z. B. unter Verwendung der Fließgelenktheorie. Für Kranbahnträger ist das schon aus Gründen der Ermüdung auf keinen Fall sinnvoll. Die plastische Tragwerksberechnung oder auch schon die Momentenumlagerung bei Durchlaufträgern für Kranbahnträger zu verbieten, ist jedoch nicht nötig: Die Vorschrift, dass die Kranbahn im Grenzzustand der Gebrauchstauglichkeit unter Gebrauchslasten den elastischen Spannungsbereich nicht verlassen darf und Plastizierungen nicht zulässig sind, ist ausreichend.

10.6 Spannungen aus globalen Schnittgrößen

10.6.1 Drei Schnittgrößen ergeben Normalspannungen σ_x

Normalspannungen σ_x im Kranbahnträgerquerschnitt resultieren meist aus drei verschiedenen Schnittgrößen: aus den Biegemomenten M_y und M_z und dem Wölbbimoment M_w. Da die Normalkräfte in Kranbahnträgern meist von vernachlässigbarer Größe sind, tauchen sie in den Gleichungen nicht auf; sie sind ggf. zu ergänzen. Die Spannungsverläufe infolge der drei Momente sind in Abb. 10.21 dargestellt. Die maximalen Normalspannungen treten bei negativem M_z und positiven M_y und M_z an der oberen, hinteren Flanschecke als Druckspannungen auf, siehe Abb. 10.21. Die maximale Zugspannung ist an der vorderen, unteren Flanschecke zu erwarten, wenn alle drei Momente positiv sind. Betragsmäßig ergibt sich mit der maximalen Wölbordinate w und dem Wölbwiderstand I_w (für einfachsymmetrische I-Profile siehe Abs. 10.4.2) die extremalen Normalspannung zu (ohne Vorzeichen):

$$\sigma_{x,Ed} = \frac{M_{y,Ed}}{W_{y,el}} + \frac{M_{z,Ed}}{W_{z,el}} + \frac{M_{w,Ed}}{I_w} \cdot w \tag{10.37}$$

Für einen beliebigen Punkt i mit den Koordinaten y_i, z_i und der Wölbordinate w_i ergeben sich die Spannungen vorzeichenrichtig zu:

$$\sigma_{x,Ed,i} = \frac{M_{y,Ed}}{I_y} \cdot z_i - \frac{M_{z,Ed}}{I_z} \cdot y_i - \frac{M_{w,Ed}}{I_w} \cdot w_i \tag{10.38}$$

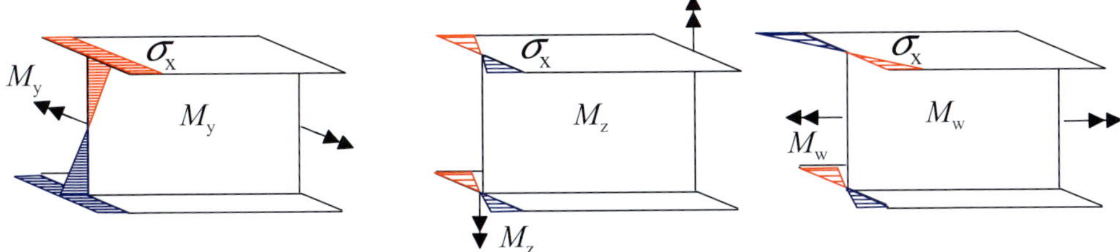

Abb. 10.21: Normalspannungsverläufe (qualitativ) infolge M_y, M_z und M_w

Ggf. zusätzlich zu berücksichtigende Spannungen aus Lasteinleitung werden nach Kap. 12 berechnet.

10.6.2 Schubpannungen aus Querkraftbiegung und Torsion

a) Die Biegeschubspannungen τ_{Vy} und τ_{Vz} eines dünnwandigen Profils ergeben sich aus den Querkräften V_z und V_y für eine Querschnittsstelle mit dem statischen Moment S und der Blechdicke t zu:

$$\tau_{Vz} = \frac{V_z \cdot S_y}{I_y \cdot t} \tag{10.39}$$

$$\tau_{Vy} = \frac{V_y \cdot S_z}{I_z \cdot t} \tag{10.40}$$

Wenn eine einzelne Flanschfläche größer als 60 % der Stegfläche ist, darf bei einem I-Querschnitt nach [3-1-1/6.2.6(5)] wie allgemein im Stahlbau üblich die Schubspannung vereinfachend mit $\tau = V/A_w$ berechnet werden. Im Falle von V_z entspricht A_w der Stegfläche $A_w = t_w \cdot h_w = t_w \cdot (h - 2 \cdot t_f)$, im Fall von V_y entspricht A_w der Fläche der beiden Flansche.

b) Die primäre Torsionsschubspannungen τ_p eines offenen, dünnwandigen Profils ergeben sich aus dem primären Torsionsmoment M_{xp} zu:

$$\tau_p = \frac{M_{xp} \cdot t}{I_T} \tag{10.41}$$

mit I_T Torsionsträgheitsmoment; t Blechdicke am Wirkungsort der Spannung
(Falls aufgeschweißte Flachstahlschiene und Kranbahnobergurt zusammen als Hohlquerschnitt wirken, können dessen Spannungen nicht mit Gl. 10.41 berechnet werden. Bild 10.22 zeigt beispielhaft für einen solchen Fall die Torsionsschubspannungen.)

c) Sekundäre Torsionsschubspannungen τ_s ergeben sich aus der Veränderung der Wölbnormalspannungen über die Trägerlängsachse. Die Werte τ_s sind üblicherweise so klein, dass sie im Regelfall vernachlässigt werden können, wovon hier ausgegangen wird.

d) Schubspannungen aus Lasteinleitung τ_{oxz} werden nach Abs. 12 berechnet.

Die maximalen Gesamtschubspannungen τ aus der globalen Tragwirkung ergeben sich bei Vernachlässigung der sekundären Torsionsschubspannungen an einer bestimmten Querschnittsstelle zu:

$$\tau = \tau_{Vz} + \tau_{Vy} + \tau_p \tag{10.42}$$

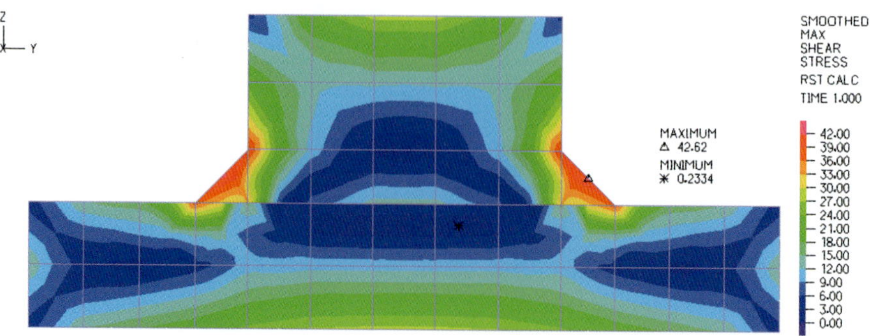

Abb. 10.22: Torsionsschubspannungen ($\tau_p + \tau_s$) für einen Obergurt mit angeschweißter Flachstahlschiene als Ergebnis einer FEM-Berechnung [Sed06]

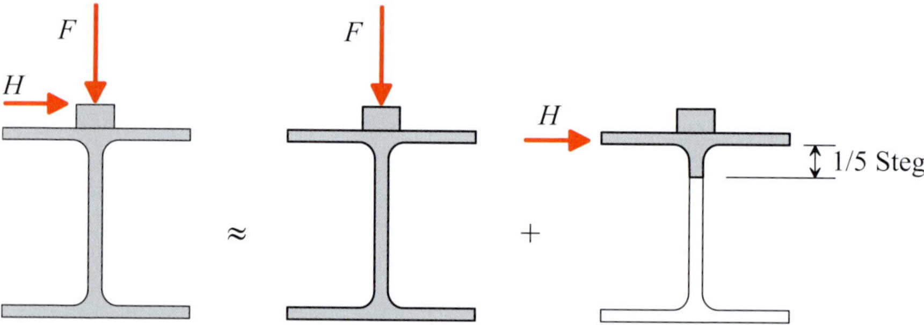

Abb. 10.23: Tragwirkungssplitting bei Kranbahnträgern (Annahme e = 0, siehe Abb. 10.17)

Zur ergänzenden Berücksichtigung der Schubspannungen aus Lasteinleitung τ_{oxz} in Gl. 10.42 siehe Tab. 12.2 und Abs. 12.2.

10.6.3 Spannungsberechnung von Hand: Tragwirkungssplitting

Mit dem Tragwirkungssplitting werden die beiden Biegemomente M_y und M_z unterschiedlichen Querschnittsteilen zugewiesen. Zur Abtragung der sich aus den vertikalen Radlasten F ergebenden Hauptbiegung M_y wird der komplette Träger herangezogen. Die aus der Horizontallast resultierende Nebenbiegung wird dagegen ausschließlich dem Obergurt (Oberflansch + 1/5 Steg) zugewiesen (Abb. 10.23). Siehe dazu auch Abs. 10.5.1.2.

Nach dem Modell verbiegen sich Ober- und Untergurt jeweils unabhängig voneinander, was natürlich durch das Vorhandensein des Steges tatsächlich behindert wird. Deshalb liegen die mit dem Tragwirkungssplitting berechneten Spannungen regelmäßig auf der sicheren Seite. Mit dem Widerstandsmoment des Obergurts $W_{z,el,Og}$ ergibt sich σ_x zu:

$$\sigma_{x,Ed} = \frac{M_{y,Ed}}{W_{y,el}} + \frac{M_{z,Ed}}{W_{z,el,Og}} \tag{10.43}$$

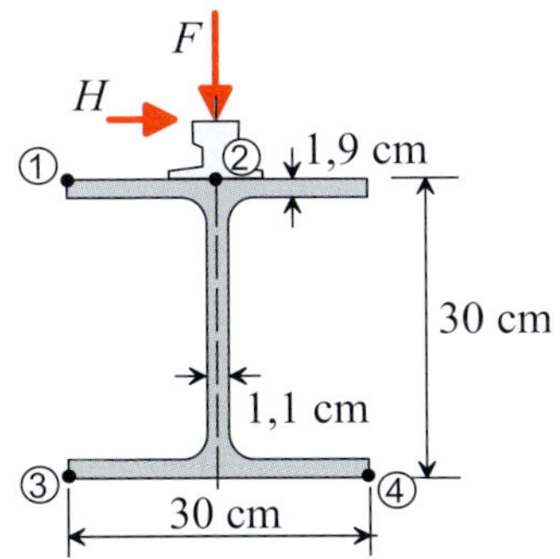

Abb. 10.24: Beispiel 10-5, HEB 300

Beispiel 10-5: Spannungsberechnung mit Tragwirkungssplitting

Gegeben: HEB 300 mit aufgeklemmter Schiene, siehe Abb. 10.24

- Biegemomente im Feld: $M_y = 168$ kNm; $M_z = 17$ kNm

Gesucht: σ_x aus globaler Tragwirkung an den Punkten 1 bis 4

1. Querschnittswerte
   aus Profiltabelle: $I_z = 8560\ \text{cm}^4$; $W_{y,el} = 1680\ \text{cm}^3$
   Trägheitsmoment des Obergurts (Oberflansch + 1/5 Steg): $I_{z,Og} \approx I_z/2 = 4280\ \text{cm}^4$
   Widerstandsmoment des Obergurts $W_{z,Og,el} = I_{z,Og}/15\ \text{cm} = 285\ \text{cm}^3$
2. Spannungen an den Punkten 1 und 2:
   σ_x aus Haupt- und Nebenbiegung

$$\sigma_{x,1} = \frac{M_y}{W_{y,el}} + \frac{M_z}{W_{z,el,Og}} = -\frac{16800}{1680} - \frac{1700}{285} = -10,0 - 6,0 = -16,0\ \text{kN/cm}^2$$

$$\sigma_{x,2} = \frac{M_y}{W_{y,el}} + \frac{M_z}{I_{z,Og}} \cdot y = -\frac{16800}{1680} - \frac{1700}{4280} \cdot 0 = -10,0 - 0 = -10,0\ \text{kN/cm}^2$$

3. Spannungen an Punkt 3 und 4:
   σ_x nur aus Hauptbiegung

$$\sigma_{x,3} = \sigma_{x,4} = \frac{M_y}{W_{y,el}} = \frac{16800}{1680} = 10,0 = 10,0\ \text{kN/cm}^2$$

10.7 EDV-Programme zur Berechnung von Kranbahnen

Die Berechnung der Schnittgrößen und Spannungen von Kranbahnträgern nach Wölbkrafttorsion Theorie II. Ordnung erfolgt i. d. R. numerisch, weil explizite Formeln nur für wenige kaum interessante Spezialfälle vorliegen.

Eine iterative Berechnung von Hand ist mit den im Folgenden genannten Verfahren grundsätzlich möglich, aber wegen des hohen Aufwandes kaum sinnvoll:

- Das Verfahren der Gesamtschrittiteration ([Pet82], Kap. 7.16.3) ist eine Methode, bei der die Schnittgrößen und Verformungen Th. II. O. iterativ aus den Verformungen und Schnittgrößen Th. I. O. berechnet werden.
- Eine Berechnung nach [Pet82], Tafel 7.29 ist bei gabelgelagerten Einfeldträgern möglich, wenn der Radstand des Krans gegenüber der Trägerspannweite klein ist.

Kranbahnträger werden üblicherweise mit FEM-Programmen berechnet. Doch nicht alle Stabwerksprogramme eignen sich für die Aufgabe, Schnittgrößen und Spannungen an Kranbahnträgern unter Berücksichtigung der Wölbkrafttorsion II. Ordnung zu berechnen.

Welche Eigenschaften muss ein Programm bieten, damit es für die Berechnung von Kranbahnträgern geeignet ist? In [GL08] werden einige allgemeine Anforderungen beschrieben. Speziell für die Berechnung von Kranbahnträgern ist darüber hinaus zu fordern:

(a) Diejenige Position einer Wanderlastgruppe, für die eine gesuchte Schnittgröße extremal wird, muss automatisiert berechnet werden können.
(b) Die Wölbkrafttorsion muss in die Balkenelemente implementiert sein. Sie belegen an den Knoten jeweils einen zusätzlichen Freiheitsgrad, die Verdrillung ϑ'. Balkenelemente ohne Wölbkrafttorsion können deutlich zu große Verformungen und Spannungen ergeben, siehe Abb. 10.20, Kurve C.
(c) Die Einflüsse aus Theorie II. Ordnung infolge Querschnittsverdrehung ϑ (siehe Abb. 10.19) müssen berücksichtigt werden. Andernfalls ergäben sich deutlich zu geringe Spannungen, siehe Abb. 10.20, Kurve B. Einige Stabwerksprogramme berücksichtigen ausschließlich die aus der Längskraft resultierenden Effekte nach Theorie II. Ordnung.
(d) Ersatzimperfektionen gemäß [3-1-1/5.3.4(3)] müssen zuschaltbar sein.

Auf dem Markt sind einige Programme verfügbar, die alle wichtigen Anforderungen erfüllen.

Zur Berücksichtigung von Wanderlastgruppen

Programme zur Berechnung von Kranbahnträgern können i. d. R. mit Wanderlasten umgehen. Oft wird zunächst die im Sinne eines vom Nutzer auszuwählenden Kriteriums (z. B. maximales Hauptbiegemoment M_y) ungünstigste Lastposition bestimmt, indem die Querschnittsbeanspruchungen aus Theorie I. Ordnung infolge einer in kleinen Schritten voranschreitenden Wanderlastgruppe berechnet werden. Der Punkt, für den sich die ungünstigste Querschnittsbeanspruchung ergibt, wird samt der zugehörigen Position der Wanderlastgruppe als relevant für die dann folgende Strukturberechnung nach Wölbkrafttorsionstheorie II. Ordnung betrachtet.

Diese Vorgehensweise hat sich bewährt, obwohl natürlich die ungünstigste Lastposition nach Theorie II. Ordnung nicht exakt deckungsgleich mit der Lastposition nach Theorie I. Ordnung sein muss.

Fehlerquellen bei der Anwendung von Computerprogrammen

Bei der Berechnung von Kranbahnträgern mit EDV-Programmen gibt es vielfältige Fehlerquellen. Allgemeine Fehler bei Stabwerksberechnungen werden in [Wer20], Abs. 3.8 beschrieben. Bei der Berechnung von Kranbahnträgern können typischerweise folgende Fehler auftreten:

Abb. 10.25: Für das Auflager im Bild links ist die Annahme einer Gabellagerung nicht gerechtfertigt. Das Auflager im Bild rechts wirkt wegen der ergänzten Steife als Gabellager.

a) Bedienungsfehler und Modellierungsfehler

- Einwirkungen werden nicht in ungünstigster Wirkungsrichtung kombiniert: Die Richtungen von Horizontalkräften, Torsionsmomenten und Vorverformungen (Imperfektionen) sind so zu wählen, dass ein möglichst ungünstiger Beanspruchungszustand entsteht. Wenn das Programm diese Aufgabe nicht automatisch erledigt, müssen ggf. verschiedene Rechnungen ausgeführt und die Ergebnisse miteinander verglichen werden, um den ungünstigsten Fall zu treffen.
- Die ungünstigste Radlastposition des Krans wird nicht gefunden, weil die Angaben von Start- oder Endpunkt der Wanderlastgruppe zu eng gefasst sind oder das Kriterium für die Bewertung der Lastpositionen nicht richtig eingestellt ist.
- Die Torsionslast $M_T = H \cdot e$, die aus der Wirkung der Horizontallasten an der Schienenoberkante entsteht, wird nicht auf den richtigen Punkt bezogen berechnet und in das Programm eingegeben. Meistens – aber eben nicht immer – ist M_T auf den Schubmittelpunkt (M) bezogen anzugeben.
- Die Höhe e_z des Lastangriffs der vertikalen Radlast wird nicht richtig angegeben: Es wird das falsche Vorzeichen oder ein falscher Bezugspunkt gewählt. Als Bezugspunkt ist oft der Schubmittelpunkt zu verwenden, in manchen Programmen – wie z. B. BTII [Nem16] – aber auch die Stegmitte.
- Die in den Berechnungen steckenden Annahmen z.B. bezüglich der Auflagerung entsprechen nicht der gewählten Konstruktion. Dabei ist besonders auf die Realisierung der Gabellagerung in den Auflagerbereichen zu achten. Während beispielsweise für die in Abb. 10.25 links dargestellte Konstruktion die Annahme einer Gabellagerung nicht gerechtfertigt wäre, wirkt die rechts dargestellte Auflagerung als Gabellager.

b) Fehler in vollautomatischen Programmen, die den kompletten Kranbahnnachweis nach Eurocode erbringen

Potentielle Fehler können sein:

- Die Einwirkungen aus Kranbetrieb nach DIN EN 1991-3 werden nicht korrekt oder nicht in ungünstigster Kombination berücksichtigt. (Beispiel: Beim Ermüdungsnachweis der

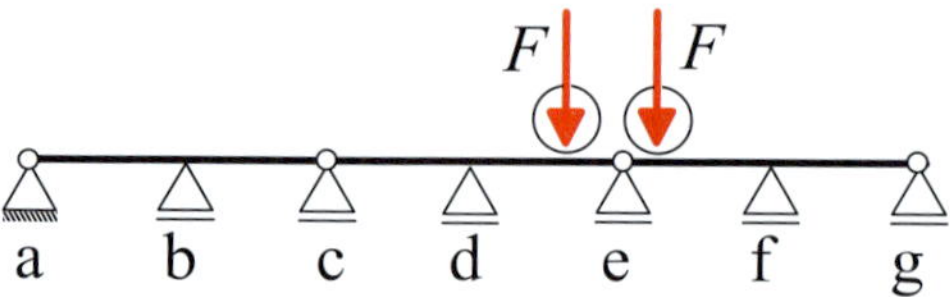

Abb. 10.26: Kranbahn über sechs Felder mit unterschiedlichen Auflagersituationen

Schienenschweißnaht für eine Kranbahn ab BK S_3 wird die vertikale Radlast nicht exzentrisch wirkend berücksichtigt.)

- Nachweise werden nicht normgerecht oder nicht vollständig ausgeführt.

10.8 Wirkung der Lasten aus Kranbetrieb auf Hallenbinder

Welche Lasten aus Kranbetrieb führen zu den maßgebenden Auflagerlasten für die Bemessung der Unterstützungskonstruktionen wie z. B. Kranstützen oder Hallenbinder?

Abb. 10.26 zeigt einen Kranbahnträger mit drei unterschiedlichen Auflagersituationen:

- Mittelauflager eines Mehrfeldträgers (Auflager b, d und f) weisen größere Auflagerlasten auf als seine Endauflager (a, c , e, g).
- Endauflager zweier Mehrfeldträger (Auflager c und e). Beide aufliegenden Mehrfeldträger tragen zur Stützenbeanspruchung bei.
- Äußeres Endauflager eines Mehrfeldträgers (Auflager a und g). Sie weisen geringere maximale Auflagerlasten auf als die Auflager c und e.

Die Schwingbeiwerte φ_i dürfen bei Unterstützungs- und Aufhängungskonstruktionen von Kranbahnen um $\Delta\varphi = 0,1$, jedoch maximal bis auf $\varphi_i = 1,0$ abgemindert werden, siehe Abs. 8.3.2. Die Bemessung der Gründungen darf ohne Ansatz von Schwingbeiwerten erfolgen.

Beispiel 10-6: Vertikale Auflagerkräfte aus einer zweifeldrigen Kranbahn

Gegeben: (Fortführung Beispiel 10-3)

- Drei zweifeldrige Kranbahnträger HC2 / S_2 analog zu Abb. 10.26, $l = 12,5$ m
- LG 1: Radlastgruppe mit Schwingbeiwerten (zur Bemessung der Unterstützungskonstruktionen um 0,1 reduziert [3-6NA/2.3.1]):
  $F_1 = F_2 = 154$ kN; $a = 4,2$ m

Gesucht: Vertikale Auflagerlasten zur Bemessung der Unterstützungskonstruktionen mit Lastgruppe (LG) 1 nach Tab. 8.2 und Eigengewicht Kranbahn.

1. Vorwerte:
   Vorwerte $\alpha = a/l = 4,2/12,5 = 0,336$
2. Tafelwerte aus Tab. 10.2 ablesen und interpolieren
   $\gamma_A = 1,590$ und $\gamma_B = 1,919$
3. Charakteristische Auflagerkräfte aus Radlasten

$$A_R = \gamma_A \cdot F_1 = 1,590 \cdot 154 = 244,9 \text{ kN (Endauflager)}$$

$$B_R = \gamma_B \cdot F_1 = 1,919 \cdot 154 = 295,5 \text{ kN (Mittelauflager)}$$

4. Charakteristische Auflagerkräfte aus Eigengewicht

$$A_g = 0,375 \cdot g \cdot l = 0,375 \cdot 3,5 \cdot 12,5 = 16,4 \text{ kN (Endauflager)}$$

$$B_g = 1,25 \cdot g \cdot l = 1,25 \cdot 3,5 \cdot 12,5 = 54,7 \text{ kN} \quad \text{(Mittelauflager)}$$

5. Auflagerkräfte (Bemessungswerte mit LG 1) für die Auflagersituationen
   (a) Mittelauflager (F_1 und F_2 stehen links und rechts des Mittelauflagers):
   $\max B_{Ed} = 1,35 \cdot B_g + 1,35 \cdot B_R = 1,35 \cdot 54,7 + 1,35 \cdot 295,5 = 473$ kN
   (b) Endauflager zweier benachbarter Mehrfeldträger:
   $\max A_{Ed} = 1,35 \cdot A_g + 1,35 \cdot A_R = 1,35 \cdot 16,4 \cdot 2 + 1,35 \cdot 244,9 = 375$ kN
   (c) Endauflager am Trägerende (F_1 steht genau über dem Randauflager)
   $\max A_{Ed} = 1,35 \cdot A_g + 1,35 \cdot A_R = 1,35 \cdot 16,4 + 1,35 \cdot 244,9 = 353$ kN

Ergebnisse aus Bsp. 10-6: Die jeweils maximalen vertikalen Auflagerkräfte von zweifeldrigen Kranbahnträgern an Mittelauflagern und an Endauflagern unterscheiden sich stark (25 %). Die Binder bzw. Kranstützen der Halle werden deshalb bei zweifeldrigen Kranbahnträgern deutlich unterschiedlich beansprucht. Dies lässt sich durch die Auswahl eines anderen statischen Systems der Kranbahn verändern: Einfeldrige Systeme wie auch Durchlaufträger führen im Mittelbereich der Halle zu gleichen oder nahezu gleichen Belastungen der Kranstützen.

Beispiel 10-7: Maßgebende Kranlasten für einen Hallenbinder (Zweigelenkrahmen)

Die Binder einer Kranhalle werden durch die vertikalen Lasten F aus Kranbetrieb, durch Schräglaufkräfte ($S - H_S$) und durch Masselasten H_T aus Beschleunigen/Bremsen der Kranbrücke beansprucht. Außerdem werden sie durch das Eigengewicht des Hallendachs, durch Schnee- und Windlasten belastet. Aus all diesen Lasten sind Einwirkungskombinationen (EK) zu bilden. Welche Kombination mit den Lasten aus Kranbetrieb ist für einen Hallenbinder dimensionierend? Das wird in diesem Beispiel untersucht.

Gegeben: Ein Hallenbinder (Zweigelenkrahmen, Abb. 10.27) wird durch Eigengewicht, Wind, Schnee und Kranbetrieb beansprucht. Die charakteristischen Windlasten auf den Binder sind $w_{Druck} = 2,4$ kN/m auf der Druck- und $w_{Sog} = 1,5$ kN/m auf der Sogseite. Die Summe der vertikalen charakteristischen Riegellasten aus Eigengewicht, Schnee und Wind ist $q = 8$ kN/m. Die Riegelsteifigkeit beträgt das 1,4-Fache der Stützensteifigkeit. Auf den Konsolen des untersuchten Hallenbinders liegen die Enden von zwei 6,0 m langen, einfeldrigen Kranbahnträgern ($g_{Kb} = 1,67$ kN/m) auf. Der zweiachsige 20-t-Brückenkran HC2 / S_2 mit beidseitiger Seitenführung über Spurkränze weist folgende Merkmale auf:

- Spurmittenmaß $s = 19$ m, Radstand $a = 3,0$ m
- Als vertikale Radlasten für Lastgruppen 1 und 5 (Tab. 8.2) werden vereinfachend die größeren Werte der LG 1 angenommen:
  $F_{1,max} = F_{2,max} = 150$ kN
  $F_{1,min} = F_{2,min} = 34,2$ kN

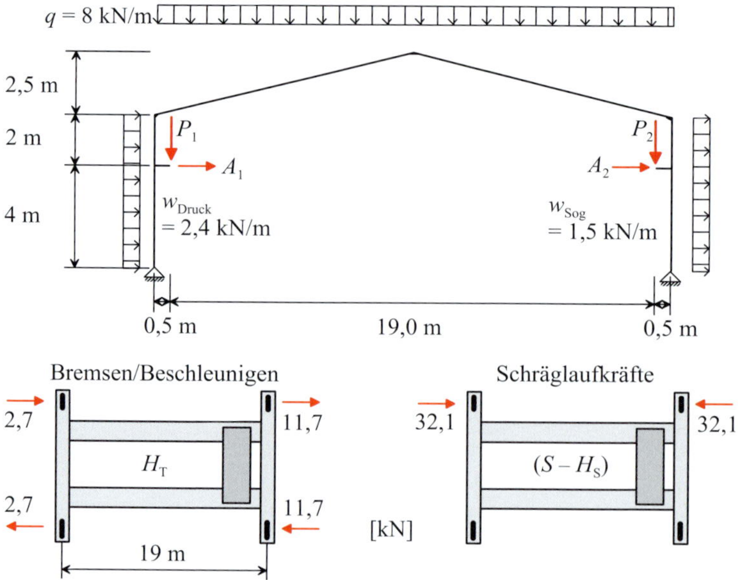

Abb. 10.27: Hallenbinder; Aufsicht auf die Kranbrücke; charakteristische Lasten für Bsp. 10-7. Die Lasten H_T und $(S - H_\mathrm{S})$ sind in als positiv angenommener Wirkungsrichtung angegeben. Sie könnten genauso in entgegengesetzter Richtung wirken.

- Lasten aus Bremsen/Beschleunigen H_T für LG 1 und Schräglaufkräfte $(S - H_\mathrm{S})$ für LG 5 sind in Abb. 10.27 unten in als positiv angenommener Wirkungsrichtung angegeben.

Gesucht sind (a) die Auflagerlasten aus Kranbetrieb auf den Hallenbinder und (b) die maximalen Biegemomente in Riegel und Stützen aus der Einwirkungskombination Eigengewicht, Schnee, Wind und Kranbetrieb.

a) Charakteristische Auflagerlasten aus Kranbetrieb auf die Hallenbinder

Mit den vertikalen Radlasten F_max, F_min und dem Radabstand a ergeben sich die maximalen vertikalen Auflagerreaktionen aus Kranbetrieb P_1 und P_2 der einfeldrigen Kranbahnträger (Spannweite $l = 6$ m) auf eine Konsole im Halleninneren zu

$$P_1 = (1 + (l - a)/l) \cdot F_\mathrm{min} = (1 + (6 - 3)/6) \cdot 34,2 \text{ kN} = 51,3 \text{ kN}$$
$$P_2 = (1 + (l - a)/l) \cdot F_\mathrm{max} = (1 + (6 - 3)/6) \cdot 150 \text{ kN} = 225,0 \text{ kN}$$

Die vertikalen Auflagerkräfte aus Kranbahnträger-Eigengewicht ($g_\mathrm{Kb} = 1,67$ kN/m) sind ständige Lasten, sie zählen nicht zu den Lasten aus Kranbetrieb. Sie werden gemeinsam mit dem Eigengewicht des Hallenbinders berücksichtigt:

$$P_{1,\mathrm{g,KrB}} = P_{2,\mathrm{g,KrB}} = l \cdot g_\mathrm{Kb} = 6 \text{ m} \cdot 1,67 \text{ kN/m} = 10,0 \text{ kN}$$

Aus den Kran-Horizontallasten $H_{i,j}$ ($i = 1$ für linke Seite und $i = 2$ für rechte Seite; $j = 1$ für Vorderachse und $j = 2$ für Hinterachse) werden die horizontalen Auflagerreaktionen A_i auf die Kranbahnträger-Konsolen ermittelt (Tab. 10.6).

Tab. 10.6: Bsp. 10-7: Charakteristische Auflagerkräfte aus Kranbetrieb: vertikale Kranlasten F, Masselasten H_T, Schräglaufkräfte $(S - H_S)$

LG	Katz-position	Lasten aus Kranbetrieb	P_1 (links) [kN]	A_1 *) (links) [kN]	P_2 (rechts) [kN]	A_2 *) (rechts) [kN]
-		keine	0	0	0	0
(v) **)	re	F	51,3	0	225	0
LG 1	re	H_T, F_i	51,3	1,4	225	5,9
LG 5	re	$(S-H_s), F$	51,3	32,1	225	-32,1
(v) **)	li	F_i	225	0	51,3	0
LG 1	li	H_T, F	225	5,9	51,3	1,4
LG 5	li	$(S-H_s), F$	225	32,1	51,3	-32,1

*) Nach rechts wirkende Kräfte sind positiv angegeben.
**) (v): nur vertikale Radlasten; ohne Kranbahngewicht

Tab. 10.7: Bsp. 10-7: Schnittgrößen für den Zweigelenkrahmen Abb. 10.27

Kranlast	Katzposition	Belastung: + Eigengewicht Rahmen + Schnee + Wind von links + Eigengewicht Kranb. + Kranlast (Tab. 10.6)	Stütze max M_{Ed} [kNm]	Stütze zug. N_{Ed} [kN]	Riegel max M_{Ed} [kNm]	Stütze max M_{Ed} [kNm]	Stütze zug. N_{Ed} [kN]	Riegel max M_{Ed} [kNm]
			Horizontallasten $\cdot(+1)$			Horizontallasten $\cdot(-1)$		
-	-	ohne Kranbetrieb	-326	-126	152			
(v)	re	F	-281	-424	135			
1	re	H_T, F	-306	-426	137	-291	-194	137
5	re	$(S-H_s), F$	-249	-192	109	-355	-424	166
(v)	li	F	-281	-201	135			
1	li	H_T, F	-386	-203	158	-350	-199	151
5*)	li	$(S-H_s), F$	-343	-201	-134	-392	-201	179

*) Biegemomentenverlauf siehe Abb. 10.28

Die vordere Achse steht über dem Auflager. Es gilt:

$$A_i = \pm(H_{i,1} + (l-a)/l \cdot H_{i,2}) = \pm(H_{i,1} + (6\text{ m} - 3\text{ m})/6\text{ m} \cdot H_{i,2}) = \pm(H_{i,1} + H_{i,1}/2)$$

Mit den vertikalen und horizontalen Lasten aus Kranbetrieb lassen sich aus den Lastgruppen LG 1 und 5 die in Tab. 10.6 angegebenen 7 Kraftgruppen bilden. Auch die Situationen "keine Lasten aus Kranbetrieb" und "nur vertikale Lasten aus Kranbetrieb" – bezeichnet mit (v) – sind darin berücksichtigt.

b) Biegemomente im Hallenbinder Als Grundkombinationen „Ständige Lasten und alle ungünstigen veränderlichen Lasten" wurden Einwirkungskombinationen (EK) aus Eigengewicht (Rahmen und Kranbahn), Schnee, Wind und Lasten aus Kranbetrieb gebildet. Horizontallasten können auch in entgegengesetzte Richtungen wirken. So entstehen unter Berücksichtigung der Katzstellungen rechts und links 11 zu untersuchende EK. Die Schnittgrößen wurden berechnet und in Tab. 10.7 angegeben. Für dieses Beispiel gilt:

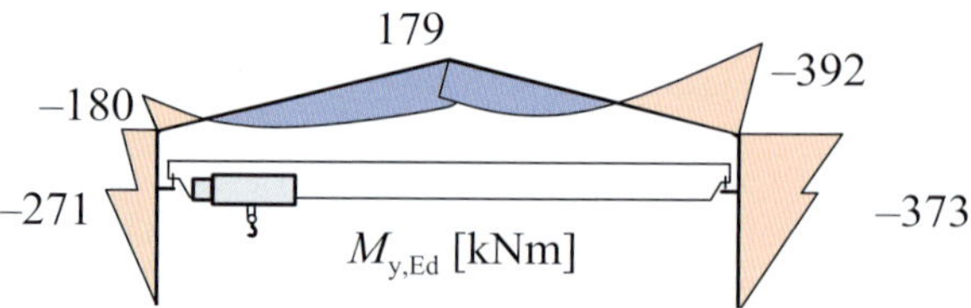

Abb. 10.28: Bsp. 10-7: Relevanter Biegemomentenverlauf $M_{y,Ed}$ (Zweigelenkrahmen, EK 5, Katzposition links, Horizontalkräfte mit (–1) multipliziert)

Abb. 10.29: Alternatives System: Hallenbinder mit eingespannter Stütze und Pendelstab

- Maßgebend für die Bemessung von Stützen und Riegeln ist die Kombination mit vertikalen Kranlasten und den Schräglaufkräften (EK mit LG 5).
- Das größte Biegemoment für eine Stütze ergibt sich, wenn die Schräglaufkräfte an der Windsogseite gleichgerichtet mit dem Windsog wirken und die Krankatze auf der Winddruckseite steht, siehe Abb. 10.28.
- Je nach Katzposition und Wirkungsrichtung der Horizontallasten schwankt das maximale Biegemoment in einer Stütze zwischen –249 kNm (EK mit LG 5, Katzposition rechts, $+H$) und –392 kNm (EK mit LG 5, Katzposition links, $-H$).
- Die größten Stützenbiegemomente in der EK mit LG 5, Katzposition links, $-H$, fallen mit den geringeren Stützennormalkräften zusammen und die größten Stützennormalkräfte mit den kleineren Biegemomenten. Bei der Bemessung sind daher beide Fälle zu untersuchen.

c) Wie wirkt sich die Veränderung des statischen Systems des Hallenbinders aus? Der Zweigelenkrahmen wurde durch einen Rahmen mit eingespannter Stütze und Pendelstab (Abb. 10.29) bei sonst gleicher Geometrie und gleichen Lasten ersetzt:

- Für die linke, eingespannte Stütze ist die EK mit LG 1, Katzposition links und Masselasten aus Anfahren/Bremsen maßgebend. Während für die Stützen des Zweigelenkrahmens (Abb. 10.28) die EK mit LG 5 und den Schräglaufkräften bemessend war, ist der Ansatz der Schräglaufkräfte für die eingespannte Stütze hier nicht dimensionierend.
- Der Riegel wird durch die EK mit LG 5, Katzposition links (Schräglaufkräfte an der linken Stütze nach links wirkend) bestimmt.
- Die Pendelstütze wird durch die EK mit LG 5, Katzposition rechts (Schräglaufkräfte an der linken Stütze nach rechts wirkend) bestimmt.
- Wegen der unsymmetrischen Hallenkonstruktion ist nun auch die Windrichtung von rechts zu untersuchen.

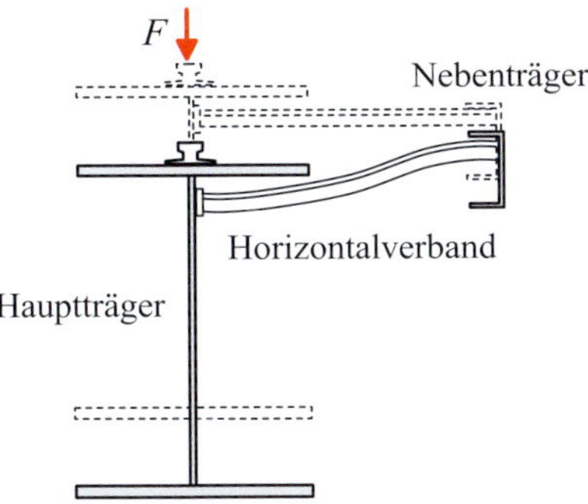

Abb. 10.30: Der Nebenträger der Kranbahn kann sich der Mitwirkung entziehen

d) Erkenntnisse aus Beispiel 10-7

- Schon bei einem einzelnen, zweiachsigen Kran mit beidseitiger Spurführung gibt es 10 verschiedene Kranlastkombinationen, die in die Berechnung des Hallenbinders einbezogen werden müssen. Die Zahl der Kombinationen wird noch größer, wenn der Kran nur einseitig durch Spurführungsrollen geführt ist.
- Es ist nicht von vornherein erkennbar, welche der 10 Kombinationen für welches Bauteil des Hallenbinders schließlich bemessungswirksam wird.
- Bei der Bemessung des Hallenbinders sollte sorgfältig darauf geachtet werden, dass alle möglichen Kombinationen auch in der Berechnung berücksichtigt werden.
- Die Komplexität der zu untersuchenden Lastkombinationen nimmt weiter zu, wenn das statische System des Hallenbinders unsymmetrisch ist.

10.9 Berechnung von Trägern mit Horizontalverband

Kranbahnträger können zur Abtragung großer Horizontallasten durch einen Horizontalverband ausgesteift werden, siehe Abschnitt 4.8. Wegen der hervorragenden horizontalen Steifigkeit solcher Kranbahnträger sind die Verformungen und damit die Effekte aus Theorie II. Ordnung meist eher gering.

Infolge der vertikale Radlasten verformt sich der Nebenträger nicht zusammen mit dem Hauptträger (Abb. 10.30), wenn er nicht mit Diagonalen ausgesteift wird, wie sie z.B. in Abb. 10.31 links eingezeichnet sind. Die gesamte Kranbahn, bestehend aus Haupt-, Nebenträger und Horizontalverband wirkt dann nicht als ein einziger Balkenquerschnitt im Sinne der Balkentheorie und kann auch nicht so berechnet werden.

Für Kranbahnen mit Horizontalverband kommen verschiedene Berechnungsverfahren in Frage:

a) Tragwirkungssplitting (einfach, aber ungenau) (Abb. 10.31 und Abb. 10.32)

Der Hauptträger (Abb. 10.31 Mitte, rot) übernimmt die Hauptbiegung M_y aus den vertikalen Kranlasten. Das horizontale Tragsystem (Abb. 10.31 rechts, blau), bestehend aus dem Nebenträger und dem Obergurt des Hauptträgers mit einem dazwischenliegenden Fachwerkverband, übernimmt die Querbiegung M_z aus den horizontalen Kranlasten und trägt sein Eigengewicht

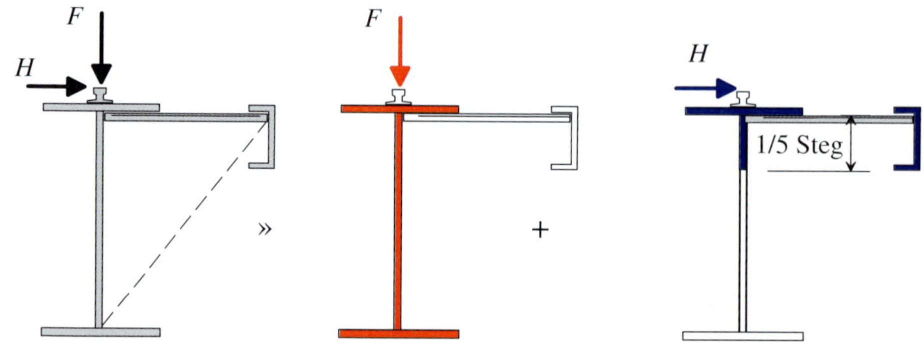

Abb. 10.31: Tragwirkungssplitting bei einem Kranbahnträger mit Horizontalverband

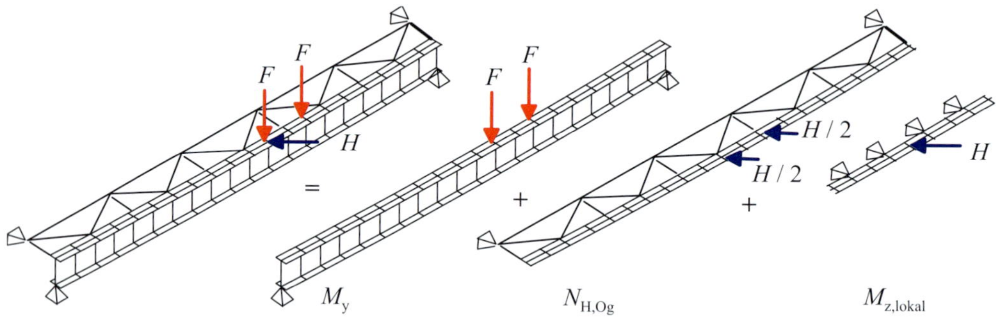

Abb. 10.32: Zerlegung der Beanspruchung beim Kranbahnträger mit Horizontalverband

und ggf. vorhandene Laufsteglasten ab. Im Obergurt des Hauptträgers addieren sich die Spannungen aus der Biegung M_y des Hauptträgers, aus der Gurtnormalkraft $N_{H,Og}$ des horizontalen Fachwerkträgers und der lokalen Biegung $M_{z,lokal}$ des Obergurts zwischen den Fachwerkknoten, siehe Abb 10.32. Die Spannungen können nach Gl. 10.44 berechnet werden.

$$\sigma_x = \frac{N_{H,Og}}{A_{Og}} + \frac{M_y}{W_{y,el,\,Hauptträger}} + \frac{M_{z,\,lokal}}{W_{z,el,Og}} \qquad (10.44)$$

Das Tragwirkungssplitting kann bei Kranbahnträgern mit Horizontalträger nur angewendet werden, wenn sich im Feldbereich wie in Abb. 10.30 dargestellt der Nebenträger nicht an der Abtragung der vertikalen Last beteiligt. Diese Voraussetzung ist dann erfüllt, wenn der Träger nicht kastenartig ausgebaut ist (Abb. 10.34) und wenn Schrägstäbe wie in Abb. 10.31 links gestrichelt dargestellt nur an den Auflagern, nicht aber im Feld montiert sind.

b) Ersatz des Horizontalträgers durch Federn oder feste Auflager (nicht empfehlenswert)

Zuweilen wird bei statischen Berechnungen von Kranbahnträgern mit Horizontalverband der Hauptträger als an den Angriffspunkten der Füllstäbe des Horizontalverbandes horizontal auf Auflagerfedern elastisch gelagert angesehen (Abb. 10.33 a und b). Mit den Auflagerfedern soll das nachgiebige Tragverhalten des Horizontalträgers simuliert werden. Die auf den ersten Blick einleuchtende Methode führt nicht zu zutreffenden Ergebnissen: Die Federsteifigkeiten C_i an den Auflagerpunkten müssten so bestimmt werden, dass sich für das federgestützte System die

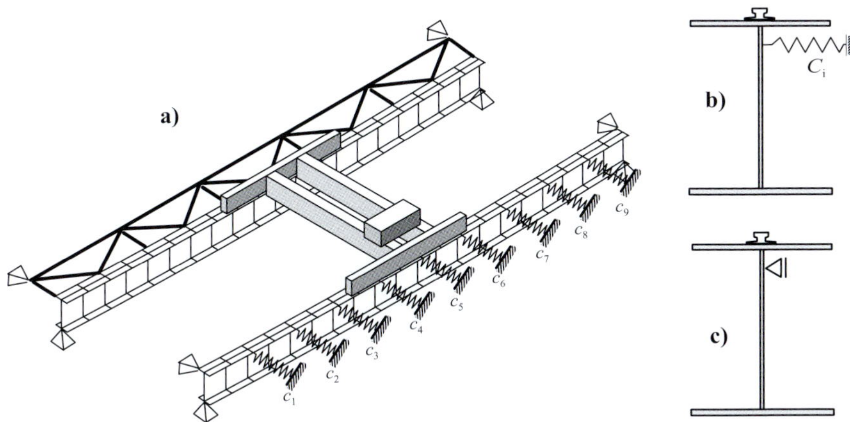

Abb. 10.33: Nicht sinnvoll: Ersatz des horizontalen Fachwerks (a, linker Träger) durch Auflagerfedern (a, rechter Träger; b) oder durch feste Auflager (c)

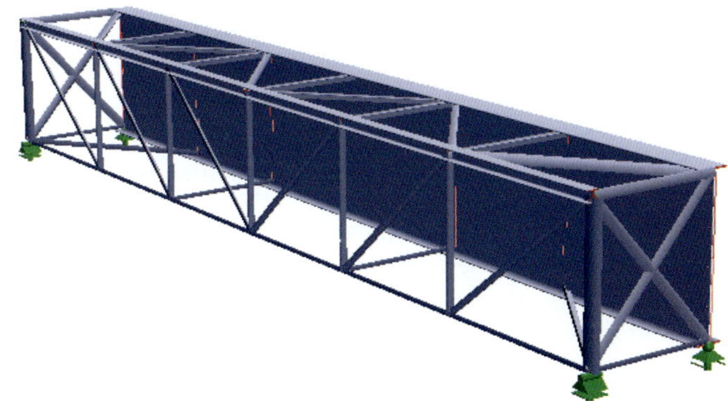

Abb. 10.34: Kranbahnträger mit Nebenträger als RStab – Stabwerksmodell [Ing16c]. Mit der körperhaften Darstellung der Stabelemente kann überprüft werden, ob die exzentrischen Stabanschlüsse korrekt modelliert wurden.

gleiche Biegelinie ergibt wie für den kompletten Kranbahnträger inklusive Horizontalträger. Das ist jedoch nicht allgemein für verschiedene Lastfälle möglich, da die Federsteifigkeiten C_i stark von der Position der Radlasten abhängen [Blu05]. Setzt man statt der elastischen Federn feste, einwertige Auflager an (Abb. 10.33 c), wird die Berechnung des Kranbahnträgers sehr einfach. Die Ergebnisse liegen allerdings auf der unsicheren Seite, weil die Horizontalbiegung unberücksichtigt bleibt.

c) Modellierung als räumliches Stabwerk (empfehlenswert)

Die Modellierung des Kranbahnträgers samt Horizontalverband als räumliches Stabwerk stellt meist eine geeignete und genaue Berechnungsmöglichkeit dar (siehe Abb. 10.34). Um brauchbare Ergebnisse zu erzielen, müssen die exzentrischen Stabanschlüsse (z.B. Anschluss der horizontalen Füllstäbe an den Obergurt oder Steg des Hauptträgers) korrekt modelliert werden.

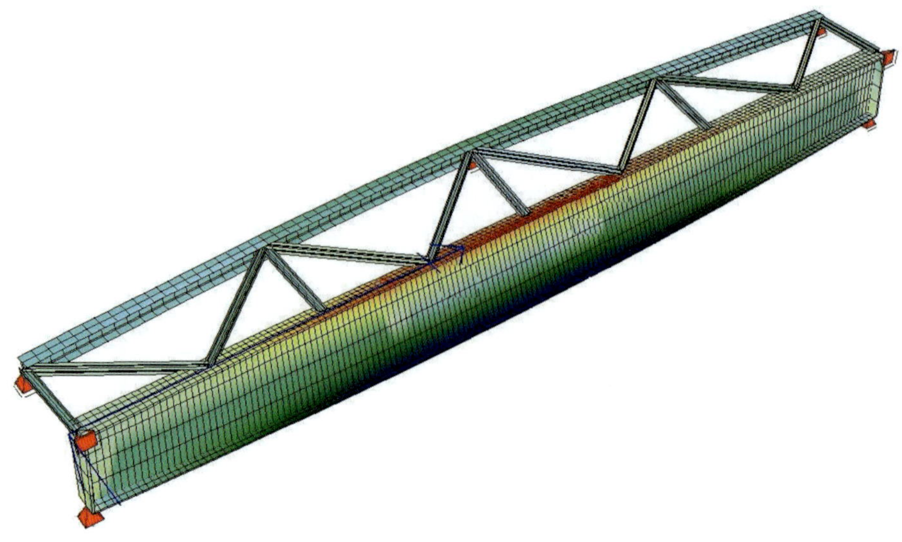

Abb. 10.35: Aufwändig, aber genau: Hauptträger mit Schalenelementen, Horizontalträger mit Stabelementen modelliert [Blu05]

d) Modellierung mit Schalenelementen (in den meisten Fällen zu aufwändig)

Nur in sehr komplexen Fällen, in denen es auf eine äußerst genaue Erfassung der Beanspruchungen ankommt, kann es sinnvoll sein, den Hauptträger mit Schalenelementen abzubilden und den Horizontalverband aus Stäben zusammenzusetzen (Abb. 10.35). Diese Vorgehensweise ist aufwändig und nur im Ausnahmefall erforderlich.

10.10 Berechnung dünnwandiger Kastenträger

Kranbahnträger können – wie Kranbrücken – als Kastenträger ausgebildet werden, siehe Abschnitt 4.9. Für Kranbahnträger ist diese Querschnittsform i. d. R. nur bei sehr hohen Radlasten und/oder großen Kranbahn-Spannweiten wirtschaftlich sinnvoll. Kastenträger sind sehr torsionssteif und damit kippstabil, aber teuer in der Fertigung. Wegen der hervorragenden seitlichen Stabilität solcher Kranbahnträger sind die Verformungen und damit die Effekte aus Theorie II. Ordnung meist eher gering.

Da die Schiene nicht in der Mitte des Obergurts, sondern über einem der Stege montiert ist (Abb. 10.36), wird der Träger grundsätzlich durch Torsionsmomente beansprucht. Die Querschnittsform des Kastens soll trotz dieser Belastung erhalten bleiben. Deshalb sind Querschotten in regelmäßigen Abständen, mindestens in den Drittelspunkten der Spannweite, erforderlich. Abb. 10.37 zeigt das Verformungsverhalten von Kastenträgern mit und ohne Querschotte.

10.10.1 Berechnung von Kastenträgern nach Schindler

Das auf Schindler [Sch59] zurückgehende Berechnungsmodell (Abb. 10.38) geht davon aus, dass eine zwischen zwei Schotten stehende Last zunächst von einem lokalen System, dem Zwi-

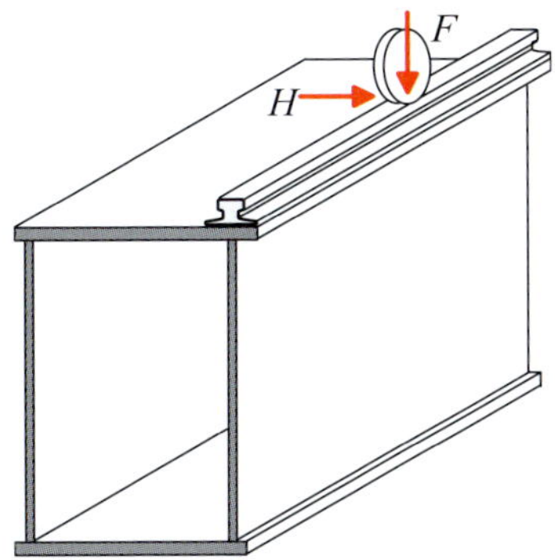

Abb. 10.36: Exzentrisch belasteter Kranbahnträger mit Kastenquerschnitt

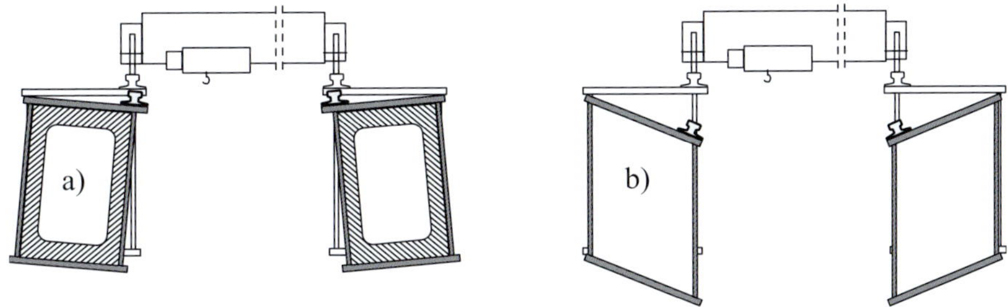

Abb. 10.37: Verformungen von Kastenträgern a) mit Querschott und b) ohne Querschotte

schenträger, aufgenommen wird, dessen Stützweite gleich dem Schottenabstand l_1 ist und dessen Querschnitt aus dem Blech des belasteten Stegs und einer mitwirkenden Breite der Flansche besteht.

Als mitwirkende Breite der Flansche kann $b/6$ angesetzt werden [War99]. Eine schubfest angebrachte Schiene kann ebenfalls berücksichtigt werden.

Das Lokalsystem (Flächenträgheitsmoment $I_{\mathrm{y,Ls}}$, Schwerpunktskoordinate z_{Ls}; Index Ls) kann auf der sicheren Seite liegend als beidseitig gelenkig gelagerter Einfeldträger aufgefasst werden: es ergibt sich das Moment:

$$M_{\mathrm{y,Ls}} = F \cdot l_1/4 \qquad (10.45)$$

Die Berechnung der globalen Hauptbiegung M_{y} sollte dann unter der Annahme erfolgen, dass jeweils die halbe Radlast an den beiden benachbarten Querschotten eingeleitet wird und der gesamte Kastenträger an der Lastabtragung beteiligt ist (Flächenträgheitsmoment I_{y}, Schwerpunktskoordinate z).

Damit ergibt sich als Summe der Normalspannungen aus globaler und lokaler Hauptbiegung:

$$\sigma_{\mathrm{x}} = \frac{M_{\mathrm{y}} \cdot z}{I_{\mathrm{y}}} + \frac{M_{\mathrm{y,Ls}} \cdot z_{\mathrm{Ls}}}{I_{\mathrm{y,Ls}}} \qquad (10.46)$$

Für die Spannungsberechnung aus der Nebenbiegung M_{z} wird analog verfahren.

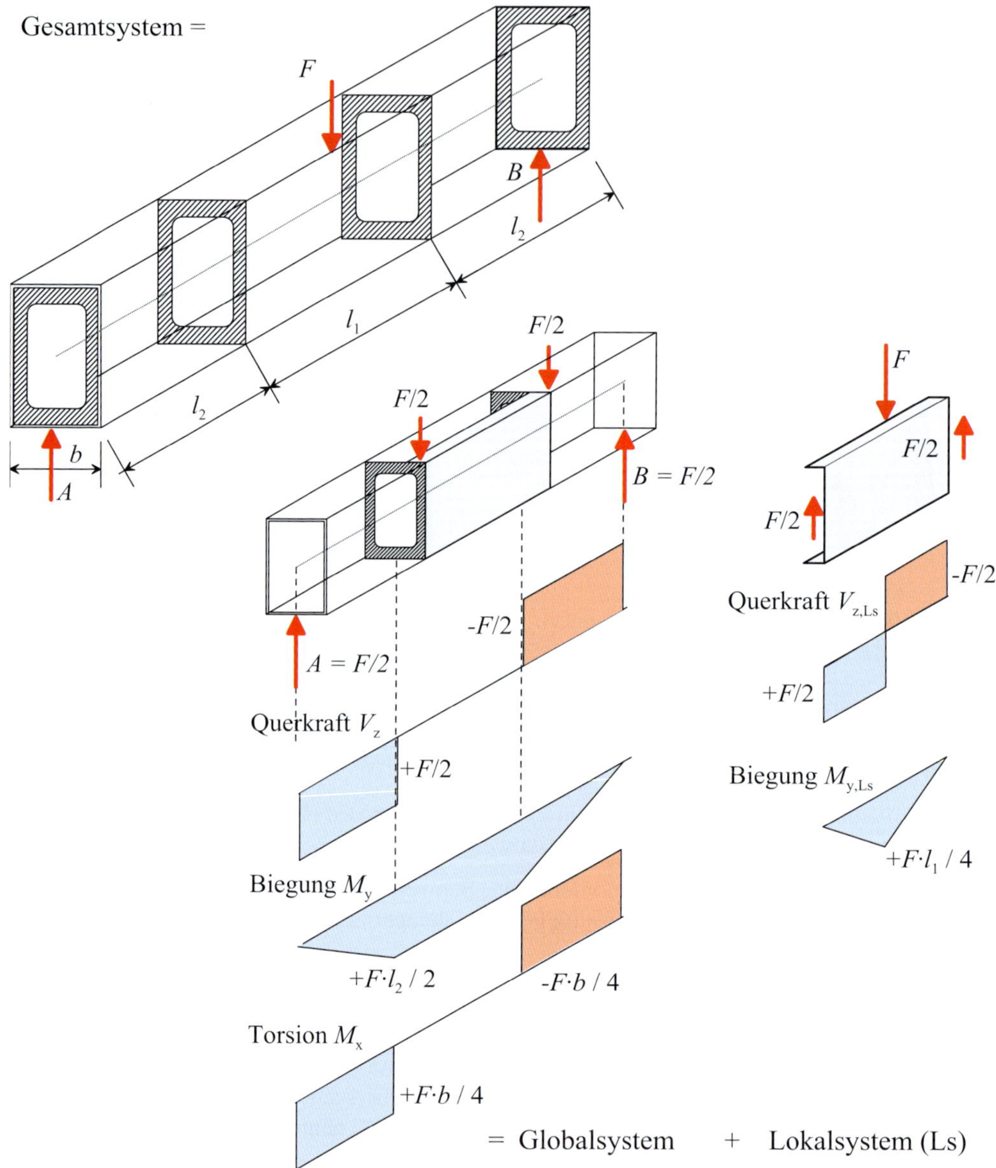

Abb. 10.38: Berechnungsmodell für einen exzentrisch beanspruchten Kastenträger [Sch59]

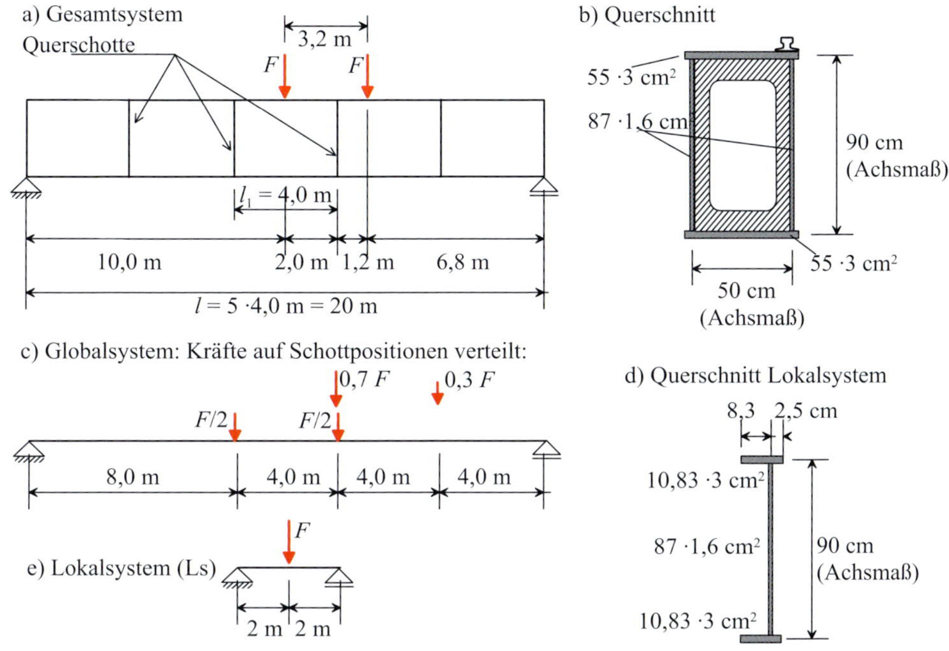

Abb. 10.39: Beispiel 10-8: Kranbahnträger als Kastenprofil mit maßgebender Laststellung; Globales System mit aufgeteilter Radlast und lokaler Träger samt Querschnitt

Mit diesem für die Handrechnung geeigneten, einfachen Rechenmodell lassen sich die Spannungen überschlägig und auf der sicheren Seite liegend berechnen. Natürlich gibt es für diesen Zweck genauere, aber eben auch komplexere Rechenverfahren, siehe [War99], Abs. 5.2.3.11.

Beispiel 10-8: Spannungsberechnung für einen Kastenträger

Gegeben: Einfeldriger Kranbahnträger nach Abb. 10.39; Spannweite $l = 20$ m

- Doppeltsymmetrischer Kastenträger, $I_y = 843\,851$ cm^4
- Lasteinleitung über dem rechten Steg
- Querschotte in den 1/5-Punkten, Quersteifenabstand: $l_1 = 4$ m
- Vertikale Radlasten $F_1 = F_2 = 150$ kN; Abstand 3,2 m

Gesucht: max σ_x aus vertikalen Radlasten für die angegebene Lastposition

(a) Berechnung des Globalsystems, die Radlasten werden auf die Stellen mit Querschotten aufgeteilt, siehe Abb. 10.39 c)

  - Auflagerkraft links $A = F/2 + F \cdot 6,8/20 = 126$ kN
  - Moment in Trägermitte: $M_y = A \cdot l/2 - F/2 \cdot 2 = 126 \cdot 20/2 - 75 \cdot 2 = 1\,110$ kNm
  - Die Zugspannungen an der Trägerunterseite betragen $\sigma_{x,glob} = 111\,000/18\,147 = 6,1$ kN/cm^2

(b) Berechnung des lokalen Trägers

- Querschnitt mit mittragenden Gurtbreiten $b/6 = 50/6 = 8,3$ cm (Abb. 10.39 d)
- $I_{y,Ls} = (87^3 \cdot 1,6)/12 + 2 \cdot (10,8 \cdot 3) \cdot 45^2 = 219421$ cm^4
- $W_{y,Ls} = I_{y,Ls}/46,5 = 4719$ cm^3
- Moment in Trägermitte: $M_{y,Ls} = (F \cdot l_1)/4 = (150 \cdot 4)/4 = 150$ kNm
- Spannungen an der Trägerunterseite: $\sigma_{x,lok} = M_{y,Ls}/W_{y,Ls} = 15000/4719 = 3,2$ kN/cm^2

(c) Überlagerung globale und lokale Tragwirkung

- Maximale Zugspannungen am Untergurt unter der Radlast:
  $\sigma_x = \sigma_{x,glob} + \sigma_{x,lok} = 6,1 + 3,2 = 9,4$ kN/cm^2
- Wären die Biegespannungen ausschließlich mit den Kräften F_i an ihrem tatsächlichen Wirkungsort x_i am Gesamtsystem unter Vernachlässigung der exzentrischen Lasteinleitung berechnet worden, hätte sich auf der unsicheren Seite $\sigma_x = 7,0$ kN/cm^2 ergeben.

Schubmittelpunkt (M)

Die Lage des Schubmittelpunktes M (Abb. 10.40) wird benötigt, um die Torsionsbelastung des Kranbahnträgers zu bestimmen. M liegt grundsätzlich näher am dickeren der beiden Stegbleche. Da der Steg an der Seite der Lasteinleitung i. d. R. nicht dünner ist als der Steg auf der Gegenseite, stellt die Annahme des Schubmittelpunktes in der geometrischen Trägermitte hinsichtlich der Torsionsbeanspruchung also den ungünstigsten Fall dar. Für die Lage des Schubmittelpunktes eines einfachsymmetrischen Kastenprofils (gleiche Flanschdicken) gilt mit $a_1 = t_H/t_N$; $a_2 = t_G/t_N$; $a_3 = b/h$ nach [War99], S. 160:

$$b_H = \frac{b}{2} - b \cdot \left[\frac{a_1 - 1}{2 \cdot (1 + a_1 + 6 \cdot a_2 \cdot a_3)} \cdot \left(\frac{12 \cdot a_2^2 \cdot a_3}{(a_1 + 1) \cdot a_2 + 2 \cdot a_1 \cdot a_3} + 1 \right) \right] \tag{10.47}$$

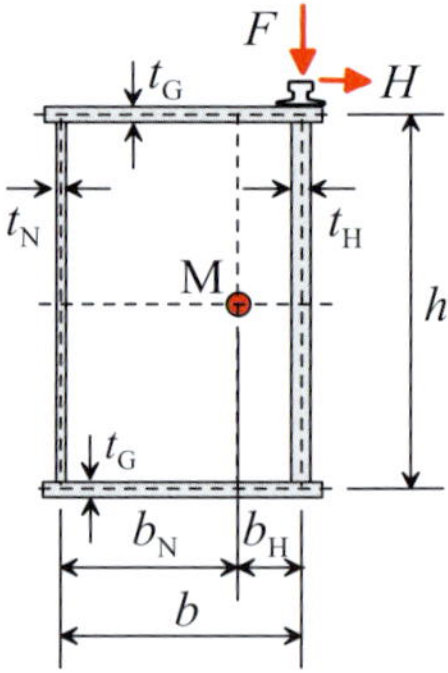

Abb. 10.40: Kastenträger (b, h: Achsmaße; M: Schubmittelpunkt)

10.10.2 Berechnung der Belastung eines Querschottes

Schotte haben die Aufgabe, die exzentrisch angreifenden Radlasten in den Gesamtquerschnitt einzuleiten und die Formtreue des Kastenquerschnitts sicherzustellen.

Der Einfachheit halber wird ein doppeltsymmetrisches Kastenprofil (Schwerpunkt und Schubmittelpunkt in der geometrischen Mitte) betrachtet. Die Beanspruchung des Schottblechs besteht aus der Vertikalkraft P und der Horizontalkraft K (Abb. 10.41 a). Diese beiden Kräfte leiten sich aus den vertikalen und horizontalen Radlasten F und H her; sie entsprechen den Auflagerkräften des lokalen Systems, siehe Abb. 10.38 und Beispiel 10-8.

P und K werden nun in den Schubmittelpunkt verschoben und je zur Hälfte auf die Trägerwände verteilt. Das dabei entstehende Versatzmoment ergibt ein Torsionsmoment M_x im Träger. M_x führt im einzelligen Hohlquerschnitt zu einem konstanten Schubfluss T (Bredt'sche Formel):

$$T = \frac{M_x}{2 \cdot A_M} = \frac{M_x}{2 \cdot b \cdot h} \tag{10.48}$$

Die Schubkräfte (Schubfluss $T \cdot$ Seitenlänge) werden zu den Seitenkräften $P/2$ und $K/2$ addiert. Abb. 10.41 b zeigt u. a. die Reaktionskräfte Y und Z im Kastenquerschnitt; alle eingetragenen Kräfte stehen zusammen im Gleichgewicht.

Daraus werden auf das Schott die Kräfte Y und Z übertragen, siehe Abb. 10.41 c:

$$Z = \frac{P}{4} + K \cdot \frac{h}{4 \cdot b} \quad \text{und} \quad Y = P \cdot \frac{b}{4 \cdot h} + \frac{K}{4} \tag{10.49}$$

Die so errechneten Kräfte können näherungsweise auch dann verwendet werden, wenn der Kastenquerschnitt nicht doppeltsymmetrisch ist. Es wird allerdings vorausgesetzt, dass das Schott an allen vier Seiten mit dem Kasten verschweißt ist.

Stellt man sich ein Schott mit Mannloch als rechteckigen Rahmen vor, so lassen sich aus den Kräften Y und Z Biegemomente und Querkräfte errechnen, mit deren Hilfe das Schott bemessen werden kann.

Beispiel 10-9: Belastung eines Querschotts, Fortsetzung Beispiel 10-8

Gegeben: Einfeldriger Kranbahnträger nach Abb. 10.42

- Kranbahn mit doppeltsymmetrischem Querschnitt und Spannweite $l = 20$ m
- Querschotte in den 1/5-Punkten, Quersteifenabstand: $l_1 = 4$ m

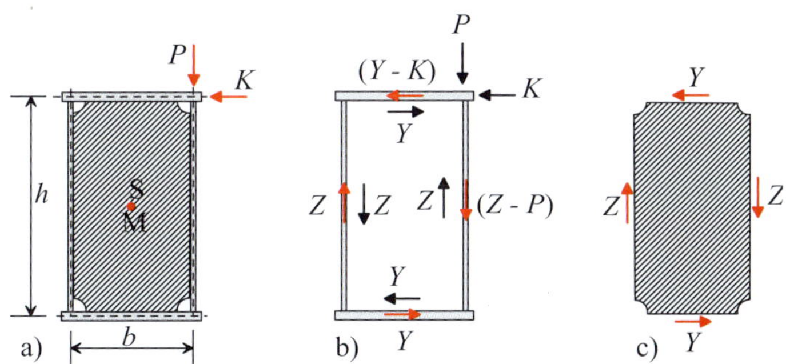

Abb. 10.41: Kräfte im doppeltsymmetrischen Schottquerschnitt a) Belastung, b) Kräfte im Gleichgewicht am geschnittenen System, c) Belastung des Schottblechs

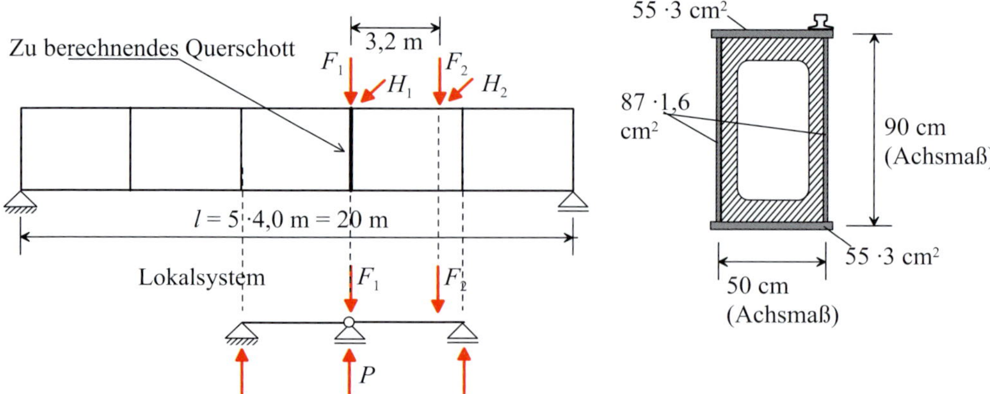

Abb. 10.42: Bsp. 10-9: Kranbahnträger als Kastenprofil mit für die Bemessung des Querschotts relevanter Laststellung

- Zweiachsiger Kran mit vertikalen Radlasten $F_1 = F_2 = 150$ kN (inkl. Schwingbeiwert), Radstand $a = 3,2$ m
- Horizontale Radlasten aus Schräglaufkräften $H_1 = 20$ kN; $H_2 = 0$ kN

Gesucht: Belastung des Schotts, Kräfte Y und Z

Berechnung der Lasten P und K als Auflagerkräfte des lokalen Systems, Abb. 10.42 unten

$$P = F_1 + \frac{F_2 \cdot 0,8}{4} = 180 \text{ kN}$$
$$K = H_1 = 20 \text{ kN}$$

Berechnung der Schottbeanspruchung Y und Z nach Gl. 10.49

$$Z = \frac{P}{4} + K \cdot \frac{h}{4 \cdot b} = \frac{180}{4} + 20 \cdot \frac{90}{4 \cdot 50} = 54,0 \text{ kN}$$
$$Y = P \cdot \frac{b}{4 \cdot h} + \frac{K}{4} = 180 \cdot \frac{50}{4 \cdot 90} + \frac{20}{4} = 30,0 \text{ kN}$$

11 Querschnittsnachweise im Grenzzustand der Tragfähigkeit

11.1 Querschnittsklassen

Jeder Querschnitt wird bezogen auf eine konkrete Beanspruchung (z. B. Biegung M_y oder Normalkraft N) einer von vier Querschnittsklassen (QK) zugeordnet.

Entscheidend für die Einordnung eines Querschnitts ist sein Rotationsvermögen [3-1-1/5.5]. Querschnitte der Klasse 1 weisen ein hohes Rotationsvermögen auf (d. h.: Fließgelenke können sich ausgeprägt ausbilden); Querschnitte der Klasse 4 weisen kein Rotationsvermögen auf, da sie schon unterhalb der Fließgrenze infolge Beulen versagen und sich daher kein Fließgelenk ausbilden kann. Die Einordnung eines Querschnitts in eine Querschnittsklasse hängt nicht nur von dessen Geometrie ab, sondern auch von der Spannungsverteilung im Querschnitt, also von den Schnittgrößen. Ein und derselbe Querschnitt kann bei reiner Biegung M_y einer anderen Querschnittsklasse zugehören als bei reiner Normalkraftbeanspruchung N.

Von der Querschnittsklasse hängt ab, welche Tragfähigkeiten unterstellt werden dürfen.

- Querschnitte der Klasse 4 (schlanke Querschnitte) werden nicht als Kranbahnträger eingesetzt, da dies schon aus Ermüdungsgründen für die druckbeanspruchten, beulgefährdeten Bleche nicht sinnvoll wäre. Auf Querschnitte der QK 4 braucht daher im Folgenden nicht eingegangen werden.
- Bei Querschnitten der Klasse 3 (semi-kompakte Querschnitte) darf die elastische Grenztragfähigkeit voll ausgeschöpft werden. Plastische Querschnitts- oder Systemreserven stehen dagegen nicht zur Verfügung, da der Querschnitt vor Erreichen der vollen Plastizierung versagen würde.
- Bei Querschnitten der Klasse 2 (kompakte Querschnitte) dürfen darüber hinausgehend auch plastische Querschnittsreserven aktiviert und genutzt werden. Die Ausschöpfung plastischer Querschnittsreserven unter γ-fachen Lasten ist auch für ermüdungsbeanspruchte Kranbahnträger durchaus möglich. Denn in einem weiteren Nachweis ist zu zeigen, dass der Kranbahnträger unter Gebrauchslasten an keiner Stelle plastiziert. Dadurch wird sein elastisches Verhalten in allen Situationen sichergestellt. Dieser in die Kategorie der Nachweise im Grenzzustand der Gebrauchstauglichkeit eingeordnete Spannungsnachweis wird in Abs. 14.4 erläutert. Er ist übrigens in manchen Fällen querschnittsbestimmend.
- Tragwerke, die nur aus Stäben mit Querschnitten der QK 1 (duktile Querschnitte) bestehen, könnten plastisch berechnet werden, z.B. mit dem Traglastverfahren. Die Ausnutzung von plastischen Systemreserven kommt aber für Kranbahnträger aus Gründen der Ermüdung nicht in Frage, siehe Abs. 10.5.2. Die Vorteile der QK 1 gegenüber der QK 2 können bei Kranbahnträgern nicht ausgeschöpft werden. Deshalb ist es für den Nachweis nicht von Bedeutung, ob ein Querschnitt der QK 1 oder der QK 2 vorliegt.

Tab. 11.1: Querschnittsklassen (QK) von Walzprofilen für reine Biegebeanspruchung M_y

Profile	**S 235**	**S 275**	**S 355**	**S 460**
IPE	**1**	**1**	**1**	**1**
HEA	**1**	**1 oder 2**	**1 oder 2**; Ausnahme: HEA 260 - HEA300: **3**	**1 oder 2**; Ausnahme: HEA 180 - HEA 340: **3**
HEB	**1**	**1**	**1**	**1**
HEM	**1**	**1**	**1**	**1**
HD 360	**1 oder 2**	**1 oder 2**	**1 oder 2** Ausnahme: HD 360×134: **3** HD 360×147: **3**	**3** Ausnahme: HD 360×179: **2** HD 360×196: **1**
HD 400	**1**	**1**	**1**	**1** Ausnahme: HD 400×187: **3**
HL 920	**1**	**1**	**1**	**1**
HL 1000	**1**	**1**	**1**	**1 oder 2**
HL 1100	**1**	**1**	**1**	**1 oder 2**

Bei der Einstufung der Kranbahnträgerprofile kann reine Biegung M_y unterstellt werden. Bei der Beanspruchung infolge gleichzeitig wirkenden M_y, M_z und M_w (Regelfall) sind die Querschnittsklassen nicht ungünstiger als bei alleiniger Wirkung von M_y, was sich mit der Spannungsverteilung begründen lässt. Die Normalkräfte sind i.d.R. von vernachlässigbarer Größe. Die Einstufung erfolgt folgendermaßen:

- Walzprofile werden nach Tab. 11.1 eingestuft, siehe auch [HS20b] und [Arc16].
- Alle anderen Querschnitte und Profile sind für alle Querschnittsteile einzeln nach [3-1-1/Tab.5.2] einzustufen. Das Querschnittsteil mit der ungünstigsten Querschnittsklasse bestimmt grundsätzlich die Querschnittsklasse des gesamten Querschnitts. Ein Berechnungsbeispiel findet sich in [HS20a], Abs. 2.1.1.
- Querschnitte mit Flanschen der QK 1 oder QK 2 und einem Steg der QK 3 oder QK 4 dürfen unter bestimmten Bedingungen hinsichtlich der Biegespannungen plastisch bemessen werden – also wie Querschnitte der QK 1 oder QK 2 behandelt werden. Dazu heißt es in [3-1-1/5.5.2(12)]: Wenn der Steg nur für die Schubübertragung vorgesehen ist und nicht zur Abtragung von Biegemomenten und Normalkräften eingesetzt wird, darf der Querschnitt alleine abhängig von der Einstufung der Gurte in eine QK eingeordnet werden. Eine Einstufung in QK 1 ist in dem Fall allerdings ausgeschlossen. Natürlich ist der Nachweis des Steges auf Schubspannungen der Steg-QK angepasst vorzunehmen.

11.2 Allgemeines zum Querschnittsnachweis

Wenn die Bemessungsschnittgrößen $M_{y,Ed}$, $M_{z,Ed}, B_{Ed} = M_{w,Ed}, V_{y,Ed}$, $V_{z,Ed}$ berechnet vorliegen, die Teilsicherheitsbeiwerte auf der Widerstandsseite $\gamma_{M,i}$ (siehe Abs. 1.6) bekannt sind und die Einstufung in eine Querschnittsklasse vorgenommen wurde, dann können die Querschnittsnachweise ausgeführt werden. Dabei ist Folgendes zu beachten:

- Für einige Querschnittstypen werden die Formeln für Querschnittswerte und vollplastische Schnittgrößen in Abschnitt 10.4 angegeben, für andere Querschnitte können sie Tabellenwerken wie z.B. [HS20b] entnommen werden.
- Starr mit dem Flansch verbundene Schienen – also angeschweißte Flachstahlschienen – dürfen in den Kranbahnträgerquerschnitt statisch eingerechnet werden, jedoch sind 25 % Abnutzung des Schienenkopfes zu berücksichtigen [3-6/5.6.2(2)]. Zu den Vor- und Nachteilen der statischen Berücksichtigung der Flachstahlschiene siehe Abs. 3.2.2.
- Üblicherweise sind die Längskräfte in Kranbahnträgern (z. B. aus Pufferstoß oder Bremsen/Beschleunigen) so gering, dass sie bei der Dimensionierung der Kranbahnträgerquerschnitte vernachlässigt werden können. In den sehr seltenen Fällen, in denen die Normalkräfte auch für den Kranbahnträger relevant sind, müssen die Formeln entsprechend ergänzt werden. Bei der Auslegung der Kranbahnstützen und deren Verbänden müssen die Kräfte längs der Kranbahn jedoch ggf. berücksichtigt werden.
- Wenn geplant ist, den Biegedrillknicknachweis als Schnittgrößennachweis nach Theorie II. Ordnung mit Imperfektionen zu führen (siehe Kap. 13.4), dann sollten die für den Querschnittsnachweis benötigten Schnittgrößen gleich unter Ansatz von Imperfektionen nach Theorie II. Ordnung berechnet und nachgewiesen werden. Querschnittsnachweis und Biegedrillknicknachweis können so in einem Schritt geführt werden.

11.3 Querschnittsnachweis für Kranbahnträger der QK 1/2

11.3.1 Zweiachsige Biegung und Wölbbimoment; QK 1 und 2

Der Querschnittsnachweis kann auf der sicheren Seite liegend für alle Querschnittsformen (also nicht nur I-Profile) in den QK 1 und QK 2 nach Gl 11.1 analog zu [3-1-1/6.2.1(7), Gl.6.2] durchgeführt werden:

$$\frac{N_{\mathrm{Ed}}}{N_{\mathrm{pl,Rd}}}+\frac{M_{\mathrm{y,Ed}}}{M_{\mathrm{pl,y,Rd}}}+\frac{M_{\mathrm{z,Ed}}}{M_{\mathrm{pl,z,Rd}}}+\frac{M_{\mathrm{w,Ed}}}{M_{\mathrm{pl,w,Rd}}}\leq 1{,}0 \qquad (11.1)$$

Nach [3-1-1/6.2.7(7)] darf bei offenen Kranbahnträgerprofilen die St. Venant'sche Torsion vernachlässigt bleiben. Die Torsion wird über das Wölbbimoment $M_{\mathrm{w,Ed}} = B_{\mathrm{Ed}}$ berücksichtigt. Bei kastenförmigen, geschlossenen Kranbahnträgerquerschnitten darf dagegen die Wölbkrafttorsion vernachlässigt werden.

Der Nachweis für I-Profile (Walzprofile, einfach- oder doppeltsymmetrische Dreiblechquerschnitte) oder winkelverstärkte Walzprofile der Querschnittsklassen 1 und 2 kann nach Ansicht des Autors bei vernachlässigbarer Normalkraft auch analog zu [3-1-1/Gl.6.41] in Verbindung mit der zurückgezogenen Norm DIN 18800-1, El. 757, Gl. 41 und [LSS98], Kap. 8.12.5 c) wie folgt geführt werden:

$$\left(\frac{M_{\mathrm{y,Ed}}}{M_{\mathrm{pl,y,Rd}}}\right)^{2{,}0}+\frac{M_{\mathrm{z,Ed}}}{M_{\mathrm{pl,z,Rd}}}+\frac{M_{\mathrm{w,Ed}}}{M_{\mathrm{pl,w,Rd}}}\leq 1{,}0 \qquad (11.2)$$

11.3.2 Nachweis für zweiachsige Biegung, Tragwirkungssplitting

Die Biegemomente $M_{y,Ed}$ und $M_{z,Ed}$ werden z. B. nach den in den Abschnitten 10.2 oder 10.3 dargestellten Verfahren von Hand ermittelt. Die Querbiegung wird als nur auf den Obergurt wirkend angesehen, um so eine genauere Berücksichtigung der Torsion zu umgehen (Tragwirkungssplitting, siehe Abschnitt 10.6.3).

Die Lastpositionen für (max $M_{y,Ed}$ und zugehörige $M_{z,Ed}$) und (max $M_{z,Ed}$ und zugehöriges $M_{y,Ed}$) sind zu untersuchen. Der Einfachheit halber können alternativ auf der sicheren Seite liegend die extremalen Schnittgrößen max $M_{y,Ed}$ und max $M_{z,Ed}$ gleichzeitig am selben Ort wirkend angenommen und überlagert werden.

Der Nachweis lautet nun für I-Profile und mit Obergurtwinkeln verstärkte Kranbahnträger der Querschnittsklassen 1 und 2 nach [3-1-1/Gl.6.41]:

$$\left(\frac{M_{y,Ed}}{M_{pl,y,Rd}}\right)^{2,0} + \frac{M_{z,Ed}}{M_{Og,pl,z,Rd}} \leq 1,0 \tag{11.3}$$

$M_{Og,pl,z,Rd}$: vollplastisches Biegemoment des Obergurts um die vertikale z-Achse

11.3.3 Querkraftnachweis nach [3-1-1/6.2.6] für QK 1 und QK 2

Es ist nachzuweisen:

$$V_{z,Ed} \leq V_{pl,z,Rd} = \frac{A_{v,z} \cdot f_y}{\sqrt{3} \cdot \gamma_{M0}} \tag{11.4}$$

$$V_{y,Ed} \leq V_{pl,y,Rd} = \frac{A_{v,y} \cdot f_y}{\sqrt{3} \cdot \gamma_{M0}} \tag{11.5}$$

$A_{v,z}, A_{v,y}$: wirksame Schubfläche gemäß Tab. 11.2

Außerdem muss für das Verhältnis Stegblechhöhe h_w / Stegblechdicke t_w nachgewiesen werden [3-1-1/ 6.2.6 (6)]:

$$\frac{h_w}{t_w} \leq \frac{72}{\eta} \cdot \sqrt{\frac{23,5\ \text{kN/cm}^2}{f_y}} \tag{11.6}$$

mit $\eta = 1,2$ bis einschließlich Stahlsorte S 460, sonst $\eta = 1,0$

und $h_w =$ lichter Abstand zwischen den Flanschen

Wenn Bedingung 11.6 nicht erfüllt ist, muss ein Nachweis gegen Schubbeulen gemäß [3-1-5/5] geführt werden, siehe Abs. 12.4.2.

Bei Vorhandensein von St. Venant'scher Torsion (primäre Torsion, siehe Abs. 10.6.2)), die bei allen offenen Kranbahnträgerprofilen unberücksichtigt bleiben darf (siehe oben), sind die aufnehmbaren Querkräfte $V_{pl,z,Rd}$ und $V_{pl,y,Rd}$ gemäß [3-1-1/Gl.6.26] in Abhängigkeit von den primären Torsionsschubspannungen $\tau_{p,Ed}$ im Steg bzw. im Flansch zu reduzieren und in den obigen

Tab. 11.2: Schubflächen A_v bei plastischer Querschnittstragfähigkeit nach [3-1-1/6.2.6 (3)]

<table>
<tr><td colspan="3">Vertikale Radlasten: $A_{v,z}$ zur Berechnung von $V_{pl,z,Rd}$</td></tr>
<tr>
<td>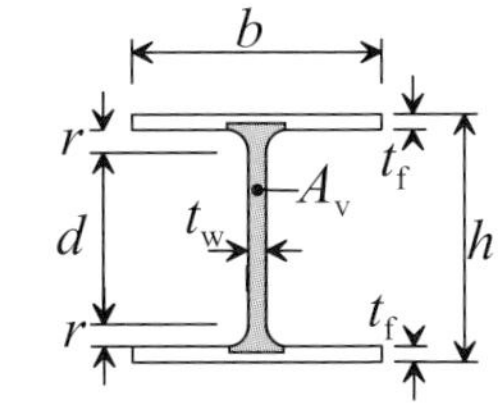
</td>
<td>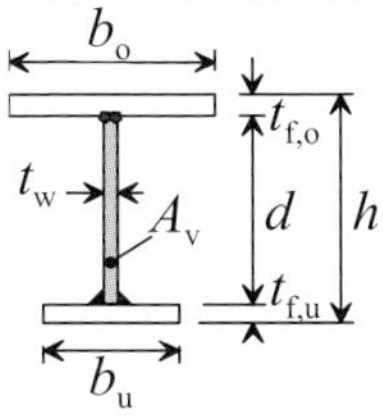
</td>
<td>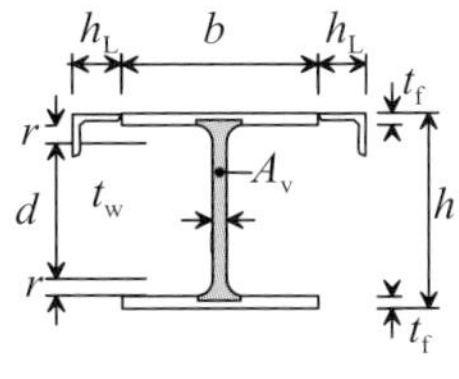
</td>
</tr>
<tr><td>$A - 2 \cdot b \cdot t_f + (t_w + 2 \cdot r) \cdot t_f$</td><td>$d \cdot t_w$</td><td>$A - 2 \cdot b \cdot t_f + (t_w + 2 \cdot r) \cdot t_f$</td></tr>
<tr><td colspan="3">Horizontale Radlasten: $A_{v,y}$ zur Berechnung von $V_{pl,y,Rd}$: Die Horizontalkraft wirkt am Obergurt, daher wird konservativ nur dieser zur Lastabtragung herangezogen.</td></tr>
<tr>
<td>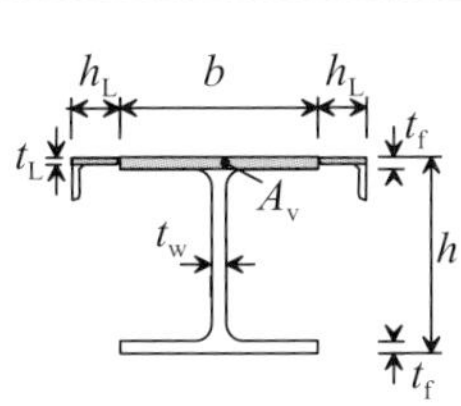
</td>
<td>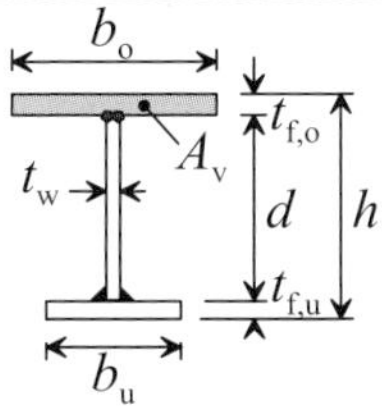
</td>
<td>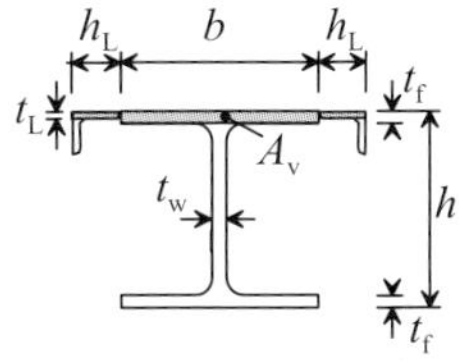
</td>
</tr>
<tr><td>$b \cdot t_f$</td><td>$b_o \cdot t_{f,o}$</td><td>$b \cdot t_f + 2 \cdot h_L \cdot t_L$</td></tr>
</table>

Gleichungen zu verwenden:

$$V_{pl,z,T,Rd} = V_{pl,z,Rd} \cdot \sqrt{1 - \frac{\tau_{p,Ed,Steg} \cdot \gamma_{M0}}{1,25 \cdot \left(f_y/\sqrt{3}\right)}} \tag{11.7}$$

$$V_{pl,y,T,Rd} = V_{pl,y,Rd} \cdot \sqrt{1 - \frac{\tau_{p,Ed,Flansch} \cdot \gamma_{M0}}{1,25 \cdot \left(f_y/\sqrt{3}\right)}} \tag{11.8}$$

11.3.4 Interaktion Biegung M_y – Querkraft V_z [3-1-1/6.2.8]

Die Querkraft $V_{z,Ed}$ mindert das vom Querschnitt noch aufnehmbare plastische Grenzmoment $M_{pl,y,Rd}$ ab. Wird die Querkraft $V_{z,Ed}$ größer als 50 % der plastischen Grenzquerkraft $V_{pl,z,Rd}$, ist eine Verringerung des plastischen Grenzmoments zu berücksichtigen. Bei kleineren Querkräften darf der Effekt vernachlässigt werden. Grundlage der Interaktion für I-Profile der Querschnittsklassen 1 und 2 ist die Annahme einer reduzierten Fließgrenze $(1 - \rho) \cdot f_y$ in der Schubfläche mit

$$\rho = \left(\frac{2 \cdot V_{z,Ed}}{V_{pl,z,Rd}} - 1\right)^2 \tag{11.9}$$

Wenn Torsion zu berücksichtigen ist, so ist in Gl. 11.9 statt $V_{pl,z,Rd}$ die Größe $V_{pl,z,T,Rd}$ nach Gl. 11.7 zu berücksichtigen. Damit ergibt sich das wegen der Querkraft reduzierte plastische Grenzmoment $M_{pl,y,V,Rd}$ des I-Profils für den Gebrauch in den Gl. 11.1 bis 11.3 zu

$$M_{pl,y,V,Rd} = M_{pl,y,Rd} - \left(M_{pl,y,Rd} - M_{f,pl,y,Rd}\right) \cdot \rho \tag{11.10}$$

$M_{\mathrm{pl,y,Rd}}$ plastisches Grenzmoment des Querschnitts ohne Abminderung

$M_{\mathrm{f,pl,y,Rd}}$ plastisches Grenzmoment eines gedachten Querschnitts, der nur aus den Gurten besteht (Index f für flange)

Da für Kranbahnträger als Biegeträger an Stellen mit großem Biegemoment oft die Querkraft kleiner ist als 50 % der plastischen Grenzquerkraft, kann in vielen Fällen auf eine Interaktion verzichtet werden.

11.3.5 Interaktion Biegung M_z – Querkraft V_y [3-1-1/6.2.8]

Es wird analog wie in Abschnitt 11.3.4 verfahren:

$$\rho = \left(\frac{2 \cdot V_{\mathrm{y,Ed}}}{V_{\mathrm{pl,y,Rd}}} - 1 \right)^2 \tag{11.11}$$

$$M_{\mathrm{pl,z,V,Rd}} = M_{\mathrm{pl,z,Rd}} \cdot (1 - \rho) \tag{11.12}$$

$M_{\mathrm{pl,z,Rd}}$: plastisches Grenzmoment des Querschnitts ohne Abminderung

Wenn Torsion zu berücksichtigen ist, so ist in Gl. 11.11 statt $V_{\mathrm{pl,y,Rd}}$ die Größe $V_{\mathrm{pl,T,y,Rd}}$ nach Gl. 11.8 zu berücksichtigen.

Beispiel: Querschnittsnachweis für die Kranbahn eines Hallenkrans

Die Aufgabenstellung ist in Abs. 17.1 enthalten, die Berechnungen können Abs. 17.5 entnommen werden.

11.3.6 Schnittgrößeninteraktion nach dem Teilschnittgrößenverfahren für Querschnitte der QK 1 und QK 2

Als Alternative zu den in den Abschnitten 11.3.1 bis 11.3.5 erläuterten Verfahren hat sich das allgemein anerkannte Teilschnittgrößenverfahren (TSV) nach Kindmann [KF02] bewährt, siehe auch [Lau06].

Das Verfahren basiert darauf, bestimmten Querschnittsteilen bestimmte Schnittgrößen zuzuweisen. Dabei wird das Gleichgewicht zwischen Schnittgrößen und Teilschnittgrößen gewährleistet, die Teilschnittgrößen aber so variiert, dass die Grenztragfähigkeit erreicht wird. Im Normenkommentar [KFL$^+$14] wird Bezug auf das TSV genommen.

Entsprechende Programme für die Anwendung des TSV können heruntergeladen werden unter: `http://www.ruhr-uni-bochum.de/stahlbau/software`. Die Benutzung der kostenlosen Programme, für die der Programmautor keine Haftung übernimmt, setzt eine EXCEL-Installation voraus.

Es stehen Programme für die Berechnung nach dem TSV für beliebige Dreiblechquerschnitte und Walzprofile zur Verfügung (QSR-TSV-I und QST-TSV-3Blech). Für mit Winkeln verstärkte Walzprofile lässt sich das Programm (QSW-OFFEN) verwenden, mit dem die plastischen Reserven beliebiger offener Querschnitte nach dem „Teilschnittgrößenverfahren ohne Umlagerung" (TSV o.U.) näherungsweise berechnet werden können.

11.4 Querschnittsnachweise für Kranbahnträger der QK 3

Für Querschnitte der QK 3 gibt es zwei Nachweisalternativen: Nachweis der Schnittgrößen oder Nachweis der Spannungen. Beide führen zu vergleichbaren Bemessungsergebnissen.

11.4.1 Nachweis der Schnittgrößen

Der Nachweis der Biegemomente erfolgt mit den elastischen Grenzschnittgrößen analog zu [3-1-1/6.2.1(7)] mit:

$$\frac{M_{y,Ed}}{M_{el,y,Rd}} + \frac{M_{z,Ed}}{M_{el,z,Rd}} + \frac{M_{w,Ed}}{M_{el,w,Rd}} \leq 1{,}0 \qquad (11.13)$$

Beim Nachweis der Querkräfte ist wie folgt zu verfahren [3-1-1/6.2.6(5)]: Die elastisch zu berücksichtigende Schubfläche kann nicht nach Tab. 11.2 berechnet werden, sondern ist anders definiert und ergibt sich aus der reinen Stegfläche zu:

$$A_{v,z,el} = A_w = h_w \cdot t_w \qquad (11.14)$$

Für horizontale Querkräfte gilt: $A_{v,y,el} = A_{v,y}$ nach Tab. 11.2

Damit lauten die Nachweise:

$$V_{z,Ed} \leq V_{el,z,Rd} = \frac{A_{v,z,el} \cdot f_y}{\sqrt{3} \cdot \gamma_{M0}} \qquad (11.15)$$

$$V_{y,Ed} \leq V_{el,y,Rd} = \frac{A_{v,y,el} \cdot f_y}{\sqrt{3} \cdot \gamma_{M0}} \qquad (11.16)$$

Die Berücksichtigung der Torsion und die Interaktion $M_y - V_z$ und $M_z - V_y$ erfolgt analog zu den Formeln der Abschnitte 11.3.3 bis 11.3.5.

11.4.2 Nachweis der Spannungen

Der Querschnittsnachweis kann statt nach Gleichung 11.13 stets auch als Spannungsnachweis geführt werden [3-1-1/6.2.1(5)]. Zur händischen Berechnung der Spannungen aus den globalen Schnittgrößen siehe Abs. 10.6.3. An bestimmten Querschnittspunkten (z.B. Oberkante Steg) sind ggf. zusätzlich Spannungen aus Lasteinleitung zu berücksichtigen, deren Berechnung in Kapitel 12 beschrieben wird.

Bei Querschnitten der QK 3 kann der Nachweis nach der Elastizitätstheorie über die Spannungen mit dem Fließkriterium Gl. 11.17 geführt werden.

$$\left(\frac{\sigma_{x,Ed}}{f_y/\gamma_{M0}}\right)^2 + \left(\frac{\sigma_{z,Ed}}{f_y/\gamma_{M0}}\right)^2 - \left(\frac{\sigma_{x,Ed}}{f_y/\gamma_{M0}}\right) \cdot \left(\frac{\sigma_{z,Ed}}{f_y/\gamma_{M0}}\right) + 3\left(\frac{\tau_{Ed}}{f_y/\gamma_{M0}}\right)^2 \leq 1{,}0 \qquad (11.17)$$

Für Querschnitte der QK 1 und 2 ist das zwar ebenfalls zulässig, aber unwirtschaftlich.

An welchen Querschnittsstellen ist bei einfach- oder doppeltsymmetrischen I-Profilen ein Spannungsnachweis nach Gl. 11.17 zu führen?

- Obere Flanschecke an der Stelle des maximalen Feldmoments (Abb. 11.1, Stelle a): Normalspannungen σ_x

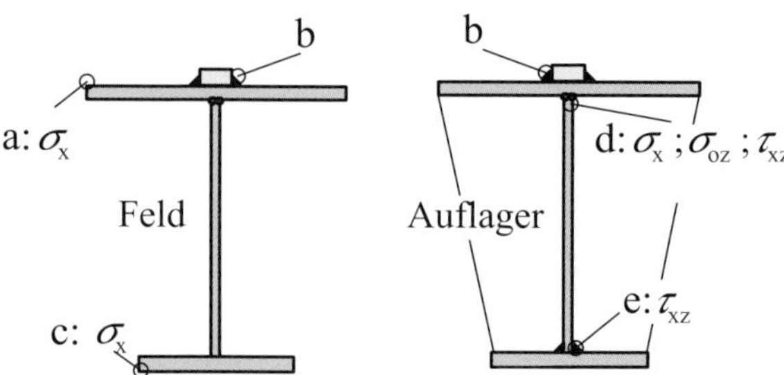

Abb. 11.1: Stellen für den Spannungsnachweis von I-Profilen im Feld (links) und über einem Auflager (rechts)

- Schienenschweißnaht (Abb. 11.1, Stelle b): Alle Spannungskomponenten. Dabei sind auch Radlasteinleitungsspannungen σ_{oz} nach Abschnitt 12.2 zu berücksichtigen. Siehe auch Abschnitt 16.3.
- Stegoberkante bzw. obere Halskehlnaht am Auflager für diejenige Laststellung und Einwirkungskombination, die dort zur maximalen Querkraft führt (Abb. 11.1, Stelle d): Alle Spannungskomponenten. Dabei sind auch Radlasteinleitungsspannungen σ_{oz} nach Abschnitt 12.2 zu berücksichtigen.
- Unterflanschunterseite an der Stelle des maximalen Feldmoments (Abb. 11.1, Stelle c): Normalspannungen aus Biegung und Wölbkrafttorsion (bei doppeltsymmetrischen I-Profilen nicht maßgebend).
- Halskehlnähte (z. B. Abb. 11.1, Stelle e) und alle anderen tragenden Schweißnähte, siehe Abs. 16.2 und 16.4: Normal- und Schubspannungen
- In jedem Fall ist zu prüfen, ob es weitere Stellen gibt, für die ein Spannungsnachweis zu führen ist.

Beispiel: Spannungsnachweis für einen Walzprofil-Kranbahnträger

Die Aufgabenstellung ist in Abschnitt 17.1, die Berechnungen sind in Abschnitt 17.5.3 zusammengefasst.

12 Nachweise der lokalen Beanspruchungen im GZT

12.1 Lasteinleitung aus Rädern von Laufkranen

Radlasten von Laufkranen bewirken im Obergurt und im anschließenden Bereich des Stegs lokale Spannungen, die durch ein kleines „o" im Index gekennzeichnet werden, z. B. σ_{oz}. Diese lokalen Spannungen sind den Beanspruchungen aus globaler Biegung zu überlagern. Vier Wirkungen der Radlasteinleitung (Abb. 12.1) lassen sich bei Kranbahnträgern für Laufkrane unterscheiden:

(a) **Radlastpressung:** Die Spannungen σ_{oz} und τ_{oxz} infolge Radlasteinleitung wirken im Steg, in den Schienenschweißnähten und ggf. in den Halskehlnähten. Sie sind sowohl bei den Nachweisen im Grenzzustand der Tragfähigkeit als auch beim Ermüdungsnachweis zu berücksichtigen, siehe Abschnitt 12.2.

(b) **Stegbiegung:** Die mit der örtlichen Torsion des Obergurtes einhergehende lokale Querbiegung des Stegs infolge exzentrischer Radlaststellung (siehe Abs. 8.1.1.2) kann unberücksichtigt bleiben, außer beim Ermüdungsnachweis von Kranbahnträgern, die in Beanspruchungsklassen S_3 oder höher eingestuft sind [3-6/9.3.3(1)]. Für den letztgenannten Fall ist die Radlast um $^1/_4$ der Schienenkopfbreite b_r, mindestens aber um die halbe Stegdicke exzentrisch anzusetzen. Die durch die Radlastexzentrizität lokal hervorgerufenen Stegbiegespannungen σ_T sind nachzuweisen (Abschnitt 12.3).

(c) **Stegbeulen:** Die Beulung des Stegs unter einem Rad ist nach [3-1-5] nachzuweisen. Während die Beulsicherheit für Walzprofile im Regelfall gewährleistet ist, kann bei Schweißprofilen der Nachweis der Beulsicherheit maßgebend für die notwendige Stegdicke werden. Der Beulnachweis wird in Abs. 12.4 erläutert.

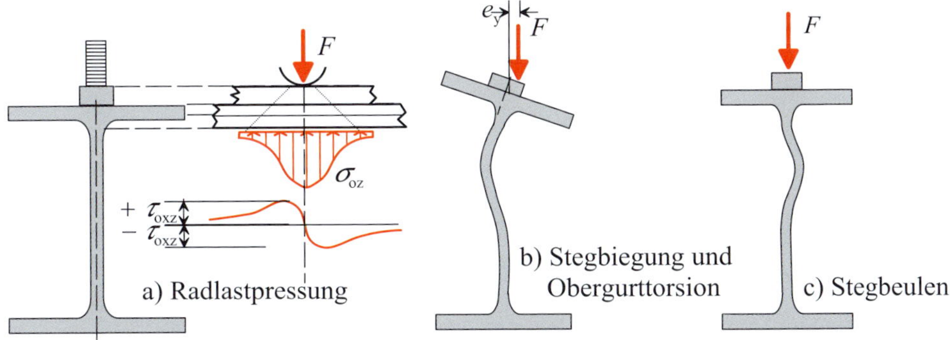

Abb. 12.1: Drei Folgen lokaler Beanspruchungen des Stegs infolge Radlasteinleitung

Tab. 12.1: Berücksichtigung der lokalen Spannungen gemäß DIN EN 1993-6 nach [EK17]

Grenzzustand	Radlastpressung (Abs. 12.2)	Schubspannung aus Radlastpressung (Abs. 12.2)	Stegbiegung (Abs. 12.3)
Tragfähigkeit (GZT) siehe [3-6/5.6.1(2)]	ja	i.d.R. nein *)	nein
Gebrauchstauglichkeit (GZG), siehe [3-6/7.5(2)]	ja	nein	nein
Ermüdung siehe [3-6/9.3.3(1)]	ja	ja	nein bis BK S_2, ja, ab BK S_3
*) An der Stelle der max. Radlastpressung wird die lokale Schubspannung aus Radlastpressung zu null, siehe Abb. 12.1. Die Schubspannung aus Radlastpressung ist eine Zwängungsbeanpruchung, die im GZT und GZG unberücksichtigt bleiben kann, nicht aber bei der Ermüdung.			

Dieses Kapitel behandelt die Berechnung und den Nachweis der Beanspruchungen aus Lasteinleitung der Radlasten von Laufkranen.

Die Berechnung von Radlasteinleitungsspannungen bei Unterflanschlaufkatzen und Hängekranen wird in Abschnitt 18.2 thematisiert.

Welche lokalen Spannungskomponenten bei welchen Grenzzuständen berücksichtigt werden müssen, ist in Tab. 12.1 angegeben.

12.2 Radlastpressung

12.2.1 Berechnung der Spannungen

Der Verlauf der lotrechten Druckspannungen mit dem Maximalwert $\max\sigma_{oz}$ ist in Abb. 12.1 a) dargestellt. Die ebenfalls in Abb. 12.1 angegebenen zugehörigen Schubspannungen τ_{oxz} sind zwar nicht aus Gründen des Gleichgewichts, wohl aber wegen der Verformungsverträglichkeit notwendig. Daher sind sie als Zwängungsspannung einzustufen und können bei Nachweisen im GZT i.d.R vernachlässigt werden. Am Ort des Maximums der Druckspannungen $\max\sigma_{oz}$ gilt $\tau_{oxz} = 0$. Vereinfachend darf die Spannung σ_{oz} bei allen Berechnungen als über die Länge l_{eff} gleich verteilt betrachtet werden [3-6/5.7.1(2)].

Ermittlung der Lasteinleitungsbreite l_{eff}

Die Lasteinleitungsbreite l_{eff} lässt sich nach Tab. 12.2 bestimmen. Sie hängt von der Biegesteifigkeit des lastverteilenden Obergurts samt Schiene, der Verbindungsart der Schiene mit dem Obergurt und der Nachgiebigkeit des als Scheibe betrachteten Stegs ab, siehe [Vö72] und [Pet94], Abs. 21.5.4.5.1. Die Lasteinleitungsbreite l_{eff} ist stets auf die Obergurtunterkante bezogen! Von dort aus ist mit einem Lastausbreitungswinkel von 45° weiter zu rechnen, wenn die Lastausbreitung im Steg unterhalb des Obergurts gesucht ist [3-6/5.7.1(4)], siehe Abb. 12.2. Die Formeln sind von ihrem physikalischen Hintergrund her jedoch nicht dafür geeignet, um damit Spannungen oberhalb der Oberflanschunterkante zu berechnen.

Tab. 12.2: Ermittlung der Lasteinleitungsbreite l_{eff} [3-6/Tab.5.1]

Fall	Beschreibung	Effektive Lastausbreitungslänge
a	Kranschiene schubstarr am Flansch befestigt	$l_{eff} = 3,25 \cdot \left(\frac{I_{rf}}{t_w}\right)^{1/3}$
b	Kranschiene nicht schubstarr am Flansch befestigt	$l_{eff} = 3,25 \cdot \left(\frac{I_r + I_{f,eff}}{t_w}\right)^{1/3}$
c	Kranschiene auf einer min. 6 mm dicken nachgiebigen Elastomerunterlage [SS69]	$l_{eff} = 4,25 \cdot \left(\frac{I_r + I_{f,eff}}{t_w}\right)^{1/3}$

$I_{f,eff}$	Trägheitsmoment des Flanschteils mit der effektiven Breite b_{eff} um seine horizontale Schwerlinie
I_r	Trägheitsmoment der abgenutzten Schiene um ihre horizontale Schwerlinie (I_y)
I_{rf}	Trägheitsmoment des zusammengesetzten Querschnitts einschließlich der Schiene und des Flansches mit der effektiven Breite b_{eff} um die horizontale Schwerlinie
t_w	Stegdicke
b_{eff}	$b_{eff} = b_{fr} + h_r + t_f \leq b_f$ mit
b_f	Gesamtbreite des Oberflansches
b_{fr}	Schienenfußbreite
h_r	Höhe der abgenutzten Schiene
t_f	Flanschdicke

Die Abnutzung des Schienenkopfes beträgt 25 % in GZT und GZG bzw. 12,5 % beim Ermüdungsnachweis, siehe [3-6/5.6.2(2)-(3)] und [3-6/5.7.1(2)]. Sie ist bei der Bestimmung von I_f, I_{rf} und h_r zu berücksichtigen. Querschnittswerte siehe oben Tab. 3.2 und 3.3

Berechnung der Radlastpressung σ_{oz} an dem durch Δz beschriebenen Querschnittspunkt

In Abhängigkeit des vertikalen Abstands der betrachteten Horizontalfaser von der Oberflanschunterkante Δz (Abb. 12.2) ergibt sich die durch die Radlast F_z verursachte Radlastpressung zu:

$$\sigma_{oz} = \frac{F_z}{t_w \cdot (l_{eff} + 2 \cdot \Delta z)} \tag{12.1}$$

Sind die Spannungen an der Stegoberkante gesucht, so gilt z.B. für geschweißte Dreiblechquerschnitte $\Delta z = 0$, während für Walzprofile mit dem Ausrundungsradius r die relevante horizontale Faser am Ende des Ausrundungsradius mit $\Delta z = r$ anzusetzen ist. Der Spannungswert $\sigma_{oz,Ed}$ entspricht dem Maximalwert der tatsächlichen Spannungsverteilung, siehe Abb. 12.1.

Soll die Radlastpressung im Steg unterhalb der Stegoberkante bei $\Delta z > 0$ außerhalb des Auflagerbereiches berechnet werden wie z.B. für die Situation in Abb. 12.2 Mitte, dürfen die nach Gl. 12.1 berechneten Spannungen abgemindert werden. Dabei wird berücksichtigt, dass die Radlastspannungen bis zur Stegunterkante auf null absinken. Die abgeminderten Stegspannungen ergeben sich dann nach [3-6/5.7.1(5)] außerhalb des Auflagerbereiches zu:

$$\sigma_{oz} = \frac{F_z}{t_w \cdot (l_{eff} + 2 \cdot \Delta z)} \cdot \left(1 - \left(\frac{\Delta z}{h_w}\right)^2\right) \tag{12.2}$$

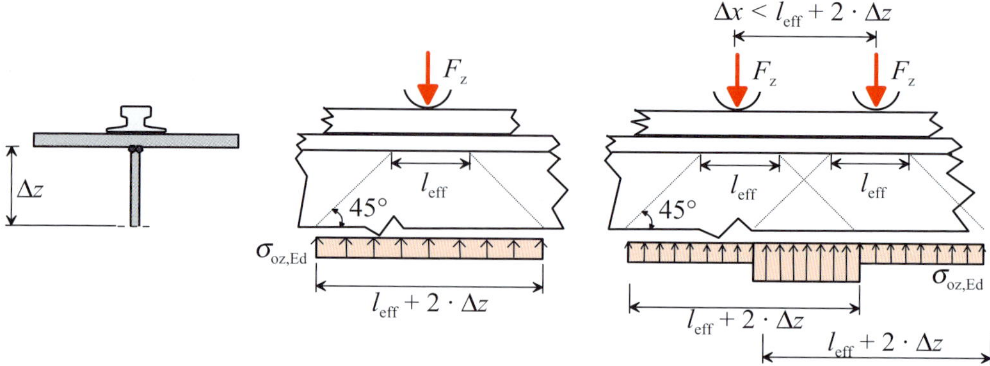

Abb. 12.2: Lastausbreitung und effektive Länge l_{eff} [3-6/5.7]

Wenn der Radabstand Δx zweier benachbarter Räder kleiner ist als l_{eff} oder wenn sich die Einflussbereiche zweier nahe beieinander stehenden Kranräder überlappen ($\Delta x \leq l_{\text{eff}} + 2 \cdot \Delta z$), dann sind nach [3-6/5.7.1(3) und (4)] die Spannungen zu überlagern, siehe Abb. 12.2 rechts.

$$\sigma_{\text{oz,Ed,ges}} = \sigma_{\text{oz,Ed,Rad 1}} + \sigma_{\text{oz,Ed,Rad 2}} \tag{12.3}$$

$$\tau_{\text{oxz,Ed,ges}} = \tau_{\text{oxz,Ed,Rad 1}} + \tau_{\text{oxz,Ed,Rad 2}} \tag{12.4}$$

Sollen die Spannungen in Steghalsnähten berechnet werden, ist in Gl. 12.1 t_{w} durch die Summe der Schweißnahtdicken Σa zu ersetzen.

Berechnung der lokalen Schubspannungen τ_{oxz}

Die zur Radlastpressung gehörigen Schubspannungen dürfen vereinfacht angenommen werden mit $\tau_{\text{oxz,Ed}} = 0,2 \cdot \sigma_{\text{oz,Ed}}$. Diese lokale Schubspannung darf ganz unberücksichtigt bleiben, wenn die Nachweise in einem horizontalen Schnitt unterhalb von $\Delta z = 0,2 \cdot h_{\text{w}}$ geführt werden [3-6/5.7.2(2)]. Δz siehe Abb. 12.2.

Stegdruckspannungen σ_{oz} an Auflagern ohne Quersteifen

Steht ein Kranrad direkt über einem quersteifenlosen Auflager, wie es beispielhaft weiter oben in Abb. 4.26 gezeigt ist, dann wird der Steg nicht nur am oberen Stegrand, sondern auch am unteren Stegrand beansprucht. Die Stegdruckspannungen σ_{oz} im Steg oben und unten lassen sich nach Gl. 12.1 berechnen.

Die Größe Δz bei einer Berechnung der Stegspannungen im unteren Stegbereich aus der Auflagerkraft entspricht dem Abstand der Unterflanschoberkante von der betrachteten Faser.

Eine Abminderung der Stegdruckspannungen nach Gl. 12.2 darf nicht berücksichtigt werden. An Auflagern, die durch eine Quersteife ausgesteift sind, ist eine Berechnung der Stegdruckspannungen nicht erforderlich, da die Auflager- und die Radlasten über die Quersteife in den Steg eingeleitet werden.

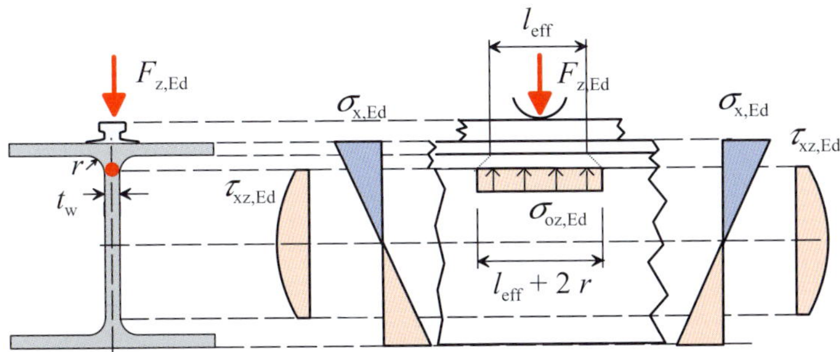

Abb. 12.3: Spannungen aus globaler Tragwirkung $\sigma_{x,Ed}$, $\tau_{xz,Ed}$ und Lasteinleitungsspannungen $\sigma_{oz,Ed}$ an der Nachweisstelle Stegoberkante im Bereich eines Mittelauflagers

12.2.2 Vergleichsspannungsnachweis an der Stegoberkante

Die Spannungen aus Radlastpressung treten stets zusammen mit Spannungen aus globaler Tragwirkung auf. Sie sind am ungünstigsten Punkt zu überlagern und mit einem Fließkriterium nachzuweisen. An welchem Ort sind die Vergleichsspannungen am höchsten? Ein kritischer Punkt bei einem mehrfeldrigen Kranbahnträger ist der obere Stegrand unmittelbar am Mittelauflager für die Laststellung, die dort zu $\max V_z$ führt. Neben der Stegpressung $\sigma_{oz,Ed}$ (Druckspannung) wirken an dieser Stelle Zugspannungen $\sigma_{x,Ed}$ aus globaler Tragwirkung (Berechnung siehe Abs. 10.6.1) und die dazugehörigen globalen Schubspannungen $\tau_{xz,Ed}$ (Berechnung siehe Abs. 10.6.2), siehe Abb. 12.3. Die lokalen Schubspannungen $\tau_{oxz,Ed}$ infolge Radlasteinleitung können laut Tab. 12.1 im GZT und im GZG unberücksichtigt bleiben.

Bei einem einfeldrigen Kranbahnträger (Stützmomente existieren nicht) ist der Nachweis der Vergleichsspannungen am oberen Stegrand in Feldmitte zu führen.

Der Nachweis nach [3-1-1/Gl.6.1] lautet (GZG, GZT):

$$\left(\frac{\sigma_{x,Ed}}{f_y/\gamma_{M0}}\right)^2 + \left(\frac{\sigma_{oz,Ed}}{f_y/\gamma_{M0}}\right)^2 - \left(\frac{\sigma_{x,Ed}}{f_y/\gamma_{M0}}\right) \cdot \left(\frac{\sigma_{oz,Ed}}{f_y/\gamma_{M0}}\right) + 3 \cdot \left(\frac{\tau_{xz,Ed}}{f_y/\gamma_{M0}}\right)^2 \leq 1 \qquad (12.5)$$

Während der Nachweis bei Kranbahnträgern aus Walzprofilen wegen deren ausreichender Stegdicke meist nicht ausschlaggebend ist, kann er bei Dreiblechquerschnitten maßgebend für die Stegdicke werden.
Der Vergleichsspannungsnachweis an der Stegoberkante ist übrigens automatisch in den Beulnachweis (siehe unten Abs. 12.4) eingeschlossen. Das wird deutlich, wenn Gl. 12.5 mit der Beulnachweisgleichung 12.38 (siehe unten) verglichen wird. Wenn für ein Beulfeld ein Beulnachweis erfolgreich geführt wurde, ist dort der Vergleichsspannungsnachweis an der Stegoberkante im GZT automatisch erfüllt. Der Nachweis des elastischen Verhaltens im GZG für die Stegoberkante ist unabhängig davon stets notwendig.

Beispiel: Lasteinleitungsspannungen und Vergleichsspannungsnachweis an der Stegoberkante einer Kranbahn

Die Aufgabenstellung ist in Abschnitt 17.1, die Berechnungen sind in den Abschnitten 17.7.1 und 17.7.2 enthalten.

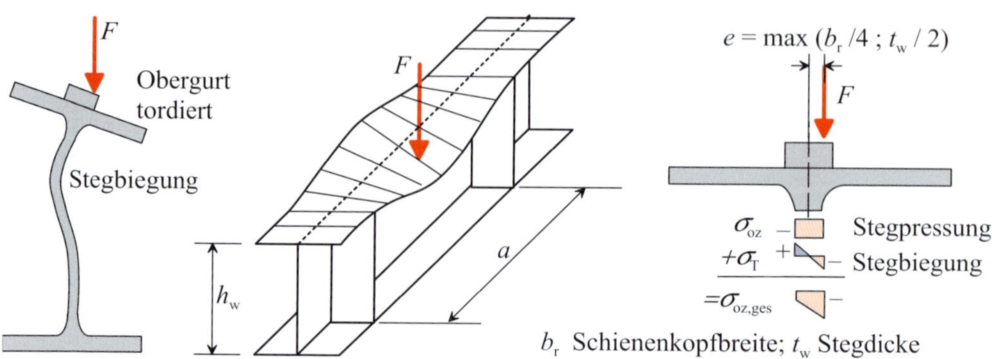

Abb. 12.4: Lokale Stegbiegung infolge exzentrischer Lasteinleitung

12.2.3 Nachweise der Schienenschweißnähte und Halskehlnähte

Auch Schienenschweißnähte und Halskehlnähte werden durch Radlastpressung beansprucht und müssen nachgewiesen werden. Wie alle anderen Nachweise für Schweißnähte werden diese Nachweise in den Abschnitten 16.3 und 16.4 zusammengefasst.

12.3 Stegbiegung infolge exzentrischer Radlasteinleitung

Im Folgenden geht es um die lokalen Effekte aus exzentrischer Radlasteinleitung, siehe Abb. 12.4. Daran sind nur der Obergurt und der Steg zwischen zwei benachbarten Quersteifen beteiligt. Der Obergurt tordiert und das führt zwangsweise auch zu einer Verbiegung des mit ihm biegesteif verbundenen Stegs. Während die so entstehenden Torsionsspannungen im Obergurt meist vernachlässigbar sind, können die Biegespannungen im Steg von nennenswerter Größe sein.

Welcher Anteil der Torsionslast M_T durch die Obergurttorsion aufgenommen wird und welcher Anteil in die Stegbiegung geht, das hängt letztlich von den Steifigkeitsverhältnissen ab: Je dicker der Obergurt, desto geringer die Stegbiegung; je dicker der Steg, desto größer der vom Steg aufgenommene Anteil.

Stegbiegung $\sigma_{T,Ed}$ aus exzentrischem Angriff von Radlasten ist nur bei Ermüdungsnachweisen in den Klassen S_3 bis S_9 zu berücksichtigen [3-6/9.3.3], siehe Tab. 12.1. Die globalen Auswirkungen des exzentrischen Lastangriffs (Torsionsmoment M_x) brauchen auch beim Ermüdungsnachweis nicht berücksichtigt werden [3-6/5.6.1].

Zwar können auch die horizontalen Radlasten zu Obergurttorsion und Stegbiegung führen, da beim Ermüdungsnachweis im Regelfall Horizontallasten nicht zu berücksichtigen sind, bleibt dieser Effekt unberücksichtigt.

Stegbiegung an der Stegoberkante für Kranbahnen mit I-Profil, t_w = const., ohne Längssteifen und ohne Horizontalträger

Das Problem der Stegbiegung lässt sich als Differentialgleichung beschreiben (siehe [Pet94], Kap. 21.5.4.5.3). Im Folgenden wird der Formelapparat gemäß [3-6/5.7.3] ohne Herleitung wiedergegeben, siehe auch [Ber89, Oxf68, Oxf81, EK17].

In die folgende Formel sind alle Größen in kN und cm einzusetzen, da die Werkstoffkennwerte für Stahl bereits einheitenbehaftet enthalten sind. Die nur lokal wirkenden Stegbiegespannungen betragen an der Stegoberkante:

$$\sigma_{T,Ed} = \frac{6}{a \cdot t_w^2} \cdot T_{Ed} \cdot \eta \cdot \tanh(\eta) \tag{12.6}$$

$$\text{mit: } \eta = \sqrt{\frac{0,75 \cdot a \cdot t_w^3}{I_T} \cdot \frac{\sinh^2(\beta)}{\sinh(2\beta) - 2\beta}} \quad \text{und Hilfswert} \quad \beta = \frac{\pi \cdot h_w}{a} \tag{12.7}$$

a Quersteifenabstand (Abb. 12.4); falls keine Quersteifen vorgesehen sind, ist der Auflagerabstand anzunehmen

h_w Stegblechhöhe als lichter Abstand zwischen den Flanschen; Biegelänge (Abb. 12.4)

t_w Stegdicke

I_T Torsionsträgheitsmoment des Obergurts[1]:
a) Bei nicht schubstarren Verbindungen (z.B. Klemmung einer A-Profilschiene, siehe Abs. 3.2.1): I_T ist als Summe der Einzeltorsionsträgheiten von Oberflansch und abgenutzter Schiene anzusetzen.
b) Bei schubstarren Verbindungen der Schiene mit dem Obergurt, z.B. bei angeschweißter Flachstahlschiene: Das Torsionsträgheitsmoment darf als geschlossener Querschnitt Schiene-Obergurt berücksichtigt werden. Für das Torsionsträgheitsmoment eines Oberflanschs mit aufgeschweißter Flachstahlschiene als geschlossenes Profil gibt es keine fertigen Formeln, die Berechnung kann mit FEM-Programmen durchgeführt werden. Wenn dieser Rechenaufwand vermieden werden soll, kann auf der sicheren Seite liegend die Summe der Einzeltorsionsträgheitsmomenten von Oberflansch und abgenutzter Schiene angesetzt werden.
c) Für eine Flachstahlschiene $b \cdot h$ ergibt sich $I_T = \zeta \cdot b \cdot h^3/3$ mit $\zeta = 0,42$ für $b/h = 1,0$, $\zeta = 0,59$ für $b/h = 1,5$ und $\zeta = 0,69$ für $b/h = 2,0$
d) Für ein Obergurtblech $b \cdot h$ ergibt sich $I_T = b \cdot h^3/3$
e) Werte I_T für A-Profilschienen mit für die Ermüdungsnachweise um 12,5 % abgenutzten Schienenköpfen sind in Tab. 3.3 angegeben.

T_{Ed} einwirkendes Torsionsmoment infolge Exzentrizität nach [3-6/5.7.3(2)]

$$T_{Ed} = \max\left\{F_{Ed} \cdot \frac{b_r}{4}; F_{Ed} \cdot \frac{t_w}{2}\right\} \tag{12.8}$$

F_{Ed} Radlast aus Lastgruppe 201 (Lastgruppe Ermüdung), Tab. 8.2

b_r Schienenkopfbreite nach Tab. 3.1

sinh Sinus hyperbolikus

tanh Tangens hyperbolikus

Die mit Gl. 12.6 berechneten Stegbiegespannungen werden wie in Abb. 12.4 gezeigt mit den Stegdruckspannungen aus Radlastpressung nach Abs. 12.2 überlagert.

[1] Die Formulierung in [3-6/5.7.3] zur Berücksichtigung der Schiene nur bei schubstarrer Verbindung ist missverständlich, die Torsionssteifigkeit der Schiene wird auch bei nicht starrer Verbindung berücksichtigt, allerdings nur als Summe der Einzeltorsionssteifigkeiten, nicht als Gesamtquerschnitt, siehe [Oxf81, Bit85, EK17].

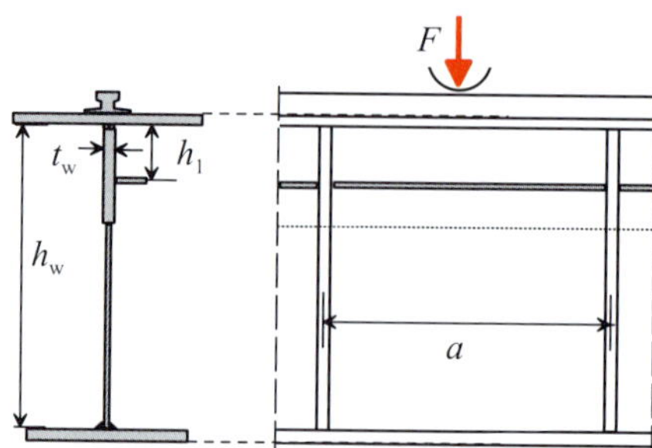

Abb. 12.5: Kranbahnträger mit Längssteife und unterschiedlichen Stegdicken

Stegbiegung bei Kranbahnträgern mit Längssteifen und/oder unterschiedlichen Stegdicken an der Stegoberkante

Ist der Kranbahnsteg mit Längssteifen ausgesteift, sollte in Gl. 12.7 statt der Steghöhe h_w die Höhe h_1 nach siehe Abb. 12.5 eingesetzt werden, siehe [KUE21]. Falls der Steg aus Bereichen unterschiedlicher Dicke besteht, ist in Gl. 12.7 für t_w die größere Dicke im oberen Stegbereich einzusetzen. Die so berechneten Stegbiegespannungen liegen auf der sicheren Seite.

Stegbiegung bei Kranbahnträgern mit Horizontalträgern und Kastenträgern an der Stegoberkante

Träger mit Horizontalverband wurden in Abschnitt 4.8 vorgestellt, siehe Abb. 4.13. Der Horizontalsteg kann sich im Zuge der Obergurttorsion ebenfalls verbiegen und übernimmt so auch einen Teil des Torsionsmoments M_T. Deshalb wird der vertikale Kranbahnträgersteg weniger stark belastet. Zur Berechnung siehe [Pet94], Kap. 21.5.4.5.3 und [KDA19]. Die 2. Generation der Norm DIN EN 1993-6 wird dazu Formeln bereitstellen.

Stegbiegung unterhalb der Stegoberkante

Wenn Stegbiegespannungen für einen Ort unterhalb der Stegoberkante gesucht werden – z.B. an der Verbindungsschweißnaht zwischen zwei Stegteilen wie in Abb. 12.5 erkennbar – dann ist analog zu Gl. 12.2, also analog wie bei der Radlastpressung vorzugehen, siehe auch [KUE21].

Beispiel 12-1: Lasteinleitungsspannungen im Steg eines I-Schweißprofils für den Ermüdungsnachweis

Gegeben:

- Kranbahnträger, HC2 / S_4, Schiene A 120, keine elastische Unterlage, siehe Abb. 12.6
- I-Profil Obergurt 650×30 mm^2, Steg 2430×20 mm^2, Untergurt 500×20 mm^2
- Steghalsnaht: K-Naht mit Doppelkehlnaht
- Abstand der Quersteifen: $a = 2,0$ m
- $F_{Ed} = 560$ kN (EK mit Lastgruppe 201, Tab. 8.2)

Gesucht: Charakteristische Lasteinleitungsspannungen im oberen Stegbereich für den Ermüdungsnachweis

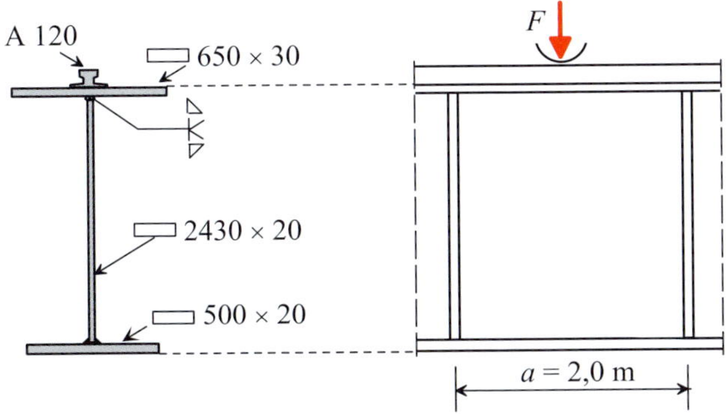

Abb. 12.6: Beispiel 12-1: Querschnitt und Ansicht des Kranbahnträgers (unmaßstäbl. Skizze)

1. Stegpressung

$b_{\text{fr}} = 22$ cm (siehe Tab. 3.1)

$h_{\text{r}} = 9,9$ cm (12,5 % abgenutzte Schiene, siehe Tab. 3.3)

$t_{\text{f}} = 3,0$ cm (Flanschdicke)

$b_{\text{eff}} = b_{\text{fr}} + h_{\text{r}} + t_{\text{f}} = 22,0 + 9,9 + 3,0 = 34,9 \text{ cm} < b_{\text{f}} = 65 \text{ cm}$

$$I_{\text{f,eff}} = \frac{b_{\text{eff}} \cdot t_{\text{f}}^3}{12} = \frac{34,9 \cdot 3^3}{12} = 78,5 \text{ cm}^4$$

$I_{\text{r}} = I_{\text{y}} = 1165\text{cm}^4$ (12,5 % abgenutzte Schiene, siehe Tab. 3.3)

$$l_{\text{eff}} = 3,25 \cdot \left(\frac{I_{\text{r}} + I_{\text{f,eff}}}{t_{\text{w}}}\right)^{\frac{1}{3}} = 3,25 \cdot \left(\frac{1165 + 78,5}{2}\right)^{\frac{1}{3}} = 27,7 \text{ cm}$$

vertikale Druckspannungen $\sigma_{\text{oz,Ed}} = -\frac{F_{\text{Ed}}}{l_{\text{eff}} \cdot t_{\text{w}}} = -\frac{560}{27,7 \cdot 2} = -10,1 \text{ kN/cm}^2$

zug. Schubspannungen $\tau_{\text{oxz,Ed}} = \pm 0,2 \cdot \sigma_{\text{oz,Ed}} = \pm 0,2 \cdot 10,1 = \pm 2,0 \text{ kN/cm}^2$

2. Stegbiegung

Schienenkopfbreite der Schiene A120: $b = 12$ cm, siehe Tab. 3.1

Torsionsmoment aus exzentrischem Radlastangriff:

$$T_{\text{Ed}} = \max\left\{F_{\text{Ed}} \cdot \frac{b_{\text{r}}}{4}; F_{\text{Ed}} \cdot \frac{t_{\text{w}}}{2}\right\} = \max\left\{560 \cdot \frac{12}{4}; 560 \cdot \frac{2}{2}\right\} = 1680 \text{ kNcm}$$

Quersteifenabstand $a = 200$ cm

Steghöhe $h_{\text{w}} = 243$ cm

Stegdicke $t_{\text{w}} = 2,0$ cm

$$\beta = \frac{\pi \cdot h_{\text{w}}}{a} = \frac{\pi \cdot 243}{200} = 3,817$$

Abb. 12.7: Stegbeulen eines Kranbahnträgers unter der Radlast

$$I_T = I_{T,\,\text{Oberflansch}} + I_r = \frac{65 \cdot 3^3}{3} + 1121 = 1706\ \text{cm}^4$$

$$\eta = \sqrt{\frac{0,75 \cdot a \cdot t_w^3}{I_T} \cdot \frac{\sinh^2(\beta)}{\sinh(2\beta) - 2\beta}}$$

$$\eta = \sqrt{\frac{0,75 \cdot 200 \cdot 2^3}{1706} \cdot \frac{\sinh^2(3,817)}{\sinh(7,634) - 7,634}} = 0,5950$$

$$\sigma_{T,Ed} = \pm\frac{6}{a \cdot t_w^2} \cdot T_{Ed} \cdot \eta \cdot \tanh(\eta) = \pm\frac{6}{200 \cdot 2^2} \cdot 1680 \cdot 0,5950 \cdot \tanh(0,5950)$$

$$= \pm 4,0\ \text{kN/cm}^2$$

Betrüge der Quersteifenabstand nicht $a = 2$ m, sondern z.B. 10 m, dann würde sich für $\sigma_{T,Ed}$ statt 4,0 kN/cm² nun 4,7 kN/cm² ergeben. Der Quersteifenabstand wirkt sich hier also nur mäßig stark aus.

3. Spannungen für den Ermüdungsnachweis: Radlastpressung und Stegbiegung

$$\Delta\sigma_{oz,Ed,ges} = \sigma_{oz,Ed} + \sigma_{T,Ed} = -10,1 - 4,0 = -14,1\ \text{kN/cm}^2$$
$$\Delta\tau_{oxz,Ed,ges} = \pm 2 \cdot \tau_{oxz,Ed,ges} = \pm 4,0\ \text{kN/cm}^2$$

12.4 Beulnachweis des Stegblechs nach EC 3-1-5

12.4.1 Allgemeines zum Beulen

Wenn ebene Platten durch Druckspannungen σ und Schubspannungen τ in der Mittelebene beansprucht werden, kann die Gefahr der Instabilität durch Beulen bestehen. Beulen bedeutet, dass die anfänglich ideal ebene Platte dann eine doppelt gekrümmte Form annimmt und schließlich versagt (Abb. 12.7). Bei Kranbahnträgern kann besonders das Beulen des Stegs unter der Radlast F kritisch werden (Abb. 12.8). Das Steg-Beulfeld wird durch Normalspannungen σ_x

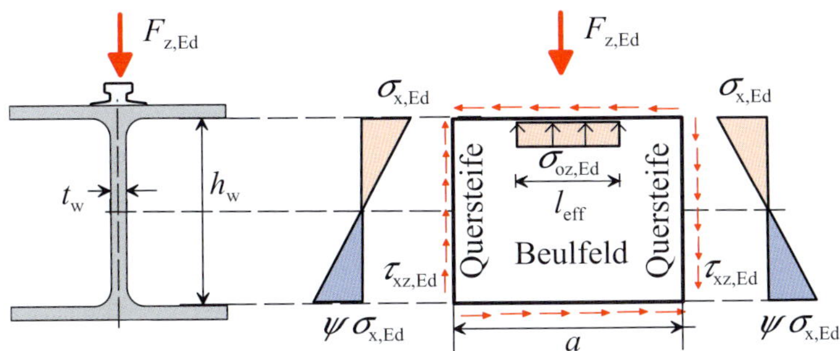

Abb. 12.8: Beulproblem des Kranbahnträgerstegs unter der Radlast

und Schubspannungen τ_{xz} aus globaler Biegung und durch lokale Spannungen σ_{oz} und τ_{oxz} aus Radlastpressung beansprucht.

Die Bewertung der Beulgefährdung wird im Stahlbau in den meisten Fällen über die Zuordnung zu einer Querschnittsklasse vorgenommen. Eine solche Zuordnung ist mit [3-1-1/Tab.5.2] bei globaler Belastung durch Normalkraft und zweiachsiger Biegung möglich, nicht aber bei Lasteinleitungsspannungen am oberen Stegrand. Für auf Beulen beanspruchte Bauteile, die für eine gegebene Belastung keiner Querschnittsklasse zugeordnet werden können, ist ein Beulnachweis zu führen. Ein Beulnachweis des Stegs unter der Radlast ist daher bei Kranbahnträgern stets notwendig.

Optionen für den Beulnachweis von Kranbahnträgerstegen

Der Beulnachweis wird auf einem von zwei möglichen Wegen erbracht [3-1-5]:

- **Komponentenmethode/Methode der wirksamen Breiten** nach [3-1-5/4 bis 7]
  Dieses Verfahren ist die klassische Methode für Beulnachweise im Stahlbau. Das Beulfeld wird nachgewiesen, indem die Wirkungen der Spannungskomponenten (globale Längsspannungen σ_x [3-1-5/4], globale Schubspannungen τ_{xz} [3-1-5/5], lokale Querspannungen σ_{oz} [3-1-5/6]) zunächst einzeln betrachtet werden, um dann ihr Zusammenwirken [3-1-5/7] zu untersuchen. Bei klarer, einfacher Beulfeldgeometrie und bei bekannten Spannungskomponenten ist die Komponentenmethode einfach anzuwenden. Sie ist besonders bei Kranbahnstegen ohne Längssteifen für eine Handrechnung gut geeignet. Mit der Methode der wirksamen Breiten werden Spannungsumlagerungen zwischen einzelnen Bauteilen (Steg, Flansche) ausgenutzt.
- **Methode der reduzierten Spannungen** nach [3-1-5/10]
  Die Methode der reduzierten Spannungen ist das allgemeinere Verfahren, das auf beliebige Beulfelder mit beliebiger Belastung anwendbar ist. Die verschiedenen Spannungskomponenten werden nicht mehr getrennt betrachtet und anschließend interagiert, sondern gemeinsam berücksichtigt. Bei dieser Methode ist das schwächste Bauteil maßgebend; eine Spannungsumlagerung wie bei der Methode der wirksamen Breiten wird nicht berücksichtigt. Deshalb ist das Verfahren der reduzierten Spannungen meist weniger wirtschaftlich als die Methode der wirksamen Breiten. Das Verfahren der reduzierten Spannungen ist besonders geeignet, wenn FE-Programme zur Berechnung der kritischen Beulspannung genutzt werden können. Ein Nachweis von Hand ist ebenfalls möglich, wenn

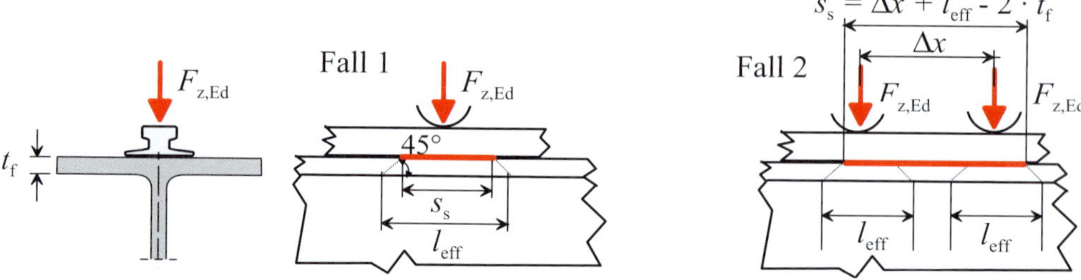

Abb. 12.9: Länge der starren Lasteinleitung s_S für den Beulnachweis Fall1: bei einer Radlast und Fall 2: bei zwei nahe beieinander stehenden Radlasten

die Beulwerte der einzelnen Beanspruchungen zur Verfügung stehen. In [Wag14b], Abs. 11.10.7 wird an einem Beispiel die Anwendung von Hand auf einen Kranbahnträger gezeigt.

Für weitere Details wird auf das Hintergrunddokument [JMS+07] verwiesen. Siehe auch [EK17].

12.4.2 Beulnachweis des Stegblechs mit der Komponentenmethode

Im Folgenden wird der Beulnachweis nach der Komponentenmethode/Methode der wirksamen Breiten [3-1-5/4 bis 7] beschrieben.

Wird das Beulfeld durch mehrere nahe zusammenstehende Radlasten beansprucht, sind folgende Nachweise zu führen [3-1-5/6.3]:

- Fall 1: Beulnachweis für die einzelne Radlast mit der starren Lasteinleitungslänge s_S auf Höhe der Obergurtoberkante nach Abb. 12.9 a) und mit l_{eff} nach Tab. 12.2: Unter Ansatz einer Lastausbreitung von 45° wird von l_{eff} mit Hilfe der Flanschdicke t_f auf die Flanschoberkante zurückgerechnet [3-6/Gl.6.1], wobei s_S den Abstand der lichten Steghöhe h_w nicht überschreiten darf [3-1-5/6.3(1)]:

$$s_S = l_{eff} - 2 \cdot t_f \tag{12.9}$$

- Fall 2: Beulnachweis für die Summe aus zwei im Abstand Δx nahe beieinander stehenden Radlasten. Dieser Nachweis ist stets zusätzlich zu führen, wenn nicht offensichtlich ist, dass der Nachweis Fall 1 maßgebend ist. Die starre Lasteinleitungslänge ergibt sich aus Abb. 12.9 b) und berechnet sich zu:

$$s_S = \Delta x + l_{eff} - 2 \cdot t_f \tag{12.10}$$

Beulnachweis bei Stegblechen ohne Längssteifen:

Schritt 1: Beulen infolge Querbelastung nach [3-1-5/6]

- Berechnung der Länge der starren Lasteinleitung s_S auf Höhe der Oberkante des Obergurts (nicht auf Höhe der Stegoberkante), siehe oben und Abb. 12.9.
- Die Berechnung der Beulwerte k_F erfolgt mit den in Tab. 12.3 gegebenen Beziehungen, die nicht durch anders berechnete Beulwerte ersetzt werden dürfen [3-1-5/6.1(4)].

Tab. 12.3: Beulwerte k_F nach [3-1-5/Bild 6.1]; *a* Beulfeldlänge

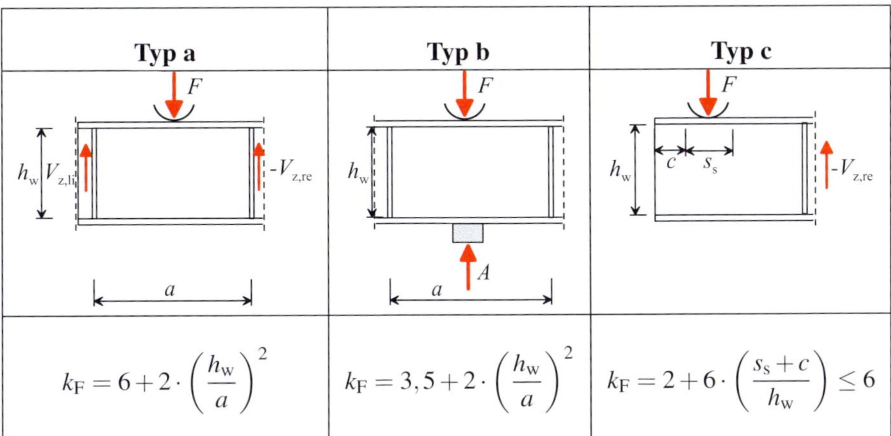

Typ a	Typ b	Typ c
$k_F = 6 + 2 \cdot \left(\frac{h_w}{a}\right)^2$	$k_F = 3{,}5 + 2 \cdot \left(\frac{h_w}{a}\right)^2$	$k_F = 2 + 6 \cdot \left(\frac{s_s + c}{h_w}\right) \leq 6$

- Typ a beschreibt die regelmäßig bei Kranbahnträgern auftretende Situation, bei der Querdrucklasten über einen Flansch eingeleitet werden und im Gleichgewicht mit den Querkräften auf beiden Stegseiten stehen (z.B. siehe oben Abb. 6.2).
- Typ b tritt über einem Zwischenauflager auf, wenn dort auf den Einbau von Quersteifen verzichtet werden soll (siehe oben Abschnitt 4.12.2 und Abb. 4.26). Die Querdruckkraft wandert direkt in das Auflager.
- Der bei Kranbahnträgern selten auftretende Typ c liefert die Beulwerte für Querdrucklasten, die an einem Kragarmende wirken und mit der Querkraft auf einer Stegseite im Gleichgewicht stehen (z.B. siehe unten Abb. 14.3).

• Die kritische Beullast F_{cr} berechnet sich nach [3-1-5/Gl.6.5] zu:

$$F_{cr} = \frac{E \cdot \pi^2}{12 \cdot (1 - \mu^2)} \cdot k_F \cdot \frac{t_w^3}{h_w} = 0{,}9 \cdot k_F \cdot E \cdot \frac{t_w^3}{h_w} \tag{12.11}$$

- h_w lichte Höhe zwischen den Gurten
- t_w Stegdicke

• Als Nächstes wird nach [3-1-5/6.5] die Quetschgrenze F_y ermittelt, die das plastische Stauchen beschreibt. Es wird angenommen, dass der Steg über eine Länge l_y eingedrückt ist. Dazu werden die dimensionslosen Hilfswerte m_1 und m_2 mit b_f Oberflanschbreite; t_f Oberflanschdicke; t_w Stegdicke; h_w Steghöhe; f_{yf}, f_{yw} Fließgrenze von Oberflansch und Steg berechnet:

$$m_1 = \frac{b_f \cdot f_{yf}}{t_w \cdot f_{yw}} \tag{12.12}$$

$$m_2 = 0{,}02 \cdot \left(\frac{h_w}{t_f}\right)^2 \text{ für } \bar{\lambda} > 0{,}5 \quad \text{und} \quad m_2 = 0 \text{ für } \bar{\lambda} \leq 0{,}5 \tag{12.13}$$

Die Schlankheit $\bar{\lambda}$ wird erst weiter unten nach weiteren Zwischenschritten bestimmt. Je nachdem, ob sich $\bar{\lambda} \geq 0{,}5$ ergibt oder nicht, muss der Wert m_2 gegebenenfalls korrigiert werden.

- Wirksame Lastausbreitungslänge l_y:
  (a) für Typen a und b (Tab. 12.3) ergibt sich l_y zu (mit a Quersteifenabstand)

$$l_y = s_s + 2 \cdot t_f \cdot (1 + \sqrt{m_1 + m_2}) \leq a \tag{12.14}$$

  (b) für Typ c (Tab. 12.3) ist l_y nach [3-1-5/6.5(3)] zu bestimmen.
- Quetschgrenze: $F_y = f_y \cdot t_w \cdot l_y$
- Aus F_y ergibt sich der Schlankheitswert $\bar{\lambda}$, mit dem die Berechnung von m_2 (siehe oben Gl. 12.11) ggf. korrigiert werden muss [3-1-5/Gl. 6.4]:

$$\bar{\lambda} = \sqrt{\frac{F_y}{F_{cr}}} \tag{12.15}$$

- Damit berechnet sich der Abminderungsfaktor nach [3-1-5/Gl. 6.3] zu:

$$\chi_F = \frac{0,5}{\bar{\lambda}} \leq 1 \tag{12.16}$$

- Nun kann mit [3-1-5/Gl. 6.2] die wirksame Länge L_{eff} für die Beanspruchbarkeit auf lokales Beulen bestimmt werden. L_{eff} darf nicht mit dem Wert l_{eff} aus Tab. 12.2 zur Berechnung der Stegpressung an der Stegoberkante verwechselt werden!

$$L_{eff} = \chi_F \cdot l_y \tag{12.17}$$

- Der Beulnachweis für die Lasteinleitungsspannungen lautet nach [3-1-5/Gl. 6.14]:

$$\eta_2 = \frac{F_{z,Ed} \cdot \gamma_{M1}}{f_y \cdot L_{eff} \cdot t_w} \leq 1,0 \tag{12.18}$$

  $F_{z,Ed}$ ist der Bemessungswert der vertikalen Radlast. Wird ein Nachweis für zwei nahe beieinander stehende Radlasten (Abb. 12.9 b) geführt, so ist als $F_{z,Ed}$ die Summe der beiden Radlasten einzusetzen.

Schritt 2: Interaktion mit Biegemoment M_y nach [3-1-5/4.6]

- Der Beulnachweis des Steges eines durch reine Biegung beanspruchten Kranbahnträgers lautet nach [3-1-5/4.6] für Querschnitte der Klasse 1, 2 oder 3:

$$\eta_1 = \frac{M_{y,Ed} \cdot \gamma_{M0}}{W_{el} \cdot f_y} \leq 1,0 \tag{12.19}$$

- Bei Querschnitten der QK 4 ist in Gl. 12.19 statt W_{el} das effektive Widerstandsmoment W_{eff} einzusetzen. Falls der Steg in QK 4 einzustufen ist, ist statt γ_{M0} nach [KFL[+]14], S. III-101, $\gamma_{M1} = 1,1$ anzusetzen.
- Die Interaktion des Beulens infolge Lasteinleitungsspannungen mit dem Beulen infolge Biegenormalspannungen aus $M_{y,Ed}$ wird nachgewiesen durch:

$$\eta_2 + 0,8 \cdot \eta_1 \leq 1,4 \tag{12.20}$$

Schritt 3: Schubbeulen nach [3-1-5/5] für ein längssteifenloses Feld

- Für ein nicht ausgesteiftes Beulfeld darf nach [3-1-5/5.1(2)] auf einen separaten Schubbeulnachweis verzichtet werden, wenn gilt (mit $\varepsilon = \sqrt{23,5\ \text{kN/cm}^2/f_y}$):

$$\frac{h_w}{t_w} \leq \frac{72}{\eta} \cdot \varepsilon \tag{12.21}$$

  Darin ist h_w der lichte Abstand zwischen den Flanschen, t_w die Stegdicke.
  Der Wert η ist nach [3-1-5NA/5.1(2)] im Hochbau mit $\eta = 1,2$ anzusetzen, im Brückenbau und ähnlichen Anwendungsbereichen darf mit $\eta = 1,0$ gerechnet werden. Auf der sicheren Seite liegend wird für die Anwendung in Gl. 12.21 $\eta = 1,2$ bis einschließlich Stahlsorte S 460, sonst $\eta = 1,0$ empfohlen. Wenn Bedingung 12.21 nicht erfüllt ist, dann ist ein Schubbeulnachweis nach [3-1-5/5] zu führen. Für die als Kranbahnträgerquerschnitt zum Einsatz kommenden I-Walzprofile ist Gl. 12.21 üblicherweise erfüllt. Bei Dreiblechquerschnitten mit ihren abgemagerten Stegdicken kann es aber notwendig werden, den Schubbeulnachweis zu führen.
- Für den Schubbeulnachweis ist dasjenige auflagernahe Beulfeld auszusuchen, das eine möglichst hohe Querkraft aufweist.
- Der Schubbeulbeiwert k_τ ergibt sich für ein längssteifenloses Feld mit $a > h_w$ nach [3-1-5/A.3] zu:

$$k_\tau = 5,34 + 4 \cdot (h_w/a)^2 \tag{12.22}$$

- Die modifizierte Stegschlankheit $\bar{\lambda}_w$ wird nach [3-1-5/Gl.5.5 und 5.6] bestimmt mit:

$$\bar{\lambda}_w = \frac{h_w}{86,4 \cdot t_w \cdot \varepsilon} \quad \text{(nur Auflagersteifen, keine zus. Quersteifen)} \tag{12.23}$$

$$\bar{\lambda}_w = \frac{h_w}{37,4 \cdot t_w \cdot \varepsilon \cdot \sqrt{k_\tau}} \quad \text{(Auflagersteifen und zusätzliche Quersteifen)} \tag{12.24}$$

- Der Faktor für den Beitrag des Steges zum Schubbeulen ergibt sich nach [3-1-5/5.3(1)] mit $\eta = 1,2$ für Stahlsorten bis S 460 zu:

$$\chi_w = 1,2 \quad \text{für} \quad \bar{\lambda}_w < 0,69 \tag{12.25}$$

$$\chi_w = 0,83/\bar{\lambda}_w \quad \text{für} \quad 0,69 \leq \bar{\lambda}_w < 1,08 \tag{12.26}$$

$$\chi_w = 1,37/(0,7 + \bar{\lambda}_w) \quad \text{für} \quad \bar{\lambda}_w \geq 1,08 \tag{12.27}$$

- Der Bemessungswert der Beanspruchbarkeit $V_{b,Rd}$ ergibt sich unter der auf der sicheren Seite liegenden Vernachlässigung des Beitrags der Flansche alleine aus dem Beitrag des Stegs nach [3-1-5/Gl.5.1 und 5.2] zu:

$$V_{b,Rd} = V_{bw,Rd} = \frac{\chi_w \cdot f_{yw} \cdot h_w \cdot t_w}{\sqrt{3} \cdot \gamma_{M1}} \leq \frac{\eta \cdot f_{yw} \cdot h_w \cdot t_w}{\sqrt{3} \cdot \gamma_{M1}} \tag{12.28}$$

- Der Nachweis lautet nach [3-1-5/Gl.5.10] lautet nun:

$$\eta_3 = V_{z,Ed}/V_{b,Rd} \leq 1,0 \tag{12.29}$$

Schritt 4: Interaktion Querkraft/Querbelastung / Biegemomente nach [3-1-5/NA7]

- Der Interaktionsnachweis der Schubbeanspruchung mit Biegung und Radlastpressung sollte in Auflagernähe geführt werden, falls die Querkraft nicht von vernachlässigbarer Größe ist, siehe auch [EK17], Abs. 8.4.2. Der Nachweis erfolgt mit Gl. 12.30, siehe auch [3-1-5/5] und [3-1-5/7] und [3-1-5NA/Gl.NA.7].
- Auswahl des maßgebenden Beulfeldes mit großer Querkraft, z.B. eine Kranposition neben dem Mittelauflager oder Endauflager eines Mehrfeldträgers und Feststellung der Beanspruchungen $M_{\mathrm{y,Ed}}$, $V_{\mathrm{z,Ed}}$ und η_2 nach Gl. 12.18.
- Ermittlung von $\bar{\eta}_1 = M_{\mathrm{y,Ed}}/M_{\mathrm{y,pl,Rd}}$ (nach [3-1-5/7.1] ist $M_{\mathrm{y,pl,Rd}}$ für Querschnitte aller Querschnittsklassen zu verwenden) und $\bar{\eta}_3 = V_{\mathrm{z,Ed}}/V_{\mathrm{bw,Rd}}$ mit $V_{\mathrm{bw,Rd}}$ nach Gl. 12.28.
- Nachweis nach [3-1-5NA/Gl.NA.7]

$$\bar{\eta}_1^{3,6} + \left[\bar{\eta}_3 \cdot \left(1 - \frac{F_{\mathrm{z,Ed}}}{2 \cdot V_{\mathrm{z,Ed}}}\right)\right]^{1,6} + \eta_2 \leq 1,0 \qquad (12.30)$$

Beispiel: Beulnachweis des Stegblechs unter der Radlast nach der Komponentenmethode

Die Aufgabenstellung ist in Abs. 17.1, die Berechnungen sind in Abs. 17.7.4.1 enthalten.

Beulnachweise nach der Komponentenmethode bei Stegblechen mit Längssteifen

Die Nachweisführung bei Ausnutzung der Längssteifen ist [3-1-5] zu entnehmen. Details über den Nachweis einer ausreichenden Beulsicherheit bei Beulfeldern mit Längsversteifung können der einschlägigen Literatur, z. B. [LSS98, Pet82, Pet94], entnommen werden. Abschnitt 4.12.3 enthält Angaben über die Konstruktion der Längssteifen.

12.4.3 Beulnachweis mit der Methode der reduzierten Spannungen

Für das Beulfeld in Abb. 12.10 soll der Beulnachweis mit dem Verfahren der reduzierten Spannungen geführt werden. Der Nachweis erfolgt mit dem Fließkriterium nach v. Mises. Dabei wird das Beulen berücksichtigt, indem die Fließgrenze mittels Abminderungsfaktoren reduziert wird. Siehe [3-1-5/10] samt NA und [EK17].

Vorgehensweise:

- Die Beulfeldgeometrie wird festgestellt. Die Beulfeldhöhe h_{w} entspricht der lichten Höhe zwischen den Flanschen. Die Beulfeldbreite a entspricht dem Abstand der Quersteifen. Wenn Quersteifen nur am Auflager vorgesehen sind, sollte man, um numerische Probleme bei den nachfolgend beschriebenen EDV-Rechnungen zu vermeiden, als Beulfeldbreite maximal etwa die 10-fache Beulfeldhöhe eingeben, auch wenn die Quersteifen einen größeren Abstand haben.

- Das Beulfeld wird durch die im Nachweispunkt wirkenden Spannungen beansprucht, siehe Abb. 12.10. Die Lasteinleitungsspannungen ergeben sich zu: $\sigma_{\mathrm{oz,Ed}} = F_{\mathrm{z,Ed}}/(l_{\mathrm{eff}} \cdot t_{\mathrm{w}})$. Bei Walzprofilen wird auf der sicheren Seite liegend der Ausrundungsradius vernachlässigt. Die Lasteinleitungslänge l_{eff} errechnet sich nach Tab. 12.2.

- Für den Nachweispunkt (Abb. 12.10) wird der Lasterhöhungsfaktor $\alpha_{\mathrm{ult,k}}$ ohne Berück-

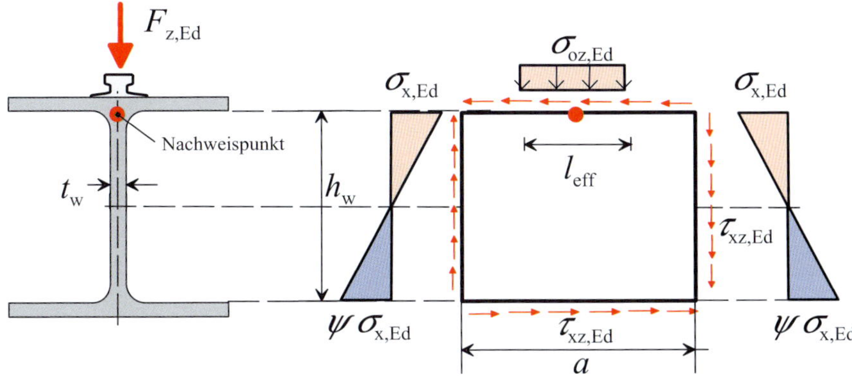

Abb. 12.10: Beulfeld; Methode der reduzierten Spannung

sichtigung des Beulens nach [3-1-5/Gl.10.3] bestimmt.

$$\frac{1}{\alpha_{\text{ult,k}}^2} = \left(\frac{\sigma_{\text{x,Ed}}}{f_\text{y}}\right)^2 + \left(\frac{\sigma_{\text{oz,Ed}}}{f_\text{y}}\right)^2 - \frac{\sigma_{\text{x,Ed}}}{f_\text{y}} \cdot \frac{\sigma_{\text{oz,Ed}}}{f_\text{y}} + 3 \cdot \left(\frac{\tau_{\text{xz,Ed}}}{f_\text{y}}\right)^2 \tag{12.31}$$

- Als Nächstes wird der kleinste Vergrößerungsfaktor α_{cr} der Bemessungslasten berechnet, um die elastische Verzweigungslast (Beulen) für das gesamte Spannunsgfeld zu erreichen. In [EK17] wird empfohlen, dabei von gelenkig gelagerten Plattenrändern auszugehen, also die Teileinspannung des Stegs durch die Flansche unberücksichtigt zu lassen. Der Vergrößerungsfaktor kann entweder mit den in [3-1-5] angegebenen Berechnungsverfahren in Verbindung mit Beuldiagrammen bestimmt werden (in [EK17] sind die Formeln und einige Beuldiagramme zusammengestellt). Oder aber – und diese Vorgehensweise wird hier empfohlen – der kritische Lasterhöhungsfaktor wird EDV-gestützt berechnet. Dafür eignet sich z.B. das vom Centre Technique Industriel de la Construction Métallique bereitgestellte Programm EBPlate [CTI16], (siehe Bild 12.11). Das Programm erlaubt die Berücksichtigung beliebiger Beufeldgeometrien bei Beanspruchungen durch Normalspannungen σ_x, Querlasten σ_{oz} und Schubspannungen τ_{xz}. Auch Längsbeulsteifen können berücksichtigt werden. Das Programm ist sehr komplex und leistungsfähig, es sollte nur durch fachlich dafür geeignete Personen angewendet werden. Der angegebene Lastverzweigungsfaktor ϕ entspricht dem gesuchten Faktor α_{cr}. Das Programm EBPlate kann kostenlos im Internet heruntergeladen werden.
- Der modifizierte Schlankheitsgrad des Beulfelds ergibt sich nach [3-1-5/Gl.10.2] zu:

$$\bar{\lambda}_\text{p} = \sqrt{\frac{\alpha_{\text{ult,k}}}{\alpha_{\text{cr}}}} \tag{12.32}$$

- Der Reduktionsbeiwert für die Längsspannungen ergibt sich nach [3-1-5/Gl.4.2] mit $\bar{\lambda}_\text{p}$ und dem Spannungsverhältnis ψ (siehe Abb. 12.10) zu:

$$\rho_\text{x} = \frac{\bar{\lambda}_\text{p} - 0,055 \cdot (3+\psi)}{\bar{\lambda}_\text{p}^2} \leq 1,0 \text{ für } \bar{\lambda}_\text{p} > 0,5 + \sqrt{0,085 - 0,055 \cdot \psi} \tag{12.33}$$

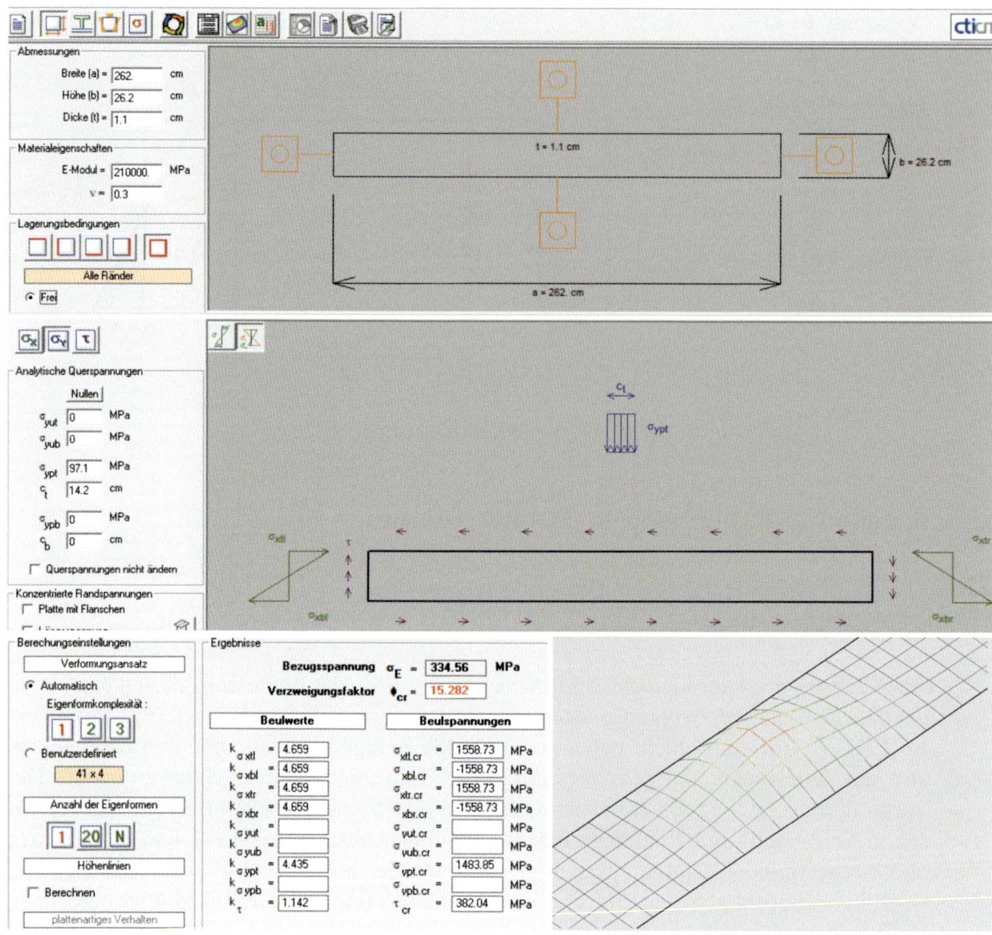

Abb. 12.11: Berechnung der Beulform des HEB 300-Stegblechs des Beispiels aus Abs. 17.7.4 mit EBPlate [CTI16]: oben: Beulfeldgeometrie; Mitte: Belastung; links unten: Ergebnis Lastverzweigungsfaktor $\phi_{\text{cr}} = \alpha_{\text{cr}} = 15,3$; rechts unten: Beulfigur

Für alle anderen Werte von $\bar{\lambda}_{\text{p}}$ wird $\rho_{\text{x}} = 1,0$ angenommen.
Die Anwendung von Gl. 12.33 setzt voraus, dass kein knickstabähnliches Verhalten zu unterstellen ist. Ist knickstabähnliches Verhalten z.B. bei schmalen Einzelfeldern mit Beulfeldabmessungen $a/h_{\text{w}} < 1$ zu berücksichtigen, sind die hier nicht angegebenen Abminderungsbeiwerte nach [3-1-5/4.5.4] zu berechnen.

- Der Reduktionsbeiwert für die Querspannungen ergibt sich nach [3-1-5NA/Gl.NA.8)] zu:

$$\rho_{\text{z}} = \frac{1}{\phi + \sqrt{\phi^2 - \bar{\lambda}_{\text{p}}}} \leq 1,0 \text{ mit } \phi = 0,5 \cdot \left[1 + 0,34 \cdot (\bar{\lambda}_{\text{p}} - 0,80) + \bar{\lambda}_{\text{p}}\right] \tag{12.34}$$

- Der Reduktionsbeiwert Schubbeulen ergibt sich nach [3-1-5/5.3(1)] mit $\eta = 1,2$ zu:

$$\chi_w = 1,2 \qquad \text{für} \quad \bar{\lambda}_p < 0,69 \tag{12.35}$$

$$\chi_w = 0,83/\bar{\lambda}_p \qquad \text{für} \quad 0,69 \leq \bar{\lambda}_p < 1,08 \tag{12.36}$$

$$\chi_w = 1,37/(0,7+\bar{\lambda}_p) \quad \text{für} \quad \bar{\lambda}_p \geq 1,08 \tag{12.37}$$

- Der Beulnachweis ist nun nach [3-1-5NA/Gl.NA.8a] im Falle biaxialen Druckes mit $V = \rho_x \cdot \rho_z$ falls σ_x eine Druckspannung ist und $V = 1$ in allen anderen Fällen zu führen mit:

$$\left(\frac{\sigma_{x,Ed} \cdot \gamma_{M1}}{\rho_x \cdot f_y}\right)^2 + \left(\frac{\sigma_{oz,Ed} \cdot \gamma_{M1}}{\rho_z \cdot f_y}\right)^2 - V \cdot \frac{\sigma_{x,Ed} \cdot \gamma_{M1}}{\rho_x \cdot f_y} \cdot \frac{\sigma_{z,Ed} \cdot \gamma_{M1}}{\rho_{oz} \cdot f_y} + 3 \cdot \left(\frac{\tau_{xz,Ed} \cdot \gamma_{M1}}{\chi_w \cdot f_y}\right)^2 \leq 1,0 \tag{12.38}$$

Beispiel: Beulnachweis nach der Methode der reduzierten Spannungen

Die Aufgabenstellung ist in Abs. 17.1, die Berechnungen sind in Abs. 17.7.4.2 enthalten.

12.4.4 Flanschinduziertes Stegblechbeulen

Um das Einknicken des Druckflansches in den Steg zu vermeiden, hat das Verhältnis h_w/t_w des Stegs folgendes Kriterium zu erfüllen [3-1-5/8(1)]:

$$\frac{h_w}{t_w} \leq k \cdot \frac{E}{f_{yf}} \cdot \sqrt{\frac{A_w}{A_{fc}}} \tag{12.39}$$

A_w	$= h_w \cdot t_w$ Stegfläche; mit h_w lichte Steghöhe
A_{fc}	effektive Querschnittsfläche des Druckflansches, entspricht dem tatsächlichen Druckflanschquerschnitt bei Druckflanschen der QK 1 bis QK 3
k	= 0,55 (wenn nur die elastische Querschnittstragfähigkeit ausgenutzt wird) = 0,40 (wenn plastische Querschnittstragfähigkeit ausgenutzt wird)
f_{yf}	Fließgrenze Druckflansch

Für die als Kranbahnträger geeigneten Walzprofile ist dieser Nachweis auch bei Stahlgüte S 355 in der Regel erfüllt. Bei Schweißprofilen ist der Steg der Gleichung folgend ausreichend dick auszuführen. Ein Nachweisbeispiel findet sich in Abschnitt 17.7.4.3.

13 Bauteilnachweis: Biegedrillknicken

13.1 Überblick

Kranbahnträger sind stets durch zweiachsige Biegung und Torsion beansprucht. Deswegen ist ihre Tragfähigkeit durch Biegedrillknicken begrenzt. Als "Biegedrillknicken (BDK) bezeichnet man das Instabilwerden eines Stabes bei gleichzeitiger Verbiegung und Verdrehung der Stabachse. Abb. 13.1 zeigt das Biegedrillknicken (hier: Kippen) eines Kranbahnträgers: Während der geringer belastete Kranbahnträger links noch stabil ist, steht der rechte, stärker belastete Kranbahnträger bereits kurz vor dem Versagen. Bei Kranbahnträgern für Laufkrane ist eine ausreichende Biegedrillknicksicherheit oft, aber durchaus nicht immer querschnittsbestimmend.

Nachweisformen für Biegedrillknicken von Kranbahnträgern

Wegen der bei Kranbahnträgern stets vorhandenen Torsionsbelastung kann das im Stahlbau standardmäßig vorgesehene BDK-Nachweisverfahren [3-1-1/6.3.3] nicht angewandt werden.

Für den BDK-Nachweis von Kranbahnträgern gibt es stattdessen drei Möglichkeiten:

- Ersatzstabverfahren: BDK-Nachweis als Knicknachweis des als herausgeschnitten gedachten Druckgurts des Kranbahnträgers, siehe Abschnitt 13.2 und [3-6/6.3.2.3].
- Ersatzstabverfahren: Alternatives BDK-Nachweisverfahren speziell für Kranbahnträger nach [3-6/Anhang A], siehe Abschnitt 13.3.
- BDK-Nachweis als Schnittgrößennachweis nach Theorie II. Ordnung unter Berücksichtigung der Wölbkrafttorsion und unter Ansatz von Ersatzimperfektionen, siehe Abschnitt 13.4 und [3-1-1/5.2.2].

Kranbahnträger mit kastenförmigem Querschnitt (Hohlprofile) sind so torsionssteif, dass für sie kein Biegedrillknicknachweis geführt werden muss. Für Kranbahnträger mit anderen Querschnittsformen ist ein BDK-Nachweis auszuführen.

13.2 Ersatzstabverfahren „Knickender Obergurt"

Das Verfahren des knickenden Obergurts ist schon aus der früheren Stabilitätsnorm DIN 4114 bekannt. Nachweisprinzip: Der als herausgeschnitten gedachte Druckgurt wird als Knickstab angesehen, für den eine ausreichende Sicherheit gegen Biegeknicken nachgewiesen wird (Abb. 13.2).

Das Ausknicken des gedachten Obergurt-Stabes kann nur horizontal erfolgen, da er ja in vertikaler Richtung durch Untergurt und Steg gehalten ist.

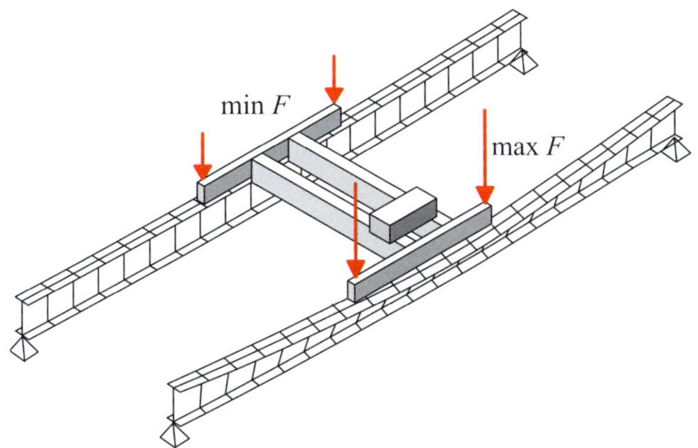

Abb. 13.1: Biegedrillknicken eines Kranbahnträgers

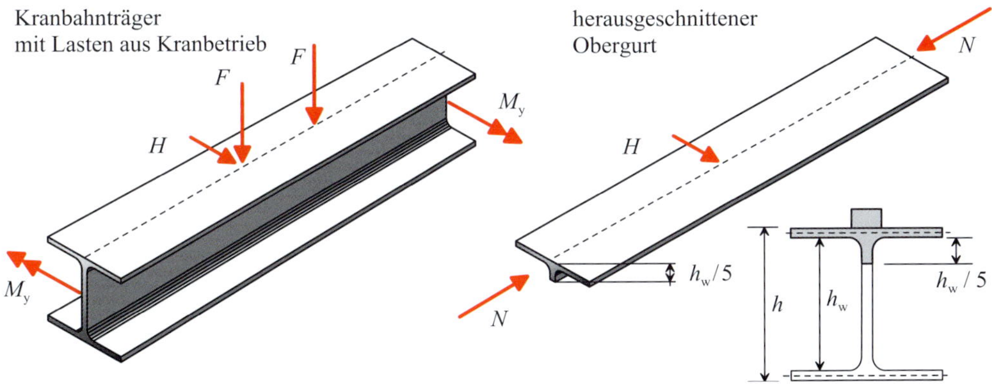

Abb. 13.2: BDK-Nachweis als Knicknachweis des Druckgurts nach [3-6/6.3.2.3]

Das Verfahren des knickenden Obergurts ist als ein mögliches Verfahren für einfeldrige Kranbahnträger ohne Einschränkungen der Querschnittsform angegeben [3-6/6.3.2.3]. Es lässt sich auch auf mehrfeldrige Kranbahnträger anwenden. Dabei sollte jedoch im Bereich der Zwischenauflager auch die Stabilität des gedrückten Untergurts nachgewiesen werden, siehe [EK17], 8.3.2. Bei doppeltsymmetrischen I-Profilen ist dieser Nachweis des Untergurts nicht maßgebend.

Die Stahlbaugrundnorm [3-1-1/6.3.3] enthält das Nachweisformat. Der durch Normalkraft und Biegung beanspruchte Druckgurt soll der Querschnittsklasse 1, 2 oder 3 zuzuordnen sein.

Ablauf des BDK-Nachweises "knickender Obergurt"

- Querschnittswerte des Obergurts, bestehend aus dem Träger-Oberflansch und $^1/_5$ des Steges, siehe [3-6/6.3.2.3(1)] (Index Og: Obergurt)
  - A_{Og} Querschnittsfläche des Obergurts
  - $i_{z,Og}$ Trägheitsradius des Obergurts um die Stegachse

- Schnittgrößen des Obergurt-Ersatzstabs
  - $M_{y,Ed}$ und $M_{z,Ed}$ sind die Bemessungsschnittgrößen des Kranbahnträgers.
  - Das Hauptbiegungsmoment $M_{y,Ed}$ wird unter Berücksichtigung des Gurtachsenabstandes $(h - t_f)$ in die Gurtdruckkraft umgerechnet:

$$N_{Og,Ed} = \frac{M_{y,Ed}}{h - t_f} \tag{13.1}$$

  - Der Ersatzstab wird durch einachsige Biegung ($M_{z,Ed}$) und Normalkraft ($N_{Og,Ed}$) beansprucht.
  - Das Verfahren lässt sich zuschärfen, wenn dem Obergurt nicht nur das Biegemoment M_z zugewiesen wird, sondern Abb 10.17 folgend das Moment $M_z \cdot (h+e)/h$, mit h Flanschachsenabstand und e vertikaler Abstand Oberflanschachse zur Schienenoberkante. Diese Zuschärfung ist jedoch nach [3-6/6.3.2.3] bei der Berechnung von Kranbahnträgern nicht erforderlich.
- Knicklänge des Ersatz-Druckstabs L_{cr}
  Auf der sicheren Seite liegend wird bei einem einfeldrigen Kranbahnträger der Länge l als Knicklänge $L_{cr} = l$ empfohlen. Bei einem Mehrfeldträger mit gleichen Feldlängen l liegt die Annahme auf der sicheren Seite.

$$\lambda_1 = \pi \cdot \sqrt{\frac{E}{f_y}} \quad \text{Bezugsschlankheitsgrad nach [3-1-1/6.3.1.3(1)]} \tag{13.2}$$

  - S 235: $\lambda_1 = 93{,}9$
  - S 275: $\lambda_1 = 86{,}8$
  - S 355: $\lambda_1 = 76{,}4$
  - S 420: $\lambda_1 = 70{,}2$

$$i_{z,Og} = \sqrt{I_{z,Og}/A_{Og}} \tag{13.3}$$

$$\bar{\lambda}_z = \frac{L_{cr}}{i_{z,Og} \cdot \lambda_1} \quad \text{nach [3-1-1/Gl.6.50]} \tag{13.4}$$

- Die Zuordnung der Querschnitte zu den Knicklinien ist gemäß [3-1-1/Tab. 6.2] vorzunehmen, siehe Tab. 13.1. Dabei ist Ausweichen senkrecht zur z-Achse anzunehmen.
- Die Imperfektionsbeiwerte α sind Tab. 13.2 zu entnehmen.

$$\phi = 0{,}5 \cdot \left[1 + \alpha \cdot \left(\bar{\lambda}_z - 0{,}2\right) + \bar{\lambda}_z^2\right] \tag{13.5}$$

$$\chi_z = \frac{1}{\phi + \sqrt{\phi^2 - \bar{\lambda}_z^2}} \quad \text{jedoch } \chi_z \leq 1{,}0 \tag{13.6}$$

- Für Walzprofile, Dreiblechquerschnitte und mit Obergurtwinkeln verstärkte Walzprofile der QK 1 und 2 gilt $C_{mz} = 0{,}9$ nach [3-1-1/Tab.B3], [3-1-1/Anhang B] und:

$$k_{zz} = C_{mz} \cdot \left(1 + \left(2 \cdot \bar{\lambda}_z - 0{,}6\right) \cdot \frac{N_{Og,Ed} \cdot \gamma_{M1}}{\chi_z \cdot A_{Og} \cdot f_y}\right) \tag{13.7}$$

$$\text{jedoch: } k_{zz} \leq C_{mz} \cdot \left(1 + 1{,}4 \cdot \frac{N_{Og,Ed} \cdot \gamma_{M1}}{\chi_z \cdot A_{Og} \cdot f_y}\right) \tag{13.8}$$

Tab. 13.1: Knicklinienauswahl nach [3-1-1/Tab. 6.2]

Querschnitt	Begrenzung	Ausweichen senkrecht zur Achse...	Knicklinie für S 235, S 275, S 355, S 420
Walzprofile ohne aufgeschweißte Schiene	$h/b \leq 1,2$ $t_f \leq 100$ mm	$z-z$	**c**
	$h/b > 1,2$ $t_f \leq 40$ mm	$z-z$	**b**
	$h/b > 1,2$ 40 mm $< t_f \leq 100$ mm	$z-z$	**c**
Walzprofile mit aufgeschweißter Schiene *); Dreiblechquerschnitte, Walzprofile mit Obergurtwinkeln verstärkt *)	$t_f \leq 40$ mm	$z-z$	**c**
	$t_f > 40$ mm	$z-z$	**d**
*) Walzprofile mit aufgeschweißter Flachstahlschiene werden wie Schweißprofile eingeordnet, da durch das Anschweißen der Schiene zusätzliche Imperfektionen verursacht werden. Das Gleiche gilt für Walzprofile, die mit Winkeln am Obergurt verstärkt wurden.			

Tab. 13.2: Imperfektionsbeiwerte α der Knicklinien nach [3-1-1/Tab. 6.1]

Knicklinie	a	b	c	d
Imperfektionsbeiwert α	0,21	0,34	0,49	0,76

- Für Walzprofile, Dreiblechquerschnitte und mit Obergurtwinkeln verstärkte Walzprofile der QK 3 gilt $C_{mz} = 0,9$ nach [3-1-1/Tab.B3], [3-1-1/Anhang B] und:

$$k_{zz} = C_{mz} \cdot \left(1 + 0,6 \cdot \bar{\lambda}_z \cdot \frac{N_{Og,Ed} \cdot \gamma_{M1}}{\chi_z \cdot A_{Og} \cdot f_y}\right) \tag{13.9}$$

$$\text{jedoch: } k_{zz} \leq C_{mz} \cdot \left(1 + 0,6 \cdot \frac{N_{Og,Ed} \cdot \gamma_{M1}}{\chi_z \cdot A_{Og} \cdot f_y}\right) \tag{13.10}$$

- $W_{Og,z} = W_{Og,pl,z}$ bei QK 1 oder 2 (plastisches Widerstandsmoment des Obergurts)
- $W_{Og,z} = W_{Og,el,z}$ bei QK 3 (elastisches Widerstandsmoment des Obergurts)
- Nachweis [3-1-1/Gl.6.62]:

$$\frac{N_{Og,Ed} \cdot \gamma_{M1}}{\chi_z \cdot A_{Og} \cdot f_y} + \frac{k_{zz} \cdot M_{z,Ed} \cdot \gamma_{M1}}{W_{Og,z} \cdot f_y} \leq 1 \tag{13.11}$$

Bewertung: Die Methode des knickenden Obergurts ist ein einfaches, auf der sicheren Seite liegendes, von Hand ausführbares Näherungsverfahren. Für eine wirtschaftliche Querschnittsbemessung ist es eher weniger gut geeignet.

Beispiel: BDK-Nachweis „knickender Obergurt“

Die Aufgabenstellung ist in Abschnitt 17.1, die Berechnungen sind in Abs. 17.6.1 enthalten.

13.3 Ersatzstabverfahren nach EC 3-6, Anhang A

13.3.1 Darstellung des Verfahrens

Das in [3-6/Anhang A] angegebene Verfahren ist ein Biegedrillknicknachweis nach dem Ersatzstabverfahren. Die in [3-1-1/6.3.2.3] enthaltenen Nachweisformeln für Biegedrillknicken wurden dabei an die Gegebenheiten bei Kranbahnträgern angepasst und um einen Term zur Berücksichtigung der Torsion erweitert. Die Anwendung ist gemäß [KFL$^+$14], S. III-246 im folgenden Bereich möglich:

- Baustähle bis S 355
- Einfeldträger, Mehrfeldträger
- doppelt- oder einfachsymmetrischer Querschnitt
- Für das Wölbbimoment gilt: $B_{\text{Ed}} \cdot \gamma_{\text{M1}} / B_{\text{Rk}} \leq 0,3$
- Für die Trägheitsmomente des Zuggurts $I_{\text{z,t}}$ und des Druckgurts $I_{\text{z,c}}$ um die z-Achse muss gelten: $I_{\text{z,t}} / I_{\text{z,c}} \geq 0,2$

Der Nachweis gestaltet sich folgendermaßen [3-6/A.1,Gl.A.1]:

$$\frac{M_{\text{y,Ed}} \cdot \gamma_{\text{M1}}}{\chi_{\text{LT}} \cdot M_{\text{y,Rk}}} + \frac{C_{\text{mz}} \cdot M_{\text{z,Ed}} \cdot \gamma_{\text{M1}}}{M_{\text{z,Rk}}} + \frac{k_{\text{w}} \cdot k_{\text{zw}} \cdot k_{\alpha} \cdot B_{\text{Ed}} \cdot \gamma_{\text{M1}}}{B_{\text{Rk}}} \leq 1 \tag{13.12}$$

mit

- $C_{\text{mz}} = 0,9$; äquivalenter Momentenbeiwert für eine Einzellast bei Biegung um die Achse $z - z$, nach [3-1-1/Tab.B.3]
- $M_{\text{y,Rk}}$ und $M_{\text{z,Rk}}$ sind die charakteristischen Werte der Momentenbeanspruchbarkeit des Querschnitts nach [3-1-1/Tab.6.7]. Bei Querschnitten der QK 1 und QK 2 sind dafür die plastischen, bei Querschnitten der QK 3 die elastischen Grenzwerte einzusetzen.
- $M_{\text{y,cr}}$ ist das ideale Verzweigungsmoment bei BDK um die Achse $y - y$. Zur Berechnung siehe Tab. 13.5.
- $B_{\text{Ed}} = M_{\text{w,Ed}}$ ist der Bemessungswert des Wölbbimoments.
- B_{Rk} ist der charakteristische Wert der Beanspruchbarkeit für Wölbtorsion; für doppeltymmetrische Profile siehe Abs. 10.4.3.
- W_{y} ist das zur Querschnittsklasse gehörige Widerstandsmoment um die Achse $y - y$.

$$k_{\text{w}} = 0,7 - \frac{0,2 \cdot B_{\text{Ed}} \cdot \gamma_{\text{M1}}}{B_{\text{RK}}} \tag{13.13}$$

$$k_{\text{zw}} = 1 - \frac{M_{\text{z,Ed}} \cdot \gamma_{\text{M1}}}{M_{\text{z,Rk}}} \tag{13.14}$$

$$k_{\alpha} = \frac{1}{1 - M_{\text{y,Ed}} / M_{\text{y,cr}}} \tag{13.15}$$

- Bezogene Schlankheit

$$\bar{\lambda}_{\text{LT}} = \sqrt{\frac{W_{\text{y}} \cdot f_{\text{y}}}{M_{\text{y,cr}}}} \tag{13.16}$$

Tab. 13.3: Knicklinienauswahl BDK nach [3-1-1/Tab. 6.5]; *b* = Breite des Druckflanschs

Querschnitt	Begrenzung	Knicklinie BDK
Walzprofil ohne aufgeschweißte Schiene	$h/b \leq 2$ $h/b > 2$	b c
Schweißprofile mit beliebiger Schiene Walzprofile mit aufgeschweißter Schiene Mit Obergurtwinkeln verstärkte Walzprofile	$h/b \leq 2$ $h/b > 2$	c d

Tab. 13.4: Imperfektionsbeiwerte α der Knicklinien nach [3-1-1/Tab. 6.3]

Knicklinie	a	b	c	d
Imperfektionsbeiwert α_{Lt}	0,21	0,34	0,49	0,76

- Hilfswerte $\bar{\lambda}_{\mathrm{LT},0} = 0,4$ und $\beta = 0,75$
- Hilfswert ϕ_{LT} mit α_{LT} nach Tab. 13.4

$$\phi_{\mathrm{LT}} = 0,5 \cdot \left(1 + \alpha_{\mathrm{LT}} \cdot \left(\bar{\lambda}_{\mathrm{LT}} - \bar{\lambda}_{\mathrm{LT},0}\right) + \beta \cdot \bar{\lambda}_{\mathrm{LT}}^2\right) \tag{13.17}$$

- χ_{LT} ist der Abminderungsfaktor für Biegedrillknicken nach [3-1-1/6.3.2.3]

$$\chi_{\mathrm{LT}} = \frac{1}{\phi_{\mathrm{LT}} + \sqrt{\phi_{\mathrm{LT}}^2 - \beta \cdot \bar{\lambda}_{\mathrm{LT}}^2}} \tag{13.18}$$

  jedoch: $\chi_{\mathrm{LT}} \leq 1,0$ und $\chi_{\mathrm{LT}} \leq 1/\bar{\lambda}_{\mathrm{LT}}^2$
  Statt χ_{LT} darf alternativ der günstigere Wert $\chi_{\mathrm{LT,mod}}$ nach [3-1-1/6.3.2.3(2)] in Nachweisgleichung 13.12 eingesetzt werden.

Zwei Dinge machen die Rechnung komplex: Die Bestimmung des Wölbbimoments B_{Ed} und die Bestimmung des idealen Verzweigungsmoments $M_{\mathrm{y,cr}}$. Die Berechnung des Wölbbimoments $B_{\mathrm{Ed}} = M_{\mathrm{w,Ed}}$ ist von Hand mit vertretbarem Aufwand kaum sinnvoll zu erledigen – die Verwendung eines Computerprogramms ist anzuraten.

Ähnliches gilt für die Bestimmung des idealen Verzweigungsmoments $M_{\mathrm{y,cr}}$. Tab. 13.5 gibt Quellen an, in denen Berechnungsmöglichkeiten von Hand beschrieben werden. Für die praktische Arbeit wird wohl in jedem Fall ein Computerprogramm verwendet werden. Ein kostenloses, dafür gut geeignetes Programm ist LTBeam von CTICM [CTI10].

Wenn die Verwendung von Computerprogrammen ohnehin für diesen Nachweis notwendig ist, dann ließe sich der BDK-Nachweis ohne Zusatzaufwand auch gleich als Schnittgrößennachweis nach TH. II. O. mit Ersatzimperfektionen ausführen, siehe Abschnitt 13.4.

13.3.2 Vereinfachtes Verfahren nach EC 3-6, Anhang A

Mit geeigneten Vereinfachungen, die für Walzprofile bis 60 cm Höhe zur Verfügung stehen, lässt sich das Verfahren nach [3-6/Anhang A], siehe Abs. 13.3.1, jedoch wieder so stark vereinfachen, dass es dann für eine Handrechnung (z. B. für die Überprüfung von EDV-Rechenergebnissen) hervorragend geeignet ist.

Tab. 13.5: Berechnungsmöglichkeiten „von Hand" für das ideale BDK-Moment $M_{y,cr}$

Profil	**Quelle**
Doppeltsymmetrisches I-Profil mit $h \leq 60$ cm	Abschätzung nach DIN 18 800-2, Gl. 20 $M_{y,cr} = 1,32 \cdot b \cdot t_f \cdot \frac{E \cdot I_y}{l \cdot h^2}$
Doppeltsymmetrisches I-Profil (h beliebig)	+ siehe [Wal14]; [EK17] + DIN 18800-2, Gl. 19 + Petersen, Stahlbau, Tafel 7.6 [Pet94] + Kroll, Rechenbehelfe [Kro98] + Lohse, Stahlbau 1, Tafel 6.10 [Loh02]
einfachsymmetrischer Querschnitt	+ Petersen, Statik und Stabilität, Kap. 7.9 [Pet82] + Lohse, Stahlbau 1, Tafel 6.10 [Loh02]
unsymmetrischer Querschnitt	kein Ersatzstabverfahren möglich

(a) **Vereinfachte Berechnung von $M_{y,cr}$**
Für doppeltsymmetrische I-Profile bis 60 cm Höhe durfte nach der mittlerweile zurückgezogenen DIN 18 800-2, Gl. 20 der Wert $M_{y,cr}$ folgendermaßen abgeschätzt werden:

$$M_{y,cr} = 1,32 \cdot b \cdot t_f \cdot \frac{E \cdot I_y}{l \cdot h^2} \quad \text{mit} \tag{13.19}$$

- l Spannweite des Kranbahnträgers
- h Profilhöhe
- I_y Trägheitsmoment des Profils um $y - y$-Achse

Gleichung 13.19 ist in den aktuellen Stahlbaunormen nicht mehr enthalten. Es gibt Vermutungen, dass die Ergebnisse aus Gl. 13.19 nicht in allen denkbaren Fällen auf der sicheren Seite liegen. Schadensfälle aus der Anwendung dieser Formel in der jahrzehntelangen Gültigkeitsphase der DIN 18 800-2 sind dem Autor nicht bekannt. Gleichwohl kann der Autor dem Anwender die Verantwortung für den Einsatz der Gl. 13.19 nicht abnehmen.

(b) **Berechnung des Wölbbimoments B_{Ed} umgehen**
Auf die explizite Berücksichtigung der Torsion kann wie oben in 10 dargestellt verzichtet werden, wenn die Horizontallast mit dem Moment $M_{z,Ed}$ alleine dem Obergurt ($I_{z,Og} \approx I_z/2$) zugewiesen wird. Die Spannungen bleiben gleich, wenn stattdessen für den gesamten Träger ($2 \cdot M_{z,Ed}$) berücksichtigt wird. So vereinfacht sich Gl. 13.12 für den Kranbahnträgernachweis im Regelfall auf der sicheren Seite liegend zu der leicht anwendbaren Form:

$$\frac{M_{y,Ed} \cdot \gamma_{M1}}{\chi_{LT} \cdot M_{y,Rk}} + \frac{0,9 \cdot 2 \cdot M_{z.Ed} \cdot \gamma_{M1}}{M_{z.Rk}} \leq 1 \tag{13.20}$$

Beispiel: BDK-Nachweis nach dem alternativen Ersatzstabverfahren [3-6/Anhang A]

Die Aufgabenstellung ist in Abs. 17.1, die Berechnungen sind in Abs. 17.6.2 enthalten.

13.4 BDK-Nachweis als Schnittgrößen-/ Spannungsnachweis

Der Kranbahnträger wird nach Wölbkrafttorsionstheorie II. Ordnung unter Ansatz von geometrischen Imperfektionen berechnet und es wird nachgewiesen, dass der Kranbahnträgerquerschnitt die so ermittelten Schnittgrößen aufnehmen kann.

Vorgehensweise:

(a) Einwirkungskombinationen (EK) bestimmen, bei Hallenkranen sind das im Regelfall die EK mit LG 1 und LG 5 nach Tab. 8.2.

(b) Imperfektionen festlegen:
Der Ansatz der Imperfektion als Vorkrümmung nur in horizontaler Richtung ist ausreichend. Eine zusätzliche Verdrehung des Trägers ist nicht nötig. Die Größe der Vorkrümmungen e_0 ist Tab. 13.6 zu entnehmen, siehe dazu [3-1-1NA/5.3.4(3)]. Es ist zulässig, die Imperfektionen nach Tab. 13.6 zu halbieren, wenn gilt $\bar{\lambda}_{LT} \leq 0,7$ oder $\bar{\lambda}_{LT} \geq 1,3$. Auf der sicheren Seite liegend kann man auf eine ggf. zulässige Verringerung der Imperfektion verzichten, wenn man die aufwändige Berechnung von $\bar{\lambda}_{LT}$ vermeiden möchte.

(c) Prüfen, ob an allen Auflagern Gabellager konstruktiv realisiert sind bzw. werden sollen.

(d) Auswahl einer geeigneten Software, siehe oben Abschnitt 10.7

(e) Schnittgrößenberechnung nach Wölbkrafttorsionstheorie II. Ordnung

(f) Biegedrillknicknachweis [3-1-1/5.2.2]:
Mit den gerade berechneten Schnittgrößen wird nun ein Querschnittsnachweis gemäß Kap. 11 geführt. Als Teilsicherheitsbeiwert ist γ_{M1} zu verwenden [3-1-1NA/6.1(1)].

(g) Elastisches Verhalten im Grenzzustand der Gebrauchstauglichkeit ist nachzuweisen, denn die Spannungen unter charakteristischen Lasten müssen im elastischen Bereich verbleiben, siehe Abs. 14.4 und [3-6/7.5]. Dieser Nachweis darf auf keinen Fall vernachlässigt werden, falls plastische Querschnittsreserven ausgeschöpft wurden, da er häufig kritisch ist!

Statt in Schritt (e) einen Schnittgrößennachweis zu führen, können auch die errechneten Spannungen nachgewiesen werden. Für Querschnitte der QK 1/2 ist das jedoch unwirtschaftlich.

Beispiel 13-1: Imperfektion für den BDK-Nachweis als Schnittgrößennachweis

Gegeben: HEB 300, S355, aufgeschweißte Flachstahlschiene

- QK 1: plastische Querschnittsreserven dürfen ausgeschöpft werden.
- $h/b = 30/30 = 1 < 2$
- aufgeschweißte Flachstahlschiene: Querschnitt wie ein Schweißprofil behandeln.
- Die bezogene Schlankheit $\bar{\lambda}_{LT}$ ist unbekannt und soll auch wegen des dafür notwendigen hohen Berechnungsaufwandes nicht ermittelt werden.

Ergebnis: Aus Tab. 13.6 ergibt sich in der Zeile für die KL c: $e_0 = l/150$.

Tab. 13.6: BDK: Ansatz der Imperfektion e_0 in y-Richtung als Vorkrümmung nach [3-1-1NA/ 5.3.4 (3)] bei einem zweifeldrigen Kranbahnträger; Darstellung im Grundriss

Linke Spalte: Knicklinien für BDK nach [3-1-1/Tab. 6.5] (l: Stützweite der Kranbahn)			… bei elastischer Querschnittsausnutzung $l/e_0 =$	… bei plastischer Querschnittsausnutzung $l/e_0 =$
b	Walzprofile	$h/b \leq 2,0$	250	200
c	Walzprofile	$h/b > 2$	200	150
c	Schweißprofile	$h/b \leq 2,0$	200	150
d	Schweißprofile	$h/b > 2$	150	100
Diese Werte gelten für $0,7 \leq \bar{\lambda}_{LT} \leq 1,3$. Für $\bar{\lambda}_{LT} < 0,7$ oder $\bar{\lambda}_{LT} > 1,3$ dürfen die Werte für e_0 halbiert werden.				

Beispiel: BDK-Nachweis als Spannungsnachweis und als Schnittgrößennachweis

Aufgabenstellung siehe Abs. 17.1, Berechnungen siehe Abs. 17.6.4 und 17.6.5.

13.5 Empfehlungen zur Auswahl des BDK-Nachweisverfahrens

Um Empfehlungen ableiten zu können, wurde zunächst für einen beispielhaften Kranbahnträger der Biegedrillknicknachweis mit den verschiedenen Verfahren ausgeführt. Die sich daraus ergebenden Auslastungswerte werden miteinander verglichen. Als Beispiel dient der in Kap. 17 durchgerechnete zweifeldrige Kranbahnträger mit 6 m Spannweite (HEB 300, zweiachsiger 10-t-Kran IFF, Einwirkungskombination mit LG 5). Tab. 13.7 zeigt das Ergebnis: Die Auslastung schwankt je nach Nachweisverfahren zwischen 58 % für den Schnittgrößennachweis nach Th. II. O. und 91 % für den „Knickenden Obergurt“. Der Spannungsnachweis nach Th. II. O. schneidet mit 89 % wegen der nicht erfolgten Ausnutzung plastischer Querschnittsreserven kaum besser ab als der “Knickende Obergurt"mit 91 %. Mit den genaueren, aufwändigeren Verfahren berechnet, reicht ein HEB 280 als Profil aus, die ungenaueren, einfacheren Verfahren ergeben die Notwendigkeit eines HEB 300.

Ergebnisse in [DW17] geben Hinweise darauf, dass für winkelverstärkte Walzprofile im Unterschied zu den in Tab. 13.7 präsentierten Ergebnissen das Verfahren des knickenden Obergurtes zu wirtschaftlicheren Ergebnissen führt als das Ersatzstabverfahren nach Anhang A.

In Tab. 13.8 wird versucht, die Eignung der vorgestellten BDK-Nachweisverfahren in Abhängigkeit von den Randbedingungen und Zielvorstellungen des Anwenders zu bewerten.

Tab. 13.7: Vergleich verschiedener BDK-Nachweisverfahren anhand Bsp. Kap. 17.

Verfahren	**Auslastung** *)	**nachweisbares HEB-Profil** **)	**Berechnungs-aufwand**
Knickender Obergurt Abs. 13.2 und 17.6.1	88 %	HEB 300	Von Hand, gering
Verfahren nach [3-6/Anh. A] vereinfachte Vorgehensweise Abs. 13.3.2 und 17.6.2	75 %	HEB 280	Von Hand, sehr gering
Verfahren nach [3-6/Anh. A] ohne Vereinfachungen Abs. 13.3.1 und 17.6.3	64 %	HEB 280	Software erforderlich, zusätzlich aufwändige Handrechnung
Schnittgrößennachweise Th. II. O., Ersatzimperfektionen Abs. 13.4 und 17.6.5	51 %	HEB 280	Software erforderlich
Spannungsnachweise Th. II. O. Ersatzimperfektionen Abschnitte 13.4 und 17.6.4	80 %	HEB 280	Software erforderlich
*) Da sich die Kranbahn geometrisch nichtlinear verhält, kann aus den angegebenen Auslastungswerten nicht auf eine zulässige Lasterhöhung zurückgeschlossen werden. **) Die Spalte bezieht sich ausschließlich auf die BDK-Nachweisbarkeit.			

Tab. 13.8: Eignung der BDK-Nachweisverfahren bei unterschiedlichen Zielen

BDK- Nachweisverfahren / **Ziele, Randbedingungen**	Knickender Obergurt, Abs. 13.2	EC 3-6, Anhang A, Abs. 13.3.1	Vereinfachtes Verf. nach Anh. A, s. Abs. 13.3.2	Schnittgrößennachweis nach Th. II. Ordnung, Abs. 13.4
Möglichst wirtschaftliche Bemessung	-	o	-	+
Möglichst einfache, schnelle Vorbemessung für...				
+ Walzprofile bis 60 cm Höhe	o	-	+	+
+ Dreiblechquerschnitte doppeltsym., $h \leq 60$ cm	o	-	+	+
+ andere Dreiblechquerschnitte	o	-	-	+
+ winkelverstärkte Walzprofile	o	-	-	+
Präzision der Ergebnisse; Wirtschaftlichkeit	mäßig	höher	mäßig	hoch
Komplexität der Anwendung	gering	hoch	gering	(EDV)
Berechnungsaufwand	gering	hoch	gering	mäßig
+ dem Ziel gut angemessen o bedingt angemessen - dem Ziel nicht angemessen				

14 Gebrauchstauglichkeitsnachweis

Mit Nachweisen im Grenzzustand der Gebrauchstauglichkeit (GZG) wird sichergestellt, dass die Kranbahn ihren vorgesehenen Zweck erfüllen kann:

(a) Durch die Begrenzung der Verformungen und Verschiebungen des Kranbahnträgers wird die einwandfreie Funktion der Krananlage sichergestellt und ein störungsfreier und verschleißarmer Kranbetrieb gewährleistet (siehe Abs. 14.1 bis 14.3).

(b) Durch die Begrenzung der Spannungen unter Gebrauchslasten auf die Fließgrenze wird das elastische Verhalten der Konstruktion sichergestellt (siehe Abs. 14.4).

(c) Durch die Begrenzung der Plattenschlankheit des Steges wird sichtbares Beulen oder übermäßiges Stegblechatmen ausgeschlossen (siehe Abs. 14.5).

Einwirkungen für den Gebrauchstauglichkeitsnachweis

Bei Gebrauchstauglichkeitsnachweisen sind die Lastgruppen 101, 102 und 103 nach Tab. 8.2 zu berücksichtigen [3-6NA/Tab.NA1]. Die Einwirkungskombinationen sind in Abs. 8.4.3 beschrieben. Die Wahl der Einwirkungskombination hängt also von dem jeweiligen Schutzziel ab. Im Regelfall ist zur Begrenzung der Verformungen die seltene (charakteristische) Einwirkungskombination zu verwenden ([3-6/7.3(1) und 7.5(1)]). Im Unterschied dazu soll zur Begrenzung des Verschleißes die quasi-ständige Einwirkungskombination unterstellt werden.

Linear elastische Berechnung der Spannungen und Verformungen

Spannungen und Verschiebungen im GZG können durch eine linear-elastische Berechnung (Theorie I. Ordnung) bestimmt werden [3-6/7.2(1)]. Abb. 14.1 zeigt, warum es im Regelfall ausreicht, bei den Nachweisen im GZG unter 1,0-fachen Lasten (Gebrauchslasten) linear elastisch zu rechnen: Der Unterschied von Spannungen und Verformungen nach Theorie I.O. und Theorie II.O. ist auf dem Level der Gebrauchslasten meist gering.

14.1 Grenzwerte für Verformungen und Verschiebungen

Die im Folgenden angegebenen Grenzwerte der Verformungen beruhen auf Erfahrungen mit Standardkranen. In [3-6/7.3(1)] werden Grenzwerte für Verformungen und Verschiebungen empfohlen, die im Wesentlichen im Nationalen Anhang [3-6NA/.3(1)] bestätigt werden, in wenigen Fällen aber auch abgeändert werden. Auf die Unterschiede wird im Folgenden hingewiesen. Grenzwerte für die Verformungen und Verschiebungen dürfen, zusammen mit der Lastfallkombination im GZG, mit der sie nachzuweisen sind, für jedes Projekt im Einzelnen vereinbart werden [3-6/7.3(1)]. Es wird empfohlen, nur mit guten Gründen von den in [3-6NA/7.3] angegebenen Grenzwerten abzuweichen. Weitere Überlegungen zur Verformungsbegrenzung und zum Zusammenwirken von Krananlage und Hallentragwerk können [MR02a, MR02b, Mei03, Mei06] entnommen werden.

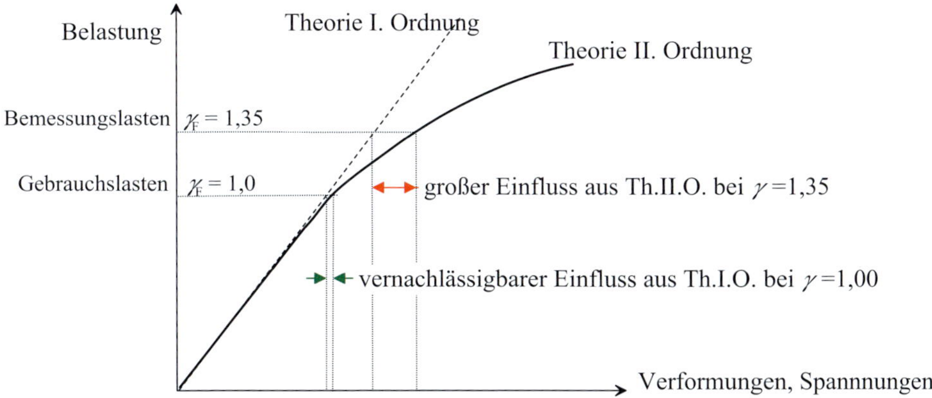

Abb. 14.1: Einfluss der Theorie II. Ordnung auf die Verformung, nach [Pet82] und [EK17]

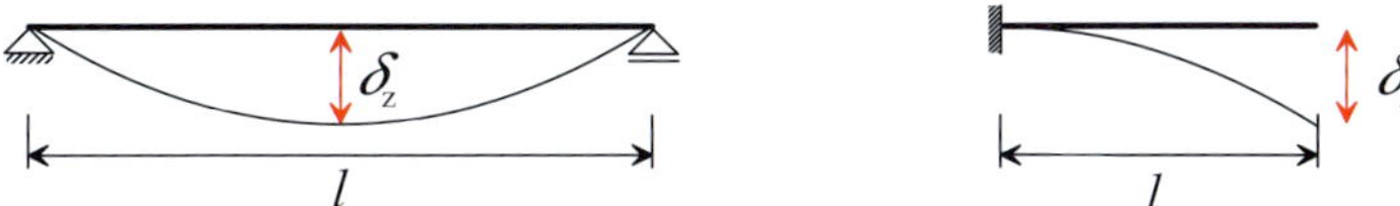

Abb. 14.2: Begrenzung der vertikalen Durchbiegung einer Kranbahn für Brückenkrane; links bei Ein- und Mehrfeldträgern, rechts bei Kragarmen

14.1.1 Begrenzung vertikaler Verformungen

14.1.1.1 Absolute vertikale Durchbiegung δ_z der Kranbahn

- Grenzwert allgemein nach [3-6/Tab7.2)]: $\delta_z \leq l/600$ und $\delta_z \leq 25$
- Grenzwert in Deutschland nach [3-6NA/7.3(1)] (Abb. 14.2)
  - $\delta_z \leq l/500$ und $\delta_z \leq 25$ mm
  - Anmerkung 1: Bei Spezialkranen mit hoher Positioniergenauigkeit könnten evtl. schärfere Begrenzungen auf $l/800$ bis $l/1000$ notwendig sein.
  - Anmerkung 2: Ab $l = 12,5$ m wird die absolute Begrenzung $\delta_z \leq 25$ mm relevant. Dieser Wert erhält seine besondere Berechtigung aus der Sicherstellung einer Mindestgröße der unteren Eigenfrequenz der Kranbahn, die bei 25 mm Durchbiegung etwa 3 Hz beträgt (siehe unten Abs. 14.3). Größere Durchbiegungen verursachen geringere kleinste Eigenfrequenzen, was oft nicht akzeptabel ist.
- Schutzziel
  - Berg- und Talfahrt der Kranbrücke vermeiden
  - Schwingungen der Krananlage vermeiden
- Zu berücksichtigende Einwirkungen (charakteristische EK)
  - Lastgruppe 101 nach Tab. 8.2 – vertikale Kranlasten ohne Schwingbeiwerte[1]
  - Eigengewicht Kranbahn

[1] Siehe Anmerkung zu [3-6/7.3(1)].

Abb. 14.3: Kragarmförmiger Kranbahnträger

- Zu berücksichtigende Verformungsanteile
  - Durchbiegung des Kranbahnträgers
  - Ggf. geplante Überhöhungen des Kranbahnträgers dürfen abgezogen werden
  - Verformungen aus unterstützenden Bauteilen bleiben unberücksichtigt.
- Kragarmförmige Kranbahnträger (Abb. 14.2 rechts und Abb. 14.3)
  - Die Biegelinie eines Kragarms der Länge l_{Kragarm} infolge einer Einzellast am Kragarmende ähnelt der halben umgedrehten Biegelinie eines Einfeldträgers.
  - Als Begrenzung wird daher für den Geltungsbereich des deutschen NA empfohlen: $\delta_z \leq (2 \cdot l_{\text{Kragarm}})/500$ und $\delta_z \leq 25$ mm. Die von der Kranbrücke zu überwindenden Steigungen entsprechen denen des Einfeldträgers mit der Durchbiegungsbegrenzung $l/500$.

14.1.1.2 Unterschied Δh_c der vertikalen Durchbiegungen zweier benachbarter Kranbahnträger

- Grenzwert nach [3-6/Tab.7(2)] und [3-6NA/7.3(1)] (Abb. 14.4)
  - $\Delta h_c \leq s/600$
- Schutzziel
  - Zu starke Neigung der Kranbrücke verhindern
  - Vermeidung von Berg- und Talfahrt der Krankatze
- Zu berücksichtigende Einwirkungen (charakteristische EK)
  - Lastgruppe 101 nach Tab. 8.2 – vertikale Kranlasten ohne Schwingbeiwerte
  - Eigengewicht Kranbahn

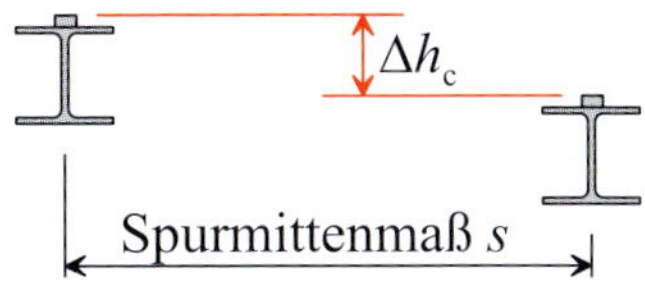

Abb. 14.4: Begrenzung der Differenzdurchbiegung benachbarter Träger

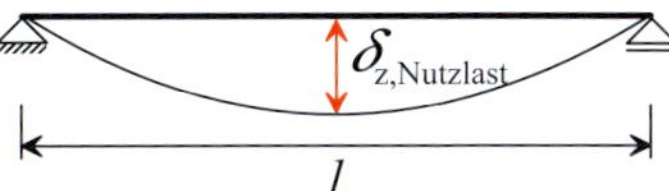

Abb. 14.5: Begrenzung der vertikalen Durchbiegung einer Kranbahn für Laufkatzen

- Zu berücksichtigende Verformungsanteile
  - Durchbiegungen der Kranbahnträger
  - Verformungen aus unterstützenden Bauteilen und Überhöhungen bleiben im Regelfall unberücksichtigt.
- Eine besonders sorgfältige Festlegung der Verformungsgrenzwerte ist dann notwendig, wenn die beiden parallelen Kranbahnstränge nicht dasselbe Verformungsbild aufweisen, z. B. infolge unterschiedlicher Kranbahnträger-Stützweiten oder unterschiedlicher Stützenpositionen.

14.1.1.3 Vertikale Durchbiegung δ_z eines Katzbahnträgers

- Grenzwert nach [3-6/Tab.7(2)] und [3-6NA/7.3(1)] (Abb. 14.5)
  - $\delta_{z,\text{Nutzlast}} \leq l/500$
- Schutzziel: Schwingungen der Krananlage vermeiden
- Zu berücksichtigende Einwirkung (charakteristische EK)
  - Nur Nutzlastanteil aus LG 101 nach Tab. 8.2 – vertikale Kranlasten ohne Schwingbeiwerte
- Zu berücksichtigende Verformungsanteile
  - Durchbiegung des Kranbahnträgers
  - Verformungen aus unterstützenden Bauteilen und Überhöhungen bleiben unberücksichtigt.

14.1.1.4 Weitere Anmerkungen zu vertikalen Verformungen

Überhöhungen: Bei einer vertikalen Durchbiegung $\delta_z > 10$ mm sollte eine Überhöhung des Kranbahnträgers trotz der höheren Kosten erwogen werden, wenn dies für die Einhaltung der Verformungsbegrenzungen notwendig ist.

Das Maß der Überhöhung kann aus der Durchbiegung für ständige Lasten und mittlere Radlasten ohne Schwingbeiwerte gewonnen werden.

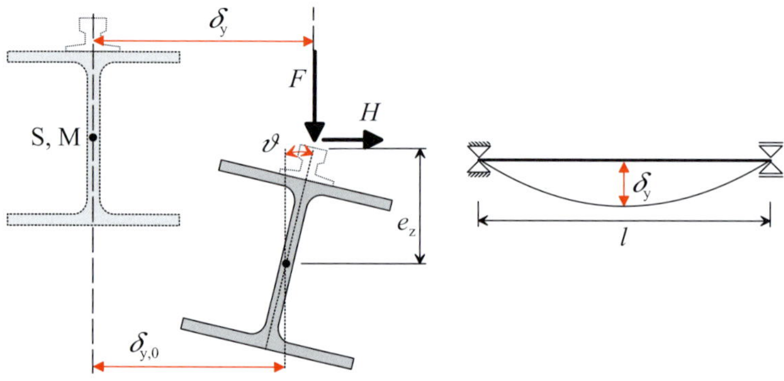

Abb. 14.6: Horizontale Verformung δ_y der Schienenoberkante

Baugrundsetzungen: Wenn der Baugrund stark setzungsanfällig ist, wird unabhängig von der Norm empfohlen, den Einfluss zu erwartender Setzungen auf die Gebrauchstauglichkeit zu beachten. Dies gilt besonders dann, wenn unter den verschiedenen Kranbahnstützen einer Kranbahn oder benachbarter Kranbahnträger Baugrundsetzungen gravierend ungleich ausfallen werden. Die anfänglich eingehaltenen Verformungsobergrenzen könnten dann u. U. im Laufe der Zeit überschritten werden.
Der Kranbetreiber muss den Kranhersteller über die Möglichkeit starker Setzungen informieren, damit dieser den Kran ggf. auf die zu erwartenden größeren Abweichungen von der Soll-Lage konstruktiv einrichten kann.

Besondere Anforderungen an den Kranbetrieb: Bei Spezialkranen mit einer hohen Positionierungsgenauigkeit oder bei Automatikkranen können ggf. schärfere Anforderungen erforderlich werden, z. B. die Begrenzung der vertikalen Duchbiegung auf $l/800$ bis $l/1200$ ([MR02a] S. 217).

14.1.2 Begrenzung horizontaler Verformungen nach [3-6/Tab.7.1]

Die Begrenzung der horizontalen Verformungen und Verschiebungen δ_y ist auf die Schienenoberkante zu beziehen, nicht auf den Trägerschwerpunkt, siehe Abb. 14.6.

14.1.2.1 Horizontale Verformung δ_y eines Kranbahnträgers

- Grenzwert nach [3-6/Tab.7.1] (Abb. 14.6)
  - $\delta_y \leq l/600$ bezogen auf die Schienenoberkante
- Schutzziel
  - Begrenzung Schräglaufwinkel
  - Vermeidung von erhöhtem Verschleiß an Schienen und Radsätzen
- Zu berücksichtigende Einwirkungen (charakteristische EK)
  - LG 102 nach Tab. 8.2; vertikale Kräfte plus Schräglauf ohne Schwingbeiwerte[2]
  - LG 103 nach Tab. 8.2; vertikale Kräfte plus Beschleunigen/Bremsen

[2]Siehe Anmerkung zu [3-6/7.3(1)].

- Zu berücksichtigende Verformungsanteile
  - Horizontale Durchbiegung des Kranbahnträgers
  - Verformungen aus unterstützenden Bauteilen bleiben unberücksichtigt.
- Bei Kranbahnträgern für Laufkatzen entfällt der Nachweis der horizontalen Verformungen, da es bei solchen Kranbahnträgern weder Schräglauf noch Schienenverschleiß gibt.
- Für kragarmförmige Krahnbahnträger wird analog zu Abs. 14.1.1.1 empfohlen: $\delta_y \leq 2 \cdot l_{\text{Kragarm}}/600$

14.1.2.2 Horizontale Verschiebung δ_y einer Kranstütze

- Grenzwert allgemein für die horizontalen Verschiebungen von Stützen nach [3-6/Tab.7.1]: $\delta_y \leq h_c/400$
- Grenzwerte in Deutschland für die horizontalen Verschiebungen von Stützen nach [3-6NA/7.3(1)]:
  - Die Grenzwerte nach Tab. 14.1 sind von der Hubklasse als Maß für die dynamische Belastung der Kranbahn abhängig.
  - h_c ist der Abstand zu der Ebene, in der der Kran gelagert ist (auf einer Kranschiene oder auf einem Flansch).
- Schutzziel: Vermeidung von Schwingungen der Kranstützen
- Zu berücksichtigende Einwirkungen (charakteristische EK)
  - LG 102 nach Tab. 8.2; vertikale Kräfte plus Schräglauf ohne Schwingbeiwerte
  - LG 103 nach Tab. 8.2; vertikale Kräfte plus Beschleunigen/Bremsen ohne Schwingbeiwerte
- Zu berücksichtigende Verformungsanteile
  - Durchbiegung der Kranstütze bzw. des unterstützenden Bauteils
  - Durchbiegungen des Kranbahnträgers sind nicht relevant.
- Anmerkung: Zweck der Begrenzung der horizontalen Verschiebung δ_y der Kranstützen in Höhe der Kranauflagerung ist nach [3-6/7.1(1)a] die Vermeidung übermäßiger Tragwerksschwingungen. Die zu vermeidenden Schwingungen werden durch den Hubvorgang ausgelöst [Mei06]. Maßgebend für Schwingungen sind im Regelfall nur die Lasten aus Kranbetrieb (Radlasten, Masselasten, Schräglaufkräfte), während ständige oder quasi-ständige Lasten (z. B. Eigengewichte und Schneelasten) unberücksichtigt bleiben können. Es ist sinnvoll, die Größe des Verformungsgrenzwertes vom Schwingbeiwert φ_2 (Transferieren der Hublast vom Boden), siehe [1-3/Tab. 2.4], abhängig zu machen.
  Die Abhängigkeit des Grenzwertes δ_y vom Schwingbeiwert bzw. von der Hubklasse nach Tab. 14.1 wurde deshalb im Nationalen Anhang [3-6NA/7.3.(1)] ergänzt.

14.1.2.3 Begrenzung der Stützenkopfverformung $\Delta\delta_y$ benachbarter Kranstützen

- Grenzwert nach [3-6/Tab.7.1, Zeile c] (Abb. 14.7)
  - Differenz $\Delta\delta_y$ der horiz. Verschiebungen benachbarter Tragwerke (oder Stützen), auf denen Träger einer im Innenbereich liegenden Kranbahn lagern: $\Delta\delta_y \leq l/600$

Tab. 14.1: Begrenzung der horizontalen Verschiebung der Kranstütze auf Höhe der Kranbahnauflagerung

Hubklasse	grenz δ_y nach [3-6NA/7.3(1)]
HC1	$h_c/250$
HC2	$h_c/300$
HC3	$h_c/350$
HC4	$h_c/400$

Ansicht

F_1 a F_2 H_1 H_2 l l l l

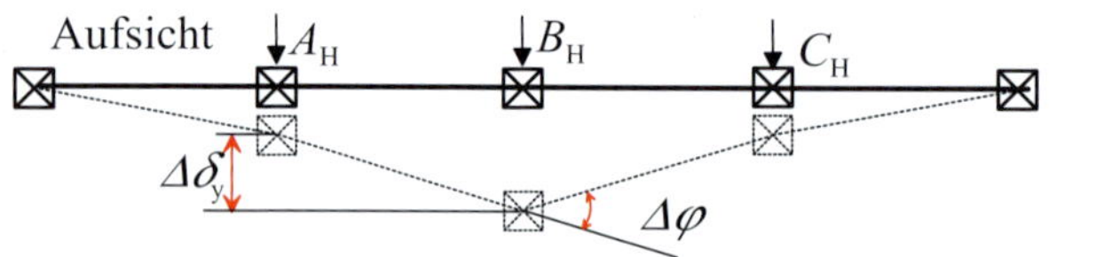

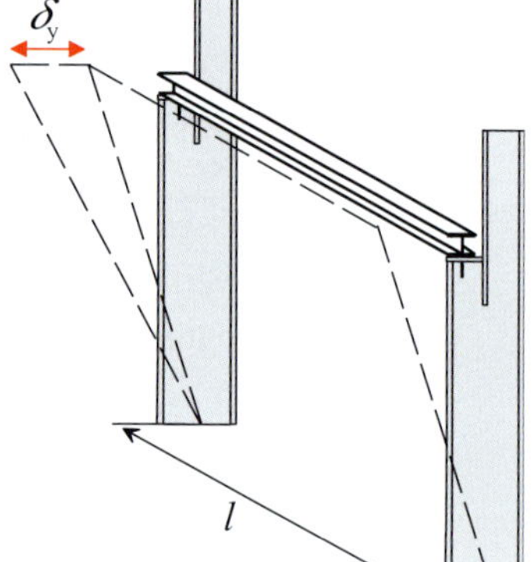

Abb. 14.7: Knickwinkel $\Delta\varphi$ im Grundriss der Schienenachse infolge Stützenkopfverformung $\Delta\delta_y$ benachbarter Stützen

- Schutzziel
  - Vermeidung von erhöhtem Verschleiß über die Begrenzung des Schräglaufwinkels und des Knickwinkels $\Delta\varphi$, siehe Abb. 14.7. Das wird indirekt über die Begrenzung von $\Delta\delta_y$ erreicht.
  - Auch: Reduktion der Stoßbeanspruchung bei Überfahrt über einen Knick.
- Zu berücksichtigende Einwirkungen (charakteristische EK) nach [3-6/Tab.7.1]
  - LG 102 nach Tab. 8.2; vertikale Kräfte plus Schräglauf ohne Schwingbeiwerte
  - LG 103 nach Tab. 8.2; vertikale Kräfte plus Beschleunigen/Bremsen ohne Schwingbeiwerte
- Zu berücksichtigende Verformungsanteile
  - Durchbiegung der Kranstütze bzw. des unterstützenden Bauteils
  - Durchbiegungen des Kranbahnträgers sind nicht relevant.

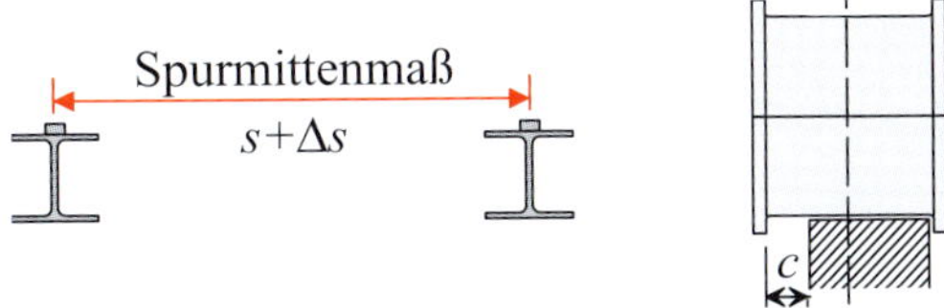

Abb. 14.8: Änderung Δs des Spurmittenmaßes (links); Spurspiel c (rechts)

14.1.2.4 Begrenzung der Stützenkopfverformung $\Delta\delta_y$ benachbarter Stützen einer außen liegenden Kranbahn

- Analog zu Abschnitt 14.1.2.3 nach [3-6 /Tab.7.1, Zeile d)]
- Während des Kranbetriebs ist unter der Wirkung von (LG 102 plus Windlast in Betrieb) und (LG 103 plus Windlast in Betrieb) nachzuweisen: $\Delta\delta_y \leq l/600$
- Zusätzlich ist außerhalb des Kranbetriebs nur unter der Wirkung der Windlast außer Betrieb nachzuweisen: $\Delta\delta_y \leq l/400$

14.1.2.5 Änderung des horizontalen Abstandes Δs der Schienenkopfmitten (Spurweite)

- Begrenzung nach [3-6/Tab.7.1, Zeile e] (Abb. 14.8)
  - Änderung des Abstandes Δs der Schienenkopfmitten der Kranschienen: $\Delta s \leq 10$ mm
- Schutzziel: Vermeidung von erhöhtem Verschleiß an Rädern und Schienen infolge gleichzeitigen Anliegens der Spurkränze an die Schienenköpfe beider Kranbahnen
- Zu berücksichtigende Einwirkungen (quasi-ständige EK nach [3-6NA/7.3(1)])
  - LG 101 (vertikale Radlasten) nach Tab. 8.2; ohne Schwingbeiwerte
  - Horizontale Einwirkungen aus Kranbetrieb sind im Ausnahmefall nur dann zu berücksichtigen, wenn Brems- und Beschleunigungsvorgänge in einem bestimmten Kranbahnbereich betriebsbedingt regelmäßig wiederholt auftreten.
  - Temperaturänderungen mit Kombinationsbeiwert $\psi_2 = 1,0$; siehe auch Abs. 8.2.1.
  - Das Eigengewicht des Hallenrahmens kann im Regelfall bei der Berechnung von Δs unberücksichtigt bleiben, da die Kranbahn nach ihrem Einbau – also schon unter Wirkung des Hallen-Eigengewichtes – ausgerichtet wird.
- Zu berücksichtigende Verformungsanteile
  - Verformungen der Kranstütze bzw. der unterstützenden Bauteile (z. B. Hallenbinder), siehe Abb. 14.9
  - Die horizontale Durchbiegung des Kranbahnträgers infolge der EK 101 ist wegen der im GZG stets anzunehmenden zentrischen Radlasteinleitung in Verbindung mit einem doppeltsymmetrischem Kranbahnträgerquerschnitt ist null.
- Anmerkung 1: Horizontale Verformungen und Toleranzen von Kranbahnträgern werden bei der Berechnung von Kranbahnen zusammen betrachtet. Wenn das Spurspiel c (z.B. zwischen Spurkranz und Kranschiene) ausreichend ist, um die erforderlichen Toleranzen (siehe Abs. 6.4) auszugleichen, können zwischen dem Bauherrn und dem Kranhersteller auch größere Verformungsgrenzwerte vereinbart werden.

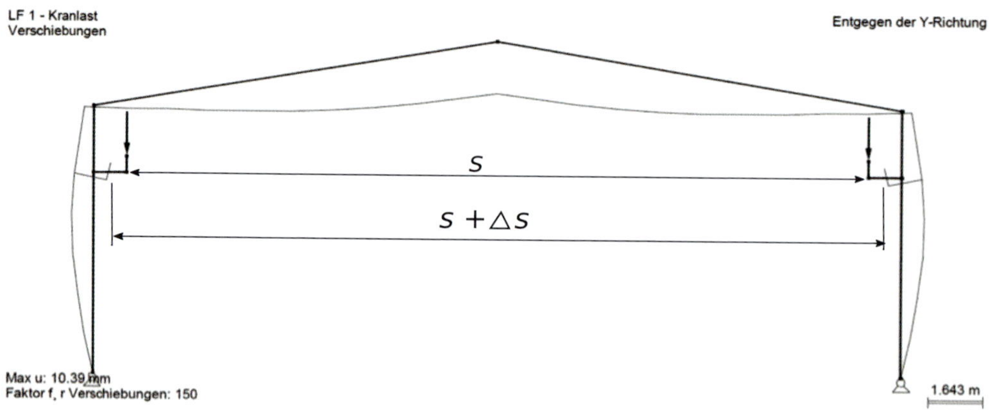

Abb. 14.9: Verformungen des Hallenbinders infolge vertikaler Radlasten aus Kranbetrieb (schwarz: unverformter Hallenbinder; grau: verformtes System)

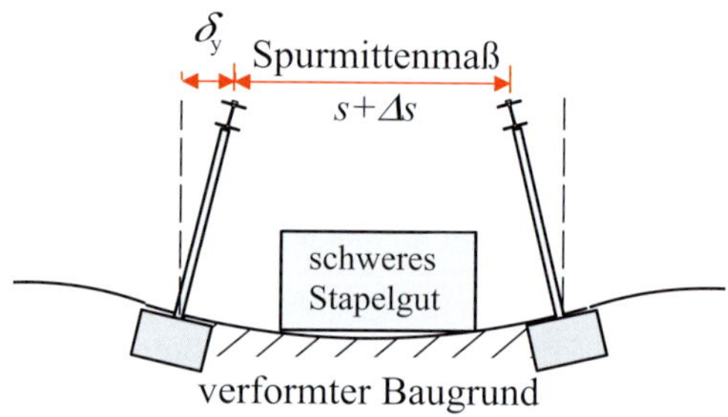

Abb. 14.10: Verformungen des Baugrunds können sich auf die Kranbahn auswirken

- Anmerkung 2: Abweichende Grenzwerte der Spurweitenänderungen sollten nur in enger Abstimmung mit dem Kranhersteller vereinbart werden, um einen problemlosen und verschleißarmen Kranbetrieb sicherzustellen.
- Auch aufgezwungene horizontale Verformungen δ_y der umgebenden Bauteile oder des Baugrunds (Abb. 14.10) können sich auf die Spurweite auswirken.

14.1.3 Schwingungen von Krananlagen

Durch die Begrenzung der Durchbiegungen von Kranbahn und Kranbrücke wird auch auf das Schwingungsverhalten der Krananlage Einfluss genommen. Im Regelfall ist es daher für den Tragwerksplaner nicht notwendig, einen separaten Nachweis der Schwingungseigenschaften zu führen. In [3-6/7] werden keine über die Begrenzung der Verformungen herausgehenden Forderungen an die Schwingungseigenschaften der Kranbahn gestellt.

Bei besonderen Anforderungen an die Krananlage, z. B. bezüglich der Positioniergenauigkeit, kann es aber erforderlich sein, zusätzlich einen Blick auf die Schwingungseigenschaften zu werfen. Die in Tab. 14.2 angegebenen Grenzwerte für die untersten Eigenfrequenzen der Krananlage wurden von v. Berg [Ber89], Tab. 19.1 vorgeschlagen.

Tab. 14.2: Niedrigste akzeptable Eigenfrequenz nach v. Berg [Ber89], Tab. 19.1

	normale Anforderungen *)	erhöhte Anforderungen *)
Brückenkran	2,5 Hz	5,0 Hz
Schwenkkran	3,0 Hz	4,5 Hz
Portalkran	5,5 Hz	6,5 Hz
*) Anforderungen an die Hub- und Senkbewegung beim Halt in Bezug auf das Schwingen.		

Schwingungen der Kranbrücke können u. a. verursacht werden durch

- Hubvorgänge (Beschleunigen, Abbremsen der Hublast, plötzlicher Abwurf der Hublast)
- Kranfahren über die elastische verformte (durchgebogene) Kranbahn
- stoßartige Belastung durch Überfahrt der Kranbrücke über Schienenstöße oder andere - z.B. verschleißbedingte - Unebenheiten
- Stöße durch Pufferanprall.

Stöße und Schwingungen werden im Regelfall durch die Schwingbeiwerte auf die Lasten aus Kranbetrieb (Tab. 8.5) auf der sicheren Seite liegend berücksichtigt.

In [Mei06] findet sich eine detaillierte Betrachtung zu Schwingungen von Kranbahnen und Kranbahnunterstützungen.

Bei großen Schwingungsamplituden und kleinen Eigenfrequenzen kann die Gebrauchstauglichkeit der Krananlage gefährdet sein.

In [PW18], Abschnitt 4.8.2.5, S. 260, wird über einen Zweiträger-Brückenkran mit einer gemessenen untersten Eigenfrequenz von 2,6 Hz berichtet, der bei allen Hub- und Fahrbewegungen in einen störenden Schwingungszustand kam. Die Katze sprang mehrfach aus den Schienen, der Kran musste nachgerüstet werden.

Je steifer Kranbahnunterstützungen, Kranbrücke und Kranbahn ausgebildet werden, desto höher ist die Eigenfrequenz und desto geringer wird die Schwingungsamplitude.

Bei der Betrachtung der Schwingungseigenschaften stehen die gesamte Krananlage, bestehend aus Kranbahnunterstützung, Kranbahn und Kranbrücke, und auch die Masse der Hublast im Blickfeld.

14.2 Berechnung der Durchbiegungen

14.2.1 Berechnung vertikaler Durchbiegungen δ_z

a) Einfeldträger (Länge l) mit zwei gleichen Radlasten $F_{\mathrm{Ed,ser}}$ im Abstand a

- Aus Gründen der Vereinfachung wird die Trägerdurchbiegung in Feldmitte berechnet, die nur geringfügig von der maximalen Durchbiegung abweicht [Pet94].

- Durchbiegung in Feldmitte aus symmetrischer Radlaststellung bzw. im Fall $a \geq 0,65 \cdot l$ aus mittiger Radlaststellung

$$a < 0,65 \cdot l: \quad \delta_z = \frac{F_{\text{Ed,ser}} \cdot (l-a) \cdot \left(3 \cdot l^2 - (l-a)^2\right)}{48 \cdot EI_y} \tag{14.1}$$

$$a \geq 0,65 \cdot l: \quad \delta_z = \frac{F_{\text{Ed, ser}} \cdot l^3}{48 \cdot EI_y} \tag{14.2}$$

- Durchbiegung in Feldmitte aus Eigengewicht $g_{\text{Ed,ser}}$ der Kranbahn:

$$\delta_{z,g} = 0,0130 \cdot \frac{g_{\text{Ed,ser}} \cdot l^4}{EI_y} \tag{14.3}$$

Beispiel 14-1: Vertikale Durchbiegung eines Einfeldträgers

Gegeben: einfeldrige Kranbahn $l = 6$ m; HEB 300

- $F_{\text{Ed,ser}} = F_1 = F_2 = 75$ kN; Radabstand $a = 3,6$ m
- Eigengewicht Kranbahn und Schiene $g_{\text{Ed,ser}} = 1,35$ kN/m

Verlangt: Nachweis der vertikalen Durchbiegung δ_z

- mit $a = 3,6 \text{ m} < 0,65 \cdot l = 3,9$ m ergibt sich nach Gl. 14.1:

$$\begin{aligned}\delta_z &= \frac{F_{\text{Ed,ser}} \cdot (l-a) \cdot \left(3 \cdot l^2 - (l-a)^2\right)}{48 \cdot EI_y} + 0,013 \cdot \frac{g \cdot l^4}{EI_y} \\ &= \frac{75 \cdot (600-360) \cdot \left(3 \cdot 600^2 - (600-360)^2\right)}{48 \cdot 21000 \cdot 25170} + 0,013 \cdot \frac{0,0135 \cdot 600^4}{21000 \cdot 25170} \\ &= 0,725 + 0,043 = 0,77 \text{ cm}\end{aligned}$$

- Grenzwert der vertikalen Durchbiegung nach Abschnitt 14.1.1: $l/500$
- Gebrauchstauglichkeitsnachweis: $\delta_y = 0,77 \text{ cm} < l/500 = 1,2$ cm (✓)

b) Ein- oder Zweifeldträger mit zwei gleichen Radlasten $F_{\text{Ed,ser}} = F_1 = F_2$ im Abstand a, Feldlänge l und EI konstant

Mit Hilfe von Tab. 14.3 können die Durchbiegungen δ_z aus Radlasten $F_{\text{Ed,ser}}$ und Eigengewicht g ermittelt werden:

$$\delta_z = \frac{\gamma \cdot F_{\text{Ed, ser}} \cdot l^3}{100 \cdot EI_y} + \beta \cdot \frac{g \cdot l^4}{EI_y} \tag{14.4}$$

mit $\beta = 0,0130$ (Einfeldträger) bzw. $\beta = 0,0054$ (Zweifeldträger), γ aus Tab. 14.3
Die Ergebnisse für den Einfeldträger entsprechen den mit den Gl. 14.1, 14.2 berechneten Zahlen.

Beispiel: Vertikale Durchbiegung eines Zweifeldträgers

Die Aufgabenstellung findet sich in Abschnitt 17.1, die Berechnungen sind in Abschnitt 17.8 zu finden.

Tab. 14.3: Parameter γ für die Berechnung der Durchbiegung in Trägermitte mit Gl. 14.4 [Pet94]

$\alpha = a/l$	Einfeld-träger γ	Zwei-feldtr. γ	$\alpha = a/l$	Einfeld-träger γ	Zwei-feldtr. γ	$\alpha = a/l$	Einfeld-träger γ	Zwei-feldtr. γ
0,00	4,17	3,01	0,35	3,49	2,46	0,70	1,82 *)	1,23 *)
0,05	4,15	2,99	0,40	3,30	2,31	0,75	1,53 *)	1,08 *)
0,10	4,11	2,96	0,45	3,09	2,15	0,80	1,23 *)	0,99 *)
0,15	4,03	2,90	0,50	2,86	1,98	0,85	0,93 *)	0,94 *)
0,20	3,93	2,81	0,55	2,62	1,80	0,90	0,62 *)	0,91 *)
0,25	3,81	2,71	0,60	2,37	1,62	0,95	0,31 *)	0,90 *)
0,30	3,66	2,59	0,65	2,10	1,42 *)	1,00	0,00 *)	0,91 *)
*) Falls ein Rad des Krans den Träger verlassen kann, ist für den Einfeldträger ein Mindestwert $\gamma_{\text{Einfeld}} = 2,08$ und für den Zweifeldträger ein Mindestwert $\gamma_{\text{Zweifeld}} = 1,50$ zu berücksichtigen.								

c) Drei- oder Mehrfeldträger mit zwei gleichen Radlasten $F_{\text{Ed,ser}}$ im Abstand a, Feldlänge und EI konstant

Die Durchbiegung der Endfelder kann näherungsweise mit Gl. 14.4 / Tab. 14.3 berechnet werden.

d) Ein- oder Mehrfeldträger mit beliebig vielen, auch ungleichen Radlasten, Feldlänge und EI konstant

Mit Hilfe der in Tab. 14.4 gegebenen Einflusslinien η für die Durchbiegung in Feldmitte kann die Durchbiegung δ_z in Feldmitte infolge beliebiger Radlastgruppen ermittelt werden.

Die Laststellung, die zum maximalen Feldmoment führt, kann in erster Näherung auch für die Durchbiegung als maßgebend angesehen werden.

Alternativ kann durch Ausprobieren die ungünstigste Lastposition ermittelt werden. Die Durchbiegung aus den $i = 1, n$ Radlasten F_i und aus dem Eigengewicht g beträgt:

$$\delta_z = \sum_{i=1,n} \left(\frac{\eta_i \cdot F_i \cdot l^3}{100 \cdot EI_y} \right) + \beta \cdot \frac{g \cdot l^4}{EI_y} \tag{14.5}$$

mit $\beta = 0,0130$ (Einfeldträger) bzw. $\beta = 0,0054$ (Zweifeldträger) bzw. $\beta = 0,0068$ (Dreifeldträger); η-Wert aus Tab. 14.4

e) Träger mit ungleichen Feldlängen und/oder veränderlicher Steifigkeit EI

Für diesen allgemeinen Fall wird die Verwendung von EDV-Programmen empfohlen.

14.2.2 Horizontale Durchbiegung δ_y der Schienenoberkante

Es bieten sich zwei Berechnungsmöglichkeiten für die horizontale Verschiebung der Schienenoberkante δ_y an:

Tab. 14.4: Einflusslinien (EL) η für die Durchbiegung von Trägern in Feldmitte infolge Radlasten zur Berechnung mit Gl. 14-5

Punkt	1-Feldträger η	2-Feldträger η	3-Feldträger Endfeld – η	3-Feldträger Mittelfeld – η	Punkt
0	0	0	0	0	0
1	0,617	0,462	0,452	-0,124	1
2	1,183	0,883	0,863	-0,240	2
3	1,650	1,223	1,195	-0,341	3
4	1,967	1,441	1,407	-0,420	4
5	2,083	1,497	1,458	-0,469	5
6	1,967	1,366	1,327	-0,480	6
7	1,650	1,092	1,055	-0,446	7
8	1,183	0,733	0,703	-0,360	8
9	0,617	0,349	0,332	-0,214	9
10	0	0	0	0	10
11		-0,267	-0,244	0,279	11
12		-0,450	-0,440	0,583	12
13		-0,558	-0,481	0,863	13
14		-0,600	-0,500	1,067	14
15		-0,586	-0,469	1,146	15
16		-0,525	-0,400	1,067	16
17		-0,427	-0,306	0,863	17
18		-0,300	-0,200	0,583	18
19		-0,155	-0,094	0,279	19
20		0	0	0	20
21			0,071	-0,214	21
22			0,120	-0,360	22
23			0,149	-0,446	23
24			0,160	-0,480	24
25			0,156	-0,469	25
26			0,140	-0,420	26
27			0,114	-0,341	27
28			0,080	-0,240	28
29			0,041	-0,124	29
30			0	0	30

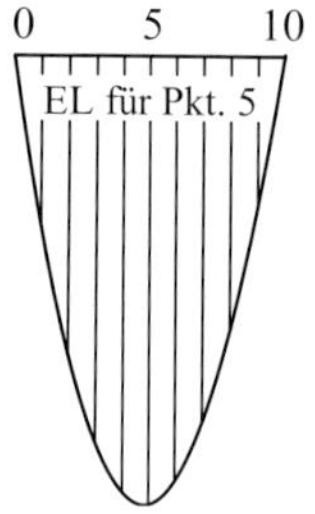

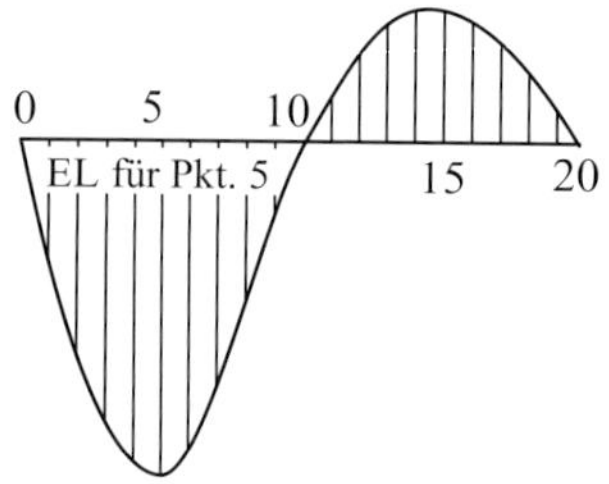

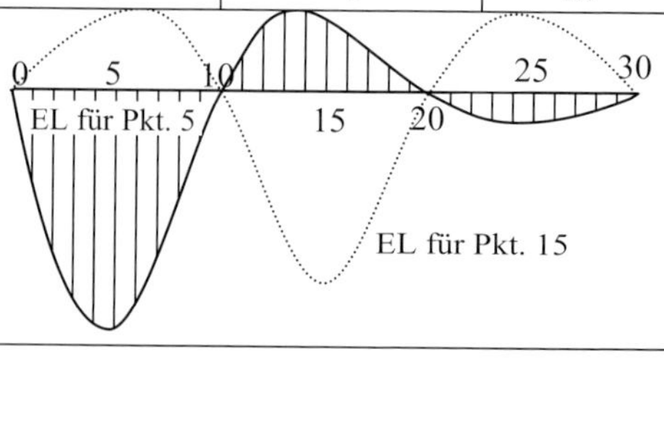

- Verformungsberechnung nach Biegetorsionstheorie mit einer geeigneten Software.
  Um die horizontale Auslenkung der Schienenoberkante δ_y zu ermitteln, muss neben der Durchbiegung des Trägerschwerpunkts $\delta_{y,0}$ auch die Verdrehung des Kranbahnträgerquerschnitts ϑ aus der Torsionswirkung der Kranlasten bekannt sein, siehe Abb. 14.6. Für kleine Winkel ϑ gilt: $\delta_y = \delta_{y,0} + \vartheta \cdot e_z$
- Überschlägige Durchbiegungsberechnung mit Tragwirkungssplitting
  Die Horizontallast wird ausschließlich dem Obergurt des Kranbahnträgers (Oberflansch + $1/5$ Steg) zugewiesen (siehe Abs. 10.6.3). Die horizontale Durchbiegung des Obergurts lässt sich mit den oben in Abschnitt 14.2.1 beschriebenen Verfahren bestimmen.

Beispiel: Horizontale Durchbiegung eines Zweifeldträgers

Die Aufgabenstellung findet sich in Abschnitt 17.1, die Berechnungen sind in Abschnitt 17.8 enthalten.

14.3 Abschätzung der Eigenfrequenzen

Um eine erste Bewertung der Schwingungseigenschaften einer Krananlage vornehmen zu können, reicht es manchmal schon aus, ihre niedrigste Eigenfrequenz zu kennen. Für eine detaillierte Betrachtung baudynamischer Fragestellungen wird auf die Literatur [PW18] verwiesen.

Die Ermittlung der niedrigsten Eigenfrequenz ist mit folgenden Vorgehensweisen möglich:

- Berechnung mit Hilfe geeigneter Stabwerks- oder FEM-Programme
- Handrechnung der untersten Eigenfrequenz einer Brückenkrananlage nach Abb. 14.11 unter Berücksichtigung der Steifigkeiten des Kranbahnträgers, des Kopfträgers und des Brückenträgers mit den Formeln nach v. Berg [Ber89], Kap. 19
- Abschätzung der niedrigsten Eigenfrequenz mit Hilfe der Durchbiegung u infolge Eigengewicht, siehe unten.

Berechnung der Eigenfrequenz f_0 eines Einmassenschwingers aus der Durchbiegung

Das einfachste schwingende System ist der ungedämpfte Einmassenschwinger mit der Masse m, der Federsteifigkeit k. Wie allgemein bekannt ist, ergibt sich die Eigenfrequenz des ungedämpften Einmassenschwingers aus der Zusammendrückung der Feder $u = m \cdot g/k$ infolge der Gewichtskraft der Masse m zu (siehe [PW18], Abs. 4.8.2.3):

$$f_0 = \frac{5,0}{\sqrt{u}} \qquad \text{mit } u \text{ in [cm]} \tag{14.6}$$

Abschätzung der niedrigsten Eigenfrequenz f_0 einer Krananlage

Gl. 14.6 gilt streng nur für den Einmassenschwinger, lässt sich aber näherungsweise auch auf eine Brückenkrananlage anwenden. Bei bekannter maximaler vertikaler Durchbiegung u (tritt i.d.R. in Brückenmitte auf) infolge der Schwerkraft liefert die Eigenfrequenz nach Gl. 14.6 eine untere Grenze für die tatsächliche niedrigste Eigenfrequenz der Krananlage. In die Berechnung der Durchbiegung soll das elastische Verhalten von Kranbrücke, Kopfträger und Kranbahn, evtl. auch das der Kranbahnunterstützungen einfließen. Die maximale Hublast ist zu berücksichtigen.

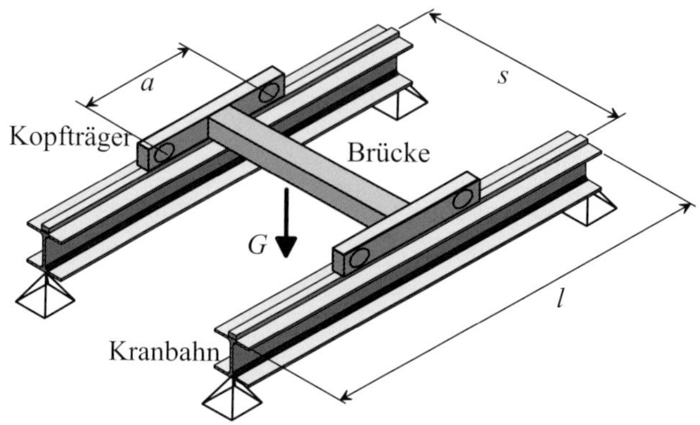

Abb. 14.11: Beispiel 14-2: Krananlage mit Einträgerbrückenlaufkran

Beispiel 14-2: Abschätzung der untersten Eigenfrequenz einer Krananlage

Gegeben: Krananlage siehe Abb. 14.11

- 7-t-Einträgerbrückenlaufkran mit Spurmittenmaß $s = 15$ m
  - Kranbrückenträger HEB 600, $g = 2,12$ kN/m
  - Kopfträger: Rechteckhohlprofil $260 \cdot 140 \cdot 7$; Radstand $a = 2,5$ m
  - Katzgewicht: $G_{\text{Katze}} = 1,05$ kN
- einfeldrige Kranbahn HEB 340, $g = 1,34$ kN/m und Feldweite $l = 6$ m

Gesucht: Abschätzung der niedrigsten Eigenfrequenz der Krananlage bei mittiger Katzposition

Für die in Abbildung 14.11 dargestellte Krananlage errechnet sich mit Hilfe eines Stabwerkprogramms die statische Durchbiegung des Krans mit Hublast (Gebrauchslastniveau) zu $u = 2,54$ cm. Nach Gl. 14.6 ergibt sich daraus eine konservative Abschätzung für die kleinste Eigenfrequenz zu

$$f_0 = \frac{5,0}{\sqrt{u}} = \frac{5,0}{\sqrt{2,54}} = 3,13 \text{ Hz}$$

Mit dem FEM-Programm Sofistik wurden die Eigenfrequenzen genau gerechnet (Abb. 14.12): Bei realistischer Berücksichtigung der Massenverteilung ergab sich eine Frequenz von 3,69 Hz. Wenn alle Lasten rechnerisch in der Mitte der Kranbrücke angenommen werden, beträgt die mit FEM errechnete Eigenfrequenz erwartungsgemäß genau wie bei der Abschätzung nach Gl. 14.6 $f_0 = 3,13$ Hz. Abb. 14.12 zeigt die zugehörige Eigenform, die der Biegelinie infolge der Gewichtskräfte ähnlich ist.

14.4 Sicherstellung elastischen Verhaltens

Durch die Begrenzung der Spannungen unter Gebrauchslasten auf die Fließgrenze [3-6/7.5] wird das elastische Verhalten der Kranbahnen sichergestellt. Nach [3-6/7.1c] ist der Nachweis besonders in drei Fällen zu führen, aus [3-6/7.5(2)] ergibt sich indirekt ein vierter Fall:

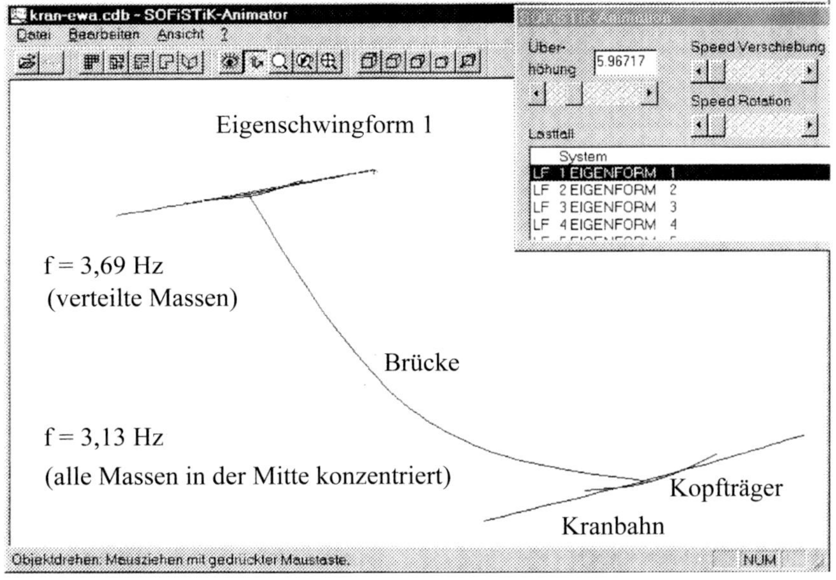

Abb. 14.12: Eigenwertberechnung mit Sofistik (Beispiel 14-2)

- Unter Kranprüflasten nach [1-3/2.10] ist der Nachweis für alle beanspruchten Bauteile zu führen, siehe auch [3-6/2.8(1)]. Die EK (Einwirkungskombination) wird aus der GZT-Lastgruppe 8 inklusive Schwingbeiwerten nach Tab. 8.2 in Verbindung mit dem Teilsicherheitsbeiwert $\gamma_{Q,ser} = 1,0$ gebildet.
- Wenn bei Nachweisen im GZT (Grenzzustand der Tragfähigkeit) – z. B. beim Biegedrillknicknachweis – plastische Querschnittsreserven ausgenutzt wurden, ist der GZG-Nachweis für alle beanspruchten Bauteile zu führen, siehe [3-6/5.4.1(2)]. Die EK werden aus den GZT-Lastgruppen 1 – 7 inklusive Schwingbeiwerten nach Tab. 8.2 in Verbindung mit $\gamma_{Q,ser} = 1,0$ gebildet.
- Bei Radlasteinleitung in den Unterflansch von Kranbahnträgern für Hängekrane und Unterflansch-Laufkatzen nach [3-6/2.7(1)] ist der GZG-Nachweis für den Unterflansch wie in Abs. 18.2.2 beschrieben zu führen. Die EK werden aus den entsprechenden GZT-Lastgruppen und Schwingbeiwerten nach Tab. 8.2 mit $\gamma_{Q,ser} = 1,0$ gebildet.
- Bei Kranbahnträgern mit aufgesetzten Brückenkranen ist nach [3-6/7.5(2)] die Vergleichsspannung an der Stegoberkante unter Berücksichtigung der Spannungen aus den globalen Schnittgrößen und der Radlastpressung σ_{oz} nach Abs. 12.2.2 nachzuweisen. Dafür sind Einwirkungskombinationen mit den Lastgruppen 1 – 7 mit Schwingbeiwerten nach Tab. 8.2 und dem Teilsicherheitsbeiwert $\gamma_{Q,ser} = 1,0$ anzusetzen.
  Normalspannungen aus lokaler Stegbiegung σ_T und auch lokale Schubspannungen τ_{oxz} dürfen unberücksichtigt bleiben, siehe auch Tab. 12.2.

Beim Nachweis des elastischen Verhaltens nach [3-6/7.5] ist zu beachten:

- Örtliche Spannungen z.B. infolge sekundärer Anschlussmomente bei Fachwerkträgern sind ggf. zu berücksichtigen [3-6/7.5(1)].

- Der Einfluss von Schubverzerrungen (mittragende Breite) ist ggf. zu berücksichtigen, siehe [3-6/7.5(1)].

Für die Nachweisführung ist es erforderlich, eine Tragwerksberechnung (Theorie I. Ordnung i.d.R. ausreichend) unter Gebrauchslasten durchzuführen und zu zeigen, dass die Spannungen die Fließgrenze nicht überschreiten. Mit der Fließbedingung nach v. Mises kann der Nachweis lauten:

$$\sigma_{v,Ed,ser} = \sqrt{(\sigma_{x,Ed,ser})^2 + 3 \cdot (\tau_{Ed,ser})^2} \leq \frac{f_y}{\gamma_{M,ser}} \quad (14.7)$$

$$\sigma_{v,Ed,ser} = \sqrt{(\sigma_{x,Ed,ser})^2 + (\sigma_{y,Ed,ser})^2 - \sigma_{x,Ed,ser} \cdot \sigma_{y,Ed,ser} + 3 \cdot (\tau_{Ed,ser})^2} \leq \frac{f_y}{\gamma_{M,ser}} \quad (14.8)$$

$$\sigma_{v,Ed,ser} = \sqrt{(\sigma_{x,Ed,ser})^2 + (\sigma_{z,Ed,ser})^2 - \sigma_{x,Ed,ser} \cdot \sigma_{z,Ed,ser} + 3 \cdot (\tau_{Ed,ser})^2} \leq \frac{f_y}{\gamma_{M,ser}} \quad (14.9)$$

mit

- Spannungskomponenten $\sigma_{x,Ed,ser}$, $\sigma_{y,Ed,ser}$, $\sigma_{z,Ed,ser}$, $\tau_{Ed,ser}$, jeweils als Summe aus globaler Beanspruchung und Lasteinleitungsbeanspruchung
- $\sigma_{v,Ed,ser}$ Vergleichsspannungen nach v. Mises
- $\gamma_{M,ser} = 1,0$ Teilsicherheitsbeiwert [3-6/7.5(1)] und [3-6NA/7.5(1)]

Anmerkungen zum Spannungsnachweis im GZG nach [3-6/7.5]

Die Sicherstellung des elastischen Verhaltens ist auch für die Gewährleistung einer ausreichenden Ermüdungssicherheit einer Kranbahn unverzichtbar. Dieses Nachweisziel zeigt, dass die Einordnung des Nachweises in die Gruppe der GZG-Nachweise eigentlich nicht ganz treffend ist. In der derzeitigen Fassung der Ermüdungsnorm DIN EN 1993-1-9 fehlt eine entsprechende Vorschrift, sie soll möglicherweise in zukünftigen Versionen ergänzt werden.

Die aktuellen Ausgaben von DIN EN 1993-6 (12/2010) und DIN EN 1993-6NA (09/2017) könnten so missverstanden werden, als ob für den Nachweis des elastischen Verhaltens im GZG Einwirkungskombinationen mit den Lastgruppen 101 – 103 in Verbindung mit den Schwingbeiwerten $\varphi_i = 1,0$ nach [3-6NA/Tab.NA.1] anzusetzen wären. Richtig ist dagegen – wie oben beschrieben – die Einwirkungskombinationen aus den jeweiligen Lastgruppen für den GZT samt den zugehörigen Schwingbeiwerten nach Tab. 8.2 in Verbindung mit den Teilsicherheitsbeiwerten für den GZG zu berücksichtigen. Denn das Auftreten der Spannungen aus den mit dynamischen Inkrementen vergrößerten Einwirkungen ist erwartbar und kann nach der derzeitigen Regel auch bei Erfüllung der Nachweise ein nicht-elastisches Verhalten der Kranbahn unter Gebrauchslasten bewirken.

14.5 Begrenzung des Stegblechatmens im GZG

Stegblechatmen [3-6/7.4] bezeichnet das infolge wechselnder Beanspruchung auf Gebrauchslastniveau wiederkehrende Beulen solcher Stegbleche, bei deren Bemessung überkritische Tragreserven ausgeschöpft wurden. Dies kann an den Schweißnähten der Steg-Flanschverbindung zu Ermüdungsschäden führen [Sza03, EK17].

Für Stegbleche ohne Längssteifen ist diese Forderung erfüllt, wenn für die Stegschlankheit (Verhältnis von Stegblechhöhe h_w zu Stegblechdicke t_w) gilt:

$$\frac{h_w}{t_w} \leq 120 \tag{14.10}$$

Für alle Walzprofile der HE- der HD- und HL-Profilreihen ist Gl. 14.10 erfüllt. Wegen der infolge der Radlasteinleitung ohnehin höheren Mindeststegblechdicke ist Gl. 14.10 auch bei anderen Kranbahnquerschnitten meist erfüllt.

Analog wie im Stahlbrückenbau [3-2NA/7.4(1)] kann der Nachweis gegen Stegblechatmen auch dann entfallen, wenn der Beulnachweis des Stegblechs unter der Radlast nach der Methode der reduzierten Spannungen (Abs. 12.4.3) geführt wurde, siehe [EK17], Abs. 9.5. Denn mit diesem Verfahren werden überkritische Tragreserven nicht ausgenutzt.
Wenn jedoch Gl. 14.10 nicht erfüllt ist und der Beulnachweis des Stegblechs unter der Radlast mit der Methode der mittragenden Breiten geführt wurde, dann ist nachzuweisen:

$$\sqrt{\left(\frac{\sigma_{x,Ed,ser}}{k_\sigma \cdot \sigma_E}\right)^2 + \left(\frac{1,1 \cdot \tau_{Ed,ser}}{k_\tau \cdot \sigma_E}\right)^2} \leq 1,1 \tag{14.11}$$

mit

- $\sigma_E = (19000\ \text{kN/cm}^2)/(b/t_w)$
- b kleinere Seitenlänge des Stegblechs, i.d.R. ist $b = h_w$
- k_σ, k_τ linear-elastische Beulwerte nach [3-1-5/4.4], [3-1-5/A.3(1)]
- $\sigma_{x,Ed,ser}$ Normalspannung im Steg
- $\tau_{Ed,ser}$ Schubspannung im Steg

14.6 Begrenzung der Schwingungen des Unterflansches

Das Auftreten wahrnehmbarer seitlicher Schwingungen des Unterflansches eines gelenkig gelagerten Kranbahnträgers infolge Kranbetriebs soll vermieden werden. In den 1950er und 1960er Jahren wurde in Großbritannien bei einfeldrigen Kranbahnträgern mit sehr schmalen Unterflanschen bei der Überfahrt eines Krans infolge der Seitenkräfte aus Kranbetrieb Querschwingungen des Untergurts beobachtet, die als problematisch angesehen wurden [EK17]. Seit dem wird der Effekt durch Einhaltung der Bedingung für die Schlankheit des Unterflanschs $L/i_z \leq 250$ vermieden. Dabei ist i_z der Trägheitsradius des Unterflansches und L die Länge zwischen den seitlichen Halterungen. In [KK14] wird gezeigt, dass diese Bedingungen für die Profilreihen HEA und HEB (mit Ausnahme der Profile HEA100 und HEB100 ab einer Trägerlänge von 7m) eingehalten sind.

15 Ermüdungsnachweis

Abb. 15.1 zeigt das Ablaufschema eines Ermüdungsnachweises nach [3-1-9] und [3-6/9].

Die Abgrenzung des Begriffs der Ermüdungssicherheit zu Sicherheit, Robustheit, Dauerhaftigkeit etc. ist in [Gei19] dargestellt.

Abb. 15.1: Ablaufschema des Ermüdungsnachweises einer Kranbahn nach [3-6/9] und [3-1-9]

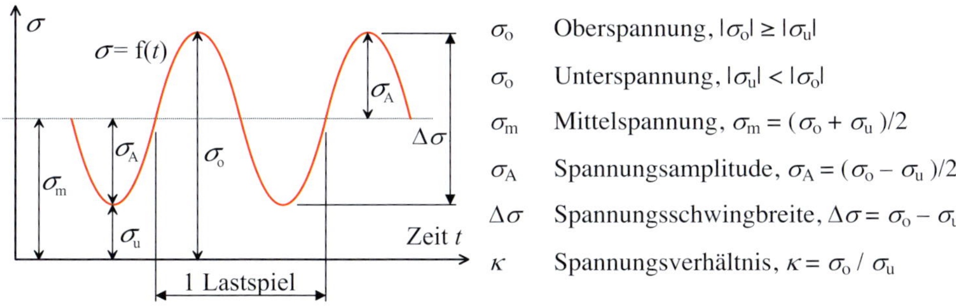

Abb. 15.2: Bezeichnungen der Spannungsgrößen bei dynamischer Beanspruchung

15.1 Betriebsbeanspruchung, Versagensvorgang, Konzepte

15.1.1 Beschreibung der Betriebsbeanspruchung

Beanspruchungen von Kranen und Kranbahnen sind nicht vorwiegend ruhend, sondern dynamisch, d. h. sie sind über die Zeit t als veränderlich zu betrachten: $\sigma = \sigma(t)$. Die durch die dynamische Beanspruchung verursachte Materialermüdung führt bei zunehmender Zahl an bereits ertragenen Lastwechseln zu abnehmender Beanspruchbarkeit eines Bauteils. Die Konsequenz: Neben den Nachweisen gegen die Grenzzustände der Tragfähigkeit (GZT) und der Gebrauchstauglichkeit (GZG) ist auch nachzuweisen, dass die Sicherheit gegen Versagen durch Materialermüdung ausreichend hoch ist.

Dynamische Beanspruchungen sind u.a. durch die in Abb. 15.2 dargestellten Größen charakterisiert

15.1.2 Versagensvorgang und Nutzungsdauer

Ein Bauteil wird dynamisch beansprucht. Mit zunehmender Lastwechselzahl geht die anrissfreie Phase in die Rissbildungsphase über: An einer durch Lunker, Korrosion oder andere Oberflächenschäden verursachten Kerbe an einer hochbelasteten Stelle des Bauteils bildet sich in einem mikroskopisch kleinen Bereich ein äußerlich noch nicht bemerkbarer inter- oder transkristalliner Mikroanriss, der sich bei fortgesetzter Ermüdungsbeanspruchung langsam ausweitet. Erfasst er viele Gefügekörner und bildet er dann eine zusammenhängende, nach außen tretende Rissfront, so liegt ein makroskopisch erkennbarer Anriss vor und die Rissbildungsphase geht in die Rissfortschrittsphase über. Erst der jetzt entstandene technische Anriss kann entdeckt und repariert werden. Wird er nicht repariert, schreitet er meist zunächst langsam voran: Es entsteht die eher glatte, metallisch blanke und von Rastlinien durchzogene Dauerbruchfläche (Abb. 15.3). Rastlinien können entstehen, wenn nach einer Phase größerer Beanspruchungen kleinere Lastwechsel folgen. Der Riss kann dann für eine gewisse Zeit zur Ruhe kommen. Erst nach der nächsten besonders großen Beanspruchung wächst er plötzlich weiter. Schließlich reicht der Restquerschnitt nicht mehr aus, um die Last zu tragen; es kommt zum plötzlichen Versagen, erkennbar an der grob zerklüfteten Gewaltbruchfläche.

Abb. 15.4 zeigt beispielhaft zwei Ermüdungsrisse im Auflagerbereich eines Kranbahnträgers. Riss 1 ist möglicherweise zuerst entstanden. Nachdem Riss 1 vollständig durchgerissen war,

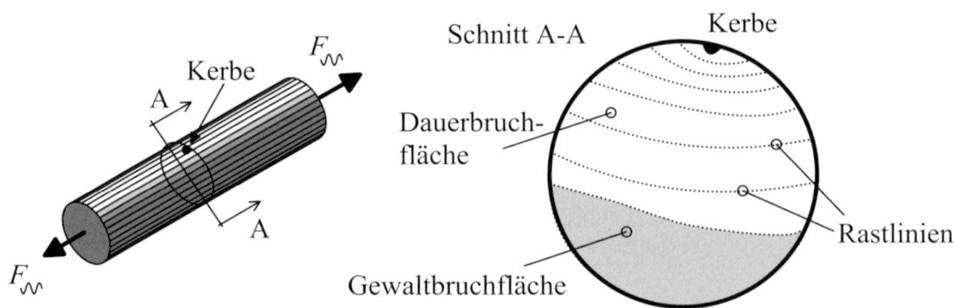

Abb. 15.3: Ermüdungsbruchfläche eines runden Probestabs

wuchs Riss 2 vermutlich schneller. Nachdem ein Kranführer den Riss wegen der weichen Reaktion der Krananlage bei der Kranüberfahrt bemerkt hat, wurde der Kranbetrieb sofort eingestellt. Die letzte Inspektion der Kranbahn lag zum Zeitpunkt der Rissentdeckung 13 Monate zurück.

Mit dem technischen Anriss endet auch die Anwendbarkeit der klassischen Betriebsfestigkeit, der weitere Rissfortschritt kann nur mit den Methoden der Bruchmechanik berechnet werden. Die verschiedenen Rissphasen eines Bauteils sind in Abb. 15.5 dargestellt. Eine systematische Darstellung der Ermüdungssicherheit findet sich in der Literatur, z. B. [Hai06, Wag14b] oder [San08].

Aus Sicht des Nutzers einer Kranbahn teilt sich die Nutzungsdauer einer Kranbahn in zwei Phasen, siehe Abb. 15.6: Für die erste Phase der sicheren, regulären Nutzung wird durch den Ermüdungsnachweis eine ausreichende Sicherheit nachgewiesen. Für die zweite Nutzungsphase ("weiterführende Nutzung") lässt sich kein Ermüdungsnachweis mehr führen, weil die nachweisbare Nutzungsdauer abgelaufen ist. Diese Phase wird in den Abb. 15.5 und 15.6 durch die orangefarbigen Pfeile dargestellt.

15.1.3 Kerbwirkung

Der durch Normalkräfte beanspruchte Lochstab in Abb. 15.7 a) weist im geschwächten Querschnitt Spannungen auf, die auf zweierlei Art beschrieben werden können. Aus der technischen Mechanik ergeben sich die gleichmäßig verteilt angenommenen Nennspannungen aus $\sigma_N = N/A$, wobei der Lochabzug in der Nettoquerschnittsfläche A bereits berücksichtigt ist. Tatsächlich ist die Spannungsverteilung aber alles andere als gleichverteilt: Die kerbbedingte Spannungsspitze σ_k am Lochrand und die geringeren Spannungen am Außenrand sind in Abb. 15.7 dargestellt. Der Kerbfaktor α_k ist definiert als $\alpha_k = \sigma_k/\sigma_N$.

Eine Kerbwirkung entsteht unter anderem durch Unstetigkeiten der Bauteilform (Formkerbe) oder des Materials (Materialkerbe) [RV07]. Bei beiden Kerbarten treten ermüdungsrelevante, örtliche Spannungserhöhungen auf. Abb. 15.7 a) und b) zeigen Formkerben: Die Hauptzugspannungstrajektorien in zwei unterschiedlich gekerbten Zugstäben sind dargestellt. Die Trajektorien werden unmittelbar neben den Kerben „zusammengedrückt“, dies bedeutet eine Spannungserhöhung. Abb. 15.7 c) zeigt eine Schweißnaht, die gleichzeitig eine Formkerbe und eine Materialkerbe darstellt.

Bei rein statischer Belastung wären die Spannungsspitzen im Bereich der Kerbe im Regelfall unkritisch, weil sie durch Plastizierung ggf. wieder abgebaut werden können. Bei nicht ruhender Beanspruchung führen die kerbbedingten Spannungsspitzen dagegen zu einer ermüdungsbe-

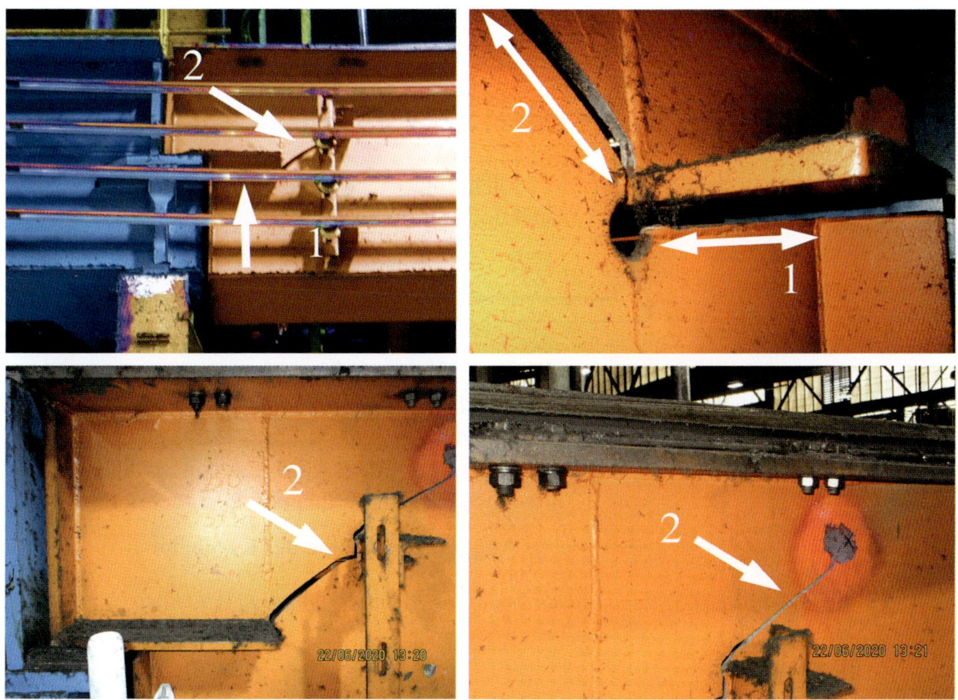

Abb. 15.4: Ermüdungsversagen einer Kranbahn am Auflager: Länge Riss 1: ca. 250 mm, Länge Riss 2: ca. 600 mm

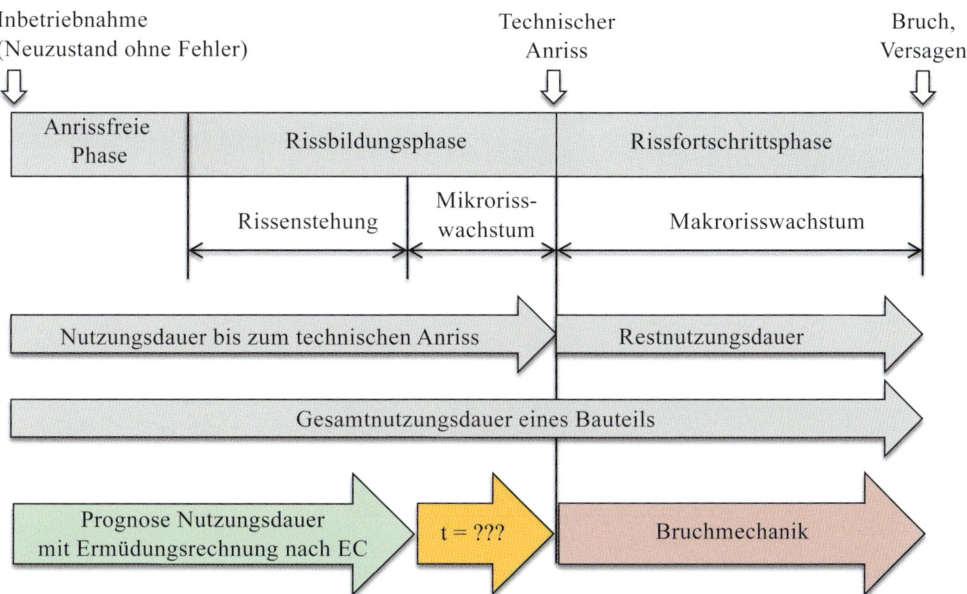

Abb. 15.5: Rissorientierte Phasen in der Nutzungsdauer eines Bauteils nach [San08]

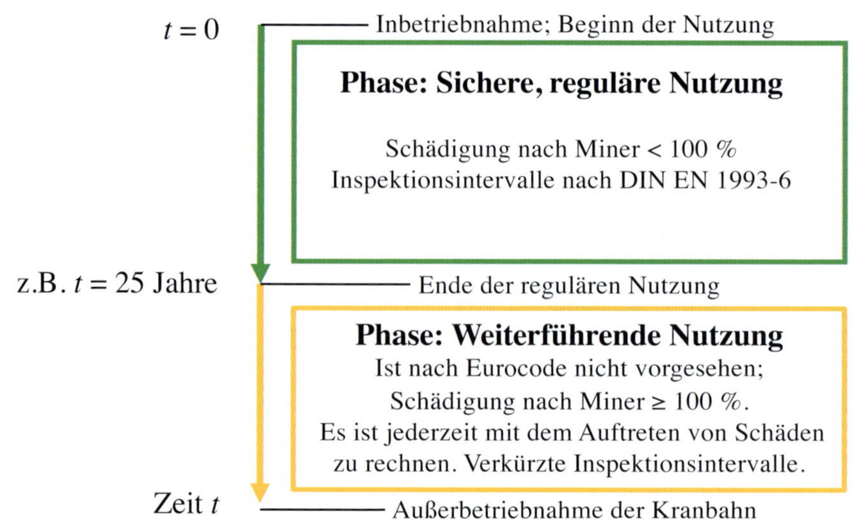

Abb. 15.6: Nutzungsphasen einer Kranbahn nach [TW99]

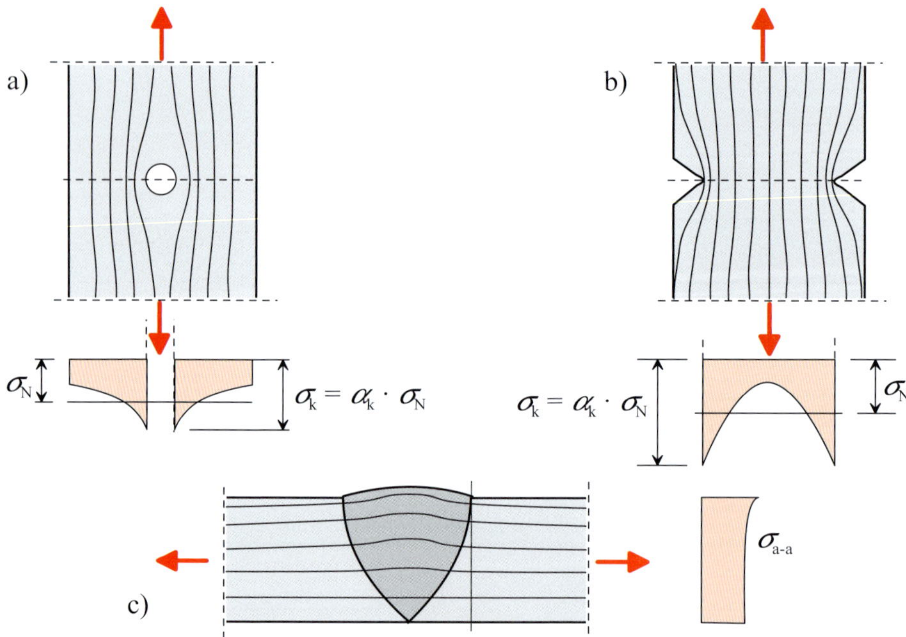

Abb. 15.7: Nennspannungen σ_N und Kerbspannungen σ_k bei Zugstäben a) mit Lochkerbe; b) mit Spitzkerbe und c) bei einer Kerbe infolge einer Stumpfnaht

Abb. 15.8: Ermüdungsversuch für die Bestimmung einer Wöhlerlinie an einem Kranbauteil (links) und Rissfortschritt (rechts); LW = Lastwechsel [Lor04]

dingten Zerrüttung des Werkstoffs am Kerbgrund. Schließlich kann ein Anriss entstehen, der die Kerbwirkung weiter erhöht. Der Riss wächst und führt letztlich zum Versagen des Querschnitts (Abb. 15.3). Die Kerbwirkung ist umso stärker, je spitzer die Kerbe zuläuft: Der Lochstab Abb. 15.7 a) hat eine geringere Kerbwirkung als der Stab mit der Spitzkerbe Abb. 15.7 b).

Schraubenlöcher, Bohrungen, Ausnehmungen, vor allem aber Schweißnähte stellen stets Kerben dar. Schweißnahtbedingte Kerben haben einen besonders großen Einfluss auf die Lebensdauer eines dynamisch beanspruchten Bauteils. Abb. 15.7 c) zeigt die Störung im Kraftfluss und die Spannungsverteilung bei einer Stumpfnaht. Ihre Kerbwirkung hat zwei Ursachen:

- Der Schweißvorgang verursacht eine Gefügeänderung im Übergangsbereich zum Grundwerkstoff und in der Wärmeeinflusszone. Die Gefügeänderung wirkt sich als Materialkerbe aus.
- Jede Schweißnaht stellt schon von ihrer Geometrie her eine Formkerbe dar. Unsaubere Schweißnähte (Schweißspritzer, Ansatzstellen, Einbrandkerben) und besonders Fehlstellen in der Naht (Einschlüsse und Poren) wirken sich zusätzlich spannungserhöhend aus.

15.1.4 Nachweiskonzepte

Nennspannungskonzept

Unter Nennspannungen versteht man die rechnerisch ermittelten Spannungen bei elastischem Materialverhalten, die sich an der untersuchten Stelle des Bauteils unter der Annahme, dass die Kerbwirkung nicht vorhanden wäre, ergeben. Die Nennspannungen in einem Zugstab betragen beispielsweise: $\sigma_x = N/A$. Kerbspannungen und Schweißeigenspannungen sind in den Nennspannungen nicht berücksichtigt. Bei Spannungsnachweisen im GZT weist man stets die Nennspannungen nach, während Kerbspannungen und auch Schweißeigenspannungen unberücksichtigt bleiben, da sie sich ggf. durch Plastizierung abbauen werden. Beim Ermüdungsnachweis können zwar Kerbspannungen und Eigenspannungen nicht unberücksichtigt bleiben, da sie zu Materialermüdung führen. Dennoch kann auch der Ermüdungsnachweis formal oft mit den Nennspannungen geführt werden: Man verwendet dazu eine Wöhlerlinie aus Bauteilversuchen an entsprechend gekerbten Probestäben (Abb. 15.8). Die Nennspannung an einem konkreten Bauteil wird nun mit Nennspannungswerten aus dieser Wöhlerlinie verglichen. Der Kerbeinfluss wird also nicht in den Beanspruchungen berücksichtigt, sondern in den Beanspruchbarkeiten. Die Nachweise nach DIN EN 1993-1-9 basieren auf dem praxisgerechten, gut anwendbaren Nennspannungskonzept.

Das Nennspannungskonzept lässt sich besonders in zwei Fällen nicht anwenden:

- Wenn keine geeignete Kerbfallwöhlerlinie vorliegt bzw. ein Konstruktionsdetail keinem bekannten Kerbfall zugeordnet werden kann, ist die Anwendung des Nennspannungskonzepts nicht möglich.
- Wenn keine Nennspannung definiert oder berechenbar ist, ist die Anwendung ebenfalls nicht sinnvoll. Dies kann z.B. bei der Spannungsermittlung für eine kurze Kranbahnkonsole im Stützenanschnitt gelten, auf die die Balkentheorie nicht mehr anwendbar ist.

In seltenen Fällen sind berechnete Nennspannungen zu korrigieren [3-1-9/6.3]. Dies ist der Fall, wenn sich zwei Kerbwirkungen überlagern, z.B. ein Zugstab mit einer Aussparung, an deren Rand ein Beschlag rechtwinklig angeschweißt ist. Wenn für den Ermüdungsnachweis der Kerbfall „Zugstab mit aufgeschweißtem Beschlag" [3-1-9/Tab. 8.4, Detail 6] verwendet wird, sind die Spannungserhöhungen aus der Lochschwächung durch einen Korrekturfaktor k_f zu berücksichtigen. Die Nachweis erfolgt mit den korrigierten Nennspannungen $\Delta\sigma_{\text{nom,korr}} = k_f \cdot \Delta\sigma_{\text{nom}}$.

Strukturspannungskonzept – Hot-Spot-Methode

Wenn das Nennspannungskonzept z.B. aus einem der o.g. Gründe nicht anwendbar ist, kann der Nachweis nach dem Strukturspannungskonzept geführt werden, das auf einen Ansatz von Haibach [Hai06] zurückgeht. Voraussetzung ist die Kenntnis der Spannungsverläufe, die z.B. als Ergebnis einer FEM-Berechnung vorliegen können. Mit dem Strukturspannungskonzept werden die Spannungserhöhungen infolge der Bauteilstruktur im Schweißnahtfußpunkt rechnerisch erfasst, indem eine fiktive Strukturspannung σ_{HS} an der kritischen Stelle ("Hot-Spot") bestimmt wird. Die berechneten Spannungen am Hot-Spot (siehe Abb. 15.9) werden im Nachweis berücksichtigt und zur Bewertung einer Strukturspannungswöhlerlinie zugeordnet. In DIN EN 1993-1-9 ist diese Methode erwähnt [3-1-9/Anh. B], elementare Anwendungsregeln fehlen in der Norm jedoch, siehe dazu z.B. [UK20, MRH14].

Kerbspannungskonzept

In der Kerbspannung σ_{Kerbe} (siehe Abb. 15.9) werden alle struktur- und nahtbedingten Spannungserhöhungen komplett berücksichtigt. Sie sind die Grundlage des Kerbspannungskonzepts. Es wird auf die Fachliteratur verwiesen.

Bruchmechanik

Die Bruchmechanik kombiniert mathematisch-physikalische Methoden und Modelle mit metallurgischen Konzepten zur Erklärung der Vorgänge beim Brechen und Trennen von Körpern. Mit einer bruchmechanischen Rissfortschrittsberechnung lässt sich die Weiterentwicklung eines detektierten Anrisses vorhersagen [Hai06, RV07]. Ein typisches Anwendungsgebiet der Bruchmechanik ist die Beurteilung der Resttragfähigkeit bereits vorgeschädigter alter Kranbahnen oder Stahlbrücken, siehe 19.5.7. Bei Rissen an Kranbahnträgern liegen häufig sehr komplexe, mehrdimensionale Spannungszustände vor, deren Beurteilung mit Hilfe der Bruchdynamik nach

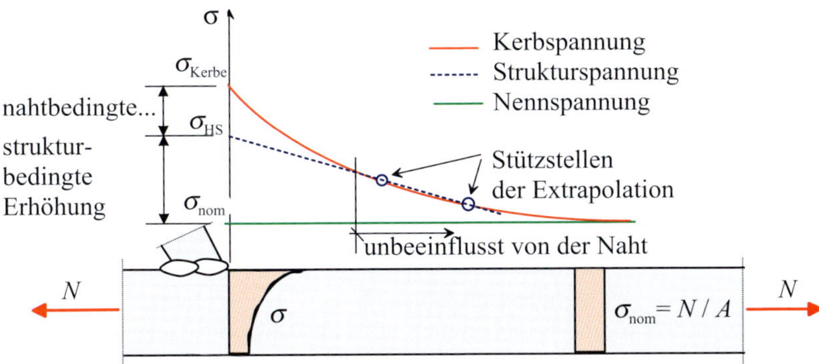

Abb. 15.9: Definition von Nennspannung, Strukturspannung und Kerbspannung am Beispiel eines normalkraftbeanspruchten Stabes mit angeschweißtem Beschlag

Ansicht mancher Fachleute eher schwierig ist. Die Anwendung bruchmechanischer Konzepte sollte deshalb Experten vorbehalten bleiben.

15.1.5 Zuverlässigkeitskonzepte, Inspektionsintervall und Teilsicherheitsbeiwerte

[3-1-9/3] unterscheidet auf der Materialseite zwei verschiedene Zuverlässigkeitskonzepte:

- **Konzept der Schadenstoleranz** (Damage Tolerant Concept, Schadenstoleranzkonzept):
  Unter bestimmten Bedingungen kann die Entstehung von Ermüdungsrissen toleriert werden. Entstehen und Anwachsen von Ermüdungsrissen und deren Folgen werden durch ein verbindliches Inspektionsprogramm begrenzt, entdeckte Schäden werden unverzüglich instand gesetzt. Die Anwendung des Konzepts der Schadenstoleranz setzt nach [3-1-9/3(2) Anm.1] voraus, dass beim Auftritt von Ermüdungsrissen Lastumlagerungen im tragenden Querschnitt oder zwischen Bauteilen möglich sind. Die Voraussetzung ist auch erfüllt, wenn bei einem verformungsinduzierten Riss die Spannungen infolge der Rissbildung abgebaut werden. Das Konzept der Schadenstoleranz setzt darüber hinaus voraus, dass Inspektionen des Tragwerks möglich sind und durchgeführt werden. Nachdem ein Ermüdungsriss erkannt wurde, ist das entsprechende Bauteil entweder unverzüglich instand zu setzen oder auszutauschen. Kranbahnen können schadenstolerant entworfen werden.
- **Konzept der ausreichenden Sicherheit gegen Ermüdungsversagen ohne Vorankündigung** (Safe Life Concept):
  Das Entstehen von Ermüdungsrissen soll vermieden werden. Diese Strategie wird gewählt, wenn Inspektionen des Tragwerks während der Nutzungsdauer nicht möglich oder nicht gewünscht sind. Inspektionen sind z.B. nicht möglich, wenn das Detail sich an einer unzugänglichen Stelle des Tragwerks befindet.

Die Festlegung des Teilsicherheitsbeiwerts γ_{Mf} (Index f: Fatigue) erfolgt in Abhängigkeit vom gewählten Zuverlässigkeitskonzept über die Anzahl der Inspektionsintervalle. Sind Inspektionen während der zumeist 25-jährigen Nutzungsdauer nicht erwünscht, so hat man sich damit für das Safe-Life-Concept und den höchsten Teilsicherheitsbeiwert $\gamma_{Mf} = 1,6$ entschieden. Das

Tab. 15.1: Teilsicherheitsbeiwerte γ_{Mf}, Inspektionsanzahl und Inspektionsintervalle für Kranbahnen nach [3-6NA/Tab.NA.3]

Teilsicherheitsbeiwert γ_{Mf}	Anzahl der Inspektionen n während der planmäßigen Nutzungsdauer	Sicheres Betriebszeitintervall, Inspektion nach ... *)
1,00	3 (Schadenstoleranzkonzept)	6,25 Jahren
1,15 (Regelfall)	2 (Schadenstoleranzkonzept)	8 Jahren
1,35	1 (Schadenstoleranzkonzept)	8,3 Jahren
1,60	0 (Safe-Life-Concept)	25 Jahren

*) Die angegebenen Zeiträume beziehen sich auf eine Nutzungsdauer von 25 Jahren. Bei längeren oder kürzeren Nutzungsdauern sind die Zeitintervalle neu zu berechnen.

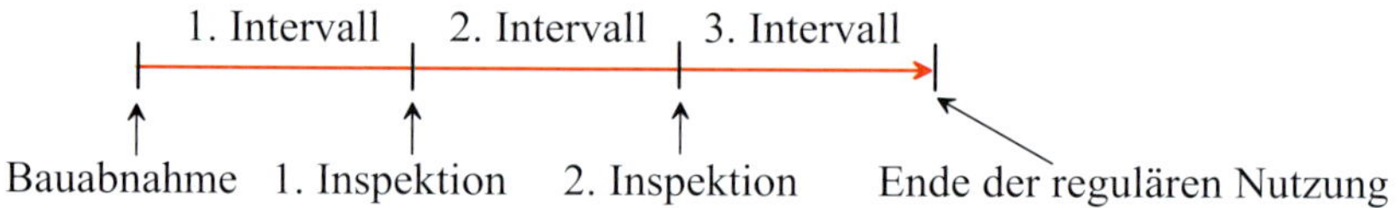

Konzept der Schadenstoleranz erfordert dagegen Inspektionen während der regulären Nutzungsdauer. Der Teilsicherheitsbeiwert hängt nun nach [3-6NA/9.2(2)] von der Anzahl der geplanten Inspektionsintervalle ab, siehe Tab. 15.1. Eine ausführliche Begründung lässt sich [KE11] entnehmen. Zum Umfang der zu planenden Inspektionen siehe Abschnitt 7.4.

Im Regelfall wird $\gamma_{Mf} = 1,15$ bei 3 Inspektionsintervallen bzw. 2 Inspektionen bezogen auf eine Lebensdauer der Kranbahn von 25 Jahren empfohlen.

Die Anzahl der Inspektionen n während der geplanten Nutzungszeit von meist 25 Jahren ergibt sich nach [3-1-10/2.3.1] mit der Neigung der Wöhlerlinie im Zeitfestigkeitsbereich $m = 3$ zu (die Ergebnisse für n sind nach der Rechnung noch auf ganze Zahlen aufzurunden):

$$n = \frac{4}{(\gamma_{Ff} \cdot \gamma_{Mf})^m} - 1 \qquad (15.1)$$

Grundlage dieser Formel ist, dass ein Riss mit einer definierten Länge weiterwachsen können muss, ohne dass es bis zur nächsten geplanten Inspektion zu einem Versagen durch Sprödbruch kommt. Hintergründe siehe [Kü05]

Mit dem hohen Teilsicherheitsbeiwert von $\gamma_{Mf} = 1,6$ auf der Materialseite lässt sich erkaufen, dass innerhalb der geforderten Lebensdauer keine Suche nach Ermüdungsrissen eingeplant werden muss. Es ist aber darauf hinzuweisen, dass selbst in diesem Fall das Auftreten von Ermüdungsrissen nicht völlig ausgeschlossen werden kann. Im Hinblick auf die großen Streuungen der Ermüdungsfestigkeiten und die Ungenauigkeiten in den Planungen des zukünftigen Kranbetriebs sind daher auch bei $\gamma_{Mf} = 1,6$ Überprüfungen auf Anrisse empfohlen.

Der Teilsicherheitsbeiwert γ_{Ff} für die Einwirkungen beträgt $\gamma_{Ff} = 1,0$ siehe [3-6NA/9.2(1)].

15.2 Einstufung von Kranbahnen in Beanspruchungsklassen

Die Einordnung in eine BK hängt von zwei Parametern ab:

- Lastwechselzahl: Je höher die erwartete Zahl der Lastwechsel ist, desto höher ist die BK. Die Zahl der Lastwechsel ergibt sich aus der angestrebten Benutzungshäufigkeit pro Zeiteinheit und der angestrebten Lebensdauer.
- Völligkeit des Belastungskollektivs: Je höher der Anteil der Belastungsvorgänge mit größeren Hublasten gegenüber solchen mit geringeren Lasten ist, desto größer ist die Völligkeit. Je größer die Völligkeit, desto höher ist die Beanspruchungsklasse.

Beispiel: Ein nur wenige Male pro Woche benutzter Montagekran, dessen Hublasten in den meisten Fällen deutlich geringer sind als die Nennlast, kann in S_1 eingestuft werden. Ein Kran zur Ofenbeschickung in einer Müllverbrennungsanlage, der 24 h/Tag und 365 Tage/Jahr stets gleich schwere Lasten im Nennlastbereich trägt, ist in S_9 einzustufen. Mehr als 50 % der gebauten Krananlagen werden in die Stufen S_2 und S_3 eingeordnet.

Die genaue Bestimmung der Beanspruchungsgruppe einer Kranbahn wird in Abschnitt 15.2 ausführlich behandelt. Tab. 8.4 erlaubt eine einfache, funktionsorientierte, schnelle Einstufung, die aber unpräzise und damit ungünstig sein kann.

In diesem Buch werden folgende Bezeichnungen verwendet:

- Leichter Kranbetrieb: Betrieb in den BK S_0 bis S_2
- Mittlerer Kranbetrieb: Betrieb in den BK S_3 und S_4
- Schwerer Kranbetrieb: Betrieb in den BK S_5 bis S_7
- Schwerster Kranbetrieb: Betrieb in den BK S_8 und S_9

Die BK (Beanspruchungsklasse) spielt bei der Beurteilung der Materialermüdung von Kranen und Kranbahnen eine wesentliche Rolle. Zur Bewertung der Sicherheit einer Krankonstruktion gegen Ermüdungsversagen ist es notwendig, sie einer BK zuzuordnen.

Krane werden nach DIN EN 13001-3-1 in eine von 12 BK S_{02}, S_{01} und S_0–S_9 eingestuft. Für die Kranbahnträger sind die Klassen S_{02}, S_{01} und S_0 zu einer Klasse S_0 zusammengefasst, es gibt also für Kranbahnträger nur 10 Beanspruchungsklassen. Während S_{02}, S_{01} und S_0 für sehr leichten Kranbetrieb stehen, sind Krananlagen mit schwerstem Betrieb in S_9 einzustufen.

Beispiel: Ein nur wenige Male pro Woche benutzter Montagekran, dessen Hublasten in den allermeisten Fällen sehr deutlich unter seiner Nennlast bleiben, kann in S_1 oder möglicherweise sogar in S_0 eingestuft werden. Ein Kran zur Ofenbeschickung in einer rund um die Uhr betriebenen Müllverbrennungsanlage, der 24 h/Tag pausenlos stets gleich schwere Lasten im Nennlastbereich trägt, ist in S_9 einzustufen. Mehr als die Hälfte der gebauten Krananlagen werden in die Stufen bis S_3 eingeordnet.

Die Einstufung wirkt sich auf die Kranbahnbemessung und die Kosten deutlich aus:

- Je höher die BK ist, desto ermüdungsgerechter und kerbärmer muss konstruiert werden.
- Die Einstufung ab S_3 führt gegenüber S_0 bis S_2 wegen der zusätzlich zu berücksichtigenden Radlastexzentrizität zu dickeren Schienenschweißnähten und Halskehlnähten.

- Die Frage, welche Bauteile an befahrene Obergurte angeschweißt werden dürfen (siehe Tab. 16.1) hängt von der Wahl der BK ab.

In den folgenden Abschnitten werden drei verschiedene Vorgehensweisen zur Einstufung der Kranbahnen in eine BK vorgestellt.

15.2.1 Übertragung der Einstufung des Krans auf die Kranbahn

Der einfachste Weg der Einstufung besteht darin, den vom Kranhersteller bereitgestellten Krandatenblättern die Einstufung der auf der Kranbahn fahrenden Krane zu entnehmen und die höchste Einstufung auf den Kranbahnträger zu übertragen. Die Einstufung des Krans, dessen Krandatenblatt beispielhaft in Abschnitt 8.8, Abb. 8.28 angegeben ist, lässt sich der Zeile „Berechnungsgrundlagen" mit S_3 entnehmen.

Von der Übernahme der BK des Krans auf die Kranbahn sollte nur in begründeten Ausnahmefällen abgewichen werden. Folgender Fall mag als Beispiel für eine solche Ausnahme dienen: Eine Kranbahn wird von zwei unterschiedlichen Kranbrücken (Kran A mit BK S_5, Kran B mit BK S_2) befahren. Die Hallenkranbahn umfasst zwei Bereiche (Achsen 1–6, Achsen 6–14 der Halle). Kran B kann alle Achsen von 1 bis 14 befahren. Kran A wird für eine Aufgabe benötigt, die eine Befahrung des Bereiches zwischen den Achsen 6 und 14 nötig macht, während er die Kranbahn in den Achsen 1 bis 6 nicht befahren soll. Letzteres wird durch die elektronische Steuerung des Krans gewährleistet. In diesem Fall könnte die Kranbahn von Achse 1 bis Achse 6 in S_2 eingestuft werden, während der restliche Bereich der Kranbahn in S_5 einzustufen ist. Der Tragwerksplaner hat dies mit dem Nutzer der Krananlage, dem Bauherrn und dem Kranhersteller abgesprochen.

Wenn geplant ist, demnächst einen leistungsfähigeren Kran für schwereren Betrieb anzuschaffen, sollte die BK der Kranbahn höher als die des alten Krans gewählt werden.

Häufig liegt zum Zeitpunkt der Tragwerksplanung weder der Kranhersteller, noch der Krantyp fest und es liegt deshalb kein Krandatenblatt vor. Der Tragwerksplaner muss seine Einstufung dann mit einem der beiden im Folgenden dargestellten Verfahren vornehmen.

15.2.2 Grobe Einstufung einer Kranbahn nach DIN EN 1991-3, Tab. B.1

Liegen zum Zeitpunkts des Entwurfs der Kranbahn detaillierte Angaben über den einzubauenden Kran noch nicht vor, so lässt sich eine erste, grobe Einstufung einfach nach Tab. 15.2 ([1-3/Tab.B.1] und [1-3NA/Tab.NA.B.1] vornehmen.

Basis dafür ist die Art des Krans und seine vorgesehene Nutzung. Sind für eine Kranart (z. B. Werkstattkrane) mehrere mögliche BK genannt (z.B. S_2, S_3, S_4), so muss die Entscheidung für eine BK in Abwägung der Schwere des Betriebs getroffen werden. Fachlichen Rat durch einen Kranhersteller einzuholen, kann an dieser Stelle nur empfohlen werden. Die unreflektierte Auswahl der kleinsten BK aus der Liste kann sich im Nachhinein als fataler Fehler herausstellen, der verhindert, dass die Krananlage wie geplant genutzt werden kann.

Mindestens für eine Vorbemessung ist die Einstufung über Tab. 15.2 [1-3/Tab.B.1] oft ausreichend. Für eine finale Dimensionierung sollte man sich bei einer Einstufung nach Tab. 15.2 jedoch in Absprache mit dem Bauherrn sicher sein, dass die Annahmen über die Krannutzung zutreffend sind. Stuft man die Kranbahn in eine zu geringe BK ein, so hat dies Auswirkungen auf ihre Nutzungsdauer.

Tab. 15.2: Kranklassifizierung nach [1-3/Tab.B.1] und [1-3NA/Tab.NA.B.1]

		Hubklasse	**BK**
1	Handbetriebene Krane	HC1	S_0, S_1
2	Montagekrane	HC1, HC2	S_0, S_1
3	Maschinenhauskrane	HC1	S_0, S_1
4	Lagerkrane, unterbrochener Betrieb	HC2	S_4
5	Lager-, Traversen-, Schrottplatzkrane, im Dauerbetrieb	HC3, HC4	S_6, S_7
6	Werkstattkrane	HC2, HC3	S_2, S_3, S_4
7	Brückenkrane, Anschlagkrane, im Greifer- oder Magnetbetrieb	HC3, HC4	S_6, S_7
8	Gießereikrane	HC2, HC3	S_6, S_7
9	Tiefofenkrane	HC3, HC4	S_7, S_8
10	Stripperkrane, Beschickungskran	HC4	S_8, S_9
11	Schmiedekrane	HC4	S_6, S_7
12	Transportbrücken, Halbportalkrane, Portalkrane mit Katz- oder Drehkran; im Hakenbetrieb	HC2	S_4, S_5
13	... wie vorige Zeile, jedoch im Greifer- oder Magnetbetrieb	HC3, HC4	S_6, S_7
14	Förderbandbrücke mit festem oder gleitendem Förderband	HC1	S_3, S_4
15	Werftkrane, Hellingkrane, Ausrüstungskrane im Hakenbetrieb	HC2	S_3, S_4
16	Hafenkrane, Drehkrane, Schwimmkrane, Wippdrehkrane im Hakenbetrieb	HC2	S_4, S_5
17	... wie vorige Zeile, jedoch im Greifer- oder Magnetbetrieb	HC3, HC4	S_6, S_7
18	Schwerlastschwimmkrane, Bockkrane	HC1	S_1, S_2
19	Frachtschiffkrane im Hakenbetrieb	HC2	S_3, S_4
20	Frachtschiffkrane im Greifer- oder Magnetbetrieb	HC3, HC4	S_4, S_5
21	Turmdrehkrane für die Bauindustrie	HC1	S_2, S_3
22	Montagekrane, Derrickkrane im Hakenbetrieb	HC1, HC2	S_1, S_2
23	Schienendrehkrane im Hakenbetrieb	HC 2	S_3, S_4
24	Schienendrehkrane im Greifer- oder Magnetbetrieb	HC3, HC4	S_4, S_5
25	Eisenbahnkrane zugelassen auf Züge	HC2	S_4
26	Autokrane, Mobilkrane im Hakenbetrieb	HC2	S_3, S_4
27	Autokrane, Mobilkrane im Greifer- oder Magnetbetrieb	HC3, HC4	S_4, S_5
28	Schwerlastautokrane, Schwerlastmobilkrane	HC1	S_1, S_2

Es ist darauf hinzuweisen, dass die häufige Kategorie "Werkstattkran" nach [1-3/Tab.B1] in S_3 oder S_4 einzustufen ist, während der deutsche Nationale Anhang eine Einstufung von S_2 bis S_4 ermöglicht [1-3NA/Tab.NA.B1]. Diese in Deutschland mögliche Einstufung von Werkstattkranen entspricht der früher nach DIN 15018 vorgesehenen Einstufung in die Beanspruchungsgruppen B3 oder B4. Die BG B3 umfasst den Bereich der BK S_2, bei der auch im Ermüdungsfall noch mit zentrischen Radlasten gerechnet werden darf.

Bei der häufig in Frage kommenden Kategorie „Werkstattkrane" ist besonders die Entscheidung zwischen den BK S_2 und S_3 wegen der unterschiedlich anzusetzenden Exzentrizität der vertikalen Radlasten entscheidend. Die Einstufung in S_3 führt z.B. gegenüber S_2 zu dickeren Schienenschweißnähten und Halskehlnähten.

15.2.3 Feine Einstufung einer Kranbahn nach DIN EN 1991-3, Tab. 2.11

Wenn die Art der Nutzung und das Kollektiv der Radlasten von allen Kranen, die den Kranbahnträger befahren sollen, bekannt ist, kann eine präzisere Einstufung als mit Tab. 15.2 vorgenommen werden. In Abhängigkeit von der Arbeitsspielzahl und der Völligkeit des Kollektivs wird die BK nach [3-1/Tab. 2.11] analog zu DIN EN 13001-3-1 bestimmt:

- Arbeitsspielzahl: Je höher die erwartete Gesamtzahl der Arbeitsspiele C ist, desto höher und ungünstiger ist die BK. Die Zahl der Arbeitsspiele ergibt sich aus der angestrebten Benutzungshäufigkeit pro Zeiteinheit und der geplanten Nutzungsdauer.
  Als ein Arbeitsspiel wird der Ablauf von der Aufnahme einer Last über das Absetzen der Last, der leeren Rückfahrt (Leerfahrt) bis zur Bereitschaft, erneut eine Last zu heben, angesehen. Leerfahrten werden also im Allgemeinen vernachlässigt.
  Wenn allerdings das Eigengewicht des Krans das Gewicht der Hublast übersteigt, kann die Vernachlässigung der Leerfahrten deutlich auf der unsicheren Seite liegen. In diesem Fall wird das oben genannte Arbeitsspiel in zwei Arbeitsspiele geteilt, eine Hinfahrt mit Hublast und als zweites Arbeitsspiel eine Leerfahrt zurück.
  Das Gleiche gilt, wenn der Kran auf seiner Rückfahrt eine andere Hublast befördert, statt leer zurückzufahren.
- Völligkeit des Belastungskollektivs: Je höher der Anteil der Belastungsvorgänge mit größeren Hublasten gegenüber solchen mit geringeren Lasten ist, desto größer ist die Völligkeit des Kollektivs. Je höher die Völligkeit, desto höher ist die BK.

Die im Folgenden erläuterte Vorgehensweise nach DIN EN 1991-3 ist kompatibel zu DIN EN 13001-1, Abschnitt 4.3.

Vorgehensweise bei der Einstufung der Kranbahn in eine BK:

- Gesamtnutzungsdauer des Krans festlegen, i. d. R.: 25 Jahre [3-6NA/2.1.3.2(1)]. Andere Nutzungsdauern können vereinbart werden.
- Die Hublasten werden in geeignet große Hublastbereiche (von ...t bis ...t) aufgeteilt.
- Die Arbeitsspiele eines einzelnen Krans aus dem jeweils gleichen Hublastbereich werden in der Kollektivstufe j zusammengefasst. Das Kollektiv j weist über die Gesamtnutzungszeit n_j Arbeitsspiele auf.
- Die Gesamtzahl von Arbeitsspielen während der gesamten Nutzungsdauer (meist 25 Jahre) ist: $C = \sum_j n_j$

Tab. 15.3: Klassifizierung der Ermüdungseinwirkung nach [1-3/Tab. 2.11]

BK (Beanspruchungsklasse)			Klasse des Lastkollektivs (Völligkeit)					
			Q_0	Q_1	Q_2	Q_3	Q_4	Q_5
			$kQ \leq 0{,}0313$	$0{,}0313 < kQ \leq 0{,}0625$	$0{,}0625 < kQ \leq 0{,}125$	$0{,}125 < kQ \leq 0{,}25$	$0{,}25 < kQ \leq 0{,}5$	$0{,}5 < kQ \leq 1{,}0$
Klasse von Arbeitsspielen	U_0	$C \leq 1{,}60 \cdot 10^4$	S_0	S_0	S_0	S_0	S_0	S_0
	U_1	$1{,}60 \cdot 10^4 < C \leq 3{,}15 \cdot 10^4$	S_0	S_0	S_0	S_0	S_0	S_1
	U_2	$3{,}15 \cdot 10^4 < C \leq 6{,}30 \cdot 10^4$	S_0	S_0	S_0	S_0	S_1	S_2
	U_3	$6{,}30 \cdot 10^4 < C \leq 1{,}25 \cdot 10^5$	S_0	S_0	S_0	S_1	S_2	S_3
	U_4	$1{,}25 \cdot 10^5 < C \leq 2{,}50 \cdot 10^5$	S_0	S_0	S_1	S_2	S_3	S_4
	U_5	$2{,}50 \cdot 10^5 < C \leq 5{,}00 \cdot 10^5$	S_0	S_1	S_2	S_3	S_4	S_5
	U_6	$5{,}00 \cdot 10^5 < C \leq 1{,}00 \cdot 10^6$	S_1	S_2	S_3	S_4	S_5	S_6
	U_7	$1{,}00 \cdot 10^6 < C \leq 2{,}00 \cdot 10^6$	S_2	S_3	S_4	S_5	S_6	S_7
	U_8	$2{,}00 \cdot 10^6 < C \leq 4{,}00 \cdot 10^6$	S_3	S_4	S_5	S_6	S_7	S_8
	U_9	$4{,}00 \cdot 10^6 < C \leq 8{,}00 \cdot 10^6$	S_4	S_5	S_6	S_7	S_8	S_9
mit:	kQ Lastkollektivbeiwert C Gesamtzahl Lastspiele während der Nutzungsdauer des Krans (i. d. R. 25 Jahre)							

- Es wird dasjenige Rad des Krans mit der maximalen vertikalen Radlast Q betrachtet. Der Maximalwert der Radlast in einem Arbeitsspiel der Kollektivstufe j ist Q_j.
- Der Minimalwert der Radlast $Q_{\min}$ wird ermittelt. Meist ergibt er sich, wenn keine Hublast am Haken hängt und die Katze so positioniert ist, dass die Radlast minimal wird. Es wird angenommen, dass $Q_{\min}$ bei jedem Arbeitsspiel erreicht wird. Ist diese Annahme zu ungünstig, können die nachfolgenden Formeln entsprechend angepasst werden.
- Die Schwingbreite der Radlast in der Kollektivstufe j beträgt: $\Delta Q_j = Q_j - Q_{\min}$ [1]
- Für alle Kollektivstufen j lassen sich nun die Wertepaare $(\Delta Q_j, n_j)$ angeben.
- Maximale Schwingbreite der Radlast bei maximaler Hublast: $\max \Delta Q = \max\{\Delta Q_j\}$
- Der Lastkollektivbeiwerts kQ ergibt sich mit $m = 3$ (Neigung der σ-Wöhlerkurve) zu:

$$kQ = \sum_j \left[\left(\frac{\Delta Q_j}{\max \Delta Q} \right)^m \cdot \frac{n_j}{C} \right] \tag{15.2}$$

- Die BK der Kranbahn infolge Befahrung durch den Kran lässt sich in Abhängigkeit von kQ und C Tab. 15.3 entnehmen. Wird die Kranbahn von mehreren Kranen befahren, so ist derjenige Kran für die Bestimmung der BK relevant, der die höchste BK liefert.

[1] An der Berechnung von ΔQ_j mit $Q_{\min}$ wird deutlich, dass für die Einstufung der Kran und nicht die Kranbahn betrachtet wird. Aus Sicht der Kranbahn ließe sich argumentieren, den Wert $Q_{\min} = 0$ zu setzen, da ja der Kran wegfahren kann und die Kranbahn dann an der Stelle unbelastet ist. Das ist aber nicht vorgesehen.

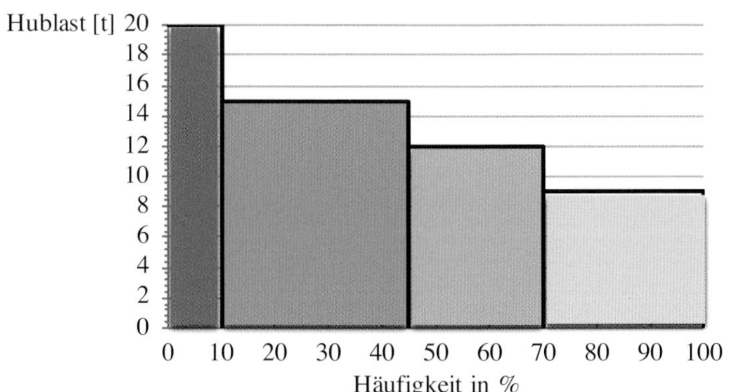

Abb. 15.10: Hublastkollektiv Beispiel 15-1

Beispiel 15-1: Ermittlung der BK für einen Kranbahnträger

Gegeben: 20-t-Kran, Lebensdauer 25 Jahre

- Anzahl der Arbeitsspiele während der Gesamtnutzungsdauer $C = 1,5 \cdot 10^6$
- Hublastkollektiv siehe Abb. 15.10
- Die Radlast aus der Kranbrücke ergibt sich zu:
  - Radlast $Q_j = Q_{\mathrm{h},j} + Q_{\mathrm{c,Kran}} + Q_{\mathrm{c,Katze}}$
- $Q_{h,j}$: Radlast aus Hublast H_j in [t]
  - $\max Q_{\mathrm{h},j} = 4,5\ \mathrm{m/s^2} \cdot H_j$ (Anteil aus der Hublast in der Radlast)
  - $\min Q_{\mathrm{h},j} = 0\ \mathrm{kN}$
- $Q_{\mathrm{c,Katze}}$: Radlast aus dem Eigengewicht Katze samt Lastaufnahmeeinrichtung (1,0 t)
  - $\max Q_{\mathrm{c,Katze}} = 4,5\ \mathrm{kN}$
  - $\min Q_{\mathrm{c,Katze}} = 0,5\ \mathrm{kN}$
- Radlast aus Eigengewicht Kranbrücke 14 t, ohne Katzgewicht
  - $\max Q_{\mathrm{c,Kran}} = \min Q_{\mathrm{c,Kran}} = Q_{\mathrm{c,Kran}} = 35\ \mathrm{kN}$

Gesucht: Beanspruchungsklasse der Kranbahn

- Berechnung des ermüdungsrelevanten Spiels der Radlast
  - $\max Q_j = \max Q_{\mathrm{h},j} + Q_{\mathrm{c,Kran}} + \max Q_{\mathrm{c,Katze}} = 4,5 \cdot H_j + 35 + 4,5$
    $= 4,5\ \mathrm{m/s^2} \cdot H_j + 39,5\ \mathrm{kN}$
  - $\min Q_j = \min Q_{\mathrm{h},j} + Q_{\mathrm{c,Kran}} + \min Q_{\mathrm{c,Katze}} = 0 + 35 + 0,5 = 35,5\ \mathrm{kN}$
  - $\Delta Q_j(H) = \max Q_j(H) - \min Q_j = 4,5 \cdot H_j + 39,5\ \mathrm{kN} - 35,5\ \mathrm{kN}$
    $= 4,5\ \mathrm{m/s^2} \cdot H_j + 4,0\ \mathrm{kN}$
  - $\max \Delta Q = \Delta Q_j(H_j = 20\ \mathrm{t}) = 94,0\ \mathrm{kN}$

Tab. 15.4: Kollektiv der Radlastspiele Beispiel 15-1

j	Hublast	Anteil an den Arbeitsspielen C	n_j	ΔQ_j
-	[t]	-	-	[kN]
1	20	10 %	$1,5 \cdot 10^5$	94
2	15	35 %	$5,25 \cdot 10^5$	71,5
3	12	25 %	$3,75 \cdot 10^5$	58
4	9	30 %	$4,5 \cdot 10^5$	44,5
		$C =$	$1,5 \cdot 10^6$	

- Berechnung des Kollektivbeiwerts kQ aus den in Tab. 15.4 enthaltenen Werten

$$kQ = \sum_j \left[\left(\frac{\Delta Q_j}{\max \Delta Q} \right)^m \cdot \frac{n_j}{C} \right] =$$

$$= \left(\frac{94}{94} \right)^3 \cdot \frac{1,5}{15} + \left(\frac{71,5}{94} \right)^3 \cdot \frac{5,25}{15} + \left(\frac{58}{94} \right)^3 \cdot \frac{3,75}{15} + \left(\frac{44,5}{94} \right)^3 \cdot \frac{4,5}{15} = 0,345$$

- Ablesen der Beanspruchungsklasse aus Tab. 15.3:
  - Aus $C = 1,5 \cdot 10^6$ ergibt sich die Arbeitsspielklasse U_7
  - Aus $kQ = 0,345$ ergibt sich die Lastkollektivklasse Q_4
  - Aus U_7 und Q_4 ergibt sich die BK S_6
- Die Kranbahn ist in BK S_6 einzustufen!
- Wäre mit dem Bauherren eine Nutzungsdauer von 50 Jahren statt 25 Jahren vereinbart worden, dann würde mit $C = 3,0 \cdot 10^6$ die Arbeitsspielklasse U_8 erreicht. Daraus ergäbe sich für den Kran Beanspruchungsklasse S_7. Die Verdopplung der Nutzungsdauer führt zu einer Erhöhung der BK um 1 Stufe.

15.2.4 Einstufung von Spannungskollektiven nach DIN EN 13 001

Die im letzten Abschnitt erläuterte Betrachtung des Radlastkollektivs ermöglicht die Einstufung des gesamten Kranbahnträgers. Wenn stattdessen die Beanspruchungsklasse für ein besonderes Konstruktionsdetail festgestellt werden soll, kann die Vorgehensweise nach DIN EN 13 001-1 und DIN EN 13 001-3-1 gewählt werden:

Die Einstufung von Spannungsverläufen nach EN 13 001-1, Abs. 4.4.4 und EN 13 001-3-1, Abs. 6.3.4 dient dem Ermüdungsnachweis einzelner mechanischer Komponenten eines Krans. Ausgangspunkt der Berechnungen ist ein gegebenes Spannungskollektiv, siehe Abb. 15.11.

Statt des Kollektivbeiwerts der Lasten kQ wird der Spannungskollektivbeiwert k_m aus den Wertepaaren der Spannungsschwingbreite $\Delta\sigma_i$ und der zugehörigen Lastwechselzahl n_i berechnet. k_m kann für verschiedene Nachweispunkte am Krantragwerk unterschiedlich ausfallen.

$$k_m = \sum_i \left(\left(\frac{\Delta\sigma_i}{\max \Delta\sigma} \right)^m \cdot \frac{n_i}{\sum n_i} \right) \quad (15.3)$$

Der Spannungsverlaufsparameter s_m ergibt sich mit der Neigung m der Wöhlerlinie daraus zu

$$s_m = \frac{\sum n_i}{2 \cdot 10^6} \cdot k_m; \text{ mit } m = 3 \text{ für } \sigma_x \text{ wird } s_m = s_3 \quad (15.4)$$

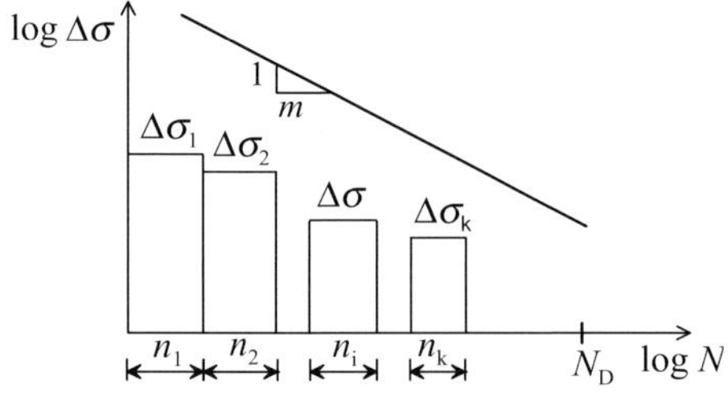

Abb. 15.11: Lastkollektiv im Zeitfestigkeitsbereich der Wöhlerlinie; $m = 3$

Tab. 15.5: Spannungsverlaufsparameter s_3 in Abhängigkeit von der BK nach DIN EN 13 001-3-1

Klasse	Spannungsverlaufsparameter s_3
S_{02}	$0{,}001 < s_3 \leq 0{,}002$
S_{01}	$0{,}002 < s_3 \leq 0{,}004$
S_0	$0{,}004 < s_3 \leq 0{,}008$
S_1	$0{,}008 < s_3 \leq 0{,}016$
S_2	$0{,}016 < s_3 \leq 0{,}032$
S_3	$0{,}032 < s_3 \leq 0{,}063$
S_4	$0{,}063 < s_3 \leq 0{,}125$
S_5	$0{,}125 < s_3 \leq 0{,}250$
S_6	$0{,}250 < s_3 \leq 0{,}500$
S_7	$0{,}500 < s_3 \leq 1{,}000$
S_8	$1{,}000 < s_3 \leq 2{,}000$
S_9	$2{,}000 < s_3 \leq 4{,}000$

Aus s_3 wird nun die Beanspruchungsklasse S_i bestimmt, siehe Tab. 15.5.

Übrigens entspricht der schadensäquivalente Beiwert λ nach [1-3/Tab.2.12] der 3. Wurzel des Spannungsverlaufsparameters s_3.

Soll für den Nachweis des gesamten Tragwerks eine einzige Beanspruchungsklasse verwendet werden, so ist das ungünstigste Spannungskollektiv zu wählen.

15.2.5 Klassierverfahren zur Ermittlung von Spannungskollektiven

Bei der im vorangegangenen Abschnitt erläuterten Einstufung des Krans in eine Beanspruchungsklasse wird vorausgesetzt, dass das Spannungskollektiv bekannt ist. Dieses ergibt sich aus der Analyse des prognostizierten oder gemessenen Beanspruchungs-Zeit-Verlaufs des untersuchten Bauteils, siehe z. B. Abb. 15.12 a). Einparametrige Verfahren bewerten nur die Spannungsschwingbreiten. Zweiparametrige Verfahren beschreiben zusätzlich auch die Mittelspannungen. In DIN 45 667 werden Klassierverfahren beschrieben.

Die am häufigsten angewandten Verfahren sind

- Rainflow-Methode (ein- oder zweiparametrig)
- Reservoir-Methode (einparametrig)

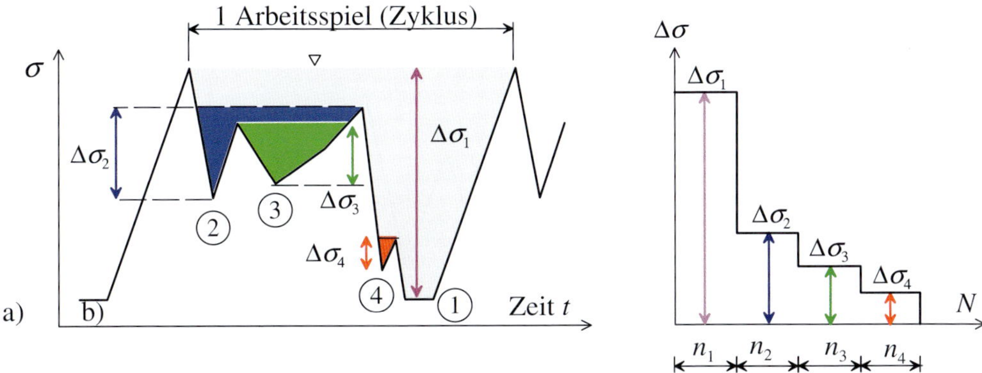

Abb. 15.12: Reservoir-Methode: Spannungs-Zeit-Verlauf und Spannungskollektiv

Die einparametrige Reservoir-Methode:

- Ein Zyklus beginnt bei der Maximalspannung des Lastspiels i und endet bei der Maximalspannung des Lastspiels $(i+1)$.
- Man stelle sich den Zyklus des Spannungs-Zeit-Diagramms als ein mit Wasser geflutetes Reservoir vor (Abb. 15.12 a)).
- Nun wird an der tiefsten Stelle (1) durch Entfernen eines gedachten Stöpsels das Wasser so weit wie möglich abgelassen. Die Differenz zwischen dem ursprünglichen Wasserstand und dem tiefsten Punkt des Diagramms entspricht einem Spannungsschwingspiel der Größe $\Delta\sigma_1$.
- Es verbleiben die blaue, grüne und rote Fläche im Reservoir.
- Nun wird der Stöpsel am Punkt unter dem nun höchsten Wasserstand (2) gezogen und das Wasser abgelassen. Die durch das Ablassen des Wassers hervorgerufene Senkung des Wasserspiegels entspricht dem Schwingspiel $\Delta\sigma_2$. Es verbleiben die grüne und rote Restfläche.
- Analog wird weiterverfahren, bis sich kein Wasser mehr im Reservoir befindet. Es ergeben sich $\Delta\sigma_3$ und $\Delta\sigma_4$.
- Die einzelnen Spannungen werden nun zu Stufen zusammengefasst und in ein Diagramm eingetragen. Sie ergeben das Spannungskollektiv (Abb. 15.12 b)).

Übrigens setzt die Reservoir-Methode wie auch andere Klassierungsverfahren die der Palmgren-Miner Regel zugrunde liegende Annahme der Beliebigkeit der Belastungsreihenfolge voraus: Einem Kollektiv wie z.B. dem in Abb. 15.12 b) ist nicht mehr anzusehen, in welcher Reihenfolge die Belastungen auftraten.

Beispiel 15-2: Einstufung eines Brückenkrans nach DIN EN 13 001-3-1

Gegeben: Spannungs-Zeit-Verlauf am Unterflansch der Kranbrücke (Abb. 15.13)

Bei einer geplanten Nutzungsdauer von 25 Jahren, 250 Arbeitstagen pro Jahr und 30 Zyklen pro Tag ergeben sich 187 500 zu ertragende Zyklen.

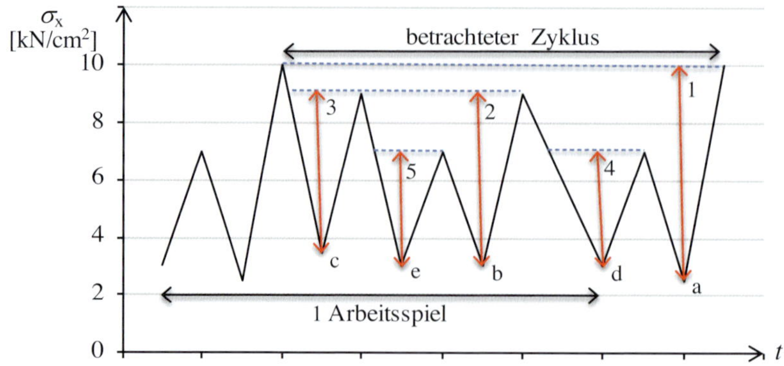

Abb. 15.13: Spannungs-Zeit-Verlauf eines Brückenträgers (Beispiel 15-2)

Tab. 15.6: Spannungskollektiv (Beispiel 15-2)

i	n_i	$\Delta\sigma_i$ [kN/cm²]	$\left(\frac{\Delta\sigma_i}{\max\Delta\sigma}\right)^3 \cdot \frac{n_i}{\sum n_i}$
1	187 500	7,5	0,2000
2	187 500	6,0	0,1024
3	187 500	5,5	0,0789
4	187 500	4	0,0303
5	187 500	4	0,0303
$\Sigma =$	937 500		$k_m = 0,4420$

Gesucht: Einstufung des Spannungskollektivs nach DIN EN 13 001-3-1

Öffnet man das aus einem Zyklus bestehende Reservoir an Punkt a (Abb. 15.13 rechts), so erhält man das größte Spannungsspiel mit der Nummer 1.

Die weiteren Öffnungen an den Stellen b, c, d und e liefern die Spannungsspiele 2 bis 5. Mit der Öffnung in Punkt e ist – um im Bild zu bleiben – alles Wasser aus dem Reservoir ausgeflossen. Ein Zyklus besteht aus fünf Spannungsspielen *i*. Tabelle 15.6 zeigt das Ergebnis.

Damit ergibt sich nach Gl. 15.4

$$s_m = s_3 = \frac{\sum n_i}{2 \cdot 10^6} \cdot k_m = \frac{937500}{2 \cdot 10^6} \cdot 0,4420 = 0,207$$

Mit $s_3 = 0,207$ ergibt sich aus Tab. 15.5 die Einstufung des Spannungskollektivs in BK S_5.

15.2.6 Beanspruchungsgruppen von Kranen nach DIN 15 018

Die nach DIN 15 018 vorgenommene Einstufung von Kranen und Kranbahnträgern kann auch heute noch dort von Interesse sein, wo im Rahmen von Erweiterungen oder Sanierungen bestehender Krananlagen frühere Berechnungsunterlagen bewertet werden müssen.

Abb. 15.14 stellt die Völligkeiten S_0 bis S_3 nach DIN 15 018 in einem einfach-logarithmischen Diagramm vor. Die Kurve S_3, die die höchste Völligkeit aufweist, entspricht einer Einstufenver-

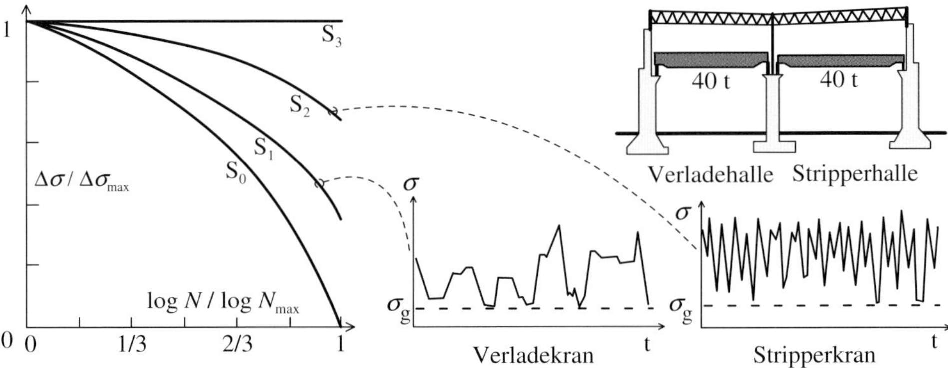

Abb. 15.14: Völligkeit eines Spannungskollektivs nach DIN 15 018; die Völligkeitsklassen $S_0 - S_3$ nach DIN 15 018 sind nicht zu verwechseln mit den gleich bezeichneten BK nach [1-3]

Tab. 15.7: Lastkollektivbeiwerte k_m der Völligkeitsklassen nach DIN 15 018 und [KE11]

Völligkeitsklasse nach DIN 15 018	k_m	...entspricht Lastkollektivklasse nach DIN EN 1991-3
S_0 (sehr leicht)	0,018	Q_0
S_1 (leicht)	0,102	Q_2
S_2 (mittel)	0,381	Q_4
S_3 (schwer)	1,000	Q_5

teilung, d. h. bei jedem Schwingspiel wird die maximale Beanspruchung erreicht.

Für die Völligkeitsstufen S_0 bis S_3, die nicht mit den gleichnamigen Beanspruchungsklassen nach DIN EN 1991-3 verwechselt werden dürfen, können die Lastkollektivbeiwerte bestimmt werden. Es ergeben sich die in Tab. 15.7 angegebenen Werte [KE11].

Umrechnung der Beanspruchungsgruppen nach DIN 15 018 in Beanspruchungsklassen nach DIN EN 13 001

Die Umrechnung der alten Beanspruchungsgruppen B1 bis B6 nach DIN 15018 in die Beanspruchungsklassen S_0 bis S_9 nach [1-3] wird in Abb. 15.15 und in Tab. 15.8 dargestellt. Die Darstellung der BK erfolgt nach DIN EN 13001-3-1, Bild 9. Zur Darstellung der BG nach DIN 15018 wurden die in DIN 15018, Tab. 14 und 15 angegebenen Punkte auf der Basis der Umrechnung der Spannungskollektive (DIN 15018) in Lastkollektivbeiwerte [1-3], siehe Tab. 15.7 eingetragen und die Verläufe nach [EK17] abgeschätzt.

15.2.7 Einstufung von Kranen nach FEM-Richtlinie 1.001

Im europäischen Ausland, aber auch im Inland, werden Krane alternativ auch nach der FEM-Richtlinie 1.001 aus dem Jahr 1998 [FEM98] geplant. Das Kürzel FEM steht für „Fédération Européenne de la Manutention" (European materials handling federation). Zuständig für die Richtlinie 1.001 ist die Sektion I „Krane und schwere Hebezeuge" der FEM, als deren Deutsches Komitee der VDMA, Fachgemeinschaft Fördertechnik, angegeben ist.

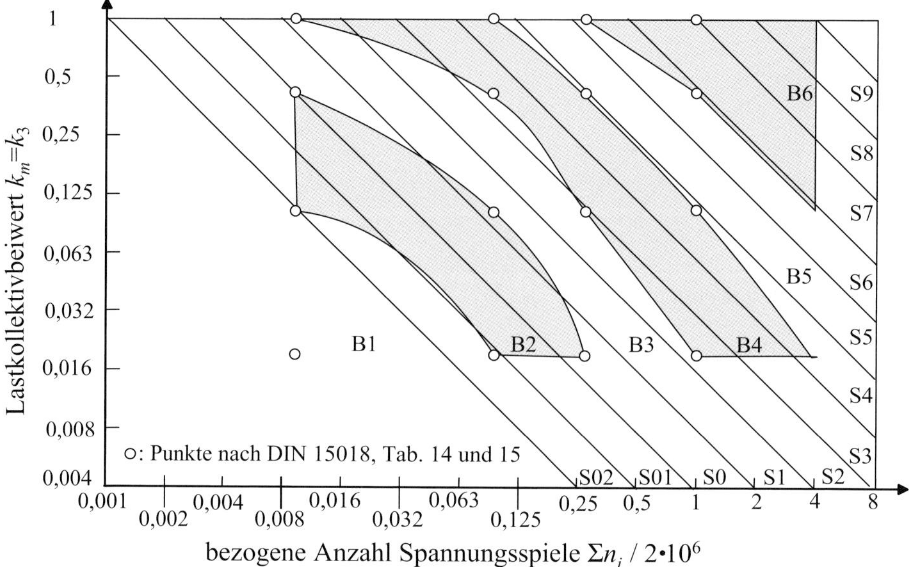

Abb. 15.15: Vergleich der Kraneinstufung nach DIN 15018-1 und DIN EN 1991-3 / DIN EN 13001-3-1 nach [EK17]. (Der Lastkollektivbeiwert k_m entspricht für m = 3 dem Parameter kQ in Tab. 15.3.)

Wenn eine nach FEM-Richtlinie geplante Kranbrücke zum Einsatz kommt, ist deren Einstufung in eine FEM-Beanspruchungsklasse zunächst so zu übersetzen, dass die Einstufung der Kranbahn den Regeln der DIN EN 1991-3 entspricht.

Hubklassen nach FEM

Nach der FEM-Richtlinie gibt es vier Hubklassen HC1 bis HC4 (siehe [FEM98] Heft 9, Kap. 9.3), die den Hubklassen HC1 bis HC4 nach Eurocode 1-3 entsprechen.

Tab. 15.8: Umrechnung der BG (Beanspruchungsgruppe) nach DIN 15018-1 in die BK (Beanspruchungsklasse) nach DIN EN 1991-3 und umgekehrt, abgeleitet aus Abb. 15.15

Die BG nach DIN 15 018...	... entspricht nach EC 1-3 ungünstigstenfalls der BK ...
B1	S_0
B2	S_1
B3	S_3
B4	S_4
B5	S_6
B6	S_9

Die BK nach EC 1-3...	... entspricht nach DIN 15 018 ungünstigstenfalls der BG ...
S_0, S_1	B3
S_2, S_3	B4
S_4, S_5	B5
S_6, S_7, S_8, S_9	B6

Tab. 15.9: Einstufung der Krananlage nach FEM-1.001 [FEM98], Heft 2

	Kranart	Lastaufnahme	Krangruppe FEM
1	Krane mit Handantrieb		A1 – A2
2	Montagekrane		A1 – A2
3	Montage- und Demontagekrane für Kraftwerke, Maschinenhäuser		A2 – A4
4	Verladebrücken	Haken	A5
5	Verladebrücken	Greifer oder Magnet	A6 – A8
6	Werkstattkrane		A3 – A5
7	Lauf-, Fallwerk-, Schrottplatzkrane	Greifer oder Magnet	A6 – A8
8	Gießkrane		A6 – A8
9	Tiefofenkrane		A8
10	Stripperkrane, Chargierkrane		A8
11	Schmiedekrane		A6 – A8
12a	Entladebrücken, Container-Portalkrane	Haken oder Spreader	A5 – A6
12b	Andere Portalkrane (Katze, Drehkran)	Haken	A4
13	Entladebrücken, Portalkran (Katze, Drehkran)	Greifer oder Magnet	A6 – A8

Krangruppe nach FEM

FEM 1.001 [FEM98] unterscheidet eine Einstufung des Gesamtkrans (Stufen A1 bis A8) und die davon zu unterscheidende Einstufung des Stahltragwerks und der mechanischen Ausrüstungsteile (Stufen E1 bis E8).

Es gibt zwei Möglichkeiten, eine Krangruppe nach FEM in eine BK zu übersetzen. Beide Wege führen nicht immer zu demselben Ergebnis.

- Durch Vergleich der Einstufungsbeispiele nach DIN EN 1991-3 (siehe oben Tab. 15.2) mit denen nach FEM-Richtlinie (Tab. 15.9) und anschließender Transformation der A-Stufe oder E-Stufe in eine BK nach Tab. 15.10.

Tab. 15.10: Umrechnung der Gruppen nach FEM in BK nach DIN EN 1991-3

Die Krangruppe nach FEM...	... entspricht der FEM- Einstufung des Stahltragwerks	... entspricht der BK nach DIN EN 1991-3
A1 und A2	E1	S_0
A3	E2	S_1
A4	E3	S_2
A5	E4	S_3
A6	E5	S_4
A7	E6	S_5
A8	E7	S_6
A8	E8	S_7 bis S_9

Tab. 15.11: Vergleich der Lastkollektivklassen Q_i

Lastkollektivklasse Q nach FEM	.... entspricht Lastkollektivklasse Q_i nach DIN EN 1991-3
Q4 = P4	Q_5
Q3 = P3	Q_4
Q2 = P2	Q_3
Q1 = P1	Q_2

- Sowohl nach [1-3] als auch nach FEM 1.001 lässt sich die Beanspruchungsgruppe aus der Lastwechselzahl und der Völligkeit des Belastungskollektivs bestimmen, siehe [FEM98], Heft 2. Die Klassen der Arbeitsspiele U_0 bis U_9 bzw. B_0 bis B_9 sind in [1-3] und FEM 1.001 identisch definiert. Die die Völligkeit des Lastkollektivs beschreibende Klasse der Lastkollektive Q_i hängt vom Lastkollektivbeiwert kQ ab. Tab. 15.11 zeigt den Vergleich der Lastkollektivklassen nach FEM mit denen nach [1-3]. Anhand von Tab. 15.10 lässt sich schließlich eine direkte Umrechnung der A-Klasse oder E-Klasse nach FEM in eine S-Klasse nach [1-3] vornehmen.

15.3 Wöhlerlinien, normierte Wöhlerlinien und zugehörige Kerbfälle

15.3.1 Wöhlerlinie und Schadensakkumulation

Als es im Jahr 1856 zu einer Serie von Achsbrüchen bei Lokomotiven und Eisenbahnwaggons gekommen war, wurde der damals noch junge August Wöhler [ZH19] damit beauftragt, die Ursache herauszufinden.

Wöhler dachte sich einen Versuch aus, um die Ermüdungsfestigkeit von Bauteilen beurteilen zu können: Eine größere Anzahl gleichwertiger Proben wurden unter festgelegten Bedingungen (konstantes Spannungsverhältnis κ) periodisch belastet, bis sie zu Bruch gingen. Mit verschiedenen Spannungsschwingbreiten wurden je ca. 4 bis 6 Versuche durchgeführt und die Ergebnisse statistisch ausgewertet. Aufgetragen im doppeltlogarithmischen Maßstab ergab sich daraus die bekannte Wöhlerlinie. Besonders auffälliges Merkmal aller Wöhlerlinien ist der nahezu lineare Verlauf des mittleren Kurvenbereichs.

Die Wöhlerlinie (Abb. 15.16) weist drei Bereiche auf:

- **Kurzzeitfestigkeit** bei weniger als 10 000 Lastwechseln.
- **Zeitfestigkeit** von ca. 10^4 bis ca. $5 \cdot 10^6$ Lastwechseln. Krane und Kranbahnen sind im Regelfall diesem Bereich zuzuordnen.
- **Dauerfestigkeit**: Bei Spannungsschwingbreiten unterhalb eines bestimmten Wertes tritt kein Versagen mehr ein. Wenn ein Bauteil aus Stahl mehr als ca. $n = 5 \cdot 10^6$ Lastwechsel mit einem bestimmten Spannungsspiel $\Delta\sigma$ ertragen hat, dann wird es voraussichtlich auch bei weiteren Lastwechseln mit $\Delta\sigma$ nicht mehr versagen.

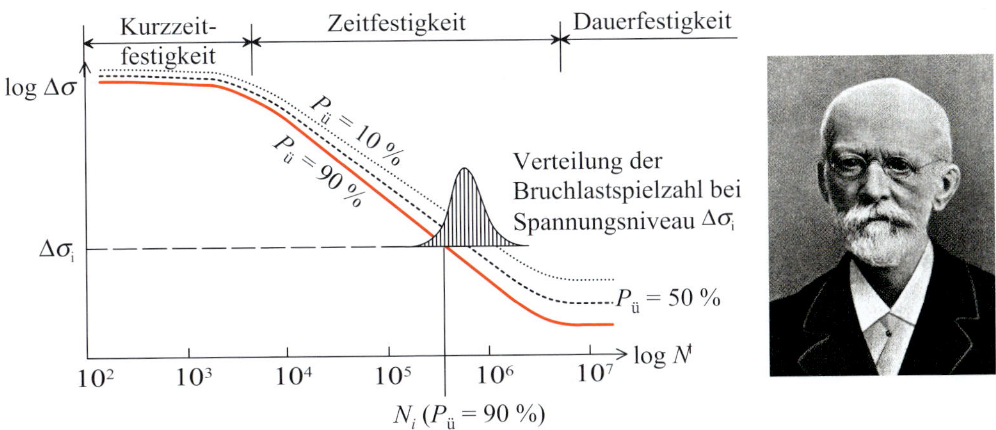

Abb. 15.16: Links: Wöhlerlinie (Kennwerte: Kerbfall, Werkstoff, Spannungsverhältnis), rechts: August Wöhler (1819 – 1914)

Lineare Schadensakkumulation nach Palmgren-Miner (Schädigungshypothese)

Die Palmgren-Miner-Regel [Min45, Pal24] besagt: Jedes Spannungsspiel verursacht einen genau bestimmbaren Schädigungsanteil, der unabhängig davon ist, was vor dem betrachteten Lastwechsel geschah.

Für ein vorliegendes Spannungskollektiv brauchen nur die Schädigungsanteile infolge der einzelnen Spannungsspiele addiert zu werden, um feststellen zu können, ob das Bauteil eine ausreichende Ermüdungsfestigkeit aufweist.

Es wird unterstellt, dass die Reihenfolge der Belastung keinen Einfluss auf die Lebensdauer hat.

Obwohl diese Annahme tatsächlich nicht in jedem Fall erfüllt ist, stellt die Palmgren-Miner-Regel doch ein sehr brauchbares Werkzeug für die Betriebsfestigkeitsuntersuchung dar.

Wenn das Lastkollektiv bekannt ist und die passende Wöhlerlinie vorliegt, kann der Nachweis folgendermaßen geführt werden:

- Einstufiges Lastkollektiv (Abb. 15.17 a)
  Versagen tritt ein, wenn der Quotient aus tatsächlicher Lastwechselzahl n_1 und der zum Spannungsspiel gehörigen maximal möglichen Lastwechselzahl N_1 zu 1 wird: $n_1/N_1 = 1$
- Mehrstufiges Lastkollektiv (Abb. 15.17 b)
  Jede der $i = 1, k$ Kollektivstufen $(\Delta\sigma_i\ ;\ n_i)$ mit einer zugehörigen maximal möglichen Lastwechselzahl N_i führt zu einer spezifischen Schädigung n_i/N_i.
  Versagen tritt ein, wenn die Summe der Schädigungen D den Wert 1 erreicht:

$$D = \sum_{i=1}^{k} \frac{n_i}{N_i} = 1 \qquad (15.5)$$

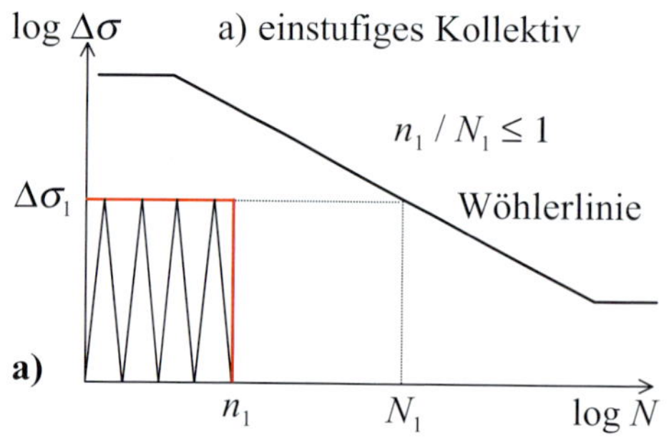

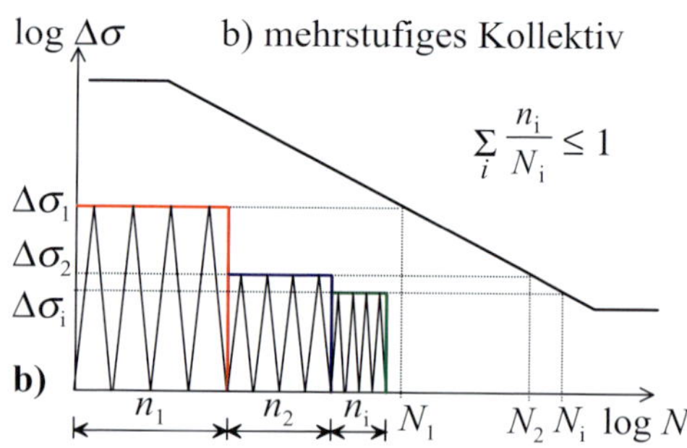

Abb. 15.17: Palmgren-Miner-Regel

15.3.2 Normierte Wöhlerlinien nach DIN EN 1993-1-9

Auf der Basis umfangreicher Versuchsauswertungen wurden die Wöhlerlinien zu den sog. normierten Wöhlerlinien weiterentwickelt. Grundlage dafür war die Erkenntnis, dass die Neigung verschiedener Wöhlerlinien in der Größenordnung 3 bis 4 liegt und dass die zur Dauerfestigkeit gehörige Lastwechselzahl N, oberhalb derer kein Bauteil mehr versagt, mit ca. $N_D = 5 \cdot 10^6$ in fast allen Fällen ähnlich war.

Die Nachweise nach [3-1-9] basieren auf normierten Wöhlerlinien. Die Wöhlerlinien liegen in Form einer Schar von Geraden mit der Neigung $m = 3$ über den im doppeltlogarithmischen Maßstab aufgetragenen Achsen $\Delta\sigma_R$ und N_R vor, siehe Abb. 15.18. Die einzelnen Wöhlerlinien (Überlebenswahrscheinlichkeit $p_ü \approx 95$ %) sind durch den Wert $\Delta\sigma_C$ gekennzeichnet, der die Beanspruchbarkeit bei $N_C = 2 \cdot 10^6$ wiedergibt.

Warum geht die normierte Wöhlerlinie für $N > 5 \cdot 10^6$ Lastwechseln nicht in eine horizontale Linie über? Diese Frage wird am Beispiel eines zweistufigen Belastungskollektivs beantwortet: Die großen Spannungsspiele $\Delta\sigma_1$ liegen oberhalb der Dauerfestigkeit $\Delta\sigma_D$ und die kleinen Spannungsspiele $\Delta\sigma_2$ liegen unterhalb von $\Delta\sigma_D$ ($\Delta\sigma_2 \leq \Delta\sigma_D \leq \Delta\sigma_1$).

Stellen wir uns zunächst vor, dass nur die kleinen Spannungsspiele $\Delta\sigma_2$ wirken. Sie führen natürlich zu keiner Schädigung der Konstruktion, da ihre Größe ja unterhalb der Dauerfestigkeit liegt.

Kommen danach die großen Spannungsspiele zur Wirkung, treffen sie auf eine ungeschädigte Struktur. Im zweiten Fall sollen zunächst die großen Spannungsspiele $\Delta\sigma_1$ wirken. Sie führen zu einer Ermüdungsschädigung, denn sie sind größer als $\Delta\sigma_D$.

In der Folge tragen auch die erst danach angreifenden, kleinen Spannungsspiele $\min\Delta\sigma$ zu einer Schädigung bei, da sie auf eine bereits vorgeschädigte Struktur treffen.

Haibach [Hai70] hat daher mit der modifizierten Palmgren-Miner-Regel die Wöhlerlinien zu ihrer heutigen Form (Abb. 15.18) weiterentwickelt, indem er zur Berücksichtigung des beschriebenen Effekts die Wöhlerlinie unterhalb von $\Delta\sigma_D$ zwischen $5 \cdot 10^6 < N \leq 1 \cdot 10^8$ mit einer Geraden der Neigung $(2m - 1) = 5$ fortsetzte. Erst bei $N \geq 1 \cdot 10^8$ wird die Wöhlerlinie horizontal. Der bei $N = 1 \cdot 10^8$ erreichte Spannungswechselwert wird als Schwellenwert $\Delta\sigma_L$ oder cut-off-limit bezeichnet (Abb. 15.18).

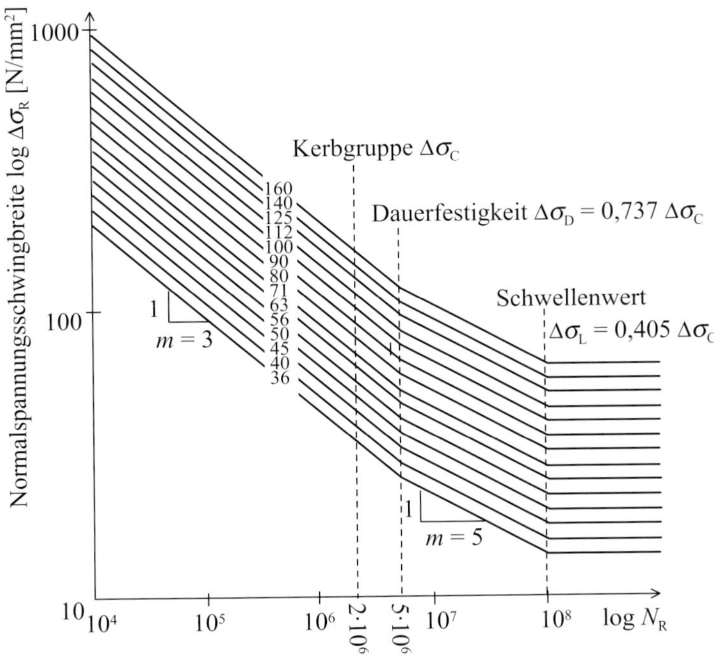

Abb. 15.18: Normierte Wöhlerlinien für Längsspannungen [3-1-9/Bild 7.1]

Die sich aus einer Wöhlerlinie ergebende Normalspannung, die das Bauteil N_R-mal aushalten kann, berechnet sich zu:

$$\Delta\sigma_R = \sqrt[m]{\frac{(\Delta\sigma_C)^m \cdot 2 \cdot 10^6}{N_R}} \quad \text{mit } m = 3 \text{ für } N_R \leq 5 \cdot 10^6 \tag{15.6}$$

$$\Delta\sigma_R = \sqrt[m]{\frac{(\Delta\sigma_D)^m \cdot 5 \cdot 10^6}{N_R}} \quad \text{mit } m = 5 \text{ für } 5 \cdot 10^6 \leq N_R \leq 1 \cdot 10^8 \tag{15.7}$$

Die Dauerfestigkeit für Normalspannungen beträgt: $\Delta\sigma_D = 0,737 \cdot \Delta\sigma_C$

Der Schwellenwert für Normalspannungen beträgt: $\Delta\sigma_L = 0,405 \cdot \Delta\sigma_C$

Die Wöhlerlinien für Schubspannungen (Abb. 15.19) weisen eine Neigung von $m = 5$ auf.

$$\Delta\tau_R = \sqrt[m]{\frac{(\Delta\tau_C)^m \cdot 2 \cdot 10^6}{N_R}} \quad \text{mit } m = 5 \text{ für } N_R \leq 1 \cdot 10^8 \tag{15.8}$$

Schwellenwert und Dauerfestigkeit fallen bei Schubspannungen zusammen. Die Dauerfestigkeit für Schubspannungen beträgt: $\Delta\tau_D = 0,457 \cdot \Delta\tau_C$

15.3.3 Einfluss des Werkstoffs

Der Einfluss des Werkstoffs auf die Ermüdungsfestigkeit ist bei den Baustählen nach [3-1-1/Tab.3.1] eher gering, siehe auch [Buc00]. Bauteile aus S 355 und den höherfesteren

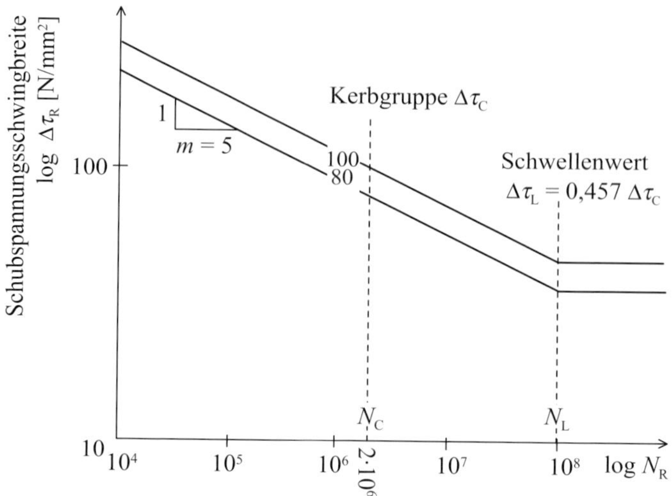

Abb. 15.19: Normierte Wöhlerlinien für Schubspannungen [3-1-9/Bild 7.2]

Baustählen weisen wegen der etwas höheren Kerbempfindlichkeit im Hinblick auf die Ermüdungsfestigkeit keine Vorteile gegenüber baugleichen Bauteilen aus S 235 auf.

Der Werkstoffeinfluss ist nur bei ungeschweißten und glatten, ungekerbten Bauteilen zu spüren, die Ermüdungsfestigkeit steigt dort linear mit der Streckgrenze an. Da Ermüdungsprobleme aber in den meisten Fällen an Schweißnähten oder anderen Kerben auftreten, ist die Vorgehensweise nach [3-1-9], auf eine Unterscheidung der verschiedenen Baustähle hinsichtlich ihrer Ermüdungsfestigkeit zu verzichten, sinnvoll.

15.3.4 Einfluss der Mittelspannung

Führt eine Wechselbeanspruchung zwischen –5 kN/cm² und +5 kN/cm² ($\sigma_m = 0$ kN/cm²) bei gleicher Lastwechselzahl zu einer genauso großen Ermüdungsschädigung wie eine Zugschwellbeanspruchung zwischen +5 kN/cm² und +15 kN/cm² ($\sigma_m = 10$ kN/cm²)?

Versuche an geschweißten Konstruktionsdetails zeigen, dass die Frage mit „ja“ beantwortet werden kann. Was ist die Ursache dafür? Durch den Schweißvorgang entstehen unvermeidlich Schweißeigenspannungen, die sich mit den Spannungen aus äußeren Lasten überlagern. So können örtlich begrenzt z. B. auch dort resultierende Zugspannungen bis hin zur Fließgrenze vorliegen, wo sich aus der äußeren Last nach der technischen Mechanik als Nennspannung nur eine Druckspannung ergibt. Dieser Sachverhalt führt dazu, dass die Ermüdungsfestigkeit eines Schweißdetails nach DIN EN 1993-1-9 nur noch vom Spannungsspiel $\Delta\sigma$ abhängt, während die Mittelspannung σ_m keine Rolle mehr spielt.

Anders ist der Sachverhalt bei ungeschweißten oder spannungsarm geglühten Konstruktionsdetails zu bewerten. Die Mittelspannung hat in diesem Fall einen Einfluss auf die Ermüdungsfestigkeit: Druckspannungen wirken auf die ertragbare Spannungsschwingbreite weniger ungünstig als Zugspannungen. Nach [3-1-9/7.2.1] braucht deshalb für ungeschweißte Konstruktionen der auf der Druckseite liegende Teil der Spannungsschwingbreite nur zu 60 % berücksichtigt werden, siehe Abb. 15.20.

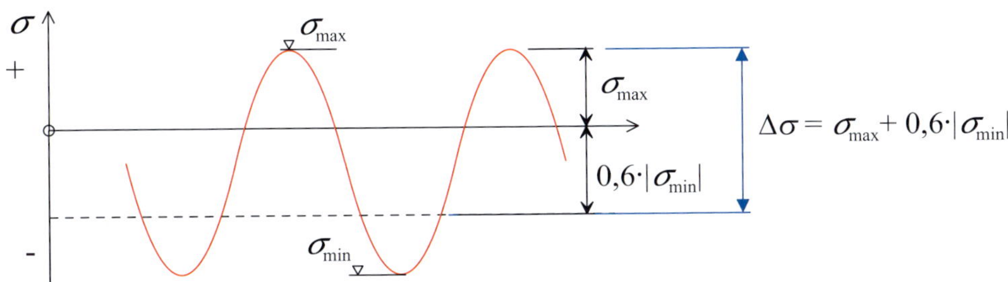

Abb. 15.20: Modifizierte Spannungsschwingbreiten für nicht geschweißte und geschweißte, spannungsarm geglühte Bauteile [3-1-9/Bild 7.4]

An dieser Stelle soll auf eine Unschärfe der Übersetzung der englischen Urversion EN 1993-1-9, Abschnitt 7.2.1(1) in die deutsche Version DIN EN 1993-1-9, Abschnitt 7.2.1(1) hingewiesen werden: Während nach der Urversion der günstige Einfluss der Schwingbreitenreduktion bei allen „non welded details" ausgenutzt werden darf, gilt dies in der deutschen Übersetzung nur für „nicht geschweißte Konstruktionen". Während es in der Urfassung also nur auf das betrachtete Detail ankommt, das nicht geschweißt worden sein darf, muss nach der deutschen Übersetzung die gesamte Konstruktion ungeschweißt sein.

Beispiel: Beim Ermüdungsnachweis für ein Schraubenloch (Kerbfall 90 für σ_x) im Obergurt eines Walzprofils mit angeschweißten Winkeln (Kerbfall 112 für σ_x) darf kein Gebrauch von dieser günstigen Regelung gemacht werden, da es sich zwar um ein ungeschweißtes Detail, nicht aber um eine ungeschweißte Konstruktion handelt. Das führt zu einer unwirtschaftlicheren Dimensionierung, da das Schraubenloch (Kerbfall 90) gegenüber der Schweißnaht (Kerbfall 112) maßgebend ist. Es ist beabsichtigt, dies in der nächsten Version des Eurocodes zu ändern.

15.3.5 Einfluss der Bauteilgröße

Die Ermüdungsfestigkeit nimmt mit wachsender Bauteilgröße bei sonst unveränderten Umständen etwas ab. Dies hat mehrere Ursachen:

- Je kleiner ein Bauteil ist, desto geringer sind die vorhandenen Eigenspannungen.
- Größere Bauteile haben eine größere Oberfläche. Damit steigt die Wahrscheinlichkeit für das Vorhandensein einer Fehlstelle (= Kerbe).
- Kleinproben, an denen die Versuche durchgeführt werden, haben oft glattere Oberflächen und damit weniger Kerben als reale, große Bauteile.

Der Größeneinfluss wird nach [3-1-9] nicht berücksichtigt, denn Bauteile im Bauwesen weisen ähnliche Abmessungsgrößenordnungen auf, so dass der Effekt praktisch vernachlässigt werden kann.

Von Bedeutung ist aber die Blechdicke von Bauteilen im Hinblick auf die Ermüdungsfestigkeit. Dies hängt mit den Herstellungsprozessen zusammen. Bei Blechdicken über 25 mm verringert sich die Ermüdungsfestigkeit des Bauteils. Dieser Einfluss wird in den Kerbfalltafeln berücksichtigt.

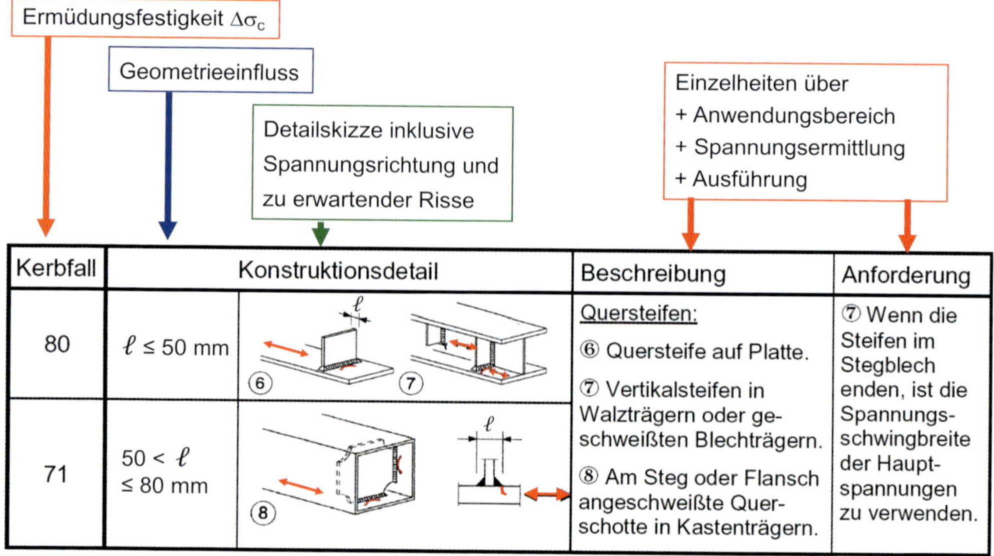

Abb. 15.21: Informationen, die den Kerbfalltabellen entnommen werden können

15.3.6 Bestimmung der Kerbfälle

15.3.6.1 Zur Systematik der Kerbfälle nach DIN EN 1993-1-9

Welche der normierten Wöhlerlinien aus Abb. 15.18 zu verwenden ist, ergibt sich aus dem Kerbfall des betrachteten Konstruktionsdetails. Mit Hilfe von [3-1-9/Tab. 8.1 bis 8.10] lässt sich der Kerbfall eines Konstruktionsdetails bestimmen. Jeder Kerbfall ist mit einer Kerbfallnummer bezeichnet, die den Wert $\Delta\sigma_C$ in N/mm^2 angibt. $\Delta\sigma_C$ ist die ertragbare Spannungsschwingbreite bei $N_C = 2 \cdot 10^6$ Lastwechseln. Mit der Kerbfallnummer kann sofort die zugehörige Wöhlerlinie identifiziert werden. Je höher die Nummer des Kerbfalls, umso höher ist die Beanspruchbarkeit. In den Kerbfalltabellen (Abb. 15.21) sind vielfältige Informationen enthalten; u. a. auch der Ort der Rissentstehung und die Beanspruchungsrichtung. Derzeit werden im Rahmen der Eurocode-Revision alle Kerbfalltabellen überarbeitet. In der nächsten Version der DIN EN 1993-1-9, mit der ab dem Jahr 2025 zu rechnen ist, sollen auch die Schweißnahtsymbole ergänzt sein.

Einige wenige Kerbfälle sind in den nachfolgenden Tabellen mit einem Sternchen versehen (z. B. 36* in Abschnitt 15.3.6.3 a). Für solche Kerbfälle passen Versuchsergebnisse und die normierten Wöhlerkurven (Abb. 15.18) nicht richtig zusammen. Um die Dauerfestigkeit $\Delta\sigma_D$ den Versuchswerten anzupassen, sind diese Kerbfälle daher eine Klasse niedriger eingestuft worden, als die Versuchsauswertung für $N = 2 \cdot 10^6$ Spannungsspiele ergeben würde. Bei der Nachweisführung werden die Sternchen hinter den Kerbfallgruppen nicht beachtet. Von der in [3-1-9/7.1 Anmerkung 3] angebotenen Option der Höherstufung solcher Details um eine Stufe sollte kein Gebrauch gemacht werden, da für diesen Fall die Werte der schadensäquivalenten Beiwerte λ nicht mehr korrekt sind.

Für typische Details von Kranbahnträgern sind einige Kerbfälle in Abb. 15.22 zusammengetragen, die in den folgenden Abschnitten näher erläutert werden. Zu Abb. 15.22 links: Der

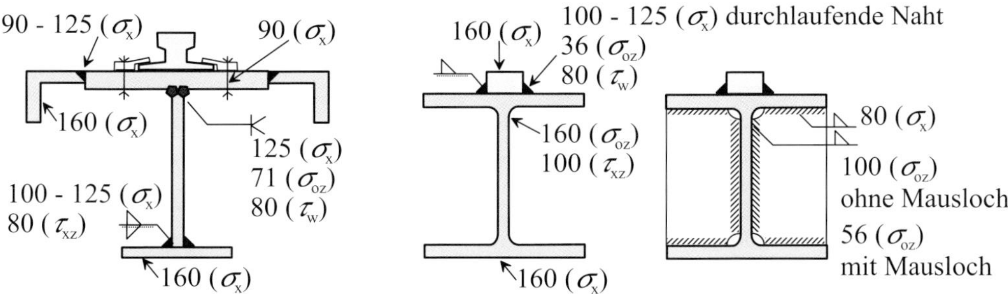

Abb. 15.22: Typische Kerbfälle für Kranbahnträger, rechts am Querschnitt mit Quersteife

Querschnitt ist zwar konstruktiv so nicht sinnvoll, wurde jedoch gewählt, um möglichst viele verschiedene Schweißnahtkerben darstellen zu können. Das Schweißprofil aus drei gewalzten Blechen hat eine angeklemmte Schiene und festgeschraubte, nicht geschweißte Klemmplatten (HV-Schrauben mit Vorspannung). Die obere Halsnaht ist eine durchgeschweißte Stumpfnaht. Die untere Halsnaht ist eine Doppelkehlnaht. Die gewalzten Winkelprofile sind durchgehend angeschweißt.

Ein und dasselbe Detail wird für unterschiedliche Spannungsarten i. d. R. unterschiedlichen Kerbfällen zugeordnet: Z.B. gilt für eine mechanisch durchgeschweißte obere Halsnaht ohne Schweißansatzstellen bei einem I-Schweißprofil der Kerbfall 71 für die Radlastpressung σ_{oz} [3-1-9/Tab.8.10] und der Kerbfall 125 für die Längsspannungen σ_x [3-1-9/Tab.8.1], siehe Abb. 15.22.

15.3.6.2 Vorgehensweise bei der Kerbfalleinstufung

Folgende Vorgehensweise ist geeignet, wenn der passende Kerbfall für ein Konstruktionsdetail in Kombination mit einer bestimmten Belastung gesucht ist.

1. Suche des Kerbfalls in DIN EN 1993-1-9. Auf den nachfolgenden Seiten dieses Buches sind einige Kerbfälle abgedruckt.
2. Falls der gesuchte Kerbfall im ersten Schritt nicht gefunden wurde: Welcher in [3-1-9] enthaltene Kerbfall deckt auf der sicheren Seite liegend das geplante Konstruktionsdetail mit der vorliegenden Beanspruchung ab? Z.B. ist in [3-1-9] kein Kerbfall direkt zu finden, der eine Schienenschweißnaht beschreibt. Der T-Stoß in [3-1-9/Tab.8.10, Fall 4] deckt jedoch eine Schienenschweißnaht mit ab und ist daher der passende Kerbfall für die radlastbeanspruchte Schienenschweißnaht.
3. Falls die ersten beiden Schritte nicht zum Erfolg führten, wird empfohlen, in anderen Quellen (z.B. Normen aus dem maschinenbaulichen Bereich, Fachliteratur, Forschungsberichte über Kerbfallversuche etc.) eine Aussage über die gesuchte Kerbfalleinstufung zu finden. Weitere Informationen über Kerbfälle finden sich z.B. in folgenden Dokumenten:
   - DIN EN 13 001-3-1, Grenzzustände und Sicherheitsnachweis von Stahltragwerken, Ausgabe 12/2013; Anhang D
   - A.F. Hobbacher, Recommendations for Fatigue Design of Welded Joints and Components, Ausgabe 2019 [Hob19]

- FKM Richtlinie, 6. Auflage 2012 [FKM12] (Die Kerbfälle wurden teilweise aus den Vorversionen von [Hob19] entnommen.)

4. Falls die ersten drei Schritte nicht zum Erfolg führten, bleibt nur die Option übrig, selber Kerbfallversuche von einem dafür geeigneten Labor durchführen zu lassen. Solche Untersuchungen sind allerdings teuer und langwierig.

Keine Option ist es übrigens, in Ermangelung einer passenden Kerbfalleinstufung anzunehmen, dass mindestens Kerbfall 36, der schlechteste Kerbfall nach [3-1-9], vorliegen muss. Das ist nicht der Fall, siehe z.B. der Kranbahnstoß weiter unten in Abb. 15.35 links. Auch für Kerbfälle 36 gelten Qualitätsanforderungen, die mindestens eingehalten sein müssen. Die Durchführung des Ermüdungsnachweises nach der Nennspannungsmethode setzt voraus, dass das betreffende Konstruktionsdetail einem Kerbfall zugeordnet werden kann. Gelingt das nicht, ist ein Nachweis mit Nennspannungen nicht möglich.

Beispiel: Für eine als Reinraum ausgelegte Industriehalle war eine Kranbahn zu planen. Der Entwurf und alle Nachweise wurden fertiggestellt. Nach der Montage der Kranbahn ließ der Bauherr ohne Rücksprache mit dem Tragwerksplaner, der den Ermüdungsnachweis geführt hatte, dünne Staubschutzbleche an der Kranbahn anbringen, die verhindern sollten, dass sich auf den Untergurten Staub ablagert, indem sie den Raum zwischen Ober- und Untergurt verschließen. Die darüber hinaus funktionslosen Bleche wurden mittels Punktschweißung an beide Gurtkanten angeheftet.

Der Prüfingenieur stellte bei der Bauabnahme fest, dass der vorliegende Ermüdungsnachweis (Kerbfall 160 im Grundmaterial der Flansche für σ_x), ergänzt werden muss, weil die Punktschweißung den Kerbfall verschlechtert. Dazu war zunächst der Kerbfall für die durch Längsspannungen beanpruchte Unterflanschkante im Bereich der Punktschweißungen festzustellen. Die Arbeitsschritte 1 und 2 (siehe oben) blieben erfolglos, da Punktschweißungen im Bauwesen nicht üblich sind. Es besteht nun z.B. die Möglichkeit, die Kerbfalleinstufung nach maschinenbaulichen Regeln (Schritt 3) vorzunehmen oder aber Versuche (Schritt 4) in Auftrag zu geben.

15.3.6.3 Kerbfälle für die Schienenschweißnaht

Die Kerbfälle an der Schienenschweißnaht (Abb. 15.23) werden in den nachstehenden Tabellen aufgelistet. Siehe auch [EK18] und [Eul17]

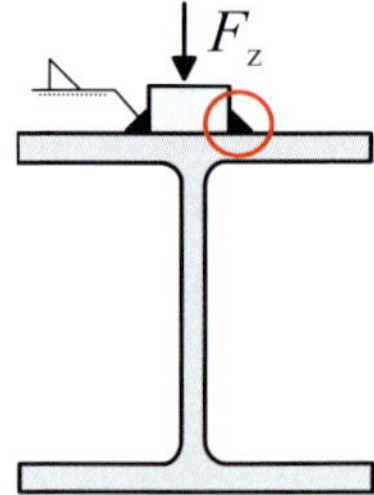

Abb. 15.23: Kranbahnquerschnitt mit Schienenschweißnaht

a) Radlastpressung, σ_{oz}, durchlaufende oder unterbrochene Schienenschweißnaht

Kerbfall	Konstruktionsdetail	Beschreibung	Anforderungen
36* **)	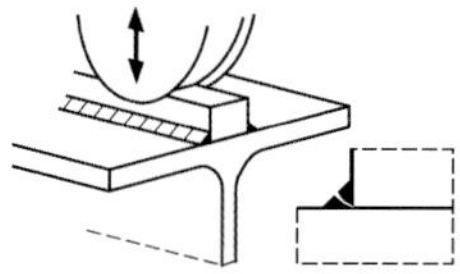	Befestigung einer Flachstahlschiene auf einem stegunterstützten Flansch mittels durchgehender oder unterbrochener Längsnähte.	Spannungsschwingbreite $\Delta\sigma_{oz}$ in der Schweißnaht infolge vertikaler Druckkräfte aus Radlasteinleitung.
Quelle: [3-1-9/Tab8.10, Fall 4], anzuwenden auf Steghalsnähte und durchlaufende Schienenschweißnähte. **) Für den ungünstig bewerteten Kerbfall der Schienenschweißnaht wird in [EK17, Bfs18b] auf der Basis umfangreicher Versuche nur bei durchlaufenden Kehlnähten die Einordnung in Kerbfall 57 (statt 36*) vorgeschlagen. Diese Änderung wird möglicherweise Eingang in die nächste Version der DIN EN 1993-1-9 finden.			

b) Normalspannungen σ_x in der Schienenschweißnaht, durchlaufende Naht

Kerbfall	Konstruktionsdetail	Beschreibung	Anforderungen
125 (σ)	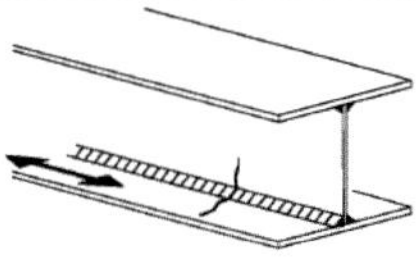 1	1) Mit Automaten oder vollmechanisiert beidseitig durchgeschweißte Nähte.	Es dürfen keine Schweißansatzstellen vorhanden sein, ausgenommen bei Durchführung einer Reparatur mit anschließender Überprüfung.
112 (σ)	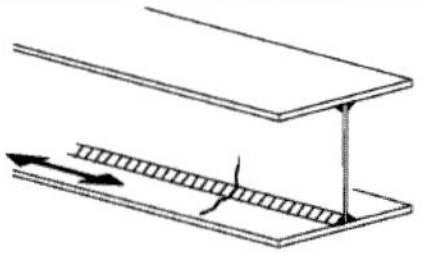 3	3) Mit Automaten oder voll mechanisiert geschweißte Doppelkehlnähte oder beidseitig durchgeschweißte Nähte, beide mit Ansatzstellen.	
100 (σ)	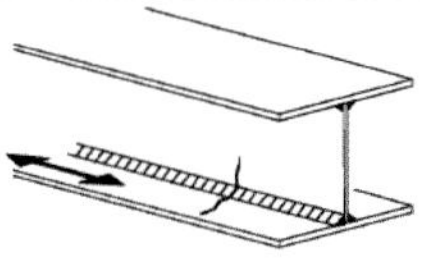 5	5) Handgeschweißte Kehlnähte oder HV-Nähte oder DHV-Nähte.	Zwischen Flansch und Stegblech ist eine sehr gute Passgenauigkeit erforderlich
100 (σ)	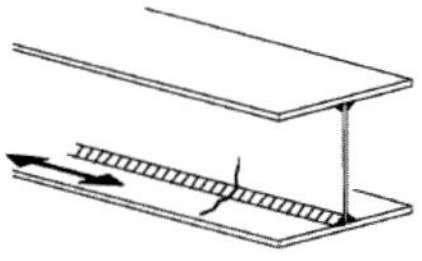 7	7) Ausgebesserte automaten- oder voll mechanisiert geschweißte oder handgeschweißte Kehlnähte oder Stumpfnähte nach Kerbfall 1) bis 6).	Durch Nachschleifen aller sichtbarer Fehlstellen durch einen Spezialisten sowie einer entsprechenden Überprüfung kann der ursprüngliche Kerbfall wiederhergestellt werden.
Quelle: [3-1-9/Tab8.2, Fälle 1,3,5 und 7]			

c) Normalspannungen σ_x in der Schienenschweißnaht, unterbrochene Naht

Kerbfall	Konstruktionsdetail	Beschreibung	Anforderungen
80 (σ)	g h (8) $g/h \leq 2{,}5$	8) Unterbrochene Längsnähte.	$\Delta\sigma$ wird mit der Längsspannung im Flansch berechnet.
Quelle: [3-1-9/Tab8.2, Fall 8]			

Der Fall 8 in [3-1-9/Tab.8.2] „unterbrochene Längsnaht" ist der am besten passende Fall, obwohl das Verhältnis $g/h \leq 2{,}5$ im Regelfall bei unterbrochenen Schienennähten nicht erfüllt ist. Das Verhältnis aus Nahtabschnittsabstand g zu Nahtabschnittslänge h liegt bei unterbrochenen Schienenschweißnähten üblicherweise um den Wert 5 herum. Derzeit (Mitte 2020) wird an der Universität Stuttgart ein Forschungsprogramm gestartet, in dessen Rahmen auch überprüft wird, ob der hier gewählte Kerbfall 80 zutreffend ist. Für unterbrochene Schienenschweißnähte können auch die Kerbfälle nach [Hob19], Fall 324 angewandt werden. In Abhängigkeit vom Verhältnis τ/σ ergeben sich danach Kerbfälle zwischen 36 und 80 nach der Formel $\Delta\sigma_C = 80 \cdot (1 - \Delta\tau/\Delta\sigma)$, jedoch nicht kleiner als 36. Dabei sind σ die Normalspannungen im Flansch und τ die Schubspannungen in der Schienenschweißnaht.

d) Schubspannungen τ_{xz} in der durchlaufenden Schienenschweißnaht

Die Werte der nachstehenden Tabelle gelten zunächst nur für durchlaufende Schienenkehlnähte. In Ermangelung geeigneter Wöhlerkurven für die Schubbeanspruchung von unterbrochen geschweißten Schienenkehlnähten wird empfohlen, die angegebenen Kerbfälle auch dafür zu nutzen. Es kann allerdings nicht ausgeschlossen werden, dass man damit auf der unsicheren Seite liegt.

Kerbfall	Konstruktionsdetail	Beschreibung	Anforderungen
80 $m = 5$ (τ)		Durchgehende Kehlnähte, die einen Schubfluss übertragen wie z. B. Halskehlnähte zwischen Stegblech und Flansch bei geschweißten Blechträgern oder Schienenschweißnähte.	$\Delta\tau$ ist auf die Schweißnahtdicke bezogen zu berechnen.
Quelle: [3-1-9/Tab8.5, Fall 8]			

15.3.6.4 Gurt-Stegblech-Anschlüsse, durchlaufend geschweißt

Die Kerbfälle der Obergurt-Stegblech-Anschlüsse (Abb. 15.24) werden in den nachstehenden Tabellen für die verschiedenen Spannungsarten aufgelistet.

a) Radlastpressung σ_{oz} am Obergurt-Stegblech-Anschluss

Kerbfall	Konstruktionsdetail	Beschreibung	Anforderungen
71 **)	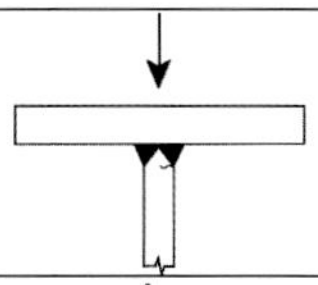	Voll durchgeschweißte Stumpfnaht am T-Stoß (DHV-Naht)	$\Delta\sigma_{oz}$ im Steg infolge vertikaler Druckkräfte aus Radlasteinleitung
112 ($t_w \leq 30$) 100 ($30 < t_w \leq 50$) 80 ($50 < t_w \leq 100$)	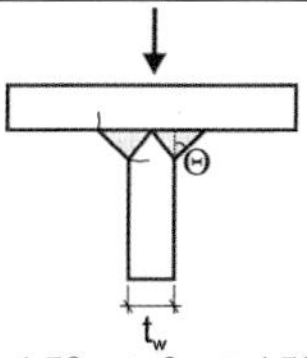 Θ, t_w $15° \leq \theta \leq 45°$	Voll durchgeschweißte Stumpfnaht am T-Stoß (DHV-Naht) mit Doppelkehlnaht (symmetrisch)	+ $\Delta\sigma_{oz}$ im Steg infolge vertikaler Druckkräfte aus Radlasteinleitung + Wurzel ausgeräumt + Nahtübergänge kerbfrei, erforderlichenfalls bearbeitet
36* ***)	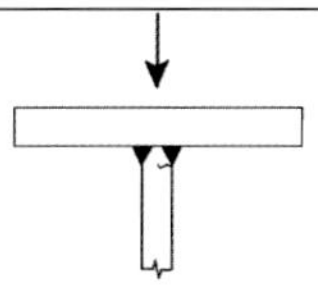	+ Kehlnähte + Nicht durchgeschweißte Stumpfnähte am T-Stoß (DHY-Naht mit Kehlnaht verstärkt)	$\Delta\sigma_{oz}$ in der Schweißnaht infolge vertikaler Druckkräfte aus Radlasteinleitung
71 ****)	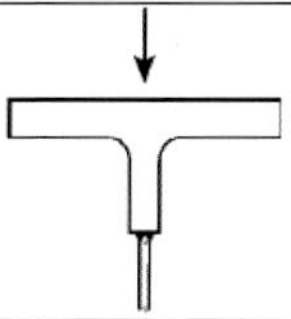	Gurt aus einem T-Profil mit voll durchgeschweißtem T-Stumpfstoß	$\Delta\sigma_{oz}$ in der Schweißnaht infolge vertikaler Druckkräfte aus Radlasteinleitung
36* *****)	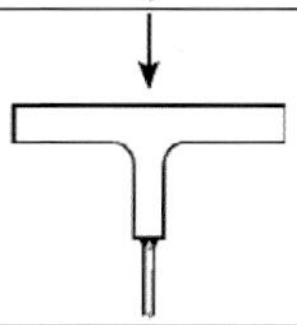	Gurt aus einem T-Profil mit Kehlnähten oder nicht voll durchgeschweißtem T-Stumpfstoß	$\Delta\sigma_{oz}$ in der Schweißnaht infolge vertikaler Druckkräfte aus Radlasteinleitung

Quellen: [3-1-9/Tab8.10, Fälle 2 bis 7]; DASt-Richtlinie 025 (2019) [DAS19a] mit weiteren Kerbfällen für unsymmetrische Nähte und Nähte mit Winkeln $\Theta \leq 15°$; [CF18, Eul17].
Für einige sehr ungünstig bewertete Kerbfälle werden in [EK17], Tab. 47 auf der Basis umfangreicher Versuche Verbesserungen vorgeschlagen, die möglicherweise Eingang in die nächste Version der DIN EN 1993-1-9 finden werden:
**) Für voll durchgeschweißte Stumpfnähte: Kerbfall 100 (statt 71).
***) Für Kehlnähte und nicht durchgeschweißte Stumpfnähte mit $a/t_w \leq 0{,}7$: Kerbfall 50 (statt 36*).
****) Für voll durchgeschweißte Stumpfnähte: Kerbfall 100 (statt 71).
*****) Für Kehlnähte oder nicht voll durchgeschweißte Stumpfnähte mit $a/t_w \leq 0{,}7$: Kerbfall 50 (statt 36*).

b) Normalspannungen σ_x in den Gurt-Stegblech-Anschlüssen

- Für Halsnähte Abb. 15.24 links siehe Abschnitt 15.3.6.3, b) Schienenschweißnaht, Normalspannungen σ_x in der Schienenschweißnaht, durchlaufende Naht; Quelle: [3-1-9/Tab8.2, Fälle 1, 3, 5 und 7]

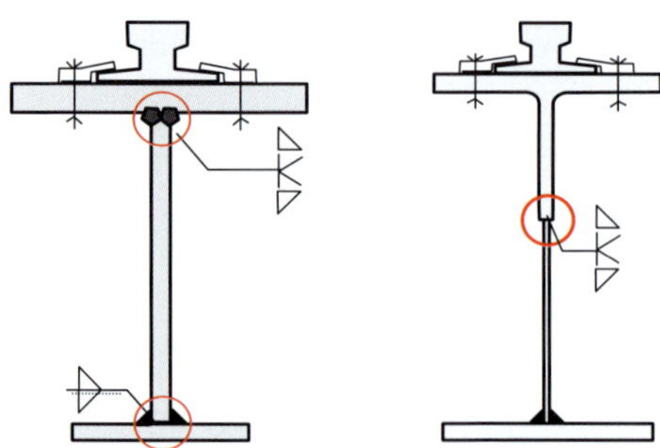

Abb. 15.24: Obergurt-Stegblech-Anschlüsse

- Für Steglängsnähte nach Abb. 15.24 rechts, Kerbfälle siehe Abs. 15.3.6.5 a). (Quelle: [3-1-9/Tab8.2, Fall 10])

c) Biegeschubspannungen τ_{xz} im Gurt-Steg-Anschluss

- Halskehlnähte: Wie Abschnitt 15.3.6.3 d) Schubspannungen τ_{xz} in der Schienenschweißnaht, durchlaufende Naht, Kerbfall 80 nach [3-1-9/Tab8.5, Fall 8]
- Für voll durchgeschweißte Halsnähte unter Schubbeanspruchung fehlt die Angabe eines Kerbfalls. Nach [EK17], Abs. 10.9.2 wird der Kerbfall 100 empfohlen.

15.3.6.5 Obergurtwinkel

Die Kerbfälle an den Schweißnähten Profil/Obergurtwinkel (Abb. 15.25) werden in den nachstehenden Tabellen aufgelistet. Die Schweißnähte für die Obergurtwinkel werden stets durchlaufend (voll durchgeschweißt oder mit beidseitigen Kehlnähten) geführt. Unterbrochene Schweißnähte sind nicht zu befürworten. Zur Planung der Schweißnähte siehe Abs. 16.2.

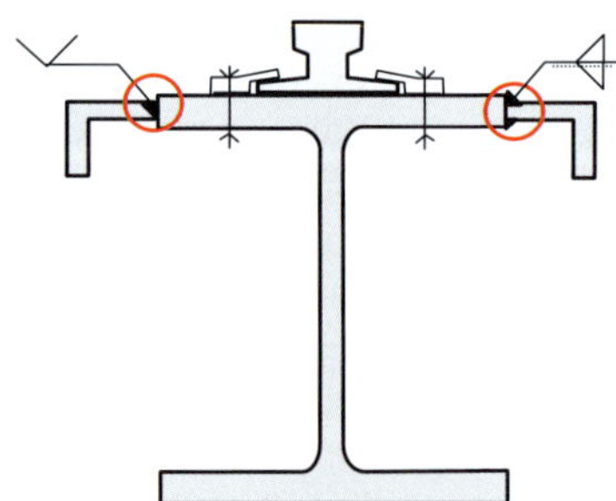

Abb. 15.25: Längsnähte am durchlaufend angeschweißten Obergurtwinkel: durchgeschweißt oder beidseitige Kehlnaht

a) Normalspannungen σ_x in der Schweißnaht, durchlaufende und unterbrochene Naht

Es wird sehr empfohlen, Obergurtwinkel durchlaufend anzuschweißen, siehe Abs. 16.2. Die Kerbfälle der nachstehenden Tabelle gelten für durchlaufende Schweißnähte. Für unterbrochene

Schweißnähte zwischen I-Profil und Winkelprofil sind Kerbfälle in [Hob19], Fall 324 angegeben. In Abhängigkeit vom Verhältnis τ/σ ergeben sich Kerbfälle zwischen 36 und 80 nach der Formel $\Delta\sigma_C = 80 \cdot (1 - \Delta\tau/\Delta\sigma)$, jedoch nicht kleiner als 36. Dabei sind σ die Normalspannungen im Flansch und τ die Schubspannungen in der Schweißnaht. Auch [3-1-9/Tab.8.2] Detail 8 ist evtl. anwendbar.

Kerbfall	Konstruktionsdetail	Beschreibung	Anforderungen
125		Längsbeanspruchte Stumpfnaht, beidseitig in Lastrichtung blecheben geschliffen, 100 % ZFP	-
112		Ohne Schleifen und ohne Ansatzstellen	-
90		Mit Ansatzstellen	-
Quelle: [3-1-9/Tab8.2, Fall 10] Der Kerbfall von mit Doppelkehlnaht angeschlossenen Obergurtwinkeln wird wie eine durchlaufende Schienenschweißnaht eingestuft, siehe Abs. 15.3.6.3 b).			

b) Schubspannungen τ_{xz} in der Schweißnaht, durchlaufende Naht

- Kehlnähte: Wie Abschnitt 15.3.6.3, d) Schienenschweißnaht, Schubspannungen τ_x in der Schweißnaht, durchlaufende Naht; Quelle: [3-1-9/Tab8.5, Fall 8]
- Für voll durchgeschweißte Halsnähte unter Schubbeanspruchung fehlt die Angabe eines Kerbfalls. Nach [EK17], Abs. 10.9.2 wird der Kerbfall 100 empfohlen.

15.3.6.6 Geschweißte Klemmplatte zur Schienenbefestigung

a) Normalspannungen σ_x im Gurt an der Schweißnaht zur Klemmplatte

Kerbfall	Konstruktionsdetail Kreuz- und T-Stoß (alle Maße in mm), [KDG03], S. 479	
80	$l \leq 50$; alle t	
71	$50 < l \leq 80$ alle t	
63	$80 < l \leq 100$ alle t	
56	$100 < l \leq 120$ alle t	
56	$l > 120$ $t \leq 20$	
Weitere Kerbfälle siehe: Kerbfälle für $120 < l \leq 300$ bei Flanschdicken $t > 20$ nach [3-1-9/Tab8.5, Fall 1] Kerbfälle für $l > 300$ nach [3-1-9/Tab.8.5, Fall 6] ; siehe auch [BSRE15]		

Die Ermüdungsfestigkeit dieses Details wurde im Zuge der Erstellung von DIN EN 1993-1-9 nicht durch eigene Versuchsreihen bestimmt, sondern aus dem Detail „Kreuzstoß" abgeleitet.

In [EK17] wird auf der Basis umfangreicher Versuche die Einordnung in Kerbfall 112 (statt 56 bis 80) vorgeschlagen, falls der Kranbahnträger ein Einfeldträger ist. Diese Änderung wird möglicherweise Eingang in die nächste Version der DIN EN 1993-1-9 finden.

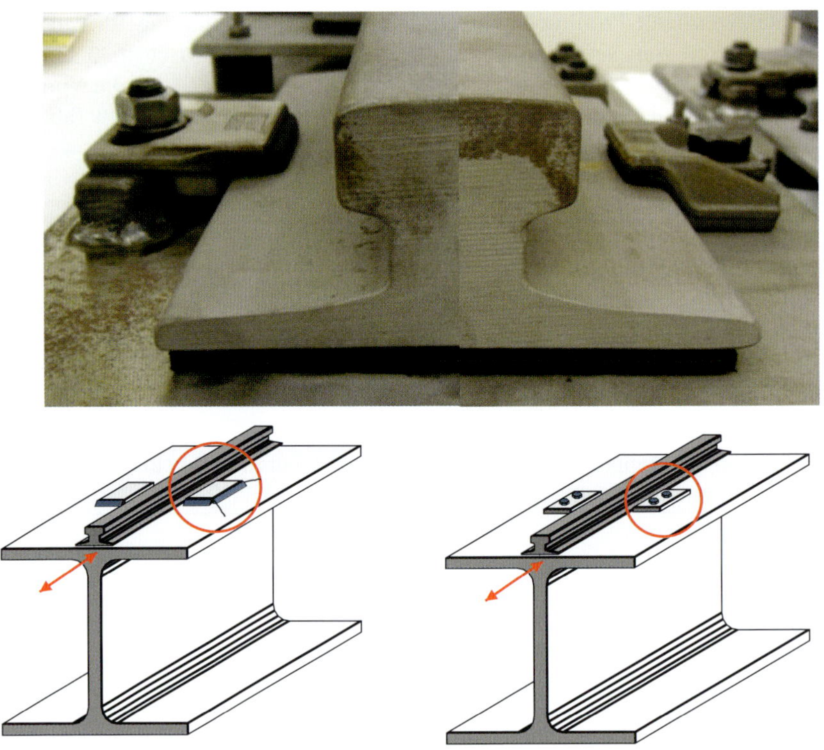

Abb. 15.26: Geschweißte Klemmplatte (links) und geschraubte Klemmplatte (rechts)

b) Schubspannungen τ_{xz} an der Schweißnaht im Flansch

Wie in Abs. 15.3.6.3, d) Schubspannungen τ_{xz} in der Schienenschweißnaht, durchlaufende und abschnittsweise Naht wird Kerbfall 80 mit $m = 5$ gewählt.; Quelle: [3-1-9/Tab8.5, Fall 8]

15.3.6.7 Geschraubte Klemmplatte zur Schienenbefestigung

a) Normalspannungen σ_x im Flansch

Kerbfall	Konstruktionsdetail	Beschreibung	Anforderungen
90		Einschnittige Verbindung mit hochfesten, vorgespannten Schrauben.	$\Delta\sigma$ ist am Bruttoquerschnitt zu ermitteln.
80		Einschnittige Verbindung mit Passschrauben.	$\Delta\sigma$ ist am Nettoquerschnitt zu ermitteln.
Quelle: [3-1-9/Tab8.1, Fälle 10 und 12]; Ausführung der Schraubenverbindung nach [3-1-8/Bild 3.1]			

b) Schubspannungen τ_{xz} im Flansch neben dem Schraubenloch

Der Kerbfall ist nicht relevant, weil die Schubspannungen am Schraubenloch einer Schienenklemme nahe des äußeren Flanschrandes liegen und daher sehr gering sind. Ein Ermüdungsnachweis erübrigt sich dann. Sollte er doch geführt werden, dann ist der Kerbfall am ehesten in Stufe 80, $m = 5$ einzuordnen. Eine Vorgabe in [3-1-9] gibt es dafür nicht.

15.3.6.8 Anschluss einer Quersteife an Gurte und Steg mit und ohne Mausloch

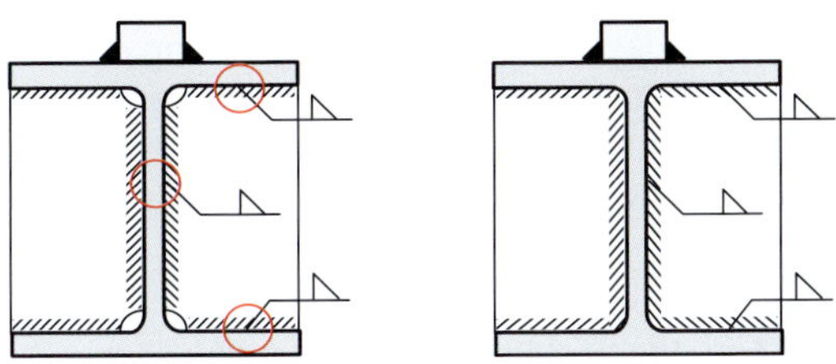

Abb. 15.27: Detail Anschluss Quersteife mit Mausloch (links) und ohne Mausloch (rechts)

a) Normalspannungen σ_x im Flansch und im Steg am Quersteifenanschluss

Kerbfall	Konstruktionsdetail	Beschreibung	Anforderungen
80		Vertikalsteifen in Walz- oder geschweißten Blechträgern bei $l \leq 50$ mm	Die Schweißnahtenden sind sorgfältig zu schleifen, um Einbrandkerben zu entfernen. Wenn die Steife im Stegblech abschließt, wird $\Delta\sigma$ mit den Hauptspannungen berechnet.
Quelle: [3-1-9/Tab.8.4 Fall 7]			

b) Radlastpressung σ_{oz} im Steg; Quersteife mit Mausloch

Kerbfall	Konstruktionsdetail (alle Maße in mm)	
80	$L \leq 50$	Die Kerbgruppe hängt von der Länge L der Längsrippe ab. (L entspricht der Höhe h der Quersteife)
71	$50 < L \leq 80$	
63	$80 < L \leq 100$	
56	$L > 100$	
Quelle: [3-1-9/Tab.8.4 Fall 1]		

c) Radlastpressung σ_{oz} im Steg; Quersteife ohne Mausloch

Kerbfall	Konstruktionsdetail	Beschreibung	Anforderungen
100 (σ)	7	7) Ausgebesserte automaten- oder voll mechanisiert geschweißte oder handgeschweißte Kehlnähte oder Stumpfnähte	-
Quelle: [3-1-9/Tab.8.2 Fall 7]			

Ist die Quersteife an den Obergurt angeschweißt, werden bei einer Überfahrt durch den Kran die Kehlnähte der Quersteife auch durch Radlastpressung beaufschlagt. In [EK19] wird für Kranbahnträger mit BK $\leq S_4$ vorgeschlagen, für die Radlastpressung den Kerbfall 50 zu verwenden, während die globalen Biegespannungen im Flansch so nachgewiesen werden können, wie an Stellen ohne Quersteife. Die globalen Schubspannungen können bei diesem Detail vernachlässigt werden. In [3-1-9] sind dafür keine Kerbfälle vorgesehen.

15.3.6.9 Schraube auf Zug oder Scherung beansprucht

Kerbfall	Konstruktionsdetail	Beschreibung	Anforderungen
50	Ø Ø (14)	Schrauben und Gewindestangen mit $\varnothing \leq 30$ mm, mit gerolltem oder geschnittenem Gewinde unter Zug	$\Delta\sigma$ ist am Spannungsquerschnitt der Schraube zu ermitteln. Biegung und Zug infolge Abstützung und weitere Biegemomente sind zu berücksichtigen. Bei vorgespannten Schrauben darf die reduzierte Spannungsschwingbreite berücksichtigt werden.
100 $m = 5$		Schrauben in ein- oder zweischnittigen Scher-Lochleibungsverbindungen (Gewinde nicht in der Scherfläche) + Schrauben ohne Lastumkehr + Passschrauben (Schrauben 5.6, 8.8, 10.9)	$\Delta\tau$ ist am Schaftquerschnitt zu ermitteln.
Quelle: [3-1-9/Tab.8.1 Fall 14 und 15]; siehe auch Abs. 16.1.4			

15.3.6.10 Gurtnormalspannungen an Lamellenschweißnähten

Kranbahnen können z.B. verstärkt werden, indem Lamellen an die Gurte geschweißt werden. Dies kann konstruktiv problematisch sein, siehe Abs. 4.7 und [Eic67]. Zur Ermüdung der Lamellenenden siehe [KD20].

15.3.6.11 An einen Gurt angeschweißtes Bauteil, σ_x im Gurt

Der Kerbfall für die Normalspannungen σ_x im Bereich eines angeschweißten Bauteils ist gegenüber dem Grundmaterial stark reduziert. Dieser Kerbfall ist beispielsweise bei einem an die Gurte angeschweißten Leitungshalter wie weiter unten in Abb. 15.35 dargestellt anzuwenden.

Kerbfall	Konstruktionsdetail	Beschreibung	Anforderungen
40	5	Kerbfall 40 ohne Nachbehandlung, ohne Ausrundungsradius. Mit Nachbehandlung und Ausrundungsradius sind Kerbfälle bis 90 möglich.	-
Quelle: [3-1-9/Tab.8.4 Fall 4 und 5]			

15.3.6.12 Normal- und Schubspannungen im ungestörten Grundmaterial

Kerbfall	Konstruktionsdetail	Beschreibung	Anforderungen
160 (σ_x)	1 2	Gewalzte und gepresste Erzeugnisse: 1. Bleche und Flachstähle mit gewalzten Kanten 2. Walzprofile mit gewalzten Kanten	Scharfe Kanten, Oberflächen- und Walzfehler sind durch Schleifen zu beseitigen und ein nahtloser Übergang ist herzustellen.
125 (σ_x)		Maschinell brenngeschnittener Werkstoff mit seichten und regelmäßigen Brennriefen oder von Hand brenngeschnittener Werkstoff mit nachträglicher mechanischer Bearbeitung	Einspringende Ecken sind durch Schleifen zu bearbeiten; keine Ausbesserung durch Verfüllen mit Schweißgut.
160 (σ_{oz})		Gewalztes I- oder H-Profil	Spannungsschwingbreite $\Delta\sigma_{oz} = \Delta\sigma_{vert}$ im Steg infolge vertikaler Druckkräfte aus Radlasteinleitung.
Schub (τ): 100 $m = 5$	1, 2, 3	Gewalzte und gepresste Erzeugnisse der Kerbfälle 1, 2 und 3	Berechnung der Schubspannungen mit: $(V \cdot S)/(I \cdot t) \leq 1{,}0$
Quelle: [3-1-9/Tab.8.1 Fälle 1, 2 und 6] und [3-1-9/Tab.8.10 Fall 1]			

Tab. 15.12: Kerbfälle für eine Längsrippe mit l = 200 mm h = 60 mm, t = 8 mm, S 355, $2 \cdot 10^6$ Lastwechsel, Völligkeitsklasse kQ = 1,0; BG B6, BK S_7 nach [FESS13]

	DIN 15018 $\kappa = 0,1$	DIN 15018 $\kappa = -1$	DIN EN 13001-3-1	DIN EN 1993-1-9
Sinnbild				
Kerbfall	Tab. 32, K 442		Tab. D.3, Nr. 3.24	Tab. 8.4, Nr. 1
$\Delta\sigma_C$ [kN/cm²]	5,92 *)	7,2 **)	6,3	5,6
Überlebenswahrscheinl. $p_ü$	90 %		97,7 %	95 %
$\Delta\sigma_{C,50\%}$ bei $p_ü$ = 50 % [kN/cm²]	7,22 = 99,3 %	8,82 = 121,4 %	8,64 = 118,9 %	7,27 = 100 %
*) Sicherheitsfaktor 4/3 wurde herausgerechnet; zul σ_{Be} aus B6, $\kappa = 0,1$, S 355: $\Delta\sigma_C = \text{zul}\sigma_{Be} \cdot (1-\kappa) \cdot 4/3 = 49,4 \cdot 0,9 \cdot 4/3 = 5,92$ kN/cm² **) Sicherheitsfaktor 4/3 wurde herausgerechnet; zul σ_{Be} aus B6, $\kappa = -1,0$, S 355: $\Delta\sigma_C = \text{zul}\sigma_{Be} \cdot (1-\kappa) \cdot 4/3 = 27,0 \cdot 2 \cdot 4/3 = 7,2$ kN/cm²				

15.3.7 Kerbfälle nach DIN EN 1993-1-9, DIN EN 13 001 und DIN 15 018 im Vergleich

Die ermüdungsmäßig zulässige Beanspruchbarkeit eines Konstruktionsdetails kann sich unterschiedlich ergeben, je nachdem, welche Norm angewendet wird. Ein Vergleich der Ermüdungsnachweise und der Kerbfälle findet sich in [FESS13]:

Dort werden zunächst Unterschiede in der Nachweissystematik aufgezeigt: DIN EN 13 001 und DIN EN 1993 stehen mit dem mittelspannungsunabhängigen Nachweis der Spannungsschwingbreite den älteren Normen DIN 15 018 (zurückgezogen) und FEM-Richtlinie (noch gültig) mit dem Nachweis der Oberspannung gegenüber.

Beachtenswert sind die Unterschiede in der Bewertung der Kerbfälle, die in [FESS13] am Beispiel des Details einer aufgeschweißten Längsrippe gezeigt wird, siehe Tab. 15.12.

Ein weiteres Beispiel für unterschiedliche Einstufungen ist die durch Radlastpressung beanspruchte Verbindung des befahrenen Obergurts mit dem Steg durch eine Doppelkehlnaht. DIN EN 13 001-3-1/Tab. D.3 bewertet den Fall mit Kerbfall $\Delta\sigma_C = 71$ kN/cm². Früher nach DIN 15 018 war dieser Fall mit Kerbfall $\Delta\sigma_C = 57$ kN/cm² eingestuft. Heute wird in [3-1-9/Tab.8.10 Detail 4] der gleiche Fall mit Kerbfall $\Delta\sigma_C = 36$ kN/cm² bewertet, siehe auch Abs. 15.3.6.4 a). Diese großen Unterschiede sind kaum nachvollziehbar.

Die unterschiedlichen Bewertungen können unterschiedliche Ursachen haben:

- Die Form der Wöhlerlinien unterscheidet sich in den unterschiedlichen Normen: Während die Neigungen gleich oder ähnlich sind, können die Definitionen der Dauerfestigkeit

($5 \cdot 10^6$, 10^7 oder 10^8 Lastwechseln) oder des cut-off-limits voneinander abweichen.

- Bei den Versuchen, die den Kerbfalltabellen zu Grunde liegen, wurde kein einheitliches Versagenskriterium vereinbart, wie z. B. komplettes Bauteilversagen oder Erreichung einer definierten Ermüdungsrissgröße oder das erstmalige Auftreten eines Anrisses.
- Teilweise beruhen die Kerbfalleinordnungen nicht auf Versuchen, sondern auf Erfahrungswerten oder sie orientieren sich an den Einordnungen anderer Regelwerke.
- Die im Maschinenbau eher besseren Herstellungsbedingungen und Ausführungsqualitäten führen zu besseren Einstufungen in Kerbfallkatalogen und geringeren Teilsicherheitsbeiwerten γ_M als im Stahlbau.
- DIN EN 13001 (TC 147) und DIN EN 1993 (TC 250) werden von unterschiedlichen technischen Kommissionen (TC) bearbeitet. Unterschiede in der Kerbfalleinstufung könnten evtl. auch auf mangelnde Kommunikation dieser Gremien zurückführbar sein. Die Normungsarbeit in Deutschland und Europa erscheint optimierbar.

Weitere Details finden sich auch in [UHH$^+$13]. Zu den Hintergründen der unterschiedlichen Ansätze siehe auch [SMHT06].

15.4 Ermüdungsnachweis nach DIN EN 1993-6 und DIN EN 1993-1-9

Abb. 15.1 (siehe oben) zeigt das Ablaufschema des als Betriebsfestigkeitsnachweises geführten Ermüdungsnachweises nach [3-1-9] und [3-6].

15.4.1 Voraussetzungen für die Anwendbarkeit der Norm prüfen

Voraussetzungen für die Anwendung sind:

- Die verwendeten Baustähle entsprechen den Anforderungen der Grundnorm [3-1-1].
- Die Ausführung des Bauwerks erfolgt nach DIN EN 1090.
- Die Spannungsschwingbreiten sind nach [3-1-9/8] begrenzt:
  $\Delta\sigma \leq 1{,}5 \cdot f_y$ und $\Delta\tau \leq 1{,}5 \cdot f_y/\sqrt{3}$
- Korrosionsschutzmaßnahmen werden in erforderlichem Maße durchgeführt [3-1-9/1.1(7)].
- Temperatur $T \leq 150$ °C. Die Nachweisregeln enthalten keinen Temperatureinfluss auf das Ermüdungsversagen [3-1-9/1.1.(7)].
- Es ist kein Ermüdungsnachweis erforderlich, wenn die Zahl der Lastwechsel mit mehr als 50 % der Nutzlast den Wert C_0 nicht überschreitet [3-6/9.1(2)].
  Diese Regel kann problematisch sein, wie sich an einem Beispiel für $C_0 = 10000$ zeigen lässt: Ein mit $C = 10^6$ Lastwechseln beaufschlagter Kran, der 9999 Lastwechsel mit 100 % und 990 001 Lastwechsel mit 49,9 % der Hublast erleidet, ist nach [1-3/Tab.2.11] in die Lastspielgruppe U_7 und die Lastkollektivklasse Q_4 einzustufen, woraus sich die Beanspruchungsklasse S_6 ergibt! Da jedoch die Zahl der Lastwechsel mit über 50 % der Nutzlast unter 10 000 liegt, ist trotzdem formal kein Ermüdungssicherheitsnachweis verlangt! Dieser Normenfehler liegt auf der unsicheren Seite.
  Die Regel wurde deshalb für Deutschland außer Kraft gesetzt, indem in [3-6NA/9.1(2)] vorgeschrieben wurde: $C_0 = 0$

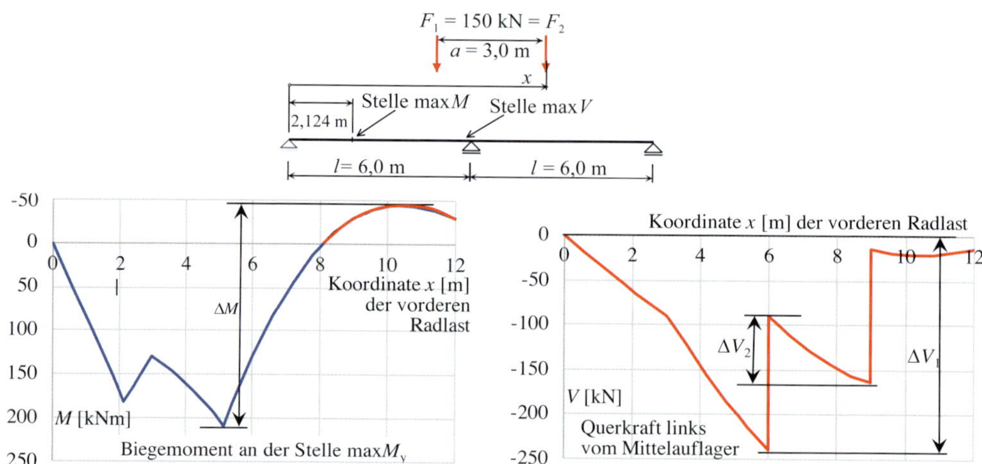

Abb. 15.28: Beispiel: M_y (Stelle: max M) und V_z (Stelle: links neben dem Zwischenauflager) infolge der Überfahrt einer Radlastgruppe über einen Zweifeldträger als Funktion der Position x der vorderen Radlast

- Für Horizontalverbände muss im Regelfall kein Ermüdungsnachweis geführt werden, da diese Konstruktionsteile nur durch Horizontallasten aus Kranbetrieb dynamisch beansprucht werden [3-6/9.1(3)]. Horizontallasten können beim Ermüdungssicherheitsnachweis im Regelfall unberücksichtigt bleiben.

15.4.2 Berechnung der Spannungsschwingbreiten $\Delta\sigma_x$ und $\Delta\tau_x$

Einwirkungen und ihre Kombinationen für den Ermüdungsnachweis finden sich in Abschnitt 8.4.4. Basis ist die Lastgruppe 201 aus Tab. 8.2.

Berechnung der Schnittgrößen

Bei der Berechnung der Schwingbreiten der Schnittgrößen ist Folgendes zu beachten:

- Meist ist eine linear-elastische Schnittgrößenberechnung nach Theorie I. Ordnung ausreichend (siehe oben Abb. 14.2), da in der Regel auf Gebrauchslastniveau gerechnet wird und die Horizontallasten unberücksichtigt bleiben.
- Beim Ermüdungsnachweis sind nicht die Maximalwerte der Spannungen maßgebend, sondern die Spannungsschwingbreiten $\Delta\sigma$ und $\Delta\tau$. Bei der statischen Berechnung können daher in den meisten Fällen ständige Lasten (z. B. Eigengewicht) unberücksichtigt bleiben. Nur dann, wenn bei ungeschweißten Details von der Reduzierung der Spannungsschwingbreite im Druckbereich nach [3-1-9/Bild 7.4] Gebrauch gemacht werden soll, sind auch die ständigen Lasten zu berücksichtigen.
- Die Schwingbreiten der Schnittgrößen werden aus der Differenz von maximalen und minimalen Schnittgrößen gewonnen: $\Delta M = M_{\max} - M_{\min}$

Ein Beispiel für die Berechnung der Schwingbreiten von Biegemoment und Querkraft ist in

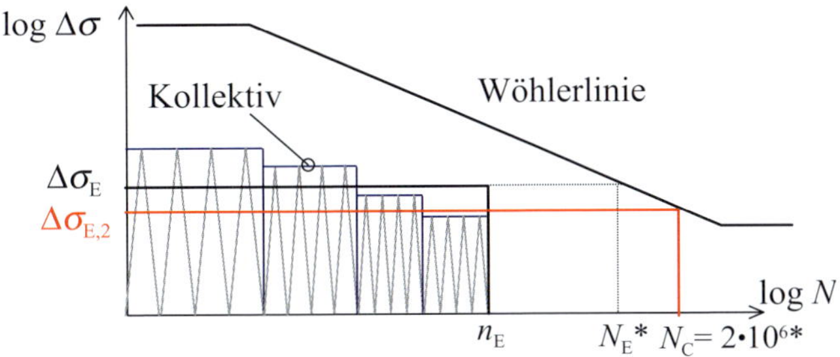

Abb. 15.29: Schadensäquivalente Spannungsschwingbreite $\Delta\sigma_E$

Abb. 15.28 gezeigt. Während das Biegemoment bei der Überfahrt durch den Lastenzug – von einer kleinen „Delle“ abgesehen – nur ein Schwingspiel zeigt ($\Delta M = 254$ kNm), lassen sich im Verlauf der Querkraft zwei Schwingspiele erkennen: $\Delta V_1 = 239$ kN und $\Delta V_2 = 75$ kN. In diesem Fall beträgt die Schädigung aus dem 2. Querkraftspiel ΔV_2 jedoch nur $75^5/239^5 = 0,3$ % der Schädigung aus dem großen Querkraftspiel ΔV_1. Sie ist in diesem Beispiel vernachlässigbar.

Berechnung der Spannungsschwingbreiten aus den Spannungsspielen der Schnittgrößen

Die Spannungsschwingbreiten $\Delta\sigma_x$, $\Delta\tau_{xz}$ werden aus den Schnittgrößen, ggf. ergänzt durch gleichzeitig wirkende lokale Spannungen $\Delta\sigma_{oz}$, $\Delta\tau_{oxz}$ (Abs. 15.4.4) gewonnen.

15.4.3 Schadensäquivalente Spannungsschwingbreite

Was ist eine schadensäquivalente Spannungsschwingbreite?

Das mehrstufige Spannungskollektiv (Abb. 15.29) mit der Gesamtanzahl $\sum n_i$ Lastwechseln soll in ein schadensäquivalentes einstufiges Kollektiv mit derselben Anzahl Lastwechsel $n_E = \sum n_i$ verwandelt werden. Wie groß ist die Spannungsschwingbreite $\Delta\sigma_E$, die zur selben Schädigung führt wie das reale Kollektiv?

Die Schädigung D ergibt sich zu:

$$D = \sum \frac{n_i}{N_i} = \frac{n_E}{N_E} \tag{15.9}$$

N_E ist die zu $\Delta\sigma_E$ gehörige Lastwechselzahl, bei der Versagen eintritt.

Die Gleichung der Wöhlerlinie lautet unter Annahme einer durchgehend konstanten Neigung m auch über die Dauerfestigkeit hinausgehend:

$$N_i = \frac{N_C}{\left(\frac{\Delta\sigma_i}{\Delta\sigma_C}\right)^m} \quad \text{bzw.:} \quad N_E = \frac{N_C}{\left(\frac{\Delta\sigma_E}{\Delta\sigma_C}\right)^m} \tag{15.10}$$

mit $\Delta\sigma_C$ zulässige Spannungsschwingbreite bei $N_C = 2 \cdot 10^6$ Lastwechseln.

Gl. 15.10 in 15.9 eingesetzt lautet nach Vereinfachung:

$$\sum n_i \cdot \Delta\sigma_i^m = n_E \cdot \Delta\sigma_E^m \tag{15.11}$$

Tab. 15.13: Schadensäquivalente Beiwerte λ als Funktion der BK nach [1-3/Tab. 2.12]

Klasse	S_0	S_1	S_2	S_3	S_4	S_5	S_6	S_7	S_8	S_9
λ für Längsspannungen	0,198	0,250	0,315	0,397	0,500	0,630	0,794	1,000	1,260	1,587
λ für Schubspannungen	0,379	0,436	0,500	0,575	0,660	0,758	0,871	1,000	1,149	1,320

Aufgelöst ergibt sich daraus die schadensäquivalente Spannungsschwingbreite zu:

$$\Delta\sigma_E = \left(\frac{\sum \Delta\sigma_i^m \cdot n_i}{n_E}\right)^{\frac{1}{m}} = \left(\frac{\sum \Delta\sigma_i^m \cdot n_i}{\sum n_i}\right)^{\frac{1}{m}} \tag{15.12}$$

Bezieht man $\Delta\sigma_E$ nicht auf die tatsächliche Lastwechselzahl $n_E = \sum n_i$, sondern auf $2 \cdot 10^6$ Lastwechsel, erhält man den Wert $\Delta\sigma_{E,2}$. Der Ermüdungsnachweis vereinfacht sich dann erheblich, da nur noch $\Delta\sigma_{E,2}$ mit der Bezeichnung $\Delta\sigma_C$ der normierten Wöhlerkurve des betreffenden Kerbfalls verglichen werden muss.

$$\Delta\sigma_{E,2} = \left(\frac{\sum \Delta\sigma_i^m \cdot n_i}{N_C}\right)^{\frac{1}{m}} \tag{15.13}$$

Wie berechnen sich die schadensäquivalenten Spannungsschwingbreiten $\Delta\sigma_{E,2}$ und $\Delta\tau_{E,2}$?

Zunächst wird der schadensäquivalente Beiwert λ bestimmt. Mit dem von der BK (bzw. von C und kQ) abhängigen Parameter λ werden das genormte Ermüdungslastspektrum für Kranbahnen und die absolute Zahl der Lastspiele im Verhältnis zu $N_C = 2 \cdot 10^6$ Lastspielen berücksichtigt. Basis der Berechnung von λ sind:

- Gauß-normalverteilte, genormte Lastkollektive
- Palmgren-Miner-Regel zur Schadensakkumulation (siehe Abschnitt 15.1)
- Genormte Wöhlerlinien mit der Steigung $m = 3$ für Längsspannungen und $m = 5$ für Schubspannungen (siehe Abschnitt 15.3.2).

Der Parameter λ kann aus Tab. 15.13 in Abhängigkeit der BK abgelesen werden. Wenn C und kQ bekannt sind, ist es häufig günstiger, λ nach [1-3/Gl. 2.16-2.18] analog zu DIN EN 13 001-3-1 Gl. 31 und Gl. 36 wie folgt zu berechnen:

$$\lambda = \sqrt[m]{\frac{C}{N_C} \cdot kQ} = \sqrt[m]{\frac{C}{2 \cdot 10^6} \cdot kQ} \tag{15.14}$$

Setzt man darin für C die oberen Rasterwerte der einzelnen Arbeitsspielklassen, für kQ die oberen Rasterwerte der Lastkollektivklassen nach [1-3/Tab.2.11] ein, siehe Tab. 15.3, so erhält man für die BK ab S_1 die Zahlenwerte aus Tab. 15.13.

Mit λ und den maximalen Spannungsschwingbreiten aus der statischen Berechnung $\Delta\sigma$ und $\Delta\tau$ ergeben sich die schadensäquivalenten Spannungsschwingbreiten nun zu:

$$\Delta\sigma_{E,2} = \lambda \cdot \Delta\sigma \quad \text{bzw.} \quad \Delta\tau_{E,2} = \lambda \cdot \Delta\tau \tag{15.15}$$

15.4.4 Ermüdungsnachweis für eine Kranbahn mit einem einzelnen Kran

Folgende Werte wurden bereits ermittelt und liegen vor:

- Schadensäquivalente Spannungsschwingbreite $\Delta\sigma_{E,2}$ oder $\Delta\tau_{E,2}$
- Kerbfall des nachzuweisenden Konstruktionsdetails $\Delta\sigma_C$ oder $\Delta\tau_C$
- Teilsicherheitsbeiwerte γ_{Ff}, γ_{Mf} (siehe Abs. 15.1.5)

Der Nachweis der Schädigung lautet [3-1-9/8]:

$$D = \left(\frac{\gamma_{Ff} \cdot \Delta\sigma_{E,2}}{\Delta\sigma_C / \gamma_{Mf}}\right)^3 \leq 1{,}0 \quad \text{bzw.} \quad D = \left(\frac{\gamma_{Ff} \cdot \Delta\tau_{E,2}}{\Delta\tau_C / \gamma_{Mf}}\right)^5 \leq 1{,}0 \tag{15.16}$$

Der Exponent in Gl. 15.16 entspricht der Neigung der zugehörigen normierten Wöhlerlinie.

Natürlich ist es zum Zweck der Nachweisführung ausreichend, diese Gleichungen auch ohne den jeweiligen Exponenten zu verwenden. Allerdings liefern die linken Seiten der Gleichungen dann nicht die Schädigung, die man auch als zeitlichen Auslastungswert verwenden kann. Bei gleichzeitiger Wirkung von Normal- und Schubspannungen ist folgende Schädigung nachzuweisen:

$$D = \left(\frac{\gamma_{Ff} \cdot \Delta\sigma_{E,2}}{\Delta\sigma_C / \gamma_{Mf}}\right)^3 + \left(\frac{\gamma_{Ff} \cdot \Delta\tau_{E,2}}{\Delta\tau_C / \gamma_{Mf}}\right)^5 \leq 1{,}0 \tag{15.17}$$

Wirkt zusätzlich zu den globalen Biegespannungen σ_x eine zweite Normalspannung (z. B. σ_z), schlägt Seeger in [See96], S. 52 folgende Schädigungsberechnung vor:

$$D = \left(\frac{\gamma_{Ff} \cdot \Delta\sigma_{x,E,2}}{\Delta\sigma_{x,C} / \gamma_{Mf}}\right)^3 + \left(\frac{\gamma_{Ff} \cdot \Delta\sigma_{z,E,2}}{\Delta\sigma_{z,C} / \gamma_{Mf}}\right)^3 + \left(\frac{\gamma_{Ff} \cdot \Delta\tau_{E,2}}{\Delta\tau_C / \gamma_{Mf}}\right)^5 \leq 1{,}0 \tag{15.18}$$

Gl. 15.18 ist analog zu ändern, wenn als zweite Normalspannung statt σ_z nun σ_y wirkt.

Die Überlagerungsgleichung (15.18) ist übrigens durchaus als problematisch anzusehen (siehe z.B. [KHE$^+$15b]). Denn erstens treten die verschiedenen Beanspruchungsarten im Sinne von Palmgren-Miner nicht zeitlich getrennt, sondern überlagert auf, wenngleich auch die Maxima meist phasenverschoben sind. Und zweitens führen die drei Einzelspannungen nicht jeweils einzeln zu einem identischen Rissbild und es stellt sich die Frage, ob eine Überlagerung damit überhaupt sinnvoll ist.

15.4.5 Berücksichtigung der Radlasteinleitungsspannungen

Berechnung der Lasteinleitungsspannungen

- Lasteinleitungsspannungen σ_{oz} und τ_{oxz} gemäß [3-6/5.7] werden nach Abschnitt 12.2 berechnet. Die Formeln für die in den BK S_3 bis S_9 zu berücksichtigenden Stegbiegespannungen σ_T gemäß [3-6/5.7.3] – siehe Abb. 15.30 links – sind in Abschnitt 12.3 angegeben.
- Schienenschweißnahtspannungen (Abb. 15.30 rechts) und Halskehlnahtspannungen werden auf die Winkelschenkel bezogen berechnet [3-1-9/5(6)]. Die Berechnung der Spannungen kann Abschnitt 16.3.3 entnommen werden.

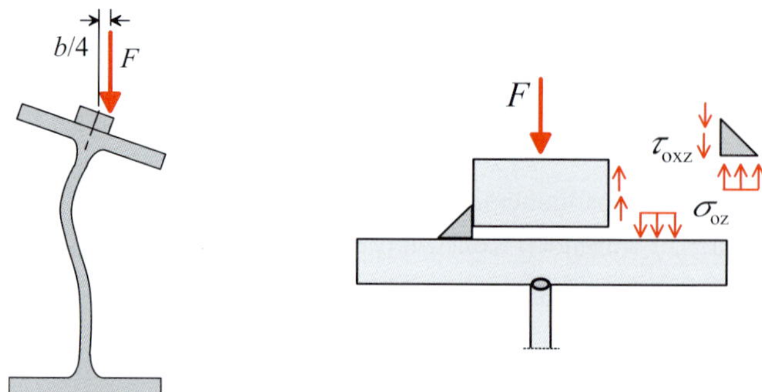

Abb. 15.30: Lokale Stegbiegung bei $S_3 - S_9$ (links) und Schweißnahtspannungen (rechts)

- Die Spannungsschwingbreiten aus den Lasteinleitungsspannungen σ_{oz} entsprechen im Regelfall deren Maximalwerten, da der Minimalwert gleich null ist, wenn sich das Rad an anderem Ort befindet, siehe Abb. 15.31.
- Die Schwingbreiten der Lasteinleitungsschubspannungen ergeben sich mit $\max\tau_{oxz} = +0,2 \cdot \sigma_{oz}$ und $\min\tau_{oxz} = -0,2 \cdot \sigma_{oz}$ im Regelfall zu $\Delta\tau_{oxz} = 0,4 \cdot \sigma_{oz}$.
- Bei der Berechnung der Radlasteinleitungsspannungen sind 12,5 % Abnutzung des Schienenkopfes zu berücksichtigen [3-6/5.6.3(2) und 5.7.1(2)]. Die Zahl 12,5 % ergibt sich als Hälfte der Maximalabnutzung von 25 %, die am Ende der Nutzungsdauer bei Erreichen der Ablegereife vorliegen kann. Sie stellt also die Abnutzung dar, die über die gesamte Lebensdauer im Durchschnitt gegeben ist.

Radlastpressung σ_{oz} und Stegbiegung σ_T

Radlasteinleitungsspannungen sind wie in Abs. 15.4.4 dargestellt nachzuweisen. Allerdings ist die Anzahl der Arbeitsspiele höher: Eine Überfahrt mit einem zweiachsigen Kran führt bezüglich der Radlastpressung zu zwei Arbeitsspielen, da jede Radüberfahrt eine Spannungsspitze bedeutet und zwischen den beiden Radüberfahrten die Lasteinleitungsspannung wieder auf nahezu null absinkt, siehe Abb. 15.31.

Die für eine Kranbahn festgelegte BK ergibt sich aus der Völligkeit des Radlastkollektivs und der Anzahl der Arbeitsspiele (siehe Tab. 15.3). Wenn man die Anzahl der Arbeitsspiele bei gleichbleibender Völligkeit verdoppelt, erhöht sich die BK – außer bei S_0 und bei S_9 – genau um den Wert 1. Die höhere Arbeitsspielzahl der Radüberfahrten lässt sich somit wie folgt berücksichtigen:

- Bei einem zweiachsigen Kran wird die BK um 1 erhöht, wenn infolge der beiden Radüberfahrten zwei Spannungsspitzen zu berücksichtigen sind.
- Bei einem vierachsigen Kran wird die BK um 2 erhöht, wenn infolge der Radüberfahrten vier Spannungsspitzen zu berücksichtigen sind.
- Wenn der Kran in S_9 eingestuft ist oder die Erhöhung der BK aus anderen Gründen nicht in Frage kommt, gibt es folgende gleichwertige Alternative: Man belässt die BK auf dem ursprünglichen Wert und addiert die Einzelschädigungen $D = D_{Rad1} + D_{Rad2} + ... \leq 1,0$. Beispiel 15-2, Nr. 1.1 zeigt die Vorgehensweise.

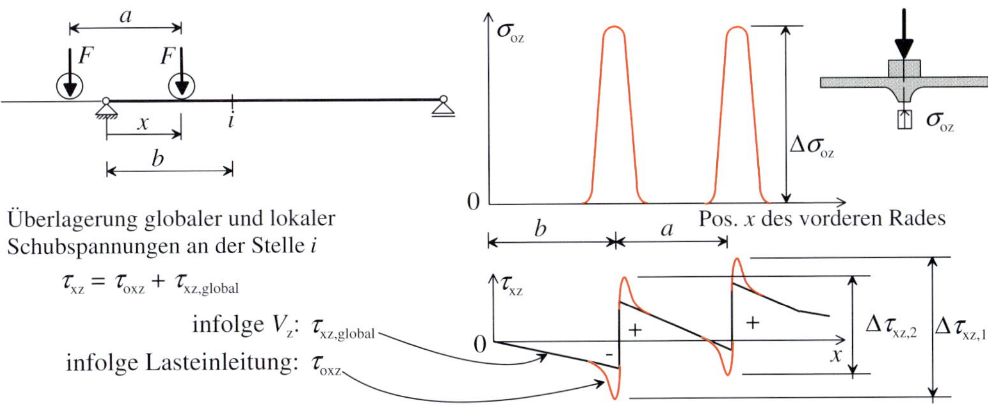

Abb. 15.31: Radlastpressung σ_{oz} und Schubspannungen τ_{xz} an der Stelle i als Funktion der Lastposition x des ersten Rades; Schubspannungsschwingbreiten

Spannungen, die sich aus der Überlagerung von globalen Biegespannungen und Radlasteinleitungsspannungen ergeben, werden analog Gl. 15.18 nachgewiesen.

Schubspannungen aus Lasteinleitung τ_{oxz}

Während die Spannungen aus Radlastpressung σ_{oz} nicht zu Spannungen aus globaler Tragwirkung addiert werden müssen (weil es keine in Richtung z wirkenden gibt), sind die Schubspannungen aus Radlasteinleitung τ_{oxz} zu denen aus den Querkräften τ_{xz} zu addieren, siehe Abb. 15.31 (zum Spiel der Querkräfte siehe auch Abb. 15.28). In Abb. 15.31 ist erkennbar, dass es pro Überfahrt (Arbeitsspiel) zwei Spannungsspiele der Schubspannungen $\Delta\tau_{xz,1}$ und $\Delta\tau_{xz,2}$ gibt. Die Vernachlässigung des kleineren Spannungsspiels $\Delta\tau_{xz,2}$ liegt auf der unsicheren Seite. Deshalb wird empfohlen, beide Spannungsspiele im Ermüdungsnachweis zu berücksichtigen. Das ist auf zweierlei Art möglich:

- Das zweite, kleinere Spannungsspiel wird separat mit der BK des Krans nachgewiesen und die sich daraus ergebende Schädigung wird zur Schädigung infolge $\Delta\tau_{xz,1}$ addiert. Diese Vorgehensweise ist aufwändig, weil weitere Querkräfte zu berechnen sind, aber exakt.
- Alternativ kann man auf der sicheren Seite liegend das zweite, kleinere Spannungsspiel indirekt werten, indem man nur das erste, größere Spannungsspiel mit einer um eine Stufe erhöhten BK (also doppelt) berücksichtigt. Diese Vorgehensweise erfordert keine zusätzlichen Aufwände, kann aber unwirtschaftlich sein.

15.4.6 Nachweis für eine Kranbahn mit mehreren Kranbrücken

Beim unabhängigen Betrieb mehrerer Kranbrücken auf ein und derselben Kranbahn ist die Gesamtschädigung zu berücksichtigen [3-6/9.4.2]. Die Berücksichtigung erfolgt auf der Basis der Addition der Einzelschädigungen nach Palmgren-Miner:

$$\sum_i D_i + D_{dup} \leq 1,0 \qquad (15.19)$$

Darin ist:

- D_i Schädigung infolge eines einzelnen unabhängig wirkenden Krans i.

$$D_i = \left(\frac{\gamma_{Ff} \cdot \Delta\sigma_{E,2,i}}{\Delta\sigma_C / \gamma_{Mf}}\right)^3 + \left(\frac{\gamma_{Ff} \cdot \Delta\tau_{E,2,i}}{\Delta\tau_C / \gamma_{Mf}}\right)^5 \tag{15.20}$$

  mit: $\Delta\sigma_{E,2,i}$, $\Delta\tau_{E,2,i}$: schadensäquivalente Spannungsschwingbreiten aus der Belastung durch den Einzelkran i.

- D_{dup} zusätzliche Schädigung infolge der Kombination von zwei oder mehr Kranen, die planmäßig zeitweise zusammenwirken (z.B. im Tandembetrieb) oder zufällig und unabhängig nebeneinander betrieben werden können.

$$D_{dup} = \left(\frac{\gamma_{Ff} \cdot \Delta\sigma_{E,2,dup}}{\Delta\sigma_C / \gamma_{Mf}}\right)^3 + \left(\frac{\gamma_{Ff} \cdot \Delta\tau_{E,2,dup}}{\Delta\tau_C / \gamma_{Mf}}\right)^5 \tag{15.21}$$

  mit $\Delta\sigma_{E,2,dup}$, $\Delta\tau_{E,2,dup}$: schadensäquivalente Spannungsschwingbreiten aus gemeinsamer Wirkung aller Krane. Die schadensäquivalenten Beiwerte λ_{dup} dürfen mit der Beanspruchungsklasse S_{dup} ermittelt werden [3-6NA/9.4.2(5)]. [2]

  - S_{dup} bei 2 Kranen: 2 Klassen unter der Beanspruchungsklasse des am niedrigsten eingestuften Krans.
    Beispiel: Kran 1: S_5; Kran 2: S_7; $S_{dup} = S_3$
    Diese Herabstufung um 2 Stufen bedeutet, dass $1/2 \cdot 1/2 = 25$ % der Lastwechsel gemeinsam stattfinden. Eine Reduktion um 3 Stufen wäre dann gerechtfertigt, wenn nur 12,5 % der Lastwechsel gemeinsam stattfinden würden.
  - S_{dup} bei 3 oder mehr Kranen: 3 Klassen unter der Beanspruchungsklasse des am niedrigsten eingestuften Krans.
    Beispiel: Kran 1: S_5; Kran 2: S_7; Kran 3: S_4; $S_{dup} = S_1$

Falls zwei Krane in erheblichem Ausmaß planmäßig zusammen betrieben werden, sind sie wie ein einziger Kran zu behandeln [3-6/9.4.2(4)]. Was genau unter "erheblichem Ausmaß" zu verstehen ist, wird in der Norm nicht näher ausgeführt. Wenn der Tandembetrieb in mehr als 50 % der Fälle gegeben ist, sollte auf jeden Fall von einem "erheblichen Ausmaß" ausgegangen werden.

15.4.7 Ermüdungsnachweis von Konsolen und Kranstützen

Die Frage, ob ein Ermüdungsnachweis für Unterstützungs- und Aufhängungskonstruktionen (z.B. Konsolen und Kranstützen) notwendig ist, stellt sich in der Praxis immer wieder. In der zurückgezogenen DIN 4132, Abschnitt 4.4.1, wurde festgelegt, dass ein Ermüdungsnachweis nicht nötig ist, wenn er offensichtlich nicht maßgebend wird. Diese Aussage ist nicht sehr hilfreich, weil die Frage, woran erkennbar ist, dass der Ermüdungsnachweis offensichtlich nicht maßgebend ist, ungeklärt blieb.

[2] Nach DIN 4132 war beim gelegentlichen Zusammenwirken von zwei Kranen eine Reduktion um 2 Beanspruchungsgruppen vorgesehen. Eine Reduktion um 2 Beanspruchungsgruppen bedeutete nach DIN 15018, Tab. 14 eine Annahme von höchstens 10 % gemeinsamer Lastwechsel. Bei einer Reduktion um 2 Beanspruchungsklassen nach [1-3/Tab.2.11] werden dagegen noch 25 % gemeinsame Lastwechsel unterstellt. Die Regelung nach Eurocode ist zwar ungünstiger, hat aber nur empfehlenden Charakter. Wenn der Nutzer genau angeben kann, wieviel gemeinsame Lastwechsel stattfinden werden, dann lässt sich die Reduktion der BK genauer bestimmen. Z.B. darf die BK um 3 Stufen verringert werden, wenn es nur 12,5 % gemeinsame Lastwechsel gibt.

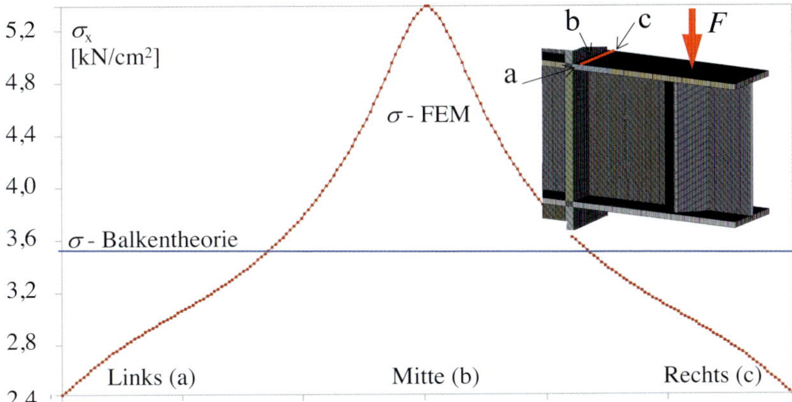

Abb. 15.32: Normalspannungen in der Schwerlinie des Obergurts einer Konsole infolge der Auflagerkraft F aus Kranlasten: σ_x aufgetragen über die Breite der Konsolobergurtachse an der Stütze (rote Markierung). FEM-Berechnung: rote Linie; Balkentheorie: blaue Linie

In [3-6] und [3-6/NA] fehlen konkrete Aussagen zur Frage der Ermüdungsnachweise von Konsolen, Stützen und anderen Unterstützungskonstruktionen. Da diese Bauteile durch die Lasten aus Kranbetrieb dynamisch beansprucht werden, ist ein Ermüdungsnachweis nach [3-1-9/2(1)] grundsätzlich notwendig, wenn die Spannungsspiele oberhalb der Dauerfestigkeit $\Delta\sigma_D$ eines zu betrachtenden Kerbdetails liegen. Bis zur Klärung der Frage, woran auf den ersten Blick erkennbar ist, ob der Ermüdungsnachweis für eine Unterstützungskonstruktion offensichtlich nicht maßgebend ist, wird unter Berücksichtigung relativ häufiger Ermüdungsschäden an alten, hochbeanspruchten Kranbahnkonsolen dringend empfohlen, für Konsolen und deren Verbindungselemente zur Stütze grundsätzlich einen Ermüdungsnachweis zu führen. Für Kranstützen sollte überprüft werden, ob die durch die Lasten aus Kranbetrieb verursachten Spannungsspiele an den relevanten Stellen der Stütze (Kerbfälle) unterhalb der Dauerfestigkeit $\Delta\sigma_D$ bleiben. Falls dies nicht gewährleistet ist, sollte auch für die Stützen ein Ermüdungsnachweis geführt werden.

Wenn ein Ermüdungsnachweis für Unterstützungskonstruktionen notwendig ist, wird empfohlen, diesen für eine dem Gebäude angepasste Nutzungsdauer (z.B. 50 Jahre) zu führen. Dazu ist ggf. die Beanspruchungsklasse der Kranbahn (25 Jahre Nutzungsdauer) um 1 Stufe zu erhöhen.

Anmerkung zur Berechnung der Spannungsspiele in den Konsolen

Kranbahnkonsolen stellen häufig Kragträger dar, deren Bauhöhe h in der Größenordnung der Kragarmlänge l liegt. Eine Voraussetzung für die Anwendung der Balkentheorie ($h << l$) ist daher nicht gegeben. Abb. 15.32 zeigt am Beispiel einer Konsole mit HEM 1000-Querschnitt, dass die Normalspannungen im Obergurt drastisch von denen nach Balkentheorie abweichen, die über die Obergurtbreite eine konstante Größe haben. Die angegebenen Spannungen beziehen sich auf die Oberflanschachse und enthalten noch keine Anteile aus lokaler Flanschbiegung. Es stellt sich daher die Frage, wie die Nennspannungen für einen Ermüdungsnachweis nach dem Nennspannungskonzept zu berechnen sind. Setzt man dafür die Spannungen nach Balkentheorie an, liegt man stark auf der unsicheren Seite. Im Beispiel von Abb. 15.32 wurde der Ermüdungsnachweis mit den maximalen FEM-Spannungen in der Gurtachse geführt.

Tab. 15.14: Beispiel 5-3: Extremale Feldbiegemomente und Querkräfte aus Kranbetrieb, EK 201

Feldmomente	max $M_{y,Ed}$	min $M_{y,Ed}$	ΔV
nur Kran a (HC3)	+ 301 kNm	- 30 kNm	290 kN
nur Kran b (HC3)	+ 210 kNm	- 20 kNm	173 kN
Kran a (HC3) und Kran b (HC1)	+ 405 kNm	- 41 kNm	310 kN

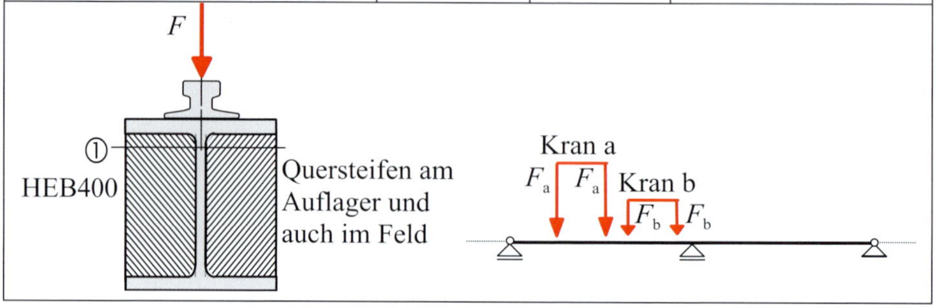

15.4.8 Beispiele für den Ermüdungsnachweis

Beispiel: Ermüdungsnachweis für einen durch einen Kran befahrenen Kranbahnträger

Die Aufgabenstellung ist in Abschnitt 17.1, die Berechnungen sind in Abschnitt 17.9 enthalten.

Beispiel 15-3: Ermüdungsnachweis für einen durch 2 Krane befahrenen Kranbahnträger

Gegeben: Zweifeldriger Kranbahnträger HC3/S_2; HEB 400; S 355

- aufgeklemmte Schiene A55 ohne elastische Unterlage
- allseits angeschweißte Quersteifen an Auflagern und im Feldbereich (kein Mausloch)
- 2 Krane HC3/S_2, beide Krane können den Zweifeldträger verlassen
- 3 Inspektionsintervalle während der Lebensdauer von 25 Jahren sind für den Bauherrn akzeptabel
- charakteristische Radlasten inklusive Schwingbeiwerte $\varphi_{fat,i}$, LG 201 nach Tab. 8.2
  - Kran a HC3: $F_a = 290$ kN
  - Kran b HC3: $F_b = 173$ kN

Verlangt ist der Ermüdungsnachweis für den oberen Stegrand (Stelle 1, Abb. 15.14).

1. **Kran a**
   - σ_{oz}: Kerbfall 100, Abs. 15.3.6.8 c). Die in Wirkungsrichtung von σ_{oz} angeschweißte Quersteife ist bei der Wahl der Kerbfalls zu berücksichtigen. $\Delta\sigma_C = 10,0$ kN/cm^2
   - σ_x: Kerbfall 80, Abs. 15.3.6.8 a); $\Delta\sigma_C = 8,0$ kN/cm^2
   - τ_{xz}: Kerbfall 100, Abs. 15.3.6.12; $\Delta\tau_C = 10,0$ kN/cm^2

   1.1 Kran a alleine – Radlastpressung am oberen Stegrand (Stelle 1)

- Ermittlung der Lasteinleitungsbreite auf Höhe der Flanschunterkante

$$l_{\text{eff}} = 3,25 \cdot \left(\frac{I_{\text{r}} + I_{\text{f,eff}}}{t_{\text{w}}}\right)^{\frac{1}{3}} = 3,25 \cdot \left(\frac{155 + 27,2}{1,35}\right)^{\frac{1}{3}} = 16,7 \text{ cm}$$

  - $t_{\text{w}} = 1,35$ cm; $t_{\text{f}} = 2,4$ cm, Blechdicken HEB 400
  - Schiene A55 abgenutzt: $h_{\text{r}} = 6,2$ cm; $b_{\text{fr}} = 15,0$ cm; $I_{\text{r}} = 155$ cm^4
  - $b_{\text{eff}} = b_{\text{fr}} + h_{\text{r}} + t_{\text{f}} = 15,0 + 6,2 + 2,4 = 23,6 \text{ cm} < 30 \text{ cm} = b$

$$I_{\text{f,eff}} = \frac{b_{\text{eff}} \cdot t_{\text{f}}^3}{12} = \frac{23,6 \cdot 2,4^3}{12} = 27,2 \text{ cm}^4$$

- Lasteinleitungsbreite Steg/Ausrundungsende:

$$l = l_{\text{eff}} + 2 \cdot r = 16,7 + 2 \cdot 2,7 = 22,1 \text{ cm}$$

$$\sigma_{\text{oz}} = \frac{F_{\text{a}}}{l \cdot t_{\text{w}}} = \frac{290}{22,1 \cdot 1,35} = 9,72 \text{ kN/cm}^2 \text{ (Radlastpressung, Druck)}$$

- Da jede Kranüberfahrt zu zwei Spannungsspitzen führt, wird die Beanspruchungsklasse (BK) von S_2 auf S_3 erhöht (Tab. 15.3).
- Schadensäquivalente Spannungsschwingbreite für BK S_3 mit $\lambda = 0,397$
- $\Delta\sigma_{\text{E,2}} = \lambda \cdot \Delta\sigma_{\text{x}} = 0,397 \cdot 9,72 = 3,86$ kN/cm^2
- Der Nachweis lautet:

$$D = \left(\frac{\gamma_{\text{Ff}} \cdot \Delta\sigma_{\text{E,2}}}{\Delta\sigma_{\text{C}}/\gamma_{\text{Mf}}}\right)^3 = \left(\frac{1,0 \cdot 3,86}{10/1,15}\right)^3 = 0,444^3 = 0,087$$

- Alternativ belässt man die Beanspruchungsklasse bei S_2 und addiert die Einzelschädigungen (BK S_2 mit $\lambda = 0,315$):
  - Nachweis einzelnes Rad:

$$D = \left(\frac{\gamma_{\text{Ff}} \cdot \Delta\sigma_{\text{E,2}}}{\Delta\sigma_{\text{C}}/\gamma_{\text{Mf}}}\right)^3 = \left(\frac{1,0 \cdot 0,315 \cdot 9,72}{10/1,15}\right)^3 = 0,352^3 = 0,0437$$

  - Schädigung beide Räder: $2 \cdot 0,0437 = 0,087$

1.2 Kran a alleine – Normalspannungen am oberen Stegrand

- $W_{\text{y}} = 57\,680$ cm^4/(20 cm – 2,4 cm – 2,7 cm) = 3871 cm^3
- $\Delta M_{\text{y,Ed}} = 331$ kNm, siehe Tab. 15.14
- $\Delta\sigma_{\text{x,Ed}} = 33100$ kNcm/3871 cm^3 = 8,6 kN/cm^2
- Schadensäquivalente Spannungsschwingbreite für BK S_2 mit $\lambda = 0,315$
- $\Delta\sigma_{\text{x,E,2}} = \lambda \cdot \Delta\sigma_{\text{x}} = 0,315 \cdot 8,6 = 2,7$ kN/cm^2

$$D = \left(\frac{\gamma_{\text{Ff}} \cdot \Delta\sigma_{\text{x,E,2}}}{\Delta\sigma_{\text{C}}/\gamma_{\text{Mf}}}\right)^3 = \left(\frac{1,0 \cdot 2,7}{8,0/1,15}\right)^3 = 0,39^3 = 0,059$$

1.3 Kran a alleine – Schubspannungen

- Auf der sicheren Seite liegend werden zwei Lastwechsel pro Überfahrt angenommen, siehe Abb. 15.31.

- $A_v = (h - 2t_f) \cdot t_w = (40 - 2 \cdot 2,4) \cdot 1,35 = 47,5\ \text{cm}^2$
  (elastische Querschnittsausnutzung)
- $\Delta V_{Ed} = 290\ \text{kN}$
- $\Delta\tau_{xz,Ed} = \Delta V_{Ed}/A_v = 290\ \text{kN}/47,5\ \text{cm}^2 = 6,1\ \text{kN/cm}^2$
  Die Biegeschubspannung kann natürlich auch mit $\Delta\tau_{xz,Ed} = (\Delta V_{Ed} \cdot S_z)/(I_y \cdot t_w)$ berechnet werden. Für den oberen Stegrand liegt die Näherungsformel auf der sicheren Seite.
- $\Delta\tau_{oxz,Ed} = 2 \cdot (0,2 \cdot 9,72) = 3,88\ \text{kN/ cm}^2$
  (Der Absolutwert der Schubspannungen aus Lasteinleitung darf mit 20 % der Radlastpressung angenommen werden. Der Faktor 2 ergibt sich aus der Überfahrt, siehe Abb. 15.31.)
- Da jede Kranüberfahrt zu zwei Spannungsspielen führt, wird die Beanspruchungsklasse (BK) von S_2 auf S_3 erhöht.
- Schadensäquivalente Spannungsschwingbreite für BK S_3 mit $\lambda = 0,575$
- $\Delta\tau_{E,2} = \lambda \cdot (\Delta\tau_{xz,Ed} + \Delta\tau_{oxz,Ed}) = 0,575 \cdot (6,1 + 3,88) = 5,74\ \text{kN/ cm}^2$

$$D = \left(\frac{\gamma_{Ff} \cdot \Delta\tau_{E,2}}{\Delta\tau_C/\gamma_{Mf}}\right)^3 = \left(\frac{1,0 \cdot 5,74}{10/1,15}\right)^3 = 0,66^5 = 0,126$$

1.4 Gesamtschädigung aus Kran a: $D_a = 0,087 + 0,059 + 0,126 = 0,272 < 1,0 \quad (\checkmark)$

2. **Kran b**
   Die Berechnung der Schädigung erfolgt analog zu Kran a. Hier wird nur das Endergebnis der Schädigung aus Kran b angegeben:
   $D_b = 0,019 + 0,020 + 0,009 = 0,048 < 1,0 \quad (\checkmark)$
3. **Beide Krane gemeinsam**

   3.1 Lasteinleitungsspannungen
   Es gibt keine Lasteinleitungsspannungen aus gemeinsamer Wirkung, da nicht an einer Stelle Radlasten aus zwei Kranen wirken können.

   3.2 Beide Krane gemeinsam – Normalspannungen

   - $\Delta M_{y,Ed} = 446\ \text{kNm}$, siehe Tab. 15.14
   - $\Delta\sigma_{x,Ed} = 44600\ \text{kNcm}/3871\ \text{cm}^3 = 11,5\ \text{kN/ cm}^2$
   - Reduzierte Beanspruchungsklasse bei 2 Kranen: 2 Klassen unter der niedrigeren Beanspruchungsklasse [3-6NA/9.4.2(5)] –> S_0
   - Schadensäquivalente Spannungsschwingbreite für BK S_0 mit $\lambda = 0,198$
   - $\Delta\sigma_{x,E,2} = \lambda \cdot \Delta\sigma_x = 0,198 \cdot 11,5 = 2,3\ \text{kN/ cm}^2$

$$D = \left(\frac{\gamma_{Ff} \cdot \Delta\sigma_{x,E,2}}{\Delta\sigma_C/\gamma_{Mf}}\right)^3 = \left(\frac{1,0 \cdot 2,3}{8/1,15}\right)^3 = 0,331^3 = 0,036$$

   3.3 Beide Krane gemeinsam – Schubspannungen

   - $\Delta V_{Ed} = 310\ \text{kN}$
   - $\Delta\tau_{xz,Ed} = 310\ \text{kN}/47,5\ \text{cm}^2 = 6,5\ \text{kN/ cm}^2$
   - Schadensäquivalente Spannungsschwingbreite für BK S_0 mit $\lambda = 0,379$

$$\Delta\tau_{E,2} = \lambda \cdot \Delta\tau_{x,z,Ed} = 0,379 \cdot 6,5 = 2,5 \text{ kN/ cm}^2$$

$$D = \left(\frac{\gamma_{Ff} \cdot \Delta\tau_{E,2}}{\Delta\tau_C / \gamma_{Mf}}\right)^5 = \left(\frac{1,0 \cdot 2,5}{10/1,15}\right)^5 = 0,288^5 = 0,002$$

3.4 Gesamtschädigung aus Kran a+b gemeinsame Wirkung:
$D_{dup} = 0 + 0,036 + 0,002 = 0,038 < 1,0 \quad (\checkmark)$

4. Gesamtschädigung aus Kran a, Kran b und gemeinsame Wirkung nach Abschnitt 15.4.6

$$\sum_i D_i + D_{dup} = 0,272 + 0,048 + 0,038 = 0,36 \leq 1,0 \quad (\checkmark)$$

Die Auslastung beträgt 36 %. Das bedeutet, dass diese Kerbstelle $25/0,36 = 69$ Jahre Nutzungsdauer ertragen könnte. Wären alle Spannungsspiele um 30,2 % größer, würde sich genau eine Auslastung von 100 % (d.h. eine 25-jährige Nutzungsdauer) ergeben. Die spannungsmäßige Auslastung beträgt damit $1/1,302 = 77$ %.

15.5 Ermüdung von Horizontalträgern

Zwar sind Horizontalverbände und Nebenträger meist nicht vom Ermüdungsnachweis erfasst, da rechnerisch keine Spannungen im Rahmen der zu berücksichtigenden Ermüdungs-Einwirkungskombination mit ausschließlich vertikalen Radlasten auftreten. Dennoch können Ermüdungsschäden auftreten: Abb. 15.33 e) zeigt, wie durch eine nicht optimale Verbindung der Verbandsstäbe mit dem Nebenträger (die Systemlinien schneiden sich nicht) Biegespannungen im Knotenblech entstehen können. Durch die in Abb. 15.33 f) gezeigte Abtragung der vertikalen Radlasten, der sich der Nebenträger teilweise entzieht, können ebenfalls Biegemomente im Knotenblech und in den Verbandsstäben entstehen, die im dargestellten Fall nach fast 50 Jahren Kranbetrieb zu Rissen führten, die letztlich den Austausch des gesamten Kranbahnträgers nötig machten. Daraus lässt sich einerseits folgern, dass Horizontalträger besonders sorgfältig und vor allem auch ermüdungsgerecht zu konstruieren sind. Zum anderen ist es wichtig, Horizontalträger im Rahmen der Inspektionen (siehe Abs. 6.5) auch sorgfältig auf Risse hin zu untersuchen.

15.6 Ermüdungsgerecht konstruieren, fertigen und montieren

Eine ausreichende Sicherheit gegen Ermüdungsversagen wird in erster Linie durch ermüdungsgerechtes, d. h. kerbarmes Konstruieren, Fertigen und Montieren erreicht, nicht durch Berechnungen und Nachweise. Wie das erfolgen kann, ist der umfangreichen Literatur zu entnehmen.

Der in Abb. 15.34 dargestellte Schadensfall zeigt, wie wichtig die ermüdungsgerechte Montage ist: Beim Aufbau einer hochbeanspruchten Kranbahn stellte sich vor Ort überraschend heraus, dass auf Grund eines Planungsfehlers der Abstand der gegenüberliegenden Kranschienen für die bereits gebaute Kranbrücke zu gering wäre, wenn der Kranbahnträger wie vorgesehen auf die Konsolen aufgelagert würde. Die Kranbahn konnte nicht einfach weiter nach außen verschoben montiert werden, da ihr Unterflansch bereits Kontakt mit der Stirnplatte der Konsole hatte. Auf der Baustelle wurde nun kurzerhand mit dem Schneidbrenner ein Stück aus dem Kranbahnträgeruntergurt herausgeschnitten, um den Träger „passend“ zu machen. So entstand eine

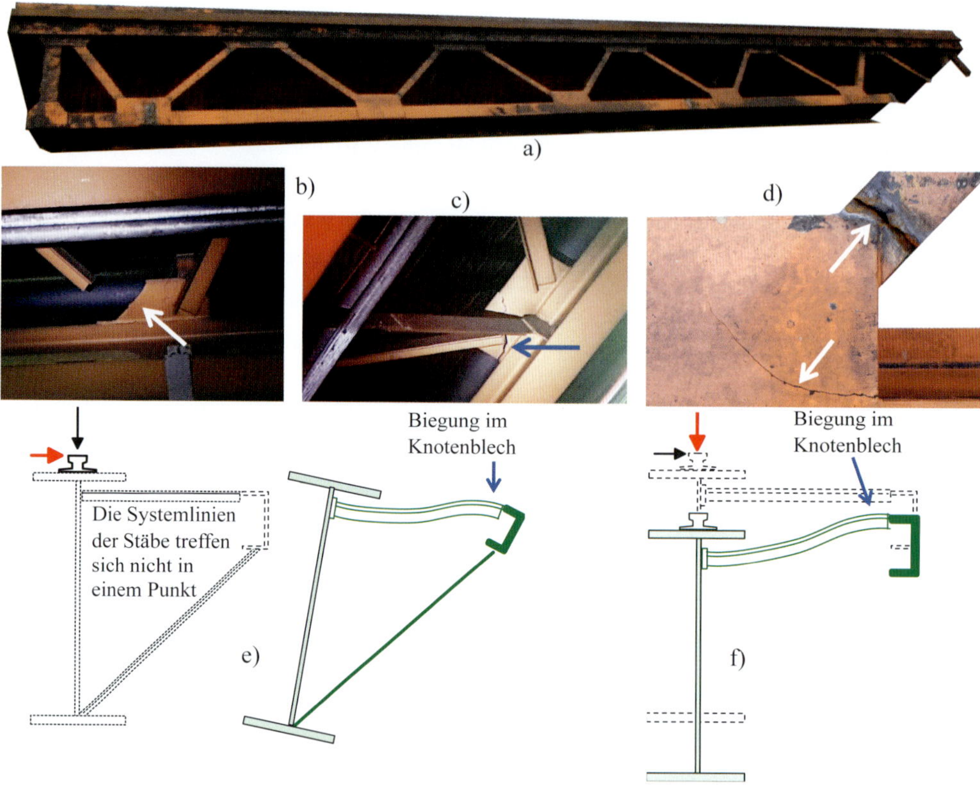

Abb. 15.33: Demontierte schadhafte Kranbahn (a), durchgebrochenes Knotenblech, dem bereits ein Teil fehlt (b), Risse am Knotenblech zum Nebenträger (c, d) und schematische Darstellung von zwei möglichen Schadensursachen (e infolge Torsion, f infolge Vertikallasten)

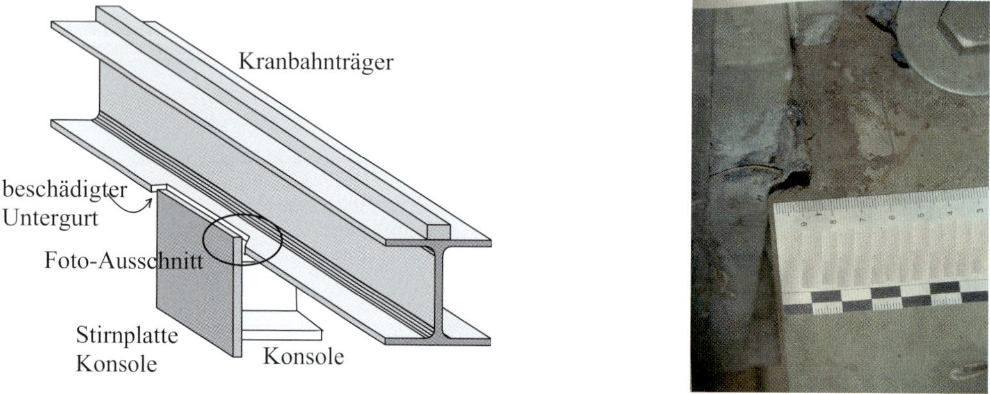

Abb. 15.34: Nicht ermüdungsgerechte Montage einer Kranbahn S_5: die Schneidbrenner-Schnittkanten sind ermüdungsmäßig nicht nachweisbar

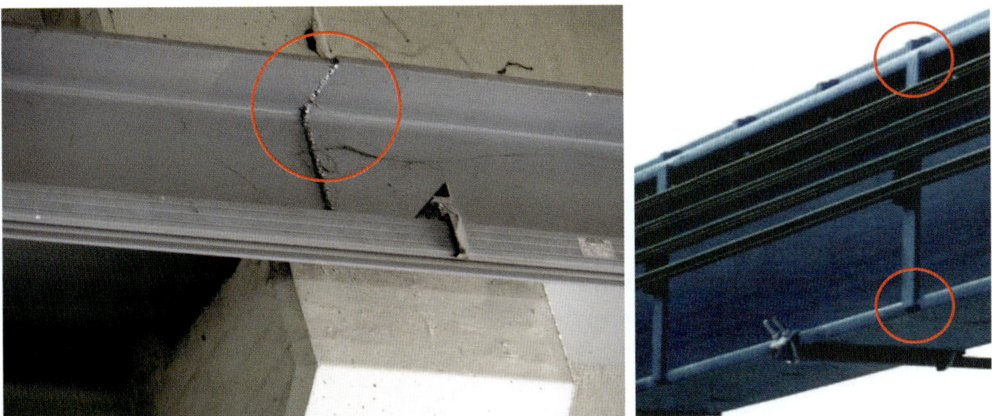

Abb. 15.35: Links: unsachgemäß geschweißter Kranbahnstoß mit undefinierbarem Kerbfall, rechts: Kerbfallverschlechterung an Ober- und Untergurt durch angeschweißte Schleifleitungshalter von 160 auf 40 für σ_x

fatale Kerbe mit einem undefinierten Kerbfall, die erst bei der Bauabnahme entdeckt wurde. Die Krananlage (BK S_5) konnte so nicht in Betrieb gehen.

Abb. 15.35 links zeigt einen unsachgemäß auf der Baustelle geschweißten Trägerstoß. Nicht nur unter dem Gesichtspunkt der Ermüdung war diese Verbindung inakzeptabel.

Bei der Montage ist darauf zu achten, dass nur im Ermüdungssicherheitsnachweis berücksichtigte Teile an den Kranbahnträger – besonders an seine Gurte – angeschweißt werden. Anschweißungen anderer, in der statischen Berechnung unberücksichtigt gebliebener tragender und nichttragender Bauteile (z. B. Leitungshalter o. Ä.) sind zu unterlassen, denn die so ohne Kenntnis des Tragwerksplaners erzeugten Kerbfälle können zu Schäden führen. Abb. 15.35 rechts zeigt ein Beispiel, bei dem der Kerbfall am Untergurt durch die Anschweißung des Schleifleitungshalters von 160 auf 40 reduziert wurde. Selbst nach Entfernen der Schweißnähte und Glattschleifen der Stelle wäre der Kerbfall 40 wegen der zurückbleibenden Schweißeigenspannungen geblieben.

16 Schrauben- und Schweißverbindungen

Dieses Kapitel enthält Hinweise auf Besonderheiten beim Entwurf und beim Nachweis von Verbindungsmitteln an Kranbahnträgern. Die im Stahlbau allgemein gültigen Regeln für Berechnung und Nachweis von Verbindungsmitteln nach DIN EN 1993-1-8 werden nicht referiert.

16.1 Schraubenverbindungen an Kranbahnträgern

Der Einsatz von Schraubenverbindungen an Kranbahnen wird in [3-6/3.4] und [3-6/8.1] geregelt. Allgemeine Grundsätze lassen sich [3-1-8/3], DIN EN 1090-2, DASt 024 [DAS18] und [KV12] entnehmen. Eine gute Übersicht über vorgespannte Schraubenverbindungen liefert [MV16]. Schraubenverbindungen kommen vor allem an folgenden Stellen zum Einsatz:

- Schrauben zur Befestigung von Klemmplatten am Obergurt von Kranbahnträgern
- Schrauben zur Verbindung des Kranbahnträgers mit dem Auflager
- Schrauben zur Verbindung von Stirnplatten an Stirnplattenstößen

16.1.1 Arten von Schraubenverbindungen an Kranbahnträgern

16.1.1.1 Scherverbindungen mit Schrauben

Scherverbindungen mit rohen Schrauben nach DIN 7990, Klassen 4.6 und 5.6 (Kategorie der Schraubenverbindung: A)

Scherverbindungen mit rohen Schrauben werden bei Kranbahnen nicht verwendet, weil sie für wechselnde Beanspruchung ungeeignet sind.

Scherverbindungen mit Passschrauben nach DIN 7968, Festigkeitsklassen 4.6 und 5.6 (Kategorie der Schraubenverbindung: A)

Scherverbindungen mit Passschrauben können bei Kranbahnträgern grundsätzlich zum Einsatz kommen. Ob der Einsatz dieses Verbindungstyps angesichts der Kosten bei Fertigung und Montage wirtschaftlich ist, muss im Einzelfall geprüft werden.

Das Gewinde der Passschrauben darf nicht in die zu verbindenden Teile hineinreichen. Das Lochspiel darf maximal 0,3 mm betragen (Passung H11/h11).

Gleitfeste Scherkraftverbindungen (Kategorie der Schraubenverbindung: B oder C)

Schrauben der Festigkeitsklasse 8.8 nach DIN EN ISO 4014 und -4017 und der Festigkeitsklasse 10.9 nach DIN EN 14399-4 und -8 dürfen eingesetzt werden.
Schraubenverbindungen vom Typ B sind gleitfest im Zustand der Gebrauchstauglichkeit (also unter Gebrauchslasten), während Schraubenverbindungen vom Typ C nicht nur im Zustand

der Gebrauchstauglichkeit, sondern auch im Zustand der Tragfähigkeit gleitfest bleiben. Für wechselnd auf Querkraft beanspruchte Verbindungen dürfen nach [3-6/5.1.2] nur Schraubenverbindungen der Kategorie C oder Passschrauben (Kategorie A) eingesetzt werden.

Eine fachgerechte Montage nach DIN EN 1090-2 ist wegen der zu übertragenden, dynamischen Querkräfte mit oft wechselndem Vorzeichen unverzichtbar: Besonders auf die gleitfeste Vorbereitung der zu verbindenden Oberflächen ist zu achten. In der Kontaktfläche zwischen Schraubenkopf und Mutter sind dicke Beschichtungen zu vermeiden, die zu späteren Setzungen in Verbindung mit Vorspannungsverlusten führen können.

Es wird empfohlen, die vorgespannten Schrauben gegen unbeabsichtigtes Lösen und den Verlust der Vorspannkraft zu sichern, siehe Abschnitt 16.1.3.

16.1.1.2 Zugverbindungen mit Schrauben

Nicht vorgespannte Zugverbindungen (Kategorie der Schraubenverbindung: D)

Schraubenverbindungen der Kategorie D dürfen nicht eingesetzt werden, wenn die Verbindung häufig veränderlichen Zugkräften ausgesetzt ist. Ein Einsatz an tragenden Verbindungen von Kranbahnen ist daher im Regelfall nicht möglich.

Vorgespannte Zugverbindungen (Kategorie der Schraubenverbindung: E)

Schrauben der Festigkeitsklasse 8.8 nach DIN EN ISO 4014 und -4017 und der Festigkeitsklasse 10.9 nach DIN EN 14 399-4 und -8 dürfen eingesetzt werden.

16.1.2 Biegesteife Stirnplattenstöße

Bei als Durchlaufträger geplanten Kranbahnträgern werden biegesteife Stöße notwendig, wenn die Trägerlänge die maximal mögliche Lieferlänge der Bauteile überschreitet. Ein solcher biegesteifer Stoß kann als Stirnplattenstoß (siehe oben Abb. 5.13) ausgebildet werden. Eine einfache "Ringbuch-Bemessung" scheidet als Bemessungsmöglichkeit für den Stirnplattenstoß aus, da bei Kranbahnträgern stets zweiachsige Biegung (M_y und M_z) vorliegt, während die "Typisierten Anschlüsse im Stahlhochbau" [WO13] nur von einachsiger Biegung ausgehen. Oben überstehende Stirnplatten sind wegen der aufliegenden Schiene nicht möglich. Die Bemessung der Schrauben kann erfolgen, indem die Schraubenkräfte für jede Biegungsrichtung getrennt ermittelt und dann überlagert werden. Für die resultierende maximale Schraubenkraft ist auch nachzuweisen, dass die Stirnplatte ausreichend dick gewählt wurde.

An biegesteifen Zwischenauflagern von Kranbahnträgern (siehe oben, Abb. 5.13 links) werden Querkräfte direkt in das Auflager abgeleitet. Der Stoß hat also keine Querkräfte zu übertragen. In diesem Fall können vorgespannte Schraubenverbindungen der Kategorie E zum Einsatz kommen.

16.1.3 Sicherung von Schrauben

16.1.3.1 Verliersicherung

Bei Schrauben ohne Vorspannung (Kategorien A, D) gilt es, die Schrauben gegen Verlieren der Muttern zu schützen. Bauforumstahl empfiehlt in [Bfs18b] das Zerstören der Gewindegänge durch Körnerschlag als Verliersicherung. Diese Methode ist wegen ihrer Unzuverlässigkeit jedoch nicht ganz unumstritten. Als Verliersicherungen können z.B. auch selbstsichernde Muttern nach DIN EN ISO 7040, 7042, 7719 und 10 511 eingesetzt werden. Wenn die Schraubenverbindung nach einer der weiter unten beschriebenen Methoden gegen den Verlust der Vorspannung gesichert ist, so wirkt sich dies automatisch auch als Verliersicherung aus und es sind dafür keine weiteren Maßnahmen zu ergreifen. Umgekehrt gilt das natürlich nicht: Eine Verliersicherung ist als Sicherung der Vorspannkraft nicht wirksam.

16.1.3.2 Sicherung gegen Verlust der Vorspannkraft

Bei dynamisch beanspruchten Schraubenverbindungen besteht die Gefahr, dass sich die Vorspannung abbaut. Eine Verliersicherung reicht nicht aus, um einen Vorspannungsverlust zu verhindern. Die gleitfeste, vorgespannte Verbindung vom Typ C würde durch einen Vorspannungsverlust zu einer Scher-/Lochleibungsverbindung vom Typ A degenerieren, als die sie natürlich nicht ausgelegt ist. Eine vorgespannte Verbindung vom Typ E würde zu einer Verbindung vom Typ D degenerieren. Die Tragfähigkeit der Schraubenverbindung ist dann nicht mehr sichergestellt. Deswegen müssen geeignete Maßnahmen gegen den Verlust der Vorspannung getroffen werden.

In der Praxis wird angenommen [Bfs18b], dass derzeit keine Sicherungsmethode gegen Lösen der Schraubenverbindung bei Kranbahnen als dauerhaft ausreichend sicher gelten kann. Deswegen sollten die Maßnahmen zur Vorspannungssicherung durch regelmäßige Inspektionen ergänzt werden, siehe dazu Abs. 7.4.

Versuche zeigen, dass die Vorspannung am ehesten durch den Einsatz von Keilsicherungsscheiben gesichert werden kann, siehe Abb. 16.1. Bei einer Verwendung von Keilsicherungsscheiben sind die Anwendungsgrenzen und -hinweise der zum jeweiligen Produkt gehörigen Zulassungen zu beachten, sie können sich je nach Produkt im Hinblick auf das aufzubringende Drehmoment und die erreichbare Vorspannung maßgeblich unterscheiden. Problematisch ist, dass alle dem Autor bekannten Keilsicherungsscheiben bisher formal nur über eine ABZ (allgemeine bauaufsichtliche Zulassung) für nicht gleitfeste Schraubenverbindungen vom Typ A oder D verfügen. Das Eisenbahn-Bundesamt lässt jedoch schon seit einigen Jahren Nord-Lock-Keilsicherungsscheiben auch für planmäßig vorgespannte Verbindungen vom Typ B, C und E zu, allerdings bei einer Reduzierung der Vorspannkraft $F_{\mathrm{p,c,sc}}*$ auf 90 % von $F_{\mathrm{p,c}}*$, siehe [Eis18]. Nach Angaben der Firma Nord-Lock ist für den Jahreswechsel 2020/2021 mit einer Erweiterung der ABZ für bestimmte Typen von Keilsicherungsscheiben auch für die Verbindungstypen B, C und E zu rechnen. Außerdem wird erwartet, dass auch Langlöcher bei nicht gleitfesten Verbindungen in der Zulassung berücksichtigt sein werden.

In [Bfs18b] werden weitere konstruktive Maßnahmen empfohlen, die die Sicherheit gegen Lösen verbessern können:

- Reduzierung des Lochspiels,
- Ausführung von GV- und HV-Passverbindungen,
- Verminderung des Farbauftrags im Bereich von Schraube, Mutter und der Kontaktflächen der zu verbindenden Bauteile,
- Wahl einer vergrößerten Klemmlänge für erhöhte elastische Nachgiebigkeit der Schraubenverbindung,
- Wahl einer möglichst hohen Schraubenvorspannkraft, z.B. $F_{\mathrm{p,c}}$, $F_{\mathrm{p,c}}*$

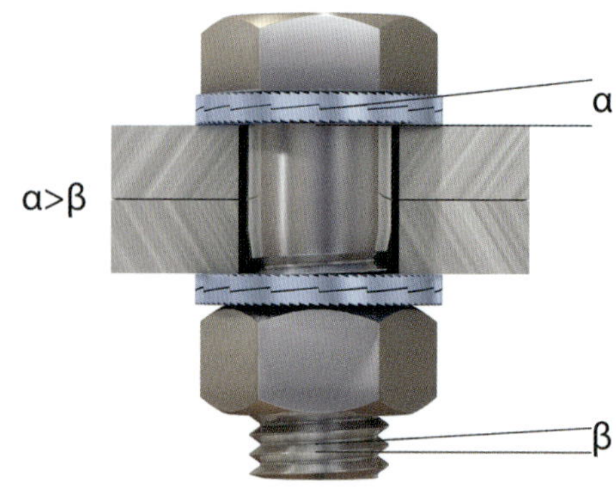

Abb. 16.1: Keilsicherungsscheiben zur Sicherung der Vorspannung wirken dadurch, dass die Keilneigung α größer ist als die Gewindesteigung β. Beispiel: Nord-Lock (©: Nord-Lock)

Abb. 16.2: Ermüdungsbruchfläche einer Schraube unter überwiegender Axialbeanspruchung nach [LKB85]

- Aufbringen einer größeren Schraubenvorspannkraft durch Wahl größerer Schrauben.
- Wahl des kombinierten Vorspannverfahrens (wegen der höheren erreichbaren Vorspannkraft als beim Drehmomentenverfahren).

Mit dem Setzen eines Schweißpunkts ließe sich der Erhalt der Vorspannung zwar gewährleisten, gleichwohl wird diese Vorgehensweise für Kranbahnträger nicht empfohlen, weil danach Änderungen der Schraubenverbindungen oder Reparaturen nicht mehr möglich sind.

Bei temperaturbelasteten Krananlagen (z. B. bei Hüttenwerkskranen) muss dem Aspekt der Schraubensicherung ein besonderes Augenmerk gewidmet werden.

16.1.4 Ermüdungsnachweis von Schrauben

a) Axial beanspruchte, nicht vorgespannte oder vorgespannte Schraubenverbindungen vom Typ D oder E

Ein Ermüdungsnachweis nach DIN EN 1993-1-9 ist grundsätzlich zu führen. Zum Nachweisformat siehe [MV16], Kerbfälle der Schrauben siehe Abs. 15.3.6.9. Abb. 16.2 zeigt die Bruchfläche einer Schraube, die infolge zyklischer axialer Beanspruchung versagt hat.

Nach [3-1-9/Tab.8.1,Fall 14] ist für die Axialbeanspruchung (Normalspannungen) von Schrauben bis M30 der Kerbfall 50 anzusetzen. Biegung und Zug infolge Abstützkräften sowie weitere Biegespannungen (z. B. sekundäre Biegespannungen) sind zu ermitteln und im Nachweis zu berücksichtigen. $\Delta\sigma$ ist am Spannungsquerschnitt der Schraube zu ermitteln. Wenn die o. g. Biegespannungen nicht berechnet und nachgewiesen werden sollen, wird nach [DIB12], S. 36 und [FNP11], Abs. 4.3.2, empfohlen, die ungünstigere Kerbklasse 36* zu berücksichtigen.

b) Scherbeanspruchte Schrauben vom Typ A

Für Passschrauben der Kategorie A unter reiner Abscherbeanspruchung gilt: Nach [3-1-9/Tab.8.1,Fall 15] ist für die Schubspannungen von Schrauben der Kerbfall 100 bei einer Wöhlerlinienneigung von $m = 5$ anzusetzen, siehe Abs. 15.3.6.9. $\Delta\tau$ ist am Schaftquerschnitt zu ermitteln. Das Gewinde darf nicht in die Scherfläche ragen.

Bei dynamisch beanspruchten Schraubenverbindungen vom Typ A sind ausschließlich Passschrauben zulässig.

c) Gleitfeste Scherkraftverbindungen vom Typ B und C

Bei vorgespannten Schraubenverbindungen der Kategorie B und C unter reiner Abscherbeanspruchung (ohne Zugbeanspruchung) erfährt die Schraube bis zum Erreichen des Gebrauchslastniveaus (bei Typ C-Verbindungen bis zum GZT) kein Längsspannungsspiel, da die Schraubenlängskraft konstant der Vorspannungskraft entspricht. Deshalb erübrigt sich der Nachweis der Ermüdungssicherheit.

Zur Normensituation früher und heute

DIN EN 1993-1-9 enthält außer den beiden oben angesprochenen Kerbfällen keine Regeln zum Ermüdungsnachweis von Schrauben. Früher konnte bei planmäßig vorgespannten Verbindungen der Ermüdungsnachweis der Schraube nach der (mittlerweile überholten) DASt Ri 010 [DAS76] entfallen, wenn nachgewiesen wurde, dass die Schraubenkraft in Richtung der Schraubenachse maximal 60 % der Vorspannkraft beträgt (Dauerfestigkeit). DIN EN 1993 enthält eine solche Aussage nicht mehr. Weitere Hintergrundinformationen – allerdings auf der Basis der mittlerweile veralteten Normenlage – werden in [LH94] und in [Pet94], Kap. 9.7 beschrieben.

16.2 Schweißverbindungen an Kranbahnträgern

Besonderheiten von Schweißverbindungen im Kranbau werden in [3-6/8.2] geregelt. Dieser Abschnitt betrifft alle Schweißnähte an Kranbahnträgern. Die Abschnitte 16.3 und 16.4 behandeln die Besonderheiten von Schienenschweißnähten und Steghalsnähten.

16.2.1 Unterbrochene, nicht durchlaufende Schweißnähte

Bei geschweißten und verstärkten Profilen (z. B. mit Winkeln verstärkte Walzprofile, siehe oben Abb. 4.8) sind Schweißnähte zur Verbindung längskrafttragender Querschnittsteile notwendig. Manchmal werden solche Nähte aus Kostengründen nicht durchgehend, sondern nur abschnittsweise geschweißt. Dabei sind folgende Dinge zu beachten:

- Unterbrochene Kehlnähte dürfen nur verwendet werden, wenn sie nicht zu übermäßigen Korrosionserscheinungen führen können [3-6/8.2(2)]. Dies setzt entsprechenden Witterungsschutz voraus.
- Von unterbrochenen Nähten wird bei Kranbahnträgern für mittleren und schweren Betrieb (S_3–S_9) abgeraten, selbst wenn die Schweißnaht nicht durch Lasteinleitungsspannungen beansprucht wird, sondern ausschließlich durch Normalspannungen σ_x und Schubspannungen τ_{xz} aus globaler Querkraftbiegung. Das Ende jedes Nahtabschnitts einer nicht durchgeschweißten Naht ist im Hinblick auf die Längsspannungen σ_x im Flansch je nach Situation in den Kerbfall 80 [3-1-9/Tab.8.2, Fall 8] oder darunter einzuordnen, während eine automatisch durchgeschweißte Längsnaht in Kerbfall 125 [3-1-9/Tab.8.2, Fall 1] eingeordnet werden darf.
- Bei unterbrochenen Nähten ist auch darauf zu achten, dass die Nahtabschnitte in der Lage sind, die Schubspannungen aus Querkraft zu übertragen.
- Für unterbrochene Kehlnähte ist [3-1-8/4.3.2.2] zu beachten.
- Die Abschnittslängenbegrenzung nach [3-1-8/4.5.1] ist zu beachten.

16.2.2 Anschweißungen an einen befahrenen Obergurt

Für Krane hoher Beanspruchungsklassen dürfen Steifen oder andere Anbauten nicht an den befahrenen Obergurt eines Kranbahnträgers angeschweißt werden, weil dadurch dessen Ermüdungsfestigkeit erheblich reduziert wird.

Diese Vorschrift gilt selbstverständlich auch für die Anschweißung von nichttragenden Bauteilen (z. B. Halterungen) an den befahrenen Obergurt. Wird beispielsweise an der Ecke eines Walzprofil-Obergurts, die bezogen auf die Längsspannungen σ_x dem Kerbfall 160 zuzuordnen wäre, ein Schleifleitungshalter angeschweißt (siehe oben Abb. 15.35 rechts), verschärft sich der Kerbfall je nach Schweißnahtqualität auf bis zu 40 [3-1-9/Tab.8.4,Fall 5]. Da zum Zeitpunkt der Ausführungsplanung dem Tragwerksplaner manchmal nicht bewusst ist, welche nichttragenden Bauteile bei der Montage angeschweißt werden sollen, wird empfohlen, ggf. auf den Ausführungszeichnungen einen Vermerk anzubringen, dass Anschweißungen an den Obergurt ohne Rücksprache mit dem Tragwerksplaner unzulässig sind.

Als hohe BK (Beanspruchungsklassen) gelten nach [3-6/8.2(4)] die BK S_7–S_9. Im deutschen Nationalen Anhang ist verschärfend geregelt, dass für das Anschweißen von Steifen an befahrene Gurte auch schon die BK S_5 und S_6 als hohe Beanspruchungsklassen anzusehen sind.

Völlig inakzeptabel ist deshalb die in Abb. 16.3 dargestellte Anschweißung an einen Obergurt. Diese Konstruktion wäre allerdings auch bei niedrigeren Beanspruchungsklassen nicht empfehlenswert.

Tab. 16.1 fasst die zu beachtenden Einschränkungen bei Anschweißungen an befahrenene Obergurte zusammen.

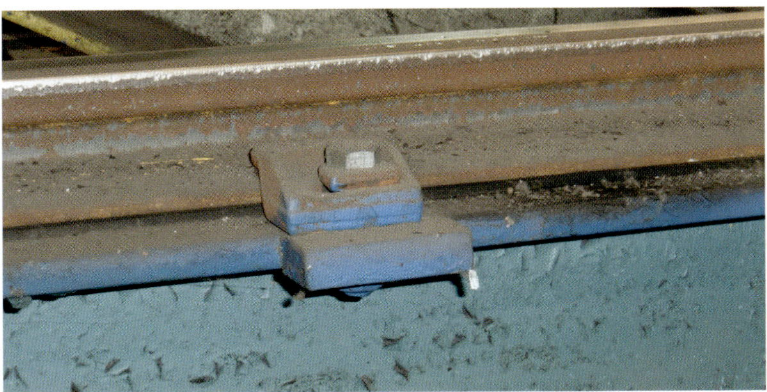

Abb. 16.3: Diese Anschweißung eines Beschlags an den Obergurt ist bei einer Kranbahn S_7 unzulässig.

Tab. 16.1: Zulässigkeit von Anschweißungen an befahrene Obergurte

	Anschweißen an Obergurt zulässig bei BK	Anschweißen an Obergurt nicht zulässig bei BK	Quelle
Quersteifen	S_0–S_4	ab S_5	[3-6NA/8.2(4)]
Flachstahlschienen (durchgehend oder unterbrochen geschweißt)	S_0–S_3	ab S_4 *)	[3-6NA/8.5.2]
Knaggen für die Schienenhalterung, Knotenbleche, tragende oder nicht tragende Anbauteile	S_0–S_6	ab S_7	[3-6NA/8.2(4)]
Obergurtverstärkungen (z.B. Winkel)	S_0–S_9	-	-
*) Ab BK S_4 soll auf starre Schienenbefestigungen verzichtet werden [3-6NA/8.5.2].			

16.2.3 Verbindungen von I-Walzprofilen mit Winkelprofilen

Wenn das I-Walzprofil (z.B. IPE) zu schmal für eine bestimmte Profilschiene ist (analog Abb. 16.3), dann liegt die Schienenklemmplatte teilweise auf dem I-Walzprofil, teilweise auf dem Winkelprofil auf. In diesem Fall ist darauf zu achten, dass der Winkel oben bündig an das Basisprofil angeschweißt wird, siehe Abb. 16.4 a) links. Wenn stattdessen eine Flachstahlschiene zum Einsatz kommt, dann kann es fertigungstechnisch einfacher sein, den Winkel zentrisch an den meist dickeren Flansch des Basisprofils anzuschweißen, siehe Abb. 16.4 a) rechts.

Je nach Dickenverhältnis der zu verbindenden Bleche kommen als Schweißnähte Stumpfnähte oder Doppelkehlnähte in Frage, siehe Abb. 16.4 a). Nicht möglich sind statt Doppelkehlnähten nur einseitige Kehlnähte wie in Abb. 16.4 b) dargestellt. Der Verformungsplot in Abb. 16.4 c) zeigt, dass die im Bereich der Radlasteinleitung beobachtbare Querbiegung die einseitige Kehlnaht so ungünstig beansprucht, dass sie ermüdungsmäßig bald versagen würde.

Die beide Profile verbindende Schweißnaht sollte durchlaufend sein. Falls entgegen der Empfehlung davon abgewichen werden soll, siehe Abs. 16.2.1.

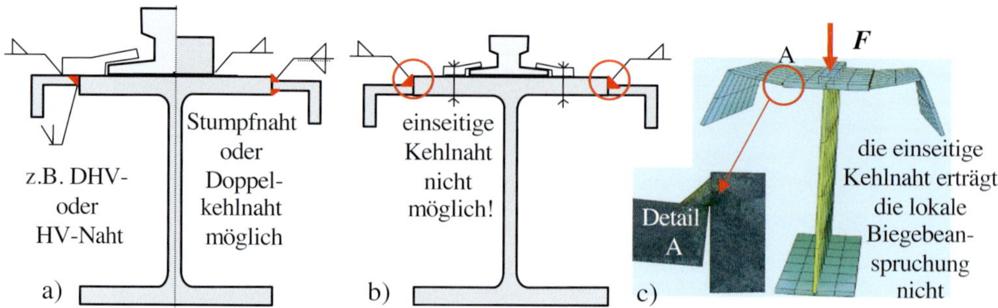

Abb. 16.4: Wahl der Nahtart bei der Verbindung von Walzprofil mit Winkeln a) zulässige... b) unzulässige Variante c) Verformung bei einseitiger Kehlnaht (FE-Berechnung J. Tworek)

16.3 Schienenschweißnähte

Flachstahlschienen werden über Kehlnähte mit dem Obergurt starr verbunden. Wenn eine Kranbahn in die BK S_4 oder höher einzuordnen ist, werden starre, geschweißte Schienenbefestigungen nicht mehr empfohlen [3-6NA/8.5.2].

Für Profilschienen der Form A oder F ist eine Verschweißung mit dem Obergurt technisch und wirtschaftlich nicht sinnvoll. Denn zum einen sollen solche Schienen leicht austauschbar sein und zum anderen sind die Schienenstähle der A-Profilschienen nicht schweißbar, da andere Werkstoffeigenschaften (z.B. Verschleißfestigkeit) im Vordergrund stehen.

16.3.1 Ausführung der Schienenschweißnähte

Unterbrochene oder durchlaufende Schienenschweißnähte?

Schienenschweißnähte können durchlaufend (z.B. siehe oben Abb. 4.5) oder unterbrochen ausgeführt werden, siehe Abb. 16.5 und 16.6. Durchlaufende Schienenkehlnähte sind wegen ihrer geringeren Kerbwirkung aus Ermüdungsgründen vorteilhaft. Doch auch nicht durchlaufende Kehlnähte weisen Vorzüge auf: Sie sind kostengünstiger, der Schweißverzug und damit der Richtaufwand ist geringer und sie erleichtern ggf. einen Schienenaustausch. Mehr als die Hälfte der Flachstahlschienen werden unterbrochen angeschweißt.

Unterbrochene Schienenkehlnähte sind in folgenden Fällen nicht zulässig:

- bei Korrosionsgefahr (Gefahr der Unterrostung), z. B. durch Feuchte oder aggressive Dämpfe [3-6/8.2(2)].
- wenn sich keine ausreichende Ermüdungssicherheit der unterbrochenen Kehlnaht unter Berücksichtigung des jeweiligen Kerbfalls (siehe Abschnitt 15.3.6.3) nachweisen lässt.

Ausführung unterbrochener Schienenschweißnähte

Die Schweißnahtabschnitte können gleichlaufend wie in Abb. 16.6 links angeordnet sein. Ausführungen mit einer Schweißnahtlänge von $l_w = 5$ bis 6 cm und einem Schweißnahtabstand von $l_2 = 20$ bis 30 cm sind typisch.

Abb. 16.5: Kranbahnträger mit unterbrochen geschweißten, gleichlaufend angeordneten Schienenschweißnähten (© Atlas Ward GmbH)

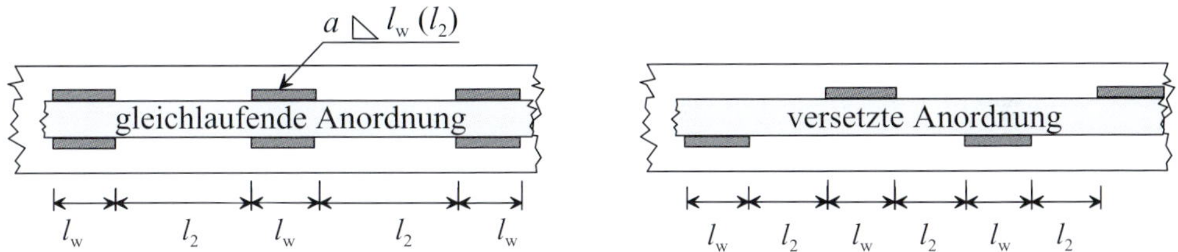

Abb. 16.6: Nicht durchlaufende Schienenkehlnähte (Draufsicht auf Kranbahnträger): gleichlaufende und versetzte Anordnung

Eine versetzte Positionierung wie in Abb. 16.6 rechts ist ebenfalls möglich. Ausführungen mit einer Schweißnahtlänge von $l_w = 10$ cm und einem Schweißnahtabstand von $(2 \cdot l_2 + l_w) = 20$ bis 30 cm sind typisch. Die Erfahrung lehrt, dass in der Praxis beide Anordnungen in etwa ähnlich oft vorkommen.

Wenn die Schienenschweißnaht unterbrochen ausgeführt werden soll, ist neben den Regeln in Abschnitt 16.2 Folgendes zu beachten:

- Für die minimale Nahtabschnittslänge l_w gilt nach [3-1-8/4.5.1]:

$$l_w \geq \begin{cases} 6 \cdot a_w \\ 30 \text{ mm} \end{cases}$$

- Falls die mit einer unterbrochenen Schweißnaht befestigte Flachstahlschiene statisch als mittragend berücksichtigt wird – wovon abgeraten wird –, sind zusätzlich die Bestimmungen aus [3-1-8/4.3.2.2] einzuhalten, siehe [3-6/8.2(1)]. Die Abstände l_2 zwischen den Nahtstücken (Abb. 16.6) müssen die folgende für druck- und schubbeanspruchte Bauteile gültige Bedingung erfüllen: $l_2 \leq \min\{12 \cdot t_f; 0,25 \cdot b; 200 \text{ mm}\}$
  Beispiel: Flachstahlschiene an Kranbahnträger HEB 300, $t_f = 1,9$ cm, $b_f = 30$ cm;
  $l_2 \leq \min\{12 \cdot 19; 0,25 \cdot 300; 200\} = \min\{228; 75; 200\} = 75$ mm

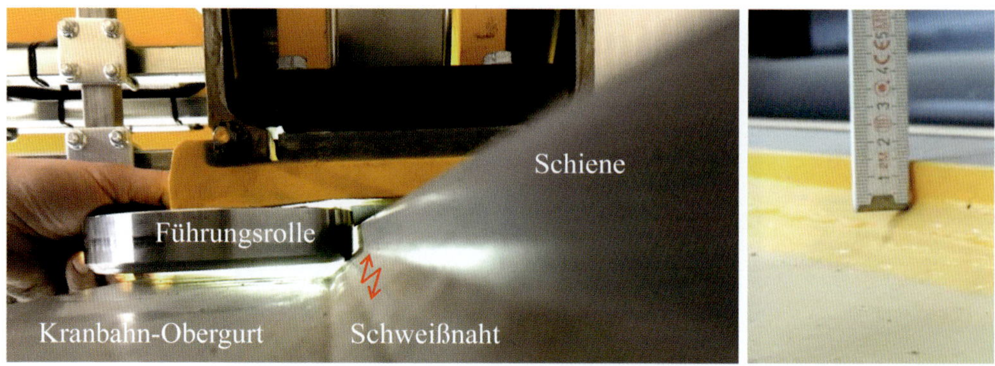

Abb. 16.7: Die Schienenhöhe ist zu gering, die Seitenführungsrolle läuft an der Schweißnaht statt an der Schienenflanke ab (Fotos: © Andreas Hardt, ABUS Kransysteme GmbH).

Wurzelmaß a_w der Schienenkehlnähte

Für durchlaufende oder unterbrochene Schienenkehlnähte sind die Dickenbegrenzungen nach [3-1-8/4.5.2] und [3-1-8NA/4.5.2] einzuhalten:

- $\min a_w \geq 3$ mm [3-1-8/4.5.2]
- $\min a_w \geq \sqrt{\max t} - 0{,}5$ mm für $t \geq 3$ mm [3-1-8NA/4.5.2], [FW85]

Da die als $\max t$ in die Gleichung eingehende Schienendicke stets mindestens 30 mm beträgt, lässt sich aus der zweiten Bedingung eine Mindestdicke der Schienenkehlnaht von $a_w = 5$ mm ableiten.

Bei der Auswahl der Flachstahlschiene und der Schweißnahtdicke a_w muss unbedingt darauf geachtet werden, dass auch bei abgenutzter Schiene ausreichend Angriffsfläche für die Seitenführungsrollen oder die Spurkränze bleibt. In dem in Abb. 16.7 dargestellten Fall war diese Forderung nicht erfüllt.

Die Kosten für das Schweißen werden wesentlich durch die Anzahl der Lagen bestimmt. Einlagige Kehlnähte (ohne Einbrand) können bei Schutzgasschweißen bis $a_w = 5$ mm und bei Unterpulverschweißen bis $a_w = 6$ mm geschweißt werden, siehe [DVS15], S.4.

16.3.2 Zur Berücksichtigung des Druckkontakts zwischen Schiene und Oberflansch

Bei einer völlig plan auf dem Oberflansch aufliegenden Schiene würden die vertikalen Radlasten durch Druckkontakt in den Kranbahnträger eingeleitet. Tatsächlich lässt sich ohne besondere Maßnahmen wegen vorhandener Maßabweichungen der Walzprodukte nicht durchgehend über die gesamte Schienenlänge sicherstellen, dass zwischen Obergurtblech und Schiene keine Lücke klafft (Abb. 16.8). In [3-6/9.3.3(3)] wird deshalb für den Ermüdungsnachweis festgelegt: „Bei an den Flansch angeschweißten Schienen sind in der Regel die lokalen Spannungen in den Schweißnähten der Verbindung Schiene–Flansch zu berücksichtigen, ohne dass ein Kontakt zwischen Flansch und Schiene angenommen wird.“ Die vertikalen Radlasten werden bei Nachweisen in allen Grenzzuständen über die Schienenschweißnähte, nicht über Kontakt übertragen,

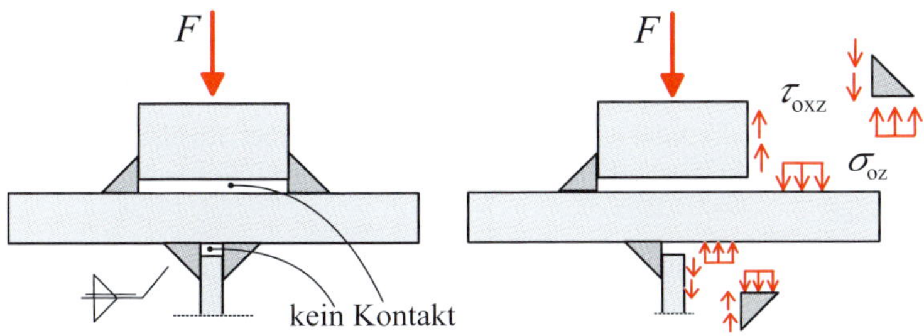

Abb. 16.8: Lasteinleitungsspannungen in Halskehlnähten und Schienenkehlnähten beim Ermüdungsnachweis

Abb. 16.9: Anpressen der Flachstahlschiene auf den Kranbahnträger als Maßnahme zur Kontaktsicherung (Stahlbau Probst GmbH, Foto: M. Offenhäusser)

siehe [Ber89, Bit85, KE08, Loh05, Pet94, War99]. Warkenthin beschreibt in [War08] den Effekt, dass sich Flachstahlschienen gegen die Radlast aufwölben und so ein möglicherweise zunächst noch vorhandener Druckkontakt verlorengeht.

Als besondere Maßnahmen zur Sicherstellung des Kontakts und damit als Ausnahme von der Regel nach [3-6/9.3.3(3)] werden in der Praxis manchmal das Fixieren der Schienen mit Klemmen, das Anpressen der Schiene auf den Kranbahnträger (Abb. 16.9) oder der Einsatz doppelt gerichteten Materials angesehen, nachdem im angepressten Zustand überprüft wurde, ob der Kontakt tatsächlich zustande gekommen ist. Diese Kontrolle ist nach der Schweißung nur bei unterbrochen angeschweißten Schienen z.B. mit einer Fühlerlehre möglich. Die Normen machen keine Aussagen darüber, welche besonderen Maßnahmen geeignet sind, den Kontakt sicherzustellen. Für den Nachweis der horizontalen Kräfte aus Kranbetrieb ist die Frage des Kontakts zwischen Schiene und Oberflansch übrigens nicht relevant.

Druckkontakt bei unterbrochenen Schienenschweißnähten?

Im Bereich der Schweißnahtabschnitte einer unterbrochenen Naht gelten die oben genannten Regeln bezüglich des Druckkontakts entsprechend. Was ist aber für die nicht angeschweißten Bereiche zwischen den Nahtabschnitten anzunehmen? Leider gibt es keine Aussage in den Normen zu dieser Frage.

Würde man an den nicht geschweißten Schienenabschnitten keinen Druckkontakt unterstellen dürfen, dann müsste die Schiene zwischen den Schweißnahtabschnitten auf Biegung nachgewiesen werden, was wegen der Größe der Spannungen oft gar nicht möglich wäre.

Der Autor empfiehlt deshalb, überall dort einen Kontakt zu unterstellen, wo keine Schweißnaht ist. Bei der versetzten Schweißnahtanordnung nach Abb. 16.6 gilt das auch für die der Schweißnaht gegenüberliegende, nicht angeschweißte Unterkante der Schiene.

In [KE08] wird die Ansicht vertreten, dass ein Kontakt Schiene-Oberflansch bei unterbrochenen Schienenschweißnähten in der Praxis durchaus sichergestellt werden kann.

Vorschlag für einen wirtschaftlicheren Nachweis der Schienenkehlnähte

Der Verzicht auf die Annahme eines Druckkontakts Schiene-Oberflansch führt zu dickeren Schienenkehlnähten. Eine Plastizierung der Nähte darf nach [3-6/9.3.3(3)] auch im GZT unter γ-fachen Lasten nicht unterstellt werden, obwohl diese Plastizierung bei steigendem Raddruck dazu führen würde, dass sich die Schienenschweißnaht erst elastisch, dann plastisch verformt, bis ggf. schließlich ein Kontakt zwischen Schiene und Oberflansch entsteht.

Folgende Vorgehensweise erscheint diskussionswürdig, obwohl formal nach DIN EN 1993-6 nicht zugelassen:

- Die Spannungen für den Ermüdungsnachweis der Schienenschweißnaht sind der Regel [3-6/9.3.3(3)] folgend ohne Unterstellung eines Druckkontakts Schiene/Oberflansch zu berechnen. So wird sichergestellt, dass es zu keinem Ermüdungsversagen kommen kann.
- Um eine Plastizierung der Schienennähte unter Gebrauchslasten zu verhindern, ist im GZG (Sicherstellung elastischen Verhaltens) ohne Unterstellung eines Druckkontakts nachzuweisen, dass die Nahtspannungen die Fließgrenze nicht übersteigen [3-6/7.5].
- Falls die Schiene bei der Anschweißung angepresst wird, wie das beispielhaft in Abb. 16.9 dargestellt ist, kann im GZT angenommen werden, dass die vertikalen Radlasten über Druckkontakt übertragen werden.
- Die Schienenschweißnahtspannungen im GZT aus horizontalen Radlasten sind wie in Abschnitt 16.3.3 dargestellt nachzuweisen.

Schadensfall an fehlerhaft berechneter und ausgeführter Schienenschweißnaht

Abb. 16.10 zeigt eine gerissene Schienenschweißnaht im Querschnitt und Ansicht. Der Riss war entstanden, weil die Nahtdicke $a_w = 8$ mm unter Berücksichtigung eines Druckkontakts Schiene/Obergurt bemessen worden war (Fehler 1). Ohne eine Annahme des Kontakts hätte sich $a_w = 12$ mm ergeben. In Abb.16.10 ist erkennbar, dass an der Stelle der gerissenen Schweißnaht kein Kontakt zwischen Schiene und Obergurt bestand. Selbst die so zu gering bemessene Schweißnahtdicke wurde fehlerhafterweise bei der Fertigung an einigen Stellen nicht erreicht. An manchen Orten konnten nur $a_w = 4$ mm gemessen werden (Fehler 2). Erschwerend führte die

Abb. 16.10: Kein Kontakt zwischen Schiene und Oberflansch: Kehlnaht gerissen

bei der Größe des Schienenquerschnitts (8 x 8 cm^2) erforderliche, aber unterbliebene Vorwärmung der Schiene zu Aufhärtungen im Schweißnahtbereich, die das Entstehen des Risses weiter begünstigt haben (Fehler 3). Die Risse in der Schienenkehlnaht waren eine schon nach weniger als einem Betriebsjahr auftretende, unvermeidliche Folge der drei beschriebenen Fehler.

16.3.3 Berechnung und Nachweis der Spannungen in Schienenkehlnähten in GZT und GZG

Die folgenden Nachweise nach [3-6/8.5.2] sind unabhängig davon zu führen, ob der Schienenquerschnitt als Teil des längskrafttragenden Kanbahnquerschnitts berücksichtigt wurde oder nicht. Berechnungsbeispiele sind in den Abschnitten 17.7.3 und 17.9.3.2 enthalten.

16.3.3.1 GZT, GZG, zentrisch angreifende Radlasten, durchlaufende Naht

Für die Nachweise im GZT und GZG dürfen die Radlasten zentrisch angenommen werden, siehe Abs. 8.1.1. Die Lastübertragung ist regelmäßig nur über die Nähte und nicht über einen Druckkontakt Schiene/Flansch anzunehmen, siehe oben. Die Länge der Lasteinleitung auf Höhe der Oberflanschunterkante wird als l_{eff} bezeichnet, ihre Berechnung ist in Abschnitt 12.2.1 beschrieben. Von der Flanschunterkante aus verteilt sich die Last unter 45°. Die kürzere Lasteinleitungslänge an der Oberkante des Oberflanschs ergibt sich daher zu $l = l_{\text{eff}} - 2 \cdot t_{\text{f}}$.

Kritische Anmerkung zur Berechnung der Lasteinleitungslänge l_{eff}

Die Berechnung von l_{eff} nach [3-6/Tab.6.2] (siehe oben, Tab. 12.2) und ihre Anwendung auf die Schienenschweißnaht ist inhaltlich fragwürdig. Denn die Formeln geben die Lasteinleitungsbreite unterhalb des Oberflansches an und basieren auf der Berücksichtigung der Steifigkeit des Obergurtes, die aber keinen Einfluss auf die Lasteinleitungsbreite in der oberhalb des Flansches liegenden Schienenschweißnaht haben kann. In [Eul17], Bild 7.3b wird gezeigt, dass die so berechneten Lasteinleitungsbreiten deshalb größer sind als der messbare Wert. Die mit den Lasteinleitungslängen nach [3-6/Tab.6.2] berechneten Lasteinleitungsspannungen sind geringer als tatsächlich vorhanden. Euler gibt in [EK18], S. 1112 an, dass die Annahme eines Lastausbreitungswinkels von 45° ausgehend von einem Lasteinleitungspunkt an der Schienenoberfläche eine auf der sicheren Seite liegende Annahme darstellt.

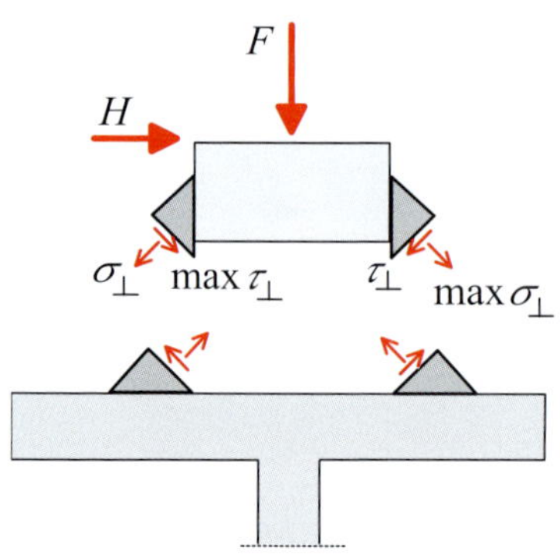

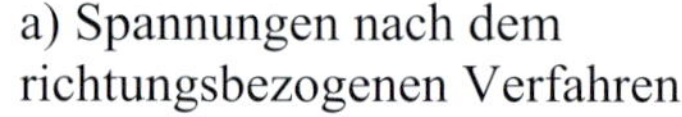

a) Spannungen nach dem richtungsbezogenen Verfahren

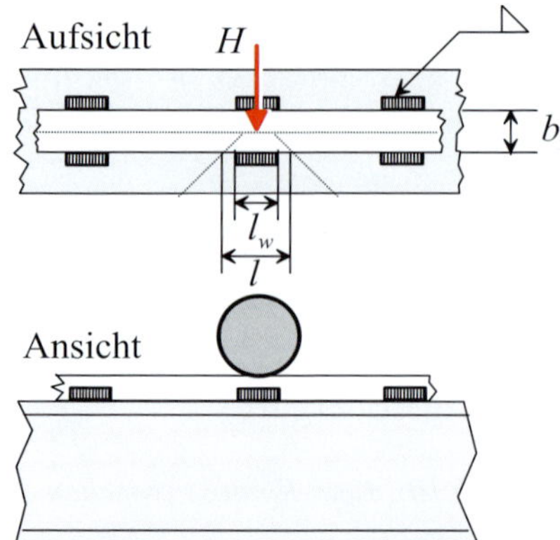

b) Abtragung der Horizontallasten über eine unterbrochene Kehlnaht

Abb. 16.11: Spannungen in Schienenkehlnähten im GZT und GZG

Berechnung der Spannungen nach dem richtungsbezogenen Verfahren

Die Spannungen in den winkelhalbierenden Flächen einer Kehlnaht (Abb. 16.11 a) infolge mittig wirkender Radlasten H und F ergeben sich mit der Kehlnahtdicke a_w zu:

$$\max \sigma_{\perp,\mathrm{Ed}} = \frac{F_{z,\mathrm{Ed}} + H_{\mathrm{Ed}}}{2 \cdot \sqrt{2} \cdot a_w \cdot l} \quad \text{gegenüberliegende Naht } \sigma_{\perp,\mathrm{Ed}} = \frac{F_{z,\mathrm{Ed}} - H_{\mathrm{Ed}}}{2 \cdot \sqrt{2} \cdot a_w \cdot l} \qquad (16.1)$$

$$\max \tau_{\perp,\mathrm{Ed}} = \frac{F_{z,\mathrm{Ed}} + H_{\mathrm{Ed}}}{2 \cdot \sqrt{2} \cdot a_w \cdot l} \quad \text{gegenüberliegende Naht } \tau_{\perp,\mathrm{Ed}} = \frac{F_{z,\mathrm{Ed}} - H_{\mathrm{Ed}}}{2 \cdot \sqrt{2} \cdot a_w \cdot l} \qquad (16.2)$$

Der Vergleichswert beträgt (mit $\tau_\parallel$ Querkraftschub):

$$\max \sigma_{v,w,\mathrm{Ed}} = \sqrt{\sigma_\perp^2 + 3 \cdot \max \tau_\perp^2 + 3 \cdot \tau_\parallel^2} \qquad (16.3)$$

Der Widerstand beträgt mit β_w und f_u gemäß Tab. 16.2 und $\gamma_{M2} = 1,25$

$$\sigma_{v,w,\mathrm{Rd}} = \frac{f_u}{\beta_w \cdot \gamma_{M2}} \qquad (16.4)$$

Der Nachweis lautet nach [3-1-8/4.5]:

$$\frac{\max \sigma_{v,w,\mathrm{Ed}}}{\sigma_{v,w,\mathrm{Rd}}} \leq 1,0 \quad \text{und} \quad \max \sigma_{\perp,\mathrm{Ed}} \leq \frac{0,9 \cdot f_u}{\gamma_{M2}} \qquad (16.5)$$

16.3.3.2 GZT, GZG, zentrisch angreifende Radlasten, unterbrochene Naht

Für die Größe der Schweißnahtspannungen aus vertikalen Radlasten ist es unerheblich, ob die Kehlnähte unterbrochen oder durchlaufend geschweißt sind. Denn für Nahtabschnittslängen l_w kleiner als die Lastausbreitungslänge $l = l_{\mathrm{eff}} - 2 \cdot t_f$ wird angenommen, dass in dem außerhalb des Nahtabschnitts liegenden Lastausbreitungsbereich die anteiligen Lasten über Kontakt Schiene/Oberflansch abgetragen werden, siehe Abs. 16.3.2.

Tab. 16.2: Korrelationsbeiwerte β_w und Zugfestigkeit f_u

Stahlsorte	Korrelationsbeiwert β_w nach [3-1-8/Tab 4.1] und [3-1-8NA/2.2.(2)]	f_u in N/mm^2 für Blechdicken $t \leq 40$ mm nach [3-1-1/Tab 3.1]
S 235	0,8	360
S 275	0,85	430
S 355	0,9	490
S 420	0,88	520
S 460	0,85	540

Die Horizontallasten sind über die Kehlnahtabschnitte abzutragen, denn Reibung zwischen Schiene und Oberflansch zur Übertragung der Horizontallasten wird auf der sicheren Seite liegend nicht berücksichtigt. Bei gegenüberliegender Anordnung der Schweißnahtabschnitte können zwei Abschnitte zur Lastabtragung herangezogen werden. Bei versetzter Anordnung der Abschnitte muss ein einzelner Abschnitt die horizontalen Radlasten übernehmen können. Falls der Kehlnahtabschnitt (Länge: l_w) kürzer ist als die Lastausbreitungslänge $l = l_{eff} - 2 \cdot t_f$, so ist die Länge l_w maßgebend, siehe Abb. 16.11 b: Die Spannungen aus den Horizontalkräften werden auf das Minimum $\{l; l_w\}$ bezogen.

Damit ergibt sich bei gleichlaufender Nahtabschnittsanordnung (siehe oben Abb. 16.6):

$$\max \sigma_{\perp,Ed} = \frac{F_{z,Ed}}{2 \cdot \sqrt{2} \cdot a_w \cdot l} + \frac{H_{Ed}}{2 \cdot \sqrt{2} \cdot a_w \cdot \min\{l; l_w\}} \quad \text{und} \tag{16.6}$$

$$\text{zugehörig } \tau_{\perp,Ed} = \frac{F_{z,Ed}}{2 \cdot \sqrt{2} \cdot a_w \cdot l} - \frac{H_{Ed}}{2 \cdot \sqrt{2} \cdot a_w \cdot \min\{l; l_w\}} \tag{16.7}$$

$$\max \tau_{\perp,Ed} = \frac{F_{z,Ed}}{2 \cdot \sqrt{2} \cdot a_w \cdot l} + \frac{H_{Ed}}{2 \cdot \sqrt{2} \cdot a_w \cdot \min\{l; l_w\}} \tag{16.8}$$

$$\text{zugehörig } \sigma_{\perp,Ed} = \frac{F_{z,Ed}}{2 \cdot \sqrt{2} \cdot a_w \cdot l} - \frac{H_{Ed}}{2 \cdot \sqrt{2} \cdot a_w \cdot \min\{l; l_w\}} \tag{16.9}$$

Bei versetzter Nahtabschnittsanordnung (siehe oben Abb. 16.6) sind die Horizontallasten durch einen einzigen Nahtabschnitt aufzunehmen. Daher entfällt der zu H_{Ed} gehörige Divisor 2 und es ist nachzuweisen:

$$\max \sigma_{\perp,Ed} = \frac{F_{z,Ed}}{2 \cdot \sqrt{2} \cdot a_w \cdot l} + \frac{H_{Ed}}{\sqrt{2} \cdot a_w \cdot \min\{l; l_w\}} \quad \text{und} \tag{16.10}$$

$$\text{zugehörig } \tau_{\perp,Ed} = \frac{F_{z,Ed}}{2 \cdot \sqrt{2} \cdot a_w \cdot l} - \frac{H_{Ed}}{\sqrt{2} \cdot a_w \cdot \min\{l; l_w\}} \tag{16.11}$$

$$\max \tau_{\perp,Ed} = \max \sigma_{\perp,Ed} = \frac{F_{z,Ed}}{2 \cdot \sqrt{2} \cdot a_w \cdot l} + \frac{H_{Ed}}{\sqrt{2} \cdot a_w \cdot \min\{l; l_w\}} \tag{16.12}$$

$$\text{zugehörig } \sigma_{\perp,Ed} = \frac{F_{z,Ed}}{2 \cdot \sqrt{2} \cdot a_w \cdot l} - \frac{H_{Ed}}{\sqrt{2} \cdot a_w \cdot \min\{l; l_w\}} \tag{16.13}$$

Beispiel: Nachweis einer Schienenschweißnaht im GZT

Aufgabenstellung siehe Abs. 17.1, Berechnungen siehe Abs. 17.7.3.

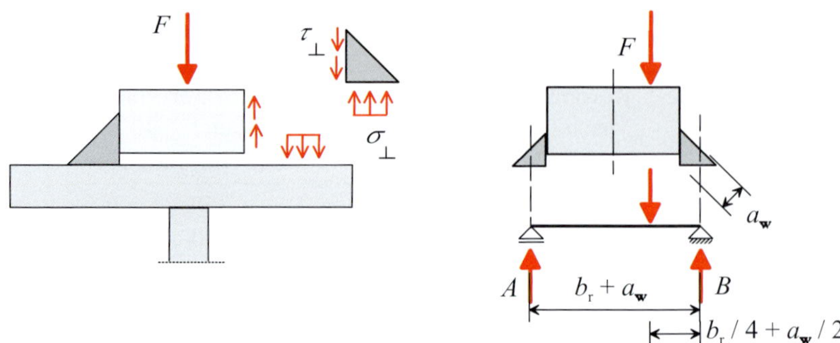

Abb. 16.12: Schweißnahtspannungen für den Ermüdungsnachweis $\sigma_\perp$ und $\tau_\perp$ (links); durch die Schienenkehlnähte zu übertragende Kräfte bei exzentrischen Radlasten (rechts)

16.3.4 Ermüdungsnachweis von Schienenschweißnähten

Im Folgenden geht es um die Ermüdungsnachweise für durchlaufende und unterbrochene Schienenkehlnähte. Beide Nachweise unterscheiden sich wegen der unterschiedlichen Kerbfälle.

Berechnung der Ermüdungsspannungen aus Lasteinleitung in Schienenschweißnähten

Die Spannungen für den Ermüdungsnachweis sind – anders als bei Nachweisen im GZT – auf die Winkelschenkel der Nähte bezogen zu berechnen und nachzuweisen [3-1-9/5], siehe Abb. 16.12. Mit $l = l_{\text{eff}} - 2 \cdot t_{\text{f}}$ (siehe Abs. 12.2.1) ergeben sich für mittige Lasteinwirkung die Lasteinleitungsspannungen zu:

$$\tau_{\perp\text{oxz}} = \sigma_{\perp\text{oz}} = \frac{F_{\text{z}}/2}{l \cdot a_{\text{w}}} \text{ und } \tau_{\|\text{oxz}} = 0,2 \cdot \sigma_{\perp\text{oz}} \tag{16.14}$$

Wenn die Radlast in Gl. 16.14 nicht zentrisch eingeleitet wird (BK S_0 – S_2), sondern exzentrisch (BK S_3 – S_9), dann muss der Ausdruck $(F_z/2)$ durch B ersetzt werden. Die von einer Schweißnaht maximal zu übertragende Kraft B (siehe Abb. 16.12 rechts) ergibt sich bei einer Exzentrizität von einem Viertel der Schienenkopfbreite b_{r} zu:

$$B = F_{\text{z}} \cdot \frac{0,75 \cdot b_{\text{r}} + a_{\text{w}}/2}{b_{\text{r}} + a_{\text{w}}} \tag{16.15}$$

Bei unterbrochen geschweißten Schienenkehlnähten ändert sich die Berechnung nicht, siehe Abs. 16.3.3.2.

Berechnung der Ermüdungsspannungen aus globaler Biegung in Schienenschweißnähten

Die Biegenormalspannungen und die Biegeschubspannungen werden mit den Formeln der Technischen Mechanik berechnet. Die Biegeschubspannungen sind im Rahmen der Ermüdungsrechnung auch dann zu berücksichtigen, wenn die Schiene als statisch nicht mitwirkend betrachtet wird, da die Nähte infolge des Schubs unabhängig von der Annahme der statischen Mitwirkung der Schiene ermüden. Bei der Berechnung von Schubspannungen aus $\tau_\| = (V_{\text{z}} \cdot S_{\text{y}})/(I_{\text{y}} \cdot 2 \cdot a_{\text{w}})$ ist zu beachten:

- Als I_y kann das Trägheitsmoment des kombinierten Querschnitts (Kranbahnträger plus Schiene) angesetzt werden.
- Das statische Moment S_z ergibt sich aus der Schienenfläche multipliziert mit dem Abstand vom Schienenschwerpunkt zum Gesamtschwerpunkt des Kranbahnträgerquerschnitts.
- Bei unterbrochenen Nähten sind die Werte für die Schubspannungen, die sich für durchlaufende Nähte ergeben, entsprechend Abb. 16.6 mit dem Verhältnis $(l_w + l_2)/l_w$ (gleichlaufende Anordnung) bzw. $2 \cdot (l_w + l_2)/l_w$ (versetzte Anordnung) zu vergrößern.

Berechnung der Spannungsspiele für den Ermüdungsnachweis

Es ergeben sich folgende Spannungsspiele in der Schweißnaht, siehe Abs. 15.4.2 und 15.4.5:

$$\Delta\sigma_\perp = \sigma_{\perp oz} \tag{16.16}$$

Globale und lokale Schubspannungen werden bei der Ermittlung der Spannungsspiele addiert. Wie die Überlegungen in Abs. 15.4.5 zeigen, führt die Kranüberfahrt eines zweiachsigen Kranes zu zwei Schubspannungsspielen.

$$\Delta\tau_{\perp,1} = 2 \cdot \tau_{\|oxz} + \Delta\tau_{\|xz,global,1} \qquad \Delta\tau_{\perp,2} = 2 \cdot \tau_{\|oxz} + \Delta\tau_{\|xz,global,2} \tag{16.17}$$

Um beide Spannungsspiele zu berücksichtigen, ist eine der beiden am Ende des Abschnitts 15.4.5 genannten Optionen zu wählen. Hat der Kran mehr als zwei Achsen, können sich weitere Spannungsspiele ergeben.

Zwar nicht für die Schweißnaht, wohl aber für die Schiene und den Flansch im Bereich der Schweißnaht ist das Normalspannungsspiel $\Delta\sigma_x$ aus den globalen Biegespannungen ermüdungsrelevant.

Ermüdungsnachweis für eine durchgehende oder unterbrochene Schienenschweißnaht

Für eine Kranbahn, die von einem zweiachsigen Kran überfahren wird, wird die Schienenschweißnaht unter Berücksichtigung ihrer Kerbfälle $\Delta\sigma_C$ über ihre Schädigungssumme analog zu Abs. 15.4.6 nachgewiesen:

$$D = \left(\frac{\gamma_{Ff} \cdot \lambda_\sigma \cdot \Delta\sigma_\perp}{\Delta\sigma_C/\gamma_{Mf}}\right)^3 + \left(\frac{\gamma_{Ff} \cdot \lambda_\tau \cdot \Delta\tau_{\perp,1}}{\Delta\tau_C/\gamma_{Mf}}\right)^5 + \left(\frac{\gamma_{Ff} \cdot \lambda_\tau \cdot \Delta\tau_{\perp,2}}{\Delta\tau_C/\gamma_{Mf}}\right)^5 \leq 1{,}0 \tag{16.18}$$

Bei mehr als zwei Achsen ist die Gleichung entsprechend anzupassen.

Der schadensäquivalente Beiwert λ_σ für die Normalspannungen aus Lasteinleitung ist dabei in Abhängigkeit von der Achszahl des Krans entsprechend Abs. 15.4.5 mit der erhöhten Beanspruchungsklasse (bei 2 Achsen: Erhöhung um eine Stufe) zu berechnen, um die beiden gleich großen Spannungsspiele zu berücksichtigen.

Der schadensäquivalente Beiwert λ_τ ergibt sich aus der BK des Krans ohne Erhöhung. Die verschiedenen Spannungsspiele infolge einer Überfahrt werden aus dem überlagerten Spannungsverlauf aus globalen Biegeschubspannungen und Lasteinleitungsschubspannungen bestimmt und im Nachweis getrennt berücksichtigt. In Gl. 16.18 sind bereits die beiden Spannungsspiele nach Abb. 15.31 enthalten, die sich bei einem zweiachsigen Kran ergeben. Bei mehr als 2 Achsen können weitere Spannungsspiele dazukommen. Wenn die kleineren Spannungsspiele $\Delta\tau_{\perp,2}$ usw.

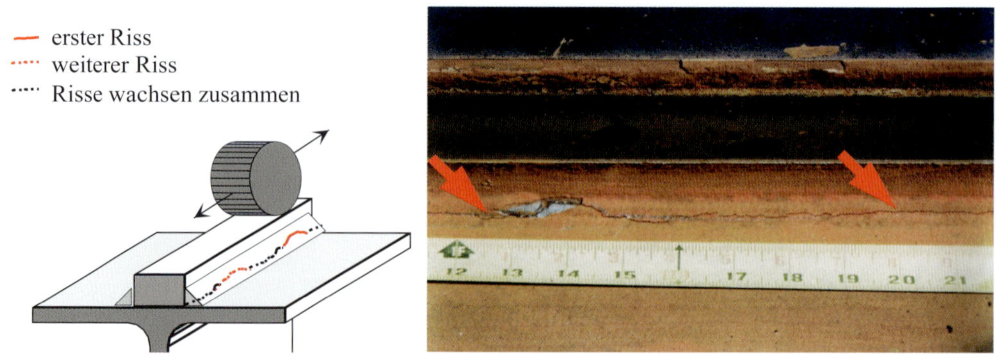

Abb. 16.13: Links: Riss in durchlaufender Schienenschweißnaht infolge Überfahrung; rechts: Schadensfall mit gerissener Schienenschweißnaht

nicht berechnet wurden, lässt sich der Nachweis auch alleine mit $\Delta\tau_{\perp,1}$ führen, indem wie bei den Normalspannungen aus Lasteinleitung die BK entsprechend erhöht wird.

Die Schädigungen aus weiteren Kranen, die die Kranbahn befahren, sind zusätzlich zu berücksichtigen.

Die Normalspannungen aus globaler Biegung dürfen für den Ermüdungsnachweis der Schweißnaht nach [3-1-9/5(6)] unberücksichtigt bleiben.

Ermüdungsnachweis für den Oberflansch im Bereich der Schienenschweißnaht

Das Normalspannungsspiel $\Delta\sigma_x$ ist nach Gl. 15.16 nachzuweisen.

Beispiel: Ermüdungsnachweis einer Schienenschweißnaht

Aufgabenstellung siehe Abschnitt 17.1, Berechnungen siehe Abschnitt 17.9.3.2.

16.3.5 Versagen ermüdungsbeanspruchter Schienenschweißnähte

Die Frage der Ermüdungssicherheit von Kranbahnträgern mit aufgeschweißten Flachstahlschienen im Hinblick auf die Radlasteinleitung wurde in [KE08], [Eul17] und [EK18] untersucht. Es wurden u.a. Überrollversuche ausgeführt, aus deren Ergebnissen die Schadensbilder und -ursachen abgeleitet werden können. Die Schadensbilder, die sich bei Überrollversuchen ergeben haben, unterscheiden sich grundlegend von denen aus Versuchen mit ortsfesten, schwellenden Lasten. Die ertragbare Lastspielzahl bis zum Versagen wird bei Versuchen mit ortsfester Last gegenüber den ertragbaren Lastspielen bei Überrollversuchen überschätzt. Ergebnisse aus Versuchen mit ortsfesten Lasten sind deshalb kaum geeignet, Aussagen über die Ermüdungsfestigkeit von Schienenschweißnähten (und Steghalsnähten) zu treffen.

Versagen durchlaufender Schienenschweißnähte nach [EK18]

Abb. 16.13 zeigt einen infolge der Spannungen aus Radlasteinleitung (Normalspannungen und Schubspannungen) entstandenen Riss. An verschiedenen, nicht vorhersagbaren Stellen entstehen und wachsen solche Risse und vereinen sich schließlich zu einer Bruchfläche. Diese Bruch-

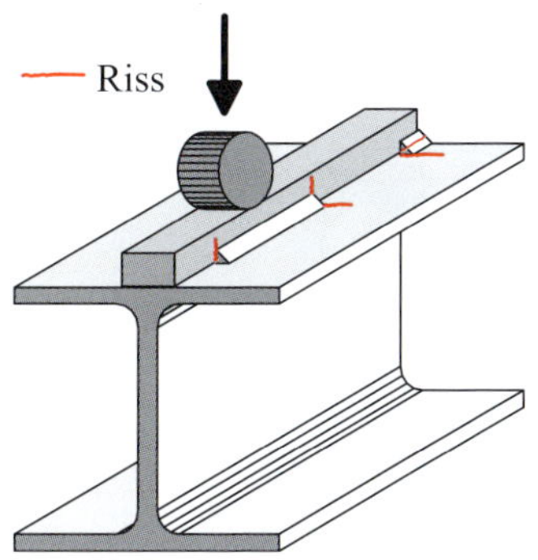

Abb. 16.14: Versagen einer unterbrochenen Schienenkehlnaht: Zu erwartende Risse in Schiene und Oberflansch (links); Schienenbruch am Ende eines Nahtabschnitts (nach [KE08]) (rechts)

fläche verläuft längs der Kehlnaht. Die von Euler durchgeführten Überrollversuche ([EK18], S. 1109) zeigten, dass die Schubbeanspruchung die Haupteinflussgröße der Schädigung ist.

Versagen von Obergurt oder Schiene bei unterbrochenen Schienenschweißnähten

Das Versagen von unterbrochenen Schienenschweißnähten ist noch nicht ausreichend erforscht. Allerdings wird derzeit (2020) an der Universität Stuttgart ein Forschungsvorhaben durchgeführt, um diesem Mangel abzuhelfen. Die nachstehenden Ergebnisse sind aus Versuchen mit ortsfesten Lasten gewonnen worden, siehe [KE08].

Das Ende eines Nahtabschnitts stellt besonders im Hinblick auf die Normalspannungen aus globaler Biegung im Obergurt und ggf. in der Schiene eine starke Kerbe dar, von der Ermüdungsrisse in die Schiene und/oder in den Oberflansch ausgehen können, siehe Abb. 16.14.

- Biegespannungen σ_x sorgen an den Nahtenden zunächst dafür, dass von dort aus ein quer zur Trägerachse verlaufender Riss in Schiene und/oder Flansch hineinläuft (Abb. 16.14).
- Später haben sich auch Risse längs der Nahtachse ergeben.

In [War08] werden Radlasteinleitungsprobleme für Halsnähte und Schienenkehlnähte diskutiert, aufbauend auf Schadensereignissen und daraus resultierenden Versuchen, die damals in der DDR durchgeführt wurden.

16.4 Steghalsnähte

16.4.1 Berechnungsgrundlagen

Wahl der Schweißnahtart

Die obere Steghalsnaht eines oben befahrenen Kranbahnträgers wird durch Radlasteinleitung beansprucht. Sie sollte aus Gründen der Ermüdungssicherheit als durchgeschweißte Stumpfnaht (z. B. DHV-Naht, K-Naht) ausgeführt werden (Abb. 16.15 b).

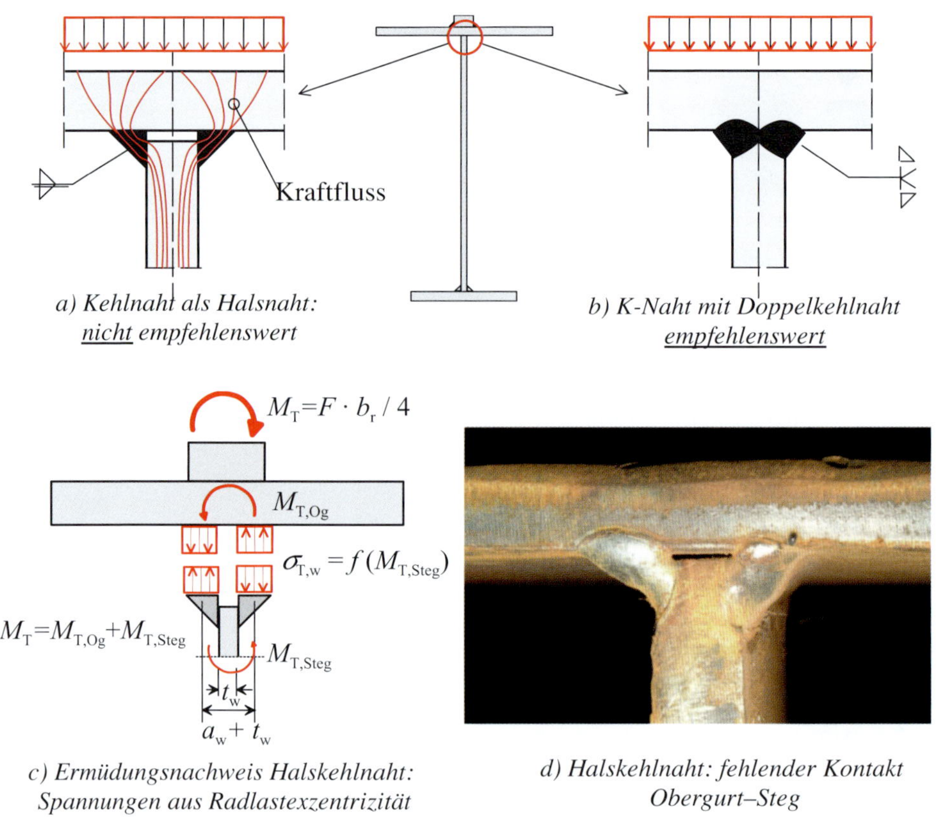

Abb. 16.15: Obere Halsnähte: Nahtarten, fehlender Kontakt Obergurt–Steg und Spannungen

Es ist jedoch nicht verboten, Flansch und Steg mit einer Doppelkehlnaht (mit oder ohne tiefen Einbrand) zu verbinden, wenn eine ausreichende Ermüdungssicherheit nachgewiesen werden kann (Abb. 16.15 a,c,d). Als untere Steghalsnaht eines oben befahrenen Kranbahnträgers ist meist eine durchlaufende Doppelkehlnaht ausreichend. Nur dann, wenn an einem Auflager keine Quersteife eingebaut ist (siehe oben Abb. 4.26) und deswegen auch die untere Halskehlnaht durch Lasteinleitung aus dem Auflager beansprucht wird, sollte sie wie die oberen Halskehlnähte als durchgeschweißte Stumpfnaht geplant werden.

Durchlaufende oder unterbrochene Schweißnähte?

Bei Kranbahnträgern dürfen für Steg-Flansch-Verbindungen keine unterbrochene Kehlnähte verwendet werden, wenn die Schweißnähte durch lokale Spannungen infolge Radlasten beansprucht werden [3-6/8.2(3)].

Die untere Halskehlnaht, die Untergurt und Steg verbindet, ist zwar bei Kranbahnen für Brückenlaufkrane nicht durch Radlasten beansprucht, es wird aber dennoch aus Gründen der Ermüdungssicherheit empfohlen, die Naht durchgehend zu schweißen.

Kontakt Obergurt/Steg nicht berücksichtigen

Bei einem völlig plan auf dem Steg aufliegenden Oberflansch würden Radlasten über den Druckkontakt in den Steg des Kranbahnträgers weitergeleitet. Tatsächlich lässt sich aber nicht sicherstellen, dass bei nicht durchgeschweißten Nähten keine Lücke zwischen dem Obergurtblech und dem Steg besteht. In den 1970er Jahren wurden meterlange Ermüdungsrisse in geschweißten Gurt-Steg-Verbindungen bei nach DIN 120 entworfenen Kranen und Kranbahnen beobachtet, die unter der Annahme von entlastendem Druckkontakt bemessen worden waren. Als Folge dieser Schadensfälle wurde dann erstmalig in DIN 4132, Kap. 4.1.2 die Regel eingeführt, für die Halskehlnaht am oberen Stegrand alle Druck- und Schubkräfte allein den Schweißnähten zuzuweisen: „Für Halskehlnähte darf eine Kontaktwirkung zwischen Gurt und Steg nicht in Rechnung gestellt werden.“

Nach Eurocode gilt: Wenn radlastbeanspruchte Halsnähte nicht durchgeschweißt werden (z.B. Kehlnähte), darf beim Ermüdungsnachweis nach [3-6/9.3.3(1)] kein Kontakt zwischen Steg und Obergurt unterstellt werden. Abb. 16.15 d zeigt beispielhaft, dass diese Regel sinnvoll ist: die klaffende Lücke zwischen Steg und Obergurt ist unübersehbar. Die Radlasten müssen rechnerisch den Weg über die Kehlnaht in den Steg nehmen, was nicht zuletzt aus Gründen der Ermüdung sehr ungünstig ist (Kerbfall 36* für die Spannungen $\Delta\sigma_{oz}$ aus Lasteinleitung [3-1-9/Tab.8.10]).

Die Anwendung dieser Regel ist nicht nur für den Ermüdungsnachweis sinnvoll, sondern auch für die Nachweise im GZT und GZG.

16.4.2 Nachweise der Halskehlnähte

Nachweis der oberen Halsnaht als Doppelkehlnaht

Wird als obere Halsnaht eine Doppelkehlnaht geplant (was aus Gründen der Ermüdung nicht empfehlenswert ist), so sind die Lasteinleitungsspannungen wie folgt nachzuweisen:

- Beanspruchung der Halskehlnaht durch zentrisch angreifende, vertikale Radlasten:
  - Nachweise im GZT: Berechnung und Nachweis analog wie in Abschnitt 16.3.3.1 für Schienenkehlnähte beschrieben; mit $l = l_{\text{eff}}$.
  - Ermüdungsnachweis: Berechnung und Nachweis analog wie in Abschnitt 16.3.4 für Schienenkehlnähte beschrieben; mit $l = l_{\text{eff}}$.
  - l_{eff} Lasteinleitungslänge nach Abschnitt 12.2.1.
- Beanspruchung der Halskehlnaht durch eine exzentrische Radlast (Ermüdungssicherheitsnachweis ab BK S_3):
  - $M_{\text{T,Steg}}$ sei der Anteil von $M_{\text{T}} = F \cdot b_{\text{r}}/4$, der als Biegemoment vom Steg übernommen wird. Der restliche Anteil wird als Torsionsmoment $M_{\text{T,Og}}$ vom Obergurt aufgenommen.
  - Berechnung der Stegbiegespannungen $\sigma_{\text{T,Steg}}$ nach Abschnitt 12.3, aus denen das vom Steg auszunehmende Biegemoment zurückgerechnet werden kann:

$$M_{\text{T,Steg}} = \sigma_{\text{T,Steg}} \cdot W = \sigma_{\text{T}} \cdot \frac{t_{\text{w}}^2 \cdot l_{\text{eff}}}{6} \qquad (16.19)$$

mit t_{w} Stegdicke; a_{w} Kehlnahtdicke

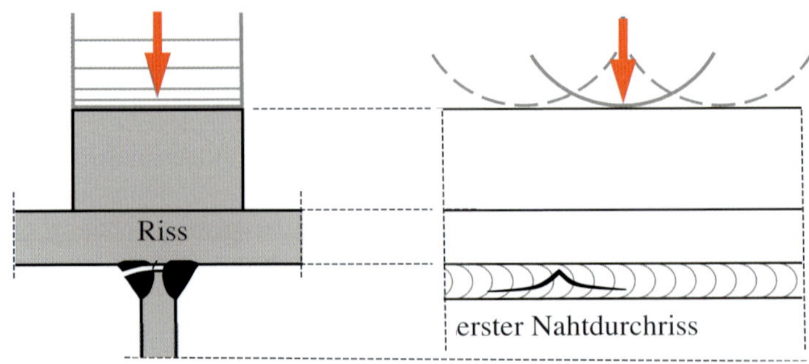

Abb. 16.16: Versagen der oberen Halsnaht bei überrollender Radlast nach [Eul17]

- Die Spannung aus der Stegbiegung in der Kehlnaht beträgt dann unter Annahme einer gleichmäßigen Spannungsverteilung wie in Abb. 16.15 rechts dargestellt:

$$\sigma_{\mathrm{T,w}} = \frac{M_{\mathrm{Steg}}}{(t_{\mathrm{w}} + a_{\mathrm{w}}) \cdot a_{\mathrm{w}} \cdot l_{\mathrm{eff}}} \tag{16.20}$$

Nachweis der oberen Halsnaht als durchgeschweißte Naht

- Spannungsberechnungen und Nachweise im GZT erfolgen wie im Stahlbau üblich nach [3-1-8/4].
- Bei den Radlastspannungen für den Ermüdungsnachweis ab BK S_3 sind zusätzlich die Spannungen aus Stegbiegung (Abschnitt 12.3) zu berücksichtigen.

Nachweis der unteren Halsnaht als Doppelkehlnaht oder als durchgeschweißte Naht

- Spannungsberechnungen und Nachweise im GZT erfolgen wie im Stahlbau üblich nach [3-1-8/4].
- Untere Halsnähte an einem quersteifenlosen Auflager (siehe oben Abb. 4.26) sind auf Lasteinleitung nachzuweisen.

16.4.3 Ermüdungsversagen von Halskehlnähten

An der Universität Stuttgart wurden umfangreiche und systematische Versuche mit ortsfesten, schwellenden Radlasten und mit überrollenden Radlasten gemacht, siehe [Eul17], [KHE$^+$15b], [KHE$^+$15a], [EK17].

Zunächst konnte wie schon bei den Schienenkehlnähten gezeigt werden, dass sich die Schadensbilder deutlich unterscheiden, je nachdem, ob die Radlast ortsfest schwellend war oder überrollend. Die ertragbare Lastwechselzahl betrug bei den realitätsnahen Überrollversuchen nur etwa 1/10 der möglichen Lastwechsel bei ortsfester Last.

Bei den Überrollversuchen traten die Risse wie in Abb. 16.16 dargestellt an einer nicht vorhersagbaren Stelle der Überrollung auf.

Die nachweisbaren Ermüdungsfestigkeiten lagen deutlich oberhalb der in [3-1-9,Tab 8.10], Details 3 und 4 anzusetzenden Werten ($\Delta\sigma_{\mathrm{C}} = 36$ N/mm^2), siehe oben Abs. 15.3.6.4

17 Beispielrechnung Kranbahn

17.1 Aufgabenstellung

Die folgende Kranbahn ist nachzuweisen:

- Vorgaben des Bauherrn:
  - 1 Kranbrücke mit Hublast 16 t; Hakenbetrieb
  - Hubklasse HC2, Beanspruchungsklasse S_2
  - Abstand Kranbahnachsen (Spurmittenmaß): $s = 20$ m; Länge der Kranbahn: 60 m
  - Lebensdauer des Krans 25 Jahre, maximal 3 Inspektionsintervalle
- Daten des einzubauenden Krans, vom Kranhersteller angegeben:
  - Vertikale Radlasten: $Q_{\text{h}} = 77$ kN (inf. Hublast, Index h)
    $Q_{\text{c}} = 23$ kN (inf. Eigengewicht des Krans, Index c)
  - Horizontale Radlasten: Spurführungskraft $H_1 = (S - H_{\text{S}}) = 25$ kN; $H_2 = 0$
    Lasten aus Beschleunigen/Bremsen: $H_1 = -H_2 = H_{\text{T}} = 15$ kN
  - Kran-Fahrgeschwindigkeit $v = 40$ m/min
  - Hubgeschwindigkeit: 5 m/min
  - Radstand $a = 3,6$ m
  - Seitenführung über Spurkränze
  - Kranfahrwerksystem IFF
- Aus der Vordimensionierung des Tragwerksplaners (u.a. mit Tab. 9.7) hat sich ergeben:
  - 5 zweifeldrige Kranbahnen, Spannweite 6 m (Abb. 17.1)
  - Querschnitt HEB 300, S 355
  - Flachstahlschiene 6 cm $\times$ 4 cm (neu) bzw. 6 cm $\times$ 3 cm (abgenutzt)
  - Schienenschweißnaht: automatengeschweißt, mit Ansatzstellen, $a_{\text{w}} = 5$ mm
  - Charakteristisches Eigengewicht der Kranbahn mit Schiene $g = 1,4$ kN/m

17.2 Lastannahmen und Einstufungen

- Schwingbeiwerte nach Tab. 8.5
  $\varphi_1 = 1,1$
  $\varphi_3 = \varphi_4 = 1,0$
  $\varphi_5 = 1,5$ (System mit stetiger Veränderung der Kräfte)
- Für diese Kranbahn sind die LG (Lastgruppen) 1 und 5 nach Tab. 8.2 maßgebend, siehe Abb. 17.1. Die LG 2 bis 4 und 6 bis 7 sind für das vorliegende Beispiel nicht relevant.

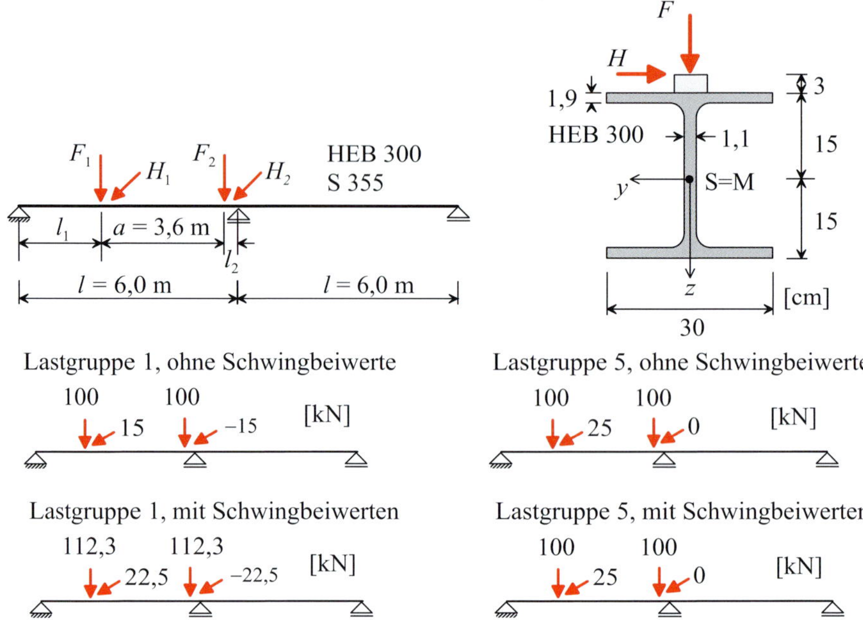

Abb. 17.1: Kranbahnträger samt charakteristische Lasten aus Kranbetrieb

- Charakteristische Werte der vertikalen Radlasten Lastgruppen 1 und 5:
  LG 1: $F = F_1 = F_2 = \varphi_1 \cdot Q_c + \varphi_2 \cdot Q_h = 1,1 \cdot 23 + 1,13 \cdot 77 = 112,3$ kN
  LG 5: $F = F_1 = F_2 = \varphi_4 \cdot Q_c + \varphi_4 \cdot Q_h = 1,0 \cdot 23 + 1,0 \cdot 77 = 100$ kN
- Charakteristische Werte der horizontalen Radlasten Lastgruppen 1 und 5:
  LG 1: $H_1 = -H_2 = \varphi_5 \cdot H_M = 1,5 \cdot 15 = 22,5$ kN
  LG 5: $H_1 = H_S = 25,0$ kN; $H_2 = 0$

17.3 Schnittgrößen

Die Schnittgrößenberechnung wird nach der in Abschnitt 10.3 erläuterten Methode als einfache Handrechnung ausgeführt. Tab. 17.1 enthält die Ergebnisse der Schnittgrößenberechnung.

- Bemessungsschnittgrößen EK 1 (1,35·Lastgruppe 1 + 1,35· Eigengewicht Kranbahn):
  - maximales vertikales Moment an der Stelle $x = 2,1$ m:
    $M_{y,Ed} = 1,35 \cdot (3,5 + 141,5) = 195,8$ kNm
    Auf der sicheren Seite liegend wurde das maximale Moment aus Eigengewicht an der Stelle $x = 2,28$ m berücksichtigt)
  - maximales horizontales Moment an der Stelle $x = 3,36$ m:
    $M_{z,Ed} = 1,35 \cdot 30,7 = 41,4$ kNm
    Auf der sicheren Seite liegend werden die maximalen Momente $M_{y,Ed}$ und $M_{z,Ed}$ kombiniert nachgewiesen, obwohl sie nicht an derselben Stelle auftreten.

Tab. 17.1: Charakteristische Schnittgrößen (zug. = zugehörig)

Last und Lastposition	**Lastgruppe 1 (LG 1) nach Tab. 8.2**	**LG 5 nach Tab. 8.2**	**Ermüdung LG 201**
Eigengewicht der Kranbahn, M_y	g = 1,4 kN/m a b c $M_y = 3,5$ kNm bei $x = 2,28$ m; $M_y = -6,3$ kNm am Mittelauflager	wie LG 1	wie LG 1
Gewicht der Kranbahn, V_z	$V_{z,a} = 3,1$ kN $V_{z,b,li} = -5,3$ kN $V_{z,b,re} = 5,3$ kN $V_{z,c} = -3,1$ kN	wie LG 1	wie LG 1
Vertikale Radlasten, Pos. max. Feldmoment $\max M_{y,F}$	112,3 kN 112,3 kN 2,1m 3,6m 0,3m 141,5 M_y [kNm] zug. $M_z = -25,8$ kNm bei $x = 2,1$ m	100 kN 100 kN 2,1m 3,6m 0,3m -60 126 M_y [kNm] zug. $M_z = 30,1$ kNm bei $x = 2,1$ m	$\max M_{y,F} =$ 133,8 kNm
Vertikale Radlasten, Pos. $\max V_z$	112,3 kN 112,3 kN 2,4m 3,6m $V_{z,b,li} = -166,6$ kN $V_{z,b,re} = 9,5$ kN	100 kN 100 kN 2,4m 3,6m $V_{z,b,li} = -148,3$ kN $V_{z,b,re} = 8,5$ kN	$V_{z,b,li} =$ - 157,4 kN
Horizontale Radlast, Pos. $\max M_z$	H aus Beschl./Bremsen 22,5 kN 22,5 kN 3,36m 2,64m 0,96m -22 30,7 M_z [kNm] zug. $M_{y1} = 106,4$ kNm $M_{yb} = -106,4$ kNm $M_{y2} = 1,2$ kNm	H aus Spurführungskräften 25,0 kN 2,58m 3,42m 6,0m -13,1 31,1 M_z [kNm] zug. $M_{y1} = 119,6$ kNm $M_{yb} = -63,9$ kNm $M_{y2} = -13,5$ kNm	
Horizontale Radlast, Pos. $\max V_y$	$V_y = H_M = -22,5$ kN (am Endauflager)	$V_y = (S - H_S) = -25$ kN (an einem der 3 Auflager)	
Vertikale Radlasten, Pos. max. Moment am Zwischenaufl. $\max M_{y,St}$	112,3 kN 112,3 kN 4,2m 1,8m 1,8m 4,2m M_y [kNm] -120,2 57,2 57,2 zug. $V_{z,b,re} = 98,6$ kN	100 kN 100 kN 4,2m 1,8m 1,8m 4,2m M_y [kNm] -107,1 51,1 51,1 zug. $V_{z,b,re} = 87,9$ kN	$\max M_{y,St} =$ $-113,7$ kNm

  - maximale vertikale Querkraft am Zwischenauflager:
    $V_{z,Ed} = 1,35 \cdot (-5,3 - 166,6) = -232,1$ kN
  - maximale horizontale Querkraft am Endauflager:
    $V_{y,Ed} = 1,35 \cdot (-22,5) = -30,4$ kN

- Bemessungsschnittgrößen EK 5 (1,35· Lastgruppe 5 + 1,35· Eigengewicht Kranbahn):
  - maximales vertikales Moment an der Stelle $x = 2,1$ m:
    $M_{y,Ed} = 1,35 \cdot (3,5 + 126) = 174,8$ kNm
  - maximales horizontales Moment an der Stelle $x = 2,58$ m:
    $M_{z,Ed} = 1,35 \cdot 31,1 = 42,0$ kNm
  - maximale vertikale Querkraft am Zwischenauflager:
    $V_{z,Ed} = 1,35 \cdot (-5,3 - 148,3 = -207,4$ kN
  - maximale horizontale Querkraft am Endauflager:
    $V_{y,Ed} = 1,35 \cdot (-25) = -33,8$ kN

17.4 Querschnittswerte und vollplastische Schnittgrößen

17.4.1 Allgemeine Querschnittswerte und Querschnittseinordnung

- HEB 300: $A = 149$ cm^2; $I_y = 25\,170$ cm^4; $I_z = 8560$ cm^4; $b_f = 30$ cm; $h = 30$ cm; $t_f = 1,9$ cm; $t_w = 1,1$ cm; $S_{y,max} = 934$ cm^3
- Widerstandsmomente (ohne Vorzeichen)
  - Flanschoberkante: $W_y = 1680$ cm^3
  - Oberflanschunterkante: $W_y = 25\,170/(15 - 1,9) = 1921$ cm^3
  - Übergang Walzradius – Steg: $W_y = 25\,170/(15 - 1,9 - 2,7) = 2420$ cm^3
- Statisches Moment am Übergang Walzradius – Steg $S_{y,r}$

$$S_{y,r} = S_{y,max} - t_w \frac{(h/2 - t_f - r)^2}{2} = 934 - 1,1 \frac{(15 - 1,9 - 2,7)^2}{2} = 874,5 \text{ cm}^3$$

- Der auf Biegung beanspruchte HEB 300 ist der QK 1 zuzuordnen, siehe Abs. 11.1 und [HS20b].

17.4.2 Querschnittswerte des Obergurts (Oberflansch + 1/5 Steg)

Obergurt siehe Abb. 17.2, grau angelegte Fläche.

- $A_{Og} = A_{Ug} = 30 \cdot 1,9 + 5,24 \cdot 1,1 = 62,8$ cm^2
- $I_{z,Og} = I_{z,Ug} = I_z/2 = 4280$ cm^4
- $i_{z,Og} = i_{z,Ug} = \sqrt{I_{z,Og}/A_{Og}} = \sqrt{4280/62,8} = 8,26$ cm
- $W_{z,Og,el} = W_{z,Ug,el} = W_{z,el}/2 = 286$ cm^3
- $W_{z,Og,pl} = W_{z,Ug,pl} = W_{z,pl}/2 = 435$ cm^3

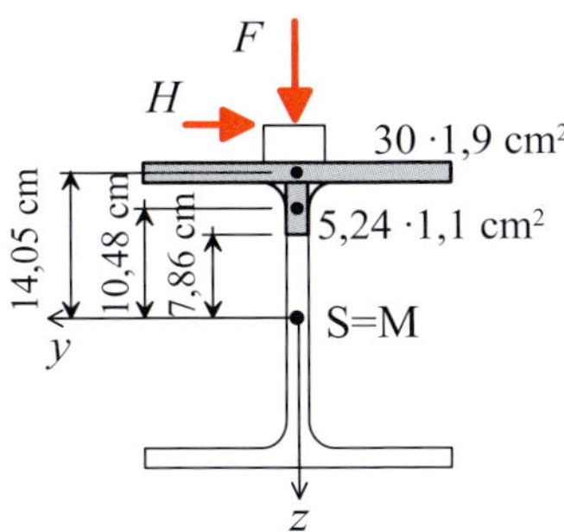

Abb. 17.2: Obergurt des Kranbahnträgers

17.4.3 Vollplastische Schnittgrößen HEB 300

...für $\gamma_{M0} = 1,0$

$$M_{pl,y,Rd} = \frac{W_{pl,y} \cdot f_y}{\gamma_{M0}} = \frac{1869 \cdot 35,5}{1,0} = 663,5 \text{ kNm}$$

$$M_{pl,z,Rd} = \frac{W_{pl,z} \cdot f_y}{\gamma_{M0}} = \frac{870 \cdot 35,5}{1,0} = 308,9 \text{ kNm}$$

$$M_{pl,w,Rd} = \frac{(h - t_f) \cdot b^2 \cdot t_f \cdot f_y}{4 \cdot \gamma_{M0}} = \frac{28,1 \cdot 30^2 \cdot 1,9 \cdot 35,5}{4 \cdot 1,0} = 42,6 \text{ kNm}^2 \text{ (siehe Abs.10.4.3)}$$

$$V_{pl,z,Rd} = \frac{A_v \cdot f_y}{\sqrt{3} \cdot \gamma_{M0}} = \frac{47,35 \cdot 35,5}{\sqrt{3} \cdot 1,0} = 970 \text{ kN; siehe Tab. 11.2 und [3-1-1/6.2.6]}$$

$$A_v = A - 2 \cdot b_f \cdot t_f + (t_w + 2 \cdot r) \cdot t_f = 149 - 2 \cdot 30 \cdot 1,9 + (1,1 + 2 \cdot 2,7) \cdot 1,9 = 47,35 \text{ cm}^2$$

$$V_{pl,y,Rd} = \frac{2 \cdot A_{Og} \cdot f_y}{\sqrt{3} \cdot \gamma_{M0}} = \frac{2 \cdot 30 \cdot 1,9 \text{ cm}^2 \cdot 35,5 \text{ kN/cm}^2}{\sqrt{3} \cdot 1,0} = 2337 \text{ kN}$$

...für $\gamma_{M1} = 1,1$

$$M_{pl,y,Rd} = 663,5/1,1 = 603,2 \text{ kNm}$$
$$M_{pl,z,Rd} = 308,9/1,1 = 280,8 \text{ kNm}$$
$$M_{pl,w,Rd} = 42,6/1,1 = 38,7 \text{ kNm}^2$$
$$V_{pl,z,Rd} = 970/1,1 = 882 \text{ kN}$$
$$V_{pl,y,Rd} = 2337/1,1 = 2124 \text{ kN}$$

17.5 Querschnittsnachweise

17.5.1 Querschnittsnachweis – Biegemomente

- Für die Handrechnung wird das horizontale Moment komplett dem Obergurt zugewiesen.
- $M_{pl,y,Rd} = 663,5$ kNm; $M_{Og,pl,z,Rd} = M_{pl,z,Rd}/2 = 154,5$ kNm

- EK1: $M_{y,Ed} = 195,8$ kNm; $M_{z,Ed} = 41,4$ kNm; Nachweis:

$$\left(\frac{M_{y,Ed}}{M_{pl,y,Rd}}\right)^{2,0} + \frac{M_{z,Ed}}{M_{Og,pl,2,Rd}} \leq 1,0$$

$$\left(\frac{195,8}{663,5}\right)^{2,0} + \frac{41,4}{154,1} = 0,36 \quad (\checkmark)$$

- EK5: $M_{y,Ed} = 174,8$ kNm; $M_{z,Ed} = 42,0$ kNm; Nachweis:

$$\left(\frac{174,8}{663,5}\right)^{2,0} + \frac{42}{154,5} = 0,34 \quad (\checkmark)$$

- Maximale Auslastung 36 %

17.5.2 Querschnittsnachweis – Querkraftnachweis

- Siehe Abschnitt 11.3.3.
- Nachweis EK 1: (keine Interaktion $M - V_z$ erforderlich)

$$\frac{V_{z,Ed}}{V_{pl,z,Rd}} = \frac{232,1 \text{ kN}}{970 \text{ kN}} = 0,24 \leq 0,5 \quad (\checkmark)$$

- Nachweis EK 5: (keine Interaktion $M - V_y$ erforderlich)

$$\frac{V_{y,Ed}}{V_{pl,y,Rd}} = \frac{33,8 \text{ kN}}{1168 \text{ kN}} = 0,03 \leq 0,5$$

- Auslastung 24 %

17.5.3 Alternativ: Spannungsnachweis obere Flanschecke

Eine – wenn auch bei QK1-Querschnitten unwirtschaftliche – Alternative ist der Spannungsnachweis, siehe Abs. 11.4.2. Bei Kranbahnträger-Walzprofilen sind i. d. R. die Spannungen an einer oberen Flanschecke dimensionierend. Eine Handrechnung unter Vernachlässigung der Wölbkrafttorsion ist möglich, wenn die Nebenbiegung M_z nur dem Obergurt (Oberflansch + 1/5 Steg) zugewiesen wird.

- EK1:

$$\sigma_{x,Ed} = \frac{19\,580 \text{ kNcm}}{1680 \text{ cm}^3} + \frac{4140 \text{ kNcm}}{286 \text{ cm}^3}$$
$$= 11,6 + 14,5 = 26,1 \text{ kN/cm}^2 \leq f_{y,d} = \frac{f_y}{\gamma_{M0}} = 35,5 \text{ kN/cm}^2 \quad (\checkmark)$$

- EK5:

$$\sigma_{x,Ed} = \frac{17\,480 \text{ kN cm}}{1680 \text{ cm}^3} + \frac{4200 \text{ kNcm}}{286 \text{ cm}^3}$$
$$= 10,4 + 14,7 = 25,1 \text{ kN/cm}^2 \leq f_{y,d} = 35,5 \text{ kN/cm}^2 \quad (\checkmark)$$

- Auslastung EK 1: 74 % und EK 5: 71 %
- Die Auslastung ist deutlich höher als beim Querschnittsnachweis in Abs. 17.5.1, da plastische Querschnittsreserven nicht ausgenutzt werden.

17.6 Bauteilnachweis: Biegedrillknicken (BDK)

17.6.1 Knickender Obergurt nach [3-6/6.3.2.3(1)] für EK 1

- Nachweisprinzip: knickender Obergurt, siehe Abschnitt 13.2.
- Schnittgrößen des Ersatz-Druckstabs

$$N_{\text{Og,Ed}} = \frac{M_{\text{y,Ed}}}{h - t_{\text{f}}} = \frac{19\,580 \text{ kNcm}}{(30 - 1,9) \text{ cm}} = 697 \text{ kN}$$

- $M_{\text{z,Ed}} = 41,4$ kNm (EK1, siehe Abschnitt 17.3)
- Knicklänge des Druckstabs: Zweifeldträger $L_{\text{cr}} = 0,85 \cdot l = 0,85 \cdot 6 = 5,1$ m und λ_1 nach Gl. 13.2

$$\bar{\lambda}_{\text{z}} = \frac{L_{\text{cr}}}{i_{\text{z,Og}} \cdot \lambda_1} = \frac{510 \text{ cm}}{8,06 \text{ cm} \cdot 76,4} = 0,83$$

- Knicklinie: Das Walzprofil wird wegen der angeschweißten Flachstahlschiene wie ein Schweißprofil behandelt. Knicklinie c nach Tab. 13.1.
- Mit dem Imperfektionsbeiwert $\alpha = 0,49$ nach Tab. 13.2 ergibt sich

$$\phi = 0,5 \cdot \left[1 + \alpha \cdot \left(\bar{\lambda}_{\text{z}} - 0,2\right) + \bar{\lambda}_{\text{z}}^2\right] = 0,5 \cdot \left[1 + 0,49 \cdot (0,83 - 0,2) + 0,83^2\right] = 1,0$$

$$\chi_{\text{z}} = \frac{1}{\phi + \sqrt{\phi^2 - \bar{\lambda}_{\text{z}}^2}} = \frac{1}{1,00 + \sqrt{1,00^2 - 0,83}} = 0,71$$

- Für die Querschnittsklassen 1 und 2 gilt nach [3-1-1/Anhang B]

$$k_{\text{zz}} = C_{\text{mz}} \cdot \left(1 + \left(2 \cdot \bar{\lambda}_{\text{z}} - 0,6\right) \cdot \frac{N_{\text{Og,Ed}} \cdot \gamma_{\text{M1}}}{\chi_{\text{z}} \cdot A_{\text{Og}} \cdot f_{\text{y}}}\right)$$
$$= 0,9 \cdot \left(1 + (2 \cdot 0,83 - 0,6) \cdot \frac{697 \cdot 1,1}{0,71 \cdot 62,8 \cdot 35,5}\right) = 1,36$$

jedoch:

$$k_{\text{zz}} \le C_{\text{mz}} \cdot \left(1 + 1,4 \cdot \frac{N_{\text{Og,Ed}} \cdot \gamma_{\text{M1}}}{\chi_{\text{z}} \cdot A_{\text{Og}} \cdot f_{\text{y}}}\right) = 0,9 \cdot \left(1 + 1,4 \cdot \frac{697 \cdot 1,1}{0,71 \cdot 62,8 \cdot 35,5}\right) = 1,51$$

- Nachweis: (mit $k_{\text{zz}} = 1,36$)

$$\frac{N_{\text{Og,Ed}} \cdot \gamma_{\text{M1}}}{\chi_{\text{z}} \cdot A_{\text{Og}} \cdot f_{\text{y}}} + \frac{k_{\text{zz}} \cdot M_{\text{z,Ed}} \cdot \gamma_{\text{M1}}}{W_{\text{Og,z}} \cdot f_{\text{y}}} \le 1$$
$$\frac{697 \cdot 1,1}{0,71 \cdot 62,8 \cdot 35,5} + \frac{1,36 \cdot 4140 \cdot 1,1}{435 \cdot 35,5} = 0,48 + 0,40 = 0,88 \le 1 \quad (\checkmark)$$

- Auslastung EK1: 88 %

Der Nachweis mit dem Verfahren des knickenden Obergurts liefert für die EK5 eine Auslastung von 82 %.

17.6.2 BDK-Nachweis nach [3-6/Anhang A] für EK 1 – vereinfacht

- Siehe Abschnitt 13.3.2: Verfahren mit vereinfacht berechnetem $M_{y,cr}$ und Berücksichtigung der Torsion über eine Verdopplung des Querbiegemoments.
- Kritisches BDK-Moment nach der zurückgezogenen DIN 18800-2, Gl. 20

$$M_{y,cr} = 1,32 \cdot b_f \cdot t_f \cdot \frac{E \cdot I_y}{l \cdot h^2} = 1,32 \cdot 30 \cdot 1,9 \cdot \frac{21\,000 \cdot 25\,170}{600 \cdot 30^2} = 736,5 \text{ kNm}$$

- Bezogene Schlankheit (wegen Querschnittsklasse 1 mit $W_{y,pl}$ berechnet)

$$\bar{\lambda}_{LT} = \sqrt{\frac{W_y \cdot f_y}{M_{y,cr}}} = \sqrt{\frac{1869 \cdot 35,5}{73\,650}} = 0,949$$

- $C_{mz} = 0,9$ (Einzellast)
- Knicklinie für BDK: c für $h/b < 2$ nach [3-1-1/Tab. 6.5]. Wegen der angeschweißten Flachstahlschiene ist die KL für geschweißte Profile zu wählen.
- Hilfswerte $\bar{\lambda}_{LT,0} = 0,4$ und $\beta = 0,75$ und $\alpha_{LT} = 0,49$ [3-1-1NA/6.3.2.3(1)]

$$\begin{aligned}\phi_{LT} &= 0,5 \cdot \left(1 + \alpha_{LT} \cdot \left(\bar{\lambda}_{LT} - \bar{\lambda}_{LT,0}\right) + \beta \cdot \bar{\lambda}_{LT}^2\right) \\ &= 0,5 \cdot \left(1 + 0,49 \cdot (0,949 - 0,4) + 0,75 \cdot 0,949^2\right) = 0,972\end{aligned}$$

- Abminderungsfaktor

$$\chi_{LT} = \frac{1}{\phi_{LT} + \sqrt{\phi_{LT}^2 - \beta \cdot \bar{\lambda}_{LT}^2}} = \frac{1}{0,972 + \sqrt{0,972^2 - 0,75 \cdot 0,949^2}} = 0,671$$

- Nachweis:

$$\frac{M_{y,Ed} \cdot \gamma_{M1}}{\chi_{LT} \cdot M_{y,Rk}} + \frac{C_{mz} \cdot 2 \cdot M_{z,Ed} \cdot \gamma_{M1}}{M_{z,Rk}} = \frac{195,8 \cdot 1,1}{0,67 \cdot 663,5} + \frac{0,9 \cdot 2 \cdot 41,4 \cdot 1,1}{308,9} = 0,75 \leq 1$$

- Auslastung EK 1: 75 % (EK 1 ist in diesem Fall gegenüber EK 5 maßgebend.)

17.6.3 BDK-Nachweis nach [3-6/Anhang A] für EK 1 – genau

Berechnung des kritischen Biegedrillknickmoments $M_{y,cr}$

a) Berechnung mit der kostenlosen Software LTBeam [CTI10]: Der Zweifeldträger wird als Einfeldträger mit Randmoment vereinfacht, da LTBeam nur einfeldrige Systeme berechnen kann. Dabei werden die Verwölbungsbehinderung und die Verdrehbehinderung am Mittelauflager auf der sicheren Seite liegend vernachlässigt. Die vertikalen Lasten werden gemäß [3-6/6.3.2.2] im Schubmittelpunkt angesetzt. Es ergibt sich: $M_{y,cr} = 1631$ kNm

b) Die Berechnung als Zweifeldträger mit einem geeigneten Stabwerksprogramm, z.B. BTII [Nem16] ergibt $M_{y,cr} = 1954$ kNm. Dieser Wert wird als exakt eingestuft und im Folgenden weiterverwendet.

Aus dem Vergleich dieser Zahlen mit dem nach DIN 18800-2, Gl. 20 berechneten Wert $M_{y,cr} = 736,5$ kNm wird deutlich, wie stark dieser Wert hier auf der sicheren Seite liegt.

Berechnung des Wölbbimoments mit einem Stabwerksprogramm
Für die EK1 ergibt sich, siehe unten Abs. 17.6.5: $M_w = 5,76$ kNm^2

Nachweis nach Gl. 13.12, siehe [3-6/A.1(1)] (Rechnung nicht angegeben): Auslastung 64 %

17.6.4 BDK-Nachweis als Spannungsnachweis nach Th. II. O.

- Walzprofil mit angeschweißter Schiene wird wie ein Schweißprofil behandelt.
- Es wird der von Hand berechnete Wert $\bar{\lambda}_{LT} = 0,949 > 0,7$ verwendet, weshalb die Imperfektionen nach Tab. 13.6 nicht halbiert werden dürfen.
- Da ein Spannungsnachweis geführt wird, können keine plastischen Querschnittsreserven berücksichtigt werden.
- Tab. 13.6: BDK-Knicklinie c; el-el; Ersatzimperfektion: $e_0 = l/200 = 3,0$ cm
- Spannungen an der oberen Flanschecke berechnet mit der Software BTII [Nem16] unter Berücksichtigung der Wölbkrafttorsion Theorie II. Ordnung.
- Vertikale Radlasten im Schubmittelpunkt angesetzt, siehe Abb. 8.3 b).
- EK 1: $\sigma_{x,Ed} = -25,9$ kN/cm^2 $< f_y/\gamma_{M1} = 32,3$ kN/cm^2 (✓)
  (Stelle $x = 2,58$ m)
- EK 5: $\sigma_{x,Ed} = 25,0$ kN/cm^2 $< f_y/\gamma_{M1} = 32,3$ kN/cm^2 (✓)
  (Stelle $x = 2,28$ m)
- Nachweis: $25,9/32,3 = 0,80 \leq 1,0$ (✓)
- Auslastung 80 % für EK 1

17.6.5 BDK-Nachweis als Schnittgrößennachweis nach Th. II. O., EK 1

- Tab. 13.6: BDK-Knicklinie c; el-pl.; Ersatzimperfektion: $e_0 = l/150 = 4,0$ cm
  (Walzprofil mit angeschweißter Schiene wird wie ein Schweißprofil behandelt; plastische Querschnittsausnutzung.)
- Vertikale Radlasten werden als im Schubmittelpunkt wirkend angenommen.
- Wölbkrafttorsion Theorie II. Ordnung, EK1, BTII [Nem16]; Stelle $x = 2,58$ m
  - $M_{y,Ed} = 191,8$ kNm
  - $M_{z,Ed} = 45,1$ kNm
  - $M_{w,Ed} = 5,76$ kNm^2
- $M_{pl,y,Rd} = 603,2$ kNm; $M_{pl,z,Rd} = 280,8$ kNm; $M_{pl,w,Rd} = 38,7$ kNm^2 mit $\gamma_{M1} = 1,1$
- Nachweis für EK1:

$$\left(\frac{M_{y,Ed}}{M_{pl,y,Rd}}\right)^{2,0} + \frac{M_{z,Ed}}{M_{pl,z,Rd}} + \frac{M_{w,Ed}}{M_{pl,w,Rd}} \leq 1,0$$

$$\left(\frac{191,8}{603,2}\right)^{2,0} + \frac{45,1}{280,8} + \frac{5,76}{38,7} = 0,41 \leq 1,0 \quad (\checkmark)$$

  Dieser Nachweis wäre genau kritisch, wenn die Lasten um den Faktor 1,97 steigen würde.
  Daraus ergibt sich eine Auslastung von 51 %.
  Die Auslastung in der EK5 (Rechnung nicht angegeben) wäre etwa 1 % geringer.
- Die zugehörigen Querkräfte $\max V_z = 75,6$ kN und $V_y = 22,3$ kN bleiben deutlich unter $0,5 \cdot V_{z,pl} = 441$ kN und $0,5 \cdot V_{y,pl} = 1062$ kN so dass keine Interaktion M/V nötig ist.
- Zusätzlich ist als Gebrauchstauglichkeitsnachweis zu zeigen, dass die Spannungen auf Gebrauchslastniveau (ohne Imperfektionen) die Fließgrenze nicht überschreiten [3-6/7.5]. Die Spannungen werden mit der Software BT II [Nem16] errechnet.

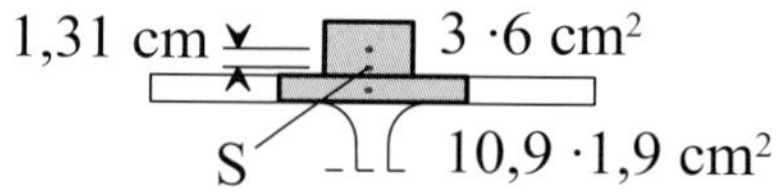

1,31 cm 3 ·6 cm²

S 10,9 ·1,9 cm²

Abb. 17.3: Effektiver Obergurt für die Berechnung der Lasteinleitungsbreite

Mit Einwirkungskombinationen, gebildet aus den Lastgruppen 1 und 5 samt den Schwingbeiwerten nach Tab. 8.2 in Verbindung mit $\gamma_{Q,ser} = 1,0$, siehe Abs. 14.4, ergeben sich die maximalen Spannungen an einer oberen Flanschecke zu:

- EK 1 – GZG: $\sigma_v = 18,0$ kN/cm^2 $< 35,5$ kN/cm^2 $= f_{y,Ed}$ (Auslastung: 51 %)
- EK 5 – GZG: $\sigma_v = 17,6$ kN/cm^2 $< 35,5$ kN/cm^2 $= f_{y,Ed}$ (Auslastung: 50 %)

- Die Auslastung für den BDK-Nachweis beträgt 51% (Schnittgrößennachweis EK 1).
- Für den gezeigten Schnittgrößennachweis ergibt sich mit 51 % eine geringere Auslastung als beim BDK-Nachweis als Spannungsnachweis mit 80 % in Abschnitt 17.6.4, da plastische Querschnittsreserven ausgenutzt werden.

17.7 Lokale Nachweise

17.7.1 Lasteinleitungsspannungen

Pressung des Stegs infolge zentrischer Radlasteinleitung (Abschnitt 12.2.1).

a) **Lastausbreitungslänge an der Unterkante der Oberflansches [3-6/5.4]**

- $b_{fr} = 6$ cm (Schienenfußbreite); $h_r = 3$ cm (Schienenhöhe)
- Effektive Breite $b_{eff} = b_{fr} + h_r + t_f = 6$ cm + 4,9 cm = 10,9 cm $\leq b = 30$ cm
- Flächenträgheitsmoment des Obergurts (Abb. 17.3) um die horizontale Achse, Schiene angeschweißt, d. h. starr mit Obergurt verbunden.

$$I_{rf} = \frac{6 \cdot 3^3}{12} + \frac{10,9 \cdot 1,9^3}{12} + 18 \cdot 1,31^2 + 20,7 \cdot 1,41^2 = 91,8 \text{ cm}^4$$

- Effektive Länge:

$$l_{eff} = 3,25 \cdot \left(\frac{I_{rf}}{t_w}\right)^{\frac{1}{3}} = 3,25 \cdot \left(\frac{91,8}{1,1}\right)^{\frac{1}{3}} = 14,2 \text{ cm}$$

- Lasteinleitungslänge an der Stegoberkante am Übergang Radius – Steg:

$$l_{eff} + 2 \cdot r = 14,2 + 2 \cdot 2,7 = 19,6 \text{ cm}$$

b) **Stegpressung am Übergang Ausrundungsradius – Steg**

- Stegpressung EK 1:

$$\sigma_{oz,Ed} = \frac{-F_{z,Ed}}{t_w \cdot (l_{eff} + 2 \cdot r)} = -\frac{1,35 \cdot (-112,3)}{1,1 \cdot 19,6} = -7,0 \text{ kN/cm}^2$$

- Zugehörige lokale Schubspannung $\tau_{\mathrm{oxz,Ed}} = 0,2 \cdot \sigma_{\mathrm{oz,Ed}} = 0,2 \cdot 7,0 = 1,4$ kN/cm^2
- Nachweise:

$$\frac{|\sigma_{\mathrm{oz,Ed}}|}{f_{\mathrm{y}}/\gamma_{\mathrm{M0}}} = \frac{7,0}{35,5/1,0} = 0,20 < 1,0 \quad (\checkmark)$$

$$\frac{|\tau_{\mathrm{oxz,Ed}}|}{f_{\mathrm{y}}/\left(\gamma_{\mathrm{M0}} \cdot \sqrt{3}\right)} = \frac{1,4 \cdot \sqrt{3}}{35,5/1,0} = 0,07 < 1,0 \quad (\checkmark)$$

17.7.2 Vergleichsspannungen an der Stegoberkante am Zwischenauflager

Laststellungen: $\max V_{\mathrm{z,Ed}}$ und $\max M_{\mathrm{y,St,Ed}}$ werden auf der sicheren Seite liegend kombiniert, obwohl die Laststellung verschieden ist.

- Normalspannungen EK 1:

$$\sigma_{\mathrm{x,Ed}} = \frac{M_{\mathrm{y,St,Ed}}}{W_{\mathrm{y}}} = \frac{1,35 \cdot (12\,020 + 630)\ \mathrm{kNcm}}{2420\ \mathrm{cm}^3} = +7,1\ \mathrm{kN/cm}^2$$

$$\frac{\sigma_{\mathrm{x,Ed}}}{f_{\mathrm{y}}/\gamma_{\mathrm{M0}}} = \frac{7,1}{35,5} = 0,20 < 1,0 \quad (\checkmark)$$

- Schubspannungen, EK 1, $V_{\mathrm{z,Ed}} = 232,1$ kN

$$A_{\mathrm{v}} = h_{\mathrm{w}} \cdot t_{\mathrm{w}} = (30 - 2 \cdot 1,9) \cdot 1,1 = 28,8\ \mathrm{cm}^2$$

(Die Formel für A_{v} in Tab. 11.2 basiert auf plastischer Querschnittstragfähigkeit und darf daher zur Berechnung von Vergleichsspannungen nicht zur Anwendung kommen.)

$$\tau_{\mathrm{xz,Ed}} = \frac{V_{\mathrm{z,Ed}}}{A_{\mathrm{w}}} = \frac{232,1\ \mathrm{kN}}{28,8\ \mathrm{cm}^2} = 8,1\ \mathrm{kN/cm}^2$$

$$\frac{\tau_{\mathrm{xz,Ed}}}{f_{\mathrm{y}}/\left(\gamma_{\mathrm{M0}} \cdot \sqrt{3}\right)} = \frac{8,1 \cdot \sqrt{3}}{35,5/1,0} = 0,40 < 1,0 \quad (\checkmark)$$

($\tau_{\mathrm{oxz,Ed}}$ bleibt unberücksichtigt, siehe Tab. 12.1)

- Vergleichsspannungsnachweis nach Gl. 12.5:

$$\left(\frac{\sigma_{\mathrm{x,Ed}}}{f_{\mathrm{y}}/\gamma_{\mathrm{M0}}}\right)^2 + \left(\frac{\sigma_{\mathrm{oz,Ed}}}{f_{\mathrm{y}}/\gamma_{\mathrm{M0}}}\right)^2 - \left(\frac{\sigma_{\mathrm{x,Ed}}}{f_{\mathrm{y}}/\gamma_{\mathrm{M0}}}\right) \cdot \left(\frac{\sigma_{\mathrm{oz,Ed}}}{f_{\mathrm{y}}/\gamma_{\mathrm{M0}}}\right) + \left(\frac{\tau_{\mathrm{xz,Ed}}}{f_{\mathrm{y}}/\left(\gamma_{\mathrm{M0}} \cdot \sqrt{3}\right)}\right)^2 \leq 1$$

$$0,20^2 + 0,20^2 - 0,20 \cdot (-0,20) + 0,40^2 = 0,28 \leq 1$$

- Maximale Auslastung (relevante EK 1): $\sqrt{0,28} = 53\ \%$ $\quad (\checkmark)$

17.7.3 Nachweis der Schienenschweißnaht

a) **Durchlaufende Schweißnaht**

- Lastausbreitungslänge an der Schienenschweißnaht, Oberkante Obergurt (l_{eff} siehe oben Abschnitt 17.7.1)

$$l = l_{\mathrm{eff}} - 2 \cdot t_{\mathrm{f}} = 14,2 - 2 \cdot 1,9 = 10,4\ \mathrm{cm}$$

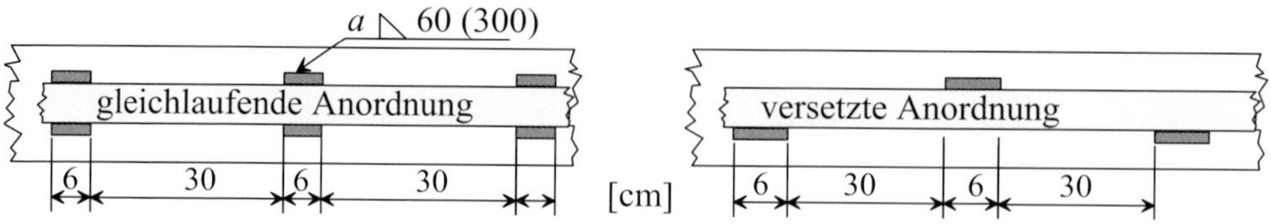

Abb. 17.4: Schienenkehlnähte

Spannungsberechnung mit dem richtungsbezogenen Verfahren nach Abschnitt 16.3.3

$$\max \tau_\perp = \frac{F_{z,Ed} + H_{Ed}}{2 \cdot \sqrt{2} \cdot a_w \cdot l} = \frac{(112,3 + 22,5) \cdot 1,35}{2 \cdot \sqrt{2} \cdot 0,5 \cdot 10,4} = 12,4 \text{ kN/cm}^2$$

- zugehörig

$$\sigma_\perp = \frac{F_{z,Ed} - H_{Ed}}{2 \cdot \sqrt{2} \cdot a_w \cdot l} = \frac{(112,3 - 22,5) \cdot 1,35}{2 \cdot \sqrt{2} \cdot 0,5 \cdot 10,4} = 8,2 \text{ kN/cm}^2$$

- $\tau_\parallel$ wird zu 0 angenommen, da nicht mittragende Schiene
- $\sigma_{v,w,Ed} = \sqrt{\sigma_\perp^2 + 3 \cdot \tau_\perp^2 + 3 \cdot \tau_\parallel^2} = \sqrt{8,2^2 + 3 \cdot 12,4^2} = 23,0 \text{ kN/cm}^2$

Nachweis

- Widerstand mit β_w nach [3-1-8/Tab.4.1], f_u nach [3-1-1/Tab.3.1] (siehe oben Tab. 16.2) und $\gamma_{M2} = 1,25$:

$$\sigma_{v,w,Rd} = \frac{f_u}{\beta_w \cdot \gamma_{M2}} = \frac{49}{0,9 \cdot 1,25} = 43,6 \text{ kN/cm}^2$$

$$\frac{\sigma_{v,w,Ed}}{\sigma_{v,w,Rd}} = \frac{23,0}{43,6} = 0,53 \leq 1,0 \text{ und}$$

$$\max \sigma_\perp = 12,4 \text{ kN/cm}^2 \leq \frac{0,9 \cdot f_u}{\gamma_{M2}} = \frac{0,9 \cdot 49}{1,25} = 35,2 \text{ kN/cm}^2 \quad (\checkmark)$$

- Auslastung: 53 %

b) **Unterbrochene Schweißnaht – gleichlaufende Anordnung (Abb. 17.4 links)**

- Schweißnahtabschnittslänge $l_w = 6$ cm
  (l_w ist maßgebend gegenüber der Lastausbreitungslänge $l = 10,4$ cm nach Abs. 17.7.3 a)

$$\max \tau_\perp = \frac{F_{z,Ed}}{2 \cdot \sqrt{2} \cdot a_w \cdot l} + \frac{H_{Ed}}{2 \cdot \sqrt{2} \cdot a_w \cdot \min\{l; l_w\}}$$
$$= \frac{112,3 \cdot 1,35}{2 \cdot \sqrt{2} \cdot 0,5 \cdot 10,4} + \frac{22,5 \cdot 1,35}{2 \cdot \sqrt{2} \cdot 0,5 \cdot 6,0} = 13,9 \text{ kN/cm}^2$$

$$\text{zugehörig } \sigma_\perp = \frac{F_{z,Ed}}{2 \cdot \sqrt{2} \cdot a_w \cdot l} - \frac{H_{Ed}}{2 \cdot \sqrt{2} \cdot a_w \cdot \min\{l; l_w\}}$$
$$= \frac{112,3 \cdot 1,35}{2 \cdot \sqrt{2} \cdot 0,5 \cdot 10,4} - \frac{22,5 \cdot 1,35}{2 \cdot \sqrt{2} \cdot 0,5 \cdot 6,0} = 6,7 \text{ kN/cm}^2$$

- $\tau_{\parallel}$ wird zu 0 angenommen, da nicht mittragende Schiene
- $\sigma_{\text{v,w,Ed}} = \sqrt{\sigma_{\perp}^2 + 3 \cdot \tau_{\perp}^2 + 3 \cdot \tau_{\parallel}^2} = \sqrt{6,7^2 + 3 \cdot 13,9^2} = 25,0\ \text{kN/cm}^2$

Nachweis:

- Widerstand mit β_{w} und f_{u} nach Tab. 16.2 und $\gamma_{\text{M2}} = 1,25$: $\sigma_{\text{v,w,Rd}} = 43,6\ \text{kN/cm}^2$

$$\frac{\sigma_{\text{v,w,Ed}}}{\sigma_{\text{v,w,Rd}}} = \frac{25,0}{43,6} = 0,57 \leq 1,0 \text{ und}$$

$$\max \sigma_{\perp} = 13,9\ \text{kN/cm}^2 \leq \frac{0,9 \cdot f_{\text{u}}}{\gamma_{\text{M2}}} = \frac{0,9 \cdot 49}{1,25} = 35,3\ \text{kN/cm}^2 \quad (\checkmark)$$

- Auslastung: 57 %

c) **Unterbrochene Schweißnaht – versetzte Anordnung (Abb. 17.4 rechts)**

- Schweißnahtabschnittslänge $l_{\text{w}} = 6$ cm
(maßgebend gegenüber der Lastausbreitungslänge $l = 10,4$ cm)

$$\max \tau_{\perp} = \max \sigma_{\perp} = \frac{F_{\text{z,Ed}}}{2 \cdot \sqrt{2} \cdot a_{\text{w}} \cdot l} + \frac{H_{\text{Ed}}}{\sqrt{2} \cdot a_{\text{w}} \cdot \min\{l; b\}}$$

$$= \frac{112,3 \cdot 1,35}{2 \cdot \sqrt{2} \cdot 0,5 \cdot 10,4} + \frac{22,5 \cdot 1,35}{\sqrt{2} \cdot 0,5 \cdot 6,0} = 17,5\ \text{kN/cm}^2$$

$$\text{zugehörig } \sigma_{\perp} = \frac{F_{\text{z,Ed}}}{2 \cdot \sqrt{2} \cdot a_{\text{w}} \cdot l} - \frac{H_{\text{Ed}}}{\sqrt{2} \cdot a_{\text{w}} \cdot \min\{l; b\}}$$

$$= \frac{112,3 \cdot 1,35}{2 \cdot \sqrt{2} \cdot 0,5 \cdot 10,4} - \frac{22,5 \cdot 1,35}{\sqrt{2} \cdot 0,5 \cdot 6,0} = 3,2\ \text{kN/cm}^2$$

- $\tau_{\parallel}$ wird zu 0 angenommen, da nicht mittragende Schiene
- $\sigma_{\text{v,w,Ed}} = \sqrt{\sigma_{\perp}^2 + 3 \cdot \tau_{\perp}^2 + 3 \cdot \tau_{\parallel}^2} = \sqrt{3,2^2 + 3 \cdot 17,5^2} = 30,5\ \text{kN/cm}^2$

Nachweis

- Widerstand mit β_{w} und f_{u} nach Tab. 16.2 und $\gamma_{\text{M2}} = 1,25$: $\sigma_{\text{v,w,Rd}} = 43,6\ \text{kN/cm}^2$

$$\frac{\sigma_{\text{v,w,Ed}}}{\sigma_{\text{v,w,Rd}}} = \frac{30,5}{43,6} = 0,70 \leq 1,0 \text{ und}$$

$$\max \sigma_{\perp} = 17,5\ \text{kN/cm}^2 \leq \frac{0,9 \cdot f_{\text{u}}}{\gamma_{\text{M2}}} = \frac{0,9 \cdot 49}{1,25} = 35,3\ \text{kN/cm}^2 \quad (\checkmark)$$

- Auslastung: 70 %

Die höhere Auslastung der unterbrochenen Schweißnaht mit versetzter Anordnung (70 %) gegenüber derjenigen mit gleichlaufender Anordnung (57 %) hängt damit zusammen, dass sich an der Abtragung der Horizontallasten bei der versetzten Anordnung jeweils nur ein Nahtabschnitt beteiligt, während es bei der gleichlaufenden Anordnung zwei Nahtabschnitte sind.

17.7.4 Beulnachweise des Stegblechs unter der Radlast

17.7.4.1 Beulnachweis mit der Komponentenmethode (EK 1)

Der Beulnachweis des Stegblechs ist in Abschnitt 12.4.2 erläutert.

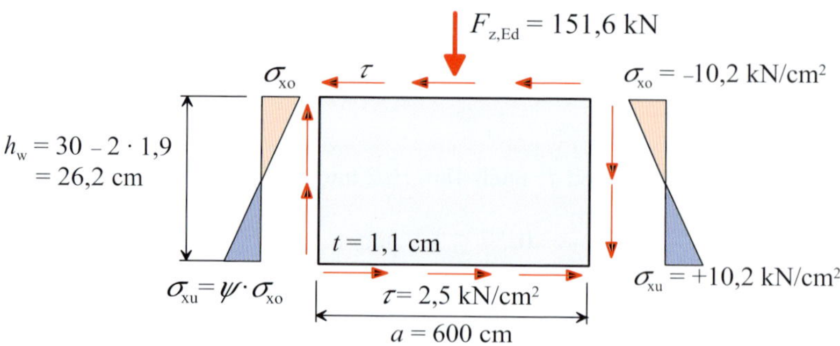

Abb. 17.5: Nachzuweisendes Beulfeld, Belastung: EK 1

Schritt 1: Beulen infolge Querlast

- Nachzuweisendes Beulfeld siehe Abb. 17.5
- Maximale vertikale Radlast aus EK1: $F_{z,Ed} = 112,3 \cdot 1,35 = 151,6$ kN
- Mit $l_{eff} = 14,2$ cm (Abschnitt 17.7.1) ergibt sich die Länge der starren Lasteinleitung s_s (Gl. 12.9) an der Oberflanschoberkante zu:

$$s_s = l_{eff} - 2 \cdot t_f = 14,2 - 2 \cdot 1,9 = 10,4 \text{ cm}$$

- Beulfeldmaße : Länge $a = 600$ cm
  Höhe $h_w = 30$ cm $-2 \cdot 1,9$ cm $= 26,2$ cm (lichte Höhe zwischen den Gurten)
  Beulfelddicke $t_w = 1,1$ cm
- Beulwert

$$k_f = 6 + 2 \cdot \left(\frac{h_w}{a}\right)^2 = 6 + 2 \cdot \left(\frac{26,2}{600}\right)^2 = 6,00$$

- Kritische Beullast

$$F_{cr} = 0,9 \cdot k_f \cdot E \cdot \frac{t_w^3}{h_w} = 0,9 \cdot 6,00 \cdot 21000 \cdot \frac{1,1^3}{26,2} = 5761 \text{ kN}$$

- Hilfswerte für die Berechnung der Quetschgrenze

$$m_1 = \frac{b_f}{t_w} = \frac{30}{1,1} = 27,3$$

$$m_2 = 0,02 \cdot \left(\frac{h_w}{t_f}\right)^2 = 0,02 \cdot \left(\frac{26,2}{1,9}\right)^2 = 3,80 \quad (\text{ gilt für } \bar{\lambda} > 0,5)$$

$$l_y = s_s + 2 \cdot t_f \cdot (1 + \sqrt{m_1 + m_2}) = 6,9 + 2 \cdot 1,9 \cdot (1 + \sqrt{27,3 + 3,8}) = 31,9 \text{ cm}$$

- Quetschgrenze $F_y = f_y \cdot t_w \cdot l_y = 35,5 \cdot 1,1 \cdot 31,9 = 1246$ kN
- Schlankheitsparameter

$$\bar{\lambda} = \sqrt{\frac{F_y}{F_{cr}}} = \sqrt{\frac{1246}{5761}} = 0,47 < 0,5$$

$\Rightarrow$ Modifikation von m_2 erforderlich!

- $m_2 = 0$ (gilt für $\bar{\lambda} < 0,5$)

$$l_y = s_s + 2 \cdot t_f \cdot (1 + \sqrt{m_1 + m_2}) = 10,4 + 2 \cdot 1,9 \cdot (1 + \sqrt{27,3 + 0}) = 34,1 \text{ cm}$$

- Quetschgrenze: $F_y = f_y \cdot t_w \cdot l_y = 35,5 \cdot 1,1 \cdot 34,1 = 1332$ kN
- Schlankheitsparameter

$$\bar{\lambda} = \sqrt{\frac{F_y}{F_{cr}}} = \sqrt{\frac{1332}{5761}} = 0,48$$

- Abminderungsfaktor

$$\chi_F = \frac{0,5}{\bar{\lambda}} = \frac{0,5}{0,48} = 1,04; \text{ maximal zulässiger Wert: } \chi_F = 1,0$$

- $L_{eff} = \chi_F \cdot l_y = 1,0 \cdot 34,1 \text{ cm} = 34,1 \text{ cm}$
- Beulnachweis für Querspannungen (γ_{M1} verwenden)

$$\eta_2 = \frac{F_{z,Ed} \cdot \gamma_{M1}}{f_y \cdot L_{eff} \cdot t_w} = \frac{1,35 \cdot 112,3 \cdot 1,1}{35,5 \cdot 34,1 \cdot 1,1} = 0,13 \leq 1,0 \quad (\checkmark)$$

Schritt 2: Interaktion mit Biegemoment

- Beulnachweis für Biegespannungen (M_{Ed} aus EK 1; γ_{M0} verwenden)

$$\eta_1 = \frac{M_{Ed} \cdot \gamma_{M0}}{f_y \cdot W_{y,el}} = \frac{19580 \cdot 1,0}{35,5 \cdot 1680} = 0,33 \leq 1,0 \quad (\checkmark)$$

- Interaktion von Biege- und Querspannungen:

$$\eta_2 + 0,8 \cdot \eta_1 = 0,13 + 0,8 \cdot 0,33 = 0,39 \leq 1,4 \quad (\checkmark)$$

- Maximale Auslastung: $\max(0,13; 0,33; 0,39/1,4) = 33\ \%$
- Wegen des im Verhältnis zur Beulfeldhöhe $h_w = 26,2$ cm großen Radabstandes $a = 360$ cm der beiden Achsen ist die gemeinsame Wirkung beider Räder offensichtlich nicht ausschlaggebend und wird daher auch nicht nachgewiesen.

Schritt 3: Schubbeulen für ein längssteifenloses Feld

- $\varepsilon = \sqrt{23,5 \text{ kN/cm}^2 / f_y} = \sqrt{23,5/35,5} = 0,814$
- Ein Schubbeulnachweis ist nicht notwendig, da die folgende Gleichung erfüllt ist (mit $\eta = 1,2$ im Hochbau)

$$\frac{h_w}{t_w} = \frac{26,2}{1,1} = 23,8 \leq \frac{72}{\eta} \cdot \varepsilon = \frac{72}{1,2} \cdot 0,814 = 48,8$$

17.7.4.2 Beulnachweis nach der Methode der reduzierten Spannungen, EK 1

- Lasteinleitungsspannungen $\sigma_{oz,Ed} = 151,6/(14,2 \cdot 1,1) = 9,71 \text{ kN/cm}^2$

- Lasterhöhungsfaktor ohne Berücksichtigung Beulen

$$\frac{1}{\alpha^2_{\text{ult,k}}} = \left(\frac{\sigma_{\text{x,Ed}}}{f_{\text{y}}}\right)^2 + \left(\frac{\sigma_{\text{oz,Ed}}}{f_{\text{y}}}\right)^2 - \frac{\sigma_{\text{x,Ed}}}{f_{\text{y}}} \cdot \frac{\sigma_{\text{oz,Ed}}}{f_{\text{y}}} + 3 \cdot \left(\frac{\tau_{\text{xz,Ed}}}{f_{\text{y}}}\right)^2$$
$$\frac{1}{\alpha^2_{\text{ult,k}}} = \left(\frac{-10,2}{35,5}\right)^2 + \left(\frac{-9,71}{35,5}\right)^2 - \frac{-10,2}{35,5} \cdot \frac{-9,71}{35,5} + 3 \cdot \left(\frac{2,5}{35,5}\right)^2 = 0,0937$$
$$\alpha_{\text{ult,k}} = 3,27$$

- Der kleinste Vergrößerungsfaktor α_{cr} für die Verzweigungslast wird mit dem Programm EBPlate [CTI16] berechnet, siehe oben Abb. 12.11: $\alpha_{\text{cr}} = 15,3$
- Der modifizierte Schlankheitsgrad des Beulfelds ergibt sich zu:

$$\bar{\lambda}_{\text{p}} = \sqrt{\frac{\alpha_{\text{ult,k}}}{\alpha_{\text{cr}}}} = \sqrt{\frac{3,27}{15,3}} = 0,462$$

- Der Reduktionsbeiwert für die Längsspannungen ergibt sich nach [3-1-5/Gl.4.2] zu $\rho_{\text{x}} = 1,0$, da mit dem Normalspannungsverhältnis $\psi = -1,0$ gilt:
$\bar{\lambda}_{\text{p}} = 0,462 \leq 0,5 + \sqrt{0,085 - 0,055 \cdot \psi} = 0,5 + \sqrt{0,085 - 0,055 \cdot (-1,0)} = 0,87$
- Der Reduktionsbeiwert für die Querspannungen ergibt sich nach [3-1-5/NA.8)] zu:

$$\phi = 0,5 \cdot \left[1 + 0,34 \cdot (\bar{\lambda}_{\text{p}} - 0,80) + \bar{\lambda}_{\text{p}}\right] =$$
$$= 0,5 \cdot [1 + 0,34 \cdot (0,462 - 0,80) + 0,462] = 0,674$$
$$\rho_{\text{z}} = \frac{1}{\phi + \sqrt{\phi^2 - \bar{\lambda}_{\text{p}}}} = \frac{1}{0,674 + \sqrt{0,674^2 - 0,462}} = 1,484 \text{ jedoch } \rho_{\text{z}} \leq 1,0$$

- Der Reduktionsbeiwert Schubbeulen ergibt sich nach [3-1-5/5.3(1)] mit $\eta = 1,2$ zu:

$$\chi_{\text{w}} = \eta = 1,2 \qquad \text{für } \bar{\lambda}_{\text{p}} = 0,462 < 0,69$$

- Der Beulnachweis (biaxialer Druck) ist nun nach [3-1-5NA/Gl.8a] mit $V = \rho_{\text{x}} \cdot \rho_{\text{z}} = 1 \cdot 1 = 1,0$ zu führen mit:

$$\left(\frac{\sigma_{\text{x,Ed}} \cdot \gamma_{\text{M1}}}{\rho_{\text{x}} \cdot f_{\text{y}}}\right)^2 + \left(\frac{\sigma_{\text{z,Ed}} \cdot \gamma_{\text{M1}}}{\rho_{\text{z}} \cdot f_{\text{y}}}\right)^2 - V\frac{\sigma_{\text{x,Ed}} \cdot \sigma_{\text{z,Ed}} \cdot \gamma^2_{\text{M1}}}{\rho_{\text{x}} \cdot \rho_{\text{z}} \cdot f^2_{\text{y}}} + 3 \cdot \left(\frac{\tau_{\text{xz,Ed}} \cdot \gamma_{\text{M1}}}{\chi_{\text{w}} \cdot f_{\text{y}}}\right)^2 \leq 1$$
$$\left(\frac{10,2 \cdot 1,1}{1,0 \cdot 35,5}\right)^2 + \left(\frac{9,71 \cdot 1,1}{1,0 \cdot 35,5}\right)^2 - 1,0\frac{10,2 \cdot 9,71 \cdot 1,1^2}{1,0 \cdot 1,0 \cdot 35,5^2} + 3 \cdot \left(\frac{2,5 \cdot 1,1}{1,2 \cdot 35,5}\right)^2$$
$$= 0,108 \leq 1$$

- Auslastung $\sqrt{0,108} = 33\ \%$ $\quad (\checkmark)$
- Der Beulnachweis nach der Methode der reduzierten Spannungen ergibt mit 33 % in diesem Fall die gleiche Auslastung wie der Beulnachweis mit der Komponentenmethode, siehe dazu Abs. 12.4.1.

17.7.4.3 Durch Flansche induziertes Beulen

Nachweis nach Abs. 12.4.4

$$\frac{h_\mathrm{w}}{t_\mathrm{w}} \leq k \cdot \frac{E}{f_\mathrm{yf}} \cdot \sqrt{\frac{A_\mathrm{w}}{A_\mathrm{fc}}}$$

$$\frac{26,2}{1,1} = 23,8 \leq 0,40 \cdot \frac{21\,000}{35,5} \cdot \sqrt{\frac{26,2 \cdot 1,1}{30 \cdot 1,9}} = 168 \quad (\checkmark)$$

17.8 Grenzzustand der Gebrauchstauglichkeit

17.8.1 Vertikale Durchbiegung

- Nachweis nach Abs. 14.1.1.1, vertikale Duchbiegung
  - Lasten nach Tab. 8.2, Lastgruppe 101
  - Teilsicherheitsbeiwert $\gamma_{\mathrm{Q,ser}} = 1,0$ nach Tab. 8.6 (Hinweis: $\gamma_{\mathrm{Q,ser}}$ ist nicht mit γ aus Tab. 14.3 zu verwechseln!)
  - EK 101: $\gamma_{\mathrm{Q,ser}}$ (Eigengewicht Kranbrücke + Eigengewicht Kranbahn + Hublast)
  - Radlast: $F = Q_\mathrm{c} + Q_\mathrm{h} = 23 + 77 = 100$ kN
  - Nach Gl. 14.4 und mit γ nach Tab. 14.3 ergibt sich die Durchbiegung zu:

$$\delta_\mathrm{z} = \frac{\gamma \cdot F_\mathrm{z} \cdot l^3}{100 \cdot E \cdot I_\mathrm{y}} + 0,0054 \frac{g \cdot l^4}{E \cdot I} = \frac{1,62 \cdot 100 \cdot 600^3}{2\,100\,000 \cdot 25\,170} + 0,0054 \frac{0,014 \cdot 600^4}{21\,000 \cdot 25\,170}$$

$$0,66 + 0,02 = 0,68 \text{ cm} < 1,2 \text{ cm} = \frac{l}{500} = \delta_{\mathrm{z,grenz}}$$

  - Auslastung 57 %
- Nachweis Differenzdurchbiegung benachbarter Kranbahnträger Δh nach Abs.14.1.1.2: $\Delta h = \delta_\mathrm{z} = 0,68\text{cm} < s/600 = 2000/600 = 33$ cm $(\checkmark)$

17.8.2 Horizontale Durchbiegung

- Lasten nach Tab. 8.2, Lastgruppe 102
- EK 102: 1,0 (Gewicht (Kranbrücke + Kranbahn) + Hublast + Spurführungskräfte) Die ebenfalls zu untersuchende EK 103 mit Kräften aus Anfahren/Bremsen anstelle der Spurführungskräfte ist offensichtlich nicht maßgebend.
- Nachweis nach Abschnitt 14.1.2.1, horizontale Durchbiegung, Handrechnung
  - Die Horizontalbiegung wird nur dem Obergurt zugewiesen, um eine Handrechnung zu ermöglichen.
  - $H = 25$ kN, aufgeteilt in zwei Kräfte $H_1 = H_2 = 12,5$ kN im Abstand $a = 0$
  - Nach Gl. 14.4 und mit $\gamma(\alpha = 0)$ nach Tab. 14.3 ergibt sich die Durchbiegung zu:

$$\delta_\mathrm{y} = \frac{\gamma \cdot H/2 \cdot l^3}{100 \cdot E \cdot I_{\mathrm{z,Og}}} = \frac{3,01 \cdot 12,5 \cdot 600^3}{100 \cdot 21000 \cdot 4280} = 0,90 \text{ cm} < 1 \text{ cm} = 1/600 \quad (\checkmark)$$

   - Auslastung horizontale Durchbiegung Handrechnung: 90 %

- Nachweis nach Abschnitt 14.1.2.1, horizontale Durchbiegung, EDV-Rechnung
   - Berechnung EK 102 nach Wölbkrafttorsionstheorie I. Ordnung für EK 102
   - Horizontale Durchbiegung des Schwerpunkts: $\delta_{y,0} = 0,494$ cm
   - Verdrehung des Querschnitts: $\varphi_x = 0,0207$ rad
   - Die horizontale Verschiebung der Schienenoberkante ergibt sich mit $e_z = 18$ cm zu: $\delta_y = \delta_{y,0} + \varphi_x \cdot e_z = 0,494 + 0,0207 \cdot 18 = 0,87 \text{ cm} < 1 \text{ cm} = 1/600 \quad (\checkmark)$
   - Auslastung horizontale Durchbiegung EDV-Rechnung: 87 %
   - Handrechnung (0,90 cm) und EDV Rechnung (0,87 cm) stimmen in diesem Fall gut überein.
   - Der fast kritische Nachweis der horizontalen Durchbiegung der Schienenoberkante ist für den Kranbahnträger als HEB 300 Profil dimensionierend und verhindert, dass ein HEB 280 gewählt werden kann.

- Nachweis nach Abschnitt 14.1.2.5; Abstand Δs der Kranbahnen:
   - Die Berechnung mit einem Stabwerksprogramm ergab, dass sich der symmetrische Hallenbinder auf Höhe der Kranbahn infolge der vertikalen Radlasten jeweils 4 mm nach außen verformt.
   - Die Änderung des Abstands der gegenüberliegenden Kranbahnen beträgt nun: $\Delta s = 2 \cdot 0,4 \text{ cm} = 0,8 \text{ cm} < 1,0 \text{ cm} \quad (\checkmark)$

17.8.3 Stegblechatmen und Untergurtschwingungen – GZG

Die folgenden beiden Nachweise sind erwartungsgemäß nicht kritisch:

- Stegblechatmen nach Abs. 14.5, [3-6/7.4]

$$\frac{h_w}{t_w} = \frac{30 - 2 \cdot 1,9}{1,1} = 23,8 \leq 120 \quad (\checkmark)$$

- Untergurtschwingungen nach Abs. 14.6, [3-6/7.6]

$$\frac{L}{i_z} = \frac{600}{8,26} = 73 \leq 250 \quad (\checkmark)$$

17.8.4 Elastisches Verhalten

Nach [3-6/7.5] ist nachzuweisen, dass die Spannungen im Gebrauchslastzustand die Fließgrenze nicht überschreiten.

- Ein Nachweis wurde in Abschnitt 17.6.5 in Verbindung mit dem BDK-Nachweis (GZT) geführt, Auslastung 50 %.
- Ein weiterer Nachweis wurde in Abschnitt 17.7.2 als Vergleichsspannungsnachweis an der Stegoberkante für die EK 1 geführt, Die Auslastung betrug im GZT 53 %, im GZG liegt der Wert darunter, da Teilsicherheitsbeiwerte und Schwingbeiwerte entfallen.

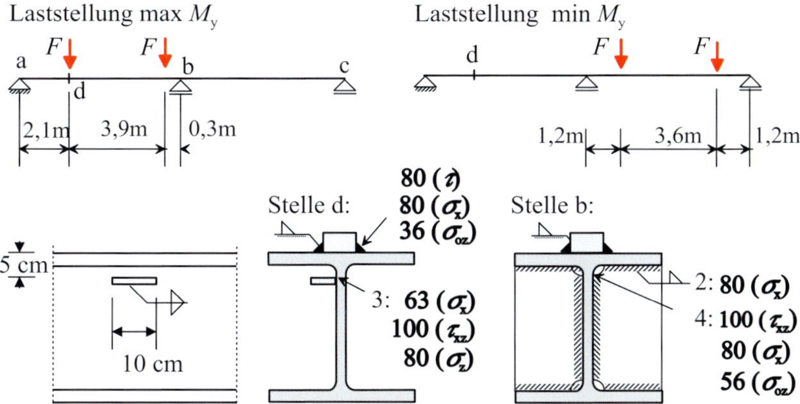

Abb. 17.6: Nachweisstellen und Kerbfälle (Schienenschweißnaht unterbrochen; Beschlag am Stegblech an der Stelle d 3)

17.9 Ermüdungsnachweis

17.9.1 Grundlagen

- Die Voraussetzungen für die Nachweise nach Abschnitt 15.4.1 sind erfüllt.
- Teilsicherheitsbeiwert Einwirkungen: $\gamma_{\mathrm{Ff}} = 1,0$
- Teilsicherheitsbeiwert Widerstände (Tab. 15.1) bei 3 Inspektionsintervallen: $\gamma_{\mathrm{Mf}} = 1,15$
- Beanspruchungsklasse S_2
- Nachweisstellen und Kerbfälle: siehe Abb. 17.6

17.9.2 Einwirkungskombinationen

- Beim Ermüdungsnachweis der Schweißdetails kommt es nur auf die Spannungsschwingbreite an. Das Eigengewicht des Kranbahnträgers wird im Folgenden nicht berücksichtigt, da es keinen Einfluss auf die Spannungsschwingbreite hat.
- Für die Beanspruchungsklasse (BK) S_2 darf gemäß Abschnitt 8.1.1 eine zentrische Lasteinleitung unterstellt werden.
- Schwingbeiwerte φ_{fat} nach Abschnitt 8.4.4, Gl. 8.3
  - mit $\varphi_1 = 1,1$ und $\varphi_2 = 1,13$ nach Tab. 8.5 ergibt sich:

$$\varphi_{\mathrm{fat},1} = \frac{1+\varphi_1}{2} = 1,05 \quad \text{und} \quad \varphi_{\mathrm{fat},2} = \frac{1+\varphi_2}{2} = 1,065$$

- Charakteristische vertikale Radlasten
  - infolge Eigengewicht der Kranbrücke: $Q_{\mathrm{c}} = 23$ kN
  - infolge Hublast: $Q_{\mathrm{h}} = 77$ kN
- EK (Einwirkungskombination) 201 mit LG 201 nach Tab. 8.2
  - $F_{\mathrm{f,Ed}} = \gamma_{\mathrm{Ff}} \cdot (\varphi_{\mathrm{fat},1} \cdot Q_{\mathrm{c}} + \varphi_{\mathrm{fat},2} \cdot Q_{\mathrm{h}}) = 1,0 \cdot (1,05 \cdot 23 + 1,065 \cdot 77) = 106,2$ kN

– Die mit LG 201 berechneten char. Schnittgrößen können Tab. 17.1 entnommen werden. Wegen $\gamma_{Ff} = 1,0$ entsprechen die char. Werte den Bemessungswerten.

17.9.3 Nachweise unterbrochene Schienenschweißnaht

Nachweisstelle d 1, Abb. 17.6

17.9.3.1 Normalspannungen in der Schienenschweißnaht im Feld

- $\max \Delta M_y$ wird mit Tab. 17.1 berechnet: $\alpha = a/l = 3,6/6 = 0,6$
  Aus der Tabelle ablesen: $\gamma_{\Delta MF} = 0,252$
  $\max \Delta M_y = \gamma_{\Delta MF} \cdot F_{f,Ed} \cdot l = 0,252 \cdot 106,2 \cdot 6 = 160,6$ kNm (Abb. 17.6)
- Normalspannungsspiel aus der statischen Berechnung

$$\Delta\sigma_{x,max} = \frac{\max \Delta M_y}{W_y} = \frac{16060 \text{ kNcm}}{1680 \text{ cm}^3} = 9,56 \text{ kN/cm}^2$$

- Schadensäquivalenter Beiwert für BK S_2: $\lambda = 0,315$ (Tab. 15.13)
  $\Delta\sigma_{E,2} = \lambda \cdot \Delta\sigma_x = 0,315 \cdot 9,56 = 3,0$ kN/cm^2
- Kerbklasse 80 für σ_x (siehe Abschnitt 15.3.6.3 c): $\Delta\sigma_C = 8,0$ kN/cm^2

$$D = \left(\frac{\gamma_{Ff} \cdot \Delta\sigma_{E,2}}{\Delta\sigma_C/\gamma_{Mf}}\right)^3 = \left(\frac{1,0 \cdot 3,0}{8/1,15}\right)^3 = 0,43^3 = 0,08 < 1,0 \quad (\checkmark)$$

17.9.3.2 Lasteinleitungsspannungen σ_{oz} Schienenschweißnaht

- Kehlnahtdicke der Schienenschweißnaht $a_w = 5$ mm
- Um 12,5 % abgenutzte Schiene: $h = 0,875 \cdot 4 \text{ cm} = 3,5$ cm
- Lastausbreitung an der Flanschoberkante wie beim Beulnachweis, Abschnitt 17.7.4.1: $s_s = 10,4$ cm, siehe Anmerkung in Abs. 16.3.3.1
- $\Delta\sigma_\perp$ in der Schweißnaht infolge Radlast $F_{f,Ed} = 106,2$ kN (siehe Abb. 17.7)
  $\Delta\sigma_\perp = \sigma_\perp = \dfrac{F_{f,Ed}}{s_s \cdot 2 \cdot a_w} = \dfrac{106,2 \text{ kN}}{10,4 \text{ cm} \cdot 2 \cdot 0,5 \text{ cm}} = 10,2 \text{ kN/cm}^2$
- Da jede Kranüberfahrt zu zwei Spannungsspitzen $\Delta\sigma_\perp$ führt, wird die Beanspruchungsklasse (BK) von S_2 auf S_3 erhöht (Tab. 15.3); siehe auch oben Abb. 15.31.
- Schadensäquivalenter Beiwert für BK S_3: $\lambda = 0,397$ (Tab. 15.13)
- $\Delta\sigma_{E,2} = \lambda \cdot \Delta\sigma_x = 0,397 \cdot 10,2 = 4,05$ kN/cm^2
- Kerbklasse 36 für σ_{oz} (Abb. 17.6 und Abschnitt 15.3.6.4 a):
  Bezugswert $\Delta\sigma_C = 3,6$ kN/cm^2

$$D_\sigma = \left(\frac{\gamma_{Ff} \cdot \Delta\sigma_{E,2}}{\Delta\sigma_C/\gamma_{Mf}}\right)^3 = \left(\frac{1,0 \cdot 4,05}{3,6/1,15}\right)^3 = 1,27^3 = 2,17$$

- Lokale Schubspannungen: $\tau_{\|,lokal} = 0,2 \cdot \sigma_\perp = 0,2 \cdot 10,2 = 2,0$ kN/cm^2 (Abschnitt 12.2.1)
- $\tau_\perp = 0$ (am unteren Winkelschenkel der Kehlnaht, siehe Abb. 17.7)

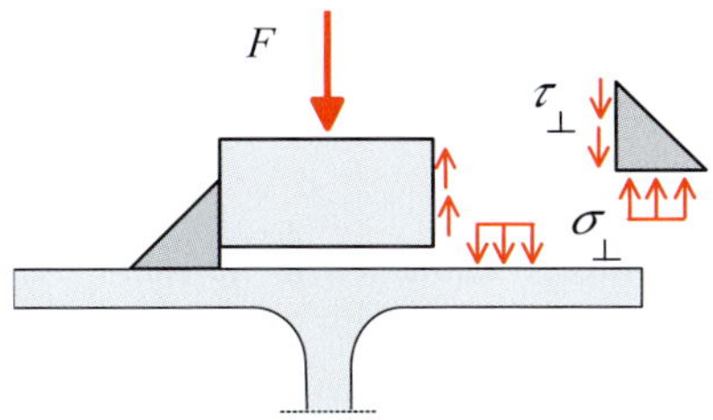

Abb. 17.7: Lasteinleitungsspannungen an der Schienenschweißnaht

17.9.3.3 Schubspannungen $\tau_{||}$ in der unterbrochenen Schienenschweißnaht

- Globale Schubspannungen sind beim Ermüdungsnachweis trotz nicht mittragender Schiene zu berücksichtigen, da sie zur Schädigung beitragen.
- Querkraft ΔV an der Stelle $x = 2,1$ m
  - $\max V = 63,7$ kN (beide Räder $F = 106,26$ kN rechts der Stelle x)
  - $\min V = -45,3$ kN (beide Räder $F = 106,2$ kN links der Stelle x)
  - $\Delta V = \max V - \min V = 109,1$ kN
- $\Delta\tau_{||,\text{global}} = \dfrac{\Delta Q \cdot S_y}{I_y \cdot 2 \cdot a_w} = \dfrac{109,1 \cdot 352}{25\,170 \cdot 2 \cdot 0,5} = 1,5 \text{ kN/cm}^2$
  mit $S_y = A_r \cdot z_s = 21 \cdot 16,75 = 352 \text{ cm}^3$
- Spannungsspiel $\Delta\tau_{||} = 2 \cdot \tau_{||,\text{lokal}} + \Delta\tau_{||,\text{global}} = 4,0 + 1,5 = 5,5 \text{ kN/cm}^2$ (Abb. 15.31)
- Da jede Kranüberfahrt zu zwei Spannungsspitzen $\Delta\tau_{||}$ führt, wird die Beanspruchungsklasse (BK) von S_2 auf S_3 erhöht (Tab. 15.3); siehe auch oben Abb. 15.31. Zwar sind die Spannungswechsel nicht gleich groß, aber mit der Annahme von zwei Spannungswechseln liegt man auf der sicheren Seite.
- Schadensäquivalenter Beiwert für BK S_3, τ: $\lambda = 0,575$ (Tab. 15.13)
- $\Delta\tau_{E,2} = \lambda \cdot \Delta\tau_{||} = 0,575 \cdot 5,5 = 3,16 \text{ kN/cm}^2$
- Kerbklasse 80 für τ (Abschnitt 15.3.6.4 d): Bezugswert $\Delta\tau_C = 8,0 \text{ kN/cm}^2$

$$D_\tau = \left(\frac{\gamma_{Ff} \cdot \Delta\tau_{E,2}}{\Delta\tau_C / \gamma_{Mf}}\right)^5 = \left(\frac{1,0 \cdot 3,16}{8,0/1,15}\right)^5 = 0,454^5 = 0,02$$

17.9.3.4 Gesamtschädigung und Nachweis der unterbrochenen Schienenschweißnaht

$$D = D_{\sigma x} + D_{\sigma z} + D_\tau = 0,08 + 2,17 + 0,02 = 2,27 > 1,0 \Rightarrow \text{ Nachweis nicht erfüllt}$$

Konsequenz: Die Schienenschweißnaht muss von $a_w = 5$ mm auf 7 mm aufgedickt werden. Eine genauere Berechnung der Schädigung infolge der Schubspannungen (siehe oben) würde daran nichts ändern. Wäre die Schienenschweißnaht durchlaufend statt unterbrochen, wäre eine gleich große Aufdickung erforderlich. Der Nachweis für die aufgedickte Schweißnaht wird hier nicht abgedruckt.

17.9.4 Oberflansch im Bereich der angeschweißten Quersteife am Mittelauflager des Kranbahnträgers

- Nachweisstelle b 2, Abb. 17.6, σ_x
- Maximales Biegemoment infolge Radlasten, siehe Tab. 17.1, Lastposition maximales Stützmoment: $\max M_y = -113,7$ kNm über dem Mittelauflager
- Minimales Biegemoment infolge Radlasten: Da die Räder den Zweifeldträger verlassen können, gilt $\min M_y = 0$ kNm
- Spannungen

$$\Delta\sigma_{x,max} = \frac{\max M_y}{W_y} = \frac{11\,370 \text{ kNcm}}{1921 \text{ cm}^3} = 5,92 \text{ kN/cm}^2$$

  mit: W_y – Oberflanschunterkante siehe Abs. 17.4.1
- Schadensäquivalenter Beiwert für BK S_2: $\lambda = 0,315$ (Tab. 15.13)
- $\Delta\sigma_{E,2} = \lambda \cdot \Delta\sigma_x = 0,315 \cdot 5,92 = 1,86$ kN/cm^2
- Kerbklasse 80 für σ_x (Abb. 17.6): Bezugswert $\Delta\sigma_C = 8,0$ kN/cm^2
- Nachweis

$$D = \left(\frac{\gamma_{Ff} \cdot \Delta\sigma_{E,2}}{\Delta\sigma_C/\gamma_{Mf}}\right)^3 = \left(\frac{1,0 \cdot 1,86}{8,0/1,15}\right)^3 = 0,27^3 = 0,02 \quad (\checkmark) \quad \text{(Auslastung 2 \%)}$$

- Dieser Auslastungswert bezieht sich – wie alle Auslastungen in der Ermüdungsrechnung – nicht auf die Spannungen, sondern auf die Lebensdauer!

17.9.5 Stegansatz im Feld, Steg an der Schweißnaht zum Beschlag

17.9.5.1 σ_x aus globaler Tragwirkung infolge maximalen Feldmoments – Stelle d 3

- Schnittgrößen bei $x = 2,1$ m: $\Delta M_y = 160,6$ kNm, siehe Abs. 17.9.3.1
- Spannungsspiel mit: W_y am Übergang Steg–Radius siehe Abschnitt 17.4.1

$$\Delta\sigma_x = \frac{\Delta M_y}{W_y} = \frac{16060 \text{ kNcm}}{2420 \text{ cm}^3} = 5,0 \text{ kN/cm}^2$$

- Schadensäquivalenter Beiwert für BK S_2: $\lambda = 0,315$ (Tab. 15.13)
- $\Delta\sigma_{x,E,2} = \lambda \cdot \Delta\sigma_x = 0,315 \cdot 6,64 = 2,09$ kN/cm^2
- Kerbklasse 63 für σ_x ([3-1-9/Tab.8.4] Detail 1): Bezugswert $\Delta\sigma_C = 6,3$ kN/cm^2
- Nachweis

$$D_{\sigma y} = \left(\frac{\gamma_{Ff} \cdot \Delta\sigma_{x,E,2}}{\Delta\sigma_C/\gamma_{Mf}}\right)^3 = \left(\frac{1,0 \cdot 2,09}{6,3/1,15}\right)^3 = 0,38^3 = 0,056 \quad (\checkmark)$$

17.9.5.2 Radlastpressung σ_{oz} am Übergang Steg–Radius im Feld – Stelle d 3

- Lastausbreitung Ausrundungsende $l = 19,6$ cm (siehe Abschnitt 17.7.1)
- Radlasten $F_{z,Ed} = 106,2$ kN; siehe Abschnitt 17.9.2

$$\Delta\sigma_{oz,Ed} = \sigma_{oz,Ed,max} = \frac{F_{z,Ed}}{l_{eff} \cdot t_w} = -\frac{106,2}{19,6 \cdot 1,1} = -4,93 \text{ kN/cm}^2$$

- BK um 1 auf S_3 erhöht, da es pro Überfahrt zwei Spannungsspitzen gibt.
- Schadensäquivalenter Beiwert für BK S_3: $\lambda = 0,397$ (Tab. 15.13)
- $\Delta\sigma_{z,E,2} = \lambda \cdot \Delta\sigma_x = 0,397 \cdot 4,93 = 1,96 \text{ kN/cm}^2$
- Kerbklasse 80 für σ_{oz} ([3-1-9/Tab.8.4] Detail 6)
- $\Delta\sigma_C = 8,0 \text{ kN/cm}^2$
- Nachweis

$$D_{\sigma z} = \left(\frac{\gamma_{Ff} \cdot \Delta\sigma_{z,E,2}}{\Delta\sigma_{z,C}/\gamma_{Mf}}\right)^3 = \left(\frac{1,0 \cdot 1,96}{18,0/1,15}\right)^3 = 0,128^3 = 0,022 \quad (\checkmark) \qquad (17.1)$$

17.9.5.3 τ_{xz} aus globaler Tragwirkung und aus Radlastpressung im Feld – Stelle d 3

- Querkraft $\Delta V = 109,1$ kN an der Stelle $x = 2,1$ m , siehe Abs. 17.9.3.2
- Schubspannungen aus globaler Tragwirkung an der Stelle $x = 2,1$ m; S_y siehe Abs. 17.4.1

$$\Delta\tau_{xz,Ed} = \frac{\Delta V \cdot S_y}{I_y \cdot t_w} = \frac{109,1 \text{ kN} \cdot 875 \text{ cm}^3}{25\,170 \text{ cm}^4 \cdot 1,1 \text{ cm}^3} = 3,45 \text{ kN/cm}^2$$

- Lokale Schubspannungen (= 20 % der Radlastpressung aus Abschnitt 17.9.5.2)

$$\tau_{ox,Ed} = 0,2 \cdot \sigma_{oz,Ed} = 0,2 \cdot 4,93 \text{ kN/cm}^2 = 0,99 \text{ kN/cm}^2$$

- Spannungsschwingbreite [3-6/Bild 5.4]

$$\Delta\tau_{xz,Ed} + 2 \cdot \tau_{oxz,Ed} = 3,45 \text{ kN/cm}^2 + 2 \cdot 0,99 \text{ kN/cm}^2 = 5,42 \text{ kN/cm}^2$$

- Beanspruchungsklasse um 1 auf S_3 erhöht, da zwei Spannungsspitzen pro Überfahrt
- Schadensäquivalenter Beiwert für BK S_3, Schubspannungen: $\lambda = 0,575$
- $\Delta\tau_{E,2} = \lambda \cdot \Delta\tau_{xz} = 0,575 \cdot 5,42 \text{ kN/cm}^2 = 3,1 \text{ kN/cm}^2$
- Kerbklasse 100 für τ_{xz} (siehe Abschnitt 15.3.6.12): Bezugswert $\Delta\tau_C = 10,0 \text{ kN/cm}^2$
- Nachweis

$$D_\tau = \left(\frac{\gamma_{Ff} \cdot \Delta\tau_{E,2}}{\Delta\tau_C/\gamma_{Mf}}\right)^5 = \left(\frac{1,0 \cdot 3,1}{10,0/1,15}\right)^5 = 0,36^5 = 0,006 \quad (\checkmark)$$

17.9.5.4 Interaktion nach Abschnitt 15.4.5, [3-1-9/8(3)]

$$D_{gesamt} = D_{\sigma x} + D_{\sigma z} + D_\tau = 0,056 + 0,022 + 0,006 = 0,08 \leq 1 \quad \text{(Auslastung 8 \%)}$$

17.9.6 Stegansatz am Zwischenauflager, Quersteifenanschluss

- Schubspannungen aus globaler Querkraft und Radlastpressung – Stelle b 4, siehe Abb. 17.6
  - $\Delta V_z = \max V_z = 157,4$ kN (ein Rad unmittelbar neben Zwischenauflager), Tab. 17.1

$$\Delta\tau_{xz,Ed} = \frac{\Delta V_z \cdot S_y}{I_y \cdot t_w} = \frac{157,4 \text{ kN} \cdot 875 \text{ cm}^3}{25\,170 \text{ cm}^4 \cdot 1,1 \text{ cm}} = 4,97 \text{ kN/cm}^2$$

- Lokale Schubspannungen (= 20 % der Radlastpressung aus Abschnitt 17.9.5.2)

$$\tau_{\text{oxz,Ed}} = 0,2 \cdot \sigma_{\text{oz,Ed}} = 0,2 \cdot 4,93 \text{ kN/cm}^2 = 0,99 \text{ kN/cm}^2$$

- Spannungsschwingbreite

$$\Delta\tau_{\text{xz}} = \Delta\tau_{\text{xz,Ed}} + 2 \cdot \tau_{\text{oxz,Ed}} = 4,97 \text{ kN/cm}^2 + 2 \cdot 0,99 \text{ kN/cm}^2 = 6,95 \text{ kN/cm}^2$$

- Beanspruchungsklasse um 1 auf S_3 erhöht, da zwei Spannungsspitzen pro Überfahrt. Schadensäquivalenter Beiwert für BK S_3, Schubspannungen: $\lambda = 0,575$
- $\Delta\tau_{\text{E,2}} = \lambda \cdot \Delta\tau_{\text{xz}} = 0,575 \cdot 6,95 \text{ kN/cm}^2 = 4,0 \text{ kN/cm}^2$
- Kerbklasse 100 für τ_{xz} (siehe Abschnitt 15.3.6.12): $\Delta\tau_{\text{C}} = 10,0 \text{ kN/cm}^2$

$$D_\tau = \left(\frac{\gamma_{\text{Ff}} \cdot \Delta\tau_{\text{E,2}}}{\Delta\tau_{\text{C}}/\gamma_{\text{Mf}}}\right)^5 = \left(\frac{1,0 \cdot 4,0}{10,0/1,15}\right)^5 = 0,46^5 = 0,02 \quad (\checkmark)$$

- Normalspannungen σ_{x} aus globaler Biegung – Stelle b 4 ; M_y nach Tab. 17.1:

$$\Delta\sigma_{\text{x}} = \frac{\Delta M_{\text{y}}}{W_{\text{y}}} = \frac{11\,370 \text{ kNcm}}{2420 \text{ cm}^3} = 4,7 \text{ kN/cm}^2$$

  - Kerbklasse 80 für σ_{x} (Abb. 17.6): Bezugswert $\Delta\sigma_{\text{C}} = 8,0 \text{ kN/cm}^2$

$$\Delta\sigma_{\text{x,E,2}} = \lambda \cdot \Delta\sigma_{\text{x}} = 0,315 \cdot 4,7 = 1,5 \text{ kN/cm}^2$$

$$D_{\sigma\text{x}} = \left(\frac{\gamma_{\text{Ff}} \cdot \Delta\sigma_{\text{x,E,2}}}{\Delta\sigma_{\text{C}}/\gamma_{\text{Mf}}}\right)^3 = \left(\frac{1,0 \cdot 1,5}{8,0/1,15}\right)^3 = 0,21^3 = 0,01 < 1,0((\checkmark)$$

- Radlastpressung wie Abschnitt 17.9.5.2 – Stelle b 4
  - Kerbklasse 56 für σ_{oz} (Abb. 17.6) für Quersteifenanschluss mit Mausloch: Bezugswert $\Delta\sigma_{\text{C}} = 5,6 \text{ kN/cm}^2$
  - Nachweis

$$D_{\sigma\text{z}} = \left(\frac{\gamma_{\text{Ff}} \cdot \Delta\sigma_{\text{x,E,2}}}{\Delta\sigma_{\text{C}}/\gamma_{\text{Mf}}}\right)^3 = \left(\frac{1,0 \cdot 1,96}{5,6/1,15}\right)^3 = 0,40^3 = 0,065 < 1,0 \quad (\checkmark)$$

- Interaktion $0,02 + 0,01 + 0,07 = 0,10 < 1,0 \quad (\checkmark)$ (Auslastung 10 %)

17.10 Zusammenfassung und Bewertung

- Der GZT-Querschnittsnachweis als Schnittgrößennachweis unter Ausnutzung plastischer Querschnittsreserven führt zu einer maximalen Auslastung von 36 %.
- Der GZT-BDK-Nachweis als Nachweis der Schnittgrößen nach Wölbkrafttorsionstheorie II. Ordnung ergibt eine Auslastung von 51 %. Der zugehörige GZG-Spannungsnachweis unter Gebrauchslasten liefert 50 % Auslastung.
- Der GZT-Spannungsnachweis an der Oberkante des Stegs über dem Mittelauflager ergibt eine Auslastung von 53 %.

- Der GZT-Spannungsnachweis der 5 mm-Schienenschweißnaht ergibt 53 % Auslastung für die durchlaufende Naht, während für eine unterbrochene Naht mindestens 57 % Auslastung berücksichtigt werden müssen.
- Der GZT-Beulnachweis für den Steg unter der Radlast mit der Komponentenmethode liefert 33 % Auslastung, während sich nach der Methode der reduzierten Spannungen 47 % Auslastung ergibt.
- Der GZG-Nachweis der vertikalen Durchbiegung ist mit 57 % Auslastung unkritisch, während die horizontale Durchbiegung mit 90 % fast am Limit ist.
- Beim Ermüdungsnachweis lässt sich aus der Auslastung nicht auf eine optionale Erhöhung der Beanspruchung schließen, sondern auf eine Erhöhung der Nutzungsdauer. Der Ermüdungsnachweis der unterbrochenen Schienenschweißnaht liefert eine Auslastung von 227 % und ist damit nicht erfüllt. Eine ausreichende Ermüdungsfestigkeit der Naht ist gegeben, wenn sie von $a_w = 5$ mm auf mindestens $a_w = 7$ mm aufgedickt wird.
- Alle anderen Ermüdungsnachweise sind deutlich unkritisch.

Gesamtbewertung:

1.) Der gewählte Kranbahnquerschnitt HEB 300 kann nicht auf einen HEB 280 reduziert werden, weil dann die horizontale Verschiebung der Schienenoberkante zu groß werden würde. Alle anderen Nachweise würden eine Verringerung des Querschnittsprofils um eine Stufe erlauben.

2.) Die Dicke der Schienenschweißnaht muss aus Gründen der Ermüdung von 5 mm auf 7 mm aufgedickt werden.

17.11 Weitere Berechnungsbeispiele in der Literatur

1.) Die im Internet kostenlos verfügbare Arbeitshilfe Kranbahnen (Bauforumstahl, Düsseldorf 2018, [Bfs18b], S.42 ff.) enthält die vollständige Berechnung und den Nachweis eines einfeldrigen, 12,5 m langen Kranbahnträgers, der von zwei Kranen HC 2 / S_4 mit je 100 t Hublast befahren wird. Die 1,6 m hohe Kranbahn besteht aus einem HD 400×82 als Obergurt, der durch ein Stegblech mit Untergurt ergänzt wird, und dem ca. 1,5 m breiten fachwerkartigen Horizontalträger. Als Schiene wird eine Profilschiene A100 mit elastischer Unterlage eingesetzt und mit geschraubten Klemmplatten am Obergurt befestigt.

2.) Der im Stahlbaukalender 2017 enthaltene Beitrag „Bemessung von Kranbahnen nach DIN EN 1993-6“ [EK17] enthält die komplette Berechnung und den Nachweis eines einfeldrigen, 10 m langen Kranbahnträgers, der von einem Werkstattkran HC 3 / S_4 mit 40 t Hublast befahren wird. Die 82 cm hohe Kranbahn besteht aus einem einfachsymmetrischen Dreiblechquerschnitt. Als Schiene wird eine Profilschiene A75 mit elastischer Unterlage eingesetzt und mit aufgeschweißten Klemmplatten befestigt.

3.) Eine ähnliche Kranbahn wie in diesem Abschnitt wird in [See20] berechnet, jedoch mit Stahlgüte S 235 statt S 355.

18 Kranbahnen für Hängekrane und Laufkatzen

In diesem Kapitel geht es um Kranbahnen für Hängekrane, Deckenkrane und Laufkatzen. Hängekrane (Abb. 18.1 und Abb. 18.2) sind Brückenkrane, deren Fahrbahnen fest oder pendelnd an Decken- oder Dachkonstruktionen oder an Konsolen von Hallenstützen aufgehängt sind.

Deckenkrane sind solche Hängekrane, deren Kranbahnen an Dachkonstruktionen oder Decken angehängt sind [VDI07].

Leichtkransysteme nach DIN EN 16851, für die DIN EN 1993-6 und auch DIN EN 15011 nicht gelten, werden in diesem Kapitel nicht behandelt.

18.1 Einwirkungen und Einwirkungskombinationen

18.1.1 Einwirkungen

Grundsätzlich gelten hinsichtlich der Einwirkungen und Einwirkungskombinationen die oben in Kap. 8 beschriebenen Vorschriften. Für die Horizontallasten, die sich aus den Massenkräften aus Antrieben und den Schräglaufkräften zusammensetzen, gelten dagegen vereinfachte Regeln. Im Folgenden werden charakteristische Radlasten ohne Schwingbeiwerte Q genannt. Als F werden dagegen charakteristische Radlasten bezeichnet, die bereits mit Schwingbeiwerten vergrößert wurden.

$Q_{\text{max},i}$ ist die Summe aus den vertikalen Radlasten $Q_{\text{c},i}$ aus Eigengewicht der Kranbrücke und den maximalen Radlasten $Q_{\text{h},i}$ aus der Hublast ohne Berücksichtigung von Schwingbeiwerten

Abb. 18.1: DEMAG-Deckenkran (links) und Kopfträger mit Radschwinge (rechts)

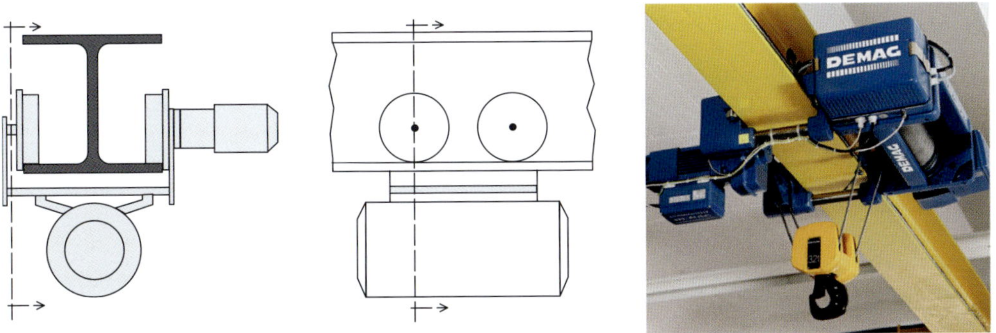

Abb. 18.2: Laufkatze (links) und DEMAG-Schienenhängekatze (rechts)

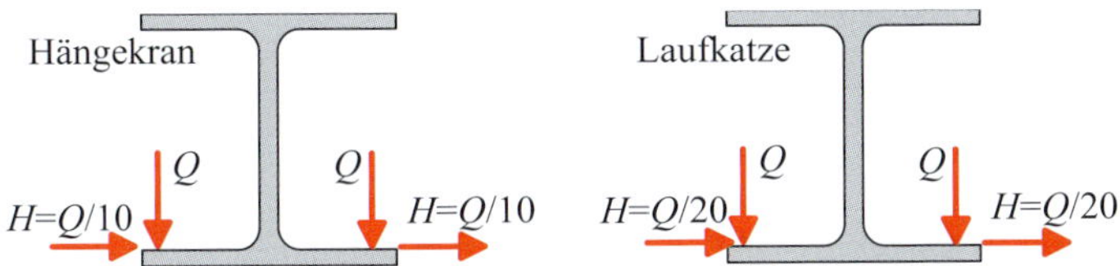

Abb. 18.3: Horizontallasten bei Hängekranen (li.) und bei Unterflanschlaufkatzen (re.)

nach Tab. 8.5:

$$Q_{\max,i} = Q_{c,i} + \max Q_{h,i}$$

Die senkrecht zur Kranbahnachse wirkenden horizontalen Radlasten H_i dürfen wie folgt angenommen werden (siehe Abb. 18.3):

- Seitenlasten für Hängekrane [1-3/2.5.2.2(3)]:

$$H_i = \frac{1}{10} \cdot Q_{\max,i} \tag{18.1}$$

- Seitenlasten für Schienenhängekatzen [1-3/2.5.1.2]:

$$H_i = \frac{1}{20} \cdot Q_{\max,i} \tag{18.2}$$

Eine präzisere Bestimmung der Seitenkräfte von Hängekranen ist nach DIN 15011, Abs. 5.2.1.3.4 (Lasten durch Beschleunigung der Antriebe) und Abs. 5.2.1.4.5 (Schräglaufkräfte für Hängekrane) möglich. Eine solche Berechnung ist jedoch entbehrlich, wenn die Kräfte nach Gl. 18.1 und 18.2 angesetzt werden, weil diese die betrieblichen Erfordernisse abdecken. Ist ein (normalerweise nicht zulässiger) Querzug [1] planmäßig vorgesehen, so sind die Seitenkräfte entsprechend zu erhöhen.

Beispiel 18-1: Seitenlasten eines Deckenkrans

Der in Abb. 18.4 dargestellte Deckenkran HC2/S_2 hat eine Eigenmasse von $m_c = 3,2$ t und eine Hublast von $m_h = 6,3$ t. Bei extremer Katzposition werden 95,24 % der Hublast über eine

[1] Querzug entsteht z.B., wenn die anzuhebende Last nicht direkt unter der Katzbahn steht, sonder seitlich davon. Das Anheben der Last führt dann über ein schräg verlaufendes Tragseil zu einer horizontalen Kraftkomponente.

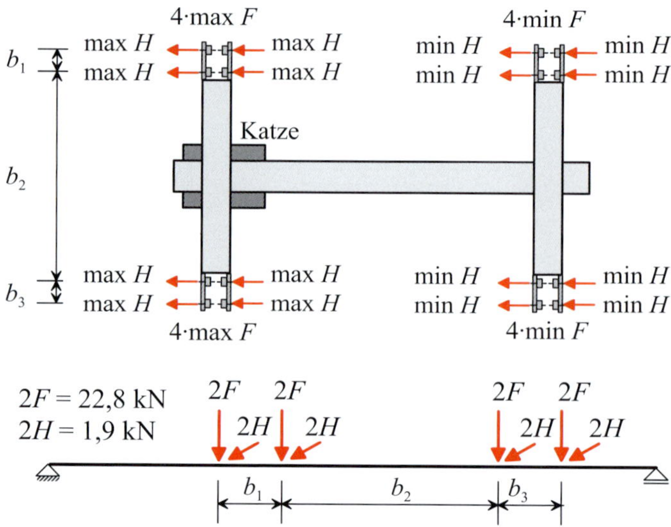

Abb. 18.4: Deckenkran Beispiel 18-1 (oben) und charakteristische Einwirkungen aus Kranbetrieb LG 1 auf die Kranbahn (unten)

Kranbahn abgetragen. An jedem der 8 Räder einer Seite wirkt mit $Q_{c,i} = G_c/16 = 2\,\text{kN}$ und $\max Q_{h,i} = G_h \cdot 0,9524/8 = 7,5\,\text{kN}$ die vertikale Radlast

$$Q_{\max,i} = Q_{c,i} + \max Q_{h,i} = 2 + 7,5 = 9,5\ \text{kN}$$

Unter Berücksichtigung der LG (Lastgruppe) 1 im GZT nach Tab. 8.2 wird daraus mit den Schwingbeiwerten $\varphi_1 = 1,10$ und $\varphi_2 = 1,23$ (Tab. 8.5) die maximale charakteristische Radlast zu:

$$F_{\max,i} = \varphi_1 \cdot Q_{c,i} + \varphi_2 \cdot \max Q_{h,i} = 1,1 \cdot 2 + 1,23 \cdot 7,5 = 11,4\ \text{kN}$$

Die horizontale Radlast beträgt nach Gl. 18.1 für jedes der 8 Räder auf der höher beanspruchten Kranbahn:

$$H_i = \frac{1}{10} \cdot Q_{\max,i} = \frac{1}{10} \cdot 9,5 = 0,95\ \text{kN}$$

Die charakteristische Beanspruchung der Kranbahn in LG 1 ist in Abb. 18.4 dargestellt.

Für die Berechnung der Spannungen aus globaler Biegetragwirkung kann es zweckmäßig sein, die vier Radlasten aus den Rädern einer Radschwinge zusammenzufassen.

Zur Berechnung der Unterflanschbiegung werden dagegen die Radlasten einzeln berücksichtigt.

18.1.2 Einwirkungskombinationen

Die EK (Einwirkungskombinationen) ergeben sich wie bei Brückenlaufkranen aus Tab. 8.2. Die nach Abschnitt 18.1.1 vereinfacht berechneten Horizontallasten enthalten bereits alle dynamischen Faktoren; Schwingbeiwerte müssen für die Horizontallasten deshalb nicht berücksichtigt werden [1-3/2.5.2.2(3) und 2.5.1.2(2)].

Damit ergeben sich für einen Hängekran in einer Halle beispielhaft folgende EK:

a) GZT – EK 1
   LG 1 (Lastgruppe 1): $F = \varphi_1 \cdot Q_c + \varphi_2 \cdot Q_h$ und $H = (Q_c + Q_h)/10$
   EK 1: ($\gamma_Q \cdot$ LG 1 $+ \gamma_Q \cdot$ Eigengewicht Kranbahn) mit $\gamma_Q = 1{,}35$
b) GZT – EK 5 (in der Regel nicht relevant gegenüber EK 1)
   LG 5 (Lastgruppe 5): $F = \varphi_4 \cdot Q_c + \varphi_4 \cdot Q_h$ und $H = (Q_c + Q_h)/10$
   EK 5: ($\gamma_Q \cdot$ LG 5 $+ \gamma_Q \cdot$ Eigengewicht Kranbahn) mit $\gamma_Q = 1{,}35$
c) GZG – EK 102
   LG 102: $F = 1{,}0 \cdot Q_c + 1{,}0 \cdot Q_h$ und $H = (Q_c + Q_h)/10$
   EK 102: ($\gamma_{Q,ser} \cdot$ LG 102 $+ \gamma_{Q,ser} \cdot$ Eigengewicht Kranbahn) mit $\gamma_{Q,ser} = 1{,}0$
d) Ermüdung – GZE – EK 201
   LG 201: $F = \varphi_{fat,1} \cdot Q_c + \varphi_{fat,2} \cdot Q_h$ und $H = 0$
   EK 201: ($\gamma_{Ff} \cdot$ LG 201 $+ \gamma_{Ff} \cdot$ Eigengewicht Kranbahn) mit $\gamma_{Ff} = 1{,}0$
   Das Eigengewicht der Kranbahn bleibt i.d.R. beim Ermüdungsnachweis unberücksichtigt, da bei Schweißkerben nur die Spannungsspiele ermüdungsrelevant sind.

18.2 Nachweis der Tragfähigkeit des Unterflanschs

Bei Schienenhängekatzen und Hängekranen wird der Untergurt des Kranbahnträgers zusätzlich zur globalen Haupttragwirkung durch die Radlasten auf lokale Flanschbiegung beansprucht. Der Untergurt verhält sich gegenüber dieser lokalen Beanspruchung plattenartig und reagiert mit einem zweiachsigen Spannungszustand. Zunächst ist im GZT nachzuweisen, dass der Untergurt die Radlasten aufnehmen kann. Darüber hinaus ist nachzuweisen, dass im GZG die Spannungen aus Flanschbiegung die Fließgrenze nicht überschreiten.

18.2.1 Tragfähigkeit des Unterflanschs im GZT

Die Beanspruchbarkeit des Unterflansches wird nach [3-6/6.7] im GZT unter Ausnutzung plastischer Querschnittsreserven nachgewiesen:

$$F_{z,Ed} \leq F_{z,Rd} = \frac{l_{eff} \cdot t_f^2 \cdot f_y}{4 \cdot m \cdot \gamma_{M0}} \left[1 - \left(\frac{\sigma_{f,Ed} \cdot \gamma_{M0}}{f_y}\right)^2\right] \quad \text{mit} \qquad (18.3)$$

l_{eff} effektive Länge nach Tab. 18.1 und [3-6/Tab.6.2]

t_f Flanschdicke

r Walzradius

$m = 0{,}5 \cdot (b - t_w) - 0{,}8 \cdot d - n$

a_w Kehlnahtdicke Halskehlnaht

$d = r$ (Walzprofil) bzw. $d = \sqrt{2} \cdot a_w$ (Schweißprofil)

b, n, t_w siehe Abb. 18.5

$\sigma_{f,Ed} = \sigma_{x,Ed}$ Spannungen in der Flanschachse infolge globaler Biegung

Tab. 18.1: Effektive Länge l_{eff} zur Berechnung der Unterflanschtragfähigkeit

Fall	Position Radlast	l_{eff} (Achtung: $\neq l_{eff}$ aus Abschnitt 12.2.1!)
a	Rad an einem ungestützten Flanschende (Abb. 18.5 c)	$l_{eff} = 2 \cdot (m+n)$
b	Rad außerhalb der Trägerendbereiche (Abb. 18.5 b,e,g)	$l_{eff} = 4 \cdot \sqrt{2} \cdot (m+n)$ für $x_w \geq 4 \cdot \sqrt{2} \cdot (m+n)$ $l_{eff} = 2 \cdot \sqrt{2} \cdot (m+n) + 0,5 \cdot x_w$ für $x_w < 4 \cdot \sqrt{2} \cdot (m+n)$
c	Rad im Abstand $x_e \leq 2 \cdot \sqrt{2} \cdot (m+n)$ von einem Prellbock am Trägerende (Abb. 18.5 a)	Hilfswert a: $a = x_e$ für $x_w \geq 2 \cdot \sqrt{2} \cdot (m+n) + x_e$ $a = (x_e + x_w)/2$ für $x_w < 2 \cdot \sqrt{2} \cdot (m+n) + x_e$ $l_{eff} = \min \begin{cases} 2 \cdot (m+n) \cdot \left[\frac{x_e}{m} + \sqrt{1 + \left(\frac{x_e}{m}\right)^2}\right] \\ \sqrt{2} \cdot (m+n) + a \end{cases}$
d	Rad im Abstand $x_e \leq 2 \cdot \sqrt{2} \cdot (m+n)$ am gestützten Flanschende, das entweder von unten gestützt wird oder durch eine angeschw. Stirnplatte gehalten ist. (Abb. 18.5 d,f)	$l_{eff} = 2 \cdot \sqrt{2} \cdot (m+n) + x_e + \frac{2 \cdot (m+n)^2}{x_e}$ für $x_w \geq 2 \cdot \sqrt{2} \cdot (m+n) + x_e + \frac{2 \cdot (m+n)^2}{x_e}$ $l_{eff} = \sqrt{2} \cdot (m+n) + \frac{x_e + x_w}{2} + \frac{(m+n)^2}{x_e}$ für $x_w < 2 \cdot \sqrt{2} \cdot (m+n) + x_e + \frac{2 \cdot (m+n)^2}{x_e}$

x_e	Abstand vom Trägerende zur Schwerlinie des Rades
x_w	Radabstand
n	Abstand der Schwerlinie der Last zur äußeren Flanschkante, siehe Abb. 18.5
m	Abstand von der Radlast zum Übergang Flansch – Steg; siehe Abb. 18.5

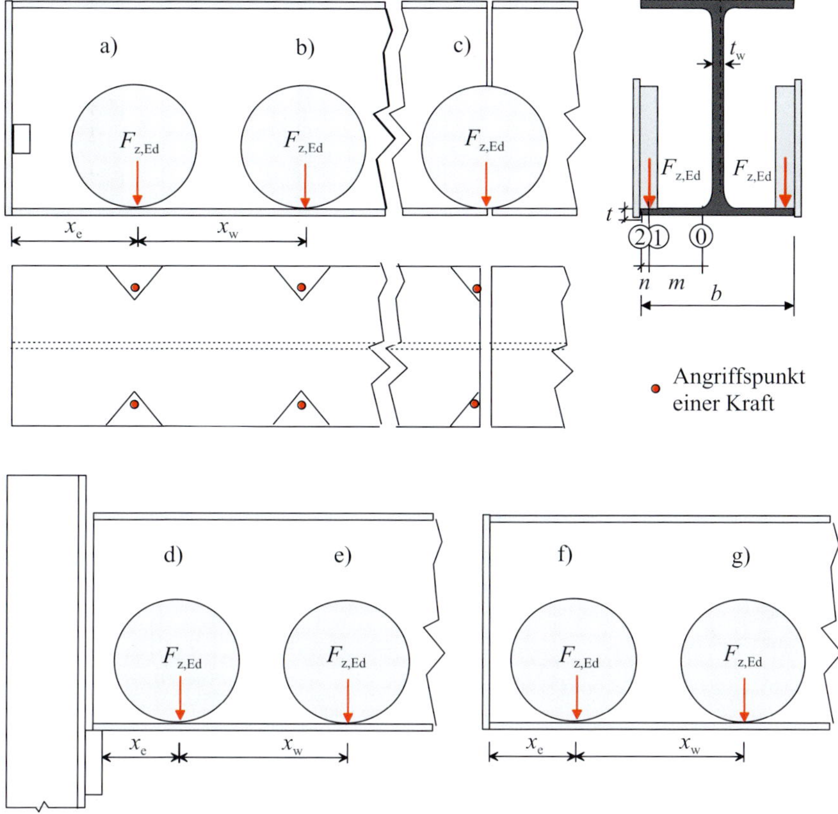

Abb. 18.5: Unterflanschbelastung durch Radlasten im GZT am freien Ende (c), am gestützten Ende (a, d, f) und entfernt vom Trägerende (b, e, g)

Dieser Nachweis ist in der Regel gegenüber dem Nachweis des elastischen Verhaltens im GZG (siehe Abs. 18.2.2) nicht dimensionierend. Weshalb enthält die Norm dennoch den Nachweis? In manchen Ländern sind die Nachweise im GZG nicht verpflichtend. Damit auch in diesen Ländern die Sicherheit des Unterflansches gewährleistet ist, wurde der GZT-Nachweis nach Gl. 18.3 in die Kranbahnnorm aufgenommen.

18.2.2 Nachweis des elastischen Verhaltens des Unterflanschs im GZG

Zusätzlich zum Nachweis im GZT nach Abs. 18.2.1 ist im Rahmen eines Gebrauchstauglichkeitsnachweises zu zeigen, dass die Spannungen im Unterflansch im elastischen Bereich bleiben.

Erfolgt die Radlasteinleitung in einem Abstand $x_e \geq b$ vom Trägerende, so werden die Lasteinleitungsspannungen nach Abs. 18.2.2.1 berechnet, siehe auch [3-6/5.8(3)]. Für den Fall, dass zwei Räder dicht nebeneinanderstehen ($x_w < 1,5 \cdot b$), ist die gemeinsame Wirkung der beiden Räder zu berücksichtigen, siehe ebenfalls Abs. 18.2.2.1.

Erfolgt die Radlasteinleitung dagegen in der Nähe eines Trägerendes ($x_e < b$), so sind die Regeln

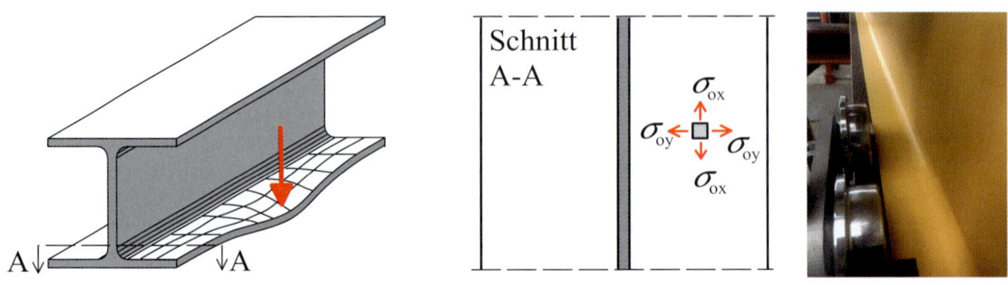

Abb. 18.6: Unterflanschbiegung

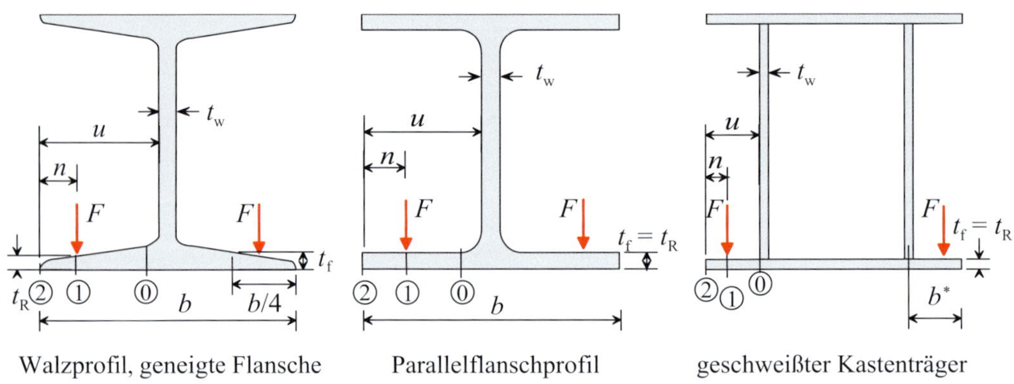

Abb. 18.7: Berechnung der Spannungen aus Unterflanschbiegung

nach Abschnitt 18.2.2.2 anzuwenden, siehe auch [3-6/5.8(6)].

Analog zur Unterflanschbiegung kann eine punktartige Aufhängung der Kranbahn zu einer lokalen Biegung des Oberflansches führen. Das Berechnungsverfahren kann ebenso zur Bestimmung der Oberflanschbiegung aus punktartig eingeleiteten Auflagerkräften genutzt werden.

18.2.2.1 Unterflanschbiegung im Trägermittelbereich [3-6/5.8(3)]

Abb. 18.6 zeigt die Verformung eines unteren Trägerflansches infolge einer Radlast. Verschiedene Verfahren zur Berechnung der lokalen Biegebeanspruchungen des Untergurtes werden in [Pet94] dargestellt und diskutiert. In der Praxis hat sich schon seit Jahrzehnten die Berechnung nach F.E.M.-Richtlinie 9.341 „Örtliche Trägerbeanspruchung" [FEM83] durchgesetzt, die auch in DIN EN 1993-6 übernommen wurde. Spannungen werden an den Stellen $i = 0$, 1 und 2 berechnet, siehe Abb. 18.7.

- Stelle 0: Anschnitt des Flanschs am Stegrand bzw. am Ausrundungsbeginn
- Stelle 1: Flansch am Lasteinleitungspunkt
- Stelle 2: Flanschrand

Tab. 18.2: Formeln für die Ermittlung der Beiwerte $c_{x,i}$, $c_{y,i}$ nach [3-6/Tab.5.2]

i	Profile mit geneigten Flanschen	Parallelflanschprofile, Kastenträger
0	$c_{x,0} = -0,981 - 1,479\mu + 1,120e^{1,322\mu}$ $c_{y,0} = -1,096 + 1,095\mu + 0,192e^{-6,000\mu}$	$c_{x,0} = 0,050 - 0,580\mu + 0,148e^{3,015\mu}$ $c_{y,0} = -2,110 + 1,977\mu + 0,0076e^{6,530\mu}$
1	$c_{x,1} = 1,810 - 1,150\mu + 1,060e^{-7,700\mu}$ $c_{y,1} = 3,965 - 4,835\mu - 3,965e^{-2,675\mu}$	$c_{x,1} = 2,230 - 1,490\mu + 1,390e^{-18,33\mu}$ $c_{y,1} = 10,11 - 7,408\mu - 10,11e^{-1,364\mu}$
2	$c_{x,2} = 1,990 - 2,810\mu + 0,840e^{-4,690\mu}$ $c_{y,2} = 0$	$c_{x,2} = 0,730 - 1,580\mu + 2,910e^{-6,000\mu}$ $c_{y,2} = 0$
Mit $e = 2,71828...$ (Euler'sche Zahl, Basiszahl natürliche Logarithmen). Vorzeichen: Positive Werte $c_{x,i}$, $c_{y,i}$ bedeuten Zug an der Unterseite des Unterflansches.		

Die Spannungen in Trägerlängsrichtung ergeben sich zu:

$$\sigma_{ox,Ed,ser,i} = c_{x,i} \cdot \frac{F_{z,Ed}}{t_f^2} \tag{18.4}$$

Die Spannungen quer zum Träger ergeben sich zu:

$$\sigma_{oy,Ed,ser,i} = c_{y,i} \cdot \frac{F_{z,Ed}}{t_f^2} \tag{18.5}$$

mit:

- $F_{z,Ed}$ Radlast (EK mit GZT-Lastgruppen nach Tab. 8.2, $\gamma_{Q,ser} = 1,0$; siehe Abs. 14.4)
- t_R Solldicke des Flansches in der Mitte der Radaufstandsfläche nach Abb 18.7, Toleranzen und Verschleiß bleiben unberücksichtigt.
- $c_{x,i}$, $c_{y,i}$ Beiwerte als Funktion des Hilfsparameters μ, siehe auch [3-6/Tab.5.3]. $c_{x,i}$ und $c_{y,i}$ können alternativ mit den Formeln nach Tab. 18.2 berechnet werden oder aus den Werten der Tab. 18.3 mit einer Interpolationsrechnung ermittelt werden. Bei Radlasten, die nahe der äußeren Flanschkante eingeleitet werden, dürfen die Werte $c_{x,i}$, $c_{y,i}$ für $\mu = 0,10$ aus Tab. 18.3 verwendet werden.
- Vorzeichenregel: Positive Werte c bedeuten Zug an der Flanschunterseite.
- μ Hilfsparameter für I-Profile: $\mu = n/u = 2 \cdot n/(b - t_w)$
  - ... für Kastenprofile nach FEM-Richtlinie 9.341, Abs. 2.3: $\mu = n/u = n/(b^* - t_w)$
- n Abstand Radmitte – Flanschrand (siehe Abb. 18.7)
- u Abstand Stegrand – Flanschrand (siehe Abb. 18.7)
- b^* Abstand Stegmitte – Flanschrand (siehe Abb. 18.7)

Tab. 18.3: Beiwerte $c_{x,i}$ und $c_{y,i}$ für die Unterflanschbiegung nach [3-6/Tab.5.3]

	Profile mit geneigten Flanschen					Parallelflanschprofile, Kastenträger				
μ	$c_{x,0}$	$c_{x,1}$	$c_{x,2}$	$c_{y,0}$	$c_{y,1}$	$c_{x,0}$	$c_{x,1}$	$c_{x,2}$	$c_{y,0}$	$c_{y,1}$
0,10	0,149	2,186	2,235	-0,881	0,447	0,192	2,303	2,169	-1,898	0,548
0,15	0,163	1,971	1,984	-0,854	0,585	0,196	2,095	1,676	-1,793	0,759*)
0,20	0,182	1,807	1,757	- 0,819	0,676	0,204	1,968	1,290	- 1,687	0,932
0,25	0,208	1,677	1,548	- 0,779	0,725	0,219	1,872	0,984	- 1,577	1,069
0,30	0,240	1,570	1,353	- 0,736	0,737	0,242	1,789	0,737	- 1,463	1,172
0,35	0,280	1,479	1,169	- 0,689	0,718	0,272	1,711	0,533	- 1,343	1,244
0,40	0,328	1,399	0,995	- 0,641	0,671	0,312	1,635	0,362	- 1,216	1,287
0,45	0,384	1,326	0,827	- 0,590	0,599	0,364	1,560	0,215	- 1,077	1,303
0,50	0,449	1,258	0,666	- 0,539	0,507	0,428	1,485	0,085	- 0,923	1,293
0,55	0,523	1,193	0,508	- 0,487	0,395	0,508	1,411	- 0,032	- 0,747	1,260
0,60	0,607	1,130	0,354	- 0,434	0,267	0,605	1,336	- 0,138	- 0,542	1,204
0,65	0,703	1,070	0,203	- 0,380	0,125	0,723	1,262	- 0,238	- 0,295	1,128
*) Dieser Wert ist in [3-6/Tab.5.3] mit 0,6 fehlerhaft angegeben.										

Die Koeffizienten $c_{x,i}$, $c_{y,i}$ für geneigte Flansche gelten für eine Neigung von 14 % bzw. 8°, wie sie z. B. Träger der Reihe I (I-Profile) nach DIN 1025 Teil 1 aufweisen. Für Träger mit größerer Flanschneigung liegen sie auf der sicheren Seite. Für Träger mit geringerer Neigung sollten als konservative Annahme die Koeffizienten für Parallelflanschprofile verwendet werden. Alternativ darf auch zwischen beiden Werten linear interpoliert werden.

Weiter unten in Bsp. 18-3 (Abb. 18.10) werden die nach Gl. 18.4 und 18.5 ermittelten Lasteinleitungsspannungen den mit finiten Elementen berechneten Spannungen gegenübergestellt. Es ergibt sich – außer an den Lasteinleitungspunkten (Singularitäten) – eine gute Übereinstimmung.

Vorgehensweise bei dicht nebeneinanderstehenden Rädern nach [3-6/5.8(6)]

Wenn der Abstand x_w zwischen zwei benachbarten Radlasten (siehe oben Abb. 18.5) größer als der 1,5-fache Wert der Flanschbreite b ist, darf die gemeinsame Wirkung der Räder auf die Größe der Unterflanschbiegespannungen unberücksichtigt bleiben. In allen anderen Fällen dürfen als konservativer Ansatz die für jedes Rad getrennt nach Gl. 18.4 und 18.5 berechneten Unterflanschbiegespannungen überlagert werden, wenn keine genaueren Maßnahmen zur Bestimmung der Spannungen durchgeführt werden [3-6/5.8(8)].

18.2.2.2 Unterflanschbiegung am freien Trägerende [3-6/5.8(6)]

Die lokalen Unterflanschbiegespannungen am freien, rechtwinkligen Trägerende lassen sich nach [3-6/5.8(6)] mit t_f als mittlere Nenndicke des Flansches berechnen zu

$$\sigma_{oy,end,Ed} = \left(5,6 - 3,225 \cdot \mu - 2,8 \cdot \mu^3\right) \cdot \frac{F_{z,Ed}}{t_f^2} \qquad (18.6)$$

Wenn eine geeignete konstruktive Verstärkung des freien Unterflanschendes vorgesehen wird (siehe Abschnitt 18.5.4), dann können die höheren Spannungen nach Gl. 18.6 nicht auftreten und dürfen daher unberücksichtigt bleiben.

18.2.2.3 Überlagerung mit globalen Biegespannungen (GZG)

Bei Kranbahnträgern von Einschienen-Laufkatzen oder Hängekranen sind die lokalen Spannungen im Unterflansch $\sigma_{\text{ox,Ed,ser}}$ und $\sigma_{\text{oy,Ed,ser}}$ zusätzlich zu den globalen Spannungen $\sigma_{\text{x,Ed,ser}}$ und $\tau_{\text{Ed,ser}}$ zu berücksichtigen [3-6/7.5]. Dabei dürfen gemäß deutschem NA die Radlasteinleitungsspannungen im Untergurt auf 75 % reduziert werden [3-6NA/5.8]. Dies gilt auch für Ermüdungsnachweise.

Damit ist im GZG nachzuweisen ($\gamma_{\text{M,ser}} = 1,0$):

$$\sigma_{\text{v,Ed,ser}} = \sqrt{\sigma^2_{\Sigma,\text{x,Ed,ser}} + \sigma^2_{\Sigma,\text{y,Ed,ser}} - \sigma_{\Sigma,\text{x,Ed,ser}} \cdot \sigma_{\Sigma,\text{y,Ed,ser}} + 3 \cdot \tau^2_{\text{Ed,ser}}} \leq f_\text{y} / \gamma_{\text{M,ser}} \quad (18.7)$$

mit:

$$\sigma_{\Sigma,\text{x,Ed,ser}} = \sigma_{\text{x,Ed,ser}} + 0,75 \cdot \sigma_{\text{ox,Ed,ser}}$$
$$\sigma_{\Sigma,\text{y,Ed,ser}} = 0,75 \cdot \sigma_{\text{oy,Ed,ser}}$$

Die globalen Biegeschubspannungen sind an der Stelle 0 (siehe Abb. 18.7) $\tau_{\text{Ed,ser}} = 0$ und an den Stellen 1 und 2 sehr klein.

18.3 Nachweise von Kranbahnen für Hängekrane und Laufkatzen

Grundsätzlich sind die in den Kapiteln 10 bis 16 beschriebenen Berechnungen und Nachweise auch auf Kranbahnträger für Einschienen-Laufkatzen und Hängekrane übertragbar.

18.3.1 Nachweise im GZT

Folgende Nachweise sind zu führen:

- Tragfähigkeit des Unterflansches nach Abs. 18.2.1
- Querschnittsnachweise nach Abs. 18.3.1.1
- Biegedrillknicknachweis nach Abs. 18.3.1.2
- Beulnachweise sind meist nicht erforderlich, siehe Abs. 18.3.1.3.
- Nachweise der Verbindungsmittel im GZT nach Kapitel 16

18.3.1.1 Querschnittsnachweis

Querschnittsnachweise sind nach Kapitel 11 mit den Bemessungsschnittgrößen im GZT durchzuführen. Ggf. kann bei Querschnitten der QK 1, 2 oder 3 der Querschnittsnachweis auch als Spannungsnachweis durchgeführt werden. Für Querschnitte der QK 1 und 2 könnte das allerdings unwirtschaftlich sein. Die Spannungsberechnung kann auch von Hand mit dem Tragwirkungssplitting nach Abs. 10.6.3 erfolgen.

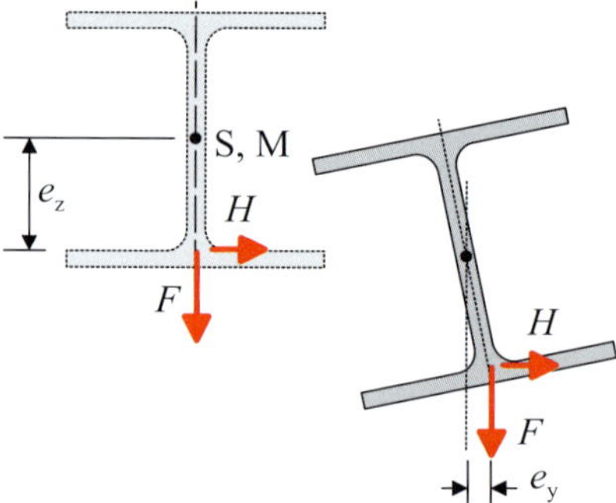

Abb. 18.8: Die Torsion des Katzbahnträgers verursacht ein rückstellendes Moment $F \cdot e_y$

18.3.1.2 Biegedrillknicknachweis

Kranbahnträger von Einschienen-Laufkatzen und Hängekranen sind grundsätzlich weniger biegedrillknickgefährdet als von Laufkranen befahrene Kranbahnträger, da durch eine Verdrillung des Trägers ein rückdrehendes Moment hervorgerufen wird (Abb. 18.8). Erst bei höheren Lasten kann der Träger kippen. Was sind die Ursachen dafür? In Abs. 10.5.2 wurden die zwei Ursachen für geometrisch nichtlineares Verhalten von Kranbahnträgern erläutert. Der am Unterflansch belastete Kranbahnträger kann instabil werden, wenn die konservative Wirkung des rückdrehenden Moments (Abb. 18.8) durch den destabilisierenden Effekt, der mit größer werdendem Torsionswinkel ϑ der Kranbahn zu einer wachsenden Nebenbiegung M_z aus den richtungstreuen vertikalen Radlasten führt, überschrieben wird. Deshalb ist auch bei Kranbahnträgern mit Unterflanschbelastung ein Biegedrillknicknachweis erforderlich, siehe Beispiel 18-2.

Beispiel 18-2: Theorie II. Ordnung bei einer Kranbahn für eine Unterflanschlaufkatze

Ein einfeldriger Kranbahnträger (IPE 360) der Länge $l = 7$ m wird von einer Laufkatze befahren, deren Radlasten vereinfachend durch eine mittige vertikale Einzellast F und eine Horizontallast $H = 0,05 \cdot F$ beschrieben werden (Abb. 18.9). Das Eigengewicht des Kranbahnträgers bleibt aus Gründen der Vereinfachung unberücksichtigt. Bei der Vergleichsrechnung werden keine Imperfektionen angesetzt. Die maximalen Vergleichsspannungen σ_v in den Flanschecken aus globaler Tragwirkung werden als Funktion der Belastung F mit [Nem16] für folgende Randbedingungen berechnet und in Abb. 18.9 dargestellt:

- Lastangriff am Untergurt (16,7 cm unter dem Schwerpunkt), Th. I. O. (schwarze Kurven)
- Lastangriff am Untergurt (16,7 cm unter dem Schwerpunkt), Th. II. O. (rote Kurven)
- Lastangriff am Obergurt (18 cm oberhalb des Schwerpunkts), Th. II. O. (blaue Kurve)

Während für die am Obergurt angreifenden Radlasten die Spannungen (blaue Linie in Abb. 18.9) schon bei geringen Lastgrößen ein ungünstig nichtlineares Verhalten zeigen, ist das bei dem Kranbahnträger mit den am Untergurt angreifenden Kräften nicht der Fall: Für $F \leq F_c = 86$ kN sind die nach Theorie II. Ordnung berechneten Spannungen kleiner als die nach Theorie I. Ordnung ermittelten. Wäre der Kranbahnträger weicher – z.B. infolge einer größerer Spannweite bei unverändertem Querschnitt – dann würde der break-even-Punkt F_c sinken. Oberhalb der Last F_c wirkt sich die Theorie II. Ordnung spannungsvergrößernd aus.

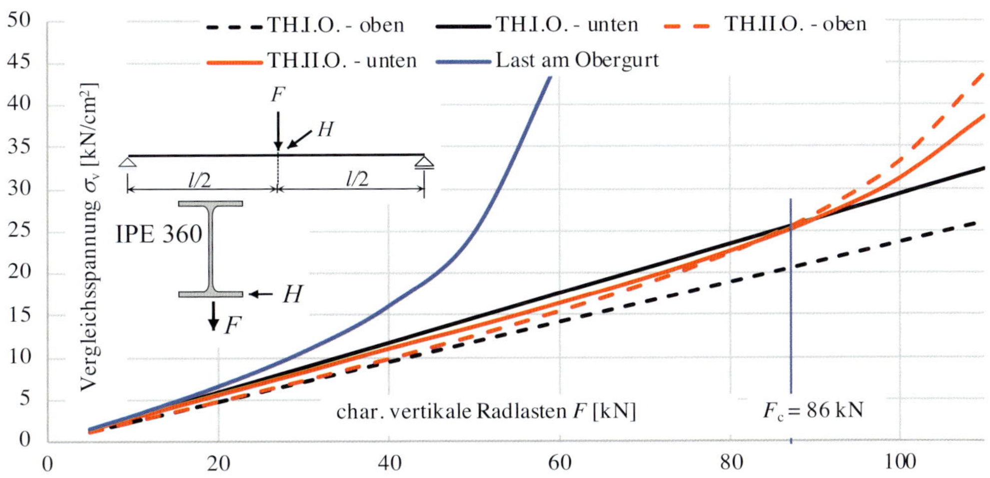

Abb. 18.9: Last-Spannungs-Kurven (obere und untere Flanschecken) für Beispiel 18-2 bei einer Trägerlänge $l = 7$ m. Die zu den schwarzen und roten Kurven gehörenden Lasten greifen am Untergurt an. Die zur blauen Kurve gehörenden Lasten greifen am Obergurt an.

Folgerung: Das nichtlineare Verhalten von am Untergurt belasteten Trägern ist weit weniger kritisch als das von am Obergurt belasteten Trägern. Für vertikale Radlasten unterhalb der kritischen Grenze $F \leq F_c$ ist die Nichtlinearität von am Untergurt beanspruchten Trägern gutartig und kann auf der sicheren Seite liegend vernachlässigt werden. Da die kritische Grenze F_c jedoch im Regelfall unbekannt ist, ist auch für am Untergurt beanspruchte Kranbahnträger stets ein Biegedrillknicknachweis zu führen. Die in Kap. 13 beschriebenen Verfahren sind dafür geeignet.

18.3.1.3 Beulnachweis

Der Steg eines Kranbahnträgers für eine Hängekatze oder einen Hängekran wird an der Lasteinleitungsstelle in Querrichtung auf Zug beansprucht und kann daher nicht infolge der Lasteinleitungsspannungen beulen. Der Beulnachweis des Stegs für Normalspannungen σ_x und Schubspannungen τ_{xz} kann – wie auch der Nachweis der Druckflansche – als Nachweis c/t < grenz c/t geführt werden. Die Grenzwerte können [3-1-1/Tab.5.2] entnommen werden.

18.3.2 Nachweise im GZG

Grundsätzlich sind alle Nachweise nach Kapitel 14 zu führen. Wichtig ist besonders auch die Sicherstellung des elastischen Verhaltens des befahrenen Untergurts unter Berücksichtigung der Unterflanschbiegung nach Abschnitt 18.2.2.3.

18.3.3 Ermüdungsnachweise

Grundsätzlich sind die Ermüdungsnachweise wie in Abs. 15.4 beschrieben zu führen. In Beispiel 18-3 wird die Ermittlung der schadensäquivalenten Spannungsschwingbreiten in den durch Lasteinleitung und globale Biegung beanspruchten Unterflanschen gezeigt. Die lokalen Spannungen

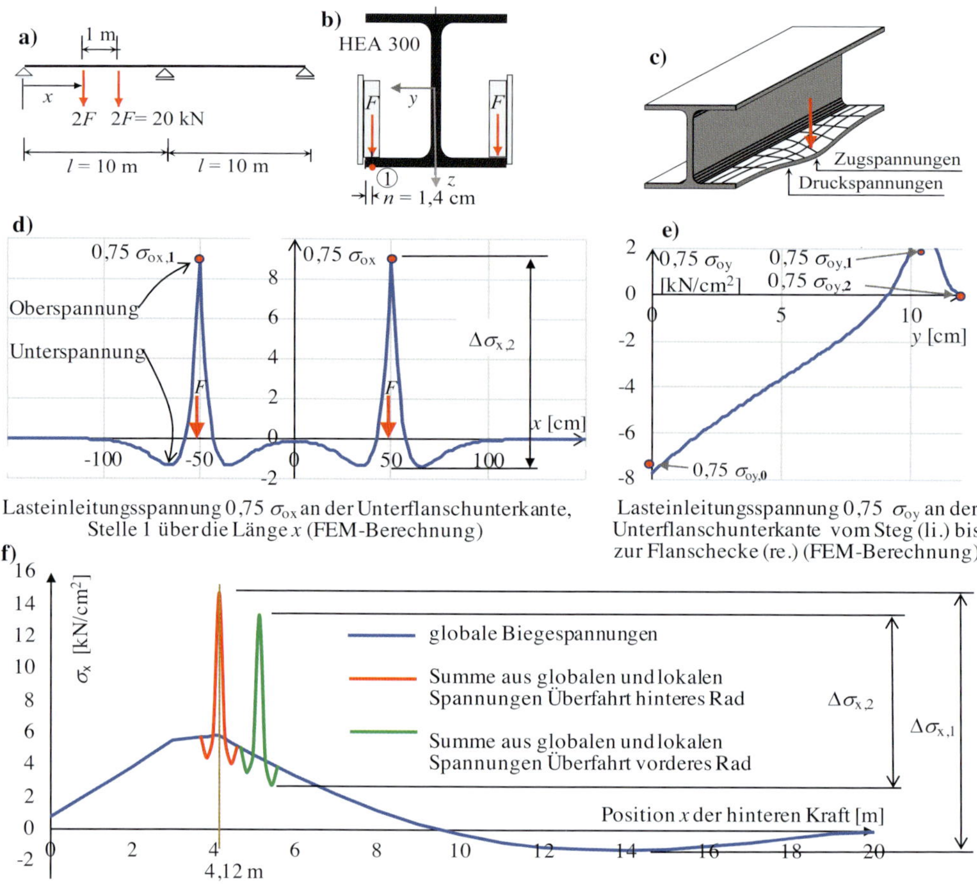

Abb. 18.10: Beispiel 18-3: Spannungsspiele $\Delta\sigma_{x,1}$ und $\Delta\sigma_{x,2}$ für die global und lokal beanspruchte Unterflanschunterseite. Gegeben sind die Spannungen am Momentenmaximum (4,12 m) infolge einer Kranüberfahrt als Funktion der Position x der hinteren Radlast F = 10 kN.

aus Unterflanschbiegung (Ermittlung siehe Abs. 18.2.2) dürfen bei der Spannungsüberlagerung mit den globalen Spannungen im Geltungsbereich des deutschen NA auf 75 % reduziert werden [3-6NA/5.8].

Beispiel 18-3

Für die in Abb. 18.10 a gegebene Katzbahn (BK S_3) sollen die relevanten Spannungsspiele für den Ermüdungsnachweis für die Flanschunterkante im Feld berechnet werden. Im Bild sind die globalen Biegespannungen an der Flanschunterseite aus den vertikalen Radlasten (Abb. 18.10 f, blaue Linie) dargestellt, die sich mit den lokalen Biegespannungen (grüne Linie: vorderes Rad; rote Linie: hinteres Rad; Faktor 0,75 nach Abs. 18.2.2.3 berücksichtigt) überlagern. Daraus entstehen bei der zweiachsigen Katze zwei nachzuweisende Spannungsspiele: $\Delta\sigma_{x,1}$ und $\Delta\sigma_{x,2}$. Die Ermittlung von $\Delta\sigma_{x,2}$ stellt wegen der mit den obigen Tabellen nicht berechenbaren Unterspannung aus Radlasteinleitung (Abb. 18.10 d) eine Schwierigkeit dar. Aus der Krümmung des verformten Untergurts (Abb. 18.10 c) wird erkennbar, dass das Vorzeichen der Lasteinleitungsspannungen bei der Überfahrt wechselt. Abb. 18.10 d zeigt die mit FEM berechneten Spannungen, die minimale Spannung beträgt –1,35 kN/cm^2. Für den Ermüdungsnachweis gibt es nun zwei Alternativen:

- Beide Spannungsspiele $\Delta\sigma_{x,1}$ und $\Delta\sigma_{x,2}$ werden zunächst berechnet. Das erste schadensäquivalente Spannungsspiel $\Delta\sigma_{E,2,x,1} = \lambda_{S3} \cdot \Delta\sigma_{x,1}$ führt zur Schädigung D_1, das zweite $\Delta\sigma_{E,2,x,2} = \lambda_{S3} \cdot \Delta\sigma_{x,2}$ führt zur Schädigung D_2. Der Ermüdungsnachweis ist erfüllt, wenn gilt: $D_1 + D_2 \leq 1,0$
- Das kleinere Spannungsspiel $\Delta\sigma_{x,2}$ bleibt unberücksichtigt, dafür wird das erste Spannungsspiel über $\Delta\sigma_{E,2,x,1} = \lambda_{S4} \cdot \Delta\sigma_{x,1}$ auf dem Wege der erhöhten BK S_4 doppelt berücksichtigt, das auf der sicheren Seite zur Schädigung D führt. Der Nachweis lautet: $D \leq 1,0$.

18.4 Berechnungsbeispiel Katzbahnträger

Gegeben: Einfeldrige Katzbahnen HEA 360, S 235 (siehe Abb. 18.11)

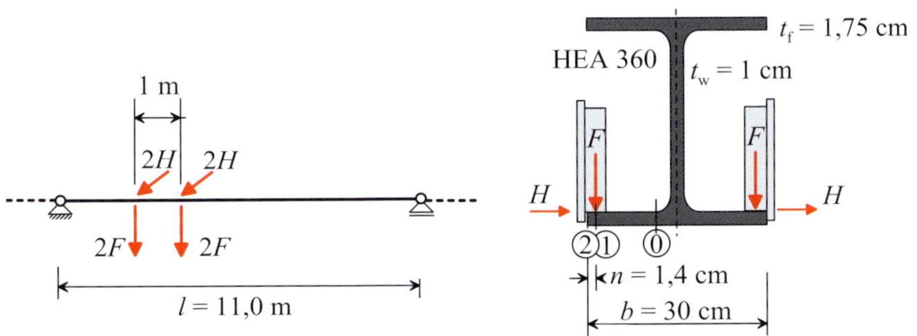

Abb. 18.11: Berechnungsbeispiel Katzbahnträger

- Laufkatze mit Hublast $m_h = 3,2$ t
- Hubklasse HC2; Beanspruchungsklasse S_5
- Schwingbeiwerte nach Tab. 8.5 $\varphi_1 = 1,1$; $\varphi_2 = 1,2$; $\varphi_{fat,1} = 1,05$; $\varphi_{fat,2} = 1,1$
- Spannweite je $l = 11$ m
- Eigengewicht Hängekatze $m_k = 490$ kg
- Radstand $a = x_w = 1$ m
- Abstand der Flanschkante von der Mitte der Radaufstandsfläche: $n = 14$ mm
- Auflagerung am Ende des Kranbahnträgers; Stirnplatte; Abstand $x_e = 20$ cm
- Mittelauflager: Die Unterflansche sind unverstärkt

Gesucht: Nachweise im GZT und GZG; Ermüdungsnachweis

18.4.1 Einwirkungen und Einwirkungskombinationen

- Eigengewicht Katzbahnträger: $g = 1,32$ kN/m (mit allen Anbauten)

- Hublast G_h und Eigengewicht G_c der Katze verteilen sich auf 4 Räder:

$$Q_c = G_k/4 = 4,9/4 = 1,225 \text{ kN}$$
$$Q_h = G_h/4 = 32/4 = 8,0 \text{ kN}$$
$$Q_{max,i} = Q_c + Q_h = 1,225 + 8,0 = 9,23 \text{ kN}$$

- Horizontallasten einer Hängekatze: 1/20 der vertikalen Radlasten:

$$H = \frac{Q_{max,i}}{20} = \frac{9,23}{20} = 0,462 \text{ kN}$$

- EK 1 $(1,35\cdot$ LG 1 $+1,35\cdot g)$ mit LG1 nach Tab. 8.2 – maßgebend im GZT

$$F = \varphi_1 \cdot Q_c + \varphi_2 \cdot Q_h = 1,1 \cdot 1,225 + 1,2 \cdot 8,00 = 10,95 \text{ kN}$$
$$H = 0,462 \text{ kN}$$

- EK 102 $(1,0\cdot$ LG 102 $+1,0\cdot g)$ mit LG 102 nach Tab. 8.2 – maßgebend im GZG

$$F = R = 1,0 \cdot Q_c + 1,0 \cdot Q_h = 9,23 \text{ kN}$$
$$H = 0,462 \text{ kN}$$

- EK 201 $(1,0\cdot$ LG 201$)$ mit LG 201 nach Tab. 8.2 maßgebend im GZE (Ermüdung)

$$F = \varphi_{fat,1} \cdot Q_c + \varphi_{fat,2} \cdot Q_h = 1,05 \cdot 1,225 + 1,1 \cdot 8,00 = 10,09 \text{ kN}$$
$$H = 0$$

18.4.2 Schnittgrößen an der Stelle x = 5,25 m ($\max M_{y,Feld}$)

LG 1: Charakteristische Schnittgrößen bei Culmann'scher Laststellung (Abschnitt 10.2):

- $M_{y,R} = 109,8$ kNm (infolge vertikaler Radlasten)
- $M_{y,g} = 19,6$ kNm (infolge Eigengewicht Kranbahnträger)
- $M_z = 4,62$ kNm (infolge horizontaler Radlasten)

LG 102: Charakteristische Schnittgrößen bei Culmann'scher Laststellung:

- $M_{y,R} = 92,6$ kNm (infolge vertikaler Radlasten)
- $M_{y,g} = 19,6$ kNm (infolge Eigengewicht Kranbahnträger)
- $M_z = 4,62$ kNm (infolge horizontaler Radlasten)

LG 201: Charakteristische Schnittgrößen bei Culmann'scher Laststellung:

- $M_{y,R} = 101,2$ kNm (infolge vertikaler Radlasten)

Maßgebende Größen für die Einwirkungskombinationen

- EK 1 – GZT ($\gamma_Q = 1,35$): $M_{y,Ed} = 174,7$ kNm; $M_{z,Ed} = 6,24$ kNm; $F_{z,Ed} = 14,8$ kN
- EK 1 – GZG ($\gamma_{Q,ser} = 1,0$): $M_{y,Ed} = 129,4$ kNm; $M_{z,Ed} = 4,62$ kNm; $F_{z,Ed} = 10,96$ kN
- EK 102 – GZG ($\gamma_{Q,ser} = 1,0$): $M_{y,Ed} = 112,2$ kNm; $M_{z,Ed} = 4,62$ kNm; $F_{z,Ed} = 9,23$ kN
- EK 201 – GZE ($\gamma_{Ff} = 1,0$): $\Delta M_{y,Ed} = 101,2$ kNm; $\Delta M_{z,Ed} = 0$ kNm; $F_{z,Ed} = 10,09$ kN

18.4.3 Nachweis der Unterflanschtragfähigkeit im GZT, EK 1

- HEA 360: $h = 35$ cm; $b_\mathrm{f} = 30$ cm; $t_\mathrm{w} = 1$ cm; $t_\mathrm{f} = 1,75$ cm; $r = 2,7$ cm
  σ_x in der Flanschachse ($y = 0$; $z = 35/2 - 0,875 = 16,625$ cm) infolge globaler Biegung:

$$\sigma_{\mathrm{f,Ed}} = \frac{M_{\mathrm{y,Ed}}}{I_\mathrm{y}} \cdot z = \frac{174,7 \cdot 100}{33\,090} \cdot 16,625 = 8,78 \text{ kN/cm}^2$$

- $m = 0,5 \cdot (b_\mathrm{f} - t_\mathrm{w}) - 0,8 \cdot r - n = 0,5 \cdot (30 - 1) - 0,8 \cdot 2,7 - 1,4 = 10,94$ cm
- $l_{\mathrm{eff,a}}$ Tab. 18.1, Zeile a beim Übergang von einem zum anderen Träger $l_{\mathrm{eff,a}} = 2 \cdot (m+n) = 2 \cdot (10,94 + 1,4) = 24,7$ cm
- $l_{\mathrm{eff,b}}$ Tab. 18.1, Zeile b in Trägermitte $x_\mathrm{w} = 100 \geq 4 \cdot \sqrt{2} \cdot (m+n) = 4 \cdot \sqrt{2} \cdot (10,94 + 1,4) = 69,8$ cm $l_{\mathrm{eff,b}} = 4 \cdot \sqrt{2} \cdot (m+n) = 69,8$ cm
- $l_{\mathrm{eff,d}}$ Tab. 18.1, Zeile d am Endauflager

$$x_\mathrm{w} \geq 2\sqrt{2}(m+n) + x_\mathrm{e} + \frac{2(m+n)^2}{x_\mathrm{e}} = 2\sqrt{2} \cdot 12,34 + 20 + \frac{2 \cdot 12,34^2}{20} = 70,1 \text{ cm}$$

$$l_{\mathrm{eff,d}} = 2\sqrt{2}(m+n) + x_\mathrm{e} + \frac{2(m+n)^2}{x_\mathrm{e}} = 70,1 \text{ cm}$$

- $l_{\mathrm{eff}} = \min\{24,7; 69,8; 70,1\} = 24,7$ cm
- Nachweis:

$$F_{\mathrm{z,Ed}} \leq F_{\mathrm{z,Rd}} = \frac{l_{\mathrm{eff}} \cdot t_\mathrm{f}^2 \cdot f_\mathrm{y}}{4 \cdot m \cdot \gamma_{\mathrm{M0}}} \left| 1 - \left(\frac{\sigma_{\mathrm{f,Ed}} \cdot \gamma_{\mathrm{M0}}}{f_\mathrm{y}} \right)^2 \right|$$

$$F_{\mathrm{z,Ed}} = 14,8 \leq \frac{24,7 \cdot 1,75^2 \cdot 23,5}{4 \cdot 10,94 \cdot 1,0} \cdot \left| 1 - \left(\frac{8,78 \cdot 1,0}{23,5} \right)^2 \right| = 35 \text{ kN} \quad (\checkmark)$$

- Auslastung: 42 %

18.4.4 Elastisches Verhalten des Unterflanschs im GZG, EK 1 – GZG

Die Spannungen aus lokaler Unterflanschbiegung werden nach [3-6/5.8] berechnet, siehe Tab. 18.2. Ein negativer Wert c bedeutet Druck an der Flanschunterseite.

$$\mu = 2 \cdot n / (b - t_\mathrm{w}) = 2 \cdot 1,4 / (30 - 1,0) = 0,0966$$

$$c_{\mathrm{x,0}} = 0,05 - 0,58 \cdot \mu + 0,148 \cdot e^{3,015\mu} = 0,1920$$

$$c_{\mathrm{y,0}} = -2,11 + 1,977 \cdot \mu + 0,0076 \cdot e^{6,53\mu} = -1,905$$

$$c_{\mathrm{x,1}} = 2,23 - 1,49 \cdot \mu + 1,390 \cdot e^{-18,33\mu} = 2,323$$

$$c_{\mathrm{y,1}} = 10,11 - 7,408 \cdot \mu - 10,11 \cdot e^{-1,36\mu} = 0,532$$

$$c_{\mathrm{x,2}} = 0,73 - 1,58 \cdot \mu + 2,910 \cdot e^{-6,0\mu} = 2,207$$

$$c_{\mathrm{y,2}} = 0$$

$$\sigma_{\mathrm{ox,Ed,st},i} = c_{\mathrm{x},i} \cdot \frac{F_{\mathrm{z,Ed}}}{t_\mathrm{f}^2} = c_{\mathrm{x},i} \cdot \frac{10,96}{1,75^2} = c_{\mathrm{x,i}} \cdot 3,58$$

$$\sigma_{\mathrm{oy,Ed,ser},i} = c_{\mathrm{y},i} \cdot \frac{F_{\mathrm{z,Ed}}}{t_\mathrm{f}^2} = c_{\mathrm{y},i} \cdot \frac{10,96}{1,75^2} = c_{\mathrm{y,i}} \cdot 3,58$$

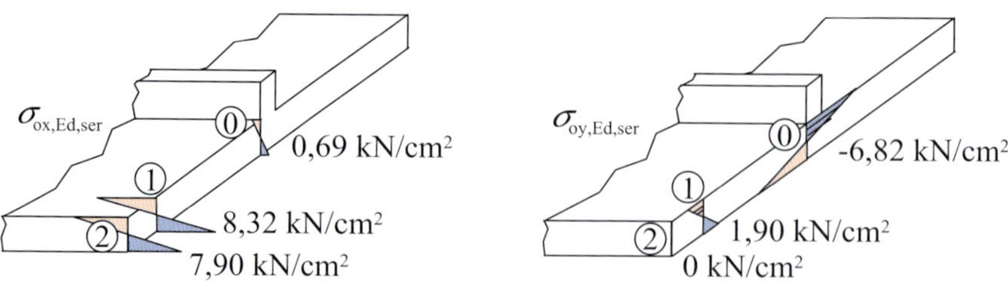

Abb. 18.12: Charakteristische Spannungen aus lokaler Unterflanschbiegung (EK 1 – GZG)

Spannungen aus Unterflanschbiegung aus EK 1 – GZG (siehe auch Abb. 18.12):

Stelle	$\sigma_{ox,Ed,ser,i}$ [kN/cm²]	$\sigma_{oy,Ed,ser,i}$ [kN/cm²]
0	0,69	-6,82
1	8,32	1,90
2	7,90	0

Überlagerung der Spannungen an der Stelle *x* = 5,25 m, EK 1 – GZG

- Schnitt 0, Flanschunterseite, EK 1 – GZG

$$\sigma_{\Sigma,x,Ed,ser} = \sigma_{x,Ed,ser} + 0,75 \cdot \sigma_{ox,Ed,ser,0} = \frac{M_{y,Ed,ser}}{W_y} + 0,75 \cdot \sigma_{ox,Ed,ser,0}$$

$$= \frac{12\,940}{1890} + 0,75 \cdot 1,0 \cdot 0,69 = 7,36 \text{ kN/cm}^2$$

$$\sigma_{\Sigma,y,Ed,ser} = 0,75 \cdot \sigma_{oy,Ed,ser,0} = 0,75 \cdot 1,0 \cdot (-6,82) = -5,12 \text{ kN/cm}^2; \quad \tau \approx 0$$

$$\sigma_{v,Ed,ser} = \sqrt{7,36^2 + 5,12^2 - 7,36 \cdot (-5,12) + 3 \cdot 0} = 10,9 \text{ kN/cm}^2$$

Nachweis: $(\sigma_{v,Ed,ser} \cdot \gamma_{M,ser})/f_y = 10,9/23,5 = 0,46 < 1 \quad (\checkmark)$

- Schnitt 1, Flanschunterseite, EK 1 – GZG
  Die Spannungen werden mit der Methode des Tragwirkungssplittings ermittelt:

$$\sigma_{x,Ed,ser} = \frac{M_{y,Ed}}{W_y} + \frac{M_{z,Ed}}{I_{z,Ug}} \cdot y = \frac{12\,940}{1890} + \frac{462}{7890/2} \cdot (15 - 1,4) = 8,42 \text{ kN/cm}^2$$

$$\sigma_{\Sigma,x,Ed,ser} = \sigma_{x,Ed,ser} + 0,75 \cdot \sigma_{ox,Ed,ser,1} = 8,42 + 0,75 \cdot 8,32 = 14,66 \text{ kN/cm}^2$$

$$\sigma_{\Sigma,y,Ed,ser} = 0,75 \cdot \sigma_{oy,Ed,ser,1} = 0,75 \cdot 1,0 \cdot 1,90 = 1,43 \text{ kN/cm}^2$$

$$\sigma_{v,Ed,ser} = \sqrt{14,66^2 + 1,43^2 - 14,66 \cdot 1,43 + 3 \cdot 0} = 14,0 \text{ kN/cm}^2$$

Nachweis: $(\sigma_{v,Ed,ser} \cdot \gamma_{M,ser})/f_y = 14,0/23,5 = 0,60 < 1 \quad (\checkmark)$

- Der GZG-Nachweis des elastischen Verhaltens des Untergurts liefert mit 60 % eine höhere Auslastung als der Nachweis der Unterflanschtragfähigkeit im GZT mit 42 %.

18.4.5 Querschnittsnachweis im GZT, EK 1

- HEA 360, S 235: Querschnittsklasse 1

- $M_{\text{pl,y,Rd}} = 490,7$ kNm; $M_{\text{pl,z,Rd}} = 2 \cdot M_{\text{Ug,pl,z,Rd}} = 188,5$ kNm
- Statt die Torsion zu berücksichtigen, wird zur Abtragung des Querbiegemoments nur die untere Trägerhälfte in Ansatz gebracht (Tragwirkungssplitting).
- Nachweis für EK 1 ($M_{\text{y,Ed}} = 174,7$ kNm; $M_{\text{z,Ed}} = 6,24$ kNm):

$$\left(\frac{M_{\text{y,Ed}}}{M_{\text{pl,y,Rd}}}\right)^{2,0} + \frac{M_{\text{z,Ed}}}{M_{\text{Ug,pl,z,Rd}}} = \left(\frac{174,7}{490,7}\right)^{2,0} + \frac{6,24}{188,5/2} = 0,19 \leq 1,0 \quad (\checkmark)$$

- Auslastung (bezogen auf die ertragbare Last): 39 %

18.4.6 BDK-Nachweis nach [3-6/Anhang A]; GZT, EK 1

- QK 1, $M_{\text{pl,y,Rk}} = 490,7$ kNm; $M_{\text{pl,z,Rk}} = 188,5$ kNm (charakteristische Werte)
- Zusatzbiegemoment $M^*_{\text{z,Ed}}$ zur Berücksichtigung der Torsion. Vereinfachend wird auf der sicheren Seite liegend angenommen: $M^*_{\text{z,Ed}} = M_{\text{z,Ed}} = 6,24$ kNm
- Vereinfachte Berechnung des idealen Biegedrillknickmoments $M_{\text{y,cr}}$ (Quelle: zurückgezogene DIN 18 800-2, Gl. 20)

$$M_{\text{y,cr}} = 1,32 \cdot b \cdot t_{\text{f}} \cdot \frac{E \cdot I_{\text{y}}}{l \cdot h^2} = 1,32 \cdot 30 \cdot 1,75 \cdot \frac{21\,000 \cdot 33\,090}{1100 \cdot 35^2} = 357,4 \text{ kNm}$$

- Bezogene Schlankheit (wegen Querschnittsklasse 1 mit $W_{\text{y,pl}}$ berechnet)

$$\bar{\lambda}_{\text{LT}} = \sqrt{\frac{W_{\text{y}} \cdot f_{\text{y}}}{M_{\text{y,cr}}}} = \sqrt{\frac{2088 \cdot 23,5}{35\,740}} = 1,17$$

- Knicklinie für BDK: b für gewalztes Profil mit $h/b = 1,17 < 2,0$ [3-1-1/Tab. 6.5]
- Hilfswerte $\bar{\lambda}_{\text{LT,0}} = 0,4$ und $\beta = 0,75$ und $\alpha_{\text{LT}} = 0,34$

$$\begin{aligned}\phi_{\text{LT}} &= 0,5 \cdot \left(1 + \alpha_{\text{LT}} \cdot \left(\bar{\lambda}_{\text{LT}} - \bar{\lambda}_{\text{LT,0}}\right) + \beta \cdot \bar{\lambda}^2_{\text{LT}}\right)\\ &= 0,5 \cdot \left(1 + 0,34 \cdot (1,17 - 0,4) + 0,75 \cdot 1,17^2\right) = 1,14\end{aligned}$$

- Abminderungsfaktor χ und Nachweis für EK 1 ($M_{\text{y,Ed}} = 174,7$ kNm; $M_{\text{z,Ed}} = 6,24$ kNm)

$$\chi_{\text{LT}} = \frac{1}{\phi_{\text{LT}} + \sqrt{\phi^2_{\text{LT}} - \beta \cdot \bar{\lambda}^2_{\text{LT}}}} = \frac{1}{1,14 + \sqrt{1,14^2 - 0,75 \cdot 1,17^2}} = 0,602$$

$$\frac{M_{\text{y,Ed}} \cdot \gamma_{\text{M1}}}{\chi_{\text{LT}} \cdot M_{\text{pl,y,Rk}}} + \frac{0,9 \cdot (M_{\text{z,Ed}} + M_{\text{z,Ed}}) \cdot \gamma_{\text{M1}}}{M_{\text{pl,z,Rk}}} \leq 1 \qquad \text{(Querschnittsklasse 1)}$$

$$\frac{174,7 \cdot 1,1}{0,602 \cdot 490,7} + \frac{0,9 \cdot 2 \cdot 6,24 \cdot 1,1}{188,5} = 0,72 \leq 1 \quad (\checkmark)$$

$\Rightarrow$ BDK-Nachweis erfüllt, Auslastung 72 %

Bei einer Berechnung der Biegedrillknicksicherheit mit einem genaueren (aufwändigeren) Verfahren würde sich ein deutlich geringerer Auslastungswert ergeben. Die vereinfachte Berechnung unterstellt einen Angriff der Vertikallast am Obergurt, während die Last tatsächlich am Untergurt wirkt.

18.4.7 Beulnachweis, GZT

Für das Profil HEA 360 gilt: $c/t <$ grenz c/t. Ein darüber hinausgehender Beulnachweis erübrigt sich, da die Stegspannungen aus Lasteinleitung nur Zugspannungen sind.

18.4.8 Ermüdungsnachweis

Der Bauherr wünscht keine Inspektionen während der 25-jährigen Nutzungszeit seiner in die BK S_5 eingestuften Katzbahn. Der Teilsicherheitsbeiwert ist deshalb mit $\gamma_{Mf} = 1,6$ anzunehmen. Im Feldbereich finden sich keine Schweißnähte am Kranbahnträger. Der Kerbfall für Normalspannungen ist am Walzprofil $\Delta\sigma_C = 160$ N/mm², für Schubspannungen $\Delta\tau_C = 100$ N/mm². Für die Beanspruchungsklasse S_5 beträgt der schadensäquivalente Beiwert $\lambda = 0,63$. Die maximale Spannungsschwingbreite mit EK 201 beträgt an der Unterflanschunterseite an der Stelle 1 (Einfeldträger; min $M_y = 0$; $F = 10,09$ kN):

$$\Delta\sigma_{\Sigma,x,Ed} = \Delta\sigma_{x,Ed} + 0,75 \cdot \sigma_{ox,Ed} = \frac{\Delta M_{y,Ed}}{W_y} + 0,75 \cdot c_{x,1} \cdot \frac{F_{z,Ed}}{t_f^2}$$

$$= \frac{10\,120}{1890} + 0,75 \cdot 2,323 \cdot \frac{10,09}{1,75^2} = 11,09 \text{ kN/cm}^2$$

Auf der sicheren Seite liegend wird angenommen, dass das berechnete Lastspiel zwei Mal pro Überfahrt auftritt, siehe oben Bsp. 18-3. Der schadensäquivalente Beiwert der um 1 erhöhten BK S_7 beträgt $\lambda = 0,794$. Die schadensäquivalente Spannungsschwingbreite ergibt sich nun zu:

$$\Delta\sigma_{x,E,2} = \lambda \cdot \Delta\sigma_{\Sigma,x,Ed} = 0,315 \cdot 11,09 = 8,80 \text{ kN/cm}^2$$

Die Schädigung berechnet sich zu:

$$D_{\sigma x} = \left(\frac{\gamma_{Ff} \cdot \Delta\sigma_{x,E,2}}{\Delta\sigma_C/\gamma_{Mf}}\right)^3 = \left(\frac{8,80}{16/1,6}\right)^3 = 0,681 \leq 1,0 \quad (\checkmark)$$

Die Schädigung aus $\Delta\sigma_{y,Ed}$ ist zu addieren (2 Lastwechsel pro Überfahrt):

$$\Delta\sigma_{y,Ed} = 0,75 \cdot c_{y,1} \cdot \frac{F_{z,Ed}}{t_f^2} = 0,75 \cdot 0,532 \cdot \frac{10,09}{1,75^2} = 1,31 \text{ kN/cm}^2$$

$$\Delta\sigma_{y,E,2} = \lambda \cdot \Delta\sigma_{y,Ed} = 0,794 \cdot 1,31 = 1,04 \text{ kN/cm}^2$$

$$D_{\sigma y} = \left(\frac{\gamma_{Ff} \cdot \Delta\sigma_{y,E,2}}{\Delta\sigma_C/\gamma_{Mf}}\right)^3 = \left(\frac{1,04}{16/1,6}\right)^3 = 0,001 \leq 1,0 \quad (\checkmark)$$

Damit ergibt sich die Gesamtschädigung an der Stelle 1 an der Flanschunterseite zu:

$$D_{gesamt} = D_{\sigma x} + D_{\sigma y} = 0,681 + 0,001 = 0,68 \leq 1,0 \quad (\checkmark)$$

Die Nutzungsdauer beträgt für das untersuchte Detail 25 Jahre$/D_{gesamt} = 25/0,68 = 37$ Jahre.

18.4.9 Nachweis der Durchbiegungen im GZG

Nach Abs. 14.1.1.3 sollte nachgewiesen werden, dass die vertikale Durchbiegung δ_z des Katzbahnträgers nur aus der Nutzlast den Wert $l/500 = 1100/500 = 2,2$ cm nicht überschreitet.

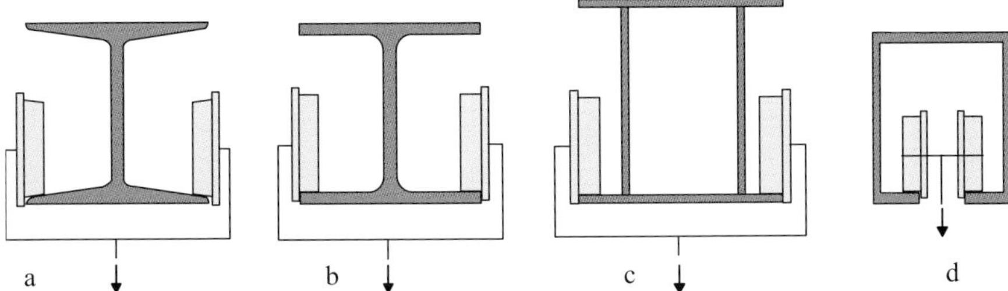

Abb. 18.13: Querschnittsformen für Kranbahnträger von Deckenkranen oder Laufkatzen: (a) Walzprofile mit geneigten Flanschen, (b) Parallelflanschprofile, (c) geschweißte Kastenträger, (d) spezielle gebogene Profile

$$\delta_z = \frac{F_{\text{Ed,ser}} \cdot (l-a) \cdot \left(3 \cdot l^2 - (l-a)^2\right)}{48 \cdot EI_y}$$

$$= \frac{2 \cdot 9{,}23 \cdot (1100-100) \cdot \left(3 \cdot 1100^2 - (1100-100)^2\right)}{48 \cdot 21\,000 \cdot 33\,090} = 1{,}5 \text{ cm} < 2{,}2 \text{ cm}$$

Die Auslastung des Nachweises der vertikalen Verformung beträgt 68 %. Eine horizontale Durchbiegung braucht nicht nachgewiesen zu werden.

Zusammenfassung Die maximalen Auslastungen ergeben sich beim Biegedrillknicknachweis mit 72 % und beim Verformungsnachweis mit 68 %. Durch ein genaueres, aber aufwändigeres BDK-Nachweisverfahren könnte die relativ hohe Ausnutzung beim Biegedrillknicken erheblich reduziert werden. Letztendlich ist daher der Durchbiegungsnachweis der kritischste Nachweis.

18.5 Konstruktive Details

18.5.1 Querschnitte für Kranbahnträger von Hängekranen und Laufkatzen

Als Kranbahnträger für Laufkatzen und Hängekrane kommen auch andere Querschnittsprofile in Frage als für Kranbahnträger von Laufkranen:

- I- oder IPE-Profile sind sehr gut geeignet: Wegen der am Unterflansch angreifenden Radlasten ist der Biegedrillknicknachweis meist unkritisch. Deshalb wird weder eine besonders hohe Quersteifigkeit I_z noch eine hohe Torsionsträgheit I_T benötigt. Auch eine Beulgefährdung des Stegs infolge der Stegzugspannungen Radlasteinleitung besteht nicht.
- HEA- und HEB-Profile eignen sich gut und sollten gewählt werden, wenn keine geeigneten I- oder IPE-Profile zur Verfügung stehen oder IPE-Profile wegen zu hoher Unterflanschbiegung (siehe Abschnitt 18.2) nicht in Frage kommen.
- HEM-Profile sind wegen ihrer gedrungenen Form, HD- und HL-Profile wegen ihrer großen Flanschbreiten für einen Einsatz als Katzbahnträger eher unwirtschaftlich. Wegen der eher geringen Radlasten kommen auch Schweißprofile kaum zum Einsatz.

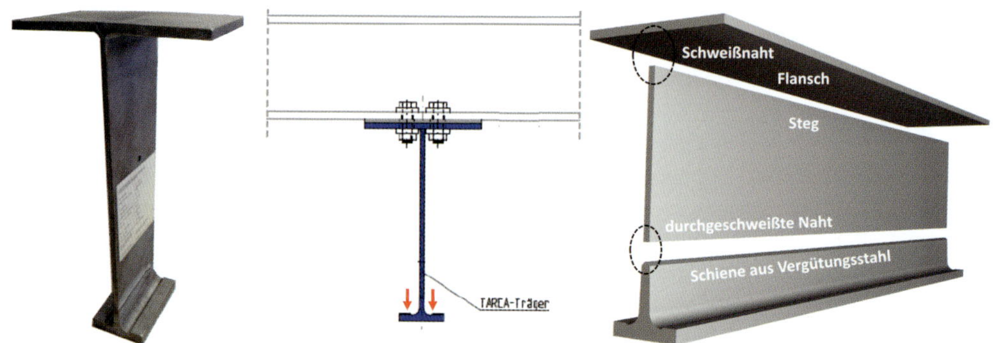

Abb. 18.14: CTI Tarca Träger für hochbeanspruchte Katzbahnen

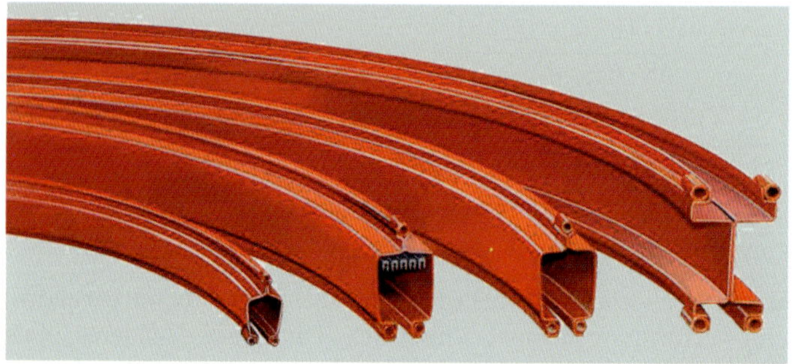

Abb. 18.15: Sonderquerschnitte für Katzbahnträger, Firma DEMAG

- Eine Besonderheit stellen die CTI Tarca Träger (Abb. 18.14) dar, welche auf einem bereits 1926 in den USA patentierten Schienensystem basieren. Sie werden seit 1962 auch in Europa durch CTI S.à.r.l (ursprünglich Cleveland Tramrail International) gefertigt und vertrieben. Auch in Deutschland werden sie vereinzelt eingesetzt. Diese Träger sind besonders für hochbeanspruchte Katzbahnen geeignet. Der Untergurt des aus 3 Teilen zusammengeschweißten Profils ist schmaler ausgebildet und hält so die Lasteinleitungsspannungen gering. Außerdem ist der Untergurt im Unterschied zu den aus Baustählen bestehenden Obergurt- und Stegblechen aus einem besonders verschleißfesten Stahl (z.B. C60) gefertigt. Doch genau darin liegt das Problem: Da die Stahlsorte des Untergurts nicht als Baustahl eingestuft ist, fällt er nicht in den Gültigkeitsbereich von DIN EN 1993-1-1 und DIN EN 1993-1-9, so dass besonders im Hinblick auf die Ermüdungsnachweise eine Zustimmung im Einzelfall notwendig werden könnte. Der Untergurt ist in verschiedenen Größen verfügbar, so dass die Träger in Verbindung mit handelsüblichen Blechen als Stege und Obergurte den jeweiligen Beanspruchungen optimal angepasst werden können.
- Einige Firmen bieten auch spezielle leichte Profilformen an, wie in Abb. 18.15 oder in Abb. 18.17 dargestellt. Solche Systeme gelten als Leichtkransysteme nach DIN EN 16 851. Sie gehören nicht zum bauaufsichtlich geregelten Bereich, DIN EN 1993-6 ist darauf nicht anzuwenden.

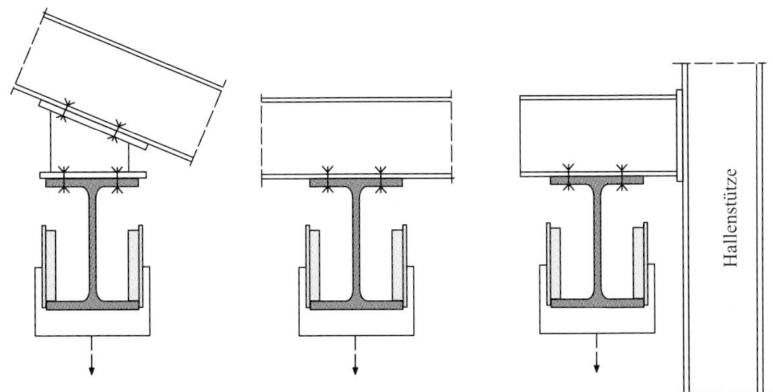

Abb. 18.16: Drillsteife Aufhängungen von Kranbahnen für Hängekrane

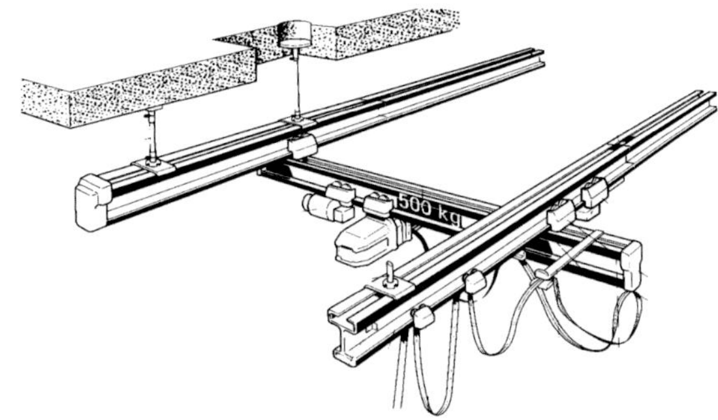

Abb. 18.17: Leichtkransystem der Firma R. Stahl Fördertechnik GmbH nach DIN EN 16 851

18.5.2 Aufhängung

Es werden zwei unterschiedliche Arten der Aufhängung unterschieden: die feste Aufhängung und die pendelnde Aufhängung. Abb. 18.16 zeigt einige Varianten der festen Auflagerung, die als Gabellagerungen in den statischen Berechnungen berücksichtigt werden können. Die Befestigung der Kranbahn an der Oberkonstruktion kann mit Schrauben erfolgen. Aber auch einige Klemmsysteme, wie z. B. Lindapter [Lin16] sind geeignet und haben eine Zulassung für nicht ruhende Beanspruchungen. Pendelnde Aufhängungen (Abb. 18.17), die häufig bei Leichtkrankonstruktionen nach DIN EN 16 851 zum Einsatz kommen, folgen einem anderen Prinzip: Die Aufhängung kann an Zugstangen erfolgen, die an beiden Enden Kugelgelenke aufweisen und keine Biegemomente übertragen sollen und können. Besonders bei sehr kleinen Hublasten wird diese Art der Aufhängung gerne gewählt. Horizontalkräfte können über die Schrägstellung der Aufhängestäbe in die Deckenkonstruktion eingeleitet werden.

18.5.3 Übergänge zum benachbarten Hallenschiff bei Hängekranen

Bei Hängekranen in mehrschiffigen Hallen kann es ermöglicht werden, dass die Katze von einer auf die benachbarte Kranbrücke wechselt. Dazu ist ein Bauteil vorzusehen, das den Übergang ermöglicht. Abb. 18.18 zeigt eine solche Konstruktion.

Abb. 18.18: Zwei Hängekrane, angedockt an das in Bildmitte erkennbare Übergangsstück

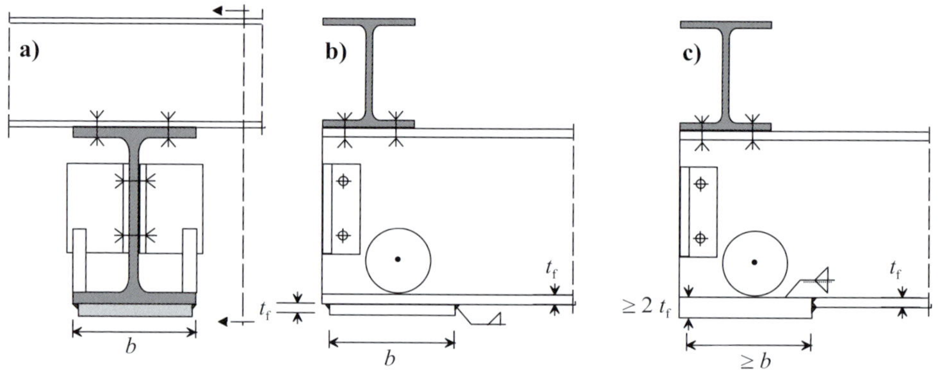

Abb. 18.19: Verstärkung am Ende eines freien Unterflansches durch Aufdopplung des Flanschblechs (b) oder Ersatz des Flanschblechs durch ein Blech mit mindestens doppelter Stärke (c)

18.5.4 Verstärkung eines freien Unterflanschendes

Wenn Räder ein nicht gestütztes, freies Unterflanschende überfahren oder diesem nahe kommen können, ist das für den Unterflansch dimensionierend. Denn die lokalen Biegespannungen am freien Unterflanschende sind größer als bei in Trägermitte gelegenen Bereichen des Unterflansches. Wenn der Unterflansch jedoch durch ein umlaufend angeschweißtes Blech mindestens der Maße $b \times b \times t_f$ verstärkt wird (Abb. 18.19 b), dann darf nach [3-6/5.8(7)] für die Nachweise im GZT und im GZG davon ausgegangen werden, dass die lokalen Unterflanschbiegespannungen die Werte im Innenbereich nicht überschreiten und daher ein Nachweis der Lasteinleitungsspannungen nach Abs. 18.2.2.2 für das Trägerende nicht notwendig ist. Für Kranbahnen, bei denen die Ermüdungsbeanspruchungen nicht vernachlässigbar sind, sollte beachtet werden, dass eine Untergurtaufdopplung (Abb. 18.19 b) ermüdungsmäßig kaum kalkulierbar ist. Unter Ermüdungsgesichtspunkten erscheint es zweckmäßiger, das letzte Stück des Untergurts auf einer Länge größer als der Flanschbreite b komplett herauszuschneiden und durch ein mindestens doppelt so dickes Blech zu ersetzen (Abb. 18.19 c).

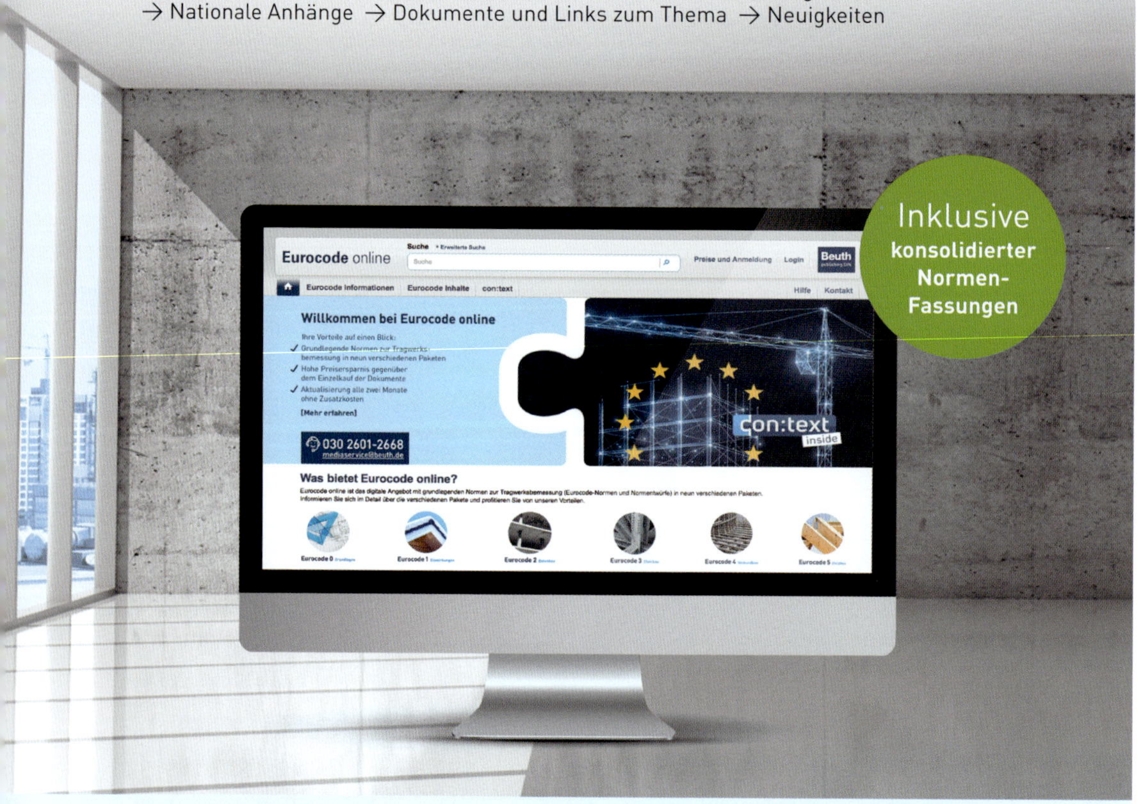

19 Bestandskranbahnen: Ertüchtigung und Restnutzungsdauer

19.1 Allgemeine Überlegungen

19.1.1 Vorbemerkung

Im Industriebau tätige Tragwerksplaner werden regelmäßig mit der Aufgabe konfrontiert, eine Kranbahn im Baubestand (Beispiel: Abb. 19.1) für eine zukünftige Nutzung zu ertüchtigen. Betroffen sind sowohl Kranbahnen, die ihre geplante Nutzungsdauer noch nicht erreicht haben, als auch solche, die sie bereits überschritten haben. Da Kranbahnen oft eine längere Nutzungsdauer haben als die auf ihnen fahrenden Kranbrücken, wird ein nennenswerter Anteil der neu produzierten Kranbrücken auf Bestandskranbahnen gestellt. Dieser Anteil liegt wohl bei über 40 %. Die neuen Krane sollen manchmal größere Lasten heben können als die bisherigen Hebezeuge. Trotz der Lasterhöhung muss die Standsicherheit der Kranbahn und ihrer Unterstützungen gewährleistet bleiben. Dies kann den Tragwerksplaner vor große Herausforderungen stellen.

Zudem ist oft der genaue technische Zustand der Kranbahn nicht ausreichend bekannt und Berechnungsunterlagen und Zeichnungen sind nicht mehr auffindbar. Die Normen, nach denen die meisten alten Kranbahnen geplant, gefertigt und montiert wurden, sind heute nicht mehr bauaufsichtlich zugelassen. Wie ist in einer solchen Situation vorzugehen?

Weitere Informationen zum Thema lassen sich auch [DDB19, See19b] entnehmen.

19.1.2 Vorbereitende Untersuchungen und Klärungen, Inspektion

Der technische Zustand der Kranbahn wird im Rahmen einer Inspektion festgestellt, wie sie ausführlich oben in Abs. 7.4 beschrieben wird.

Falls keine Zeichnungen der Bestandskranbahn mehr verfügbar sind, kann eine vollständige Bauaufnahme nötig werden.

Entspricht der aktuelle Zustand der Krananlage den ursprünglichen Plänen und Berechnungsunterlagen? Die Erfahrung lehrt, dass nachträgliche Einbauten und Veränderungen den dokumentierten Zustand der Krananlage relevant verändert haben können:

- An Kranbrücken wurden im Verlauf der Nutzungszeit der Kranbahn nicht selten Hublasterhöhungen, Umbauten und Reparaturen vorgenommen. Sind solche Maßnahmen vollständig dokumentiert und sind ihre Auswirkungen besonders im Hinblick auf die Lasten der Kranbahn aus Kranbetrieb bekannt? Aus der Sichtung des Kranbuchs lassen sich möglicherweise Erkenntnisse gewinnen.

Abb. 19.1: Hochbeanspruchte alte Krananlage

- Es sind auch Fälle bekannt, in denen eine alte Kranbrücke gegen eine neuere mit höheren Hublasten ausgetauscht wurde, ohne dass die Statik der Kranbahn angepasst oder wenigstens überprüft wurde.
- Falls ein gültiges Krandatenblatt mit den Lasten aus Kranbetrieb nicht vorliegt, müssen diese ggf. neu berechnet werden. Damit kann man einen Kransachverständigen oder eine Firma für Kranservice beauftragen. Die Gütegemeinschaft Kranservice e.V. in Siegen (http://www.guetegemeinschaft-kranservice.de) verfügt über eine Liste mit entsprechenden Betrieben in Deutschland. Alternativ können die Lasten aus Kranbetrieb nach [1-3] neu berechnet werden, siehe oben Kapitel 8. In [KZU20] wird eine Methode vorgestellt, mit der sich vertikale Radlasten eines Krans aus den Ergebnissen von Dehnungsmessungen an der Schiene zurückrechnen lassen.

Bewertung des Zusammenspiels von Kranhalle, Kran und Kranbahn:

- Begutachtung des Fahrverhaltens des Krans, um ggf. vorhandene für die Kranbahn relevante dynamische Effekte zu identifizieren, z. B. stoßartige Belastungen beim Überfahren bestimmter Stellen.
- Befinden sich die Kranhalle, die Kranstützen und auch deren Fundamente in einem im Hinblick auf den Kranbetrieb einwandfreien Zustand? Oder könnten Probleme beim Betrieb der Krane auf Probleme des Hallentragwerks oder der Fundamente zurückzuführen sein? Falls das der Fall ist, ist eine Ertüchtigung der Kranbahn allein nicht zielführend!
- Liegen Auswertungen eines ggf. vorhandenen Lastkollektivspeichers des Hebezeugs vor?

Sind die Eigenschaften der für die Kranbahn verwendeten Stähle – z. B. chemische Zusammensetzung, Streckgrenze, Zugfestigkeit, Zähigkeit, Kerbschlagzähigkeit – bekannt? Besonders bei alten Stählen (siehe [WZ19], [SWK17]) mit möglicherweise problematischer Schweißeignung – z. B. St 52 aus den 1960er-Jahren – sind ggf. Proben zu nehmen und entsprechende Versuche vorzunehmen. Der Stahl muss eine ausreichende Kerbschlagzähigkeit aufweisen. Nur so ist gewährleistet, dass auch dann kein Sprödbruch eintritt, wenn noch nicht erkannte Anrisse bis zur nächsten Inspektion weiterwachsen.

19.1.3 Normen für den Umgang mit Bestandskranbahnen

Zunächst wird auf die Abschnitte 1.4 und 1.5 verwiesen, die die aktuellen Normen für Krananlagen und deren Gültigkeit im Geltungsbereich der jeweiligen Landesbauordnungen beschreibt. Standsicherheitsnachweise von Kranbahnen, die vor der bauaufsichtlichen Einführung der Eurocodes erstellt wurden, sind nach alten, bauaufsichtlich heute nicht mehr zugelassenen Normen geführt worden, z. B. DIN 120, DIN 4132 oder TGL 13 471. Welche Normen sind maßgebend, wenn es um die Bewertung der Tragfähigkeit der Bestandskranbahnen geht?

Zunächst einmal ist darauf hinzuweisen, dass der Anwendungsbereich der Eurocodes ausschließlich der Neubau ist. DIN EN 1993-6 kann also ganz grundsätzlich keine Regeln enthalten, die die Weiternutzung von Bestandskranbahnen betreffen.

In anderen Bereichen, z. B. dem Brückenbau [BMV11] oder dem konstruktiven Wasserbau [Pes15], wurden Papiere veröffentlicht, die sich mit der Bewertung von Bestandsstatiken oder dem Nachrechnen von Bauwerken im Bestand befassen.

Für Bauwerke im privaten Eigentum gilt grundsätzlich ein Bestandsschutz, der auf das Grundrecht auf Eigentum nach Art. 14 Abs. 1 Satz 1 GG zurückgeht. Danach sind Bestandsstatiken, die nach den zum Zeitpunkt der Errichtung des Bauwerks gültigen Regeln der Technik aufgestellt wurden, auch für aktuelle Bewertungen der Tragfähigkeit gültig. Der Bestandsschutz kommt jedoch nicht zum Tragen, wenn ein konkreter Gefahrentatbestand konstatiert werden kann, z. B.:

- Es sind statisch relevante Last- oder Nutzungsänderungen geplant.
- Erkenntnisgewinne gegenüber der oft Jahrzehnte zurückliegenden ursprünglichen Situation bei der Erstellung des Bauwerks haben zu einer maßgeblich anderen Bewertung der Sicherheit geführt.
- Am Bauwerk wurden sicherheitsrelevante Schäden oder Auffälligkeiten festgestellt, die das Tragverhalten negativ beeinflussen können.

Im Fall solcher Gefahrentatbestände ist nämlich eine Konkurrenz zwischen dem Grundrecht auf Eigentum nach Art. 14 GG und dem höherwertigen Grundrecht auf Leben und körperliche Unversehrtheit der Menschen, die das Bauwerk nutzen wollen, nach Art. 2 Abs. 2 GG festzustellen, die in diesem Fall stets zugunsten des Art. 2 GG zu entscheiden ist.

Die im zweiten Punkt angesprochenen Erkenntnisgewinne können sich in Normenänderungen manifestieren. Frühere, heute nicht mehr bauaufsichtlich eingeführte Normen (z. B. DIN 120, DIN 4132 oder TGL 13 471) sind unterschiedlich zu bewerten, siehe Abb. 19.2.

Die Inhalte von DIN 120 und auch von TGL 13 471 widersprechen in maßgeblichen Punkten, nämlich hinsichtlich der Ermüdungssicherheit und hinsichtlich des Ansatzes der Horizontalkräfte, dem aktuellen Erkenntnisstand. Diese Normen sind daher als „unsichere Altnormen" einzustufen.

Dagegen entspricht die frühere nationale Norm DIN 4132 im Wesentlichen noch dem heute gültigen Stand der Wissenschaft. Nach der Wahrnehmung des Autors treten Schäden an nach

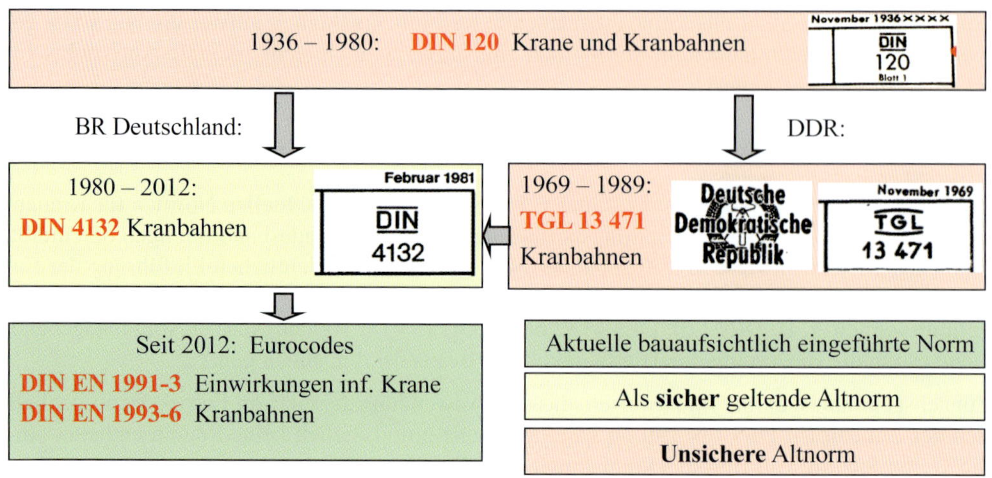

Abb. 19.2: Aktuelle Normen, sichere Altnormen und unsichere Altnormen

DIN 4132 bemessenen Kranbahnen meist erst jenseits der geplanten Nutzungsdauer auf und sind nicht auf eine prinzipielle Unterbemessung zurückzuführen. DIN 4132 und auch DIN 15018 können deshalb als sichere Altnormen eingestuft werden.

Daraus lassen sich nun beispielsweise folgende Konsequenzen ziehen:

- Eine mängelfreie, nach DIN 4132 bemessene Kranbahn, deren Konstruktion für eine zukünftige Nutzung unverändert bleiben kann, muss nicht nach Eurocode neu bemessen werden.
- Wenn bei einer nach DIN 4132 bemessenen Kranbahn dagegen wegen einer Lasterhöhung Umbauten und Verstärkungen notwendig sind, sind Nachweise nach den aktuellen Normen erforderlich (siehe dazu das maßgebliche Papier der Bauministerkonferenz [FKB08]): „Die Anwendung aktueller Technischer Baubestimmungen für die Bemessung und Ausführung beschränkt sich auf die unmittelbar von der Änderung berührten Teile von baulichen Anlagen. Die Aufnahme der weiterzuleitenden Lasten aus eigenständigen neuen Teilen von baulichen Anlagen (z. B. Anbau, Aufstockung, Antenne) darf zunächst mit den ursprünglichen bautechnischen Vorschriften nachgewiesen werden. Ist die Lastaufnahme nur mit zusätzlichen Verstärkungen möglich, so sind diese mit den aktuellen Technischen Baubestimmungen nachzuweisen.“
- Der Nachweis einer alten Bestandskranbahn nach TGL 13 471 oder DIN 120 kann nicht mehr als ausreichender Nachweis der Standsicherheit anerkannt werden. Nachweise nach den aktuellen Normen sind unvermeidlich, auch wenn keine Verstärkungen oder Umbauten geplant sind.

19.1.4 Weiternutzung oder Neubau der Kranbahn?

Nachdem der technische Zustand der Kranbahn und ihrer Unterstützungen festgestellt wurde, gilt es nun, die Frage zu entscheiden: Kann die bestehende Kranbahn saniert und weitergenutzt werden oder ist es wirtschaftlicher, sie durch eine neue Konstruktion zu ersetzen?

Eine instandgesetzte und nun technisch einwandfreie Kranbahn kann weitergenutzt werden, wenn sich alle notwendigen Nachweise der Tragsicherheit, der Gebrauchstauglichkeit und der Ermüdungssicherheit auf der Basis der jeweils anzuwendenden Normen führen lassen. Wenn diese Bedingung zunächst nicht erfüllt ist, ist zu klären:

- Sind nach Ausführung einer oder mehrerer der folgenden Maßnahmen die Nachweise gegen die Grenzzustände der Tragsicherheit und der Gebrauchstauglichkeit erfüllbar?
  - Querschnittsverstärkung der Kranbahn (Abs. 19.2)
  - Reduzierung der Radlasten aus Kranbetrieb durch bauliche Veränderung der Kranbrücken (Abs. 19.3)
  - Reduzierung der Radlasten aus Kranbetrieb durch Veränderung der Kransteuerung (Abs. 19.4)
- Kann für die zukünftige Nutzung der Bestandskranbahn eine ausreichende Restnutzungsdauer (Abs. 19.5) gewährleistet werden?
- Lässt sich bei abgelaufener Nutzungsdauer (d.h. Schädigung einzelner Konstruktionsdetails nach Palmgren-Miner $D > 100\ \%$) der mängelfreien (oder instandgesetzten) Kranbahn eine weiterführende Nutzung (siehe oben Abb. 15.6) in Verbindung mit verkürzten Inspektionsintervallen (siehe oben Abs. 7.4.2) rechtfertigen oder nicht?

Falls ein Neubau der Kranbahn unvermeidlich ist: Lässt sich die alte Kranbahn begrenzt weiternutzen, bis die neue Konstruktion geplant, gefertigt und montiert sein wird?

Um alle diese Fragen geht es im Folgenden.

19.2 Ertüchtigung von Kranbahnen

19.2.1 Verstärkung des Kranbahnquerschnitts

Die Option, Kranbahnen für höhere Lasten aus Kranbetrieb durch eine Querschnittsvergrößerung zu ertüchtigen, ist zunächst naheliegend. Mit der Anschweißung von Verstärkungen – z. B. Obergurtwinkeln – kann das in einigen Fällen gelingen. Auch andere Formen der Querschnittsverstärkung – z. B. Lamellen – können infrage kommen. Bei Anschweißungen ist zu beachten:

- Die Schweißeignung der in der Bestandskranbahn verbauten Stähle muss zweifelsfrei gewährleistet sein, ggf. ist sie zu überprüfen (Abschn. 1).
- Reicht der Raum um die Kranbahn herum aus, um neue Querschnittsteile anzuschweißen? Besonders an den Auflagern sind Anschweißungen oft nicht möglich, weil der Platz dafür fehlt.
- Falls durch die Anschweißung neue, ermüdungsrelevante Kerbfälle entstehen, müssen diese nachgewiesen werden.
- Wie lässt sich der unvermeidliche Schweißverzug beim Anschweißen der Verstärkungen in akzeptablen Grenzen (Betriebstoleranzen) halten?
- Können die Anschweißungen an der eingebauten Kranbahn vorgenommen werden oder ist die Kranbahn vor der Ertüchtigung zu demontieren?
- Nach Fertigstellung der Arbeiten sind der Kransachverständige und ggf. der Prüfingenieur zu beteiligen.

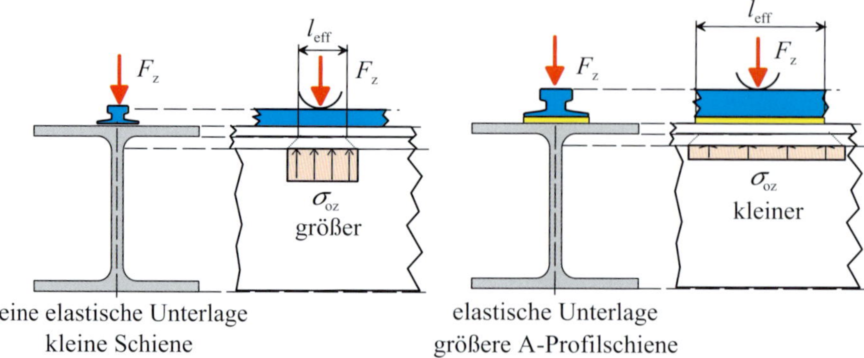

Abb. 19.3: Entschärfung der Radlasteinleitung durch größere Schiene und elastische Unterlage

19.2.2 Entschärfung der Radlasteinleitung

Um Radlasteinleitungsspannungen in Schienenschweißnähten, in Steghalsnähten und Trägerstegen zu reduzieren, kommt die Auswahl eines größeren, höheren Schienenprofils und/oder der Einbau einer Elastomerunterlage zwischen Schiene und Obergurt des Kranbahnträgers infrage, siehe Abb 19.3.

Eine Elastomerunterlage fördert die Laufruhe der Kranbahn und wirkt sich bei schwer beanspruchten Kranbahnen günstig auf das Ermüdungsverhalten und ggf. auf das Risswachstum aus. Bei Verwendung einer nachgiebigen Elastomerunterlage mit mindestens 6 mm Dicke darf die Lastausbreitungslänge l_{eff} um 31 % vergrößert werden [3-6,Tab.5.1].

Die Auswahl einer größeren Schiene wirkt sich ähnlich aus: Verwendet man z. B. zusammen mit einem Kranbahnquerschnitt HEB 300 statt einer Profilschiene A45 eine Profilschiene A55, so vergrößert sich die Lastausbreitungslänge l_{eff} nach [3-6,Tab.5.1] von 13,5 cm auf 16,6 cm, also um 23 %.

Beulprobleme des Stegs lassen sich durch Anbringen zusätzlicher Beulsteifen reduzieren. Die durch die Anbringung zusätzlicher Beulsteifen verursachten Kerben müssen aber beim Ermüdungssicherheitsnachweis berücksichtigt werden.

19.2.3 Nachbehandlung von Schweißnähten

Zur Erhöhung der Lebensdauer von Schweißnähten von Bestandskranbahnen kann auch das Verfahren des höherfrequenten Hämmerns (HFH) beitragen, siehe [DDB19] und [Bai15]. Die Schweißnahtübergänge zum Grundwerkstoff werden durch Nadeln lokal bearbeitet. Dadurch werden die oberflächennahen Materialschichten elastisch-plastisch kaltverformt und verfestigt, so dass sich oberflächennahe Druckeigenspannungen am Schweißnahtübergang ergeben, die wiederum die Schweißeigenspannungen neutralisieren können. Ausführliche Untersuchungen zeigten, dass so die Ermüdungsfestigkeit geschweißter Konstruktionen stark gesteigert werden kann. HFH kann mit verschiedenen Geräten/Produkten ausgeführt werden:

- Beim UIT (Ultrasonic Impact Treatment) und UP (Ultrasonic Peening) werden die Nadeln durch einen Ultraschallwandler angeregt.

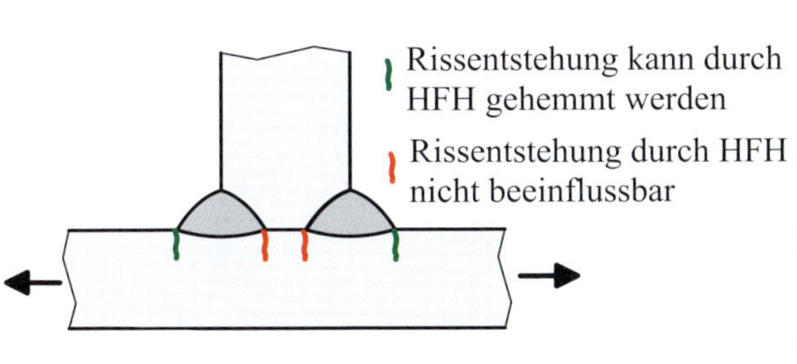

Abb. 19.4: Schweißnahtbereiche, die mit HFH (Höherfrequentes Hämmern) beeinflussbar sind.

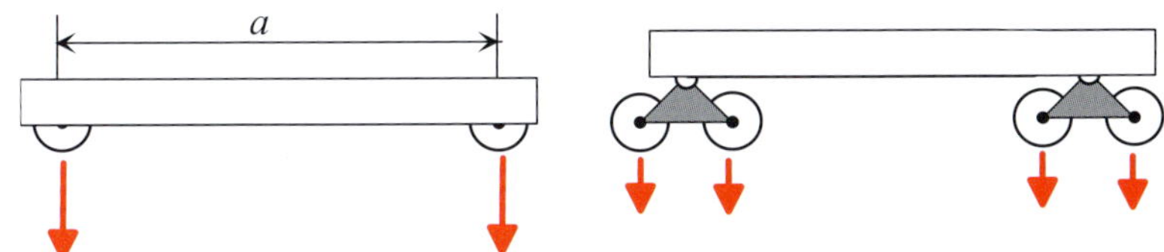

Abb. 19.5: Reduktion der vertikalen Radlasten durch Erhöhung der Achsanzahl

- HIFIT (High Frequency Impact Treatment) und PIT (Pneumatic Impact Treatmen) arbeiten dagegen mit einem pneumatischen Antrieb.

Als Ergebnis der an verschiedenen Forschungsstellen ausgeführten Untersuchungen liegt nun eine DAST-Richtlinie zum Thema vor [DAS19b], die allerdings noch keine Empfehlungen für den Umgang mit Bestandskonstruktionen enthält. Es darf davon ausgegangen werden, dass die Restlebensdauer von Schweißdetails in Bestandskonstruktionen durch Bearbeitung mit HFH deutlich verlängert werden kann. Die Wahrscheinlichkeit der Rissenstehung an der inneren, einer Oberflächenbehandlung nicht zugänglichen Schweißnahtwurzel kann durch HFH natürlich nicht beeinflusst werden, siehe Abb. 19.4.

19.3 Kranradlasten über die Krankonstruktion reduzieren

Die Lasten aus Kranbetrieb lassen sich bei unveränderter Hublast durch Veränderung der Entwurfsparameter der Kranbrücke in begrenztem Umfang verändern/reduzieren. Eine enge Zusammenarbeit zwischen Tragwerksplaner, Nutzer/Bauherr und Kranhersteller ist bei der Planung notwendig.

19.3.1 Radlasten verringern durch erhöhte Achsanzahl

Radlasten lassen sich reduzieren, wenn bei unveränderter Hublast ein zweiachsiger Kran durch einen vierachsigen Kran ersetzt wird (Abb. 19.5). Besonders bei Beulproblemen des Stegs wirkt sich das vorteilhaft aus. Die so verursachten Mehrkosten der Kranbrücke sind oft geringer als die Kosten für eine sonst eventuell notwendige Verstärkung selbst kurzer Kranbahnen.

Tab. 19.1: Schräglaufkräfte und maximale Feldmomente M_y bei veränderten Radständen a, zweiachsiger Kran IFF, Radlast 200 kN; Beispiel 19-1

Radstand	Schräglaufkraft	**Einfeldträger** Maximales Feldmoment M_y			**Zweifeldträger** Maximales Feldmoment M_y		
a [m]	$(S - H_S)$	$l = 6$ m	$l = 9$ m	$l = 12$ m	$l = 6$ m	$l = 9$ m	$l = 12$ m
2,5	106 %	112 %	107 %	105 %	110 %	111 %	105 %
3,0	**100 %**	**100 %** 337 kNm	**100 %** 625 kNm	**100 %** 919 kNm	**100 %** 279 kNm	**100 %** 483 kNm	**100 %** 740 kNm
4,0	90 %	89 %	87 %	91 %	89 %	92 %	91 %
5,0	82 %	89 %	75 %	82 %	89 %	82 %	83 %

19.3.2 Radstand a vergrößern

Die Vergrößerung des Radstands a des Krans führt bei gleichbleibender Achszahl und gleichbleibenden Vertikalkräften zu geringeren Biegemomenten M_y und indirekt auch zu geringeren Schräglaufkräften, wenn das Verhältnis Radstand a/Kranbahnspannweite l unterhalb eines Grenzwertes bleibt, der bei zweiachsigen Kranen bei etwa 0,6 liegt. Ein darüber hinaus vergrößerter Radstand führt zu keiner weiteren Verringerung der Biegemomente im Kranbahnträger. Daraus folgt, dass es bei Kranbahnen mit weniger als 6 m Spannweite kaum Einsparpotential gibt, bei größeren Spannweiten durchaus. Die Vergrößerung des Radstandes macht den Kran etwas teurer. Die etwas größeren Anfahrmaße in Kranfahrrichtung sind meist unproblematisch.

Beispiel 19-1: Auswirkungen der Veränderung des Radstands a eines Krans

Es wird gezeigt, wie sich Veränderungen im Radstand a auf das maximale Feldmoment M_y und auf die Seitenführungskräfte auswirken können. Dazu wird ein zweiachsiger, spurkranzgeführter Kran mit Fahrwerksystem IFF mit einer Radlast von 200 kN und Radständen zwischen 2,5 m und 5,0 m auf einfeldrige und zweifeldrige Kranbahnträger mit Feldlängen von 6 m bis 12 m gesetzt; Schiene A 65, Spurspiel x = 13 mm. Die Ergebnisse für den Kran mit einem Radstand von 3,0 m werden in jeder Spalte separat mit 100 % bezeichnet. Tab. 19.1 enthält einen Überblick über die durch eine Vergrößerung des Radstands erreichbare Verringerung der Momente und der Seitenführungskräfte.

19.3.3 Seitenführungsrollen statt Spurkränze

Die seitliche Führung des Krans kann über Seitenführungsrollen oder über Spurkränze an den Laufrädern des Krans erfolgen. Durch den Verzicht auf Spurkränze und den Einbau von Seitenführungsrollen lassen sich die Schräglaufkräfte (S, $H_{S,i,j}$) um bis zu ca. 40 % reduzieren, da das Spurspiel x (siehe oben, Abb. 2.11) und damit der Schräglaufwinkel α bei Seitenführungsrollen geringer bleiben kann als bei Spurkränzen. Die Mehrkosten für die Seitenführungsrollen sind häufig eher gering. Falls die vorhandene Schiene bereits einen Grat (Abb. 19.6) hat, müssen die Schienenflanken vor Einbau der Seitenführungsrollen zunächst plan geschliffen werden, damit die Seitenführungsrollen eine ebene Abrollfläche haben und übermäßiger Verschleiß verhindert wird.

Tab. 19.2: Beispiel 19-2: Schräglaufkräfte bei Spurkränzen und bei Seitenführungsrollen

Kräfte in [kN]	**Spurkränze** Spurspiel $x = 13$ mm	**Spurführungsrollen beidseitig; (selten)** Spurspiel $x = 7$ mm	**Spurführungsrollen einseitig; (üblich)** Spurspiel $x = 7$ mm
Katze rechts vert. Radlast F_{max} rechts	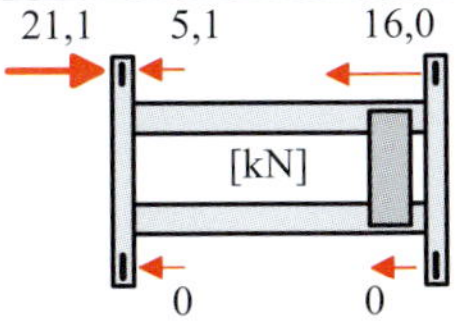 21,1 5,1 16,0 [kN] 0 0	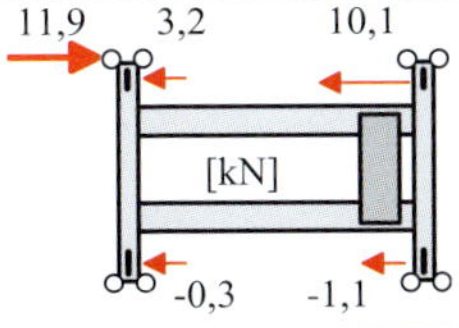 11,9 3,2 10,1 [kN] -0,3 -1,1	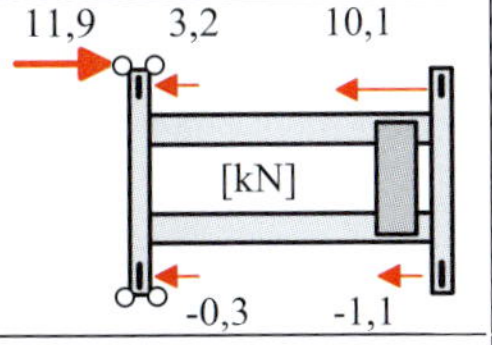 11,9 3,2 10,1 [kN] -0,3 -1,1
Katze links vert. Radlast F_{max} links	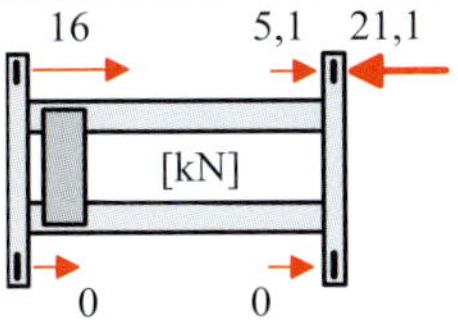 16 5,1 21,1 [kN] 0 0	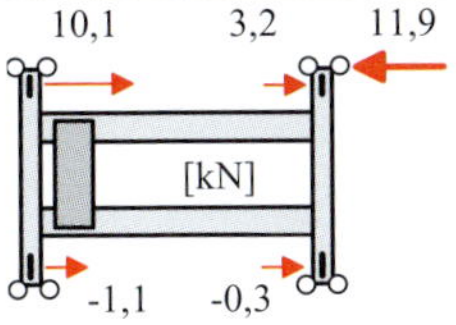 10,1 3,2 11,9 [kN] -1,1 -0,3	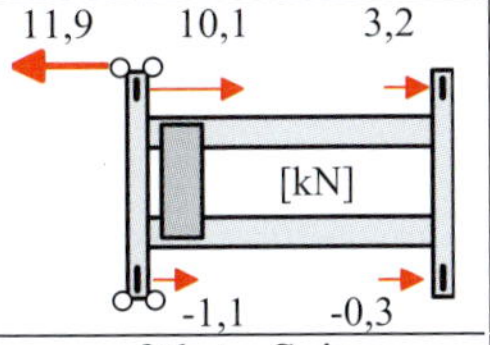 11,9 10,1 3,2 [kN] -1,1 -0,3
max. Schräglaufkräfte $(S - H_{S,i,j})$	$\max(S - H_{S,i,j})$ = 16 kN (entspricht 100 %)	$\max(S - H_{S,i,j})$ = 10,1 kN (63 %)	geführte Seite: $\max(S - H_{S,1,j})$ = 8,7 kN (54 %) andere Seite: $\max(H_{S,2,j})$ = 10,1 kN (63 %)
am gleichen Ort wirken zur gleichen Zeit ...	$\max(S - H_{S,i,j})$ = 16 kN und F_{max}	$\max(S - H_{S,i,j})$ = 10,1 kN und F_{max}	geführte Seite: $\max(S - H_{S,1,j})$ = 8,7 kN und F_{min} ungeführte Seite: $\max(H_{S,2,j})$ = 10,1 kN und F_{max}
Basisdaten: zweiachsiger Kran IFF, 10 t Hublast, $a = 2{,}5$ m, $s = 15$ m, Schiene A55			

Der Einbau von Seitenführungsrollen (siehe Abs. 2.3) erfolgt in der Regel auf nur einer Kranseite. Die Räder auf der gegenüberliegenden, nicht geführten Seite müssen weder über Spurkränze noch über Seitenführungsrollen verfügen, es ist jedoch ein Entgleisungsschutz (siehe Abs. 3.7) notwendig.

Die über Kontakt wirkende Spurführungskraft S kann nur an der geführten Stelle (vorne links angenommen) auftreten, während die Reaktionskräfte $H_{S,i,j}$ als Reibungskräfte in der Rad-Schiene-Ebene wirken und an allen Rädern – also auch an denjenigen der nicht geführten Seite – auftreten.

Die maximalen Horizontalkräfte aus Schräglauf wirken auf die Kranbahn der ungeführten Seite, während sie auf der geführten Seite etwas geringer bleiben.

Beispiel 19-2: Reduktion der Schräglaufkräfte eines 10-t-Krans bei Ersatz der Spurkränze durch Seitenführungsrollen

Die Schräglaufkräfte wurden nach Abschnitt 8.6.2 berechnet und in Tab. 19.2 gegenübergestellt. Durch die Maßnahme konnte die maximale Seitenführungskraft auf der geführten Seite um 46 % gesenkt werden.

Abb. 19.6: Flachstahlschiene mit Schienengrat, der vor dem Einbau der Seitenführungsrollen abgeschliffen werden muss

19.3.4 Kräfte aus Pufferanprall reduzieren

Die Kräfte aus Pufferanprall (außergewöhnliche Einwirkung) sind für den Bremsverband der Kranhalle häufig dimensionierend, siehe oben Abs. 8.7. Die Pufferstöße können sich zudem bei vorgeschädigten Kranbahnen rissvergrößernd auswirken. In manchen Fällen kann es deshalb angeraten sein, die Pufferkräfte zu reduzieren. Folgende Maßnahmen kommen infrage:

- Statt einer bisher gegebenenfalls nur einseitigen Anordnung der Puffer (siehe oben, Abb. 8.22 rechts) werden beidseitig Puffer eingebaut (siehe oben, Abb. 8.22 links).
- Ein einfacher Puffer (z. B. Gummipuffer oder Zellstoffpuffer) wird durch einen Hydraulikpuffer mit einer günstigeren Arbeitslinie ersetzt, der mehr Energie aufnimmt.
- Die Puffer sollten hinsichtlich ihrer Geometrie so eingestellt werden, dass der Pufferanprall auf beiden Seiten der Kranbrücke gleichzeitig stattfindet.

19.3.5 Zwei leichte statt einem schweren Kran

Wegen Produktionsumstellung sollen in einer Kranhalle, in der bisher nur 7,5 t schwere Lasten zu bewegen waren, nun Teile angehoben und bewegt werden, die im Einzelfall bis zu 20 t Masse haben. Der alte, auszuwechselnde Kran kann nicht gegen einen 20-t-Kran ausgetauscht werden, da die Kranbahn die erhöhten Radlasten nicht tragen kann. Der Einbau von modernen 10-t-Kranen wäre möglich, ohne dass die Bestandskranbahn verstärkt werden muss. Der Bauherr entscheidet sich dafür, statt einem 20-t-Kran zwei 10-t-Krane einzubauen, die die 20 t Lasten gemeinsam bewegen können. Der Nachteil, dass der eher seltene Transport von Hublasten mit mehr als 10 t Gewicht dann wegen des Einsatzes beider Krane etwas länger dauert, ist für den Bauherrn akzeptabel.

19.4 Kranlasten durch die Kransteuerung begrenzen

Über die elektronische Kransteuerung lässt sich Einfluss auf die Größe der Lasten aus Kranbetrieb nehmen. Einige im Folgenden aufgelistete Optionen kommen zur Reduzierung der Lasten

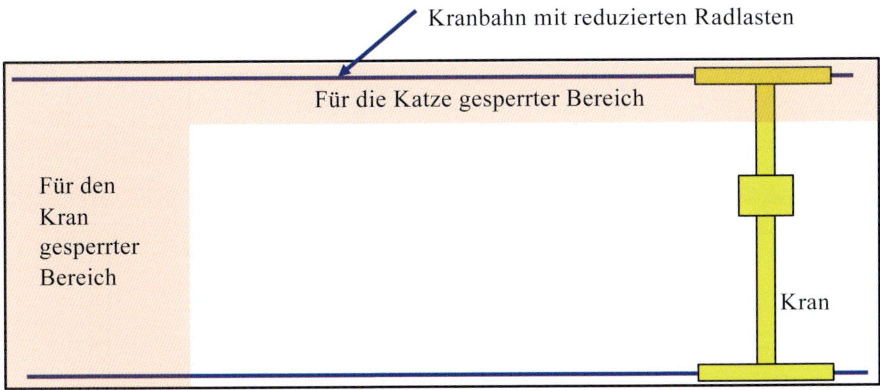

Abb. 19.7: Kranhalle (Grundriss) mit einseitig vergrößertem Katz-Anfahrmaß und reduziertem Kranfahrbereich

infrage, von denen allerdings jede auch eine mehr oder weniger große Einschränkung für einzelne Möglichkeiten im Kranbetrieb bedeutet. Bei der Planung empfiehlt sich eine enge Zusammenarbeit zwischen Kranhersteller, Nutzer/Bauherr und Tragwerksplaner.

19.4.1 Sanftere Anfahr- und Bremsrampen, Reduktion Hubgeschwindigkeit

Sanftere Anfahr- und Bremsbeschleunigungen können durch die Steuerung vorgegeben werden. Die Horizontalkräfte aus Bremsen/Beschleunigen werden dadurch reduziert. Der Verschleiß wird verringert. Mit der Reduktion der Hubgeschwindigkeit lassen sich dynamischen Effekte verringern. Der auf die Hublast anzuwendende Schwingbeiwert φ_2 wird kleiner.

19.4.2 Kranfahrbereich reduzieren – Umfahrsteuerung

Durch eine Umfahrsteuerung – gegebenenfalls in Kombination mit Lastbegrenzungen – kann sichergestellt werden, dass einzelne Krane bestimmte Bereiche der Kranbahn nicht oder nicht mit voller Last befahren können, siehe Abb. 19.7. Diese Bereiche der Kranbahn könnten dann für geringere Lasten aus Kranbetrieb bemessen werden. Sie können unter Umständen auch mit einer niedrigeren BK (Beanspruchungsklasse) bemessen werden.

19.4.3 Distanzierung der Krane

Eine lastabhängige oder mechanische Distanzierung zwischen zwei Kranen (Mindestabstand) kann durch die Steuerung erzwungen werden. So lassen sich die Biegemomente des Kranbahnträgers reduzieren. Distanzierungen könnten auch durch mechanische Abstandshalter sichergestellt werden, siehe Abb. 19.8. Der Nachteil von Distanzierungen ist, dass räumlich eng zusammenliegende Aktionen benachbarter Krane eingeschränkt werden.

Beispiel 19-3: Einfluss der Distanzierung von Kranen auf die Feldmomente M_y

Der Einfluss der Distanzierung auf die Momente wird am Beispiel von zwei gleichen zweiachsi-

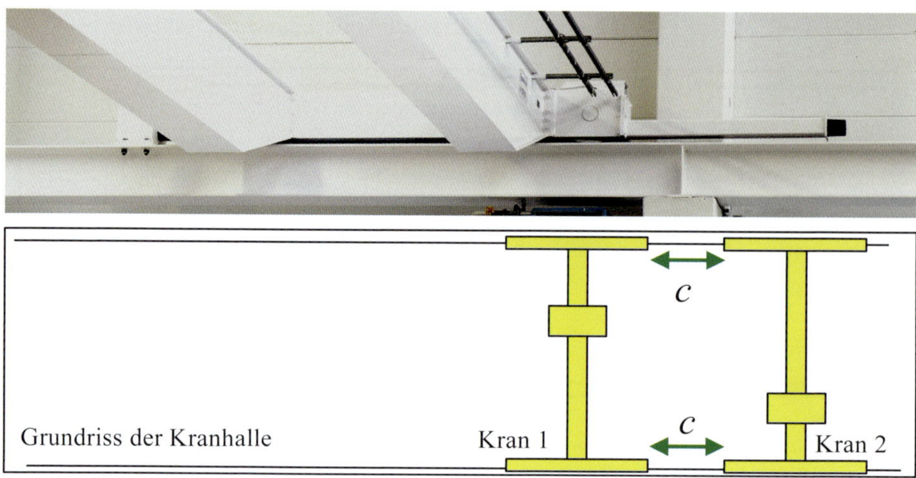

Abb. 19.8: Krandistanzierung durch elektronische Steuerung (unten) oder durch einen mechanischen Abstandshalter am Kopfträger (oben)

gen Kranen mit Radstand $a = 3{,}0$ m gezeigt, die eine Kranbahn mit der Feldweite l überfahren. Dabei werden Distanzierungen zwischen 0,5 m und 6,0 m berücksichtigt. Die Radlasten betragen $F = 200$ kN. Tab. 19.3 zeigt das Ergebnis. Ab 6 m Krandistanz sind in dem untersuchten Parameterfeld die maximalen Feldmomente aus beiden Kranen jeweils nicht mehr größer als die eines Einzelkrans (s. Tab. 19.3, 3. Zeile).

Mit elektronischen Kransteuerungen ist es möglich, das Abstandsmaß c bei der Distanzierung als Funktion der Hublast zu definieren. Trägt der Kran eine geringe Hublast, könnte die Distanzierung entfallen, bei maximaler Hublast wird ein Mindestabstand c eingehalten.

19.4.4 Katzfahrbereich beschränken, Anfahrmaß verändern

Über die Kransteuerung lässt sich einstellen, dass die Laufkatze auf der Kranbrücke nicht so weit nach außen fahren kann, wie es technisch möglich wäre (das minimale Anfahrmaß der Katze wird vergrößert, siehe Abb. 19.7). Dadurch reduzieren sich die vertikalen und die horizontalen Radlasten auf einer oder beiden Kranbahnen. Nachteilig ist der geringer gewordene Arbeitsbereich des Krans. Wird das Anfahrmaß nur auf einer Kranseite vergrößert, während es auf der anderen Seite minimal bleibt, so verringern sich die vertikalen Radlasten und die Kräfte aus Bremsen bzw. Beschleunigen nur für die Kranbahn, auf deren Seite das Anfahrmaß vergrößert wurde.

Beispiel 19-4: Einfluss des Anfahrmaßes der Katze auf Lasten aus Kranbetrieb

Bei einem 10-t-Kran (Abb. 19.9, Katzgewicht 10 kN, Gewicht Kranbrücke: 60 kN; Hublast: 100 kN) wird das Anfahrmaß beidseitig von 1,5 m auf 2,5 m gesteigert. Die Veränderung der Lasten aus Kranbetrieb infolge dieser Maßnahme wird in Tab. 19.4 angegeben.

Während sich durch die Vergrößerung des Anfahrmaßes in diesem Beispiel die Brems- und Beschleunigungskräfte um 20 % reduzieren lassen, nehmen die vertikalen Radlasten und die Schräglaufkräfte jeweils nur um 6 % ab.

Tab. 19.3: Maximales Feldmoment M_y in Abhängigkeit von der Distanzierung c der Krane untereinander; $F_1 = F_2 = 200$ kN; $a = 3{,}0$ m; Beispiel 19-3

$\max M_{y,\text{Feld}}$	**Einfeldträger**			**Zweifeldträger**		
Feldweite	$l = 6$ m	$l = 8$ m	$l = 10$ m	$l = 6$ m	$l = 8$ m	$l = 10$ m
Einzelner Kran	59 %	58 %	55 %	59 %	60 %	57 %
2 Krane $c = 0{,}5$ m	**100 %** 567 kNm	**100 %** 902 kNm	**100 %** 1301 kNm	**100 %** 471 kNm	**100 %** 713 kNm	**100 %** 1026 kNm
$c = 2{,}0$ m	74 %	78 %	78 %	70 %	78 %	79 %
$c = 4{,}0$ m	59 %	59 %	62 %	59 %	60 %	60 %
$c = 6{,}0$ m	59 %	58 %	55 %	59 %	60 %	57 %

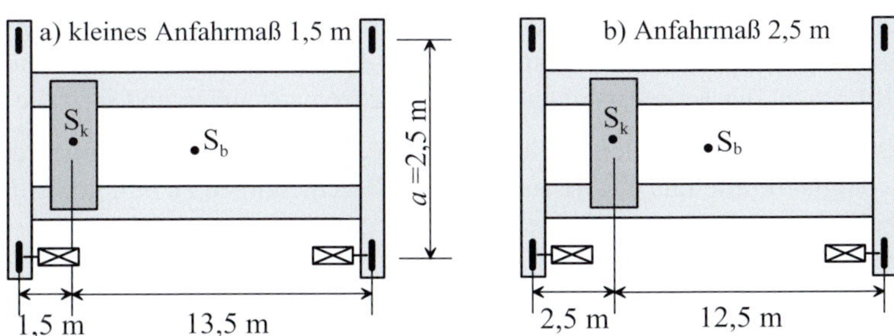

Abb. 19.9: Beispiel 19-4: Vergrößerung des Anfahrmaßes der Katze von 1,5 m auf 2,5 m

Tab. 19.4: Lasten aus Kranbetrieb bei Vergrößerung des Anfahrmaßes der Katze eines 10-t-Krans (Abb. 19.9); Beispiel 19-4

	Anfahrmaß klein (Abb. 19.9 links)	**Anfahrmaß größer (Abb. 19.9 rechts)**	Δ
Beidseitiges Anfahrmaß	1,5 m	2,5 m	
Maximale char. vertikale Radlast $Q_{r,i,j,\max}$	64,5 kN	60,8 kN	-6 %
Maximale horizontale Kraft aus Bremsen/Beschleunigen H_{T1}	12,5 kN	10,0 kN	-20 %
Maximale horizontale Kraft aus Seitenführung $(S - H_S)$	16,0 kN	15,0 kN	-6 %

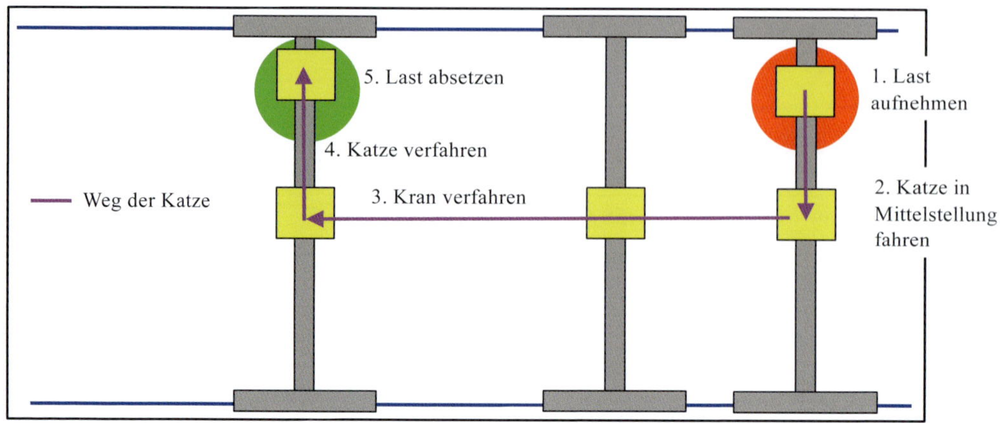

Abb. 19.10: Kran fährt nur bei mittiger Katzposition

19.4.5 Katze fährt mit Hublast nur mittig

Über die Kransteuerung wird sichergestellt, dass die Kranbrücke sich nur dann längs verfahren lässt, wenn sich die Katze mit der Hublast im Bereich der Brückenmitte befindet. Bevor die Last abgesetzt wird, stoppt der Kran. Erst dann fährt die Katze nach außen und setzt die Hublast ab.

Dadurch werden zwar die vertikalen Radlasten nicht reduziert, aber ihre Maxima treten nur noch auf, wenn Schräglaufkräfte und Kräfte aus Bremsen/Beschleunigen zu null geworden sind. Der Zeitverlust beim Kranbetrieb kann nachteilig sein.

19.4.6 Zusammenstellung der Wirkung der Einzelmaßnahmen

Tab. 19.5 liefert einen Überblick über die Auswirkungen aller in den Abschnitten 19.3 und 19.4 beschriebenen Maßnahmen.

19.5 Restnutzungsdauer einer Bestandskranbahn

Die Frage nach der sicheren Restnutzungsdauer ist häufig wesentlich für die Entscheidung über Weiternutzung oder Neubau ermüdungsbeanspruchter Bauwerke, siehe [KLN⁺08, KHN⁺08, HTG17].

19.5.1 Nutzungszyklus

Die gewährleistbare Restnutzungsdauer einer Kranbahn ergibt sich aus der ungünstigsten Schädigungssumme eines einzelnen Konstruktionsdetails infolge der bisherigen Nutzung der Kranbahn. Schädigung bedeutet dabei nicht, dass die Konstruktion sichtbare Schäden aufweisen muss, sondern dass das Werkstoffgefüge im Sinne der Palmgren-Miner-Regel unsichtbar vorgeschädigt (zermürbt) ist. Details siehe oben Abs. 15.1. Bei der Bewertung von Bestandskranbahnen steht oft die Frage nach der Restnutzungsdauer im Zentrum der Überlegungen des Nutzers.

Tab. 19.5: Übersicht über die Wirkungen der Einzelmaßnahmen

Maßnahmen	**Reduktion der Kraft / der Schnittgröße ...**						
	max F	max S, H_S	max H_M	max M_y	max M_z	H *) Stütze	N **) Verbände
Vier statt zwei Achsen (Abs. 19.3.1)	✓✓	✓					
Radstand *a* vergrößern (Abs. 19.3.2)		✓	✓	✓✓	✓		
Seitenführungsrollen (Abs. 19.3.3)		✓✓			✓✓	✓	
Höherwertige Puffer (Abs. 19.3.4)							✓✓
Sanfteres Anfahren/Br. (Abs. 19.4.1)			✓		o		✓
Red. Hubgeschwindigkeit (Abs. 19.4.1)	✓			✓			
Kranfahrbereich reduz. (Abs. 19.4.2)	o	o	o	o	o	o	o
Distanzierung der Krane (Abs. 19.4.3)				✓			
Katzfahrt beschränken (Abs. 19.4.4)	✓	✓	✓✓	✓	✓	✓	
Katze fährt mit Hublast mittig (Abs. 19.4.5)		✓✓	✓✓		✓✓	✓✓	✓

Legende: ✓✓ = deutliche Reduktion; ✓ = mäßige Reduktion
o = teilweise Reduktion möglich; kein Symbol: keine oder geringe Änderungen

Fußnoten: *) Horizontale Auflagerkraft auf die Kranstütze wirkend.
**) Normalkräfte längs der Kranbahn, die von den Bremsverbänden der Kranhalle aufgenommen werden.

Der Nutzungszyklus einer Kranbahn ist in Abb. 19.13 dargestellt (siehe auch Abs. 15.1). Er beginnt nach der Inbetriebnahme mit der Zeit der sicheren regulären Nutzung. Eine Kranbahn befindet sich im Zeitraum der sicheren regulären Nutzung, solange die nach der Miner-Regel errechnete Schädigungssumme für alle Kerbdetails kleiner als 100 % ist. Bei der Planung einer neuen Kranbahn ist ein bestimmter Zeitraum – z. B. 25 Jahre nach Eurocode – für die sichere reguläre Nutzung anzunehmen. Nach Eurocode ist es aber auch möglich, einen anderen Zeitraum als 25 Jahre zu vereinbaren. Dies geschieht aber nur selten. Frühere Normen – z. B. DIN 4132, DIN 15018 oder TGL 13 471 – enthalten keinen Hinweis auf eine bestimmte Nutzungsdauer. Auf der sicheren Seite liegend sollte aber auch in diesen Fällen von einer geplanten Nutzungsdauer von 25 Jahren ausgegangen werden, wenn keine anderen Erkenntnisse vorliegen.

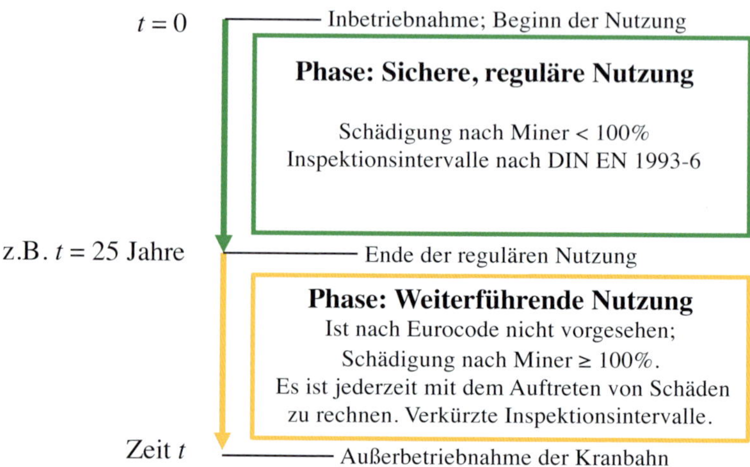

Abb. 19.11: Nutzungsphasen einer Kranbahn nach [TW99]

Irgendwann wird bei fortlaufender Nutzung der Krananlage die mit der Miner-Regel berechenbare Schädigungssumme an dem höchstbeanspruchten Kerbdetail – bemerkt oder unbemerkt – 100 % erreichen. Damit ist das Ende der sicheren regulären Nutzungsdauer nach Eurocode erreicht und die Phase der weiterführenden Nutzung beginnt. Da die Ermüdungsfestigkeit eine extrem stark streuende Größe ist – das Lebensdauerverhältnis bei typischen Wöhlerversuchen an geschweißten Bauteilen zwischen der 10%-Fraktile und der 90%-Fraktile liegt bei 1:3 [War99] –, ist es durchaus möglich, dass Kranbahnen nach Ablauf der regulären Nutzungsdauer noch keine oder keine gravierenden Schäden aufweisen und der Nutzer verständlicherweise den Wunsch hat, die Anlage weiter zu nutzen. Diese weitere Nutzung ist in den Eurocode-Normen nicht thematisiert. Es gibt keine Norm, die die weiterführende Nutzung der Kranbahnträger erlaubt oder verbietet. Die Praxis zeigt, dass alte Krananlagen meist einfach weitergenutzt werden. Es ist damit zu rechnen, dass mit fortgesetzter Nutzung die Häufigkeit von Schäden zunehmen wird. Dem hat man mit verkürzten Inspektionsintervallen (siehe oben Abs. 7.4) und sofortiger Reparatur ggf. festgestellter Schäden zu begegnen. Häufen sich die Schäden zu sehr und kann der Nutzer das steigende wirtschaftliche Risiko eines plötzlichen Ausfalls der Kranbahnen nicht mehr akzeptieren, werden diese außer Betrieb genommen und durch neue Kranbahnen ersetzt.

19.5.2 Einstufung einer Bestandskranbahn in eine BK

Die Bewertung der Restlebensdauer einer Kranbahn beginnt mit der Überprüfung der bei der Planung einmal vorgenommenen Einstufung in eine BK (Beanspruchungsklasse) nach DIN EN 1991-3. Wenn Art und Schwere des vergangenen Kranbetriebs genau bekannt sind, lässt sich die Einordnung in eine BK präziser vornehmen, als dies in frühen Planungsphasen mit den häufig nur groben Annahmen über den späteren Kranbetrieb möglich war. Die Einstufung einer Bestandskranbahn in eine BK wirkt sich gravierend auf die Ermittlung der verbrauchten Nutzungskapazität aus. Lässt sich bspw. zeigen, dass der vergangene Betrieb einer Bestandskranbahn um eine BK geringer einzustufen ist als bei der Planung ursprünglich einmal angenommen, so bedeutet dies eine Verdopplung der regulären Nutzungsphase von z.B. 25 Jahren auf 50 Jahre.

Bei gegebenen Radlastkollektiven wird auf der Basis von [1-3,Tab.2.11] analog zu DIN EN 13001-1, Abs. 4.3 die BK eines Krans als Funktion der Arbeitsspielzahl C und der Völligkeit kQ des Kollektivs festgestellt, siehe oben Abs. 15.2.

Bei der Berechnung der BK für eine Kranbahn ist eine zeitliche Bezugsgröße (Nutzungsdauer) anzunehmen, die wiederum die Basis für die Ermittlung der Arbeitsspielzahl C ist. Dafür hat man mindestens zwei Möglichkeiten:

- Man bezieht die zu errechnende BK unabhängig von der bisherigen Nutzungsdauer auf die Standardnutzungsdauer von 25 Jahren. Die errechnete BK lässt sich dann sofort mit der bei der Planung der Kranbahn früher angenommenen BK bzw. BG (Beanspruchungsgruppe nach DIN 4132) vergleichen. Bei der Berechnung der Schädigungssumme muss allerdings noch auf die tatsächliche Nutzungsdauer umgerechnet werden, falls diese kürzer oder länger als 25 Jahre ist.
- Man bezieht die zu errechnende BK auf die bisherige Nutzungsdauer der Bestandskranbahn von a Jahren. Die errechnete BK lässt sich dann ohne Weiteres nicht mit der bei der Planung der Kranbahn früher einmal angenommenen BK, die sich meist auf einen Zeitraum von 25 Jahren Nutzung bezieht, vergleichen. Bei der Berechnung der Schädigungssumme ist eine Umrechnung jedoch nicht mehr nötig.

19.5.3 Schädigungssumme und verbrauchte Nutzungskapazität

Vorausgesetzt wird, dass die Kranbahn schadensfrei ist und/oder alle festgestellten Schäden fachgerecht repariert wurden. Die verwendeten Baustähle entsprechen besonders im Hinblick auf die Schweißbarkeit den von Eurocode 3 vorausgesetzten Qualitäten.

Ferner wird zunächst der Einfachheit halber angenommen, dass die Nutzung der Kranbahnen von der Inbetriebnahme bis heute konstant geblieben ist. Ist die Vergangenheit in unterschiedliche Nutzungsphasen aufzuteilen, muss die folgende Betrachtung für jede Nutzungsphase einzeln vorgenommen werden.

Die Schädigungen aus den verschiedenen Nutzungsphasen sind am Schluss zu addieren, um die Gesamtschädigung zu erhalten.

Alternative A: Ermittlung der Schädigungssumme über die Beanspruchungsklasse

1. Das relevanteste Kerbdetail an der Bestandskranbahn (möglichst große Spannungen in Verbindung mit möglichst kleiner (ungünstiger) Kerbfallnummer) wird identifiziert: $\Delta\sigma_c$ und/oder $\Delta\tau_c$. Das könnte z.B. eine angeschweißte Schienenklemme am Obergurt sein oder eine Anschweißung an den Untergurt.
2. Die maximalen Nennspannungsspiele $\Delta\sigma$ und/oder $\Delta\tau$ werden für das gewählte Kerbdetail aus der statischen Berechnung entnommen.
3. Der von der Anzahl der Inspektionen abhängige Teilsicherheitsbeiwert (Widerstand) γ_{MF} wird für die Ermittlung des Schädigungsanteils aus zurückliegender Nutzung mit 1,0 angenommen, da die ermüdungsmäßige Vorschädigung einer Struktur nicht davon abhängig ist, wie viele Inspektionen in der Vergangenheit durchgeführt wurden. Siehe dazu Abs. 15.1.5.
4. Nach Abs. 19.5.2 wurde die BK für den zurückliegenden Kranbetrieb entweder bezogen auf die bisherige Nutzungsdauer von a Jahren oder auf die Standardnutzungsdauer von 25 Jahren bezogen berechnet.

5. Ermittlung der schadensäquivalenten Beiwerte λ_σ und λ_τ als Funktion der nach Abs. 19.5.2 ermittelten BK, siehe Tab. 15.13.
6. Berechnung der schadensäquivalenten Spannungsschwingbreiten: $\Delta\sigma_{E,2} = \lambda_\sigma \cdot \Delta\sigma$ und $\Delta\tau_{E,2} = \lambda_\tau \cdot \Delta\tau$.
7. Falls die BK bezogen auf die tatsächliche bisherige Nutzungsdauer von a Jahren vorliegt: Die Schädigung aus bisheriger Nutzung berechnet sich mit der Neigung der Normalspannungswöhlerlinien $m = 3$ und der Schubspannungswöhlerlinien $m = 5$ zu:

$$D_\sigma = \left(\frac{\gamma_{Ff} \cdot \Delta\sigma_{E,2}}{\Delta\sigma_C / \gamma_{Mf}}\right)^3 \quad \text{bzw.} \quad D_\tau = \left(\frac{\gamma_{Ff} \cdot \Delta\tau_{E,2}}{\Delta\tau_C / \gamma_{Mf}}\right)^5 \tag{19.1}$$

   Falls die BK bezogen auf die Standardnutzungsdauer von 25 Jahren vorliegt, sind die Schädigungen nach Gl. 19.1 mit dem Verhältnis $a/25$ zu multiplizieren.
8. Die Schädigung der Bestandskranbahn berechnet sich zu $D_1 = D_\sigma + D_\tau$. Übersteigt D_1 den Wert 100 %, so ist die sichere reguläre Nutzungsdauer der Kranbahn – zumindest bezogen auf das untersuchte Kerbdetail – abgelaufen.

Wenn die nach der gerade beschriebenen Methode ermittelte BK über die schadensäquivalenten Beiwerte λ für die zurückliegende Nutzung als Basis für die Ermittlung der Schädigungssumme (verbrauchte Nutzungskapazität) dienen soll, dann sollte Folgendes beachtet werden: Die Funktion, nach der die BK = f(C, kQ) ermittelt wird, ist eine diskrete Treppenfunktion. Das wirkt sich unangenehm aus:

Beispiel: Mit $C = 250\,000$ (Arbeitsspielklasse U4) und Lastkollektivklasse Q3 ergebe sich für eine Kranbahn über die Beanspruchungsklasse BK S_2 eine Schädigungssumme von $D_1 = 0{,}75$. Wäre die Zahl C nur um ein einziges Lastspiel höher ($C = 250\,001$), dann würde sich mit U4 (statt U3) und Q3 über die BK S_3 (statt S_2) eine verdoppelte Schädigungssumme $D_1 = 1{,}5$ ergeben. Für die Bewertung der Kranbahn ist das ein äußerst gravierender Unterschied, denn im ersten Fall kann die Kranbahn noch viele Jahre weitergenutzt werden, während im zweiten Fall eine weitere Nutzungsdauer ermüdungsmäßig nicht mehr darstellbar ist.

Alternative B: Ermittlung der Schädigungssumme über C und kQ

Präziser – ohne plötzliche Funktionssprünge – kann die Schädigungssumme ermittelt werden, wenn die Lastspielzahl C und der Lastkollektivbeiwert kQ nach Abs. 15.2, Gl. 15.2 bekannt sind:

- Schritte 1 bis 3 wie oben bei „Schädigungssumme über die BK".
- Ermittlung der schadensäquivalenten Beiwerte λ_σ und λ_τ nach [1-3/Gl.2.16-2.18].

$$\lambda_\sigma = \sqrt[3]{\frac{C}{2 \cdot 10^6} \cdot kQ} \quad \text{bzw.} \quad \lambda_\tau = \sqrt[5]{\frac{C}{2 \cdot 10^6} \cdot kQ} \tag{19.2}$$

- Berechnung der schadensäquivalenten Spannungsschwingbreiten $\Delta\sigma_{E,2} = \lambda_\sigma \cdot \Delta\sigma$ und $\Delta\tau_{E,2} = \lambda_\tau \cdot \Delta\tau$ und der Schädigungen D_σ und D_τ aus bisheriger Nutzung nach Gl 19.1.
- Die Schädigung der Bestandskranbahn berechnet sich zu $D_1 = D_\sigma + D_\tau$.

19.5.4 Bestimmung der Restnutzungsdauer

Vorausgesetzt wird, dass die ermüdungsmäßige Vorschädigung D_1 (verbrauchte Nutzungskapazität) aus dem bisherigen Kranbetrieb berechnet wurde, siehe Abs. 19.5.3. Außerdem wurde die

BK für die zukünftige Nutzung der Kranbahn ermittelt, indem ein 25-jähriger Betrieb angenommen wird.

Folgende Vorgehensweise ist möglich:

- Wahl der gewünschten Anzahl von Inspektionen nach [3-6] und Feststellung des sich daraus ergebenden Teilsicherheitsbeiwerts (Widerstand) γ_{MF}, siehe Abs. 15.1.5.
- Bestimmung der noch zur Verfügung stehenden zukünftigen Nutzungskapazität $D_2 = 1{,}0 - D_1$.
- Bei bekannter BK für den zukünftigen Betrieb wird nun analog zu Abs. 19.5.3 die ermüdungsmäßige Schädigung für 25 Jahre der zukünftigen Nutzung bestimmt: D_{Zukunft} (Falls D_{Zukunft} den Wert 1,0 übersteigt, bedeutet dies, dass auch bei einer neuen Kranbahn 25 Jahre Nutzung nicht sicher möglich wären).
- Die zukünftige Schädigung darf maximal den Wert der noch zur Verfügung stehenden Nutzungskapazität D_2 erreichen. Das ist der Fall bei $n = 25$ Jahre $\cdot D_2 / D_{\text{Zukunft}}$.
- Als Restnutzungsdauer für den zukünftigen Betrieb lässt sich nun für die Bestandskranbahn n Jahre angeben.

Wenn die so ermittelte Restnutzungsdauer der Kranbahn zu gering ist, kann geprüft werden, ob folgende Optionen infrage kommen:

- Verringerung des Teilsicherheitsbeiwerts γ_{MF} durch Verkürzung der Inspektionsintervalle (siehe [3-6NA/9.2] und [3-6NA/Tab.NA.3]): Der Teilsicherheitsbeiwert für Ermüdungsversagen auf der Widerstandsseite kann bis auf $\gamma_{MF} = 1{,}0$ gesenkt werden, wenn die Inspektionsintervalle ausreichend kurz sind.
- Reduktion der BK für Teilbereiche der Kranbahn mit geringerem Betrieb. Die frühere Regel in DIN 4132, Kapitel 4.4.2 a), nach der für bestimmte, seltener befahrene Bereiche der Kranbahn die BG um einen Zähler reduziert werden darf, wenn weniger als 1/3 der Arbeitsspiele des Krans in dem betrachteten Kranbahnbereich stattfinden, wurde nicht in [3-6] übernommen. Wenn tatsächlich – z. B. durch die elektronische Kransteuerung – sichergestellt werden kann, dass in einem bestimmten Bereich der Kranbahn weniger als die Hälfte der angenommenen Lastwechsel stattfinden, ist die Reduktion der BK für diesen Teilabschnitt um einen Zähler inhaltlich gerechtfertigt. Da diese Vorgehensweise in [3-6] aber nicht ausdrücklich gestattet wird, empfiehlt es sich, ggf. mit dem Prüfingenieur vorher eine entsprechende Absprache zu treffen.

Beispiel 19-5: Restnutzungsdauer bei Umnutzung einer Kranbahn

Gegeben: Kranbahn nach DIN 4132, Inbetriebnahme: 2007; 1 Kran mit Hublast 16 t, H2, B4

- Kranbahnquerschnitt HEB 400, S 235, Einfeldträger; siehe Abb. 19.12
- relevantes Kerbdetail: Oberkante Oberflansch, aufgeschweißte Schienenklemmplatten ($l = 120$ mm) an der Stelle des maximalen Feldmoments
- Die bei der Planung angenommene BG B4 nach DIN 4132 hat sich in dem 13-jährigen Betrieb der Krananlage als zutreffend herausgestellt.
- Betriebsfestigkeitsnachweis in 2007 nach DIN 4132
  - Kerbfall K4 für σ_x im Obergurt bei aufgeschweißten Klemmplatten.

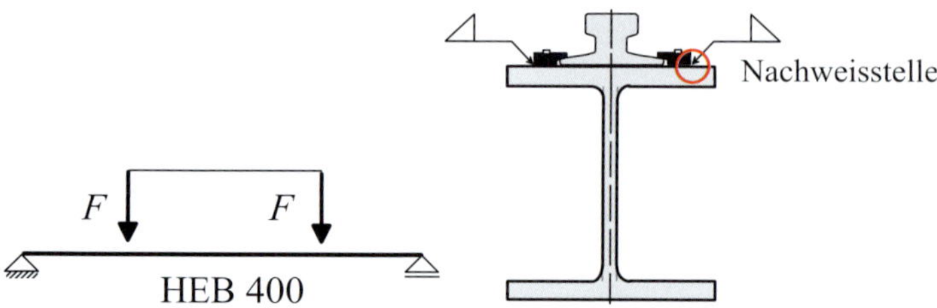

Abb. 19.12: Beispiel 19-5: Oberkante Oberflansch mit Schweißnaht an der Schienenklemme als Nachweisstelle für den Ermüdungssicherheitsnachweis

   - Oberspannung $\max \sigma_x = -10,0$ kN/cm^2, $\kappa = +0,1$ (mit Lasten nach DIN 4132)
   - zul $\sigma_{BE} = 11,6$ kN/cm^2 nach DIN 4132, Tab. 10
   - Nachweis: $|\max \sigma_x| = |-10,0|$ kN/cm^2 < zul $\sigma_{BE} = 11,6$ kN/cm^2
- Eine Inspektion der Kranbahn (Abschnitt 7.4) im Jahr 2020 ergab keine Beanstandungen an tragenden Teilen. Risse wurden nicht festgestellt.
- Die Nutzung der Kranbahn soll im Jahr 2020 verändert werden:
   - Auswechslung des alten 16-t-Krans gegen einen neuen Kran mit höherer Hublast (20 t) und der BK S_4
   - An derselben Nachweisstelle treten nun infolge der neuen 20-t-Kranbrücke mit den Lasten nach [1-3] folgende Spannungen (Bemessungswerte) auf: $\max \sigma_x = 11,6$ kN/cm^2, $\Delta\sigma_x = 10,6$ kN/cm^2
   - Die Tragsicherheit und die Gebrauchstauglichkeit konnten für die neuen Lasten nachgewiesen werden.
   - Maßgebender Ermüdungssicherheitsnachweis an der Klemmplatte: Kerbfall 56 für die Spannungen σ_x im Obergurt [3-1-9/Tab.8.5], siehe Abb. 19.12.

Gesucht: Rechnerische Nutzungsdauer für den Kran bei der neuen Nutzung ab 2020 (Prognose).

a) Abschätzung der bisher verbrauchten Lebenskapazität D_1
Die nach DIN 4132 im Jahr 2007 ermüdungsmäßig nachgewiesene Kranbahn wird zunächst nach [3-1-9] nachgerechnet, um zu ermitteln, wie viel Lebenskapazität durch den 13 Jahre dauernden bisherigen Betrieb rechnerisch bereits verbraucht wurde.
   - Die Oberspannung für den 16-t-Kran wird wegen Unterschieden in den Lastannahmen von DIN 4132 und DIN EN 1991-3 neu ermittelt; sie beträgt (Bemessungswert): $\max \sigma_x = 9,5$ kN/cm^2
   - Bei $\kappa = 0,1$ ergibt sich: $\Delta\sigma = \max \sigma_x - \min \sigma_x = 9,5 - 1,0 = 8,5$ kN/cm^2
   - BG B4 entspricht nach DIN EN 1991-3 im ungünstigsten Fall BK S_4 (Tab. 15.8)
   - Der schadensäquivalente Beiwert für S_4 ist $\lambda = 0,50$ [1-3/Tab.2.12]
   - Die schadensäquivalente Spannungsschwingbreite beträgt: $\Delta\sigma_{E,2} = \Delta\sigma \cdot \lambda = 8,5 \cdot 0,5 = 4,3$ kN/cm^2
   - $\gamma_{MF} = 1,0$ (darf stets für zurückliegende Nutzung angenommen werden, siehe oben)

- Schädigung für 25 Jahre Nutzung, Kerbfall 56; $\Delta\sigma_C = 5,6$ kN/cm^2:

$$D = \left(\frac{\gamma_{Ff} \cdot \Delta\varphi_{E,2}}{\Delta\varphi_C / \gamma_{Mf}}\right)^3 = \left(\frac{1,0 \cdot 4,3}{5,6/1,0}\right)^3 = 0,453$$

- Bei 13 Jahren Nutzung (von 2007 bis 2020) entspricht die anteilige Schädigung 13/25 = 52 % dieses Wertes: $D_1 = 0,453 \cdot 0,52 = 0,24$
- 24 % der Lebenskapazität der Kranbahn sind also durch die bisherige Nutzung rechnerisch verbraucht, es bleiben 76 % für die neue, zukünftige Nutzung.

b) Restnutzungsdauer der Kranbahn für den Betrieb mit dem neuen 20-t-Kran

- Gegeben, siehe oben $\Delta\sigma = 10,6$ kN/cm^2; Kerbfall 56; $\Delta\sigma_C = 5,6$ kN/cm^2; BK S_4
- Die schadensäquivalente Spannungsschwingbreite beträgt mit $\lambda = 0,5$: $\Delta\sigma_{E,2} = \Delta\sigma \cdot \lambda = 10,6 \cdot 0,5 = 5,3$ kN/cm^2
- Es werden $i = 3$ Inspektionsintervalle über die Lebensdauer vorgesehen, siehe [3-6NA/Tab.NA.3]. Der Teilsicherheitsbeiwert γ_{MF} beträgt dann 1,15.
- Der Schädigungsanteil für eine 25-jährige Nutzungsdauer berechnet sich zu

$$D_{Zukunft} = \left(\frac{\gamma_{Ff} \cdot \Delta\varphi_{E,2}}{\Delta\varphi_C / \gamma_{Mf}}\right)^3 = \left(\frac{1,0 \cdot 5,3}{5,6/1,15}\right)^3 = 1,09^3 = 1,29 \qquad (19.3)$$

- Die Ermüdungssicherheit einer neuen Kranbahn würde bei dieser Nutzung 1/1,29 = 78 % von 25 Jahren nachgewiesen sein, das sind 19,5 Jahre. Alle $19/i \approx 6$ Jahre ist eine Inspektion vorzusehen.
- Für die zukünftige Nutzung stehen $D_2 = 76$ % der Gesamtnutzungskapazität zur Verfügung, siehe oben.
- Ergebnis: Eine zukünftige Nutzungsdauer $D_2 \cdot 19,5$ Jahre $= 0,76 \cdot 19,5 = 15$ Jahre ist für die Bestandskranbahn nachweisbar. An deren Ende wird der Kran eine Gesamtnutzungsdauer von $13 + 15 = 28$ Jahren aufweisen.

Beispiel 19-6: Weiternutzung einer Kranbahn bei unverändertem Kranbetrieb

Die geplante Nutzungsdauer von 25 Jahren ist für eine mängelfreie, nach DIN 4132 nachgewiesene Bestandskranbahn der BG B4 (DIN 15018, Tab. 14) abgelaufen. Damals bei der Planung wurde der Spannungsspielbereich N2 ($5 \cdot 10^5$ Lastwechsel) und ein mittleres Spannungskollektiv S_2 (DIN 4132) unterstellt. Der Nutzer möchte die schadensfreie Kranbahn weitere 25 Jahre nutzen. Da der bauliche Zustand unverändert ist und sich die Kranbahnnutzung nicht verändern wird, darf die Bewertung der Ermüdungssicherheit weiterhin nach DIN 4132 erfolgen (Abschnitt 19.3). Eine Nachrechnung in Kenntnis der tatsächlichen bisherigen und der zukünftigen Kranlasten ergab, dass statt des mittleren nur ein leichtes Kollektiv S_1 (DIN 4132) vorliegt. Die Annahme der BG B3 für eine Lebensdauer von 25 Jahren wäre also ausreichend gewesen. Bei einer Verdopplung der Nutzungsdauer auf $1 \cdot 10^6$ Arbeitsspiele entsprechend 50 Jahren Nutzungsdauer ergibt sich mit dem Spannungsspielbereich N3 die BG B4 – entsprechend der bei der Planung vor 25 Jahren angenommenen BG. Die Kranbahn kann ohne weitere Berechnungen weitergenutzt werden, da der Ermüdungsnachweis mit BG B4 gemäß ursprünglicher Statik erfüllt ist.

19.5.5 Restnutzungsdauer bei unbekannter Nutzungshistorie

In manchen Fällen ist die bisherige Nutzung nicht rekonstruierbar oder das Alter der Kranbahn unbekannt, schriftliche Unterlagen existieren nicht mehr. Dies kann z. B. der Fall sein, wenn die bestehende Kranhalle aus einer Konkursmasse heraus erworben wurde. In einem anderen Fall wurde eine demontierte Kranbahn über Ebay aus dem Ausland gekauft. Die neuen Besitzer solcher Kranbahnen möchten wissen, wie groß die Restnutzungsdauer in Jahren bezogen auf eine bestimmte zukünftige Nutzung ist. Mit wirtschaftlich vertretbarem Aufwand ist es kaum möglich, über Versuche (z. B. Wöhler-Versuche) die Restnutzungsdauer zu bestimmen. Daher bleibt nichts anderes übrig, als zu versuchen, Annahmen über die bisherige Nutzung und das Alter zu treffen, die auf der sicheren Seite liegende Aussagen über die Restnutzungsdauer erlauben. Informationen über die Belastungshistorie einer Kranbrücke lassen sich vielleicht mit folgenden Fakten generieren:

- Ergebnisbericht einer detaillierten Inspektion der Kranbahn; Häufigkeit und Art vorhandener Schäden
- Auswertung eines eventuell vorhandenen Lastkollektivspeichers der Kranbrücke
- Falls die Art des bisherigen Betriebs bekannt ist (z. B. Gießerei), lassen sich über Fachleute, aus der Fachliteratur oder aus anderen Informationsquellen allgemeine Informationen über Krane für solche Einsatzzwecke gewinnen.

Die weitere Vorgehensweise zur Bestimmung der Restnutzungsdauer entspricht derjenigen aus Abs. 19.5.4. Im ungünstigsten Fall schätzt man das heutige Alter (= Nutzungsdauer) der Kranbahn ab und unterstellt eine ermüdungsmäßige Auslegung für eine 25-jährige Nutzungsdauer. Daraus ergibt sich die bisherige Schädigung. Beispiel: Ist eine Kranbahn 20 Jahre alt und schadensfrei, so sollte von einer Schädigung von 20/25 = 80 % ausgegangen werden. Sind jedoch bereits Ermüdungsschäden erkennbar, könnte das auf eine nicht sachgemäße Nutzung der Kranbahn oder Materialmängel oder Berechnungsfehler oder Konstruktionsfehler oder Fertigungsfehler hindeuten. Eine Restnutzungsdauerabschätzung kann dann erst vorgenommen werden, wenn die Schadensursachen geklärt sind.

19.5.6 Vorübergehende Weiternutzung einer schadhaften Kranbahn

Der Nutzer einer Kranbahn, für die keine weitere sichere Lebensdauer nachweisbar ist und die bereits viele Ermüdungsrisse an kritischen Stellen aufweist, entscheidet sich für den Neubau der Kranbahn, um schadensbedingte Stillstandzeiten des Krans in der Zukunft zu vermeiden. Ein Austausch der Kranbahnen kostet Zeit, denn eine neue Kranbahn muss erst geplant, gefertigt und montiert werden. Für die Montage der Kranbahn ist eine Nutzungsunterbrechung notwendig, die für den Produktionsprozess des Betriebs möglicherweise nicht akzeptabel ist. In solchen Fällen wird man versuchen, die Montage bis zu einem geeigneten Zeitpunkt – z. B. den Werksferien – aufzuschieben. Bis zur Inbetriebnahme der neuen Kranbahn können drei bis zwölf Monate vergehen. Während dieser Zeit muss die schadhafte Bestandskranbahn – notfalls mit Einschränkungen im Betrieb – weitergenutzt werden. Der finanzielle Aufwand für die Instandhaltung der Bestandskranbahn soll in Anbetracht der baldigen Außerdienststellung so gering wie möglich gehalten werden. Folgende Schritte sind vor der vorübergehenden Weiternutzung zu klären:

- Im Rahmen der Planung der neuen Kranbahn wird der Zeitraum für die erforderliche Weiternutzung der Bestandskranbahn bestimmt.

- Der Zustand der Kranbahn samt der unterstützenden Bauteile wird im Rahmen einer Inspektion festgestellt (Abs. 7.4).
- Die Schäden und der Verschleiß an der Kranbahn und den unterstützenden Bauteilen werden im Hinblick auf ihre Bedeutung für eine vorübergehende Weiternutzung analysiert.
- Falls zweckmäßig oder erforderlich, werden Möglichkeiten identifiziert, wie die Lasten aus Kranbetrieb vorübergehend reduziert werden können (z. B. Verminderung der Hublast, Verringerung von Hubgeschwindigkeiten usw.), ohne dass dies zu inakzeptablen Behinderungen des Produktionsbetriebs führt.
- Es wird geprüft, welche der entdeckten Schäden eine Gefahr für Standsicherheit und Gebrauchstauglichkeit der Bestandskranbahn darstellen. Nur diese Schäden werden repariert.
- Für Risse, die aus wirtschaftlichen Gründen nicht mehr repariert werden sollen, wird ein eng getakteter Inspektionsplan aufgestellt (Abs. 7.4.2).
- Alle Kranführer werden über die zwingend einzuhaltenden, einschränkenden Bedingungen der Weiternutzung belehrt. Deren Einhaltung wird im weiteren Betrieb kontrolliert.

19.5.7 Unbefristete Weiternutzung einer Kranbahn nach Ablauf der regulären Nutzungsdauer

25 Jahre ist die nach Eurocode unterstellte reguläre Nutzungsdauer einer Kranbahn, falls nicht ausdrücklich anderes vereinbart ist. Viele Kranbahnen in Deutschlands Industriebetrieben sind bereits älter als 25 Jahre und/oder ihre Schädigungssumme nach der Palmgren-Miner-Regel (Abs. 15.3.2) übersteigt $D = 100\ \%$. Im Folgenden geht es um solche Kranbahnen, für die eine zusätzliche sichere, reguläre Nutzungsdauer wie in Abs. 19.5.4 gezeigt nicht nachgewiesen werden kann. Solche Kranbahnen befinden sich nach Abb. 19.13 in der Phase der „weiterführenden Nutzung“, bei der jederzeit und zunehmend mit dem Auftreten ermüdungsmäßiger Schäden zu rechnen ist. Unter welchen Bedingungen kann die Weiternutzung einer solchen Kranbahn zugelassen werden? Folgende Bedingungen müssen erfüllt sein:

- Tragfähigkeit und Gebrauchstauglichkeit der Kranbahn sind gültig nachgewiesen (Anmerkung: Eine Bemessung nach DIN 120 oder TGL 13471 gilt nicht als ausreichender Nachweis der Standsicherheit, da diese Normen als unsichere Altnorm einzustufen sind, siehe Abb. 19.2).
- Die Art des Kranbetriebs wird gegenüber der bisherigen Nutzung nicht verschärft.
- Die Kranbahn ist schadensfrei bzw. festgestellte Schäden wurden ermüdungsgerecht (!) wieder instand gesetzt, siehe Abs. 7.4.10. Die Reparatur muss es erlauben, zukünftige Schädigungen im betroffenen Bereich hinreichend frühzeit erkennen zu können.
- Ein sicheres Betriebsintervall ist festgelegt, siehe unten.
- Der Nutzer akzeptiert, dass Schäden mit zunehmender Häufigkeit auftreten können und die betrieblichen Voraussetzungen dafür geschaffen werden müssen, dass festgestellte Schäden unverzüglich repariert werden können, auch wenn das zu unerwünschten Stillstandzeiten führt.

Festlegung des sicheren Betriebsintervalls (Inspektionsintervall) für eine äußerlich ungeschädigte Kranbahn in der Phase der weiterführenden Nutzung

Wenn man die zeitliche Länge des sicheren Betriebsintervalls kennt, können die notwendigen In-

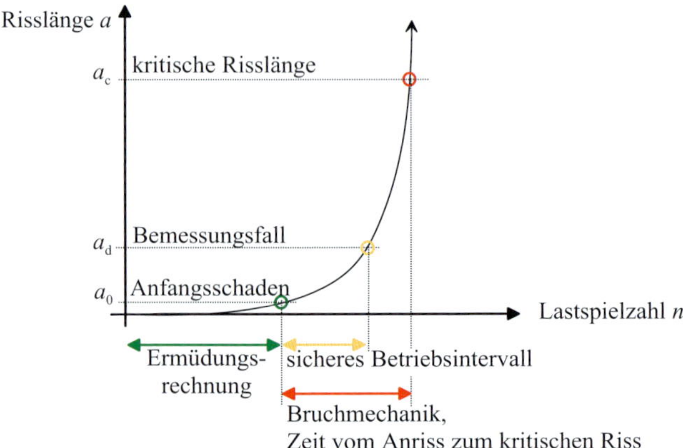

Abb. 19.13: Schematische Darstellung der Rissentwicklung und des sicheren Betriebsintervalls (nach B. Kühn)

spektionen geplant werden. Der Festlegung des sicheren Betriebsintervalls kommt eine entscheidende Bedeutung zu, um einerseits ein Versagen der Kranbahn mit zu erwartenden Personen- und Sachschäden mit ausreichender Wahrscheinlichkeit zu verhindern und andererseits zu hohe Kosten infolge zu häufiger Inspektionen zu vermeiden. Zu häufige Inspektionen führen nicht nur zu überflüssigen Kosten, sondern manchmal auch zu eine Art Betriebsblindheit der Inspekteure, in deren Folge Schäden übersehen werden könnten.

Die Bestimmung der Inspektionsintervalle während der regulären Nutzungsphase erfolgt gemäß den in Abs. 7.4.2 und Abs. 15.1.5 beschriebenen Regeln. Bei der Bestimmung der Intervalle für die Riss-Inspektionen in der Phase der weiterführenden Nutzung (d.h. Ermüdungsschädigung nach Palmgren-Miner $D > 100$ %), mit denen unkontrolliertes oder gar schlagartiges Ermüdungsversagen vermieden werden soll, können die während der Phase der regulären Nutzung geltenden Regeln nicht mehr angewendet werden, da die Grundannahmen für deren Ermittlung nach DIN EN 1993-1-10 nicht mehr gelten, siehe [Kü05].

Intervalle für andere Inspektionsarten (z.B. Schienenverschleiß oder Schraubenzustand) können dagegen weiterhin wie in der Phase der regulären Nutzung festgelegt werdem.

Die Ermittlung des rissbedingt sicheren Betriebsintervalls erfolgt durch einen dafür geeigneten Fachmann, der neben der Schwere des Kranbetriebs, dem Alter und dem Zustand der Kranbahn auch die Schadenshistorie berücksichtigt. Vor allem bruchmechanische Überlegungen können dabei eine wichtige Rolle spielen, mit denen sich das sichere Betriebsintervall vom rissfreien Zustand bis zum Erreichen der kritischen Risslänge in Verbindung mit entsprechenden Sicherheiten ($\gamma = 1,5$ hat sich durchgesetzt) ermitteln lässt, siehe Abb. 19.13. Als Ergebnis können sich für unterschiedliche Bauteile - z.B. Kranbahn und Konsolen - durchaus auch unterschiedliche Inspektionsintervalle ergeben.

Wenn im Rahmen der Inspektion nach dem Ablauf des sicheren Betriebsintervalls keine Risse festgestellt werden, beginnt ein neues Betriebsintervall gleicher Dauer. Wenn Risse festgestellt werden, verlieren die bis dahin gemachten bruchmechanischen Überlegungen sofort ihre Gültigkeit. Ein Sachverständiger muss unverzüglich über die sich aus den Rissen ergebenden Konsequenzen für den weiteren Kranbetrieb und ggf. zukünftige Inspektionsintervalle befinden.

A Abkürzungsverzeichnis

Abb.	Abbildung
Abs.	Abschnitt (Unterkapitel)
BDK	Biegedrillknicken
BG	Beanspruchungsgruppe nach DIN 15018
BK	Beanspruchungsklasse nach DIN EN 1991-3
Bsp.	Beispiel
CFF	Kranfahrwerksystem, siehe Abschnitt 2.2
CFM	Kranfahrwerksystem, siehe Abschnitt 2.2
DIN	Deutsches Institut für Normung
EC	Eurocode
Eg	Eigengewicht
EK	Einwirkungskombination
EN	Europäische Norm
fat	Fatigue, Ermüdung
Gl.	Gleichung
GZE	Grenzzustand der Ermüdung
GZG	Grenzzustand der Gebrauchstauglichkeit
GZT	Grenzzustand der Tragfähigkeit
HFH	Höherfrequentes Hämmern
i. d. R.	in der Regel
IFF	Kranfahrwerksystem, siehe Abschnitt 2.2
IFM	Kranfahrwerksystem, siehe Abschnitt 2.2
Kap.	Kapitel
LG	Lastgruppe nach DIN EN 1991-3, Tab. 2.2
Lw	Lastwechsel
M	Schubmittelpunkt
NA	Nationaler Anhang eines Eurocodes
S	Schwerpunkt
Tab.	Tabelle
Th. I. O.	Theorie I. Ordnung
Th. II. O.	Theorie II. Ordnung

B Häufig verwendete Formelzeichen

Im Folgenden werden einige wichtige Formelzeichen erläutert. Im Bauwesen allgemein übliche und bekannte Kennzeichnungen wurden nicht in die Tabelle aufgenommen.

Lateinische Buchstaben

a	Quersteifenabstand
a	Radstand; Abstand der Radlasten auf einem Kranbahnträger
a_w	Schweißnahtdicke (z. B. Schienenkehlnaht)
b_r	Schienenkopfbreite
b_{fr}	Schienenfußbreite
c	Abstand zwischen zwei Kranen
e_y	Exzentrizität in y-Richtung
e_0	Imperfektion nach DIN EN 1993-1-1
f	Kraftschlussbeiwert
f_y	Fließgrenze
F_i	Charakteristische vertikale Last des Rades i
G	Gewichtskraft
G_h	Gewichtskraft der Hublast
G_c	Gewichtskraft der Kranbrücke
H_j	Resultierende Horizontallast als Einwirkung auf eine Kranbahn; j = Achsnummer
H_T	Horizontale Radlast quer zur Fahrtrichtung aus Beschleunigen/Bremsen
H_S	Seitenführungskraft als horizontale Radlast
I_T	St. Venant'sches Torsionsträgheitsmoment
I_w	Drillwiderstand, identisch mit C_M
K	Massenkräfte aus Beschleunigen/Bremsen in Fahrtrichtung
k_F	Beulwert
l	Spannweite der Kranbahn; nur in Kap. 8: Spannweite Kranbrücke
m	Anzahl der drehzahlgekoppelten C-Achsen
$M_{y,cr}$	Ideales Biegedrillknickmoment
$M_{pl,y}$	Vollplastisches Moment um y
M_T	Torsionsmoment als äußere Last
M_x	Schnittgröße Torsionsmoment
B_{Ed}	Schnittgröße Wölbbimoment, Bemessungswert
n	Zahl der vorhandenen Lastwechsel
n	Achsenanzahl (Kap.8)
Q	Radlast (noch nicht mit Schwingbeiwert vergrößert)
Q_c	Radlast aus Eigengewicht der Kranbrücke
Q_h	Radlast aus Hublast
$Q_{r,i,j}$	Radlast der Achse j an der Seite i ($i = 1$: linke, $i = 2$: rechte Kranbahn)
s	Spannweite Kranbrücke, Spurmittenmaß
S	Seitenführungskraft aus Kontakt an einem vorderen Führungsmittel
V	Querkraft
v_f	Fahrgeschwindigkeit
v_h	Hubgeschwindigkeit
w	Verwölbung
x	Spurspiel des Laufrads auf der Schiene

Griechische Buchstaben

α	Schräglaufwinkel
α	Hilfsparameter für verschiedene Rechnungen
γ	Hilfsparameter
γ_Q	Teilsicherheitsbeiwerte Einwirkungen
$\gamma_{M0}, \gamma_{M1}, \gamma_{M2}$	Teilsicherheitsbeiwerte Widerstände
δ_z, δ_y	Durchbiegungen beim Gebrauchstauglichkeitsnachweis
ϑ	Winkel Querschnittsverdrehung
λ	verschiedene Hilfsparameter
σ_{oz}	Spannung; der Index o kennzeichnet eine Lasteinleitungsspannung
$\Delta\sigma$	Spannungsschwingbreite
σ_e	Einheitsspannung – Beulen
τ_{oxz}	Schubspannung in der xz-Ebene wirkend; der Index o kennzeichnet eine Lasteinleitungsspannung
φ_i	Schwingbeiwert *i* nach Tab. 8.5
ψ_0, ψ_1, ψ_2	Kombinationsbeiwerte nach ([1-3/Tab. A.2])

Indizes

E	Einwirkung
Ed	Bemessungswert Einwirkungen
el	elastisch
F	... im Feld
f, fat	Fatigue, Ermüdung
g	infolge Eigengewicht
h	infolge Hublast
i	Index für die Kranseite
j	Index für die Kranachse
li	links
Og	Obergurt
pl	plastisch
Rd	Bemessungswert Tragfähigkeit
re	rechts
ser	Gebrauchstauglichkeit
St	... an der Stütze
w	„welding"; zu einer Schweißnaht gehörig
w	im Steg (web), zum Steg gehörig
x	... in *x*-Richtung oder ... um die *x*-Achse
y	... in *y*-Richtung oder ... um die *y*-Achse
z	... in *z*-Richtung oder ... um die *z*-Achse

Literaturverzeichnis

Geltende Normen aus dem Bauwesen (Stand: 11/2020)

DIN EN 1090-2	Ausführung von Stahltragwerken und Aluminiumtragwerken, Teil 2: Technische Regeln für die Ausführung von Stahltragwerken; Ausgabe 09/2018
DIN EN 1990	Eurocode: Grundlagen der Tragwerksplanung, Ausgabe 12/2010
DIN EN 1990/NA	Nationaler Anhang - National festgelegte Parameter - Eurocode: Grundlagen der Tragwerksplanung, Ausgabe 12/2010
DIN EN 1990/NA/A1	Nationaler Anhang - National festgelegte Parameter - Eurocode: Grundlagen der Tragwerksplanung; Änderung A1; Ausgabe 08/2012
DIN EN 1991-1-1	Eurocode 1: Einwirkungen auf Tragwerke – Teil 1-1: Allgemeine Einwirkungen auf Tragwerke – Wichten, Eigengewicht und Nutzlasten im Hochbau, Ausgabe 12/2010
DIN EN 1991-3	Eurocode 1: Einwirkungen auf Tragwerke – Teil 3: Einwirkungen infolge von Kranen und Maschinen; Ausgabe 12/2010
DIN EN 1991-3 Ber.1	Eurocode 1: Einwirkungen auf Tragwerke – Teil 3: Einwirkungen infolge von Kranen und Maschinen; Ausgabe 08/2013
DIN EN 1991-3/NA	Nationaler Anhang - National festgelegte Parameter - Eurocode 1: Einwirkungen auf Tragwerke – Teil 3: Einwirkungen infolge von Kranen und Maschinen; Ausgabe 02/2019
DIN EN 1993-1-1	Eurocode 3: Bemessung und Konstruktion von Stahlbauten – Teil 1-1: Allgemeine Bemessungsregeln und Regeln für den Hochbau; Ausgabe 12/2010
DIN EN 1993-1-1/A1	Eurocode 3: Bemessung und Konstruktion von Stahlbauten – Teil 1-1: Allgemeine Bemessungsregeln und Regeln für den Hochbau; Ausgabe 07/2014
DIN EN 1993-1-1/NA	Nationaler Anhang - National festgelegte Parameter - Eurocode 3: Bemessung und Konstruktion von Stahlbauten – Teil 1-1: Allgemeine Bemessungsregeln und Regeln für den Hochbau; Ausgabe 12/2018
DIN EN 1993-1-5	Eurocode 3: Bemessung und Konstruktion von Stahlbauten – Teil 1-5: Plattenförmige Bauteile; Ausgabe 10/2019
DIN EN 1993-1-5 Ber.1	Eurocode 3 - Bemessung und Konstruktion von Stahlbauten – Teil 1-5: Plattenförmige Bauteile; Ausgabe 07/2020

DIN EN 1993-1-5/NA	Nationaler Anhang - National festgelegte Parameter - Eurocode 3: Bemessung und Konstruktion von Stahlbauten – Teil 1-5: Plattenförmige Bauteile; Ausgabe 11/2018
DIN EN 1993-1-8	Eurocode 3: Bemessung und Konstruktion von Stahlbauten – Teil 1-8: Bemessung von Anschlüssen; Ausgabe 12/2010
DIN EN 1993-1-8/NA	Nationaler Anhang - National festgelegte Parameter - Eurocode 3: Bemessung und Konstruktion von Stahlbauten – Teil 1-8: Bemessung von Anschlüssen; Ausgabe 11/2020
DIN EN 1993-1-9	Eurocode 3: Bemessung und Konstruktion von Stahlbauten – Teil 1-9: Ermüdung; Ausgabe 12/2010
DIN EN 1993-1-9/NA	Nationaler Anhang - National festgelegte Parameter - Eurocode 3: Bemessung und Konstruktion von Stahlbauten – Teil 1-9: Ermüdung; Ausgabe 12/2010
DIN EN 1993-6	Eurocode 3: Bemessung und Konstruktion von Stahlbauten – Teil 6: Kranbahnen; Ausgabe 12/2010
DIN EN 1993-6/NA	Nationaler Anhang - National festgelegte Parameter - Eurocode 3: Bemessung und Konstruktion von Stahlbauten - Teil 6: Kranbahnen; Ausgabe 11/2017
DIN EN 1998-1	Eurocode 8: Auslegung von Bauwerken gegen Erdbeben – Teil 1: Grundlagen, Erdbebeneinwirkungen und Regeln für Hochbauten; Ausgabe 12/2010 (bauaufsichtlich nicht eingeführt, DIN 4149 ist noch anzuwenden)
DIN EN 1998-1/A1	Eurocode 8: Auslegung von Bauwerken gegen Erdbeben – Teil 1: Grundlagen, Erdbebeneinwirkungen und Regeln für Hochbauten; Ausgabe 05/2013 (bauaufsichtlich nicht eingeführt)
DIN EN 1998-1/NA	Nationaler Anhang - National festgelegte Parameter - Eurocode 8: Auslegung von Bauwerken gegen Erdbeben – Teil 1: Grundlagen, Erdbebeneinwirkungen und Regeln für Hochbau; Ausgabe 01/2011 (bauaufsichtlich nicht eingeführt)
DIN EN 10 365	Warmgewalzter U-Profilstahl, I- und H-Träger – Maße und Masse, Ausgabe 05/2017

Geltende Normen aus dem maschinenbaulichen Bereich (Stand: 11/2020)

DIN 536-1	Kranschienen – Maße, statische Werte, Stahlsorten für Kranschienen mit Fußflansch Form A; Ausgabe 09/1991
DIN EN ISO 5817	Schweißen – Schmelzschweißverbindungen an Stahl, Nickel, Titan und deren Legierungen (ohne Strahlschweißen) – Bewertungsgruppen von Unregelmäßigkeiten; Ausgabe 06/2014
ISO 12 488-1	Cranes – Tolerances for wheels and travel and traversing tracks – Part 1: General; Ausgabe 07/2012

DIN EN 12 644-1 Krane – Informationen für die Nutzung und Prüfung – Teil 1: Betriebsanleitungen; Ausgabe 06/2009

DIN EN 12 644-2 Krane – Informationen für die Nutzung und Prüfung – Teil 2: Kennzeichnung; Ausgabe 06/2009

DIN EN 12 999 Krane – Ladekrane, Ausgabe 06/2020

DIN EN 13 000 Krane – Fahrzeugkrane, Ausgabe 11/2014

DIN EN 13 001-1 Krane – Konstruktion allgemein – Teil 1: Allgemeine Prinzipien und Anforderungen; Ausgabe 06/2015

DIN EN 13 001-2 Kransicherheit – Konstruktion allgemein – Teil 2: Lasteinwirkungen; Ausgabe 12/2014

DIN EN 13 001-3-1 Krane – Konstruktion allgemein – Teil 3-1: Grenzzustände und Sicherheitsnachweise von Stahltragwerken; Ausgabe 03/2019

DIN EN 13 001-3-3 Krane – Konstruktion allgemein – Teil 3-3: Grenzzustände und Sicherheitsnachweis von Laufrad/Schiene-Kontakten; Ausgabe 02/2015

DIN EN 13 135 Krane – Sicherheit – Konstruktion – Anforderungen an die Ausrüstungen, Ausgabe 08/2018

DIN EN 13 155 Entw. Krane – Sicherheit – Lose Lastaufnahmemittel, Ausgabe 11/2017

DIN EN 13 157 Krane – Sicherheit – Handbetriebene Krane, Ausgabe 07/2010

DIN EN 13 586 Krane – Zugang, Ausgabe 05/2009

DIN EN 13 674-1 Bahnanwendungen – Oberbau – Schienen – Teil 1: Vignolschienen ab 46 kg/m; Ausgabe 07/2017

DIN EN 13 674-4 Bahnanwendungen – Oberbau – Schienen – Teil 4: Vignolschienen mit einer längenbezogenen Masse zwischen 27 kg/m und unter 46 kg/m; Ausgabe 02/2020

DIN EN 13 852-1 Krane – Offshore-Krane – Teil 1: Offshore-Krane für allgemeine Verwendung, Ausgabe 01/2014

DIN EN 13 852-2 Krane – Offshore-Krane – Teil 2: Schwimmende Krane, Ausgabe 03/2005

DIN EN 14 238 Krane – Handgeführte Manipulatoren; Ausgabe 02/2010

DIN EN 14 439 Entw. Krane – Turmdrehkrane; Ausgabe 06/2018

DIN EN 14 492-1 Entw. Krane – Kraftgetriebene Winden und Hubwerke – Teil 1: Kraftbetriebene Winden, Ausgabe 05/2015

DIN EN 14 492-2 Krane – Kraftgetriebene Winden und Hubwerke – Teil 2: Kraftbetriebene Hubwerke, Ausgabe 09/2018

DIN EN 14 502-1 Krane – Einrichtungen zum Heben von Personen – Teil 1: Hängende Personenaufnahmemittel; Ausgabe 11/2010

DIN EN 14 502-2 Krane – Einrichtungen zum Heben von Personen – Teil 2: Höhenverstellbare Steuerstände; Ausgabe 05/2009

DIN EN 14 985 Krane – Ausleger-Drehkrane; Ausgabe 05/2012

DIN 15 001-1 Krane; Begriffe, Einteilung nach der Bauart; Ausgabe 11/1973

DIN 15 001-2 Krane; Begriffe, Einteilung nach der Verwendung; Ausgabe 07/1975

DIN EN 15 011	Krane – Brücken- und Portalkrane, Ausgabe 09/2014 (Entwurf Ausgabe 10/2017 liegt vor)
DIN 15 019-1	Krane; Standsicherheit für alle Krane außer gleislosen Fahrzeugkranen und außer Schwimmkranen; Ausgabe 09/1979
DIN 15 020-1	Hebezeuge; Grundsätze für Seiltriebe, Berechnung und Ausführung; Ausgabe 02/1974
DIN 15 021	Hebezeuge, Tragfähigkeiten; Ausgabe 09/1979
DIN 15 030	Hebezeuge; Abnahmeprüfung von Krananlagen, Grundsätze; Ausgabe 11/1977
DIN EN 15 056	Krane – Anforderungen an Spreader zum Umschlag von Containern, Ausgabe 02/2010
DIN 15 072	Krane, Laufflächenprofile der Laufräder und Zuordnung der Kranschienen zum Laufrad-Durchmesser; Ausgabe 12/1977
ISO 16 881-1	Cranes – Design calculations for rail wheels and associated trolley track supporting structure – Part 1: General; Ausgabe 06/2005
DIN 45 667	Klassierverfahren für das Erfassen regelloser Schwingungen; Ausgabe 10/1969

Zurückgezogene Normen

DIN 120-1	Berechnungsgrundlagen für Stahlbauteile von Kranen und Kranbahnen; Ausgabe 11/1936
DIN 120-2	Berechnungsgrundlagen für Stahlbauteile von Kranen und Kranbahnen - Grundsätze für die bauliche Durchbildung; Ausgabe 11/1936
DIN 536-2	Kranschienen – Kranschienen, Form F (flach); Maße, statische Werte, Stahlsorten; Ausgabe 12/1974
DIN 4114-2	Stahlbau; Stabilitätsfälle (Knickung, Kippung, Beulung), Berechnungsgrundlagen, Richtlinien; Ausgabe 02/1953
DIN 4132	Kranbahnen; Stahltragwerke; Grundsätze für Berechnung, bauliche Durchbildung und Ausführung; Ausgabe 02/1981
DIN 4132, Beiblatt 1	Kranbahnen; Stahltragwerke; Grundsätze für Berechnung, bauliche Durchbildung und Ausführung; Erläuterungen; Ausgabe 02/1981
DIN 4212	Kranbahnen aus Stahlbeton und Spannbeton; Berechnung und Ausführung; Ausgabe 01/1986
DIN 15 018-1	Krane – Grundsätze für Stahltragwerke, Berechnung; Ausgabe 11/1984
DIN 15 070	Krane, Berechnungsgrundlagen für Laufräder; Ausgabe 12/1977
TGL 13 471	(Standard der DDR): Stahlbau – Stahltragwerke für Kranbahnen; Ausgabe 11/1969

Quellen

[ABS19] BUNDESANSTALT FÜR ARBEITSSCHUTZ UND ARBEITSMEDIZIN, AUSSCHUSS FÜR BETRIEBSSICHERHEIT: TRBS 1203 – Zur Prüfung befähigte Personen. 2019. – Dortmund 2019

[Arc16] ARCELORMITTAL EUROPE LONG PRODUCTS: *Profil- und Stabstahl*. Esch-sur-Alzette, Luxembourg, 2016

[Bai15] BAIER, E.: Nachbehandlung an Schweißnähten. In: *Stahlbau* 84 (2015), Nr. 9, S. 629 ff.

[Ber89] BERG, Dietrich v.: *Krane und Kranbahnen*. 2. Auflage. Stuttgart: Teubner Verlag, 1989

[Bfs16] BAUFORUMSTAHL E.V.: Entwurfshilfe zum Einsatz von feuerverzinkten Bauteilen im Stahl- und Verbundbrückenbau. 2016. – Düsseldorf 2016

[Bfs18a] ARBEITSAUSSCHUSS TECHNISCHES BÜRO DES DSTV IM BAUFORUMSTAHL: BFS-RL 07-104: Inspektion von Kranbahnträgern nach DIN EN 1993-6/NA. 2018. – Düsseldorf 2018

[Bfs18b] ARBEITSAUSSCHUSS TECHNISCHES BÜRO DES DSTV IM BAUFORUMSTAHL: Entwurf und Berechnung von Kranbahnen. 2018. – Düsseldorf 2018

[BH10] BUBE, E. ; HARDT, A.: Einstellbare Kranbahnkonsole aus Stahlblech zum Anbau an Stahlbeton-Fertigteilstützen. In: *Stahlbau* 79 (2010), Nr. 1, S. 1 ff.

[Bie66] BIERETT, G.: Berechnung und Gestaltung der Kranbahnen. In: *Stahl und Eisen* 86 (1966), Nr. 1, S. 22 ff.

[Bit85] BITZER, H.-A.: Merkblatt 154: Entwurf und Berechnung von Kranbahnen nach DIN 4132 / Beratungsstelle für Stahlanwendung. Düsseldorf, 1985

[BLS00] BAHLKE, K. ; LANGE, J. ; STROHBACH, H.: Krane der MAN im Spiel mit Kranbahn und Zeit. In: *Stahlbau* 69 (2000), Nr. 4, S. 326–332

[Blu05] BLUMENSTEIN, A.: *Kranbahnträger mit Horizontalträger: Bauweisen – Berechnungsmethoden – Wirtschaftlichkeit*, Hochschule München, Diplomarbeit, 2005

[BMV11] BUNDESMINISTERIUM FÜR VERKEHR, BAU UND STADTENTWICKLUNG: Richtlinie zur Nachberechnung von Straßenbrücken im Bestand. Berlin, 2011

[Bor52] BORNSCHEUER, F.W.: Systematische Darstellung des Biege- und Verdrehvorganges unter besonderer Berücksichtigung der Wölbkrafttorsion. In: *Der Stahlbau* 21 (1952), Nr. 1, S. 1–9

[BSRE15] BUCAK, Ö. ; STROHBACH, H. ; RODIC, S. ; EHARD, H.: Walzprofile mit aufgeschweißten Schienenklemmen. In: *Stahlbau* 84 (2015), Nr. 9, S. 667 ff.

[BSS94] BAIER, H. ; SEESSELBERG, C. ; SPECHT, B.: *Optimierung in der Strukturmechanik*. Wiesbaden: Vieweg Verlag, 1994

[Buc00] BUCAK, Ö.: Zum Ermüdungsverhalten von hoch- und höchstfesten Stählen. In: *Stahlbau* 69 (2000), Nr. 4, S. 311 ff.

[CF18] CITARELLI, S. ; FELDMANN, M.: Radlastinduzierte Ermüdung bei Kranbahnträgern schwerer Hüttenkrane. In: *Stahlbau* 87 (2018), Nr. 12, S. 1187–1198

[CTI10] CTICM: *LTBeam – Lateral Torsional Buckling of Beams; Version 1.0.11*. `http://www.cticm.com/`, 2010

[CTI16] CTICM: *EBPlate – Programm zur Beulberechnung ebener Platten; Version 2.01*. `http://www.cticm.com/`, 2016

[Cyw83] CYWINSKI, Z.: Drillträger-Formeln für die wichtigsten Belastungsfälle. In: *Der Stahlbau* 52 (1983), Nr. 8, S. 245–252

[DAS76] DEUTSCHER AUSSCHUSS FÜR STAHLBAU: DASt-Richtlinie 010: Anwendung hochfester Schrauben im Stahlbau. 1976

[DAS18] DEUTSCHER AUSSCHUSS FÜR STAHLBAU: Anziehen von geschraubten Verbindungen der Abmessungen M12 bis M36. 2018

[DAS19a] DAST: DASt-Richtlinie 025 Ergänzende Kerbfalleinstufung von Obergurt-Stegblech-Anschlüssen von Kranbahnträgern mit besonderer Schweißnahtausführung. 2019

[DAS19b] DAST: DASt-Richtlinie 026 Ermüdungsbemessung bei Anwendung höherfrequenter Hämmerverfahren. 2019

[DB999] Norm DB AG 826.1021, Ausgabe 10/ 1999. *Qualifikation von Firmen als Schweißwerk Oberbau*. – Deutsche Bahn AG, Berlin

[DDB19] DÜRR, A. ; DREILING, A. ; BARTENBACH, J.: Kranbahnen und Kranhallen im Bestand – Bewertung, Schadensbilder, Weiterbetrieb. In: *Stahlbau, Sonderheft Kranbahnen* 88 (2019), S. 39–55

[DGU01] DEUTSCHE GESETZLICHE UNFALLVERSICHERUNG E.V. (DGUV): DGUV V52 (Bezeichnung seit 2014; bisher: BGV D6, davor: VBG 9): Unfallverhütungsvorschrift Krane; Berufsgenossenschaftliche Vorschrift. 2001 (Ausgabe vom 1.12.1974 in der Fassung vom 1.4.2001 mit Durchführungsbestimmungen vom April 2001)

[DGU12a] DEUTSCHE GESETZLICHE UNFALLVERSICHERUNG E.V. (DGUV): DGUV Grundsatz 309-001 (Bezeichnung seit 2014; bisher: BGG/GUV-G 905) Prüfung von Kranen. 2012 (08)

[DGU12b] DEUTSCHE GESETZLICHE UNFALLVERSICHERUNG E.V. (DGUV): DGUV Information 209-012 (bisher: BGI 555): Kranführer. 2012

[DGU15] DGUV: Übergangsphase für DGUV V 52 aufgrund der BetrSichV 2015. 2015. – Düsseldorf 2015

[DHJS08] DITTMANN, C. ; HERION, S. ; JOSAT, O. ; SUNDER, P.: Kranbahnträger aus warmgewalzten Mannesmann-Stahlhohlprofilen (MSH). In: *Stahlbau* 77 (2008), Nr. 11, S. 775 ff.

[DIB12] Richtlinie für Windenergieanlagen. In: *Schriften des Deutschen Instituts für Bautechnik* Reihe B (2012), Oktober, Nr. 8

[Dub22] DUB, R.: *Der Kranbau – Berechnung und Konstruktion von Kranen aller Art.* Wittenberg: A. Ziemsen Verlag, 1922

[DVS15] DEUTSCHER VERBAND FÜR SCHWEISSEN UND VERWANDTE VERFAHREN (DVS): Schweißplan im Metallbau. 2015

[DW17] DÜRR, A. ; WALTER, S.: Zum Biegedrillknicken von Kranbahnträgern aus winkelverstärkten Walzprofilen. In: *Stahlbau* 86 (2017), Nr. 8, S. 729–735

[Eic67] EICHENMÜLLER, W.: Schäden an geschweißten Kranbahnträgern. In: *Schweißen und Schneiden* (1967), Nr. 5, S. 222 – 225

[Eis18] EISENBAHN-BUNDESAMT: 21.51-21izbia/030-2101#026(039/18-ZUL)-Zulassung für die Verwendung von NORD-LOCK Keilsicherungsscheiben NLSC in HV-Garnituren nach DIN EN 14399 in eisenbahnspezifischen Anwendungen. 2018

[EK17] EULER, M. ; KUHLMANN, U.: Bemessung von Kranbahnen nach DIN EN 1993-6. In: KUHLMANN, U. (Hrsg.): *Stahlbau-Kalender 2017.* Berlin: Ernst & Sohn, 2017. – Kap. 7

[EK18] EULER, M. ; KUHLMANN, U.: Aufgeschweißte Flach- und Vierkantschienen von Kranbahnträgern – Ermüdungsnachweis für Schweißnähte zur Schienenbefestigung. In: *Stahlbau* 87 (2018), Nr. 11, S. 1101–1120

[EK19] EULER, M. ; KUHLMANN, U.: Ermüdung radbelasteter Quersteifenanschlüsse in leichten Kranbahnträgern. In: *Stahlbau* 88 (2019), Nr. 12, S. 1176–1183

[Eul17] EULER, M.: *Ermüdungsverhalten nicht durchgeschweißter Konstruktionsdetails mit mehrachsiger Beanspruchung aus Radlasteinleitung.* Stuttgart: Universität Stuttgart, Institut für Konstruktion und Entwurf, 2017

[Fel06] FELDHAUS, K.: Welche Schienenarten und -befestigungen sind geeignet? In: *Hebezeuge und Fördermittel* 46 (2006), Nr. 7-8, S. 366–368

[FEM83] FEDERATION EUROPEENNE DE LA MANUTENTION (EUROPÄISCHE VEREINIGUNG FÜR FÖRDERTECHNIK): F.E.M.-Richtlinie 9.341: Örtliche Trägerbeanspruchung. 1983 (10). – Ausgabe (D)

[FEM98] FEDERATION EUROPEENNE DE LA MANUTENTION (EUROPÄISCHE VEREINIGUNG FÜR FÖRDERTECHNIK): F.E.M.-Richtlinie 1.001: Berechnungsgrundlage für Krane. 1998 (3)

[FESS13] FELDMANN, M. ; EICHLER, B. ; SCHAFFRATH, S. ; STÖTZEL, J.: Ermüdungsfestigkeitsnachweise für den Kranbau nach verschiedenen Regelwerken. In: *Stahlbau* 82 (2013), Nr. 4, S. 250–263

[FF05] FRANCKE, W. ; FRIEMANN, H.: *Schub und Torsion in geraden Stäben.* 3. Auflage. Wiesbaden: Vieweg Verlag, 2005

[FKB08] FACHKOMMISSION BAUTECHNIK DER BAUMINISTERKONFERENZ (ARGE-BAU): Hinweise und Beispiele zum Vorgehen beim Nachweis der Standsicherheit beim Bauen im Bestand. Berlin, 2008

[FKM12] FORSCHUNGSKURATORIUM MASCHINENBAU E.V.: FKM-Richtlinie. 2012 (6)

[FNP11] FELDMANN, M. ; NAUMES, J. ; PAK, D.: Zum Last-Verformungsverhalten von Schrauben in vorgespannten Ringflanschverbindungen mit überbrückten Klaffungen im Hinblick auf die Ermüdungsvorhersage. In: *Stahlbau* 80 (2011), Nr. 1, S. 21 ff.

[FW85] FISCHER, M. ; WENK, P.: Zur Frage der Abhängigkeit der Kehlnahtdicke von der Blechdicke beim Verschweißen von Baustählen. In: *Stahlbau* 54 (1985), Nr. 8, S. 239–242

[Gei19] GEISSLER, K.: Sicherheit, Robustheit, Duktilität, Ermüdungssicherheit und Dauerhaftigkeit der Tragwerke – eine Grundsatzdiskussion. In: *Stahlbau* 88 (2019), Nr. 3, S. 270–293

[GL08] GENSICHEN, V. ; LUMPE, G.: Zur Leistungsfähigkeit, korrekten Anwendung und Kontrolle von EDV-Programmen für die Berechnung räumlicher Stabwerke im Stahlbau, Teile 1 bis 3. In: *Stahlbau* 77 (2008), Nr. 6, 7 und 8

[GLR20] GRASSE, W. ; LUTTEROTH, A. ; RIEDEBURG, K.: Das vereinheitlichte Vorschriftenwerk für den Stahlbau in der DDR. In: *Stahlbau* 89 (2020), Nr. 1, S. 69–73

[Hai70] HAIBACH, E.: Modifizierte lineare Schadensakkumulations-Hypothese zur Berücksichtigung des Dauerfestigkeitsabfalls mit fortschreitender Schädigung / Technische Mitteilungen des Laboratoriums für Betriebsfestigkeit Nr. 50/1970. Darmstadt, 1970

[Hai06] HAIBACH, E.: *Betriebsfestigkeit – Verfahren und Daten zur Bauteilberechnung*. 3. Auflage. Berlin: Springer Verlag, 2006

[Han69] HANNOVER, H.-O.: Fahrwerksfehler von Brückenkranen und ihre Auswirkungen. In: *Stahl und Eisen* 89 (1969), S. 398–404

[Han70] HANNOVER, H.-O.: *Untersuchung des Fahrverhaltens der Brückenkrane unter Berücksichtigung von Störgrößen*, TU Braunschweig, Diss., 1970

[Han74] HANNOVER, H.-O.: *Fahrverhalten von Kranen*. Düsseldorf: VDI-Verlag, 1974

[Har19] HARDT, A.: Montagetoleranzen von Kranbahnen. In: *Stahlbau, Sonderheft Kranbahnen* 88 (2019), S. 57–65

[Hen68] HENNIES, K: *Beitrag zur Ermittlung der horizontalen Seitenkräfte in Brückenkrananlagen infolge Schräglauf des Kranes*, TU Braunschweig, Diss., 1968

[HGH06] HEUNISCH, M. ; GRAUPNER, C.-A. ; HOCK, C.: Berechnung und Bemessung von Kranbahnen. In: *Beton Kalender*. Berlin: Ernst & Sohn Verlag, 2006

[HKS93] HOFFMANN, K. ; KRENN, E. ; STANKER, G.: *Fördertechnik – Band 1; Bauelemente, ihre Konstruktion und Berechnung*. Wien, München: R. Oldenbourg Verlag, 1993

[HKS12] HOFFMANN, K. ; KRENN, E. ; STANKER, G.: *Fördertechnik – Band 2; Maschinensätze, Fördermittel, Tragkonstruktionen, Logistik*. München: Deutscher Industrieverlag, 2012

[Hob19] HOBBACHER, A.F.: *Recommendations for Fatigue Design of Welded Joints and Components*. Second Edition. Cham: Springer Verlag, 2019

[HS20a] HAUSSER, C. ; SEESSELBERG, C.: Kapitel 8A: Stahlbau nach Eurocode 3. In: ALBERT, A. (Hrsg.): *Schneider Bautabellen für Ingenieure*. 24. Auflage. Köln: Bundesanzeiger Verlag, 2020

[HS20b] HAUSSER, C. ; SEESSELBERG, C.: Kapitel 8G: Stahlbauprofile. In: ALBERT, A. (Hrsg.): *Schneider Bautabellen für Ingenieure*. 24. Auflage. Köln: Bundesanzeiger Verlag, 2020

[HTG17] HAFENTECHNISCHE GESELLSCHAFT E.V.: Restnutzungsdauer der Stahltragwerke von Kranen. 2017

[Ing16a] ING.-SOFTWARE DLUBAL GMBH: *DUENQ – Querschnittswerte dünnwandiger Profile Version 7*. Tiefenbach: `http://www.dlubal.de/`, 2016

[Ing16c] ING.-SOFTWARE DLUBAL GMBH: *RSTAB*. Tiefenbach: `http://www.dlubal.de/`, 2016

[JMS+07] JOHANSSON, B. ; MAQUOI, R. ; SEDLACEK, G. ; MÜLLER, C. ; BEG, D.: Commentary and worked examples to EN 1993-1-5 "Plated Structural Elements" / JRC Scientific and Technical Reports. Luxembourg, 2007

[KD20] KUHLMANN, U. ; DREBENSTEDT, K.: Ermüdungsfestigkeit von Gurtlamellenenden. In: *Stahlbau* 89 (2020), Nr. 1, S. 1–11

[KDA19] KETTLER, M. ; DERLER, C. ; A., Schörghofer: Laboratory and numerical tests on real crane runway girder with box section. In: *Journal of Constructional Steel Research* 160 (2019), S. 540–558

[KDG03] KUHLMANN, U. ; DÜRR, A. ; GÜNTHER, H.-P.: Kranbahnen und Betriebsfestigkeit. In: *Stahlbau Kalender* (2003), S. 376 – 496

[KE08] KUHLMANN, U. ; EULER, M.: Kranbahnträger – Wirtschaftliche Bemessung und Konstruktion robuster Radlasteinleitungen / Stahlbau Verlags und Service GmbH. Düsseldorf, 2008

[KE11] KUHLMANN, U. ; EULER, M.: Bestimmung der Sicherheitselemente für die Anwendung von DIN EN 1993-6: Kranbahnen – Ausarbeitung eines Vorschlags und einer Begründung für den deutschen Nationalen Anhang / Fraunhofer IRB-Verlag. Stuttgart, 2011. – Forschungsbericht Bauforschung T 3252

[KF02] KINDMANN, R. ; FRICKEL, J.: *Elastische und plastische Querschnittstragfähigkeit*. Berlin: Ernst & Sohn, 2002

[KFL+14] KUHLMANN, U. ; FELDMANN, M. ; LINDNER, J. ; MÜLLER, C. ; STROETMANN, R.: *Eurocode 3 Bemessung und Konstruktion von Stahlbauten, Band 1: Allgemeine Regeln und Hochbau; Kommentar und Beispiele*. Berlin: Beuth Verlag, 2014

[KG82] KOENIG, G. ; GERHARDT, H.-C.: Bemessung von Kranbahnen aus Stahlbeton. Zürich, 1982 (IABSE Colloquium Lausanne 1982), S. 301–308

[KH11] KOOP, J. ; HESSE, W.: *Sicherheit bei Kranen*. 10. Berlin: Springer Verlag, 2011

[KHE+15a] KUHLMANN, U. ; HERTER, K.-H. ; EULER, M. ; RETTENMEIER, P. ; WEIHE, S.: Versuchsbasierte Ermüdungsfestigkeit der Radlasteinleitung – FOSTA P895 / Forschungsvereinigung Stahlanwendung (FOSTA) e.V. Düsseldorf, 2015

[KHE+15b] KUHLMANN, U. ; HERTER, K.-H. ; EULER, M. ; RETTENMEIER, P. ; WEIHE, S.: Versuchsbasierte Ermüdungsfestigkeit von Konstruktionsdetails mit Radlasteinleitung. In: *Stahlbau* 84 (2015), Nr. 9, S. 655 ff.

[KHN+08] KÜHN, B. ; HELMERICH, R. ; NUSSBAUMER, A. ; GÜNTHER, H.-P. ; HERION, S.: Beurteilung bestehender Stahltragwerke: Empfehlungen zur Abschätzung der Restnutzungsdauer. In: *Stahlbau* 77 (2008), Nr. 8, S. 595 – 607

[KHV08] KAHLMEYER, E. ; HEBESTREIT, K. ; VOGT, W.: *Stahlbau nach DIN 18800*. 5. Köln: Werner Verlag, 2008

[Kin04] KIND, S.: Fehler in der Planung und Ausführung als Ursache für Bauschäden – Beispiele und Ursachen. Biberach, 2004 (Wissenschaft und Praxis – 26. Stahlbauseminar 2004), S. 3–1 – 3–109

[KK14] KINDMANN, R. ; KRAUS, M.: Stabilitätsnachweise für Stahlbauten nach Eurocode 3, Teil b), Konstruktion von Kranbahnträgern / Ingenieursozietät SKP. 2014

[KK17] KOOP, J. ; KUNZE, H.-J.: *Konstruktion und Betrieb von Kranen und Hebezeugen*. Bochum: DC Verlag e.K., 2017

[KLN+08] KÜHN, B. ; LUKIC, M. ; NUSSBAUMER, A. ; GÜNTHER, H.-P. ; HELMERICH, R. ; HERION, S. ; KOLSTEIN, M.H. ; WALBRIDGE, S. ; ANDROIC, B. ; DIJKSTRA, O. ; BUCAK, Ö.: *Assessment of Existing Steel Structures: Recommendations for Estimation of Remaining Fatigue Life*. Luxembourg: JRC Scientific and Technical Report, 2008

[KM17] KRAUS, M ; MÄMPEL, S.: Kennwerte neuer und abgenutzter Kranschienen für die Bemessung von Kranbahnträgern. In: *Stahlbau* 86 (2017), Nr. 1, S. 36–44

[KN17] KRAUS, M. ; NIEBUHR, H. J. ; KINDMANN, R. (Hrsg.): *Stahlbau kompakt*. 4. Auflage. Düsseldorf: Verlag Stahleisen GmbH, 2017

[Kra05] KRAUS, M.: *Computerorientierte Berechnungsmethoden für beliebige Stabquerschnitte des Stahlbaus*. Aachen: Shaker Verlag, 2005

[Kro98] KROLL, K.-H.: *Rechenbehelfe für ideale Biegedrillknickmomente doppeltsymmetrischer I-Querschnitte*. Düsseldorf: Verlag Stahleisen GmbH, 1998

[KUE21] KETTLER, M ; UNTERWEGER, H. ; EBNER, D.: Lokale Spannungen in Kranbahnträgern mit Längssteifen (in Vorbereitung). In: *Stahlbau* 90 (2021)

[Kur00] KURRER, E.: Rudolf Bredt. Zum 100. Todestag des Altmeisters des deutschen Kranbaus. In: *Stahlbau* 69 (2000), Nr. 4, S. 333–344

[Kur03] KURRER, E.: *Geschichte der Baustatik*. 1. Berlin: Ernst & Sohn, 2003. – korrigierter Nachdruck der 1. Auflage

[KV12] KINDMANN, R. ; VETTE, J.: Merkblatt 322: Geschraubte Verbindungen im Stahlbau / Stahl-Informations-Zentrum. Düsseldorf, 2012

[KZU20] KETTLER, M. ; ZAUCHNER, P. ; UNTERWEGER, H.: Determination of wheel loads from runway cranes based on rail strain measurement. In: *Engineering Structures* 213 (2020)

[Kü05] KÜHN, B.: *Beitrag zur Vereinheitlichung der europäischen regelungen zur Vermeidung von Sprödbruch*, RWTH Aachen, Dissertation, 2005

[Lau06] LAUMANN, J.: Wirtschaftliche Bemessung von Kranbahnträgern unter Berücksichtigung örtlicher Spannungen infolge Radlasteinleitung. In: *Stahlbau* 75 (2006), Nr. 12, S. 1004–1012

[LH94] LACHER, A. ; HEDENKAMP, A.: Betriebsfestigkeit von hochfesten vorgespannten Schrauben in Stirnplattenstößen von Kranbahnen. In: *Stahlbau* 63 (1994), Nr. 11, S. 343–346

[Lin16] LINDAPTER GMBH: *Verbindungs- und Klemmsysteme*. `http://www.lindapter.de/`, 2016

[LKB85] LACHER, G. ; KIESSLICH, H.-P. ; BERNERT, J.: Schlußbericht zum Forschungsvorhaben IV/1-5-361/82: Zeit- und Dauerfestigkeit von hochfesten Schrauben der Güte 10.9 unter axialem Zug, Ermittlung der Wöhlerlinien. 1. Teilprogramm: Feuerverzinkte Schrauben M20 / Institut für Stahlbau. Universität Hannover, 1985

[Loh02] LOHSE, W.: *Stahlbau, Teil 1*. 24. Auflage. Stuttgart: Teubner Verlag, 2002

[Loh05] LOHSE, W.: *Stahlbau, Teil 2*. 20. Auflage. Stuttgart: Teubner Verlag, 2005. – Kap. 4 und 5

[Lor04] LORENZ, J.: *Untersuchungen von kranspezifischen Kerbfällen unter Berücksichtigung von Lastkollektiven im Kranbau*, FH München, Diplomarbeit, 2004

[LSS98] LINDNER, J. (Hrsg.) ; SCHEER, J. (Hrsg.) ; SCHMIDT, H. (Hrsg.): *Stahlbauten – Erläuterungen zu DIN 18800 Teil 1 bis Teil 4*. Berlin: Ernst & Sohn, 1998

[Mau99] MAURER, B.: Das Zeichnen ist die Sprache des Ingenieurs – Karl Culmann (1821–1881). In: *Bautechnik* 76 (1999), S. 495 ff.

[Mei03] MEISTER, J.: Überlegungen zum Nachweis der Gebrauchstauglichkeit von Kranbahnen und Kranbahnunterstützungen, 23./24.10.2003 (Tagungsband des Fachseminars „Krane und Kranbahnen“ der FH München)

[Mei06] MEISTER, J.: Zum Nachweis der Gebrauchstauglichkeit von Kranbahnen und Kranbahnunterstützungen – Begrenzung von Schwingungen. In: *Stahlbau* 75 (2006), Nr. 1, S. 21 ff.

[Min45] MINER, M. A.: Cumulative Damage in Fatigue. In: *Journal of Applied Mechanics* 12 (1945), Nr. 3, S. 159 ff.

[MR02a] MEISTER, J. ; REICHWALD, R.: Überlegungen zum Nachweis der Gebrauchstauglichkeit von Kranbahnen und Kranbahnunterstützungen, Teil 1. In: *Stahlbau* 71 (2002), Nr. 3, S. 212–220

[MR02b] MEISTER, J. ; REICHWALD, R.: Überlegungen zum Nachweis der Gebrauchstauglichkeit von Kranbahnen und Kranbahnunterstützungen, Teil 2. In: *Stahlbau* 71 (2002), Nr. 4, S. 263 – 270

[MRH14] MENSINGER, M. ; RADLBECK, C. ; HAHN, A.: Zur Anwendung des Strukturspannungskonzepts beim Ermüdungsnachweis nach EN 1993-1-9 / 10. Fachtagung Konstruktiver Ingenieurbau Berlin. 2014

[MRS14] MAY, M. ; RUPPERT, M. ; SEESSELBERG, C.: Zur wirtschaftlichen Bemessung von optimierten Walzprofil-Kranbahnträgern für Laufkrane nach Eurocode. In: *Stahlbau* 83 (2014), Nr. 3, S. 165–173

[MV16] MISIEK, Th. ; VOLZ, M.: Schraubenvorspannung im Kranbau. In: *Bauingenieur* 91 (2016), Nr. 9, S. 371–380

[Nem16] NEMETSCHEK FRILO GMBH: *BTII – Biegetorsionstheorie.* Stuttgart: `http://www.frilo.eu/`, 2016

[NSUS08] NAUMES, Johannes ; STROHMANN, Isabel ; UNGERMANN, Dieter ; SEDLACEK, Gerhard: Die neuen Stabilitätsnachweise im Stahlbau nach Eurocode 3. In: *Stahlbau* 77 (2008), Nr. 10, S. 748–761

[OB82] OXFORT, J. ; BITZER, H.-A.: *Entwurf und Berechnung von Kranbahnen nach DIN 4132.* Düsseldorf: Beratungsstelle für Stahlverwendung, 1982

[OR02] OSTERRIEDER, P. ; RICHTER, S.: *Kranbahnträger aus Walzprofilen.* 2. Auflage. Wiesbaden: Vieweg Verlag, 2002

[Oxf68] OXFORT, J.: Zur Beanspruchung der Obergurte vollwandiger Kranbahnträger durch Torsionsmomente und durch Querkraftbiegung unter dem örtlichen Radlastangriff. In: *Der Stahlbau* 37 (1968), Nr. 12, S. 360 ff.

[Oxf81] OXFORT, J.: Zur Biegebeanspruchung des Stegblechanschlusses infolge exzentrischer Radlasten auf dem Obergurt von Kranbahnträgern. In: *Der Stahlbau* 50 (1981), Nr. 7, S. 215 ff.

[Pal24] PALMGREN, A.: Die Lebensdauer von Kugellagern. In: *Zeitschrift des Vereins Deutscher Ingenieure* 58 (1924), Nr. 14, S. 339 ff.

[Pes15] PESCHKEN, G.: Grundlagen für Bestandsstatiken im Geschäftsbereich der WSV. Karlsruhe, 2015 (Kolloquium Nachrechnung von (massiven) Wasserbauwerken)

[Pet82] PETERSEN, C.: *Statik und Stabilität der Baukonstruktionen.* 2. Auflage. Wiesbaden: Vieweg Verlag, 1982

[Pet94] PETERSEN, C.: *Stahlbau.* 3. Auflage. Wiesbaden: Vieweg Verlag, 1994

[PHF10] PASTERNAK, H. ; HOCH, H. ; FÜG, D.: *Stahltragwerke im Industriebau.* Berlin: Ernst & Sohn Verlag, 2010

[Pod10] PODGORSKI, S.: *Spezielle Berechnungen und Bemessungshilfen für Kranbahnträger*, TU Dresden 2010, Diplomarbeit, 2010

[Pos17] POSSLER, R.: *Vorbemessung von Kranbahnträgern aus Walzprofilen nach Eurocode*, Hochschule München, Masterarbeit, 2017

[PS19] POSSLER, R. ; SEESSELBERG, C.: Vorbemessungstabellen für Kranbahnträger aus Walzprofilen. In: *Stahlbau* 88 (2019), S. 2–22. – Sonderheft Kranbahnen

[PW18] PETERSEN, C. ; WERKLE, H.: *Dynamik der Baukonstruktionen*. Wiesbaden: Springer Vieweg, 2018

[RCL72] ROIK, K. ; CARL, J. ; LINDNER, J.: *Biegetorsionsprobleme gerader, dünnwandiger Stäbe*. Berlin, München, Düsseldorf: Verlag Wilhelm Ernst & Sohn, 1972

[RIW09] *RIW-Krannormteile*. VII. Auflage. Duisburg: RIW Maschinenbau GmbH, 2009

[Ros58] ROSE, G.: Ein Beitrag zur Berechnung von Kranbahnen. In: *Stahlbau* 27 (1958), Nr. 6, S. 154–158

[RR20] RUBIN, H. ; RAHM, H.: Baustatik. In: ALBERT, A. (Hrsg.): *Schneider Bautabellen für Ingenieure*. 24. Auflage. Köln: Reguvis Fachmedien GmbH, 2020. – Kap. 4A

[Rup13] RUPPERT, M.: *Wirtschaftliche Bemessung von idealen Walzprofil-Kranbahnträgern für Laufkrane nach Eurocode*, Hochschule München, Masterarbeit, 2013

[RV07] RADAJ, D. ; VORMWALD, M.: *Ermüdungsfestigkeit*. 3. Auflage. Berlin: Springer Verlag, 2007

[Sah68] SAHMEL, P.: Berechnung und Gestaltung der Halsnähte an den Obergurten geschweißter Kranbahnträger. In: *Der Praktiker* 8 (1968), S. 175–177

[San96] SANDERS, D.: Schräglaufkräfte nichtstarrer Krane. In: *Stahlbau* 65 (1996), Nr. 8, S. 276–284

[San08] SANDER, M.: *Sicherheit und Betriebsfestigkeit von Maschinen und Anlagen – Konzepte und Methoden zur Lebensdauervorhersage*. Springer Verlag, 2008

[Sch59] SCHINDLER, O.: *Untersuchungen an geschweißten Hüttenkranen*, TH Hannover, Diss., 1959

[Sch95] SCHMALHOFER, O.: *Hallen aus Beton-Fertigteilen*. Berlin: Ernst & Sohn Verlag, 1995

[Sed06] SEDLMAIER, M.: *Analyse von Schweißnahtspannungen in Schienenkehlnähten von Kranbahnträgern mit Finiten Elementen*, FH München, Diplomarbeit, 2006

[See96] SEEGER, T.: Grundlagen für Betriebsfestigkeitsnachweise. In: *Stahlbau Handbuch Bd. 1, Teil B*. Köln, 1996

[See02] SEESSELBERG, C.: Zur wirtschaftlichen Bemessung von Walzprofil-Kranbahnträgern für Laufkrane. In: *Stahlbau* 71 (2002), Nr. 9, S. 661–669

[See03] SEESSELBERG, C.: Zur Querschnittsoptimierung von Schweißprofil-Kranbahnträgern für Laufkrane. In: *Stahlbau* 72 (2003), Nr. 9, S. 636–645

[See19a] SEESSELBERG, C.: Inspektionen von Kranbahnen für Brückenkrane nach DIN EN 1993-6. In: *Konstruktiver Ingenieurbau* (2019), S. 35–41

[See19b] SEESSELBERG, C.: Kranbahnen im Baubestand: Bewertung, Ertüchtigung, Weiternutzung. In: *Stahlbau, Sonderheft Kranbahnen* 88 (2019), S. 23–38

[See20] SEESSELBERG, C.: Kapitel 8B: Kranbahnen und Ermüdungsfestigkeit nach EC. In: ALBERT, A. (Hrsg.): *Schneider Bautabellen für Ingenieure*. 24. Auflage. Köln: Reguvis Fachmedien GmbH, 2020

[SHM20] SCHLESWIG-HOLSTEIN, MINISTERIUM FÜR SOZIALES, GESUNDHEIT, JUGEND, FAMILIE UND SENIOREN: Ausbildung und Nachweis der erforderlichen Qualifikation von Prüfsachverständigen für Offshore-Krane und unter Offshore-Bedingungen betriebene Krane. 2020. – Kiel 2020

[SKM19] SCHMIDT, H. ; KORTH, D. ; MACHURA, G.: *Ausführung von Stahlbauten – Kommentare zu DIN EN 1090-2 und DIN EN 1090-4*. Berlin: Beuth Verlag, 2019

[SMHT06] SEDLACEK, G. ; MÜLLER, C. ; HÖHLER, S. ; TSCHICKARDT, D.: Normativer Hintergrund für den Entwurf und die Berechnung von Krankonstruktionen. In: *Stahlbau* 75 (2006), Nr. 11, S. 939–949

[SS69] STEINHARDT, O. ; SCHULZ, U.: Zur örtlichen Stegbeanspruchung zentrisch belasteter Kranbahnträger bei Verwendung elastisch gebetteter Kranschienen. In: *Der Bauingenieur* 44 (1969), S. 293–296

[SSSH07] SCHNEIDER, K.-J. ; SCHWEDA, E. ; SEESSELBERG, C. ; HAUSSER, C.: *Baustatik kompakt – Statisch bestimmte und statisch unbestimmte Systeme*. 6. Auflage. Berlin: Bauwerk Verlag, 2007

[STS19] SEESSELBERG, C. ; THOSS, R. ; SUDING, A.: Exzentrizität statt Querneigung. In: *Technische Logistik* (2019), Nr. 10, S. 20–23

[Sud19] SUDING, A.: Aktuelle Messtechnik zur Bestandsaufnahme von Kranbahnen. In: *Stahlbau, Sonderheft Kranbahnen* 88 (2019), S. 66 – 73

[SWK17] SCHUSTER, J. ; WAGNER, K. ; KEITEL, S.: Restnutzungsdauer von geschweißten Altstahlkonstruktionen unter zyklischer Beanspruchung. In: *Stahlbau* 86 (2017), Nr. 1, S. 2–12

[Sza03] SZATMARI, I.: Stegblech-Atmen an dünnwandigen Kranbahnträgern. In: *Bauingenieur* 78 (2003), April, S. 199–202

[Tho11] THOSS, R.: Steuerbare Einwirkungen auf Kranbahnen. In: *Stahlbau* 80 (2011), Nr. 1, S. 39–45

[TW99] THELEN, G. ; WARKENTHIN, W: Restnutzungsdauer der Tragwerke von Kranen und Umschlaggeräten. In: *Dresdener Fördertechniktagung* (1999)

[UF90] ULRICH, S. ; FRACKMANN, W.: Entwicklung von Kranbahnträgern aus Spannbeton. In: *Betontechnik* 11 (1990), Nr. 2, S. 51–51

[UHH+13] UMMENHOFER, T. ; HERION, S. ; HRABOWSKI, J. ; FELDMANN, M. ; EICHLER, B. ; BUCAK, Ö. ; LORENZ, J. ; BOOS, B. ; EIWAN, C. ; STÖTZEL, J.: Bemessung von ermüdungsbeanspruchten Bauteilen aus hoch- und ultrahochfesten Feinkornbaustählen im Kran- und Anlagenbau. Forschungsbericht P778 / Forschungsvereinigung Stahlanwendung e.V. Düsseldorf, 2013

[UK20] UNTERWEGER, H. ; KUGLER, P.: Anwendung des Struktur- und Kerbspannungskonzepts in der Praxis – Hinweise und Erfahrungen für Quersteifenanschlussdetails. In: *Stahlbau* 89 (2020), Nr. 4, S. 372–386

[UT15] UNTERWEGER, H. ; TARAS, A.: Steifenlose Krafteinleitung bei Biegeträgern. In: *Stahlbau* 84 (2015), Nr. 6, S. 435 ff.

[UTK15] UNTERWEGER, H. ; TARAS, A. ; KUGLER, P.: Zugverankerung von gelenkig aufgelagerten Kranbahnträgern – Unerwartet hohe Ermüdungsbeanspruchung und verbesserte Detaillösung. In: *Stahlbau* 84 (2015), Nr. 4, S. 239 ff.

[VDI07] VEREIN DEUTSCHER INGENIEURE E.V. (VDI): VDI-Richtlinie 2388: Krane in Gebäuden – Planungsgrundlagen. 2007 (10)

[VDI10] VEREIN DEUTSCHER INGENIEURE E.V. (VDI): VDI-Richtlinie 6200: Standsicherheit von Bauwerken – regelmäßige Überprüfungen. 2010 (2)

[VDI11a] VEREIN DEUTSCHER INGENIEURE E.V. (VDI): VDI-Richtlinie 3576: Schienen für Krananlagen – Schienenverbindungen, Schienenlagerungen, Schienenbefestigungen, Toleranzen für Kranbahnen. 2011 (03)

[VDI11b] VEREIN DEUTSCHER INGENIEURE E.V. (VDI): VDI-Richtlinie 3822: Schadensanalyse – Grundlagen und Durchführung einer Schadensanalyse. 2011 (11)

[VDI14] VEREIN DEUTSCHER INGENIEURE E.V. (VDI): VDI-Richtlinie 2485: Instandhaltung von Krananlagen. 2014 (4)

[VPI15] VPI NORDRHEIN-WESTFALEN: Rippenlose Trägerverbindungen bei nicht vorwiegend ruhenden Lasten. 2015 (Technische Mitteilung SG 05/05)

[VSG] VERLAG STAHLEISEN GMBH: SEB 664035 Fördertechnik; Krane und Kranbahnen einschließlich geschweißter Kranschienenstöße; Toleranzen für das Fahrsystem Laufrad-Schiene, Ausgabe 03/1990. – Düsseldorf

[VSG87] VERLAG STAHLEISEN GMBH: Stahl-Eisen-Betriebsblatt 368 100: Geschweißte Kranschienenstöße, Technische Anforderungen. Düsseldorf, 1987 (08)

[Vö72] VÖGELE, H.-G.: Ermittlung der Spannungen im Steg von I-Trägern im Lasteinleitungsbereich bei Lastangriff an den Gurten. In: *Stahlbau* 41 (1972), Nr. 8, S. 225–231

[WA90] WINKLER, J. ; AURICH, H.: *Taschenbuch Technische Mechanik*. Thun und Frankfurt/Main: Verlag Harri Deutsch, 1990

[Wag14b] WAGENKNECHT, G.: *Stahlbau-Praxis nach Eurocode 3; Band 2: Verbindungen und Konstruktionen*. 4. Berlin: Beuth Verlag, 2014

[Wal14] WALTER, A.: Ideale Biegedrillknickmomente bei Kranbahnträgern mit doppeltsymmetrischem I-Querschnitt / Ruhr Universität Bochum, Lehrstuhl für Stahlbau. 2014

[War99] WARKENTHIN, W.: *Tragwerke der Fördertechnik 1*. Wiesbaden: Vieweg Verlag, 1999

[War02] WARKENTHIN, W.: Schräglaufkräfte bei Kranen – Was ist zu beachten? In: *Hebezeuge Fördermittel* (2002), Nr. 11, S. 558 – 560

[War04] WARKENTHIN, W.: Erstaunliche Ergebnisse mathematisch-statistischer Untersuchungen anhand von 2 Beispielen (Reibwerte und Ermüdungsfestigkeit), 2.7.2004 (Kurzfassung des Vortrags beim Kolloquium Fördertechnik Jena des TÜV Thüringen e.V.)

[War08] WARKENTHIN, W.: Schadensbilder von Brückenkran-Kastenträgern. In: *Hebezeuge Fördermittel* (2008), Nr. 3, S. 122 ff.

[Wer20] WERKLE, Horst: *Finite Elemente in der Baustatik*. Wiesbaden: Vieweg Verlag, 2020

[WO13] WEYNAND, K. ; OERDER, R.: Typisierte Anschlüsse im Stahlhochbau nach DIN EN 1993-1-8 / Stahlbau Verlags und Service GmbH. 1. Auflage. Düsseldorf, 2013

[WZ19] WERNER, F. ; ZIMMERMANN, G.: Stahl – Baumaterial der Moderne – Vom Gusseisen zum höherfesten, schweißbaren Baustahl. In: *Stahlbau* 88 (2019), Nr. 10, S. 1024–1033

[ZH19] ZENNER, H. ; HINKELMANN, K.: August Wöhler (1819–1914) – Begründer der Schwingfestigkeitsforschung. In: *Stahlbau* 88 (2019), Nr. 6, S. 594–601

[Ziz03] ZIZMANN, P.: *Die Krane I. Teil – Gestelle der Krane*. Hildburghausen: Polytechnischer Verlag, 1903

Stichwortverzeichnis

Inserentenverzeichnis

Die inserierenden Firmen und die Aussagen in Inseraten stehen nicht notwendigerweise in einem Zusammenhang mit den in diesem Buch abgedruckten Normen. Aus dem Nebeneinander von Inseraten und redaktionellem Teil kann weder auf die Normgerechtheit der beworbenen Produkte oder Verfahren geschlossen werden, noch stehen die Inserenten notwendigerweise in einem besonderen Zusammenhang mit den wiedergegebenen Normen. Die Inserenten dieses Buches müssen auch nicht Mitarbeiter eines Normenausschusses oder Mitglied von DIN sein. Inhalt und Gestaltung der Inserate liegen außerhalb der Verantwortung von DIN.

Zuschriften bezüglich des Anzeigenteils werden erbeten an:

Beuth Verlag GmbH
Anzeigenverwaltung
Saatwinkler Damm 42/43
13627 Berlin